基础医学实验课程系列教材

U0377337

实验动物学基础与技术

（第二版）

杨斐　胡樱　编著

 复旦大学 出版社

前　　言

　　实验动物学是当今生命科学学科体系中重要的基础性工具学科之一,随着现代生命科学技术的不断突破,生物医药支柱产业的迅猛发展,实验动物在科研、教学、检定、生产等领域的运用越来越广泛,同时,对于动物福利和生物安全的关注也促使实验动物的应用与管理水平进一步提升,从事动物实验及其相关工作的科技人员迫切需要一本系统、全面、确切地介绍实验动物学基础知识和相关技术的教材。为此,编者在全面分析我国当前实验动物学的教学需求、教材特点、学科发展趋势的基础上,以理论知识和操作技能并重为指导原则,以实验动物管理和应用实践的科学化、规范化为目标,不仅在内容编排上兼顾实验动物基础知识和动物实验基本技术,而且还运用长期的实验动物科研、教学和管理经验对实验动物学的专业知识进行系统梳理,并且结合实验动物科学领域的最新研究进展、成果和相关标准、规范,编写了本书。

　　本书依据教学大纲的要求,按照学科体系规范,遵循教学规律和学生特点,参照国内外本学科发展的最新动态和趋势,以培养学生使用标准化合格的实验动物、开展规范化可靠的动物实验、注重实验动物福利和动物实验伦理,以及生物安全与环境保护为基本出发点,内容新、全、实、精、准,理论联系实际,注重可操作性,图文并茂,史料翔实,案例经典,兼顾普及和提高,以期循序渐进地培养学生动脑与动手的能力,学以致用。编者长期从事实验动物学的教学与科研工作,具备丰富的教学培训经验,编写中参考了近年来国内外实验动物的最新标准、动物实验的最新规范及学术会议、专业期刊的最新信息和科研成果,以确保内容的科学性、系统性、先进性、实用性和可读性。本次修订时依据实际使用情况、教学效果与反响及学科和行业最新进展,对原有的内容进行精简、更新与改进,新增实验动物资源开发与运用等内容,完善了知识结构,拓展了应用范围。

　　本书从实验动物学发展概况、实验动物遗传学、微生物学分类与质量控制、实验动物的环境与设施、实验动物的营养与饲料、实验动物的生物学特性与资源、实验动物选择与运用、疾病防控与生物安全、实验动物福利与伦理等方面全面系统地介绍了实验动物学的基础知识及经典案例,并围绕实验动物的基本操作技术和常用动物实验技术等方面全面详细介绍了实验动物科学工作基本技术的原理、要点和操作,有助于培养科学思维、实验动物理论知识综合理解和运用能力,以及掌握实验动物专业技能与动物实验专门技术。

　　本书可供医学、药学、生物学、农学等相关专业的各级院校学生使用,以及高等院校生命科学各相关学科的学生使用,亦适用于实验动物与动物实验从业人员的培训,还可作为广大动物实验技术人员、科研人员、教师的参考工具书。

编者

2019 年 6 月

Contents

目　　录

第一章	**绪论** …………………………………………………	1
第一节	实验动物学及其基本概念 ………………………	1
第二节	实验动物在生命科学中的地位与作用 …………	3
第三节	实验动物学的发展概况 …………………………	9
第二章	**实验动物的分类与质量控制** …………………	18
第一节	实验动物的遗传学分类与质量控制 ……………	18
第二节	实验动物的微生物学分类与质量控制 …………	32
第三章	**实验动物的环境与设施** ………………………	44
第一节	实验动物环境的特点 ……………………………	44
第二节	实验动物环境因素的组成及其控制要求 ………	49
第三节	实验动物的饲养条件 ……………………………	65
第四节	常规实验动物设施的分类和管理 ………………	72
第四章	**实验动物的营养与饲料** ………………………	80
第一节	营养素的组成与功能 ……………………………	80
第二节	实验动物的营养需要 ……………………………	91
第三节	实验动物饲料的类型 ……………………………	96
第四节	实验动物饲料的加工及质量控制 ………………	101
第五章	**常用实验动物的生物学特性** …………………	114
第一节	小鼠 ………………………………………………	114
第二节	大鼠 ………………………………………………	120
第三节	豚鼠 ………………………………………………	127
第四节	地鼠 ………………………………………………	138
第五节	长爪沙鼠 …………………………………………	141
第六节	家兔 ………………………………………………	146

第七节　犬 ……………………………………………………………… 157
第八节　猪 ……………………………………………………………… 163
第九节　猕猴 …………………………………………………………… 168
第十节　猫 ……………………………………………………………… 175

第六章　实验用动物资源 …………………………………………………… 180
第一节　树鼩 …………………………………………………………… 180
第二节　狨猴 …………………………………………………………… 183
第三节　鸡 ……………………………………………………………… 186
第四节　棉鼠 …………………………………………………………… 188
第五节　鼠兔 …………………………………………………………… 189
第六节　旱獭 …………………………………………………………… 191
第七节　九带犰狳 ……………………………………………………… 193
第八节　山羊 …………………………………………………………… 195
第九节　绵羊 …………………………………………………………… 196
第十节　蟾蜍和青蛙 …………………………………………………… 198
第十一节　斑马鱼 ……………………………………………………… 201

第七章　实验动物的选择与运用 …………………………………………… 205
第一节　实验动物在生命科学中的用途 ……………………………… 205
第二节　实验动物应用的原则和方法 ………………………………… 212
第三节　模式生物与动物模型 ………………………………………… 228
第四节　免疫缺陷动物及其应用 ……………………………………… 235
第五节　遗传工程实验动物及其应用 ………………………………… 238

第八章　实验动物的生物安全 ……………………………………………… 247
第一节　生物安全的基本内容 ………………………………………… 247
第二节　与实验动物有关的生物安全风险因子 ……………………… 250
第三节　实验动物科学工作中的生物安全问题 ……………………… 257
第四节　实验动物生物安全评估与控制 ……………………………… 270

第九章　实验动物福利 ……………………………………………………… 279
第一节　实验动物福利的3H宗旨 ……………………………………… 279
第二节　实验动物福利的本质 ………………………………………… 280
第三节　实验动物福利原理 …………………………………………… 283
第四节　实验动物的应激原及其福利损害 …………………………… 292
第五节　实验动物福利技术 …………………………………………… 296

第六节　实验动物福利的法制保障 ……………………………………… 307

第十章　**实验动物常用技术** ……………………………………………… 310
第一节　基本技术 …………………………………………………………… 310
第二节　实验动物给药技术 ………………………………………………… 320
第三节　实验动物采样技术 ………………………………………………… 336
第四节　实验动物麻醉技术 ………………………………………………… 365

第一章

绪　论

　　实验动物学是一门伴随着生命科学的兴起而建立和发展起来的综合性交叉应用学科,与生物学、医学、药学、畜牧学、兽医学、建筑学等学科有着十分紧密的联系,是生物医药乃至整个生命科学的基础,特别是建立在实验医学进步基础上的现代医学发展,更是离不开实验动物学的支撑与保障。随着现代生命科学技术的不断突破,生物医药支柱产业的迅猛发展,实验动物在科研、教学、检定、生产等领域的运用越来越广泛,从而显示了其良好的发展前景。

第一节
实验动物学及其基本概念

一、实验动物

　　实验动物(laboratory animal)是指经人工饲育,对其携带的微生物实行控制,遗传背景明确或者来源清楚的用于科学研究、教学、生产、检定,以及其他科学实验的动物。

　　实验动物的育种目的是为了科学研究。为了获得背景清晰、表型稳定、反应均一的动物,人们把自然界中具有科学研究应用价值的动物,在一定的人工控制环境条件下,以特定的遗传控制繁育手段,保留其科学研究所需的独特生物学特性,定向培育出遗传稳定、来源明确的动物种群,并通过生物净化的方式排除病原体的干扰。所以,实验动物受严格的遗传、微生物、环境和营养控制,以确保其质量,满足科学研究的需要。

　　传统的实验动物绝大多数是脊椎动物门哺乳纲动物,较常见的是小鼠、大鼠、豚鼠、地鼠、兔、犬、猴、猪等。其中,以鼠类为代表的啮齿目实验动物的使用量占总量的80%以上,而小鼠又占整个啮齿目实验动物用量的70%以上。随着生命科学研究的不断深入,以及需求的多样化,线虫、果蝇、家蚕、斑马鱼、爪蟾等非哺乳纲动物由于具有价格低廉、操作方便、特性明确等独特优势,也逐渐被开发成为新兴实验动物。另外,东方田鼠、树鼩、雪貂等野生动物资源由于具有实验应用的特殊价值,亦正被实验动物化,有望成为特色鲜明的实验动物。

二、实验用动物

　　实验用动物(experimental animal)是指所有能够用于科学实验的动物。自然界动物种类繁多,目前已知的有150万种以上。人类使用动物做实验已有2 000多年的历史,早期由于没有专门培育的实验动物,往往使用家禽、家畜、宠物,甚至捕捉野生动物做实验,直至20世纪初才开始繁育专门的实验动物用于科学研究。但到目前为止,自然界中真正人工培育驯化成实验动物的动物种类仅为100余种,远远不能满足科学研究的需求,所以常常不得不采用经济动物和野生动物加以补充。因此,实验用动物包括了实验动物、经济动物和野生动物。

实验动物是为了实验应用的目的,运用特定的遗传育种手段,人工定向培育而成的,终生生活在人工构建的环境设施中,饲喂以营养全价的配合饲料。为保证实验的科学性和生物安全,实验动物的微生物和寄生虫控制不仅要排除人兽共患病病原体和动物传染病病原体,还要控制动物的无症状性感染,以及对动物虽不致病但可能干扰动物实验结果的病原体。实验动物的育种主要是根据实验的不同需要,通过培育驯化获得遗传稳定、纯合性好的实验动物,研究发现和保留具有不同生物学特性的品种和品系,发现和保留突变动物,培育各种疾病动物模型,为生命科学研究服务。

经济动物是指家畜、家禽、宠物等为满足人类社会生活需要所生产的动物。它们或用于食用或提供毛皮或作为伴侣,也有用于制药、导盲、搜救等特殊用途。这类虽经人工培育,但由于育种的目的和运用的方向与实验动物不同,经济动物的微生物与寄生虫控制着重于疾病的防治。遗传育种则着眼于高产、优质、适应性强的品种培育及杂交优势的利用。在科学实验中,有时为了特殊需要也会使用经济动物。例如,农药毒理研究会应用到鸽,抗血清生产应用到马,转基因乳腺反应器研究会应用到羊等。

野生动物是指自然状态下生存的动物。主要用于观赏、保护濒危动物和维持生态平衡。有些野生动物因为具有其他动物所没有的特殊应用价值,常常也会被运用于科学实验。例如草履虫、线虫、果蝇、蟾蜍、麻雀、猩猩等。

由于经济动物和野生动物没有从实验应用的角度进行严格的标准化,因此用于科学实验时干扰因素较多,其结果差异较大,重复性较差,故可信程度受到影响。特别是野生动物,遗传背景不清、基因高度杂合、可能携带人兽共患病和动物传染病的病原体,不仅影响实验结果的科学性,而且对人类和其他动物的健康也构成威胁。所以,在科学研究中应尽可能使用实验动物。

三、实验动物学

实验动物学是生命科学学科体系中重要的基础性工具学科,是以实验动物为研究对象、动物实验为研究手段的应用科学。实验动物学的研究范围包括实验动物和动物实验两大部分。前者以实验动物标准化为目标,主要研究实验动物的遗传、育种、资源保存与开发、质量控制、疾病防治,以及动物福利等内容;后者主要研究实验动物在科学研究各个领域中的实际应用,在标准化设施中,对实验动物进行各种规范化实验操作,收集生物信息,获得科学的实验数据。20世纪60年代,实验动物学初步形成一门体系完整的独立学科,由于实验动物学是新兴的交叉边缘学科,涉及范围广泛、应用领域众多,故派生出一些相关分支学科。

1. 实验动物遗传育种学　根据遗传学原理,运用遗传调控的方法,控制动物的遗传特性,研究实验动物的育种、保种和遗传质量检测及遗传改良,培育新的动物品系和各种动物模型。对有实验使用价值的经济动物和野生动物进行人工定向培育,净化或纯化遗传背景,实现实验动物化。

2. **实验动物微生物学与寄生虫学** 对实验动物可能携带的微生物和寄生虫进行分类,研究微生物与寄生虫对实验动物和动物实验的影响,以及与人类的相互关系。探索实验动物传染病预防和控制的方法,建立实验动物微生物和寄生虫的检测技术和方法,实现对实验动物微生物和寄生虫的质量监控。

3. **实验动物环境生态学** 根据实验动物与周围环境之间的相互关系,研究各种环境因素对实验动物和动物实验的作用和影响。运用工程技术手段,构建标准化实验动物设施和设备,控制各项环境要素,为实验动物提供安全舒适的环境条件,避免对动物健康的不利影响和对实验的背景性干扰。研究实验动物环境各项参数的监控和检测技术与方法,实现实验动物设施的标准化管理。

4. **实验动物营养学** 根据实验动物食性、消化生理、摄食行为等特性,研究各种营养素对实验动物的作用及其缺乏症。依据不同种属和等级的实验动物在生长、发育、繁殖、实验等各个阶段的营养需求,研制全价配伍的特定饲料。按照模型动物和实验的特殊要求,研制药物添加饲料或特殊配方饲料。研究饲料加工工艺和饲料灭菌保存方法,建立饲料质量和污染检测技术与标准。

5. **实验动物饲养管理** 研究实验动物在引种、育种、保种、繁育、扩群生产和实验期间饲育等过程的科学管理。探索在确保质量的前提下降低生产成本,提高社会效益和经济效益,同时兼顾实验动物福利。研究实验动物饲养集约化、标准化和法制化管理,制定有关法律、法规、条例或相关的国家标准和规程等。

6. **实验动物医学** 运用兽医学原理,研究实验动物疾病的诊断、预防、治疗和控制。发现和保留与人类相似的实验动物疾病,为人类类似疾病的研究提供模型。制定实验动物健康标准,确定实验动物疾病诊疗原则。

7. **比较医学** 通过分析比较人类与实验动物之间基本生命现象的异同,开发建立各种人类疾病的实验动物模型,从病因、发病机制的角度对各种人类疾病进行类比研究。以实验动物为对象进行疾病诊断、模拟手术、药效检定和安全性评价等实验研究,从而了解人类疾病的发生、发展,研发和筛选安全有效的治疗手段,为人类健康事业服务。

8. **动物实验方法学** 从实验设施、仪器设备、试剂药品、手术器械、动物准备等角度研究动物实验的基本条件。从实验设计、动物选择、模型复制、操作技术、标本采集、指标检测、统计分析等角度研究动物实验的基本方法。

9. **实验动物伦理与福利** 研究动物实验所涉及的伦理学问题,确立伦理学审查原则。研究动物实验的替代方法,减轻因实验操作造成的动物痛苦,通过优化实验设计减少动物的用量。研究改善实验动物福利的措施,以及相应的法律、法规。

第二节
实验动物在生命科学中的地位与作用

实验动物是生命科学研究的重要支撑条件。生命科学进行实验研究所需的基本条件可概括为 AEIR 4 个基本要素，其中 A 代表动物（animal），E 代表设备（equipment），I 代表信息（information），R 代表试剂（reagent）。现代科学技术的高度发达，使得配备高精度仪器设备，购买高纯度分析试剂，获取最新详细信息已不难做到。但是，所有的动物实验结果均来自动物机体或组织对实验刺激的反应，如果实验动物不合格，那么科学研究的真实性、药品和生物制品的安全性与有效性就无从谈起。因此在生命科学各个领域，实验动物位居 4 大要素之首。在疾病机制研究中，实验动物以身试病；在新药研发和生产检定过程中，实验动物以身试药；在疫苗生产和检定中，实验动物以身试毒；而且最终大多以身殉职，为人类的健康事业和科学探索作出了不可磨灭的贡献。

一、生命科学发展的助推器

实验动物作为相似度高、可控性强、使用经济、操作简便的有生命模型，广泛运用于探索生命奥秘、研究疾病机制及防治、教学示范等生命科学各领域，成为生命科学研究不可替代的必备条件。目前，世界上生物医学研究论文的 60% 以上是采用实验动物进行的，以实验性科学为主的学科，如生理学、病理生理学、药理学等绝大部分论文是采用动物实验来完成的。

（一）实验动物是诺贝尔生理学或医学奖的幕后功臣

从 1901 年诺贝尔奖设立开始，有＞70% 的关于生理学或医学的诺贝尔奖项颁发给了包含动物实验的研究，为此 1990 年诺贝尔生理学或医学奖的获得者约瑟夫·默里（Joseph Murray）说："没有动物实验，今天那些受益于器官移植和骨髓移植的人们将无一生存。"

前俄国生理学家巴甫洛夫（Pavlov）运用犬作了大量的动物实验，在心脏生理、消化生理和高级神经活动 3 个方面作出了重大贡献，提出了条件反射的概念，从而开辟了高级神经活动生理学研究，于 1904 年获诺贝尔生理学或医学奖。他对动物实验给予高度评价："没有对活动物进行实验和观察，人们就无法认识有机界的各种规律，这是无可争辩的。"

德国细菌学家科赫（Koch）通过牛、羊的实验性感染，发现了结核分枝杆菌，指出了传染病的发病原因，提出了沿用至今的《科赫原则》作为判断某种微生物是否为某种疾病的病原的准则，并因此获得 1905 年的诺贝尔生理学或医学奖。以德国科学家吉哈德·多马克（Gerhard Domagk）为首的研究小组在抗菌药筛选试验中，坚持把所有的候选药物都在感染小鼠体内进行筛选，而不是仅仅以在琼脂培养基上生长的细菌进行筛选。结果发现候选药物百浪多息在小鼠体内试验中极为有效，但它对体外培养的细菌却无效，进一步研究证明活性抗菌物质磺胺是在体内由百浪多息形成的，由于通过动物实验发现了抗菌特效药磺胺，挽救了无数感染者的生命，多马克于 1939 年获得诺贝尔生理学或医学奖。

Jackson 研究所的科学家斯内尔（Snell）因运用近交系小鼠首次发现异体组织或器官移植中产生排异反应的控制基因——主要组织相容性基因（MHC），为人类自身免疫和器官移植研究铺平了道路，而获得了 1980 年度诺贝尔生理学或医学奖。英国剑桥大学科学家科勒（Kohler）和米尔斯坦（Milstein）因使用近交系小鼠成功建立淋巴细胞杂交瘤技术，研制出单克隆抗体，为抗原鉴定、传染病诊断、肿瘤研究与治疗等带来革命性的进步，获得

1984年度的诺贝尔生理学或医学奖。多尔蒂(Doherty)和津克马吉尔(Zinkermagel)进行关于病毒侵袭小鼠脑组织的动物实验研究,发现了T淋巴细胞如何识别入侵微生物并作出反应的奥秘,从而为传染病、免疫学、癌症和风湿病等的研究,提供了全新的研究途径,并由此获得了1996年度诺贝尔生理学或医学奖。

(二) 实验动物是科学发展的基石

1946年,美国Lobund实验室的科学家雷尼耶(Reyniers)等首次育成无菌大鼠,开创了悉生生物学技术在实验动物培育领域中应用的先河,随后无菌小鼠、兔、犬、猫、猪、羊、牛、驴、猴等无菌动物相继培育成功。无菌动物等同于活的分析纯试剂,由于排除了微生物对动物实验的背景性干扰,能够精确观察到动物机体自身的真实反应,实验结果的可靠性高、科学性强,因此一经问世,立刻被广泛应用于生物医学研究的各个领域。在此基础上,育成的无特定病原体动物(SPF动物)更是由于不携带影响人类和动物健康及对实验会产生背景性干扰的特定病原体而广受欢迎,成为国际公认的标准实验动物。

1962年,英国医生格里斯特(Grist)首先发现胸腺缺乏的免疫缺陷动物裸小鼠。1969年,丹麦科学家雷加尔(Rygaard)首次将人类结肠腺癌移植裸小鼠获得成功,建立了人类结肠腺癌动物模型。随后,T淋巴细胞免疫缺陷的裸大鼠、B淋巴细胞免疫缺陷的CBA/N小鼠、NK细胞活力缺乏的Beige小鼠、T淋巴细胞和B淋巴细胞联合免疫缺陷的SCID小鼠等免疫缺陷动物相继培育成功。免疫缺陷动物等同于活的培养基,除了可感染各种病原体研究人类传染病外,还可接受异种(包括人类)的细胞、组织和器官移植,能够存活并生长,不会发生免疫排斥反应。因此,能建立几乎所有的人类肿瘤动物模型,进行肿瘤发病的机制研究和抗肿瘤药物的筛选及药效研究,受到肿瘤学家的一致青睐,其问世极大促进了传染病、肿瘤、免疫和遗传研究。

自1982年美国科学家帕尔米特(Palmiter)等将大鼠生长激素(GH)基因导入小鼠受精卵中获得转基因"超级鼠"以来,转基因动物已经成为当今生命科学中发展最快、最热门的领域之一。1985年,美国通过转移GH基因、GRF基因和IGF1基因生产出转基因兔、转基因羊和转基因猪;同年,德国伯姆(Berm)生产出转入人GH基因的转基因兔和转基因猪;1987年,美国戈登(Gordon)等首次报道在小鼠的乳腺组织中表达了人的tPA基因;1991年,英国在绵羊乳腺中表达了人的抗胰蛋白酶基因;随后,世界各国先后开展此项技术的研究,并相继在兔、羊、猪、牛、鸡、鱼等动物上获得成功。转基因技术可将人类的致病基因导入背景清晰、各种条件得到严格控制的实验动物遗传组成中去,通过精确地激活或增强这些基因的表达,制作各种人类遗传疾病的动物模型,其研究结果具有较高的真实性,可用于疾病的诊断、治疗和新药的筛选。1997年,英国遗传学家维尔穆特(Wilmut)运用体细胞无性繁殖技术成功地克隆出多莉羊,在此之前,我国台湾已用胚胎细胞克隆出了目前最长寿且能繁殖的克隆猪,以后美国又克隆出人类的近亲——2只猴子。转基因技术和克隆技术的运用,显著丰富了实验动物的资源,使生命科学研究步入了新纪元。

(三) 实验动物是人类的替身

在航天医学和军事医学研究各种武器杀伤效果,化学、辐射、细菌、激光武器的效果和防护,以及在宇宙、航天科学试验中,实验动物都作为人类的替身而取得有价值的科学数据。

在核武器爆炸的试验中,实验动物被预先放置在爆炸现场,以观察光辐射、冲击波和电离辐射对生物机体的损伤。1964年10月16日,在我国第一颗原子弹爆炸现场放置了大到骆驼、小到豚鼠的成千上万只各种种属的动物。与人类习性相近的猴子有的被放在半掩体的地面上,有的放在坦克里,有的被披上棉织物,有的被放在土墙的后面等。爆炸过后,无防护的实验动物被烧成焦炭;有防护的,例如一些猴子或犬,依然活蹦乱跳,但回收后不到数天也相继死亡。通过对上述实验动物的回收和测试,研究人员得出各种实验动物在各种距离被核弹杀伤破坏的效应。每次核爆后,距离核爆点2 km范围内的实验动物们被烧得不见踪影,而8 km以外的实验动物有的可以存活下来,但是这个位置的猴子被取回来后一般是没有精神、昏昏欲睡的,有的也在不久后就死亡。为了获取核爆范围内豚鼠耳鼓被穿透的概率,至少要收取1 000个豚鼠样品。

资料显示,由于造成驻阿富汗和伊拉克美国军队伤亡的最主要因素就是路边炸弹,美军迫切需要找到各类装甲的防护力和“副作用”(例如是否会造成伤员大脑损伤)。一种新型装甲可以保护士兵的肺部免受冲击伤害,有效提高士兵战场存活率。为了测试新型单兵装甲的防护能力,美军于2008年5月起花费11个月的时间开展动物模拟试验,曾先后让数百头实验猪及实验鼠穿上防弹衣坐上悍马车,然后经历200多次模拟路边爆炸袭击。试验发现,凡是佩戴有装甲的实验猪都能躲过路边炸弹袭击,而不穿戴装甲的实验猪往往在爆炸发生后1~2天内死于非命。由于爆炸强度太大,参加试验的实验猪和实验鼠多数当场被炸死,还有一些遭受重伤。

在宇宙飞船正式载人遨游太空前,需要通过动物实验研究人体在太空条件下失重、辐射和天空环境因素对机体生理状态的影响。第一个进入太空的实验动物是名为“莱卡”的犬,它于1957年11月3日当地时间10:28升空,但数小时后因太空衣隔热不佳成为“火烧犬”。2007年11月3日,俄罗斯太空研究部门为“莱卡”——世界第一只太空实验犬举行纪念碑揭幕仪式。人类第一位上外太空的苏联宇航员加加林曾调侃道:“我是上外太空的第一人? 还是进入太空的最后一只犬?”

二、安全性评价的终极裁判

一切与人类生活密切相关的用品在投入使用前,都必须先经国家指定的机构采用实验动物进行安全性试验,以证明其对人体无急性和慢性毒性,且无致癌、致畸、致突变作用,才能供应市场。

(一) 实验动物是用药安全的首要保证

药物和化工产品的不良反应和对生命的影响程度(致癌、致病、致畸、致毒、致突变、致残、致命)都是从实验动物的试验中获得结果。制药和化学工业产品,如不用实验动物进行安全试验,直接在人类应用将会造成十分严重的恶果。特别是药品,除了使用人类疾病动物模型进行药效研究外,还需使用小鼠或大鼠进行急性毒性实验,使用犬或猴进行长期毒性实验,甚至要连续观察多代以判断是否具有生殖毒性和蓄积效应。

在20世纪的医学史上,1956~1962年的“反应停”事件堪称最大的药物灾难,给全世界敲响了药品安全的警钟。沙利度胺(thalidomide)又称反应停,是一种新镇静剂,因声称低毒、无依赖性,又不像巴比妥酸盐可用于自杀,同时还可用于减轻孕妇在怀孕初期的呕吐反应。当时联邦德国、加拿大等 15 个国家的医生都在使用这种药,很多孕妇服药后的确不再呕吐,恶心的症状也获得了明显的改善,于是成为孕妇理想的抗早孕呕吐的药物。然而不久,这些国家突然出现许多四肢短小,甚至手脚直接连在身体上、形状酷似海豹的新生儿。1957~1962 年,全球共诞生了 10 000 多名"海豹儿",其中英国有 8 000 多名,联邦德国有 5 500 多名,日本也有 800 多名。1961 年,反应停被确定为"海豹肢畸形"的祸根,事件原因是未选用合适的实验动物进行真实有效的致畸动物实验。这次畸胎事件的发生引起了公愤,药厂因声名狼藉不得不关闭,一些国家的政府部门迫于压力也不得不加强对上市药品的管理。虽然美国等少数国家因没有批准进口反应停幸免于难,但这样的严重后果在美国引起不安,激起公众对药品监督和药品法规的普遍兴趣,最终促使美国国会对《食品、药品和化妆品法》进行重大修改。

(二) 实验动物是检验毒性的银勺

食品、食品添加剂、皮毛制品、化妆品等上市销售,化学肥料、农药、兽药的残毒检测,粮食、经济作物品质的优劣等,最后也还是要通过利用实验动物的试验来确定。在合成的多种新农药化合物中,真正能通过动物实验对人体和动物没有危害的只占 1/3 万,其余都因发现对人类健康有危害而被禁用。美国国会科技评估局曾经评估,美国每年为做毒性测试采用了数百万只动物。美国农业部估计,1983 年毒性测试用了 5 万多只兔子,化学公司另外还用了 2 万多只兔子。

化肥和农药是提高农业生产的重要材料,由于未经严格的动物实验而发生的问题很多。早在 20 世纪 40 年代,美国就应用杀虫剂易乙酰胺,当发现它是强致癌剂而停用时,已经对环境造成了的污染。20 世纪 50 年代研究出一种杀螨剂(aramite)广泛用于棉花、果树、蔬菜,用了 7 年后发现能引起大鼠和家犬的肝癌,不得不停用,但也已造成了环境的污染。1981 年,我国某兽医生物制品厂生产的猪瘟疫苗混有猪瘟强毒,安全检验采用的实验动物数量和质量不符合要求而没被检出,注射后引起大批猪死亡。实验动物还是环境保护监测的哨兵。如上海苏州河河水污染程度如何,应该由水生实验动物——斑马鱼说了算。太湖蓝藻对饮用水影响几何,也应该进行小鼠急性经口毒性测试。又如,在一些工厂原址上能否建造住宅,需用大鼠做长期毒性测试。垃圾无害化处理效果如何,也只有通过豚鼠做致敏实验才能判断。

三、生物医药产业腾飞的聚宝盆

在生物医药行业,实验动物除了承担产品质量生物检定外,还是药品、生物制品及诊断试剂等生产的原材料。随着转基因等高新生物技术的不断创新与运用,为人类健康带来了福音。

(一) 实验动物是生物制品的生产基质

实验动物是生物医药工业生产疫苗、诊断用血清、某些诊断用抗原、免疫血清等的重要材料,这些产品都是将菌种或毒种等接种于动物体内而制成。例如从牛体制备牛痘苗,猴肾制备脊髓灰质炎(小儿麻痹症)疫苗,马体制备白喉、破伤风或气性坏疽等血清,金黄地鼠肾制备乙脑、出血热和狂犬病疫苗,兔肾制备风疹疫苗,鸡胚制备麻疹、腮腺炎和黄热疫苗,小鼠脑内接种脑炎病毒后的脑组织制备血清学检验用的抗原等。利用动物细胞、组织或鸡胚作为生产基质,已成为生物制品行业的主要生产方式。

从动物组织中直接提取药用成分,也是生物制药最基本的生产方式。如采用经过乙型肝炎疫苗免疫的健康猪的脾和淋巴结,以冻融法破碎细胞,通过超滤等方法制成的抗乙型肝炎转移因子,其主要成分为寡核糖核苷肽,具有调节和增强机体特异性乙型肝炎病毒感染的细胞免疫和体液免疫的功能,用于治疗乙型肝炎。从新生、新鲜的小牛胸腺中提取的胸腺素是一类小分子的酸性蛋白,具有免疫调节作用,能够使未成熟的T淋巴细胞分化、转化为成熟有免疫活性的T淋巴细胞,并使T淋巴细胞数量增加,从而达到增强或抑止B淋巴细胞产生抗体的作用,使机体免疫功能相对平衡,主要用于免疫功能缺陷疾病、病毒和细菌感染性疾病。胸腺素制剂作为免疫调节剂已广泛用于临床。

在利用整体动物生产生物技术药物方面典型的例子就是单克隆抗体(McAb)的制备。自1975年科勒(Kohler)和米尔斯坦(Milstein)首次报道利用仙台病毒使小鼠骨髓瘤细胞和羊红细胞免疫的小鼠脾细胞融合产生了有分泌抗体能力和"永生"特性的杂交瘤细胞以来,这项技术发展很快,并在人类疾病的体外诊断、体内治疗等方面都取得了丰硕成果。

(二)实验动物是会走路的袖珍药厂

利用转基因动物构建的生物反应器生产基因药物是一种全新的革命性模式,具有传统生物制药技术无可比拟的优越性。这一技术的出现和应用,不仅为生物技术药物生产开辟了一条崭新的途径,而且也形成了一个医药产业,把转基因动物开发成活体"发酵罐",使动物像机器一样,根据人们的需要和设计要求,生产预期的蛋白类药物(或称基因工程药物)。

动物生物反应器的投资少,效益高,又无公害,故受到发达国家政府和企业的高度重视和支持。1987年,戈登(Gordon)等首次利用组织纤溶酶原激活因子(t2PA)与小鼠乳清蛋白(WAP)启动子重组基因,培育出37只转基因小鼠,均能够表达t2PA,其中一只小鼠的乳清蛋白达$50 \mu g/ml$。此后,动物生物反应器的研究有了飞速发展,并取得惊人的成绩。1991年英国PPL医疗有限公司培育出了转基因山羊,其乳中能分泌$\alpha-1$抗胰蛋白酶,每千克羊奶价值达4 000英镑;同年,美国DNA公司获得了能产生人血红蛋白的转基因猪,估计可年产20万单位人血红蛋白,产值可达5 000万美元;芬兰科学家研制成功了红细胞生成素转基因牛,年产奶的价值可达40多亿美元。目前,国外在乳腺生物反应器技术研究上取得了巨大的进展,已有数十种产品在多种实验动物特异和高效表达方面的技术日渐成熟。据美国红十字会和美国遗传学会估算,到2005年仅美国的乳腺生物反应器生产的药物年销售额可达到350亿美元,到2010年所有基因工程药物中利用乳腺生物反应器生产的份额可达到95%。

近年来,我国在转基因动物研究领域已取得了较大进展,上海市儿童医院的医学遗传研究所曾溢滔院士领衔的课题组于1998年和1999年分别培育出能分泌含有人凝血因子

Ⅸ羊乳的转基因山羊和携带人血清白蛋白基因的奶牛。转基因动物——乳腺生物反应器有望成为21世纪最具有高额利润的生物医药新生产模式和新型产业。

(三) 实验动物是器官移植的不竭来源

目前,全世界约有25万人依靠合适的人体器官移植维持生活,但在大多数情况下,同种器官移植面临着供移植用的器官来源不足等难题。在美国,心脏坏死的人数是患艾滋病死亡人数的4倍,2001年美国可以进行器官移植的人数与需要进行器官移植人数的比例大约为1:4,供体器官严重匮乏。英国、法国、德国等其他国家也存在类似情况,这使得人们不得不考虑异种器官移植。

利用转基因技术改造异种来源器官的遗传性状,使之能适用于人体器官或组织的移植,是解决移植短缺的最有效途径。目前最为理想的转基因动物是猪,因其在器官大小、结构和功能上与人类较为相似。罗森加德(Rosengard)等将人的补体抑制因子、衰退加速因子(hDAF)转移至猪胚中,有27头转基因猪的hDAF在其内皮细胞、血管平滑肌和鳞状上皮细胞等细胞中有不同程度的表达,这可以解决器官移植中的超敏排斥反应,为异种器官移植展示了良好的前景。Lai等和Dai等结合基因打靶和体细胞核移植技术,采用敲除 $\alpha21,3$ 半乳糖转移酶基因的胎儿成纤维细胞作核供体,成功地获得了 $\alpha21,3$ 半乳糖转移酶基因敲除猪。$\alpha21,3$ 半乳糖转移酶为 $\alpha21,3$ 半乳糖合成所必需,该半乳糖能被人体免疫细胞所识别,引发排斥反应,将猪基因组中该基因敲除后,可直接阻止猪细胞表面 $\alpha21,3$ 半乳糖的表达,从而消除了猪作为人类器官供体的一个主要障碍,进一步推动了器官移植的发展与应用。中国科学院遗传发育所等单位合作研制了转有人类DAF和CD59基因的转基因猪,并在灵长类动物进行异种心脏移植试验。

很多疑难疾病、生理功能紊乱都与细胞凋亡或细胞功能异常有关,但到目前为止,人类细胞还不能很好地传代培养,因此将异种细胞尤其是猪的细胞移植到合适的位点,将使人类实现细胞治疗成为可能。在异种细胞治疗上目前已有很多成功的应用。1994年,格罗斯(Groth)等将猪的胰岛细胞移植给糖尿病患者,取得了一定的成效。1997年,迪肯(Deacon)等将猪胎儿神经细胞移植到患有帕金森病患者的大脑中,发现移植后的细胞能长久保持活力。埃奇(Edge)等用猪的细胞修复受损的皮肤和软骨损伤。由于已有很多有效的方案对供体猪进行遗传修饰,异种细胞治疗有望发展成为一种治疗人类疾病的重要手段。

第三节
实验动物学的发展概况

纵观现代医学发展历程,不难发现实验医学为现代医学的进步奠定了基础。实验动物是现代医学研究的主要工具,动物实验则是现代医学研究的重要方法,许多医学领域的重大发现都是建立在此基础上,所以,实验动物学的发展往往伴随着医学进步。实验动物科学不仅与科技进步和人类健康事业休戚相关,而且关系到经济社会发展及环境生态安全,其发展水平已成为衡量一个国家科学技术水平和社会文明程度的标志。随着科学技术与相关产业的发展，对实验动物质量的要求越来越高。所以，发展实验动物科技和产业不仅具有巨大的科学意义，而且具有重要的现实意义与深远的战略意义。

一、国外实验动物科学的发展概况

（一）实验动物科学的诞生与发展

1. 动物实验的萌芽阶段　现存最早有文字记载的动物实验可追溯到公元前 384～公元前 322 年，亚里士多德（Aristotle）进行了解剖学和胚胎学实验，观察各种动物脏器的差异，创立了以描述为特征的生物学。公元前 304～公元前 258 年，埃拉西斯特拉图斯（Erasistratus）被认为最早开展活体动物实验，确定了猪气管是呼吸通道，肺是呼吸空气的器官。此后由于教会阻止，动物实验受到阻碍，直至 16 世纪初，韦塞留斯（Vesalius）使用猪和犬进行解剖实验，阐明了解剖学和生理学的关系，并进行了活体解剖实验的公开示范教学，创立了现代解剖学，才使实验动物学得以发展。1628 年，英国科学家哈维（Harvey）运用犬、蛙、蛇、鱼、蟹等动物进行了系统实验，发现血液循环是一个闭锁的系统，确立了心脏在动物体内血液循环中的作用，并证明动物实验是类比研究人体生理学的最佳方法，出版了《动物心血运动的解剖研究》一书。恩格斯对此给予了高度评价，他曾说："由于哈维发现血液循环，而把生理学确定为一门科学。"

2. 比较医学的兴起　1792 年，捷纳尔（Jenner）研究牛、马、猪的痘疹，通过与人类天花的观察比较发现奶牛乳房牛痘和挤奶者手部接触的关系，以及牛痘疫苗可保护人不感染天花，提出用牛痘免疫人以预防天花，第一次科学地论证了疫苗的效能，成为比较医学研究应用的典范。1813 年，法国生理学家伯纳德（Bernard）率先倡导以活体动物为主要对象研究各种疾病，开创了实验医学，由此迎来了医学发展的黄金时代。1880 年，法国微生物学家巴斯德（Pasture）在研究炭疽病时，从埋葬死于炭疽的羊尸体周围的土壤中分离到炭疽病原菌，他将其接种到豚鼠体内诱发了豚鼠的炭疽病。在晚年巴斯德使用鸟和兔进行狂犬病弱毒疫苗的研制，开辟了传染与免疫的新领域。1889 年，德国医生梅林（Mering）和俄国医生闵可夫斯基（Minkowsk）在用切除胰腺的犬进行胰腺消化功能研究时，偶然发现犬尿招来成群的苍蝇，证明了切除胰腺的犬尿糖增加，从而认识了糖尿病的本质，并从犬胰腺内分离出胰岛素用于糖尿病治疗。1895 年，德国细菌学家莱夫勒（Loffer）等使用豚鼠研究白喉杆菌，发现引起动物死亡的原因不是细菌本身，而是细菌的毒素，从而发明了预防白喉的免疫疗法，开创了抗毒素治疗的新时代。1912 年，卡雷尔（Carrel）运用动物实验开展血管与器官移植的研究。1914 年，日本科学家山极市川把沥青长期涂抹在家兔耳朵上，成功诱发皮肤癌，通过分析发现沥青中的 3,4-苯并芘具有化学致癌性，进而证实了某些化学物质的诱癌作用。从此，许多化学物质经过实验都相继被证明可以诱发动物的肿瘤，为肿瘤病因的化学因素提供了有力证据。1921 年，洛伊（Loewi）采用离体蛙心做实验，发现乙酰胆碱是副交感神经的神经介质。1936 年，赛莱（Selye）实验室经过一系列动物实验研究创立了应激学说，从而为临床医学应用激素治疗疾病提供了理论依据。1954 年，恩德斯（Enders）运用恒河猴做实验，发明脊髓灰质炎疫苗。19 世纪以来，实验医学的发展为现代医学奠定基础，实验医学主要是依靠实验动物和动物实验把古代医学发展成为现代医学。

3. 实验动物学的脱颖而出 1885年,纳托尔(Nuttall)和蒂尔菲尔德(Thierfelder)运用无菌剖宫产术和人工哺乳方法培育出了无菌豚鼠,8天后处死豚鼠在其肠道中未检出细菌,从而解答了生物在无菌条件下能否生存的问题。1902年,美国哈佛大学的卡斯尔(Castle)首先在生物医学研究中饲养和使用小鼠。随后,莱斯罗普(Lathrop)在美国马萨诸塞州开设专门饲养繁殖小鼠的农场,培育出很多实验小鼠品系出售给科研机构用于实验研究,包括自发形成肿瘤的小鼠品系。1909年,美国杰克逊研究所所长利特尔(Little)首先采用近亲繁殖的方法育成世界上第一个近交系动物——DBA小鼠。1913年,贝格(Begg)用相同的方法培育了BALB/c小鼠。1921年,Little又培育成功C57BL/6近交系小鼠。在其后的10年间,利特尔(Little)、斯特朗(Strong)、杜恩(Dune)和弗恩(Furth)等又陆续育成A、C3H、CBA、101、129、AKR等近交系小鼠品系,柯蒂斯(Curtis)和邓宁(Dunning)育成F344、M520、Z61和A732等近交系大鼠品系。近交系动物的问世,是实验动物科学发展的重要标志之一,为遗传学、肿瘤学、免疫学等方面的研究提供了大量适用动物模型。至今,全世界约有小鼠近交系478个,大鼠近交系234个,地鼠近交系45个,豚鼠近交系14个,家兔近交系20个,鸡近交系40个,其数量还在不断增长。1945年,美国圣母大学Lobund实验室雷尼耶(Reyniers)研制出金属隔离器,并率先育成无菌大鼠并建立了繁殖种群。1955年,无菌小鼠、兔、犬等其他无菌动物也相继培育成功。1957年,特雷勒(Treyler)研制出塑料薄膜隔离器,更加便于无菌动物的饲养。1959年,雷尼耶主编出版了专著《无菌脊椎动物现状》,明确了无菌动物的概念、特征和应用,从而建立了悉生生物学,极大提高了实验动物的质量,并为传染病学、药理学、老年医学等学科提供了背景清晰的动物模型。无菌动物的出现,也是实验动物科学发展的重要标志之一。1962年,伊萨克森(Issacson)等首次报道无毛无胸腺的裸小鼠。1969年,雷加尔(Rygaard)等将人结肠癌移植至裸小鼠体内获得成功,由此揭开了免疫缺陷动物研究与应用的序幕,进而导致肿瘤学、免疫学、病原生物学等学科的突破性进展。1974年,雅尼希(Jaenish)等首次运用显微注射技术研制转基因动物获得成功。1980年,戈登(Gordon)等育成携带人胸苷激酶基因的转基因小鼠,开辟了转基因技术在实验动物育种开发中的新途径。1982年,赫格伯格(Hegreberg)和莱瑟斯(Leathers)发表了2卷动物模型目录,第一卷为《自发型动物疾病模型》,其中包括1 289篇文献;第二卷为《诱发型动物疾病模型》,其中包括2 707篇文献;显示了实验动物模型研究的丰富成果。1997年,英国爱丁堡罗斯林(Roslin)研究所由伊恩·维尔穆特(I. Wilmut)领导的研究小组用体细胞克隆技术无性繁殖出一只小绵羊——多莉(Dolly),开创了体细胞克隆技术运用于动物繁育的新时代。

(二)实验动物专业组织和机构的成立与壮大

1. 实验动物学术组织的出现 1944年,美国科学院在纽约召开会议,首次研讨实验动物标准化事宜,成为实验动物科学发展的起点。1950年,美国实验动物科学协会(The American Association for Laboratory Animal Science, AALAS)成立,致力于人道的管理和对待实验动物,提高动物实验的质量,还开展美国政府认可的实验动物科技人员的培训及资格认定工作,出版 *Comparative Medicine* 和 *Contemporary Topics in Laboratory*

Animal Science 2 本专业期刊。目前,该协会拥有来自世界各地的会员 11 000 名。1956 年,联合国教科文组织、医疗科学国际组织,以及生命科学协会联合成立了国际实验动物科学委员会(International Council for Laboratory Animal Science,ICLAS),通过在全世界科学研究中强调人道使用实验动物,推动人类和动物的健康事业。该委员会现在已有 40 多个国家参加,每年召开 1 次国际学术研讨会,出版实验动物科学公报。1965 年,实验动物管理评估和认证协会(American Association for Accreditation of Laboratory Animal Care,AAALAC)在美国成立。该协会是一个非营利性私人组织,通过自愿接受评估认证,促进在科学研究中人道地对待动物,迄今为止全世界共有 770 多个机构通过 AAALAC 认证。协会由 60 多个在国际科学、教育,以及其他专业领域富有声望的组织组成理事会,在全球享有很高声誉。1978 年,由英国、法国、意大利等 12 个欧洲国家发起成立欧洲实验动物科学联盟(Federation of European Laboratory Animal Science Associations,FELASA)。该联盟主要代表各成员国利益,相互间交流实验动物科学信息,致力于优化动物实验条件,人道对待动物。出版学术期刊 *Laboratory Animals*。

2. 实验动物专业机构的涌现　美国国立卫生研究院(NIH)实验动物资源中心和杰克逊(Jackson)实验室,是世界上最大的遗传保种和遗传研究中心。NIH 实验动物资源中心保存有 250 种常用近交系大小鼠、20 种不同背景的无胸腺裸鼠。1992 年,在美国冷泉港召开的"小鼠分子遗传会议"上,杰克逊实验室倡议成立国际小鼠资源中心(IMR)。该中心拥有 3 000 种小鼠品系,占全世界实验小鼠资源的 97%,可用于不同类型的癌症、心血管疾病、神经行为疾病、免疫系统疾病、发育代谢疾病、衰老性疾病等方面的研究与新药筛选,已有约 60 个国家、近 12 000 个实验室使用过该中心提供的小鼠。NIH 内设有 45 个动物资源开发中心,其中有 37 个设在各大学医院的比较医学系、兽医学院的实验动物科学系,以及专门研究所内。全美国生产实验动物的专业公司有 20 余个,已拥有实验小鼠品系 250 个,小型实验猪 15 种,豚鼠品系 30 余个,地鼠品系 30 余个,大鼠品系 60 余个,兔子 14 个品种,猴子 50 余种,以及犬、猫、禽等。这些中心根据研究的不同需要,按照遗传工程原理,共培育 2 607 种实验动物。其中,各类动物的近交系达 772 种,部分近交系 132 种,随机近交系 79 种,重组近交系 45 种,突变系 506 种,远交系 372 种,同源系 528 种,杂交 F1 代 80 种,其他 129 种。在美国有 1 300 个有关实验动物工作的生产与研究单位,同时实验动物科学在日本也得到了大力发展。自 1951 年就开始了实验动物现代化运动,经历了 1953～1958 年的实验动物科学工作启蒙时期、随后的实验动物科学工作现代化普及时期,以及实验动物科学工业的现代化发展时期,现在日本在实验动物的设施和技术方面在国际上占有优势地位。日本专门生产实验动物的公司有 30 多个,近交系动物、无菌动物、悉生动物、无特殊病原体动物等均已社会化、商品化,小鼠每年使用数为 1 200 万只,其中 SPF 的达 400 万只;大鼠使用数为 360 万只,其中 SPF 的占半数。日本实验动物中央研究所设有实验动物科学、生物医学科学、研究开发 3 个部门,下设育种、生殖、营养、动物医学、环境影响、饲养技术开发、发生、免疫、内分泌和肿瘤共 10 个研究室,还拥有疾病检查、学术情报、动物管理和灵长类实验 4 个中心,并附属 1 个临床前医学研究所。该所内设管理、药理、病理毒理、血液化学和神经药理 5 个部。日本熊本大学动物资源开发研究中心成立于 1998 年,为国家动物资源开发中心,2000 年由文部省投资 40 亿日元建成现代化实验动物设施,开展实验动物饲养管理、基因突变动物制作、开发、保存、供应,以及数据库构建工作,从事实验动物繁殖技术和感染预防的研究,承担动物实验技术、胚胎操作、冷冻保存、饲养管理的教育培训,还向国内外研究机构提供基因突变小鼠及相关信息资料,目前已保存了 1 500 多种遗传工程小鼠模型。此外,日本政府于 2000 年还投资兴建了日本理化研究所生物资源中心,截至 2006 年,该中心也保存了 1 800 多种小鼠资源。欧洲实验小鼠资源库(The European Mouse Mutant Archive,EMMA)成立于 1994 年,是由意大利、法国、英国、瑞典、葡萄牙、德国、西班牙 7 国发起成立的非营利性实验小鼠资源平台,旨在收集、净化、保存、开发、供应各种实验小鼠遗传突变品系,为欧洲生物医学基础研究提供服务,接受欧盟科学委员会的监督和管理。

(三)国外实验动物管理与法规

美国、日本和以英国为代表的欧盟是当今世界实验动物科学研究与管理最为先进的国家和地区,均有着完整的组织机构与完善的教育、科研、生产管理与应用体系,实现了实验动物生产社会化、标准化和商品化,建立了配套的实验动物福利法规等法制化管理体系,倡导人与动物和谐相处,确保实验动物的质量和科学实验的真实、可靠。

1. 美国实验动物管理与法规 美国是当今世界实验动物科学发展水平最高的国家,实验动物的产业也很发达,实验动物用量极大。美国实验动物管理不设政府专门机构,而是采用联邦和地方的立法机构颁布法律、政府相关部门制定行业法规和指南、民间机构组织自愿评估认证的形式进行管理。所以,美国的实验动物法规十分完善,涵盖了生产和使用的各个方面及各个层次。其主要特点是提倡关注动物福利、爱护实验动物。1966 年,美国农业部颁布了《动物福利法》和《实验动物福利法》,对动物的运输、采购、销售、收容、管理和处置进行了规定,特别强调了动物的人道管理、照顾、治疗和运输等方面。该法于1970 年,1976 年、1986 年、1996 年先后做了 4 次修订。1963 年,美国国立卫生研究院(NIH)出版了《实验动物饲养管理和使用指南》,于 1965 年、1972 年、1978 年、1985 年、1996 年做了 6 次修订。该指南是美国最早的有关实验动物饲养管理和使用指南,包括研究机构的政策和职责、动物环境、总体布局、饲养管理等内容。1974 年,美国内务部颁布《潜在危险动物管理法》。1978 年,美国食品药品监督管理局(FDA)颁布《良好实验室操作规范》(即 GLP 规范),用于新药临床前实验的规范化管理。1979 年,美国国立卫生研究院颁布《人类保健与动物使用法》。1983 年,美国政府制定《检验、科研和培训中实验用脊椎动物的使用和管理原则》,于 1986 年进行了修订。由美国国立卫生研究院下属的风险警戒办公室管理。1984 年,美国生物医学研究基金会制定《应用动物进行生物医学研究与检验的管理方法》。1985 年,美国社会保健服务机构制定《社会保健服务专业机构实验动物使用及人员保健法》。美国的实验动物管理已实现标准化、规范化、法制化,多层次、系列化的实验动物法规极大促进了美国实验动物科学的发展。

2. 英国实验动物管理与法规 英国是世界上第一个对实验动物管理进行立法的国家。英国的实验动物管理较为严格,最高管理机构为内务部,由内务大臣任命专门的监察员小组负责对全国 500 多家认可的实验动物科研、生产和供应单位进行巡视,并提出建议和报告。英国实验动物的生产和科研管理主要由行业性组织、学术团体和民间协会分别实施,所涉及的管理组织包括动物程序委员会、欧洲实验动物联合会、英国实验动物科学协会、实验动物饲育协会、英国药业协会、英国实验动物兽医协会、防止虐待动物皇家学会、动物福利大学联合会等。1822年,英国通过了第一部禁止虐待动物的《马丁法案》,成为世界上首部以法律条文形式规定动物利益的法令。1876年,英国制定《禁止虐待动物法》,初步制定了许可证和执照颁发的相关具体事项。该法于1906年被更完善的《科学实验动物法》所替代。1906年,英国制定《犬管理法》;1911年,英国制定《动物保护法》;1951年,英国制定《动物使用保护(麻醉)法》;1962年,英国制定《善待动物法》;1986年,英国制定《动物法》,并参加欧洲议会制定的《保护用于试验和其他科学目的的脊椎动物的决定》,以及欧洲共同体理事会指令《关于实验及其他科研用动物的保护(86/609/欧洲共同体)和各成员国类似的法律、规范和管理条例》;1987年,皇家学会和动物福利大学联合会制定《实验动物管理及其在科研中使用联合会指南》,动物福利大学联合会(UFAW)制定《UFAW实验动物管理手册》;1988年,英国内务部制定《科研用动物居处和管理的操作规程》;1989年,英国内务部制定《繁育和供应单位动物居住和管理的操作规程》;1992年,英国内务部制定《运输过程动物福利条例》和《动物设施中的健康与安全规定》。英国实验动物管理法律体系十分完备,其特点主要体现在关爱动物,倡导动物实验替代法研究及科学进行动物实验上,在欧盟实验动物管理起主导作用。

3. 日本实验动物管理与法规 日本的实验动物管理通过政府的文部省和科技厅,以及众多的民间组织,如财团法人日本实验动物学会、日本实验动物协会、日本实验动物技术者协会、日本实验动物医学会、日本实验动物饲料协会、日本实验动物环境研究会、日本疾患模型动物研究会、日本实验动物器材协议会、日本实验动物协同组合等共同开展,以行业协会管理为主,社会化程度较高,重视行业自律,法规体系比较健全。1971年,日本实验动物学会制定《关于确保建筑物卫生环境的法律实施细则》。1973年,日本政府颁布《动物保护与管理法》,于1999年修订为《动物爱护和管理法》,强化了尊重动物生命、爱护动物的观念,加大对虐待和滥杀动物的处罚力度。1975年,总理府告示《犬和猫饲养和保护基准》。1979年,国立大学动物实验设施长会议发布《关于防止动物实验中人兽共患病的通知》。1980年,总理府告示《实验动物饲养与保管等标准》。1982年,日本厚生省制定《关于实施医药品安全性试验的标准》。1983年,日本实验动物协会制定《实验动物设施建筑和设备》,并于1987年、1996年修订。1987年,总理府告示《产业动物饲养和保护基准》;日本实验动物学会制定《动物实验指南》;日本实验动物协会制定《实验动物生产设施设备管理指南》;文部省下发《关于大学等的动物实验通知》。1995年,总理府告示《动物处死方法指南》,明确在处死动物时,尽可能采用安乐死的方法。1996年,日本实验动物学会制定《实验动物设施建筑和设备》。日本实验动物已实现了商品化、标准化,实验动物生产供应的社会化分工程度高,法律、法规体系健全,技术标准基本采用国际标准,有力促进了日本实验动物科学和产业的发展。

二、国内实验动物科学的发展概况

(一)国内实验动物科学的发展历程

公元前1100年,我国古籍中就记载曾饲养花斑小鼠。李时珍编撰的《本草纲目》中记载的许多药物与药方,很多也是通过动物实验初步验证后应用于临床。在秦朝,我国就有道士将炼出来的"仙丹"先给白兔灌服,以观察其毒性反应的案例。

1918 年,北平中央防疫处齐长庆首先饲养繁殖小鼠做实验,并从日本引进豚鼠。

1919 年,谢恩增采用我国本地繁殖的地鼠做肺炎链球菌的检定,这个鼠种已被许多国家引入,称为中国地鼠。

1944 年,当时的卫生部北京生物制品研究所汤飞凡从印度 Hoffkine 研究所引进 Swiss 小鼠,饲养在迁往昆明的中央防疫处大规模繁殖应用。中华人民共和国成立后中央防疫处迁回北京更名为卫生部生物制品研究所,该小鼠相继引种至全国各地推广使用,这就是目前昆明种小鼠的原种。

1947 年,蓝春霖从美国引入金黄地鼠到上海,饲养繁殖后大量应用于医学生物学研究及各种生物检定试验。

中华人民共和国成立后,为了预防各种传染病,需要大量研制和生产疫苗、菌苗。20 世纪 50 年代初,卫生部先后在北京、上海、长春、兰州、成都、武汉等地建立了生物制品研究所,都附属有较大规模的实验动物饲养繁殖基地。其后,为了科研、教学、生产和鉴定需要,一些大的科研机构、高等医学院校、大型药厂和药品鉴定及卫生防疫机构也相继建立了实验动物繁育场,为我国实验动物事业的发展培养了骨干。同期,李铭新、杨简和李漪教授开始了近交系小鼠的培育,育成的 TA1、TA2、615 近交系小鼠在 1985 年得到国际小鼠命名委员会承认。

改革开放后,我国实验动物科学得以飞速发展。20 世纪 70 年代末,我国相继派出一批学者考察国外实验动物科学发展情况。20 世纪 80 年代初,孙靖教授等从日本、瑞士引进免疫缺陷动物——裸鼠,并饲养繁殖成功,用于肿瘤和免疫研究,建立肿瘤动物模型 50 多个,先后繁育成功 T 淋巴细胞、B 淋巴细胞联合免疫缺陷及 T 淋巴细胞、B 淋巴细胞、NK 细胞三联免疫缺陷小鼠。同期,陈天培教授等引入无菌动物培育技术,首先在国内研制成功无菌隔离器,并培育出无菌动物。1988 年,在北京召开了"第六届免疫缺陷动物国际研讨会"。1989 年,在上海首次成功地主办了"上海国际实验动物学术交流会"。1992～1997 年中国与日本政府合作,由日本国际事业协力团(JICA)资助派专家指导,开设我国实验动物人才培训班,为实验动物科学事业培训了一大批科技与管理人才。1996 年,卢光琇指导研究生用胚胎细胞核移植的方法克隆 L5 黑毛小鼠获得成功,得到 6 只克隆鼠。

1981 年,我国最早的实验动物科学专业杂志《上海畜牧兽医通讯·实验动物科学专辑》(现刊名《实验动物与比较医学》)、《北京实验动物科学》(现刊名《实验动物科学与管理》)相继问世。1987 年,中国实验动物学会成立。《中国实验动物学报》和《中国实验动物学杂志》(现刊名《中国比较医学杂志》)先后创刊。全国各地纷纷相继成立实验动物的学术团体。

1989 年,我国正式加入国际实验动物科学委员会(ICLAS),成为会员国之一,开展了广泛的国际学术交流,我国在国际实验动物学术界的地位大幅提升。

(二)国内实验动物机构和产业的发展

1982 年至今,我国先后建立了天津实验动物研究中心、北京实验动物研究中心、上海实验动物研究中心和云南灵长类实验动物研究中心 4 个国家级实验动物研究中心。1998年至今,科技部相继建立了国家啮齿类实验动物种子中心(北京中心和上海分中心)、国家遗传工程小鼠资源库、国家实验兔种子中心、国家 SPF 级禽类种源基地、实验用比格犬种源基地。2002 年以来,科技部又先后启动了国家实验用小型猪种质资源基地、国家实验用猕猴种源基地、国家实验灵长类种质资源中心的建设。初步实现了种质资源的保存、共享及战略储备,保证了实验动物资源的遗传质量。截至 2006 年底,各国家级种子中心共保存了 10 多个品种、400 多个品系,累计向全国 29 个省、市、自治区的 200 多家单位供应 SPF 级或清洁级小鼠、大鼠、豚鼠、地鼠 15 个品系 40 000 多只种鼠。2005 年,国家实验用犬种质基地对外销售比格犬 861 头。国家实验禽类种源基地提供 SPF 禽 60 000 多羽、SPF 种鸡蛋 100 多万枚。国家实验用小型猪种质资源基地出售实验用小型猪 1 100 多头。

目前,我国从事实验动物工作的单位有 5 000 多家,其中 1 000 多家为生产单位,4 000 多家为使用单位,实验动物机构中从业人员总数已超过 2 万人,工作中接触和应用实验动物的人员超过 20 万人,在技术人员中本科以上学历占 1/3 以上,其中多数为研究生毕业。我国每年实验动物的总产量为 2 000 万只以上,2008 年使用量达 1 800 万~1 900 万只,紧随美国其后位居世界第二,其中清洁级及以上实验动物占 50% 以上,年产实验动物超过 20 万只的单位已有 10 多家,初步形成实验动物产业。

(三)国内实验动物的管理

我国实验动物工作与西方发达国家相比起步较晚。但改革开放以来,随着社会经济和科学技术的进步,特别是生物医药高科技支柱产业的兴起,近年来有了长足的进步,规范化、标准化和法制化的管理不断加强。我国实验动物工作是由国家科技部统一管理,各省、自治区、直辖市科学技术委员会分别主管各地区工作。全国医学实验动物管理组织机构是卫生部成立实验动物管理委员会,各省、市成立医学实验动物管理委员会,各单位成立实验动物管理委员会,具体监督实施各项法规。同时,国务院各有关部门也负责管理本部门的实验动物工作。1982 年,国家科学技术委员会在云南西双版纳主持召开了全国第一次实验动物工作会议。随后,各地区、各部门也相继召开了本行业的实验动物工作会议。1983 年及 1988 年卫生部召开了 2 次医学实验动物工作会议。由此加快了我国实验动物管理现代化的进程。1984 年,国务院批准建立了中国实验动物科学技术开发中心,协调我国实验动物科学事业的发展规划、经营开发、培训交流等工作。1985 年,国家科学技术委员会在北京主持召开了全国第二次实验动物科技工作会议,制定了发展规划和实验动物法规,有力地推动了我国实验动物科学的发展。

(四)国内实验动物的法规

1988 年,经国务院批准,我国第一部实验动物政府法规《实验动物管理条例》由国家科学技术委员会以 2 号令的形式颁布,标志着我国实验动物管理步入法治轨道。该条例成为我国实验动物法制化管理体系中的核心规章,为我国实验动物管理法制化建设奠定了基础,极大地推动了我国实验动物事业的健康有序发展。

此后国家科技部及有关部门先后发布了一系列实验动物相关法规,主要有:《医学实验动物管理实施细则》(卫生部,1998)、《国家医药管理局实验动物管理办法》(国家医管局第 6 号令,1991)、《国家医药管理局实验动物管理实施细则(草案)》(国家质量管理局,1991)、《卫生部实验动物管理委员会工作条例》(卫生部,1992)、《卫生部实验动物管理委员会合格证管理办法》(卫生部,1992)、《医学实验动物质量监测手册》(卫生部动管会,1992)、《合格证管理办法》(卫生部动管会,1992)、《药品非临床研究质量管理规定》(国家科委 16 号令,1993)、《实验动物质量管理办法》(国家科技部、国家技术监督局,1997)、《实验动物许可证管理办法(试行)的通知》(科技部等 7 个部局,2001)、《国家实验动物种子中心管理办法》等。

1994 年,国家技术监督局颁布了《实验动物质量标准》,该标准共 7 类 47 项,其中强制性标准 4 项、推荐性标准 43 项,包括小鼠、大鼠、豚鼠、地鼠和兔 5 种常用实验动物,涉及实验动物遗传学、微生物及寄生虫学、营养学、环境设施等各个方面。该标准于 2002 年修订,并补充了实验犬和实验用猴的质量标准。实验动物质量标准的实施,促进了实验动物和动物实验质量的提高,为我国实验动物的标准化建设提供了基础保障,大大缩小了与发达国家之间的差距。

由于我国各地区实验动物事业发展不平衡,为有针对性地加强管理,各省、市自治区也纷纷制定地方法规。

1996 年,北京市人民代表大会常务委员会率先审议通过我国第一部实验动物地方法规《北京市实验动物管理条例》,并于 2004 年进行了修订,增加了动物福利的条款。

2005 年,湖北省制定并通过了《湖北省实验动物管理条例》,不仅倡导动物福利,还增加了有关生物安全的条款。

2007 年,云南省人民代表大会常务委员会审议并通过了《云南省实验动物管理条例》。

2008 年,黑龙江省人民代表大会常务委员会审议并通过了《黑龙江省实验动物管理条例》。

辽宁省、江苏省和重庆市则以人民政府令的形式颁布了实验动物管理法规,各省、市均已成立了实验动物管理委员会。

我国已规定从 2002 年 1 月 1 日起,在全国范围内实验动物实行行政许可制度,实行地域管理。实行颁发实验动物生产许可证和实验动物使用许可证及从业人员上岗证制度后,大大推动了我国实验动物科学规范化管理进程。

（杨 斐）

第二章

实验动物的分类与质量控制

实验动物与其他动物不同,根据不同的实验需要,有着相应的遗传学、微生物学严格控制,一般将实验动物按遗传学控制和微生物学控制进行分类。

实验动物的遗传学分类与质量控制

实验动物是遗传限定的动物,根据基因型是否相同,可将实验动物分为相同基因型动物和不同基因型两大类,相同基因类型动物以近交系为代表,不同基因类型动物以封闭群为代表。

一、实验动物种、品种与品系的概念

1. 实验动物在生物分类学上的位置　目前已知自然界动物的种类达 150 万种以上,生物学分类的依据主要是其外部形态、内部构造、生活方式、发生进化和相互间的血缘关系等。所有的动物归属动物界,在界(kingdom)以下分为门(phylum)、纲(class)、目(order)、科(family)、属(genus)、种(species)等,还可用亚门、亚纲、亚目、亚科、亚属、亚种、变种等再细分。目前常用的实验动物大多是哺乳纲动物,具有胎生、哺乳、适应能力强等特点,且有较发达的神经、循环、消化系统。

2. 种　"种"(species)是由自然选择形成的生物分类学上的基本单位。通常,同种雌雄动物之间交配能顺利地繁殖后代,而异种动物之间则存在生殖隔离。以小鼠为例,它属于:脊椎动物门-哺乳动物纲-啮齿目-鼠科-小鼠属-小鼠种。

3. 品种与品系　在实验动物中把同一种动物中具有不同遗传特性的动物再细分为不同的品种和品系,有些品系还进一步细分为亚系。品种(stock)是种以下的非自然分类单位。品种主要是人工选择的产物,即把动物的外形和生物学特性进行改良以适应不同的需求,通过人工选择定向培育出的具备某些生物学特性的特定动物类群,其特性能较稳定遗传。如实验用兔可分为新西兰兔、日本大耳兔、青紫蓝兔等品种。品系(strain)即"株",为实验动物分类学的专用名词,指根据不同实验目的采用一定的交配方式繁殖且祖先明确的动物群,如近交系、突变系等。作为一个品系,必须具备独特的生物学特性、相似的外貌特征、稳定的遗传特性,并具有共同的遗传来源和一定的遗传结构。

二、近交系动物

1. 近交系的历史　1907 年,世界著名实验动物研究保种机构——美国 Jackson 实验室的创始人和第一任主任立特(Little)开始以小鼠的毛色基因为标记近亲交配小鼠,以获得必要的遗传均一性。2 年后,他获得带 d(dilution 淡色)、b(brown 棕色)和 a(nonagouti 非野鼠色)3 个隐性基因纯合的小鼠,以后又以这些小鼠亲兄妹连续交配达 20 代以上,获得了世界上第一株带 3 个隐性毛色基因(a/a, b/b, d/d)的近交系小鼠品系,即 DBA 品系的祖先。1921 年 Little 又培育出 C57BL、C57BR、C57L 等近交小鼠品系。同年斯特朗(Strong)也采用全同胞兄妹交配的方式培育出 A、CBA、C3H 等近交小鼠品系。现在全世界共有近交品系近千个,其中大小鼠的近交品系占绝大多数,其用量亦列实验动物用量之首,常用近交系小鼠品系已达 465 个。近交系动物的育成是实验动物学的一大进步,其应用大大促进了遗传学、肿瘤学、免疫学等学科的发展。近交系小鼠由于遗传背景清晰、基因型稳定、等位基因高度纯合等特性,等同于活的精密分析天平,对各种实验刺激的反应敏感,实验结果均一性好、重复性高,尤其是能携带和遗传人类疾病基因,并能表达性状,很快成了生命科学研究的宠儿,同时也成为转基因小鼠的背景鼠。

2. 近交系的定义　在一个动物群体中,任何个体基因组中 99% 以上的等位位点纯合(近交系数＞99%),可以定义为近交系(inbred strain)。经典近交系经至少连续 20 代的全同胞兄妹交配培育而成,品系内所有个体都可追溯到起源于第 20 代或以后代数的一对共同祖先的动物群。例如,常用近交系大鼠 F344,常用近交系小鼠 BALB/c 等。近交系动物各条染色体上的基因趋于纯合,等位基因基本完全一致,所以近交系动物遗传纯合度高,品系内个体间差异趋于零。其特征稳定,用于实验时重复性高,对各种应激刺激反应均一,实验结果准确,如同活的"分析天平",在各种遗传背景实验动物中,目前近交系动物在全世界分布最广泛、用量最多。

3. 近交系的命名　近交系通常以大写英文字母命名,也可以以大写英文字母加阿拉伯数字组合命名,符号应尽可能简短。如 A、C3H、SHR、F344 等品系。近交过程中有共同祖先但分离为不同的近交系,应用相近的名称。如 NZB、NZW、NZC、NZO 等品系。为了方便,近交系常用缩写表示。如 BALB/c 可缩写为 C,C57BL/6 可缩写为 B6,DBA/1 可缩写为 D1,CBA 可缩写为 CB。一般还可在品系符号后括号内写上近交代数,近交代数用 F 加阿拉伯数字表示,如 A(F78),表示近交代数为 78 代的 A 品系。有些以前命名的品系,如果为国际所公认,可沿用原非正规命名的名称,如 129、615 等品系。

4. 亚系　育成的近交系在维持过程中可能由于残余杂合基因的分离或基因突变而导致部分遗传组成的改变,造成同一品系内不同分支之间在遗传上的差异,对于这种在一个近交系内各分支动物之间因遗传分化而产生差异的情况,将该分支称为原近交系的亚系(substrain)。亚系的形成有以下几种原因:①同一品系在兄妹交配 40 代之前分离,很可能由于残余杂合性而导致形成亚系;②同一品系长期处于分离状态(100 代以上),可能由于突变而形成亚系;③已发现有遗传差异的品系,常因品系发生遗传污染后又被继续近交许多代,由此造成许多基因改变而形成亚系。

亚系的命名方法是在原品系的名称后加一道斜线,斜线后是亚系的符号。亚系的符号可以是数字,如 DBA/2;也可以是培育该亚系的单位或个人的英文名称缩写,第一个字母用大写,以后的字母用小写,不得与已公布的其他亚系名称重复,如 CBA/J 表示由美国杰克逊研究所培育的 CBA 近交系的亚系;当同一个保持者保持的同一个近交系拥有 2 个以上亚系时,可在数字后再加保持者英文名称缩写来表示亚系,如 C57BL/6J、C57BL/10J 分别表示由美国杰克逊研究所保持的。

5. 特殊类型的近交系 目前特殊类型的近交系主要包括以下 7 种。

(1) 同源突变近交系和同源导入近交系:同源突变近交系(coisogenic inbred strain)的形成,是由于某个近交系在某一特定基因位点上发生基因突变,从而分离出一株与原近交系仅在该基因位点上带有不同基因,而其他位点上的基因完全相同的近交系。同源导入近交系(congenic inbred strain)又称同类近交系,是通过回交(backcross)将一个基因或染色体片段导入到近交系中,由此形成的一个新的近交系与原来的近交系只是在一个很小的染色体片段上有所不同,为使供体品系的基因组占基因组总量<1%,同源导入近交系要求至少回交 10 个世代。

(2) 重组近交系和重组同类系:重组近交系(recombinant inbred strain)是由两个无关的近交系作为祖先品系,杂交生育杂种一代之后,杂种一代互交生育杂种二代,从杂种二代中随机选择个体配对,采用全同胞兄妹连续交配 20 代以上而形成的一个近交系列组品系。重组近交系既具有双亲品系的特征,又具有重组后每个重组品系的特征。重组同类系(recombinant congenic strain)是由两个近交系杂交后,子一代与 2 个亲代近交系中的一个近交系进行数次回交(通常回交 2 次),再经过不对特殊基因选择的连续兄妹交配(通常>14 代)而育成的近交系。

(3) 染色体置换系:染色体置换系(consomic strains or chromosome substitution sturains)是把某一染色体全部导入到近交系中,反复进行回交与成都近交系,将 F1 作为第 1 个世代,要求至少回交 10 个世代。

(4) 核转移系:核转移系(conplastic strains)是将某个品系的核基因组转移到其他品系细胞质二培育的品系。

(5) 混合系:混合系(mixed inbfes strains)是由 2 个亲本品系混合制作的近交系,且其中一个亲本品系是重组基因的 ES 细胞株。

(6) 互交系:互交系(advanced intercross lines)是 2 个近交系间先杂交得到 F1 代,F1 代自交繁殖到 F2 代,采取避免兄妹交配的互交方式得到的多个近交系,由于其较高的相近基因位点的重组率而被应用于突变基因的精细定位分析。

(7) 遗传修饰动物:遗传修饰动物(genetic modified animals)是经人工诱发突变或特定类型基因组改造而建立的动物,包括转基因动物、基因定位突变动物、诱变动物等。

6. 近交系动物的维持和生产 近交系动物育成之后,应保持其同基因性及其基因纯合性,维持其特定的生物学特征稳定。近交系动物的繁殖可分为基础群(foundation stock)、血缘扩大群(pedigree expansion stock)和生产群(production stock)。当近交系动物生产供应数量不是很大时,一般不设血缘扩大群,仅设基础群和生产群。近交系动物的维持和生产过程一般是从基础群获得种子,经血缘扩大群扩增后,建立生产群,由生产群繁殖仔鼠育成后供实验用。

（1）基础群：设立基础群的目的，一是保持近交系自身的传代繁衍，二是为扩大繁殖提供种动物。基础群严格以全同胞兄妹交配方式进行繁殖。基础群应设动物个体记录卡（包括品系名称，近交代数，动物编号，出生日期，双亲编号，离乳日期，交配日期，生育记录等）和繁殖系谱。基础群动物只要不超过 5～7 代都应能追溯到一对共同祖先。

（2）血缘扩大群：血缘扩大群的种动物来自基础群。血缘扩大群以全同胞兄妹交配方式进行繁殖。血缘扩大群动物应设个体繁殖记录卡。血缘扩大群动物只要不超过 5～7 代都应能追溯到其在基础群中的一对共同祖先。

（3）生产群：设立生产群的目的是生产供实验用的近交系动物，生产群种动物来自基础群或血缘扩大群。生产群动物一般以随机交配方式进行繁殖。生产群动物应设繁殖记录卡。生产群动物随机交配繁殖的代数一般不应超过 4 代。

7. 近交系动物的特性

（1）同和性：在一个近交品系内所有动物的所有基因位点都应该是纯合子，这样的个体与该品系中任何一个动物交配所产生的后代也应是纯合子，在这些动物中没有暗藏的隐性基因。

（2）同基因性：是指一个近交品系中任意 2 个个体之间在遗传上是同源的，同一品系内不同个体间的基因型完全一致，因此在同一品系内动物个体间进行皮肤或肿瘤移植不会被当作异己而排斥。

（3）均一性：由于近交系动物是相同基因型的动物，因而任何可遗传的体征都完全一致。某些个体的差异可能是由于环境的不均一所造成。

（4）长期的遗传稳定性：近交系动物在遗传上具有高度稳定性，人为选择不会改变其基因型，个体遗传变异仅发生在少量残留杂合基因或基因突变上，而这种概率非常低。如果近交系动物育成后坚持近交，并辅以遗传监测，及时发现和清除遗传变异的动物，则近交系动物中各品系的遗传特性可世代相传。

（5）可分辨性：几乎每个近交品系都建立了遗传概貌，掌握了遗传监测方法，可以轻而易举地将混合在一起的两个外貌近似的品系分辨出来。

（6）个体性：近交系动物的每个品系在遗传上都是独特的，因而具有独特的表现型，可在众多的近交系中筛选出对某些因子敏感和非敏感的品系以达到不同的实验目的。

（7）分布的广泛性：近交系动物个体具备品系的全能性，任何个体均可携带该品系全部基因库，引种非常方便，仅需 1～2 对动物。因此，目前大部分近交系动物能广泛分布到世界各地。

（8）背景资料和数据较为完整：由于近交系动物在培育和保种的过程中都有详细记录，加之这些动物分布广泛、经常使用，已有相当数量的文献记载着各品系的生物学特征，这些基本数据对于设计新的实验和解释实验结果提供了便利条件。

8. 近交系动物的应用特点　近交系动物个体间极为一致，对实验反应均一，可以消除杂合遗传背景对实验结果的影响，因此在实验中，实验组和对照组都只需少量动物。近交系动物个体间组织相容性一致，因此在同一品系内动物个体间进行组织细胞或肿瘤移植不会发生免疫学排斥反应。由于近交，隐性基因纯合性状得以暴露，可以获得大量先天性畸形及先天性疾病的动物模型。某些近交系具有一定的自发或诱发肿瘤发生率，并可以使许多肿瘤细胞株在活体动物上传代。这些品系成为肿瘤病因学、肿瘤药理学研究的重要模型。多个近交系同时使用可使不同研究者分析不同遗传组成对某项实验的影响，或者观察实验结果是否具有普遍意义。

9. 常用近交系的主要生物学特性 见表2-1～表2-4。

表2-1 常用近交系小鼠

品系	毛色	主要特征及应用	常见亚系
A	白化	雌性经产鼠乳腺癌发病率为30%～80%；可的松诱发先天性腭裂发病率高；对麻疹病毒高度敏感；对X线非常敏感	A/J A/He
AKR	白化	淋巴细胞白血病发生率雄性为76%～90%，雌性为68%～90%；血液过氧化氢酶活性高；肾上腺类脂质浓度低；对Graffi白血病因子敏感	AKR/N AKR/J AKR/Cum
BALB/c	白化	乳腺肿瘤发病率低，为10%～20%；对X线非常敏感；老年雄性鼠心脏有某些病变；常见动脉硬化，血压较高；肾上腺和卵巢自发性肿瘤发病率高；几乎全部20月龄雄性鼠脾脏均有淀粉样病变；易患慢性肺炎	BALB/cJ BALB/cAnN
DBA/1	淡棕色	对DBA/2的大部分移植瘤有抗性；＞12月龄的已产雌鼠和＞18月龄的处女鼠乳腺癌的自发率为75%；对接种结核分枝杆菌敏感；近100%的淘汰雌性种鼠均可见心脏钙质沉着	DBA/1N DBA/1J
DBA/2	淡棕色	乳腺癌发病率雌性为66%，育成雄性为30%；白血病发病率雌性为6%，雄性为8%；35日龄小鼠100%有听源性癫痫发作，55日龄后则为5%；雄性鼠接触氯仿烟雾和乙二醇的氢化产物，以及维生素K缺乏时死亡率高	DBA/2J DBA/2N DBA/2Ola
C57BL	黑色	低发乳腺癌，对放射性耐受性强，但X线照射致肝癌发病率高；眼畸形、口唇裂的发生率达20%，淋巴细胞白血病发病率为6%，对结核分枝杆菌有耐受性，嗜酒，对化学致癌物诱导作用敏感性低；老年鼠中有垂体腺瘤和网状细胞肉瘤	C57BL/6 C57BL/10 C57BL/Ks
C3H	野鼠色	对致肝癌因素敏感；14月龄自发性肝癌发病率高达85%；在9～10月龄的种鼠与处女鼠中乳腺癌自发率为97%～100%；雄鼠对松节油、氯仿易感补体活性高；干扰素产量低；在普通环境下易患幼鼠腹泻；老年鼠常见膀胱扩张和自发性成骨肉瘤；对炭疽杆菌有抵抗力	C3H/He C3H/Bi C3H/HeJ C3H/St
CBA	野鼠色	CBA/Ca有18%缺第三下白齿，雄鼠对维生素K缺乏敏感；CBA/J乳腺肿瘤发病率为33%～65%；雄性鼠肝细胞瘤发病率为25%～65%；对中剂量放射线有抗性，对麻疹病毒高度敏感；携带视网膜退化基因；CBA/N带有B细胞缺乏的伴性免疫缺陷基因	CBA/Ca CBA/J CBA/N CBA/St
C58	黑色	白血病高发，淋巴细胞白血病发生率达95%；一次性排卵的数量多；10%鼠肾脏发育不良；对疟原虫感染有一定抵抗力	C58/J C58/N C58/LWN

续　表

品系	毛色	主要特征及应用	常见亚系
129	灰野生色	睾丸畸胎瘤自发率为 30％；适用于卵巢或卵子移植，对雌激素敏感	129/RrJ,129/Re
KK	白色	老年鼠中自发性糖尿病发病率高，葡萄糖耐糖量异常，血清胰岛素含量高，对双胍类降糖药敏感	KK/Jic
SWR	白色	乳腺癌发生率低；雄鼠在接触丁醇氧化物，或予维生素 K 缺乏时死亡率高；常见动脉硬化症	
615	深褐色	肿瘤发生率为 10％～20％；雌性为乳腺癌，雄性为肺癌；对津 638 白血病病毒敏感	
SMMC/C	白化	对疟原虫敏感；乳腺癌发病率高	
SMMC/B	白化	对减压病敏感；肿瘤自发率低	
津白 1	白化	肿瘤自发率低	
津白 2	白化	乳腺癌发病率高	
中国 1	白化	自发性肿瘤少见	
NZB	黑色	有自身免疫性溶血性贫血；自发性高血压和高血压心血管病，有抗核抗体；有髓外造血现象和类狼疮性肾炎	NZB/J NZB/N
NZW	白色	NZB 与 NZW 杂交 F1 代有红斑狼疮（LE 细胞）和抗核抗体阳性	

表 2-2　常用近交系大鼠

品系	毛色	主要特征及应用
F344/N	白化	原发性和继发性脾红细胞免疫反应性能低，旋转运动性低；血清胰岛素含量低，雄鼠乙基吗啡和苯胺的肝代谢率高；可做苯酮尿症动物模型。对高血压蛋白质的产生有拮抗性。己烯雌酚吸收快且易引起死亡。肾脏疾病发生率低。可做周边视网膜退化模型。对囊尾蚴易感；乳腺癌自发率雄性为 23％，雌性为 41％；脑垂体腺瘤雄性为 24％，雌性为 36％；睾丸间质细胞瘤为 85％；甲状腺癌为 22％；单核细胞白血病为 24％；雌性乳腺纤维腺瘤为 9％；多发性子宫内膜肿瘤为 21％
Lou/CN	白化	浆细胞瘤高发系；其同类系 Lou/MN 为低发系。两者组织相容性相同，回首部淋巴结产生的自发性淋巴瘤-免疫细胞瘤，可移植于同系大鼠和其杂交后代。60％合成单克隆免疫球蛋白 IgG、IgA；＞8 月龄的大鼠自发浆细胞囊肿发生率雄性为 30％，雌性为 16％；产生单核免疫蛋白 IgG 占 35％，IgE 或 IgA 占 36％；主要用于免疫学研究中的单克隆抗体制备
ACI	黑色腹部和脚白色	28％的雄性和 20％的雌性有单侧肾缺如或发育不全，或肾囊肿。自发性肿瘤发生率：雄鼠睾丸肿瘤为 46％，前列腺肿瘤为 17％，脑垂体肿瘤为 5％，肾上腺肿瘤为 16％，皮肤、耳道及其他类型肿瘤为 6％；雌鼠脑垂体瘤为 21％，子宫癌为 13％，乳腺癌为 11％，肾上腺瘤为 6％，血清甲状腺素含量低，繁殖力低，死胎发生率为 11％。该品系大鼠呈现低血压，对变化环境适应期长，先天性泌尿生殖异常，易诱发前列腺癌

续　表

品系	毛色	主要特征及应用
M520	白化	收缩压低;苯胺的肝脏代谢率低,乙基吗啡代谢率高;极易感染肾炎和囊尾蚴病。<18 月龄时,子宫癌,脑垂体前叶肿瘤,肾上腺皮质、髓质及间质地细胞瘤的发生率≤10%。>18 月龄时,子宫肌瘤的发病率为12%～50%;肾上腺髓质瘤为 65%～85%;脑垂体前叶肿瘤为 20%～40%;未交配雄鼠的间质细胞瘤为 35%;α-乙酰氟胺诱发肿瘤敏感
BN	棕色	先天性高血压发病率为 30%;肾盂积水发病率为 30%;31 月龄的大鼠心内膜疾病发生率为 7%;抗实验性过敏性脑膜炎,抗自身免疫复合物性肾炎。可用于白血病骨髓移植研究。上皮肿瘤发生率:雄性为 28%,雌性为 20%。雄鼠最常见的肿瘤为膀胱癌,发生率为 35%;胰岛腺瘤为 15%。雌鼠脑垂体腺瘤为 26%;肾上腺皮质腺瘤为 19%;宫颈肉瘤为 15%
LEW	白化	血清中甲状腺素、胰岛素和生长激素含量高;对实验性过敏性脑脊髓炎敏感。诱发自身免疫心肌炎高度敏感;自身免疫复合物血管球性肾炎敏感
AGVS	白化	易感染实验性过敏性脑脊髓炎;对溶组织内阿米巴有拮抗性;繁殖功能良好
CAS	白化	高发龋齿;生育能力低;产仔少
BVF	白化	龋齿发病率低;自发免疫甲状腺炎;25%～30%的中老年鼠自发脑垂体瘤,适用于肝癌研究
WF	白化	自发性单核细胞白血病发病率较高,为 28%～36%。雌鼠自发肿瘤:脑垂体瘤为 27%,乳腺肿瘤为 21%,血清中生长素含量低
SHR	白化	高血压发生率高,且无明显原发性肾脏或肾上腺损伤,心血管疾病发生率高。尿嘌呤糖尿病能进一步使血压增高,动物对抗高血压药物有反应。循环血液中的促肾上腺激素水平明显偏高。[131]I 代谢率较正常鼠减少,甲状腺重量增加
COP	头部被毛呈黑色头巾状	对乳腺癌具有抵抗力;脑垂体小;可自发胸腺癌;对囊尾蚴有抵抗力;可用于前列腺癌的移植研究和模型建立
GH	白化	为遗传性高血压,可能与肾及前列腺素的分解代谢有关,有心肌肥大和心血管疾病。心率加快于正常血压品系的 20%,体脂肪含量较低,心脏比正常品系增大 50%,是研究高血压和心血管疾病的良好模型

表 2-3　常用近交系豚鼠

品系	毛色	主要特征及应用
近交系2 号	黑、棕、白三色	体重小于近交系 13 号,但脾脏、肾脏和肾上腺大于近交系 13 号,老年豚鼠其胃大弯、直肠、肾脏、腹壁横纹肌、肺脏和主动脉等都有钙质沉着。对结核分枝杆菌抵抗力强,并具有纯合的 GPL-A(豚鼠主要组织相容性复合体)、B.1 抗原,血清中缺乏诱发的迟发超敏反应因子,对实验诱发自身免疫的甲状腺炎比近交系 13 号敏感
近交系13 号	黑、棕、白三色毛	对结核分枝杆菌抵抗力弱,受孕率比 2 号差,体形较大。GPL-A、B.1 抗原与 2 号相同,而主要组织相容性多,合体 1 区与 2 号不同。对诱发自身免疫甲状腺炎抵抗力比 2 号强。血清中缺乏迟发超敏反应因子。生存期 1 年的豚鼠白血病自发率为 7%,流产率为 21%,死胎率为 45%

表 2-4　常用近交系地鼠

背景	品系	特点
金黄地鼠	xx.B	高血压
	2.4	前列腺增生
	4.22	肥胖
	12.14	后肢麻痹
	14.6	肌病
	40.54	肌病
	41.56	虹膜异常
	72.29	无眼畸形、聋
	87.20	前列腺增生
	82.62	肌病
	86.93	癫痫
中国地鼠	山医群体	非肥胖型遗传性糖尿病,血糖呈中、轻度增高,血清胰岛素浓度变化多样,胰岛病变程度不一,发病率受饮食和环境因素影响,且具有多基因遗传特点,与人类 2 型糖尿病相似
	A/GY	肿瘤移植
	8Aa/GY	肿瘤移植
	B/GY	糖尿病
	C/GY	癫痫

三、封闭群动物

(一)封闭群的定义

封闭群是指以非近亲交配方式进行繁殖生产的一个实验动物种群,在不从其外部引入新个体的条件下,至少连续繁殖 4 代以上。维持封闭群的关键是不从外部引进任何新的基因,同时进行随机交配不让群体内的基因丢失,以保持封闭群一定的杂合性。在封闭群内,个体间的差异程度主要取决于其祖代来源,若祖代来自一般杂种动物,则个体差异较大;若祖代来自同一个品系的近交系动物,则差异较小。不同基因型的动物以封闭群动物为代表,又可以分为两类,即远交群(outbred stock)和突变群(mutant stock)。

1. **远交群**　在同一种群内,由无血缘关系的雌雄个体间通过随机交配所繁殖的后代群体称为远交群。它的遗传组成类似于自然状态下的动物群体结构。远交群中的个体之间具有遗传杂合性而差异较大,但是从整个群体来看,封闭状态和随机交配使群体基因频率基本保持稳定不变,从而使群体动物在一定范围内保持相对稳定的遗传特征。常见远交群动物有 ICR 小鼠、KM 小鼠、Wistar 大鼠、SD 大鼠、Dunkin Hatley 豚鼠及 New Zealand 兔等。

2. **突变群**　由于自然变异或人工导致基因突变,正常染色体上的基因发生突变而具有某种遗传缺陷或具备某种独特的遗传特点的群体称为突变群。常见突变群动物如带有

dy 突变基因、能表现肌萎缩症的小鼠,带有 dw 突变基因、能表现侏儒症的小鼠,带有 Ca 突变基因、能表现白内障的大鼠,带有 di 突变基因、能表现糖尿病的大鼠等。

(二)封闭群动物的维持和生产

封闭群动物的维持和生产应尽量保持封闭群动物的基因异质性及多态性,避免近交系数随繁殖代数增加而过快上升。为保持封闭群动物的遗传异质性及基因多态性,种群动物数量要足够多,小型啮齿类封闭群动物种群数目一般不能<25 对。为保持封闭群动物的遗传基因稳定,封闭群应足够大,并尽量避免近亲交配。封闭群动物的维持和生产必须保持封闭群条件,无选择、以非近亲交配方式进行繁殖,每代近交系数上升≤1%。

封闭群的种群大小、选种方式及交配方法是影响封闭群繁殖过程中近交系数上升速度的主要因素,应根据种群的大小,选择适宜的繁殖交配方法。当封闭群中每代交配的雄性种动物数目为 10~25 只时,一般采用最佳避免近交法;当封闭群中每代交配的雄性种动物数目为 26~100 只时,一般采用循环交配法;当封闭群中每代交配的雄性种动物数目≥100 只时,一般采用随选交配法。

(三)封闭群动物的特点和应用

远交群动物的遗传组成具有很高的杂合性,因此在遗传中可作为选择实验的基础群体,用于对某些性状遗传力的研究。远交群动物可携带大量的隐性有害突变基因,可用于估计群体对自发或诱发突变的遗传负荷能力。远交群动物具有类似于人类群体遗传异质性的遗传组成,因此在人类遗传研究、药物筛选和毒性试验等方面有着不可替代的作用。远交群动物具有较强的繁殖力和生活力,表现为每胎产仔多、胎间隔短、仔鼠死亡率低、生长快、成熟早、对疾病的抵抗力强、寿命长等,加之饲养繁殖时无须详细记录谱系,容易生产,成本低,可大量供应,因而广泛应用于预实验、学生教学和一般实验中。

突变群动物所携带的突变基因往往引起动物异常表现,从而成为生物医学研究的自发性模型。

常用的封闭群实验动物及其特性见表 2-5~表 2-11。

表 2-5　常用封闭群小鼠

品种	毛色	来源	主要特点	应用
昆明 (KM)	白色	印度 Haffkine 研究所	高产、抗病力强、适应性强,常见的自发性肿瘤为乳腺癌,发病率约为 25%	用于药品药理和毒理研究,以及生物制品检定
NIH	白色	美国 NIH	繁殖力强,产子成活率高,雄性好斗易致伤	用于药品药理和毒理研究,以及生物制品检定
ICR	白色	美国 Hanschka 研究所	繁殖力强,产子成活率高,雄性好斗易致伤	用于药品药理和毒理研究,以及生物制品检定
LACA (CFW)	白色	英国 Carworth 公司	繁殖力强,产子成活率高,雄性好斗易致伤	用于药品药理和毒理研究,以及生物制品检定

表2-6 常用封闭群大鼠

品种	毛色	主要特征及应用
Wistar	白化	头部较宽,耳朵较长,尾长小于身长,性周期稳定,繁殖力强,产仔多,生长发育快,性情温顺,对传染病的抵抗力较强,自发性肿瘤发生率低
Sprague-Dawley (SD)	白化	头部狭长,尾长度近于身长,产仔多,生长发育较Wistar快,抗病能力尤以对呼吸系统疾病的抵抗力强,自发性肿瘤发生率较低,对性激素感受性高,常用作营养学、内分泌学和毒理学研究
Long-Evans	白化或头、颈、尾基部黑色	基因型为hh时,头部毛斑如包头巾;基因型为hhaa时,头、颈、尾基部呈黑色
Brown-Norway	褐色	用于遗传学研究

表2-7 常用封闭群豚鼠

品种	毛色	主要特征及应用
英国种Hartley (又称荷兰种)	有白、黑、棕、灰、淡黄、巧克力等单色,也有白与黑等双色或白、棕、黑三色	生长迅速、生殖力强、性情活泼温顺,母鼠善于哺乳。致敏性强,多用于药物检定、免疫学、传染病学等研究
FMMU	白化	生长迅速、生殖力强、性情活泼温顺,母鼠善于哺乳。致敏性强,多用于药物检定、免疫学、传染病学等研究
Zmu-1:DHP	白化	遗传性能稳定,均一性好,对组胺等化学介质敏感性高

表2-8 常用封闭群地鼠

背景	品种	毛色特点
金黄地鼠	WO	白化
	WO	米黄色
	WO	米色带
	WO	黄棕色
	WO	黄棕色带
	WO	金黄色
	WO	金黄带
	WS	白化
	WS	黄棕色
	WS	米黄色
	WS	金黄色

表2-9 常用封闭群兔

品种	毛色	主要特征及应用
日本大耳兔	白色	眼睛红色,耳大、薄,向后方竖立,耳根细,耳端尖,形同柳叶,母兔颌下有肉髯。体型中等偏大,被毛浓密,生长快,繁殖力强,抗病力较差,适应性好。用于皮肤、热敏试验,抗体制备,心血管疾病模型复制等研究
新西兰白兔	白色	头宽圆而粗短,耳较宽厚而直立,臀圆,腰肋部肌肉丰满,四肢粗壮有力。体型中等,性情温顺,便于饲养管理,繁殖力强,产肉率高,以早期生长快而著称。用于热原试验、致畸试验、毒性试验、胰岛素检定、妊娠诊断、计划生育、人工受胎、诊断血清制造等领域,特别是药理学和毒理学研究
青紫蓝兔	每根被毛分为3种颜色,即毛根灰色、中段灰白色、毛尖黑色。尾、面部呈黑色,眼圈、尾底、腹部呈白色	体型中等,体质结实,腰臀丰满。繁殖性能较好,适应性好,生长快,容易饲养,用于生物制品的检验。分标准型、中型、巨型3个种群
中国白兔(中国本土兔)	白色,偶有灰色或黑色等其他毛色	体型较小,结构紧凑而匀称,被毛短而紧密,皮板较厚,头型清秀,耳短小直立,白色兔眼为红色,杂色兔眼为黑褐色,嘴头较尖,无肉髯。早熟,繁殖力强,适应性好,抗病力强,耐粗饲。但生长缓慢,生产性能欠佳

表2-10 常用封闭群犬

品系	主要特征	应用
小猎兔犬(毕格犬,Beagle)	原产英国。有黑色、黄褐色与白色短毛花斑。头稍平,耳朵平,呈"V"字形,鼻部黑而大,腿有厚而粗糙的肉垫,粗壮的上层被毛在扁平的下层被毛外面,被毛坚硬密实,光滑平顺。有一双长而大的耳朵,大眼睛,两眼距离较宽,眼球呈暗褐色,性格活泼开朗、稳定热情、性情温顺、叫声清脆,易于驯服和抓捕。对环境适应力和抗病力强,性成熟早,产仔数多。体型小利于实验操作,遗传性能稳定,实验重复性好,实验中反应的一致性好	多用于长期慢性实验,广泛用于生物化学、微生物学、病理学、药理学及肿瘤学等基础医学研究,以及制药工业的各种安全性试验和产品检定
黑白斑点犬(大麦町犬,Dalmatian)	整个身躯的长度(从胸骨到臀部的距离)与肩高大致相等。具有良好的体质,骨骼结实,被毛短、浓厚、细腻且紧贴着。被毛的外观圆滑、有光泽,底色是纯粹的白色,斑点是浓重的黑色,斑点圆而清晰。通常,头部、腿部及尾巴上的斑点比身躯的斑点小。平静而警惕,强健、肌肉发达,且活泼,聪明伶俐,轮廓匀称。具有极大的耐力,奔跑速度相当快	用于嘌呤代谢、中性粒细胞减少症、青光眼、白血病、肾盂肾炎、Ehers-Danols综合征等疾病的研究

续　表

品系	主要特征	应用
墨西哥无毛犬（Mexican Hairless）	全身除头部和尾巴端有少量短毛外,其余均仅有少许被毛,呈红灰色。天性较为懦弱、聪明、亲近人	用于黑头粉刺等皮肤特殊研究
拉布拉多犬（Labrador）	被毛有黑色、黄色和咖啡色,有的胸部带有一小白斑点。短而浓密,光滑油亮。身体壮实,腰部稍阔,眼睛黄色或黑色,基本上能配合毛色一样。尾巴是该品种的独特特征。在根部粗,向尖端逐渐变细。中等长度,长度不能延伸超过飞节。尾巴上没有羽状饰毛,周围都覆盖着浓厚的、短而浓密的被毛,从而形成了奇特的圆形外观,被描述为"水獭"尾巴。性情温和、聪明听话、容易训练、活泼好动、忠实主人、服从指挥	用于遗传性白内障、髋关节炎与肘关节炎研究,也可用于实验外科研究
拳师犬（Boxer）	体形中等,身体呈方形,背部短,四肢强健,被毛短而密。肌肉丰满。步态自由、稳定,有弹性。强壮而机警、坚定,温顺。头部轮廓清晰,吻部宽而钝。眼深褐色,眼神和前额的皱纹构成拳师犬独特的表情。被毛短,有光泽,光滑,紧贴身体。颜色为浅黄褐色,有斑纹	用于红斑狼疮和淋巴肉瘤研究

表 2-11　常用封闭群小型猪

品系	来源	应用
哥廷根小型猪（Gottingen）	1960 年,德国哥廷根大学引入越南黑色野猪与明尼苏达霍麦尔小型猪杂交后,与本国长白猪杂交育成,分白色系和有色系	用于致畸性实验、各种药物代谢、脏器移植、皮肤实验等领域的研究
明尼苏达霍麦尔小型猪（Minnesota Hormel）	1949 年,美国明尼苏达大学 Hormel 研究所用亚拉巴马州的几内亚猪、路易斯安那州的皮纳森林猪、加利福尼亚州卡特里娜岛猪杂交育成,为黑白斑毛色	为第一个小型猪品系,用于各种基础医学和药学研究
皮特曼-摩尔小型猪（Pitman-Moor）	美国皮特曼-摩尔制药公司用佛罗里达猪和明尼苏达小型猪杂交育成,黑白斑毛色或带有褐色	用于脑炎、猪瘟、猪萎缩性鼻炎研究及皮肤、药理试验
亨浮德系小型猪（Hanford）	1975 年,美国俄亥俄州亨浮德研究所用皮特曼-摩尔小型猪和白色派罗斯猪杂交后代,再与路易斯安那州的白猪杂交育成,被毛稀少,白色	用于皮肤研究、烫伤研究等
乌克坦小型猪（Yucotan）	1978 年,美国科罗拉多州立大学用从墨西哥南部乌克坦半岛导入的猪和美国中部野猪育成,深褐色,系墨西哥无毛猪	天然可患糖尿病
中国小型猪	由中国农业大学育成,体型小,便于操作;遗传形状稳定,后代不分化,体形均一;耐粗饲料,对青饲料有较强消化能力,易于饲养;属性早熟品种,肠道菌丛正常,已达清洁级标准。分I、II、III 3个系,I系生长缓慢,适宜长期实验;II系耐寒,适宜寒冷地区使用;III系毛色为白色,适宜皮肤实验	应用于动脉粥样硬化、糖尿病、皮肤移植、口腔医学等研究

四、杂交群动物

杂交群(hybrids)是由两个无血缘关系的近交系杂交产生的后代群体,其子一代简称F1。杂交F1代动物具有高度的同基因性和表型一致性,对实验反应均一性好,所有个体的基因型均是其父母基因型的组合,不仅常具有两系双亲的特征,亦可产生不同的杂交组合,且由于基因互作,可产生不同于双亲的新性状,成为表现症状的自发性动物模型,因其双亲来自两个不相关的近交系,故具有杂种优势,生活力和抗病力优于近交系,对环境的适应力强。

杂交群的命名,是以雌性亲代名称在前,雄性亲代名称在后,两者之间以大写英文字母"X"相连表示杂交,将以上部分加用括号,再在其后标明杂交的代数,如F1表示杂交F1代。对品系或种群的名称常使用通用缩写名称。

除特殊需要外,杂交群通常使用F1代,很少将F1代作为亲本继续繁殖。培育杂交F1代时只需将适龄的雌性和雄性亲代品系动物杂交即可,但雌雄亲本交配顺序不同,所得到的F1动物是不同的。

五、实验动物遗传质量监测

实验动物遗传质量监测是为了保证动物品种品系的遗传质量与标准一致,并使之在长期保种繁殖后遗传特征稳定不变。实验动物在培育、维持和生产等过程中可能由于基因突变、遗传漂变及遗传污染等因素引起其遗传性状的改变,因而必须定期检测实验动物的遗传质量,及时发现由各种因素造成的遗传变异或污染,以保证实验动物的遗传组成和生物学特性的稳定。对遗传质量检测方法的最根本要求是准确(exact)、简便(easy)、有效(efficient)、经济(economical),简称"4E"原则。检测方法主要分为直接检测遗传组成的染色体标记检测、DNA多态性检测、基因组测序法等,以及间接检测遗传组成的生化标记检测法、免疫标记检测法、形态学检测法等(表2-12)。

表2-12　实验动物遗传质量检测常用方法

原理	手段	评价
形态学	下颌骨形态分析法	较复杂,需要经过复杂计算,消耗大量动物
	毛色基因测试法	简单,但需长时间观察
	染色体带纹分析法	较复杂,准确性较差
免疫学	同系异体植皮法	简单,有权威性,得到结果时间长
	H-2复合体监测法	较复杂,费用高,准确性较高
	混合淋巴细胞培养	较复杂,费用高,需一定设备
生物化学	生化标记电泳法	经济、准确性较高,普遍采用

1. 生化标记检测　是指以生物化学方法检测实验动物遗传质量,常采用生化标记电泳法检测生化标记基因。生化标记(biochemical markers)是指能够表明遗传特征并采用生化方法识别的记号,在大鼠和小鼠多为一些同工酶和异构蛋白,每个近交品系具有独特

的生化标记(组合)。由于这些同工酶和异构蛋白在特定电场内携带电荷不同,可采用电泳的方法将其区分,并根据电泳带型(蛋白质表现型)推断动物的基因型,从而判读被检动物的遗传质量。

2. 免疫标记检测 是指运用免疫学方法检测实验动物的遗传质量。其中,同系异体植皮法(又称皮肤移植检测)是通过观察移植免疫反应来鉴别供体和受体组织相容性抗原异同的独特手段。同一品系的动物由于具有相同的遗传基础(同源),在个体间进行皮肤移植时不会发生排斥,而不同品系之间的移植则会发生排斥从而使移植失败,遗传污染可导致移植物排斥。F1 代动物可接受任何一个双亲的组织移植物,但双亲不能接受 F1 代的移植物,F1 代亦可接受 F2 代以后各代动物的移植物,亲本品系可能接受某些 F2 代以后动物的移植物,但绝大多数被排斥。皮肤移植检测多用于近交系大鼠和小鼠在培育过程中的纯度检查,以及在繁殖饲养过程中的遗传监测。皮肤移植分为背部皮肤移植和尾部皮肤移植,两者方法原理相同,检测效力相同。

3. 形态学检测 是指运用形态学方法检测实验动物的遗传质量,主要包括下颌骨测量法、毛色基因测试法等。由于动物的骨骼形态具有高度遗传性,故各种骨骼的形态、大小及其差异均可用于鉴定品系,如下颌骨形态检测(图 2-1)。骨骼多态性分析技术多用于区分不同动物的种及亚种。

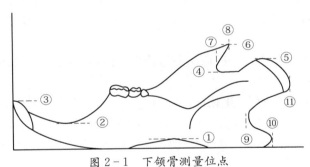

图 2-1 下颌骨测量位点

注:①~⑪是 11 个测量位点的编号。

六、近交系动物遗传质量监测的实施

根据近交系的遗传学特点,其遗传监测的目的首先是及时发现遗传变异或污染,以保证近交系动物基因的高度纯合,并淘汰由于各种原因造成遗传变异的个体;其次应对外表特征相同(如毛色、体形等)的不同品系近交系动物做有效区分。

近交系动物无论基础群还是生产群都应进行定期的遗传检测,生产群每年至少检测一次。生产群中雌性种鼠数量在 100 只以下应每次抽取 6 只动物;雌性种鼠数量在 100 只以上每次抽取动物数应大于总数的 6%,抽样动物均需雌雄各半。近交系动物基础群中凡在子代留有种鼠的双亲动物都应进行检测。

国际上用于近交系动物遗传检测的方法主要有形态学方法、免疫学方法、生物化学方法 3 种间接检测方法,还可以使用直接检测法。对近交系大鼠、小鼠而言,生化标记检测是其纯度检测的常规方法。近交系小鼠的生化标记一般选择位于 10 条染色体上的 14 个生化位点,近交系大鼠则选择位于 6 条染色体上的 11 个生化位点作为其生化标记。生化标记检测结果的判断与处理见表 2-13。

表 2-13　近交系动物遗传检测结果的判断与处理

检测结果	判断	处理
与标准遗传概貌完全一致	未发现遗传变异,遗传质量合格	无
有一个位点的标记基因与标准遗传概貌不一致	可疑	增加检测位点数目和增加检测方法后重检,确实只有一个标记基因改变可命名为同源突变系
2 个或 2 个以上位点的标记基因与标准遗传概貌不一致	不合格	淘汰,重新引种

七、封闭群动物遗传质量监测的实施

封闭群动物的繁殖应当能保持群体基因异质性及多态性,避免近交系数随繁殖代数增加而过快上升,对封闭群动物的遗传质量监测主要针对基因多态性和基因频率的稳定性。

封闭群动物至少每年进行一次遗传质量检测,且每次每个封闭群动物应随机抽取雌、雄各 25 只以上。

对封闭群大鼠和小鼠而言,生化标记基因检测可用于多态性检测,应选择能够代表种群特点的生化标记基因。此外,可采用 DNA 多态性分析法、下颌骨测量法等,还可以通过连续监测生长发育、繁殖性状、血液生理生化指标等参数把握群体的正常范围,间接推测群体的遗传稳定性。

八、杂交群动物遗传质量监测的实施

由于杂交群的 F1 代直接用于实验研究,而不进行繁殖,因此一般不进行遗传质量监测,如果有需要,通常参照近交系的检测方法。

第二节
实验动物的微生物学分类与质量控制

实验动物的微生物学分类建立在实验动物微生物、寄生虫质量控制的基础之上,说明了实验动物体内外微生物、寄生虫的携带状况,提供了实验对象的微生物背景。

一、实验动物微生物背景控制的意义

实验动物本身对多种病原体较敏感,在生产过程中多采用规模化、集约化繁育,而在

其使用过程中又常以组为单位实行群体饲育,饮食、活动、睡眠、排泄共处一处,极易造成疾病的暴发和流行。实验动物是"活"的试剂,感染可能干扰实验结果,影响科学研究的正确性和可靠性,甚至得出错误的结论,例如乳酸脱氢酶病毒感染了实验小鼠后,尽管通常不发生临床症状,但可引起小鼠血清乳酸脱氢酶含量显著升高,严重影响机体的免疫功能,污染实验材料。实验动物如果感染了动物烈性传染病的病原体,则会引起群体内的流行病暴发,导致大批动物的死亡或质量下降,造成重大经济损失。例如,由鼠痘病毒感染引起的实验小鼠传染性脱脚病,暴发时动物四肢或尾水肿、坏死、脱落,死亡率高达95%。实验动物如果感染了人兽共患病,还会传染给从事实验动物工作的饲养人员和从事动物实验工作的科研人员,引发人兽共患病在人群中的流行,危害人们的健康。例如,实验大鼠、小鼠感染流行性出血热病毒时常为隐性感染,外表健康但是携带病毒,一旦传染给人,患者表现为发热、出血、肾功能损害和外周循环衰竭,且死亡率极高。所以,严格控制实验动物的微生物学、寄生虫学质量,排除人兽共患病和动物传染病病原体的感染,并按实验动物体内外所携带的微生物和寄生虫状况对其进行标准化分类,按照实验要求,推广使用标准化合格的相应微生物净化等级的动物,是确保实验结果科学、可靠及实验人员安全的重要前提。

二、实验动物微生物学分类的依据

实验动物微生物学分类是从保护动物和人类的健康、避免对实验的干扰角度出发,依据实验动物携带微生物、寄生虫(特别是病原体)的状况,对实验动物进行微生物背景的分类,以便开展实验动物的标准化质量控制,构建与之匹配的环境条件,保证生产和实验的顺利进行。理论上,实验动物所排除的病原体越多,则该动物的微生物净化等级越高。但同样进行监测的项目就越多,所花费的人力、物力和财力等成本也越高。因此,一些国家和组织根据自身的情况制定了各自的实验动物微生物学及寄生虫学质量监测标准。在我国,该标准由国家质量监督检验检疫总局制定。

根据微生物和寄生虫对实验动物的致病性和对动物实验的影响与干扰,一般将其分为5类:Ⅰ类,为主要的人兽共患病病原体,能在动物群和人群之间交叉感染,严重损害患者健康。Ⅱ类,为动物的烈性传染病病原体,一般不传染人,但能在动物群中相互传染,暴发烈性传染病,具有高度致病性和极强的传染力。例如,兔出血症病毒和犬细小病毒几乎不传染给人,但在各自的群体中却会互相传染,引发相应动物的烈性传染病,造成动物大量患病或死亡。Ⅲ类,为动物的弱致病性病原体,虽然危害性和传染力较弱,但也能引起动物疾病,对实验动物生产和动物实验评定有一定的影响。如实验大鼠肺部感染支原体后引起支气管纤毛功能障碍,从而影响呼吸功能和实验观察。Ⅳ类,为能引起动物隐性感染和潜伏感染的病原体,受外界环境应激因素刺激后,可能诱发疾病。如实验小鼠感染了小鼠肝炎病毒后一般呈隐性感染状况,临床症状不明显,不易被察觉,一旦环境条件剧变或实验刺激后会急性发作,导致异常死亡。Ⅴ类,非病原体,一般对实验动物没有致病性,仅可作为饲养环境的微生物学监控指示指标,如双歧杆菌、乳酸杆菌等。

三、我国实验动物的微生物学分类

我国的实验动物国家标准规定,实验动物微生物学分类等级从低到高依次分为普通级动物、清洁级动物、无特定病原体级动物、无菌级动物。普通级动物应排除Ⅰ类和Ⅱ类病原体;清洁级动物应排除Ⅰ类、Ⅱ类和Ⅲ类病原体;无特定病原体级动物应排除Ⅰ类、Ⅱ类、Ⅲ类和Ⅳ类病原体;无菌级动物应排除包括上述5类在内的一切微生物,已知菌动物应排除植入微生物之外的一切微生物(表2-14~表2-16)。

表2-14 常用实验动物病原菌监测等级标准(GB 14922.2-2011)

动物等级	病原菌	动物种类						
		小鼠	大鼠	豚鼠	地鼠	兔	犬	猴
普通级动物	沙门菌,Salmonella spp.			0	0	0	0	0
	假结核耶尔森菌,Yersinia pseudotuberculosis			1	1	1		
	小肠结肠炎耶尔森菌,Yesinia enterocolitica			1	1	1		
	皮肤病原真菌,Pathogenic dermal fungi			1	1	1	0	0
	念珠状链杆菌,Streptobacillus moniliformis			1	1			
	布鲁杆菌,Brucella spp.						0	
	钩端螺旋体,Leptospira spp.						2	
	志贺菌,Shigella spp.							0
	结核分枝杆菌,Mycobacterium tuberculosis							0
清洁级动物	沙门菌,Salmonella spp.	0	0	0	0	0		
	假结核耶尔森菌,Yersinia pseudotuberculosis	1	1	1	1	1		
	小肠结肠炎耶尔森菌,Yesinia enterocolitica	1	1	1	1	1		
	皮肤病原真菌,Pathogenic dermal fungi	1	1	1	1	1		
	念珠状链杆菌,Streptobacillus moniliformis	1	1	1				
	支气管鲍特杆菌,Bordetella bronchiseptica			0		0		
	支原体,Mycoplasma ssp.	0	0					
	鼠棒状杆菌,Corynebacterium kutscheri	0	0					
	泰泽病原体,Tyzzer's organism	0	0	0	0	0		
	大肠埃希菌,0115a, C, K(B) Escherichia coli 0115a, C, K(B)	1						
	多杀巴斯德杆菌,Pasteurella multocida			0	0	0		
无特定病原体级动物	沙门菌,Sslmonella spp.	0	0	0	0	0	0	0
	假结核耶尔森菌,Yersinia pseudotuberculosis	1	1	1	1	1		
	小肠结肠炎耶尔森菌,Yesinia enterocolitica	1	1	1	1	1	1	1
	皮肤病原真菌,Pathogenic dermal fungi	1	1	1	1	1	0	0
	念珠状链杆菌,Streptobacillus moniliformis	1	1	1	1			

动物等级	病原菌	动物种类						
		小鼠	大鼠	豚鼠	地鼠	兔	犬	猴
	支气管鲍特杆菌，*Bordetella bronchiseptica*		0	0	0			
	支原体，*Mycoplasma ssp.*	0	0					
	鼠棒状杆菌，*Corynebacterium kutscheri*	0	0					
	泰泽病原体，Tyzzer's organism	0	0	0	0			
	大肠埃希菌，0115a，C，K（B）*Escherichia coli* 0115a，C，K（B）	1						
	多杀巴斯德杆菌，*Pasteurella multocida*			0	0	0		
	嗜肺巴斯德杆菌，*Pasteurella pneumotropica*	0	0	0	0			
	肺炎克雷白杆菌，*Klebsiella pneumoniae*	0	0	0	0			
	金黄色葡萄球菌，*Staphylococcus aureus*	0	0	0	0			
	肺炎链球菌，*Streptococcus pnemoniae*	1	1	1	1	1		
	乙型溶血性链球菌，*β-hemolyticstreptococcus*	1	1					
	铜绿假单胞菌，*Pseudomonas aeruginosa*	0	0	0	0			
	钩端螺旋体，*Leptospira spp.*						4	
	小肠结肠炎耶尔森菌，*Yesinia enterocolitica*	1	1	1	1	1	1	
	空肠弯曲菌，*Campylobaceter jejuni*						1	1
	志贺菌，*Shigella spp.*							0
	结核分枝杆菌，*Mycobacterium tuberculosis*							0
无菌级动物	无任何可查到的细菌	0	0	0	0	0		

注：0为必须检测，要求阴性；1为必要时检测，要求阴性；2为必要时检测，可以免疫；3为必须检测，可以免疫；4为必须检测，要求阴性，不能免疫；5为必须检测，要求免疫。

表2－15　常用实验动物病毒监测等级标准（GB 14922.2－2001）

动物等级	病毒	动物种类						
		大鼠	小鼠	豚鼠	地鼠	兔	犬	猴
普通级动物	淋巴细胞脉络丛脑膜炎病毒，Lymphpcytic choriomeningitis virus（LCMV）				0	0		
	兔出血症病毒，Rabbit hemorrhagic disease virus（RHDV）					3		
	狂犬病病毒，Rabbit virus（RV）						5	
	犬细小病毒，Canine parvovirus（CPV）						5	

动物等级	病毒	动物种类						
		小鼠	大鼠	豚鼠	地鼠	兔	犬	猴
	犬瘟热病毒,Canine distemper virus(CDV)						5	
	传染性犬肝炎病毒,Infectious canine hepatitis virus（ICHV）						5	
	猕猴疱疹病毒Ⅰ型（B病毒）,Cercopithecine herpesvirus typeⅠ(BV)							0
清洁级动物	淋巴细胞脉络丛脑膜炎病毒,Lymphpcytic choriomeningitis virus(LCMV)	1		0	0			
	汉坦病毒,Hantavirus(HV)	1	0					
	鼠痘病毒,Ectromelia virus(Ect.)	0						
	小鼠肝炎病毒,Mouse hepatitis virus(MHV)	0						
	仙台病毒,Sendai virus(SV)	0	0	0	0	0		
	兔出血症病毒,Rabbit hemorrhagic disease virus（RHDV）					4		
无特定病原体级动物	淋巴细胞脉络丛脑膜炎病毒,Lymphpcytic choriomeningitis virus(LCMV)	1		0	0			
	汉坦病毒,Hantavirus(HV)	1	0					
	鼠痘病毒,Ectromelia virus(Ect.)	0						
	小鼠肝炎病毒,Mouse hepatitis virus(MHV)	0						
	仙台病毒,Sendai virus(SV)	0	0	0	0	0		
	小鼠肺炎病毒,Pneumonia virus of mice(PVM)	0	0	0	0			
	呼肠孤病毒Ⅲ型,Reovirus typeⅢ（Reo－3）	0	0	0				
	小鼠细小病毒,Minute virus of mice(MVM)	0						
	小鼠脑脊髓炎病毒,Theiler's mouse encephalomyelitis virus(TMEV)	1						
	小鼠腺病毒,Mouse adenovirus(Mad)	1						
	多瘤病毒,Polyoma virus(POLY)	1						
	大鼠细小病毒RV株,Rat parvovirus(KRV)		0					
	大鼠细小病毒H-1株,Rat parvovirus(H－1)		0					
	大鼠冠状病毒/大鼠涎泪腺炎病毒,Rat coronavirus（RCV）/sialodacryoadenitis virus(SDAV)		0					
	兔出血症病毒,Rabbit hemorrhagic disease virus（RHDV）					4		

续　表

动物等级	病毒	动物种类						
		小鼠	大鼠	豚鼠	地鼠	兔	犬	猴
	轮状病毒,Roravirus(RRV)					0		
	狂犬病病毒,Rabies virus(RV)						0	
	犬细小病毒,Canine parvovirus(CPV)						0	
	犬瘟热病毒,Canine distemper virus(CDV)						0	
	传染性犬肝炎病毒,Infectious canine hepatitis virus（ICHV）						0	
	猴反转录 D 型病毒,Simian retrovirus(SRV)							0
	猴免疫缺陷病毒,Simian immunolodeficiency virus（SIV）							0
	猴T细胞趋向性病毒Ⅰ型,Simian T lymphotropic virus type Ⅰ(STLV-Ⅰ)							0
	猴痘病毒,Simian pox virus(SPV)							0
无菌级动物	无任何可查到的病毒	0	0	0	0	0		

注:0 为必须检测,要求阴性;1 为必要时检测,要求阴性;2 为必要时检测,可以免疫;3 为必须检测,可以免疫;4 为必须检测,要求阴性,不能免疫;5 为必须检测,要求免疫。

表 2-16　常用实验动物寄生虫检测等级标准(GB 14922.2-2001)

动物等级	病原菌	动物种类						
		小鼠	大鼠	豚鼠	地鼠	兔	犬	猴
普通级动物	体外寄生虫(节肢动物),Ectoparasites			0	0	0	0	0
	弓形体,Toxoplasma gondii			0	0	0	0	0
清洁级动物	体外寄生虫(节肢动物),Ectoparasites	0	0	0	0	0		
	弓形体,Toxoplasma gondii	0	0	0	0	0		
	兔脑原虫,Encephasma cuniculi	1	1	1		1		
	卡氏肺孢子虫,Pneumocystis carinii	1	1			0		
	爱美尔球虫,Eimariacarinii				1	1		
	全部蠕虫,All Helminths	0	0	0	0	0		
无特定病原体级动物	体外寄生虫(节肢动物),Ectoparasites	0	0	0	0	0	0	0
	弓形体,Toxoplasma gondii	0	0	0	0	0	0	0
	兔脑原虫,Encephasma cuniculi	1	1	1		1		
	卡氏肺孢子虫,Pneumocystis carinii	1	1			0		

动物等级	病原菌	动物种类						
		小鼠	大鼠	豚鼠	地鼠	兔	犬	猴
	爱美尔球虫，*Eimaria carinii*				1	1		
	全部蠕虫，*All Helminths*	0	0	0	0	0	0	0
	鞭毛虫，*Flagellates*	0	0	0	0	0	0	0
	纤毛虫，*Ciliates*	0	0	0				
	疟原虫，*Plasmodium spp.*							0
	溶组织内阿米巴，*Entamoeba spp.*						1	0
无菌级动物	无任何可查到的寄生虫	0	0	0	0	0		

注：0为必须检测，要求阴性；1为必要时检测，要求阴性。

四、普通级动物

普通级动物(conventional animal，CV)是指不携带所规定的人兽共患病病原体和动物烈性传染病病原体的实验动物，是实验动物微生物学、寄生虫学质量控制要求最低的动物。

普通级动物饲养在开放系统中，通常进出空气无须经过净化处理，所用的饲料和垫料一般只消毒不灭菌，饮用水只须符合城市饮用水卫生标准，饲养室内要采用防野鼠、防昆虫、防蚊蝇等措施，室内的温度、湿度能人工控制，饲育环境要定期打扫、消毒，笼器具也要定期清洗、消毒，人员进出要更衣(外套)、换鞋。应定期检测普通级动物的微生物学和寄生虫学质量，防止人兽共患病和动物烈性传染病病原体的污染，一旦检出，必须采取相应的防疫措施直至全群淘汰。

普通级动物由于只排除了主要人兽共患病和动物烈性传染病的病原体，可能携带有其他病原体，所以只能保证动物群体和接触人员的相对安全，用于动物实验可能干扰研究，结果的统计学价值低。同时，在实验过程中由于应激因素的刺激，可能引发条件致病病原体或潜伏感染病原体的显性暴发，导致动物患病，甚至异常死亡，故自然死亡率高，长期实验存活率低，实验应用价值较低，仅能用于教学示教或某些科研预实验。目前我国已取消了普通级实验大鼠、小鼠。

五、清洁级动物

清洁动物(clean animal，CL)是指除普通级动物应排除的病原体外，不携带对动物危害大、对科学研究干扰大的病原体的实验动物。清洁动物除外观健康无病外，尸体解剖时，主要器官组织无论是肉眼或病理组织切片均不得有病变。

清洁动物一般来源于无特定病原体级动物，需饲养在屏障系统中，进入的空气须经过恒温、恒湿处理和高效净化过滤，洁净度必须达到7级，饲料、垫料、饮水、笼器具等用品必须经灭菌后方可使用,人员必须经淋浴或风淋更换无菌隔离服后才能进入,常规屏障系统均为正压,即清洁区域的空气压力大于污染区域,以防止污染空气逆流。在屏障系统内,所有操作要实行严格的微生物学控制。清洁动物及其饲育环境和用品必须进行定期检测,严防应该排除的病原体污染,动物一旦污染即刻淘汰或酌情降级使用。

清洁动物较普通级动物健康,又比较容易达到微生物学质量标准,生产和使用成本不高,因此较易普及推广,所以是符合我国国情的实验动物微生物分类等级,目前正在国内积极推广使用。但是,清洁动物可能携带条件致病原,受实验应激因素刺激后会发病,从而影响动物健康,干扰实验结果的判断,故通常适用于短期或部分科研实验。

六、无特定病原体级动物

无特定病原体级动物(specific pathogen free animal,SPF)简称 SPF 动物,是指除清洁动物应排除的病原体外,不携带主要潜在感染或条件致病和对科学实验干扰大的病原体的实验动物。SPF 动物是国际公认的标准化实验动物。

无特定病原体级动物来源于无菌级动物,是将无菌级动物饲育在屏障系统内,控制特定病原体的可能感染。由于 SPF 动物排除了一些特定病原体,故体内没有相应的抗体,一旦感染了传染病病原体就会迅速传播疾病,甚至造成全群覆没,所以,SPF 动物必须饲养在屏障系统内,对进出的人员、物品、空气和动物及其在系统内的流向进行比清洁级动物更严格的微生物学控制,严防交叉感染。SPF 动物及其饲育环境和用品必须定期检测,防止应排除的特定病原体污染。一旦发生污染,必须马上淘汰或酌情降级使用。

无特定病原体级动物是正常的健康无病模型,排除了病原体因素对动物健康的影响,也基本避免了疾病或病原对动物实验的背景性干扰,统计学价值较高,长期实验的自然死亡率较低,存活率较高,从而保证动物实验的正确设计,实验结果的判断也较科学,所以适合绝大多数常规动物实验应用。

七、无菌级动物

无菌级动物(germ free animal,GF)是指无可检出的一切生命体的实验动物,即利用现有的检测技术,在其体内外应该检不出任何微生物和寄生虫。因此,无菌级动物好比有生命的"分析纯试剂"。

无菌级动物在自然界中并不存在,第一代无菌级动物是通过生物净化得到的,即利用动物胎盘的天然屏障作用,运用无菌剖宫产技术,从健康母体中人工获取无菌胎儿,然后在无菌环境下饲喂无菌全价配方乳将动物养大,再繁育出无菌后代,建立无菌级动物种群。无菌级动物必须饲育在隔离系统内,一般为无菌隔离器。输入的空气须经过恒温、恒压、恒湿处理和超高效过滤净化,洁净度必须达到 5 级。所有饲料、垫料、饮水及笼器具等用品必须经彻底灭菌后才能传入使用,常规隔离系统均为正压,即隔离区域的空气压力大于外界,以防止外部空气逆流。使用者通过隔离器上安装的密封手套间接操作,所有操作须实行最严格的微生物学控制。无菌级动物及其饲育环境和用品必须进行定期检测,一旦检出其他生命体,即不得再作为无菌级动物使用。

无菌级动物是一种超常生态模型,不仅排除了微生物对动物实验的背景干扰,而且减少了对免疫功能的影响,等同于活的"基础培养基"。所以,使用无菌级动物做实验,统计学价值很高,长期实验的自然死亡率极低,存活率很高,从而可保证动物实验的正确设计,实验结果的判断也不会受干扰,尤其适合在微生物学、免疫学、老年医学、放射医学、器官移植等对微生物和免疫背景要求高的领域运用。但无菌级动物获得和维持困难,使用成本很高,操作复杂,且由于无菌,在生理特性上与人类存在一定差别,应用时需注意。

八、已知菌动物

已知菌动物(gnotobiotic animal,GN),是指带有明确的其他生命体的实验动物。已知菌动物是在无菌级动物体内植入已知的微生物后获得的,并且始终只携带所植入的已知微生物,而没有除此以外的其他生命体。根据所植入的已知菌种类数,可分为单菌、双菌、三菌和多菌动物。一般已知菌动物体内所植入的微生物,是能够帮助其分解、消化、吸收营养物质的有益菌,如双歧杆菌、乳酸杆菌等。

已知菌动物必须和无菌级动物一样饲养在隔离系统内,进入空气须经过恒温、恒压、恒湿处理和超高效过滤净化,洁净度必须达到100级。所有饲料、垫料、饮水及笼器具等用品必须经彻底灭菌后才能传入使用,利用隔离系统内外压力差防止外界空气逆流。所有操作要实行最严格的微生物学控制。已知菌动物及其饲育环境和用品必须进行定期检测,一旦检出除所植入的已知微生物外的其他生命体,即刻酌情降级使用。

已知菌动物由于携带有益菌帮助消化,故不会发生维生素缺乏症,对氨基酸等营养物质的吸收能力也强于无菌级动物。与无菌级动物相比,生活力和抵抗力明显增强,易于饲养繁育。已知菌动物适合用于研究动物与微生物及环境因子之间相互依存、相互制约、相互适应的关系,是现代生命科学研究的重要模型。特别是在研究微生物与宿主之间的关系、病毒致癌、抗体制备、细菌感染并发症、营养吸收等领域有着不可替代的作用。

九、实验动物的微生物及寄生虫监测

实验动物微生物及寄生虫监测是评价和保证实验动物质量的重要措施,也是实现实验动物标准化的主要手段。通过定期随机抽样检测,可以掌握实验动物群中微生物与寄生虫的情况,及时诊断感染性疾病,并控制其传播。对新引进的动物进行检疫,可防止外来病原体的污染,确保实验动物群体的安全。特别是人兽共患性病原体的监测,更是确保饲养人员和实验人员健康的必要措施。另外,对一些严重影响动物实验结果的病原体进行检测,亦是保证科研成果、鉴定结果、药品与生物制品质量可靠性和真实性的手段之一。

根据我国的实验动物微生物及寄生虫监测标准,普通级动物应检测Ⅰ类和Ⅱ类病原体,清洁动物应检测Ⅰ类、Ⅱ类和Ⅲ类病原体,SPF动物应检测Ⅰ类、Ⅱ类、Ⅲ类和Ⅳ类病原体,无菌级动物和已知菌动物主要进行各类细菌和真菌的检测。另外,动物实验人员还应根据实验研究的特殊要求,有针对性排除可能干扰生产和实验结果的其他病原体,以保证实验结果的可靠性与可重复性。如裸鼠用于免疫学研究就需排除可能干扰免疫系统功能的特定病毒。

微生物及寄生虫监测是用少量标本的检测结果来反映整个实验动物群中某些疾病的流行情况,其结果的可靠性不仅在很大程度上取决于实验方法的敏感性和特异性,而且还

取决于正确的取样方法、取样数量和检测频率。

（一）取样原则

应采取随机抽样的方法。为了提高阳性检出率,检查抗体应选用成年或老年动物,病原分离宜选用幼年或青年动物。应从每一饲养单元的不同方位,例如四角和中央选取至少4个采样点的动物。

动物实验中,为避免监测取样影响实验样本数量,可采用"哨兵动物"(sentinel animal),这是一些为微生物监测所设置的指示动物,不计入实验分组内,但和受试动物饲养于同一环境中,实验过程中定期处死采血检查以监视鼠群中某些疾病的流行,常用于长期动物实验以确保实验结果的可靠性。哨兵动物还可用于一些不常用的或珍贵动物,如地鼠、沙鼠、转基因动物等的血清学检查中。这时可在动物饲养室内放置一些清洁级或SPF小鼠,定期对这些小鼠进行检查,可反映所饲养地鼠、沙鼠、转基因动物的疾病感染情况和饲养环境微生物净化等级的维持状况。短期动物实验中如饲养设施条件较好且购买使用标准化合格实验动物,可不做监测。

（二）取样数量

实验动物病原体的传染力和寄生虫的感染率还与动物的易感性(如品系、年龄、性别、生理状态等)及饲养条件(如饲养密度、饲养装置等)有关。而且,疾病流行初期、中期和后期的感染率也各不相同。对于随机取样的检测结果须用统计学原理进行判断,所以样本越大,可靠性就越高。隔离器内饲养的SPF动物、无菌级动物和已知菌动物由于数量少,可依据具体情况,每个隔离器至少取样2只。当动物群的数量为100只以上时,要检出一个病例并达到95%的可信限,取样数量可用公式:样本数＝Log0.05/LogN计算,其中N为正常动物的百分率。我国国家标准规定,每一实验动物生产繁殖单元群体规模＜100只,取样数量≥5只;群体规模在100～500只之间,取样数量＜10只;群体规模＞500只,取样数量≥20只。

（三）检测频率

病原体侵入实验动物体内引起感染的过程,可分为潜伏期、显性感染期、恢复期3个阶段。在潜伏后期和显性感染期间病原体较易检出。抗体在感染后1～2周开始出现,以后逐渐上升,并持续2～3个月以上。因此从抗体的生成变化来看,检测频率设为2～3个月1次较为合适。寄生虫检测则应按不同寄生虫生活史时间确定检测频度。检测时间选择春、秋季疾病多发季节为宜。我国国家标准规定,普通级动物、清洁动物和无特定病原体级动物每3个月至少检测动物1次;无菌级动物每年检测动物1次,每2～4周检测1次动物的生活环境标本和粪便标本。

（四）检测方法

按照检测对象的不同,可以分为实验动物细菌学检测、真菌学检测、病毒学检测和寄生虫学检测。

1. 细菌学检测方法　常用的方法是进行病原菌的分离与培养,并结合细菌的生化试验作出判断,不同病原菌采用的培养鉴定方法不尽相同,检查隐性感染的存在有时还需借助免疫抑制剂。检测器械用前应消毒,检测过程要求无菌操作,标本必须新鲜采制且无污染。细菌学检测标本:由于病原菌定植于实验动物身体的特定部位,检测时需采集相应部位的标本以提高检出率。

(1)分离培养:利用细菌在相应的培养基上有特定的生长、形态和生理生化特征进行分离培养,根据菌落特征、菌体特征、动力学特征、生化反应特征等进行鉴定,实验动物的大多数病原菌检测均采用该方法。

(2)凝集试验:利用菌体(抗原)可与相应的免疫血清(抗体)产生肉眼可见的凝集反应的特性,检测标本中的菌体或者特异性抗体的存在。血清玻片凝集试验采用诊断血清(含抗体)检测标本中的病原菌,应用于多数病原菌检测;试管凝集试验采用标准抗原检测动物血清中的特异性抗体,主要应用于布鲁杆菌和钩端螺旋体检测。

(3)直接镜检:将待检标本制备成涂片、印片等,根据病原菌特定的形态直接于显微镜下检查,细菌涂沫标本染色常用亚甲蓝(美蓝)染色法、复红染色法、抗酸染色法等。

(4)免疫学方法:利用抗原抗体反应检测一些动物感染特定种类病原菌(布鲁杆菌、钩端螺旋体、泰泽病原体、支原体)后血清中出现的特异性抗体,常用酶联免疫吸附试验(ELISA),或如结核分枝杆菌的检测,在动物眼睑内接种结核菌素以诱发迟发型超敏反应,通过观察反应的程度进行判断。

2. 真菌学检测方法　主要检测皮肤病原真菌,检测标本为皮毛和鳞屑,与细菌的检测方法相似,多采用直接镜检、分离培养、生化试验、动物实验及血清学方法。皮肤病原真菌常用沙氏培养基分离培养,一般于 25℃ 培养,深部真菌在 37℃ 培养。每种真菌都具有独特的菌落特征,结合菌落特点和光学显微镜下染色检查,可进行种属鉴定。有时还要借助生化反应结果和免疫学方法确诊。

3. 病毒学检测方法　常用的是病原学检查法和血清学检查法。

(1)病原学检查:能够明确病原,或检出动物群中潜在病毒。采用光镜、电镜直接镜检,病毒分离鉴定及潜在病毒的激活、抗体产生试验等。病毒分离培养与鉴定的方法有:运用免疫的方法在光学显微镜下检查病变组织中的特异性抗原;采用血细胞凝集试验(HA)和血细胞凝集抑制试验(HI)方法检查患病动物排泄物或组织悬液中的血凝素抗原;使用电子显微镜或免疫电子显微镜检查组织或排泄物中的病毒颗粒;应用聚丙烯酰胺凝胶电泳(PAGE)或聚合酶链反应(PCR)检查组织或排泄物中的病毒基因组或核酸。可利用免疫抑制剂或应激降低动物机体抵抗力激活潜在病毒,以便检出。抗体产生试验是将待检动物的组织悬液接种于不携带常见病毒的动物,1 个月后采血,使用已知抗原检查有无抗体存在。

(2)血清学检查:能够检测血清中特异性抗体水平或阳性感染率,适用于实验动物的经常性检查和普查。常用的方法有 HA 与 HI、免疫荧光试验(HFA)、免疫酶染色试验(IEF)和 ELISA 和玻片免疫酶试验(EIA)。为提高阳性检出率,有时可联合应用并可辅以聚丙烯酰胺凝胺电泳(PAGE)、分子杂交或 PCR 等方法。

(3)病毒学检测的标本:根据所选择的检测方法制备相应的待检标本,通常是血清,有的时候需制备组织匀浆取上清液(血凝试验检测兔出血热病毒)或组织切片(免疫酶组织化学法检测鼠痘病毒)。大鼠、小鼠、地鼠通常从眼眶动、静脉取血,豚鼠从心脏取血,兔从耳缘静脉取血,犬和猕猴从股静脉或前肢内侧头静脉取血。分离血清后,按照各种检测方法所要求的步骤进行。

4. 寄生虫学检测方法　于寄生部位采集标本,经镜检或肉眼观察,检查虫体、虫卵等的存在,或检测血清中特异性抗体的存在(弓形体感染),如发现虫体、虫卵或抗体检测阳性,即为相应的寄生虫污染。由于寄生虫检测的主要手段是镜检,掌握各类寄生虫检测标本的正确采集和制备以及熟悉寄生虫及其虫卵的形态是提高检出率的重要途径。图2-2显示了小鼠体内外常见寄生虫寄生部位。

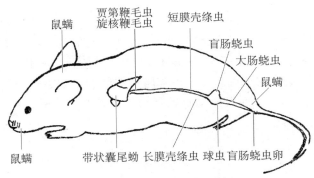

图2-2　小鼠体内外常见寄生虫寄生部位

检测体外寄生虫如螨、蜱时主要采用透明胶纸粘取法,梳毛浓集法,拔毛镜检法,黑背景(暗视野)检查法,刀片刮取法等获取标本。一般可先用肉眼观察体表有无体外寄生虫,再用透明胶纸粘取毛样,检查体外寄生虫及虫卵。检测肠道寄生虫时采集粪便并肉眼观察有无虫体。可采用漂浮法、沉淀集卵法处理标本,检查虫体、虫卵、原虫卵囊或包囊。检测血液寄生虫时采集末梢血液制成薄涂片,染色后进行光学显微镜检查。检测组织内寄生虫时在解剖动物过程中对疑似寄生虫感染的部位做组织压片、切片检查。

（五）检测程序

全面检测时应当按细菌、真菌、病毒、寄生虫要求联合取样检查。

（六）结果判断

在检测的各等级实验动物中,只要1只动物的1项指标不符合该等级标准要求,则判为不符合该等级标准。在分析实验结果时须结合临床表现和流行病学特点,考虑所用方法的敏感性及特异性,发现阳性时最好用两种以上不同的方法复检,或同一种方法重复多次实验以确定。

（胡　樱）

第三章

实验动物的环境与设施

实验动物通常较长时间,甚至终身生活在一个人工控制的有限环境范围内,这种环境构成了实验动物赖以生存的条件。环境条件改变时会对实验动物产生应激,从而影响实验动物的质量和动物实验的结果。为了使实验动物能够正常生长、发育、繁殖,并降低实验处理中的背景性干扰,必须对实验动物的环境进行控制。实验动物的环境控制是实验动物标准化的重要内容之一。

第一节
实验动物环境的特点

一、实验动物环境的定义

广义的实验动物环境是指除实验动物机体遗传因素以外的一切因素,包括内部环境和外界环境。内部环境指实验动物机体的器官、组织、细胞生存的条件,即组织间液与细胞外液的构成因素,包括温度、渗透压等物理因素,pH 值、离子浓度等化学因素,病毒、细菌等生物因素。实验动物的内部环境是相对恒定的,在生理学上被称为"内稳态"(homeostasis)。外界环境是指实验动物机体之外的所有生存条件,可分为自然环境和社会环境两大类。自然环境包括温度、湿度、气流、风速等气候因素,光照、噪声、粉尘、废气、药剂等理化因素,微生物、寄生虫、同种动物、异种动物、人类等生物因素;社会环境包括生产工艺、饲养管理、选种育种、设备条件、技术水平、饲育操作、实验处理等人为因素,社会地位、势力范围、争偶咬斗等动物因素。外界自然环境是不断变化的,与实验动物生活的地域经纬度、气象与气候条件密切相关,并有昼夜和季节性变化。在开放饲养的条件下,外界自然环境的变化直接影响实验动物的生存环境。

一般所指的实验动物环境是指实验动物和动物实验设施的内部环境,为实验动物直接生活的场所,可分为大体环境和微环境。大体环境是指放置实验动物笼器具等饲育设备的饲养空间组成,或放置手术器材和活体检测仪器等实验设备的实验空间组成;微环境是指实验动物直接栖身的饲养盒或笼的空间组成。

实验动物依靠自身的适应机制应对外界环境的不断变化,保持其内环境的相对恒定,但其适应能力是有限的,当外界环境变化超出其耐受范围时,则体内平衡遭破坏,健康受损害,失去实验应用的价值,严重时可导致死亡。

二、实验动物环境因素的分类

影响实验动物和动物实验的环境因素很多,根据其属性可分为以下几类。

1. **气候因素**　主要是指温度、湿度、气流和风速等。
2. **理化因素**　主要是指噪声、光照、粉尘、空气、药剂和有害气体等。
3. **居住因素**　主要是指房屋、设施、设备、笼具、食具、饮水器和垫料等。
4. **生物因素**　可分为同种生物因素和异种生物因素。同种生物因素主要是指同一种属动物之间的社会地位、势力范围、求偶争斗、饲养密度等。异种生物因素主要是指微生物、寄生虫、其他种属的动物,以及人类的饲育管理和实验操作等。

三、环境对实验动物的影响

环境对实验动物的影响往往是多种环境因素的复合作用。例如,温度、湿度、风速和换气等多种因素作用影响实验动物的体温调节;饲养室的恶臭气体含量除了与温度、湿度、风速和换气密切相关以外,还与饲养密度、清扫频度、笼具类型等有关。所以,在考虑环境因素对实验动物和动物实验影响时,应立足于环境复合因素的综合评判。

实验动物在长期发育进化过程中,形成了自身对环境的要求和应对环境变化的适应能力。环境变化作为外源性刺激作用于实验动物,会引起机体相应的适应性反应,以维持其内稳态,保持与环境之间的平衡与统一,也就是对环境产生适应。

当环境在其要求的适宜范围内变化时,实验动物仅靠特异性的适应性反应就可获得适应,生命活动保持正常;随着环境变化的加剧,实验动物在进行特异性调节的同时,还动员非特异性反应,通过应激代偿机制适应环境变化,如果还能够获得适应,则可继续维持其内稳态及与环境之间的平衡和统一,仍可保持生命活动的正常进行。实验动物所能够适应的这一环境变化范围称适应范围;当环境变化超出实验动物的适应范围时,机体就不能再维持体内平衡,生命活动进入病理状态,最后导致死亡(图3-1)。

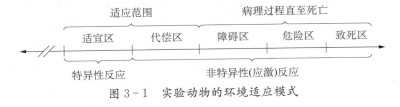

图3-1　实验动物的环境适应模式

四、实验动物环境控制的必要性

实验动物性状的表现取决于多种因素,但主要是遗传因素和环境因素的综合结果。环境因素包括发育环境(developmental environment)和周围环境(proximate environment)。发育环境是指实验动物从受精到出生前在母体内的环境和出生后哺乳期与发育期所处的各种环境,周围环境是指实验动物身处的特定场所和外在条件。

1959年,拉塞尔(Russell)和伯奇(Bruch)提出,动物的基因型(genotype)受发育环境的影响而决定其表现型(phenotype),该表现型又受动物周围环境的影响而出现不同的演出型(dramatype)。动物实验就是对演出型施加一定的处理。为了让动物经实验处理后的反应保持稳定,就要求实验动物的演出型也要保持稳定,故而必须对实验动物进行遗传和环境控制(图3-2)。此外,环境因素的改变可导致生物遗传物质发生变化,形成基因突变或染色体畸变。由此可见,环境对于遗传稳定也十分重要。

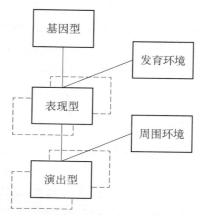

图3-2 环境对实验动物表现型和演出型的影响

根据基因型、表现型、演出型与发育环境和周围环境之间的关系,动物实验处理的反应可用公式:R=(A+B+C)×D±E 表示。式中:R 为实验动物的总反应;A 为实验动物种的共同反应;B 为实验动物品种或品系的特有反应;C 为实验动物的个体反应,即个体差异;D 为各种环境因素的综合影响,包括实验处理;E 为实验误差,包括系统误差和偶然误差。其中,A、B、C 是实验动物本身的反应,遗传因素起决定作用。因此,动物实验时应尽量选择遗传限定、性状稳定的实验动物品种或品系,减少杂合基因对实验结果的背景性干扰,消除个体差异。D 为环境因素,与实验动物的总反应 R 呈正相关,并起主要作用。所以,在 D 值中应尽量排除实验处理以外的其他环境因素影响,从而使 R 值能够表达实验处理的真实结果,消除其他环境因素的背景性干扰,在确保动物实验的可靠性与可重复性的同时,保证实验动物的健康与福利,这就是实验动物环境控制的必要性。另外,在动物实验过程中,必须尽量使用精密仪器和纯净试剂,并尽可能统一实验条件,以避免系统误差;动物饲育操作和实验操作必须遵循标准化操作规程(standard operation procedure,SOP),以避免偶然误差,这样才能保证动物实验结果的科学性和均一性。

五、实验动物对环境的适应

1. 适应的定义 适应(adaptation)是指实验动物受到内部和外界环境的刺激而产生的生物学反应或遗传学改变。这些反应与改变可以使实验动物个体不断维持与环境之间的动态平衡与统一,在变化的环境中正常地生存和繁衍后代,并不断进化,获得实验动物群体的遗传学适应。实验动物对环境刺激产生的生物学反应称为生物学适应,又称为表型适应。实验动物对环境刺激产生的遗传学改变称为遗传学适应,又称为基因型适应。

2. 适应的形式

(1) 表型适应:实验动物为了维持机体内稳态,对所受到的刺激会产生在生理学、生物化学、行为学和形态解剖学上的一系列变化,这些适应性变化使其能够在不断变化的环境中更好地生存。一般情况下,表型适应仅限于实验动物个体的整个生命过程,不能遗传给后代,并且大多数变化会随着刺激消失而复原。

(2)基因型适应:在长期的自然选择与人工选择中,不适应环境变化的实验动物个体不断被淘汰,适应新环境的实验动物个体通过筛选被保留,以使实验动物群的基因型和基因频率、基因型频率发生改变,并将对某一特定环境的适应性能遗传给后代,这种遗传学适应是导致实验动物进化、新品种和品系育种开发的主要因素。实验动物不同的种、品种或品系及个体之间,对环境的适应能力存在差异。通常,良好的适应表现为:在不利的环境条件下,如营养缺乏、气候变化、运输应激等,实验动物体重下降最少,繁殖力不受影响,幼龄动物生长发育所受影响不大,抗病力强,发病率低。不良的适应表现为生长率、繁殖力、抗病力等都下降。衡量适应能力的生物学指标是生存力与繁殖力。

3. 适应的过程　动物对环境变化的适应随着刺激强度的增强和刺激时间的延长,首先表现行为学的适应,之后才会出现生理学乃至形态解剖学的适应,只有长期的、世代的作用才可能发生遗传学的适应。动物适应的过程可分为气候习服(acclimation)、气候驯化(acclimatization)、遗传适应(genetic adaptation)3个阶段。

(1)气候习服:又称为生理学适应(physiological adaptation),是指本来对某种气候不适应的实验动物,因反复或较长期处于该动物生理所能忍受的这种不适应气候环境中,通过自身生理调节,在数周内发生生理功能变化,最终习惯该种气候环境,初始失常的生理指标和繁殖性能也逐渐恢复,并趋于正常的过程。

(2)气候驯化:如果实验动物习服的时间延长,会进一步引起其形态甚至解剖结构的改变,如换毛、体脂储存等,使实验动物因不良气候所致的各种生理变化和受影响的繁殖力又恢复或趋于正常。气候驯化的时间从几周到几个月。当不良气候条件消失后,实验动物又会恢复到原来状态。

习服和驯化其实是一种从生理学到形态解剖学的自身调节过程,可以减轻或消除不良环境的有害作用,都是由遗传基础所决定,但又是后天获得的,通常是不能直接遗传给后代的。

(3)遗传适应:是指实验动物在长期生存竞争中,为迎合外界环境条件而表现出的基因型和基因频率、基因型频率的改变,多为经过若干年、若干代自然选择和人工选择的结果,在行为、生理、形态、解剖结构上已发生根本的改变,并能将这些改变遗传给后代。

4. 适应的机制

(1)行为学适应:实验动物的行为是实验动物对某种刺激的反应或因与其所在的环境相互作用而形成的生活方式。行为是快速且有效的适应方式,实验动物行为由遗传因素和个体在生命过程中对各种刺激积累的经验而形成。其中,遗传因素决定的行为是长期自然或人工选择形成的天赋行为,又称为本能,如幼鼠吮乳行为、交配行为等。在实验动物一生中,某些外界刺激的反复作用可在大脑皮质的参与下,通过学习、记忆和经验积累而建立条件反射,进而形成相应的行为,如通过哨声招呼实验动物进食、运动等。

实验动物的行为大致可分为:摄食行为、排泄行为、性行为、母性行为、群居行为、探究行为、适应逆境行为等。在实验动物的正常行为受到抑制、环境刺激过于强烈持久或缺乏刺激等情况下,可能会引起其某些异常行为,如一直身处禁锢封闭环境会造成实验动物的刻板行为,无意义地重复某种动作。在实验动物饲养实践中,掌握其行为,可合理制定科学的饲育方法、合理设计适宜的饲育环境。在饲养管理中,可利用实验动物的某些行为改善环境和方便饲育操作与实验操作,如训练犬和猫定点排泄、利用奖惩方式开展大鼠和小鼠的迷宫试验、利用条件反射训练犬和猴配合给药或采血等。

(2)生理学适应:实验动物所处的内外环境变化作为刺激作用于其内外感受器,通过传入神经纤维传入中枢神经系统,经大脑皮质的分析、整合,产生进行适应性调节的指令,并由传出神经纤维将指令下达至器官、组织、腺体、骨骼和肌肉等效应器,启动神经、内分泌调节功能,使实验动物的行为和生理活动发生改变,以适应环境的变化,维持内稳态及机体与环境的平衡和统一。

在营养物质缺乏的状况下,实验动物将不得不动员体内储存,从而消耗自身组织。此时,最先被消耗的是那些对维持生命活动较次要的物质和身体部位,如首先是肝糖元、储备脂肪,其次是器官脂肪,最后才消耗自身体蛋白来维持生命活动所需的能量供应,而且最先消耗尾、躯干等相对次要器官的组织蛋白。故即使在饿死后,体脂肪仅剩原来的3%,但眼睛、大脑、心脏等重要器官还存留有许多脂肪,消化器官、肺、心血管和神经系统的蛋白修补物质几乎未被消耗。在水分缺乏的状况下,实验动物的适应性调节是通过浓缩粪尿来实现的,开始是减少采食量以减少需排出的废物,从而减少粪尿排泄量,继而因循环血量、细胞外液量减少和血浆浓度升高,引起垂体后叶抗利尿激素和肾上腺皮质酮分泌加强,前者促进水分在肾脏重吸收,后者加强肾脏对钠离子的重吸收,以维持水、电解质和酸碱平衡。同样,反向生理调节也可以使实验动物适应过量饮水。

心血管系统在实验动物生理适应中起着重要的作用,不但在生理代偿中保证组织的营养供给,排除物质代谢所分解的产物,而且在激素调节、体热平衡等方面也意义重大。任何器官在重荷情况下,其供血量可借助心血管系统的调节得以保障,如在剧烈运动、连续进食、高温散热时肌肉、胃肠、皮肤的供血量可成倍增加。心血管系统的功能受位于延髓的自主神经中枢直接调节,自主神经系统还可通过对内分泌的调控间接调节,如争斗时交感神经兴奋,肾上腺素和去甲肾上腺素分泌增加,心血管系统对肌肉的供血量增加,从而确保争斗行为中对肌肉的供能。

(3)形态解剖学适应:实验动物的身体形状和大小、被毛特点和体脂分布、器官构造等,在很大程度上是长期适应某种气候条件的结果。

格罗杰(Gloger)法则认为:在温度和湿度的共同作用下,随着温度的递增,皮脂分泌增多,使被毛具有反射性与保护性的光泽,能更好地防御太阳辐射。《白纳德(Bernard)法则》提出:随着气候的变化,动物机体内部也会呈现一定反应与变化,动物身体外周部位的温度是借助血液循环进行调节的。如兔耳朵的血管在炎热时血流量增加以加快散热,寒冷时则减缓血流量以维持体温。《威尔逊(Wilson)法则》提出:动物皮下脂肪的厚度和绒毛的含量与温度呈反比,而粗毛的含量则与温度呈正比。寒冷地区的动物表皮较致密、厚重,生长细密的绒毛,而热带动物的表皮层薄且疏松,皮下脂肪少,生长稀疏、粗短、光亮的刚毛。即使是同一气候区的动物也会随着气候的季节性变化而出现换毛、冬季皮下脂肪增厚等形态解剖学的适应表现。《白格曼(Bergmann)法则》提出:因为动物的体表面积以体尺的平方比例增加,而体重以体尺的立方比例增加,体格和体重大的动物体表面积相对较小,有利于减少散热和适应寒冷气候,反之亦反。故动物的体格大小与生存环境有关,同种温血动物在寒冷地区体格较大,在热带体格较小。《爱伦(Allen)法则》进一步提出:同一物种在不同气候环境影响下,其体表相对面积也有很大差异,气温高的地区其体表面积有增大趋势。生活在寒冷地区的动物其身体的突出部分,如四肢、外耳、尾巴和颈部等,比生活在温暖地区的同种动物要短。这是因为这些部位的相对表面积与躯干相比较大,而且外周血管丰富、尺寸较短,有利于减少散热。

(4) 遗传学适应:基因活化假说推测在动物种群的基因库中,有些基因在常规环境中不活跃,在新环境刺激下可被激活,并制约动物个体适应性形状的表达。基因过剩原则认为:基因过剩使大部分基因一般处于静止状态,当环境变化时被激活,制约机体适应性表型形状的表达。故而,基因过剩在数量和质量上充实了个体适应的遗传基础,也增加了群体动物中丰富信息量的基因型。

已知一对基因并不仅制约一个形状,有的性状也不仅由一对基因控制。因此,基因具有一定的功能储备,常规状况下仅表达某种或某些功能,环境变化时其储备功能被活化。外界环境刺激可以改变内部生化环境,导致基因功能储备的激活,制约适应性表型性状。同样,恢复原来环境,则会使该部分基因功能失活,表型性状复原。

基因型的适应是通过定向选择淘汰那些不适应的基因型,保留那些具有最大适应性的基因型,积累新的有益变异,合成对生存有利的基因型,从而改变群体的基因频率和基因型频率,种群获得适应性进化,种群中的个体获得适应。

第二节
实验动物环境因素的组成及其控制要求

影响实验动物的环境因素(environmental factor)很多,根据我国国家质量监督检验检疫总局发布的现行实验动物环境及设施国家标准 GB 14925－2010 规定,主要需控制实验动物的饲育环境,即是指实验动物饲养室和动物实验室内的温度、相对湿度、气流速度、空气中颗粒物与微生物、有害气体、压差、噪声和光照等对实验动物有直接影响的环境因素。各类实验动物设施应符合下列表(表 3－1～表 3－4)要求。

表 3－1　普通环境实验动物设施的要求

动物种类	豚鼠、地鼠		犬、猴、猫、兔、小型猪	
设施用途	生产	实验	生产	实验
温度(℃)	18～29	18～29	16～28	16～26
日温差(℃)≤	4			
相对湿度(%)	40～70			
最小换气次数(次/小时)≥	8(可根据动物种类和饲养密度增加)			
动物笼具处气流速度(m/s)≤	0.2			
相通区域最小静压差(Pa)≥	—	—	—	—

续　表

空气洁净度(级别)	—	—	—	—
沉降菌最大平均浓度,CFU/0.5H*·φ90 mm 平皿≤	—	—	—	—
氨浓度(mg/m³)≤	'14			
噪声[Db(A)]≤	60			
最低工作照度≥	200			
动物照度	15～20		100～200	
昼夜明暗交替时间(h)	12/12 或 10/14			

表3－2　屏障环境实验动物设施的要求

动物种类	小鼠、大鼠、豚鼠、地鼠		犬、猴、猫、兔、小型猪	
设施用途	生产	实验	生产	实验
温度(℃)	20～26			
日温差(℃)≤	4			
相对湿度(%)	40～70			
最小换气次数(次/小时)≥	15(非工作时间≥10)			
动物笼具处气流速度(m/s)≤	0.2			
相通区域最小静压差(Pa)≥	10			
空气洁净度(级别)	7			
沉降菌最大平均浓度,CFU/0.5H*·φ90 mm 平皿≤	3			
氨浓度(mg/m³)≤	14			
噪声[Db(A)]≤	60			
最低工作照度≥	200			
动物照度	15～20		100～200	
昼夜明暗交替时间(h)	12/12 或 10/14			

表3－3　隔离环境实验动物设施的要求

动物种类	小鼠、大鼠、豚鼠、地鼠		犬、猴、猫、兔、小型猪	
设施用途	生产	实验	生产	实验
温度(℃)	20～26			
日温差(℃)≤	4			
相对湿度(%)	40～70			
最小换气次数(次/小时)≥	20			

续 表

动物笼具处气流速度(m/s)≤	0.2
隔离设备内外静压差(Pa)≥	50
空气洁净度(级别)	5 或 7(根据设备的要求选择,饲养无菌动物和免疫缺陷动物要求达到5)
沉降菌最大平均浓度,CFU/0.5H* · φ90 mm 平皿≤	无检出
氨浓度(mg/m³)≤	14
噪声[Db(A)]≤	60
最低工作照度≥	200
动物照度	15～20
昼夜明暗交替时间(h)	12/12 或 10/14

表3-4 鸡的设施要求

环境类型	屏障环境	隔离环境
设施用途	生产	实验
温度(℃)	16～28	16～26
日温差(℃)≤	4	
相对湿度(%)	40～70	
最小换气次数(次/小时)≥	—	
动物笼具处气流速度(m/s)≤	0.2	
隔离设备内外静压差(Pa)≥	10	50
空气洁净度(级别)	5 或 7	5
沉降菌最大平均浓度,CFU/0.5H* · φ90 mm 平皿≤	3	无检出
氨浓度(mg/m³)≤	14	
噪声[Db(A)]≤	60	
最低工作照度≥	200	
动物照度	5～10	
昼夜明暗交替时间(h)	12/12 或 10/14	

一、温度

实验动物环境的室内温度是指水银或乙醇等温度计所显示的室内空气温度,称为干球温度。由于室外大空温度、太阳照射、室内动物体热散发、照明等因素,昼夜及季节性变化,室内温度也在不断变化,并影响实验动物及动物实验。

(一)实验动物的体温调节

1. 实验动物的产热　动物摄取食物,经体内复杂的生物化学反应将有机营养物质分解,通过分解代谢释放能量满足生命活动的需求,所产生的热能用于维持体温恒定。所以,实验动物的产热是体内能量代谢的结果,其热源来自能量饲料,代谢率越高,产热量越多。动物机体代谢产热包括以下 4 个部分。

(1)基础代谢产热:当动物完全禁食,并同时处于绝对安静的环境下,由于其摄入的能量为零,活动量也几乎为零,此时动物只能依靠消耗体内贮存的能量,以维持其生命活动的基本需求。这种在基础状态下的能量代谢就是基础代谢,此时所产生的热,称为基础代谢产热。恒温动物的基础代谢产热与其体表面积呈正比。

(2)体增热:是指动物在生活过程中,体内每个细胞都在不断地进行化学反应,其中有些化学反应以热的形式散发。又称"特种动力作用"。

(3)肌肉活动产热:是指动物因起卧、站立、爬行、运动、觅食、争斗等肌肉活动而产生的热。

(4)生产过程产热:是指动物在维持的基础上进一步加强代谢活动,增加产热量,用于体内各器官、组织的生长和自身繁殖活动时的产热。

2. 实验动物的散热　动物产生的热除用于维持体温恒定外,多余部分则向外散热,故动物机体在不断产热的同时也在不断散热,以防热量在体内蓄积。动物机体散热的途径主要有以下 4 种。

(1)辐射:是指物体表面连续放射能量的过程。辐射可以穿透真空,当辐射能照射到物体上时,如果不能穿透,则部分被吸收变为热能,部分被反射。动物体内产生的热经体组织的隔热作用传递到皮肤表面,再通过被毛和边界层的隔热作用后再辐射。实验动物通过长波辐射散热,同时又从环境辐射吸收热量保温。辐射散热是以电磁波的形式进行的,机体即使在舒适的温度环境下,以辐射方式散失的热量也达到总散热量50%。辐射散热的调节机制是通过控制皮肤的血流量,即由皮肤温度进行调节。另外,动物体位的变化也与辐射有关。寒冷环境下,动物蜷缩就是通过缩小辐射面积来减少散热,高温环境下动物四肢舒展则是通过扩大体表面积来增加散热。

(2)传导:是指通过分子或原子振动而传递热的一种方式。当外界环境温度低于动物皮肤温度时,动物的体热经组织、被毛的隔热作用传递到被毛或皮肤的表面,再与环境传导介质相互接触而发生传导散热的过程。当外界环境温度高于被毛或皮肤表面温度时,也可通过传导使机体得到热。传导热量取决于动物体表温度与导热介质之间的温度差,以及介质的导热系数和蓄热性。如果介质导热系数大、温度低,则单位时间的导热量大。如果介质的蓄热性大,则动物体表与介质接触面达到热平衡的时间长,传导热量也增大。动物皮肤和呼吸道都有传导散热作用,呼吸道将体热传给吸入的冷空气,随后将其呼出体外而散热,皮肤则是通过与空气或其他接触物的相互接触而传导散热。由于空气的导热系数极低,故通过空气传导散热几乎不起作用。所以,实验动物的笼具和垫料的导热系数直接关系到实验动物的传导散热。

(3)对流:是指受热物质通过本身的实际运动将热从一处移到另一处。对流可分为 2

种：①因外界作用而发生的对流，称为强制对流；②因物质密度变化而引起的对流，称为自然对流。强制对流是空气流动或动物活动时所产生的对流作用，由风速所决定。自然对流在空气静止时发生，由动物体表与空气间的温度差所决定。因为空气的比热极小，当动物体表温度高于外界气温时，与动物体表接触的边界层空气温度迅速升高。同时，动物皮肤又在不断蒸发，使该薄层空气温暖而潮湿，变轻上升，被周围较冷且干燥的空气所取代，从而形成对流散热。

（4）蒸发散热：是指通过动物皮肤和呼吸道表面蒸发水分而带走热量的一种散热方式，为动物散热的最重要方式。动物机体对辐射、传导和对流散热的调节能力极其有限，但对蒸发散热的调节能力却很大。当环境温度高于体温时，不仅全部代谢产热需由蒸发散出，而且还需通过蒸发散出从环境中得到的热。动物与外界接触的只有皮肤和呼吸道，故蒸发散热可分为皮肤蒸发和呼吸道蒸发2种。

1）皮肤蒸发：又可分为渗透蒸发和出汗蒸发2种。渗透蒸发是指皮肤组织的水分通过上皮向外渗透，在皮肤表面蒸发散热，所有动物在任何时候都会发生这种蒸发作用。当气温升高，动物皮肤血管扩张，渗透作用也随之显著增强。在适宜温度下，动物的渗透蒸发量每小时约为 10 g/m^2，温度升高至40℃时，则增加到 30 g/m^2。出汗蒸发是指通过汗腺分泌使汗液在皮肤表面蒸发而带走热。实验动物大多全身被毛，由于毛层湿度高，对流作用弱，当身处高温时，汗腺分泌多，汗液极难在皮肤表面蒸发，只得沿被毛向外渗透，在被毛表面或毛尖蒸发，所蒸发的热大多来自周围环境，对机体自身的散热作用不大，故高温时必须同时增加皮肤渗透蒸发和呼吸道蒸发。

2）呼吸道蒸发：呼吸道黏膜经常保持潮湿、高温，水汽压大。动物吸气时，水汽压低的空气通过呼吸道，此时呼吸道黏膜处的水分子很容易进入该空气中而蒸发。另外，吸入的空气温度一般低于体温，经呼吸道的传导、对流的传热作用，温度升高，饱和压也随之增高，因而可容纳更多的水汽。呼吸道蒸发发生在动物的上呼吸道，而不是在肺部。无汗腺或汗腺不发达的动物在高温环境下，呼吸频率加快，最后发展为热性喘息，因排出二氧化碳过多，易导致呼吸性碱中毒。

3. 实验动物的体热平衡及其调节　恒温动物为了维持体温恒定，其产热和散热必须处于平衡状态。恒温动物的热平衡调节受神经系统的控制，中枢感受器位于下丘脑，外周感受器分布在皮肤，外周感受器包括冷、热两种感受器。分别会在寒冷和炎热时引发神经冲动，外周与中枢感受器的信息传入位于下丘脑后侧的热调节中枢，依据丘脑下部实际温度与调定点温度之差，产生相应的产热和散热调节。在炎热的环境下动物的热散失增加，而在寒冷的环境下动物的热散失减少，这种体温调节方式称为散热调节，又称为物理调节。当动物处于严重的冷或热应激状态下，散热调节已不能维持热平衡，必须通过增加或减少机体内能量物质的分解代谢，以增加或减少产热量，这种体温调节方式称为产热调节，又称为化学调节。一旦物理调节和化学调节同时进行也不能维持动物体热平衡时，动物则表现为体温升高或降低，引起生理功能失调，危害动物健康。

4. 高温时的体热调节

（1）加强辐射、传导、对流等非蒸发散热：皮肤血管首先舒张，流经皮肤的血流量增加，大量血液经过低阻的动静脉吻合支使体表温度升高，也使热从体内回流至体表。皮肤温度升高,加大了皮温与气温之差,从而提高了非蒸发散热量。随着气温继续升高,非蒸发散热量逐渐下降,当气温升至皮温时,非蒸发散热量几乎降至零。

（2）增加蒸发散热:当气温升高至超过体温时,动物机体不仅不能通过非蒸发方式散热,相反还通过辐射、传导和对流从外界环境得到热。此时,蒸发散热加强,排出体内产热和外周的热,方能维持体温正常。汗腺发达的实验动物具有该种调节能力,而汗腺不发达的实验动物则不得不加强呼吸散热,多表现为呼吸急促,甚至张口伸舌,唾液直流,进行热性喘息。

（3）减少产热:动物首先表现为采食量减少甚至拒食、肌肉松弛、嗜睡少动等行为调节,以减少产热。继而内分泌功能开始下降,最显著的是甲状腺分泌减少,代谢减弱,产热量下降。

（4）高温失调:如果气温继续升高,动物体热调节失去作用,体热散失受阻,导致体温升高,引发体内氧化作用增强。在过热刺激下,中枢神经系统失常,体内蓄积未完全氧化的物质和代谢产物,消化道蠕动、胃肠和胰液的分泌、肝糖原生成和血中的蛋白质成分均受破坏,胃肠消化酶的作用和杀菌能力减弱,黏膜抵抗力下降,最终因全身衰竭而死亡。

5. 低温时的体热调节

（1）物理调节:气温下降时,动物首先进行物理调节减少散热。一方面动物肢体蜷缩、群集、扎堆以减少散热面积,竖毛肌收缩、被毛逆立以增加被毛层厚度;另一方面动物皮肤血管收缩,使流经表层血管的血流量减少,皮温下降,皮温与气温之差缩小,以减少非蒸发散热;同时,汗腺停止活动,呼吸变深,频率下降,以减少蒸发散热。

（2）化学调节:当物理调节不能维持热平衡时,动物就需通过提高代谢率以增加产热量。在冷应激的状态下,机体最先的反应为发抖和打颤之类的骨骼肌不随意收缩,此举可在原产热的基础上增加3～5倍的产热量。轻度的颤抖仅限于皮肌肉和肌筋膜,肉眼有时很难察觉。强烈的颤抖则发生在四肢大肌肉群,可使绝大部分的化学能转变为肌肉收缩的机械能,再转化为热能释放于肌肉中,使皮肤温度升高。在长时间的冷应激环境中,动物肌肉的颤抖逐渐变为肌肉紧张,仅骨骼肌收缩,而身体停止颤动。动物肌肉颤抖和紧张所产的热在突然遭受寒冷刺激时起重要作用,可经提高代谢率来维持体温恒定。动物全身代谢率的提高是通过激素调节实现的,肾上腺素和去甲肾上腺素分泌加强可促进糖元分解,同时动员脂肪组织,以提高血液中葡萄糖和游离脂肪酸的含量,加强氧化过程;甲状腺分泌加强是提高代谢率最重要且持久的增加产热方式,甲状腺素与三碘甲状腺素增加氧耗量,会增加所有活跃组织的代谢产热。

（3）低温失调:如果严寒持续时间过长,机体经化学调节代谢产热达到极限,但仍不能与散热保持平衡,则动物体温下降,代谢率也随之下降。此时,动物血压升高,尿量增加、血液浓缩,脉搏迟缓,血液循环失调,呼吸器官发生渗出,微血管出血,呼吸道黏膜受损,抗体形成和白细胞的吞噬作用减弱,全身功能衰竭,最后因中枢神经麻痹而冻死。

（二）气温对实验动物的影响

1. 气温对实验动物生理功能的影响 气温会影响实验动物的生理反应和行为,气温变化可使动物的姿势、摄食量和饮水量发生改变,从而影响实验结果。将9～10周龄ICR

小鼠放置在 10～30℃气温的环境下观察其生理反应,随着温度的升高,小鼠的脉搏数、呼吸数和产热量均呈直线下降,由此表明小鼠的脉搏、呼吸、产热等生理反应对环境温度的变化十分敏感,也就意味着环境温度将影响生理实验的结果。环境温度的变化还会改变部分血液学指标。山内忠平采用大鼠做实验,测定了各种环境温度下 Wistar 大鼠的血液学指标。其中,红细胞数、白细胞数、红细胞容量值在低温和高温下均有增加;血浆蛋白、血中尿素氮、碱性磷酸酶、天冬氨酸转氨酶(AST)、丙氨酸氨基转移酶(ALT)在 12～16℃的低温下,均有增加的趋势。

2. 气温对实验动物毒性试验的影响　不同环境温度条件下,同一种药品或其他化学品对实验动物的毒性也有较大差异。有些药品在不同环境温度条件下对实验动物半数致死量(LD_{50})的差别甚至可达数倍(表 3-5)。在环境温度为 10～30℃条件下,雌性 Wistar 大鼠腹腔注射戊巴比妥钠 95 mg/kg,在低温和高温时动物死亡率较 18～28℃时显著增高。

表 3-5　两种环境温度对药物的 LD50 影响　　　　　　　　　(单位:μg/kg)

药物	26.7(℃)	15.5(℃)
苯异丙胺	90.0	197.0
盐酸脱氧麻黄碱	33.2	111.0
麻黄碱	56.5	477.1

气温对药物毒性试验的影响主要有 3 种类型(图 3-3):①U 型或 V 型变化:即在常温下毒性最低,当高于或低于常温时毒性均显著增大。如小鼠皮下注射氯丙嗪的 LD_{50} 在室温 28℃时为 350 mg/kg,而室温降至 13℃时则为 12 mg/kg,室温升至 38℃时却为 30 mg/kg。又如,澳大利亚红背蜘蛛毒素对小鼠的毒性测试,在室温为 0℃和 37℃时,均比 18～24℃时高出 100 倍。吩噻嗪类、单胺氧化酶抑制剂、萝芙木生物碱、吗啡、胆碱能受体阻断剂、水杨酸及其他解热药、洋地黄苷等药物均属此类。②直线型变化:即毒性随环境温度的升高而显著增大。如小鼠肌内注射可的松的毒性在-6℃时为最低,以后随着环境温度升高而逐渐增大。又如,小鼠注射破伤风毒素后,其存活时间在 10～35℃之间随着环境温度升高而缩短。苯丙胺、去甲肾上腺素、复苏药印防己毒素、抗组胺药苯海拉明等均属此类。③折线型变化:即毒性在常温和高温下没有显著变化,但随着环境温度的降低毒性逐渐显著增大。滴滴涕、咖啡因、戊四氮、均属此类。

　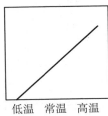　

低温　常温　高温　　　　低温　常温　高温　　　　低温　常温　高温

A. U 型或 V 型　　　　　B. 直线型　　　　　C. 折线型

图 3-3　气温对药物毒性的影响类型

3. 气温对实验动物繁殖的影响　温度过低或过高常导致雌性动物性周期紊乱。高温对雄性动物的生殖能力影响很大,会导致精子生成能力下降,甚至出现睾丸萎缩。如果睾丸温度升高＞38℃,生殖上皮细胞会变性,雄激素合成减少,精细管和附睾中的精子受损,精液质量下降。高温引起雌性动物体温升高,生殖道过热,尤其是子宫环境不利于受精卵的发育和附着。同时,高温还会减少子宫的血流量,影响胚胎发育所需养分的供应,导致胎盘生长受阻,对胎儿的营养供给减少。高温引起雌性动物内分泌功能失调,通过丘脑下部-垂体-性腺轴调节使雌激素分泌减少,催乳素分泌增加。另外,甲状腺活性减弱,甲状腺素分泌不足,也会导致繁殖功能减退。因此,在低温和高温环境下动物的繁殖功能下降。

4. 气温对实验动物健康的影响　温度过高或过低还可能导致动物抵抗力降低、易患疾病,甚至致动物死亡而影响实验结果。高温下动物易患热痉挛和热射病,采食量下降,导致营养不良。低温则是腹泻、感冒、支气管炎和肺炎的诱因。

(三)环境温度的控制要求

为了确保实验动物的健康与福利,保持动物实验环境条件的均衡稳定,保证实验结果的可靠性、均一性和可重复性,实验动物饲育和实验的环境温度应控制在适宜的范围内。不同类别的实验动物、不同等级的设施设备、不同用途的饲育环境,温度控制要求各不相同。

二、相对湿度

实验动物饲育环境内的空气中含有水蒸气,主要来源于海洋、江河等表面的水分蒸发,各种生物(人、动植物等)的生理过程散发等。其含量变化会引起空气干湿程度不同,影响实验动物的饲育。

(一)定义

组成地球表面空气层的各种气体在单位面积上形成的总压力称为大气压力,其中水蒸气引起的压力称为水蒸气分压力。在一定的温度下,空气所含的水蒸气量有一个最大限度,超过这一限度,多余的水蒸气就会从空气中凝结出来。此时水蒸气分压力即该温度下空气的饱和水蒸气分压。衡量实验动物饲育环境湿度的指标是相对湿度,是指空气中实际水蒸气分压与同温度下饱和水蒸气分压之比,并用百分率表示。

$$相对湿度(\%) = \frac{实际水蒸气分压}{饱和水蒸气分压} \times 100\%$$

(二)相对湿度对实验动物的影响

1. 相对湿度过高　高温环境下,动物主要依靠蒸发散热维护体温恒定,因此实验动物在高温条件下,高湿能使蒸发散热受到抑制,容易引起代谢紊乱,导致机体抵抗力减弱,发病率增加。低温环境下,湿度过高,空气导热散热增加,也不利于实验动物饲育。同时,湿度过高有利于病原体的生长和繁殖,饲料和垫料容易发霉变质,对实验动物健康造成损害。环境温度为21℃时,在相对湿度为25%～30%、50%、85%～90%的条件下分别饲养 SPF 级小鼠,3 周后检测其鼻腔内的细菌数,发现相对湿度在 25％～30％时细菌数最少,在 85％～90％时最多。

2. 相对湿度过低　如果饲育环境湿度过低,会使室内灰尘飞扬,容易引起动物呼吸道疾病。空气过于干燥能使动物皮肤和黏膜开裂,从而减弱皮肤和黏膜对病原微生物的屏障防御能力。有些实验动物如大鼠不耐低湿,特别是幼鼠。当相对湿度＜40％时,大鼠容易发生一种表现为尾部形成环状坏死的环尾症(ringtail),严重时会导致尾巴脱落,死亡率较高,相对湿度为 20％时,发病率接近 100％;相对湿度为 40％时,发病率≥20％;不同种/系的大鼠发病率不同,Wistar 大鼠最敏感。在低湿环境下,大鼠、小鼠的哺乳母鼠经常发生拒哺或食仔现象,仔鼠也常发育不良。

(三) 相对湿度的控制要求

我国实验动物国家标准 GB 14925 - 2010 规定:无论是实验动物繁育、生产设施,还是动物实验设施、设备,普通环境、屏障环境和隔离环境内的相对湿度均需控制在 40％～70％,实验动物饲育环境的最佳相对湿度为 50％±5％。

三、气流速度

(一) 气流的组织形式

气流是指空气从高气压区向低气压区的流动,主要来源于通风设备、门窗的启闭、工作人员和动物的活动、室内各区域空气温度的不一致等。气流速度指实验动物饲育环境中空气流动的速度。实验动物环境气流是依靠人工送排风形成的气流,实验动物设施常见的气流组织形式有水平层流、垂直层流和乱流 3 种(图 3 - 4)。

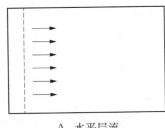
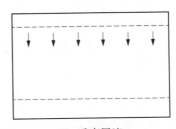
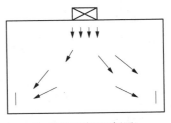

A. 水平层流　　　　　　B. 垂直层流　　　　　C. 乱流(顶送两侧回)

图 3 - 4　实验动物设施常见的气流组织形式

1. 水平层流　气流在水平面上,从一端水平流向另一端。设施一端为送风墙面,相对的另一端为回风墙面,平行的定向气流如同一个空气活塞,可较快地排除室内产生的尘埃和臭气。

2. 垂直层流　气流在垂直方向上,从上向下定向流动。设施天花板全面送风,地板全面回风。与水平层流一样,排除室内产生的尘埃和臭气较快速。

3. 乱流　空气向不同的方向有规律的稳定流动。乱流可使室内气体较快混合稀释,并逐渐排出污染空气,保持平衡。同时,乱流能使室内污染空气向任何一点扩散,浓度分布较快且均匀,不会明显波动,易维持某一净化级别的稳定性。实验动物设施乱流的气流组织形式大多是顶部送风、四角下侧回风。

　　水平层流和垂直层流属于单向层流,可将污染源散发出的悬浮污染物在未向室内扩散前就被即时压出室外,洁净空气对污染源起到隔离作用,有效隔断悬浮污染物在室内的散播。其换气排污全面彻底,但造价高、能耗大,一般较大规模的实验动物设施不宜采用。乱流的气流分布不均匀,在室内不同的地点,气流的速度和方向均不同。乱流是以从污染源散发出来的悬浮污染物在室内扩散为前提,不断引入经过高效过滤器处理的净化空气,将室内悬浮污染物冲淡稀释即刻排出室外,从而维持室内所需的空气洁净度等级,故所需的换气次数必须随室内的空气洁净状况而大幅调整。乱流具有室内空气扩散快、均匀稳定的特点,且造价和能耗均较前者低。因此,目前规模化实验动物设施都采用乱流的气流组织形式。

(二)气流速度对实验动物的影响

　　气流速度主要影响动物体表皮肤的蒸发和对流散热。当环境温度升高时,气流有利于对流散热和蒸发散热,对动物有良好的作用,当环境温度降低时,气流会增加动物的散热量,加剧寒冷的影响。另外,由于大多数实验动物体型较小,其体表面积与体重的比值较大,因此对气流更加敏感。在实验动物饲育环境中保持适宜的气流速度,不仅可使空气的温度、湿度及化学物质组成均匀一致,而且有利于将污浊气体排出室外。

(三)气流速度的控制要求

　　根据我国实验动物国家标准 GB 14925－2010 规定,无论是实验动物繁育、生产设施还是动物实验设施、设备,普通环境、屏障环境和隔离环境内的气流速度均为 0.1～0.2 m/s。对于实验动物而言,气流速度的最适值为 0.13～0.18 m/s。

　　气流布置和气流速度直接影响实验动物饲育环境的空气洁净度、换气次数和氨浓度,一般通过风机的功率、风管口径和初、中、高效过滤器性能共同调节和控制。饲养室送风口和出风口处气流速度较大,因此在布置笼架、笼具时应避免在风口处饲养动物,还需注意笼盒内部与饲养室空气情况的差别。

四、空气洁净状况

　　实验动物饲育环境的空气中飘浮着颗粒物与有害气体,尘埃、微生物多附着在颗粒物上,与有害气体一起对动物机体造成不同程度的危害,干扰动物实验过程,还可影响饲养人员和实验人员的健康。

(一)氨浓度

　　1. 氨的来源　　实验动物饲育环境空气除受附近地区大气污染的影响外,主要受到实验动物本身活动的影响。实验动物代谢会产生许多污染物,动物的粪尿及垫料和残留饲料如不及时更换清除,将发酵分解产生恶臭物质。动物粪尿等排泄物发酵分解产生的污染物种类很多,在 1971 年发布的《日本恶臭防止法》中列出有氨、甲基硫醇、硫化氢、硫化甲基和三甲胺 5 种,1976 年又增补苯乙烯、乙醛和硫化二甲基 3 种,共 8 种。这些气体都具有强烈的臭味。氨在这些污染物质中含量最高,各种动物饲养室均可测出,判断实验动物饲育环境的污染状况常以氨为监测指标。当动物饲养室温湿度上升,收容动物密度增加，通风条件不良，排泄物、垫料未及时清除，都会使饲养室氨浓度急剧升高。

2. 氨对实验动物的影响　氨易溶于水，较易被呼吸道及皮肤黏膜吸收，对人和动物有直接毒害作用，使正常的生理过程受到阻碍。氨被吸入呼吸系统后，通过肺泡进入血液，与血红蛋白结合置换氧基，破坏血液携氧功能。氨也是一种刺激性气体，低浓度时可刺激动物眼结膜、鼻腔黏膜和呼吸道黏膜，引起流泪、咳嗽，导致黏膜充血、喉头水肿，引发支气管炎，严重者甚至可产生急性肺水肿而致动物死亡；高浓度时可直接刺激体组织，引起碱性化学性灼伤，使组织坏死、溶解，还能导致中枢神经系统麻痹、中毒性肝病、心肌损伤等。受氨长期刺激的实验动物，其上呼吸道黏膜可出现慢性炎症，同时对结核分枝杆菌、肺支原体等传染病病原体的抵抗力显著下降，对炭疽杆菌、肺炎链球菌、大肠埃希菌的感染进程显著加快，使这些动物失去作为实验动物的应用价值。

3. 氨浓度的控制要求　美国、日本实验动物学界提出实验动物饲育环境的氨浓度应控制在 14 mg/m³（相当于 20 ppm）以下，我国实验动物国家标准 GB 14925 - 2010 也采用这一标准，即无论是实验动物繁育、生产设施还是动物实验设施、设备，普通环境、屏障环境和隔离环境内的氨浓度均需 <14 mg/m³。

（二）空气洁净度

1. 空气中颗粒物来源　空气洁净度是指洁净环境中空气所含悬浮粒子量多少的程度。空气中含尘浓度高则洁净度低，含尘浓度低则洁净度高。实验动物饲育环境空气中颗粒物的来源主要有 2 个途径：①为室外空气未经过滤处理直接带入；②为动物体表被毛、皮屑、饲料和垫料等材料的碎屑被气流携带或动物活动扬起而在空气中悬浮，形成颗粒物污染。

空气中悬浮的微粒是由固体粒子和液体粒子所组成，其直径为 0.002~100 μm。悬浮微粒的空气介质为一种分散体系，称为气溶胶（aerosol）。以分散相而处于悬浮状态的微粒，称为气溶胶粒子。国际标准化组织（ISO）提议，将粒径 Dr≤10 μm 的粒子定义为可吸入粒子（IP），可吸入粒子能够进入呼吸道。

2. 颗粒物对实验动物的影响　颗粒物对实验动物的健康有直接影响。颗粒物落在动物身上，可与皮脂腺的分泌物及细毛、皮屑、微生物等混合在一起粘在皮肤上，使动物的皮肤散热功能下降，影响体热调节。颗粒物中粒径≤5 μm 的灰尘，经呼吸道吸入后可到达细支气管与肺泡引起呼吸道疾病，动物可表现为不适感、支气管炎、气喘、尘肺等。颗粒物对人也存在同样影响，而且，由动物的被毛、皮屑、血清、尿液、粪便等形成颗粒物携带的致敏原可导致人和动物的过敏反应。近年来，人们因接触实验动物而发生的过敏反应已成为很突出的问题。

颗粒物除本身对动物产生不良影响外，还可成为微生物的载体，把各种微生物粒子包括饲料、垫料中带入的粉螨、霉菌孢子、各种细菌及其芽胞和病毒带入饲育环境。因此，饲育清洁级以上实验动物的设施，进入饲育环境的空气必须经过有效的过滤以去除颗粒物，使空气达到相应的洁净度。

3. 空气洁净度的控制要求　国际标准 ISO 14644 - 1 中，按空气中悬浮粒子浓度来划分洁净环境中的空气洁净度等级，即以每立方米（或每升）空气中最大的允许粒子数来确定其空气洁净度等级(表3-6)。

表3-6 洁净区(室)空气中悬浮粒子洁净度等级

空气洁净度 等级(N)	大于或等于表中粒径的最大浓度限度(pc/m³)					
	0.1 μm	0.2 μm	0.3 μm	0.5 μm	1 μm	2 μm
1	10	2				
2	100	24	10	4		
3	1 000	237	102	35	8	
4	10 000	2 370	1 020	352	83	
5	100 000	23 700	10 200	3 520	832	29
6	1 000 000	237 000	102 000	35 200	8 320	293
7				352 000	83 200	2 930
8				3 520 000	832 000	29 300
9				35 200 000	8 320 000	293 000

实验动物设施的运行状态分为以下3种。

(1)空态:是指实验动物设施已经建成,所有动力接通并运行,但无饲育设备、耗材、实验动物及工作人员。

(2)静态:是指实验动物设施已经建成,空调净化系统和设备正常运行,饲育设备也已安装到位,但无实验动物及工作人员。

(3)动态:是指实验动物设施和设备全部安装与调试到位,实验动物和工作人员也已全部入驻,按常规运营状态正式运行。

我国实验动物国家标准 GB 14925-2010 规定:无论是实验动物繁育、生产设施还是动物实验设施、设备,静态下,饲育清洁级和无特定病原体(SPF)级动物的屏障环境内空气洁净度必须达到 7 级(即空气中粒径≥0.5 μm 的尘粒数介于 35 200~352 000 pc/m³,粒径≥1 μm 的尘粒数介于 8 320~83 200 pc/m³,粒径≥5 μm 的尘粒数介于 293~2 930 pc/m³,相当于国际标准 ISO 14644-1 空气洁净度等级 7 级);沉降菌最大平均浓度应≤3CFU/0.5H·φ90 mm 平皿。饲育无菌动物的隔离环境内空气洁净度必须达到 5 级(即空气中粒径≥0.5 μm 的尘粒数>352~≤3 520 pc/m³,粒径≥1 μm 的尘粒数>83~≤832 pc/m³,粒径≥5 μm 的尘粒数≤29 pc/m³,相当于国际标准 ISO 14644-1 空气洁净度等级 5 级);不得检出任何细菌。饲育普通级动物的普通环境,因是开放系统,没有全封闭和空气净化,故没有空气洁净度要求。

五、新风量和新风换气次数

(一)定义

为了满足实验动物的生理需要,使饲育环境内温度、湿度和气流等因素达到适宜要求,同时使空气的污染降低到最低程度,实验动物的饲育环境应有足够新鲜空气即新风量。每室每小时送入新风量与该室容积之比为新风换气次数,即每小时室内空气全部更新的次数。换气次数取决于净化设备的功率和室内容积,即每小时送风量和室内容积之比：

$$换气次数（次／小时）=\dfrac{每小时送风量}{室内容积}$$

（二）新风量和新风换气次数的控制要求

我国实验动物国家标准 GB 14925－2010 规定，无论是实验动物繁育、生产设施还是动物实验设施、设备，普通环境新风换气次数应≥8 次/小时，屏障环境新风换气次数在工作时应≥15 次/小时，非工作时≥10 次/小时，隔离环境新风换气次数应≥20 次/小时。

实验动物设施一般采用全新风，新风换气次数越高，室内空气越新鲜，氨浓度越低，但势必导致能量的损失增加，显著提高运行成本。因此，如果先期去除粉尘颗粒物和有毒有害气体，不排除使用循环空气的可能，但再循环空气应取自于无污染区域或同一单元，新鲜空气不得＜50％，并保证供风的温、湿度参数。

六、压强梯度

（一）定义

压强梯度是指相邻环境的大气压差形成的梯度。实验动物饲育环境内各区域的静压状况决定了空气流动的方向。实验动物设施设置压强梯度的目的是：通过维持各个相邻的不同区域之间的压差并形成梯度，确保饲养室和实验室在正常工作或空气平衡暂时受到破坏时，气流能从空气洁净度高的区域流向空气洁净度低的区域，使室内的洁净度不会受到逆流的空气污染。

（二）压强梯度的作用

实验动物生产繁育设施和常规动物实验设施对于外界环境应保持正压，即保证设施内的空气压力大于外界大气压，以避免外界未经净化处理的空气逆流；设施内不同功能区也需按照洁净程度从高至低设置空气压力从大至小的梯度，保证最洁净区的空气压力大于次洁净区，次洁净区的空气压力大于非洁净区，非洁净区的空气压力大于外界环境，以防止设施内污染气体逆流而引发可能的交叉感染。

对环境有危害的感染动物实验设施则必须对外界环境保持负压，即确保设施内的空气压力小于外界大气压，以阻止设施内产生的污染气体外泄；设施内不同功能区也按照污染程度从高到低设置空气压力从小到大的梯度，保证污染最甚区的空气压力小于次污染区，次污染区的空气压力小于非污染区，非污染区的空气压力小于外界环境，以防止污染气体在设施内的扩散及对外界的污染，并保护相邻区域的其他动物、人员及环境。

（三）压强梯度的控制要求

我国实验动物国家标准 GB 14925－2010 规定：无论是实验动物繁育、生产设施还是动物实验设施、设备，屏障环境内相邻区域间的压强梯度≥10 Pa，隔离环境内相邻区域间（隔离设备内外）的压强梯度≥50 Pa。普通环境因是开放系统，没有全封闭和空气净化，故没有压强梯度要求，一般与外界环境等压。

压强梯度的设计必须适应设施功能和布局，不同控制要求的相邻区域门需开向压强高的区域。压强梯度的压差值应适当选择。压差值选择过小,压强梯度很容易被破坏,饲育环境的洁净度就难以维持;压差值选择过大,就会使净化空调系统的新风量增大,设备负荷增加,同时使高效和中效过滤器使用寿命缩短,增加运营成本。

七、噪声

(一)定义

物体振动产生声音,声音通过动物外耳郭收集,经外耳道传到耳鼓膜,引起其振动,振动声波经中耳道传到3个听小骨,再到耳蜗淋巴,继续延伸至耳蜗迷路膜上,刺激其听觉细胞,所产生的兴奋电位从内耳神经再传向大脑,亦有部分声音通过耳骨直接传到内耳。高音使靠近耳蜗顶部的迷路膜发生强烈振动,低音使耳蜗基部的迷路膜发生振动。声音强度大而又嘈杂刺耳,可对人和动物的心理生理造成不利影响的声音称为噪声(noise)。噪声是影响实验动物健康的重要环境因素。

实验动物饲育环境内的噪声来源于:外界传入、室内设备产生(如空调机、排风机等)、动物自身产生(如采食、走动、争斗、鸣叫)等。人能听到的声音频率为20~20 000 Hz,A声级频率为人耳敏感的频率,灵长类实验动物与人相近。啮齿类实验动物、犬、猫等的听觉与人不同,能听到较宽的音域,除了能听到人类所能听到的低频声外,还能听到人类听不到的高频超声波(图3-5)。所以,噪声对实验动物的影响不容忽视。

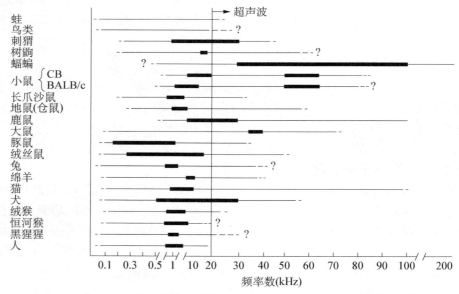

图3-5　各种动物听音的可能范围与感受性高的频率带

(二)噪声对实验动物的影响

噪声会引发实验动物的听力疲劳,严重时还会造成噪声性耳聋而损伤听力。噪声刺激会引起实验动物一系列痉挛反应:动物躲在角落,两耳下垂呈紧张状,两前肢呈洗脸样动作,随后头部轻度痉挛,烦躁不安,连续跳跃;噪声强烈时,出现全身痉挛,狂奔,四处撞击,长时间后四肢僵硬,极度痉挛而死亡。不同品系的小鼠对听源性痉挛发作的感受存在差异,3~4 周龄的 DBA/2 小鼠经 10 kHz 100 dB 刺激 2 分钟就会发生听源性痉挛,死亡率达 100%;ICR、ddN 小鼠感受性也较高,且雄性比雌性更敏感;BALB/c、C3H、IVCS、KK、NC 品系则感受性极底,几乎不出现痉挛现象。

高强度噪声的刺激还可造成实验动物生理功能的紊乱。如对噪声感受性强的 DBA 小鼠,在噪声刺激后 5 分钟,其心跳、呼吸次数和血压显著升高。噪声对交感神经刺激较大,常导致神经衰弱,大鼠暴露在 95 dB 环境,中枢神经将出现损害,暴露达 4 天可致死。噪声还会导致激素分泌紊乱,引起肾上腺素、去甲肾上腺素、胸腺素、皮质酮等分泌水平增加;噪声还会导致动物胃肠功能障碍,引起胃液分泌异常,胃酸减少、胃肠蠕动减弱,长期可导致慢性胃溃疡。

噪声对实验动物的繁育影响很大。长期受噪声刺激的实验动物由于神经内分泌功能紊乱,会导致性周期紊乱、交配欲下降。过强或持续不断的噪声可导致动物交配率降低,并妨碍受精卵着床,受孕率下降,以及促使母鼠流产、拒绝哺乳,甚至吃仔,繁殖率下降。小鼠实验显示,动物在确定阴道栓后于普通环境中饲养,其产出率为 100%,而且不发生咬仔现象;动物在确定阴道栓后饲养于普通环境,18 天后移到噪声为 85 dB 的环境中,产出率仍达 100%,但有 2/3 母鼠咬杀仔鼠,这可能是因母鼠在哺乳期受噪声影响使行为改变所致。动物确认阴道栓后就饲养在噪声环境中,孕鼠产出率降低,1/3 的仔鼠被母鼠咬杀。

(三)噪声的控制要求

我国实验动物国家标准 GB 14925 - 2010 规定:无论是实验动物繁育、生产设施还是动物实验设施、设备,普通环境、屏障环境和隔离环境内的噪声均不得超过 60 dB。所以,实验动物设施规划选址必须远离工厂、机场和交通干线等噪声源,尽量选用低噪声设备,采用隔音或消声材料做防护,不同种属的动物相互隔离饲养,饲育和实验操作应轻柔,尽可能避免产生噪声。

八、光照

(一)定义

光是能引起视觉的电磁波,波长是光波的波峰到波谷间的距离,常用单位纳米(nm)。可见光是指波长为 350~750 nm 波段的电磁波。其又可分为 7 个波段,分别发出红、橙、黄、绿、青、蓝、紫 7 种色光,对动物机体有不同的作用,特别对调节其生理活动具有重要意义。小鼠的活动量在蓝、绿、白色光下最小,而在红色和黑暗中最大。将小鼠分别饲养在全波长、冷白色、蓝色、粉红色、紫黑色光下 30 天,蓝色和冷白色光照组小鼠的体重最轻。蓝光照射的大鼠阴道开口比红光照射的要早,但泌乳能力以红光照射的为最强。啮齿类动物对红光的感觉与黑暗相同。光照强度是指单位面积上的辐射通量,常用单位是勒克斯(lx)。辐射通量是单位时间通过或到达某面积上的总辐射能量。每日光照与黑暗时间交替循环的变动,称为光照周期。

(二) 光照对实验动物的影响

光线的刺激通过视网膜和视神经传递至下丘脑,经下丘脑的介导,产生促性腺激素释放激素(GnRH)、促甲状腺素释放激素(TRH)、促肾上腺皮质激素释放激素(CRH)、生长素释放激素(GRH)等各种神经激素,这些释放激素经丘脑下部至垂体门静脉到达垂体前叶,促使垂体前叶释放促卵泡素(FSH)、促黄体素(LH)、促甲状腺素(TSH)、促肾上腺皮质素(ACTH)和生长素(GH),对动物生殖生理、生长发育、代谢和行为活动产生影响(图3-6)。

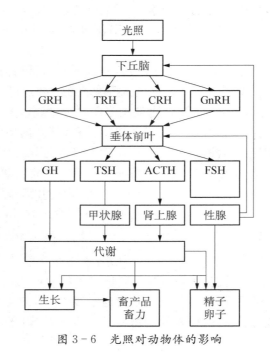

图 3-6 光照对动物体的影响

可见光的视觉效应可将80%~85%的环境信息通过动物的视觉感受器传入其脑内,使之对环境变化作出相应的积极反应,且便于工作人员的操作和动物采食、走动等活动。日光中波长较短的紫外线,对环境和动物体表具有杀菌作用,并能使动物表层组织内蓄积的麦角固醇转化为钙化醇(维生素 D_2),从而促进钙质的代谢和吸收,防止佝偻病的发生。

光照强度对实验动物的影响较大,过强的光照会使动物烦躁不安,视网膜受损,生长发育受阻,发病率升高;过弱的光照会使动物反应迟钝,生长发育缓慢,繁殖力下降,体质下降。对于小鼠,20 lx照明下呈4天周期性稳定发情,而5 lx和200 lx则都不稳定;10~20 lx的照度适宜小鼠生长繁殖。对于大鼠,100 lx照明下阴道开口最早,卵巢和子宫的重量也最大;1 lx照度下40%大鼠不发情,而以250 lx照度下产仔数最多。

光照周期对实验动物的影响也较显著。动物的活动和生理功能在一昼夜中变化很大,特别是啮齿类动物昼伏夜动,午夜活动比白天活跃。实验动物不仅在采食、排粪、代谢、行为活动方面存在昼夜周期变化,而且在血液学、生化学及生理功能上都有相应的节律性变化。如昼夜逆转,动物虽能适应,但需要较长的适应时间,哺乳类动物适应时间＞10 天。通过人工控制光照,可以调节动物的整个生殖过程,包括发情、排卵、交配、分娩、泌乳和育仔等。持续黑暗可抑制大鼠的生殖过程,使卵巢重量减轻;相反,持续光照则过度刺激生殖系统,导致连续发情,大鼠、小鼠出现永久性阴道角化,有多数卵泡达到排卵前期,但不形成黄体。

(三)光照的控制要求

实验动物饲育环境内光照需符合以下 2 方面的基本要求:①能维持实验动物健康和繁育活动的需求;②能满足饲养人员和实验人员工作照明的需求。

自然光照时间长短因地区和季节不同而异,但实验动物饲育环境内光照的明暗比应保持稳定,通常控制在 12 小时(明)/12 小时(暗)或 10 小时(明)/14 小时(暗),明暗的交替最好采用渐暗渐明式,以免动物在明暗突然改变时产生短暂的"骚动"而应激。实验动物应避免直射阳光的照射,最好在封闭式的饲育环境内采用人工照明。为满足饲养人员和实验人员的操作要求,室内离地 1 m 处照度要达到 150~300 lx。

我国实验动物国家标准 GB 14925-2010 规定:无论是实验动物繁育、生产设施还是动物实验设施、设备,普通环境、屏障环境和隔离环境内的最低工作照度均为 200 lx;小鼠、大鼠、豚鼠、地鼠的动物照度为 15~20 lx;犬、猴、兔、小型猪的动物照度为 100~200 lx;鸡的动物照度为 5~10 lx。光照周期均为 12 小时/12 小时或 10 小时/14 小时。

第三节
实验动物的饲养条件

实验动物的饲育环境是由人为设置的饲养条件所决定的,饲养条件的优劣直接关系实验动物的健康和福利,以及动物实验结果的科学性、可靠性。实验动物的饲养条件主要指动物生存所依赖的笼具、饮水、空气、垫料和饲料等。饲料属于营养因素的范畴,在下章阐述。

一、笼具

(一)笼具的基本要求

笼具(cage)是指饲养动物的容器,为实验动物长期生活的小环境。各种环境因素都必须通过笼具才能对动物产生影响,动物的代谢产物也必须通过笼具向外排放,因此,笼内环境是影响实验动物的直接因素,笼具作为维持和调控笼内环境的设备,其优劣直接影响实验动物的健康和福利。

实验动物笼具应选用无毒、耐腐蚀、耐高温、易清洗、易消毒灭菌的耐用材料制成,笼具内外边角均应圆滑、无锐口,其尺寸必须满足各类动物居住所需的最低限度要求。我国实验动物国家标准 GB 14925-2010 规定各类动物所需居所最小空间见表 3-7。

表 3-7　各类动物所需居所最小空间

动物种类	小鼠(g)		
饲养密度	<20 g 单养	>20 g 单养	成窝群养
最小底面积(m²)	0.006 7	0.009 2	0.042
最小高度(m)	0.13		
动物种类	大鼠(g)		
饲养密度	<150 g 单养	>150 g 单养	成窝群养
最小底面积(m²)	0.04	0.06	0.09
最小高度(m)	0.18		
动物种类	豚鼠(g)		
饲养密度	<350 g 单养	>350 g 单养	成窝群养
最小底面积(m²)	0.03	0.065	0.76
最小高度(m)	0.18	0.21	
动物种类	地鼠(g)		
饲养密度	<100 g 单养	>100 g 单养	成窝群养
最小底面积(m²)	0.01	0.012	0.08
最小高度(m)	0.18		
动物种类	兔(kg)		
饲养密度	<2.5 kg 单养	>2.5 kg 单养	成窝群养
最小底面积(m²)	0.18	0.2	0.42
最小高度(m)	0.35	0.4	
动物种类	犬(kg)		
饲养密度	<10 kg 单养	10~20 kg 单养	>20 kg 单养
最小底面积(m²)	0.6	1	1.5
最小高度(m)	0.8	0.9	1.1
动物种类	猴(kg)		
饲养密度	<4 kg 单养	4~8 kg 单养	>8 kg 单养
最小底面积(m²)	0.5	0.6	0.9
最小高度(m)	0.8	0.85	1.1
动物种类	猪(kg)		
饲养密度	<20 kg 单养	>20 kg 单养	/
最小底面积(m²)	0.96	1.2	/
最小高度(m)	0.6	0.8	/

续　表

动物种类	鸡		
饲养密度	<2 kg 单养	>2 kg 单养	/
最小底面积(m²)	0.12	0.15	/
最小高度(m)	0.4	0.6	/
动物种类	猫		
饲养密度	<2.5 kg 单养	>2.5 kg 单养	/
最小底面积(m²)	0.28	0.37	/
最小高度(m)	0.76	0.76	/

目前,实验动物笼具正朝标准化、通用化、智能化方向发展,一般饲养实验动物的笼、盒和箱等笼器具应符合以下要求。

1. 舒适卫生 笼器具应为实验动物提供适当的空间,满足其自由活动、自由调整体姿的需要,还应满足实验动物群居活动的需求。不同种属、不同年龄和体重的实验动物饲养所需的面积和空间各不相同,群养和单笼饲养所需的面积和空间也不同。

(1)采用金属网或多孔金属板制成的饲养笼具有通风条件好,笼内温度、湿度、氨的浓度与饲养室内环境基本一致,动物不直接接触垫料等优点,还能配置冲水装置,便于冲去动物排泄物,有利于减轻饲养人员的劳动强度,但不利于保温,动物易受外界环境影响,舒适性差且幼小动物易轧伤。如,长期饲养在铁丝网笼内的兔会出现脚皮炎。所以,适用于大动物饲养、育成和进行动物实验。

(2)采用聚丙烯等原料制成的塑料饲养盒四周不透气,动物活动、排泄物的积存使笼盒内温度、湿度、氨浓度比盒外高,需经常更换垫料,清除排泄物。如,用塑料盒饲养的Wistar大鼠比在金属网笼中饲养时死亡率高。但塑料饲养盒添加垫料符合啮齿类动物的繁育需要和生活习性,对孕鼠和幼鼠舒适性好,能满足其做窝的癖好。因此,适用于小动物的繁殖和幼仔的生长。如,大鼠饲养在塑料盒内比金属网笼内体重增长快。

2. 坚固耐用 笼具应不易被动物损坏或变形,以免动物逃窜。笼门或笼盖应牢固,大鼠、小鼠、地鼠常会顶开笼盖,所以盖子应有一定重量,有可靠的锁扣。灵长类动物及犬、猫等十分灵活,模仿能力强,笼门设计应能防止动物打开。地鼠的门齿十分锐利且善于啮咬,对编织网的金属丝应用较粗较硬的材料,不能用铝皮或太薄的材料制作笼盒。采用高压蒸汽消毒法处理的塑料饲养盒,应选用耐高温的塑料,以免因高温消毒而变形甚至熔化。

3. 使用方便 工作人员在动物饲养和实验过程中会经常接触动物的笼具,故要求笼具便于操作。必须可方便地开启和关闭饲养笼或盒,易于捉拿动物,方便添加饲料和饮水、更换垫料和清除排泄物,笼具的洗刷、清理、贮存和运输也应方便。还应考虑组装式、折叠式笼具的装配和拆卸的简便性。塑料饲养盒的4个底角应为圆角,不易积垢,便于清洗。放置笼具的笼架必须牢固、稳定、不宜过大。在笼架下安装小轮以便挪动清洗、消毒,但需安装刹车装置防止滑动移位。笼架的大小应与笼具配套。有自动冲水清粪装置的笼架,可减轻饲养人员劳动强度、提高工作效率,并可及时清扫排泄物以改善饲养室卫生状况,但应注意湿度和噪声问题。

4. 经济实用 笼具是实验动物饲育的主要设备,需求量很大,也是占用资金较多的易耗品。随着科学技术的发展和实验动物饲育标准的提高,笼具的更新换代日益频繁,从以前的瓦罐和铁丝笼到现在的塑料盒和不锈钢笼,甚至智能化独立通气笼具,造价越来越高。所以,必须根据实际需求和具体条件配置经济适用的笼具。在满足饲养或实验要求的同时,注意笼具的性价比。有活动插板的组装式动物笼有许多优点,可根据饲养动物种类和数量分隔空间,并在一定范围内调节其面积,具有较大的灵活性和实用性,也便于动物的隔离,较为经济。

(二)笼具的类型

1. 塑料盒式笼具 适用于小型啮齿类动物的繁育,一般由笼盒和笼盖2部分组成。透明笼盒以多聚碳酸盐塑料制成,可耐高温高压消毒,方便观察动物,适合饲育喜光的实验动物品种品系;半透明笼盒用聚苯乙烯或聚丙烯材料制成,不耐高温高压,只能化学浸泡消毒,适合饲育喜暗的实验动物品种品系。笼盖通常用钻孔不锈钢板或不锈钢丝编织制成,笼盖上有可插入饮水瓶瓶嘴的饮水孔和放置颗粒饲料的食斗。笼盒内常放置垫料以吸附粪尿,但易引发交叉感染。

2. 悬挂式不锈钢网笼具 适用于成年啮齿类动物实验期间的饲养。一般分为笼体和托盘2部分。笼体由不锈钢丝编织而成,用于容纳动物。笼体正下方设置的托盘也由不锈钢制成,用于收集动物的排泄物。此类笼具通风良好,观察动物方便,易于清洗消毒,由于饲养中动物不接触垫料,能避免垫料对实验的影响。

3. 前开门立式笼具 适用于犬、猫、猴等大型实验动物的饲育。通常用不锈钢、玻璃钢等材料制成,前方开门处底部有结实的板状结构,可供动物休息。门侧可挂食篮和水瓶,用于提供饲料和饮水。猴类笼具还设有保定动物用的活动板装置,门上还应上锁。笼具底部可安装托盘,用于收集动物的排泄物,也可下设地沟,用冲水的方式清除排泄物。

4. 独立通气笼具 独立通气笼具(individually ventilated cage,IVC)是一种以饲养盒为单位的实验动物饲养设备,空气经过高效过滤器处理后分别送入各独立饲养盒,使饲养环境保持一定的压力和洁净度,避免环境污染动物或动物污染环境。该设备用于饲养清洁、无特定病原体或感染动物。IVC采用笼具水平的微隔离技术,通过向笼具内部输送经过高效过滤的净化空气以确保动物免受微生物的污染。由于IVC系统每个笼具均具有各自独立的送排风管道,并可直接引至室外,笼具间又相互隔离。因此,既避免不同笼具内的动物间交叉感染和相互影响,保护动物的健康,室内又几乎没有动物排出的臭气和污染物,保证了工作人员的健康。同时,IVC系统的每个笼具等同于一个无菌隔离器,只需依赖室内的温湿度控制和光照。所以,可在普通房间内使用。但IVC系统的每个笼具在添加饲料、更换垫料、捉拿动物和实验操作时需打开笼盖,故必须在生物安全柜或超净台内操作以免污染。

二、饮水

(一)饮水器具

1. 饮水瓶 主要用于小鼠、大鼠、豚鼠等小型啮齿类实验动物。由于易于定量、结构简单、价格低廉、便于清洗消毒等优点成为目前使用最广泛的饮水器具,但易被啃咬、滴漏水。饮水瓶的饮水嘴、饮水瓶盖、吸水管由不锈钢材料制成,瓶塞由橡胶制成,瓶体由塑料或玻璃制成,均应无毒、耐高温高压消毒。

2. 饮水盒、盆、罐　主要用于兔、犬、猫等大中型实验动物。一般用陶瓷、不锈钢、搪瓷、紫砂等无毒、耐高温高压消毒的材料制成。使用时应作固定,以免被掀翻,还应能防止因动物玩耍而污染饮水。

3. 自动饮水器　主要适用于大规模实验动物生产繁育及猪、猴等大型实验动物。优点是可以节省劳力,尤其在饲养大量动物时更有价值,但因容易漏水而增加饲养环境的湿度,还较易堵塞,不易清洗消毒。自动饮水器由不锈钢自动饮水嘴和供水管构成,将供水管直接连接供水源,再串联于每个笼具,接上自动饮水嘴,将自动饮水嘴挂在笼具的适当位置便于动物饮用,随后打开水压调节阀保持一定的流量,就可自动供动物长期饮水。自动饮水嘴由不锈钢制成,弹簧和活动塞可控制供水和封闭。动物饮水时,只需用舌头顶住活动塞即可,放开则自行关闭。由于小动物体力有限,送水管内水压必须调低,当动物舐吮饮水时会有少量唾液及食物碎屑进入水管,易造成动物疾病的交叉感染,在饲养 SPF 级动物时应特别注意。

(二) 水质要求

我国实验动物国家标准 GB 14925 - 2010 规定,普通级实验动物饮水应符合《生活饮用水卫生标准》(GB 5749)的要求(表 3 - 8),即自来水即可;屏障和隔离环境内饲养的实验动物饮水须经灭菌处理。高温高压灭菌是目前实验动物饮水最可靠的灭菌方法,也是饲育无菌动物时饮水灭菌的唯一方法。饲养清洁级动物时,也可用过量氯消毒法(加氯量为 10~15 mg/L)和盐酸酸化法(pH 值为 2.5~3)对自来水进一步消毒后供动物饮用。

表 3 - 8　饮水水质标准

指标	项目	标准
感官性状指标	色	色度≤15 度,不呈现其他异色
	浑浊度	<5 度
	嗅和味	不得有异臭、异味
	可见物	不得含有
化学指标	pH 值	6.5~8.5
	硬度(CaO 计)	<450 ml/L
	铁	<0.3 mg/L
	锰	<0.1 mg/L
	铜	<1.0 mg/L
	锌	<1.0 mg/L
	酚类	<0.002 mg/L
	阴离子合成洗涤剂	<0.3 mg/L

指标	项目	标准
毒理学指标	氟化物	<1.0 mg/L(适宜 0.5~1 mg/L)
	氰化物	<0.05 mg/L
	砷	<0.04 mg/L
	硒	<0.01 mg/L
	汞	<0.001 mg/L
	镉	<0.001 mg/L
	铬(6 价)	<0.05 mg/L
	铅	<0.1 mg/L
	游离氯	>0.3 mg/L
细菌指标	细菌总数	<100 个/L
	大肠埃希菌	<3 个/L

三、垫料

(一) 垫料的基本要求

垫料(bedding)是用于满足实验动物保温、做窝等舒适性要求和行为习性,并吸附动物排泄物和臭气维持卫生状况的铺垫料。啮齿类动物具有喜欢做窝,用于保暖、玩耍和躲避的习性。动物的排泄物是造成饲养环境卫生恶化的重要因素,必须及时消除处理。使用冲水式笼具饲养实验动物无需使用垫料,每日用水冲洗即可冲去动物排泄物,以保持饲养室良好的卫生条件。使用饲养盒、罐饲养的实验动物,为使动物不接触排泄物,则必须使用垫料吸附动物粪、尿。

我国实验动物国家标准 GB 14925 - 2010 规定:垫料应选用吸湿性好、尘埃少、无异味、无毒、无油脂的材料,须经消毒、灭菌后方可使用。所以,用作垫料的原料必须满足以下条件。①垫料对动物无刺激作用或其他有毒、有害的影响;②垫料不会被动物食用,对常规实验结果也不会产生背景性干扰;③垫料吸水性能良好,并具有吸附臭气的作用;④垫料保温性能良好,动物体感舒适,易于做窝;⑤垫料须使用方便,易于消毒,便于清除;⑥垫料要来源广泛,容易获得,价格低廉,便于包装和运输;⑦垫料须便于质量控制和标准化,避免环境污染和资源浪费。

(二) 垫料对实验动物的影响

垫料与实验动物直接接触,是影响动物健康和实验结果的重要环境因素之一。垫料中的粉尘是实验动物饲育环境中尘埃粒子的主要来源,对笼内环境和室内环境的空气洁净度产生重要影响,被动物吸入呼吸道会造成机械性损伤,引发呼吸道疾患;黏附在动物体表会堵塞毛孔,引发皮肤疾患。有报道称使用垫料饲养的动物其肺和肝脏溃疡结节的发生率高于不用垫料饲养的动物。动物若啃咬误食垫料,还会造成胃肠道异物损伤。因此,使用木屑和刨花作垫料时,用前须分拣和筛选,除去粉尘和异物。

松、杉等针叶林木中所含的芳香类挥发性化学物对啮齿类动物肝脏微粒体酶有影响,甚至还会诱发癌症,故不宜用作垫料的原料。以植物为原料生产的垫料中农药残留和重金属污染往往不仅对动物健康造成危害,而且还会干扰实验结果,也应引起足够重视。

垫料中有机物含量丰富且易吸潮,如果保管不妥,极易污染霉变、滋生虫蝇,成为生物污染源,垫料污染常常是实验动物体外寄生虫和节肢动物感染的主要途径。所以,垫料需经杀虫、灭菌后才能使用。

(三) 垫料的分类和选用

目前常用的垫料有木屑(粗及细)、木刨花、玉米芯颗粒、吸水纸、脱脂棉、稻草等,并加工成不同形状,可根据不同要求选择使用,如妊娠和待产的动物、幼龄动物及经手术的动物应选用较柔软细腻的垫料,成年动物、大动物则可使用较粗糙的垫料。

吸附排泄物的垫料应及时清除,否则饲养环境中的氨、硫化氢、甲基硫醇等恶臭有害气体浓度将会超标,危害实验动物健康。更换垫料频度视饲养动物密度和通风换气条件及动物生理状况而定,一般每 2~3 日更换 1 次,每周至少更换 2 次。IVC 内若使用玉米芯垫料则可每周更换 1 次。糖尿病动物模型需每日更换。

四、空气调节

(一) 空气调节的基本要求

实验动物设施空气调节(air condition)的目的是在任何自然环境状态下,将设施内空气的温度、相对湿度、换气次数、气流速度、压强梯度、空气洁净度等环境指标维持在实验动物国家标准规定的恒定范围内,以避免这些环境指标的剧烈波动对实验动物健康和福利的损害,以及对实验结果的背景性干扰。

实验动物设施存在内外环境的各种干扰,设施内生物体、照明、设备等产生热、湿、噪声和其他有害因子量的变化,设施外太阳辐射和自然气候等条件的变化,都会引起饲育环境相关指标的剧烈波动。实验动物设施环境质量要达到国家标准必须设置适宜的空气调节系统。空气调节方法是用空气调节装置适时送入不同状态的适宜空气,以消除来自设施内部和外部影响环境参数的干扰量,从而将设施内环境指标控制在国家标准规定的范围内。鉴于实验动物设施环境指标控制要求较高,通常采用全新风、集中、直流式净化空气调节系统。该系统造价高、能耗大,故常因运行费用昂贵而无法维持。依据国家标准要求并结合我国国情,啮齿类实验动物屏障环境的空气调节装置可采用利用经处理的各动物室本室 50% 回风的系统,负担全部冷、热、湿负荷的新风净化空调系统及排风系统的空气调节系统方案。

(二) 空气调节的主要特点

新风量需求大,屏障环境新风换气次数要求达到 10~20 次/小时。

(1) 空气要求有初、中、高效过滤的净化处理,不同级别实验动物设施其空气净化要求各不相同。

（2）排气除须消除病原微生物之外，还需除臭处理，以保护自然环境。除臭方式有湿式和干湿两种。通常用水洗法、活性炭吸附法、吸着法、臭气氧化法、直接燃烧法等。为保护活性炭过滤层不被阻塞及消除一些病原微生物，之前还应有中效过滤器保护过滤。

（3）最好还应安装冷、热量回收装置和循环再处理净化系统，以回收部分能量再利用，节约能源，降低运行维持费用。

（4）空调系统只要有动物饲养和实验，必须全年不间断连续运转。若运转停止将会造成空气流通停止，环境指标达不到国家标准要求，动物质量及实验结果受到影响。为了保持连续运转，空调设备、供电均要有备用系统。

（5）在进行污染性实验时，如开展传染性强的病原体感染试验，剧毒、易挥发的气体、气溶胶或低沸点的药品、化学品毒性试验，强度大的放射性核素试验等，均应采用负压式实验环境，以免各种有害因素对工作人员健康产生危害。其排出的空气也应经有效处置，确保无害后方可排除，以免污染周围环境。

第四节
常规实验动物设施的分类和管理

实验动物环境的达标和维持是通过人工构建相应的设施达到的。常规实验动物设施可分为生产设施(breeding facility)和实验设施(experimental facility)2 种。①生产设施：是指用于实验动物生产的建筑物和设备的总称；②实验设施：是指以研究、试验、教学、生物制品、药品及相关产品生产、质量控制等为目的而进行实验动物实验的建筑物和设备的总称。各级各类实验动物设施均有其自身特定的用途、要求、布局。

一、实验动物环境设施的类型

按照我国实验动物国家标准 GB 14925 - 2010 规定，实验动物环境可分为隔离环境(isolation environment)、屏障环境(barrier environment)和普通环境(conventional environment)3 种类型，分别对应相应的设施(表 3 - 9)，每种类型的环境设施适用范围与控制要求各不相同，因此具有各自不同的结构与流程(表 3 - 10)。

表 3 - 9　实验动物环境设施的分类

环境设施分类		使用功能	适用等级动物
普通环境设施		实验动物生产,动物实验,检疫	普通级动物
屏障环境设施	正压	实验动物生产,动物实验,检疫	清洁级动物、SPF 级动物
	负压	动物实验,检疫	清洁级动物、SPF 级动物
隔离环境设施	正压	实验动物生产,动物实验,检疫	无菌级动物、SPF 级动物、悉生动物
	负压	动物实验,检疫	无菌级动物、SPF 级动物、悉生动物

表 3-10 3 种实验动物设施部分环境要求对比

项目	普通环境	屏障环境	隔离环境
动物等级	普通动物	清洁、SPF 动物	无菌、悉生、SPF 动物
饲养设施	普通动物室	屏障系统动物室	隔离器
空气进出	多种途径门、窗、缝隙或通风系统(不经高效过滤)	经高效过滤(针对 0.5～5 μm 粒子)通过净化通风系统,专门进出风通道	经超高效过滤(针对 0.3～0.5 μm 粒子)通过气泵从专门进出风通道
空气洁净度	无要求	7 级	5 级
温湿度	受外环境影响大,指标范围较大	通过空调、净化空气处理机等专门设备控制	通过室内空调设备控制隔离器内温湿度
沉降菌最大平均浓度,CFU/0.5H* · ϕ90 mm 平皿≤	无要求	≤3	无检出
相通区域最小静压差,Pa≥	无要求	10	50(隔离设备内外静压差)
换气次数/(次/h)≤	自然通风,8	10～15	20
动物	经检疫动物	控制微生物级别,笼盒经表面消毒后,由专门通道进入	控制微生物级别,笼盒经灭菌后,由传递舱进入
人员	着一般工作服	经更衣、淋浴,再穿灭菌工作服,从专门通道进出	人不与动物直接接触,一切操作通过隔离器上手套进行
其他物品	一般清洁卫生	分别经高压、药槽、紫外线、过氧乙酸表面消毒处理	灭菌后从传递舱进出
对外通道	直接相通	专门缓冲及物流通道	完全隔离,经传递舱进出

(一)隔离环境设施

1. **定义** 采用无菌隔离装置以保持装置内无菌状态或无外来污染物的设施。隔离装置内的空气、饲料、水、垫料和设备应无菌,动物和物料的动态传递须经特殊的传递系统,该系统既能保证与环境的绝对隔离,又能满足运转动物、物品时保持与内环境一致。适用于饲育无特定病原体、悉生及无菌实验动物。

2. **控制要求** 隔离环境一般是以隔离器(isolator)为主体及其附属装置组成。实验动物的生存环境用隔离器与外界环境完全隔离。

隔离器是一种与外界隔离的实验动物饲养设备,空气经过高效过滤器后送入,物品经过无菌处理后方能进出饲养空间,该设备既能保证动物与外界隔离,又能满足动物所需要的特定环境。该设备用于饲养无特定病原体、悉生、无菌或感染动物。工作人员只能通过附于隔离器上的密封橡胶手套对隔离器内的动物进行操作,不直接接触动物。送入隔离器的空气需经超高效过滤,并保持与外界环境的压差,洁净度需达到 5 级。进入隔离器的饲料、饮水、垫料、笼具、器械等物品均须包装后经高压高温灭菌,通过灭菌渡舱无菌传递移入(图 3-7)。

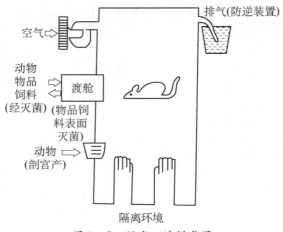

图 3-7 隔离环境模式图

隔离器根据其内部与外界的气压差可分成正压隔离器和负压隔离器两大类。正压隔离器用于饲养无菌动物、悉生动物等,材质为塑料薄膜等软质材料。负压隔离器用于饲养感染动物、放射污染动物等,材质为不锈钢等硬质材料。

3. 结构与流程 隔离器可置于屏障环境或普通环境中运转,如果设置在普通环境中运转,其温度、湿度、照明和噪声则必须依赖室内控制。隔离器呈长方形箱状,安置于不锈钢工作台上。隔离器由进行动物饲养和实验操作的隔离室、进行物料和动物等传递的灭菌渡舱或渡槽、送风机、空气过滤器和排气阀等构成。空气由送风机送至空气过滤器,经无菌化处理后,从空气入口送入隔离室内。隔离室一侧安装有密封橡胶手套,工作人员通过该手套对隔离室内部进行间接操作。隔离器内的空气经空气出口排出,排气阀可防止隔离室内的空气外排时发生外界空气的逆流。隔离器另一侧设有灭菌渡舱,为附有内外2个盖子的圆筒状小室,用于物料传递过程中使用消毒液对其表面进行灭菌处理后传入隔离室,2个盖子不得同时打开。有的隔离器还设有灭菌渡槽,为将隔离器内外用消毒液隔开的液槽,物料传送须浸入液槽在液面以下进行。隔离器须灭菌后启用,为维持隔离室内外的压差防止污染,启用后不得停止送风机的运转。准备转入隔离室内的物品可放入灭菌罐用高压蒸汽灭菌器进行灭菌后通过灭菌渡舱传入,也可直接在灭菌渡舱内用过氧乙酸喷雾灭菌后传入。

(二)屏障环境设施

1. 定义 可分为正压屏障结构和负压屏障结构2种。①负压屏障设施:是专门用于开展易对外界环境产生生物危害的动物实验的场所;②正压屏障设施:适用于饲育清洁实验动物及无特定病原体实验动物,必须符合动物居住的要求,严格控制人员、物品和空气的进出,为最常见的标准实验动物设施。

2. 控制要求 屏障环境设施气密性较好,实验动物生存环境与外界环境隔离,设施内外空气只能经特定的通道,经净化过滤后进入和排出。人员、实验动物、物品及空气均须进行严格的微生物控制。送入的空气需经初效、中效和高效过滤,洁净度达到7级,确保不悬浮特定病原体。

正压屏障设施内还要利用空调送风系统形成随洁净状况从高到低,压强也相应从高到低的压强梯度,各相邻区域间需维持 20~50 Pa 的静压差,利用空气压力差防止逆行污染,即清洁区域的空气压力要大于污物区域,污物区域的空气压力要大于外界。出风口也需安装滤材,以避免室外风压大时空气倒流,出口风速应>4 m/s,以防空气逆流污染。负压屏障设施则与之相反,需保持负压,防止设施内可能产生的污染物外泄而危害外界。

屏障设施内清洁物品进入和废弃物传出的通道需各自独立、相互隔离,饲料、饮水、垫料、笼器具、器械和设备均需经灭菌后方可传入使用,人员、物品、空气和动物的走向需采用单向流通路线,尽量避免交叉。工作人员进入屏障设施前需经充分淋浴,然后穿上无菌的工作服和鞋套,并戴上无菌的帽子、口罩和手套才能入内工作,在屏障设施内的一切动作都要严格遵循无菌操作规程(图 3-8)。

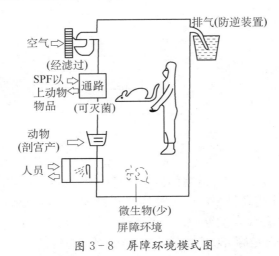

图 3-8　屏障环境模式图

3. 结构与流程　屏障设施一般可分洁净区、污染区和外部区 3 个区域。①洁净区为动物饲养和实验、清洁物品储运的区域,洁净要求最高、空气压力最大,包括动物饲养室或实验室、清洁走廊、清洁准备室、清洁物品储存室、动物观察室或检疫室等;②污染区为动物及其尸体和废弃物流出的区域,洁净状况和空气压力次于洁净区,但高于外部区,也必须维持与洁净区一致的空气洁净度,所谓污染是指流出的动物和物品均已使用完毕,不得再次使用,需运出处理,包括次清洁走廊、洗刷消毒室等;③外部区为人员、动物、物品接受、储存、预处理、尸体、废弃物处理,配套设备运行的辅助区域,位于屏障环境外,为常规开放环境,包括接受动物室、饲料加工室、库房、焚烧炉、淋浴间、值班室、办公室和机房等。人员、物品、动物、空气均必须经过相应净化处理才能进入,走向必须遵循从洁净区→污染区→外部区的单向流通路线。

(三)普通环境设施

1. 定义　为无空气净化装置的环境设施,适用于饲育普通级实验动物。设施构建需符合动物居住的基本要求,控制人员和物品、动物出入。不能完全控制传染因子,但能控制野生动物的进入。

2. 控制要求　普通环境设施的环境控制和微生物控制要求较低,实验动物的生存环境直接与大气相通,设施不是封闭的,受外界环境影响较大。一般采用自然通风或设置简单的排风装置,进行初步的温度、湿度控制,各项环境指标波动范围较大。

普通环境设施所使用的饲料和饮水只需确保不被污染,垫料和笼器具需经消毒,设施内要有防野鼠、防昆虫等措施,工作人员进入前应采取一定的防疫措施,如换鞋、更衣、戴手套、口罩、帽子等(图3-9)。普通环境只能饲养普通级实验动物。

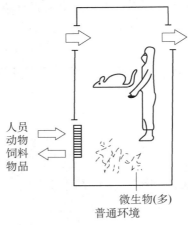

人员
动物
饲料
物品

微生物(多)
普通环境

图3-9 普通环境模式图

3. 结构与流程 普通环境设施一般可分为前区、控制区和后勤处理区3个区域。①前区:是指动物、人员、物品接受准备的区域,包括动物观察室或检疫室、库房、办公室和休息室等;②控制区:是指动物饲养或实验、清洁物品储存的区域,包括动物饲养室或实验室、清洁走廊、清洁物品储存室等;③后勤处理区:是指动物及其尸体、废弃物等流出和处置的区域,包括次清洁走廊、洗刷消毒室、污物处理设施等。人员、动物、物品应遵循从前区→控制区→后勤处理区的单向路径运行。各动物室的笼具可以集中洗刷和消毒,经过消毒处理的物品与污染的物品的进出须通过不同路线,并分开存放,杜绝交叉。

3种实验动物设施部分环境要求对比见表3-10。

二、实验动物设施的选址和设计

根据我国国家标准《实验动物设施建筑技术规范》(GB 50477-2008)规定,实验动物设施的选址和设计应符合下列要求。

(一)选址要求

应避开污染源,宜选在环境空气质量及自然环境条件较好的区域,宜远离有严重空气污染、振动或噪声干扰的铁路、码头、飞机场、交通要道、工厂、贮仓、堆场等区域。若不能远离上述区域则应布置在当地最大频率风向的上风侧或全年最小频率风向的下风侧。应远离易燃、易爆物品的生产和储存区,并远离高压线路及其设施。

(二)总平面设计要求

基地的出入口不宜少于2处,人员出入口不宜兼做动物尸体和废弃物出口。废弃物暂存处宜设置于隐蔽处。周围不应种植影响实验动物生活环境的植物。

（三）建筑布局要求

实验动物设施生产区或实验区与辅助区宜有明确分区。屏障环境设施的净化区内不应设置卫生间；不宜设置楼梯、电梯。不同级别的实验动物应分开饲养；不同种类的实验动物宜分开饲养。发出较大噪声的动物和对噪声敏感的动物宜设置在不同的生产区或实验区内。实验动物设施主体建筑物的出入口不宜少于 2 个，人员出入口、洁物入口、污物出口宜分设。实验动物设施的人员流线之间、物品流线之间和动物流线之间应避免交叉污染。屏障环境设施净化区的人员入口应设置二次更衣室（简称二更），可兼做缓冲间。动物进入生产区或实验区宜设置单独的通道，犬、猴、猪等实验动物入口宜设置洗浴间。负压屏障环境设施应设置无害化处理设施或设备，废弃物品、笼具、动物尸体应经无害化处理后才能运出实验区。实验动物设施宜设置检疫室或隔离观察室，或两者均设置。辅助区应设置用于储藏动物饲料、动物垫料等物品的用房。

（四）建筑结构要求

动物实验室内动物饲养间与实验操作间宜分开设置。屏障环境设施的清洗消毒室与洁物储存室之间应设置高压灭菌器等消毒设备。清洗消毒室应设置地漏或排水沟，地面应做防水处理，墙面宜做防水处理。屏障环境设施的净化区内不宜设排水沟。屏障环境设施的洁物储存室不应设置地漏。动物实验设施应满足空调机、通风机等设备的空间要求，并应对噪声和振动进行处理。围护结构应选用无毒、无放射性材料。墙面和顶棚的材料应易于清洗消毒、耐腐蚀、不起尘、不开裂、无反光、耐冲击、光滑防水。屏障环境设施净化区内的门窗、墙壁、顶棚、楼（地）面应表面光洁，其构造和施工缝隙应采用可靠的密封措施，墙面与地面相交位置应做半径＞30 mm 的圆弧处理。地面材料应防滑、耐磨、耐腐蚀、无渗漏，踢脚不应突出墙面。屏障环境设施的净化区内的地面垫层宜配筋，潮湿地区、经常用水冲洗的地面应做防水处理。屏障环境设施净化区的门窗应有良好的密闭性。屏障环境设施的密闭门宜朝空气压力较高的房间开启，并宜能自动关闭，各房间门上宜设观察窗，缓冲室的门宜设互锁装置。屏障环境设施净化区设置外窗时，应采用具有良好气密性的固定窗，不宜设窗台，宜与墙面齐平。啮齿类动物的实验动物设施的生产区或实验区内不宜设外窗。应有防止昆虫、野鼠等动物进入和实验动物外逃的措施。屏障环境设施动物生产区或实验区的房间和与其相通房间之间，以及不同净化级别房间之间宜设置压差显示装置。

三、设施的组成与布局

（一）设施的组成

实验动物设施通常由以下部分组成。

1. 隔离检疫室和健康动物观察室　供由外界引入的动物隔离检疫和健康动物观察适应期间使用。

2. 饲养室　供动物繁殖生产、已育成动物饲养、实验期间的动物饲养与观察等使用，是动物直接生活的场所，为实验动物设施的主体。

3. 各种实验室和处置室　供开展外科手术、动物解剖、术后观察处理、动物疾病诊断和治疗、生理生化检测、微生物检测、饲料营养成分分析、病理检测等各种实验操作及指标测定的场所,最好是与主体分隔且相对独立的用房。

4. 贮存室和库房 供贮存饲料、垫料、消耗品、笼器具和实验器材的场所,饲料应贮存于0～10℃的低温贮存室内。

5. 洗刷消毒室 供进行笼具和用具的清洗与消毒,饲料、饮水、垫料、笼器具和实验器材消毒灭菌的场所。

6. 工作人员用房 分监控室、值班室、办公室、休息室、更衣室、淋浴室和厕所等。

7. 走廊 宜分为清洁走廊和次清洁(污物)走廊。

8. 后勤用室 分机械室、配电室、锅炉房、维修室等。

9. 废弃物处理设施 分动物尸体存放处、污物堆放处等。

(二)设施的布局

1. 基本原则 ①有利于防止动物疾病和人兽共患病的传播,各级、各类、各种动物需保持各自的独立性,相互隔离,避免互相干扰,交叉感染;②方便工作人员的饲育操作和实验操作及设施设备维护,并有足够的储物空间,易于保持相应的净化等级标准和各项环境指标达标;③人员、动物、物品和净化空气按"单向"路线移动,以免交叉污染和相互影响。

2. 规范要求 ①应将动物饲育区域与实验区域分开,各成独立系统,至少动物饲养室必须与动物实验处置室分开,避免动物应激,以满足动物福利的要求。②不同净化等级的设施应严格隔离,避免将不同等级的实验动物置于同一区域,以保护高等级设施不被污染。不同品种品系的动物要独立饲育,不得在同一房间内混养,以免相互影响。③集中于一幢建筑物内的实验动物设施,宜将大动物安排在下层,便于管理和粪便、污水的排出。就微生物控制的角度而言,净化级别越高的动物越需安排在高层,反之净化级别低者宜在中、下层。一般以小型实验动物为主的设施,高层以安排SPF级动物和种子动物的饲养为宜。

3. 应用实例 典型的实验动物屏障环境设施布局流程见图3-10。

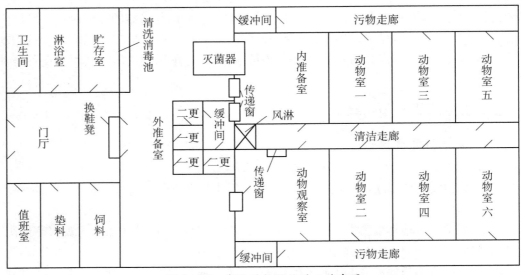

图3-10 实验动物设施的工艺布置

（1）人员走向:外准备室→一更→二更→缓冲间→风淋→清洁走廊→内准备室→动物实验室→次清洁(污物)走廊→缓冲间。

（2）物流走向:外准备室→高压灭菌器或传递窗→内准备室→清洁走廊→动物实验室→次清洁(污物)走廊→缓冲间→外准备室(清洗消毒室)。

（3）动物流走向:外准备室→传递窗→动物观察室→传递窗→清洁走廊→动物实验室→次清洁(污物)走廊→缓冲间→动物尸体处置室→无害化处理。

（4）气流走向:清洁走廊→内准备室→动物实验室→次清洁(污物)走廊→缓冲间→非洁净区。

（杨　斐）

第四章

实验动物的营养与饲料

新陈代谢是生命现象得以延续的基础,动物为维持正常的生理功能必须从外界摄取食物。动物对食物的需要也就是对营养的需要。饲喂动物的食物称为饲料(feed)。饲料中所含的营养成分称为营养素(nutrient)。饲料的优劣直接影响实验动物的质量,而实验动物的质量又左右着科学研究的成败。因此,开展实验动物营养控制,实现饲料的标准化,对保证实验顺利进行具有非常重要的意义。

第一节

营养素的组成与功能

国际上通常采用德国科学家汉奈伯格(Hanneberg)于 1864 年提出的概略养分分析方案(feed proximate analysis),将实验动物饲料中的营养素分为蛋白质、脂肪、糖类(碳水化合物)、无机盐、维生素和水 6 大类。其中,蛋白质、脂肪、糖类既是动物体的重要构成成分,又是能量的重要来源。无机盐和维生素虽然在动物体内含量甚微,但在维持机体正常生命活动中不可缺少。水是构成体液的主要成分。这些营养素在机体代谢过程中紧密联系、密切协同,共同参与和调节生命活动。

一、蛋白质

(一)基本组成

蛋白质是指有机物中的含氮化合物,它是纯蛋白质和非蛋白氮化合物的总称。蛋白质主要由碳、氢、氧、氮等元素组成,其含氮量约为 16%。组成蛋白质的基本单位是氨基酸。已知氨基酸有 20 多种,它们以不同的组合形成不同的蛋白质。饲料中的蛋白质只有被消化分解为简单的氨基酸才能被实验动物吸收和利用,形成新的动物蛋白。

氨基酸通常分为必需氨基酸与非必需氨基酸 2 大类。必需氨基酸(essential amino acid,EAA)是指在动物体内不能合成或合成的速度及数量不能满足正常生长需要,必须由饲料来供给者,包括精氨酸、蛋氨酸、苯丙氨酸、赖氨酸、组氨酸、异亮氨酸、亮氨酸、缬氨酸、苏氨酸、色氨酸。非必需氨基酸是指在动物体内能合成,不一定要由饲料来供给者,包括丙氨酸、丝氨酸、门冬氨酸、谷氨酸、酪氨酸、胱氨酸、甘氨酸等。在动物饲料中保持必需氨基酸和非必需氨基酸的合适比例是相当重要的。当饲料中某一种或几种必需氨基酸缺少或数量不足,使饲料蛋白质成为机体蛋白质的过程受到限制,亦就限制了此种蛋白质营养价值,这缺乏的一种或几种氨基酸就称为限制氨基酸(limiting amino acid)。在必需氨基酸中,赖氨酸、蛋氨酸、色氨酸在植物性饲料中的含量通常不能满足动物的需要(复胃动物、盲肠发达的动物如兔、大鼠除外),而且饲料中上述氨基酸的缺乏还会影响其他氨基酸的利用。赖氨酸被称为第一限制性氨基酸,蛋氨酸则被称为第二限制性氨基酸。欲使机体合理利用蛋白质,不但要求日粮满足必需氨基酸的种类和数量,而且要求各种必需氨基酸之间平衡。所谓氨基酸平衡,是指日粮氨基酸组分之间的相对含量与动物机体氨基酸需要量之间比值较为一致的相互比例关系。与氨基酸平衡对应的一个问题是氨基酸失衡,一种或几种必需氨基酸过多或过少,相互间比例与动物的需要不一致,可造成饲料利用率降低、生长迟缓、繁殖力下降等结果。

(二)主要功能

蛋白质是构成机体组织、细胞的基本原料,又是修补组织的必需物质,其含量占动物体重的 15%~18%。动物体内蛋白质通过新陈代谢不断更新。当供给热能的糖类及脂肪不足时,蛋白质又可在体内经分解、氧化释放能量供机体生理活动,蛋白质是实验动物所必需的一种重要营养物质。

(三)消化吸收

蛋白质的消化作用始于胃,胃酸使蛋白质膨胀而易于消化,同时也激活胃蛋白酶分解蛋白质。蛋白质消化主要是在小肠中进行。胰蛋白酶和肠蛋白酶把蛋白质分解成氨基酸,由肠壁吸收进入血液,输送到各组织细胞合成体蛋白。其他在血液中未被利用的多余氨基酸,则在肝脏中经代谢转变成尿素等随尿排出,或转化为糖原和脂肪储存。

(四)主要来源

饲料是实验动物获得蛋白质的主要来源,蛋白质营养价值的高低则主要决定于其氨基酸组成是否平衡。饲料蛋白质中的必需氨基酸含量由于饲料种类不同而有很大的差异,在配合饲料时,把几种饲料混合应用,则可取长补短,提高其营养价值,这是运用了蛋白质的互补作用,如苜蓿的蛋白质中赖氨酸含量较多为 5.4%,而蛋氨酸含量较少为 1.1%,玉米蛋白质中赖氨酸的含量较少为 2.0%,蛋氨酸含量较多为 2.5%,把这 2 种原料按一定的比例进行搭配,则两种限制性氨基酸的含量有所提高,利用率也相应得到提高,因此,蛋白质的互补作用实际上是必需氨基酸的互相补充。在饲养实践中,常用多种饲料搭配或添加部分必需氨基酸的方法,提高饲料蛋白质的营养价值。实验证明,在饲料中添加一定比例的赖氨酸、蛋氨酸可显著提高饲料的利用率。氨基酸之间的这种互补作用不仅在同时饲喂时发生,在先后各次摄入的蛋白质之间也有互补作用,但随着摄入时间的间距加大,互补作用也随之降低。一般动物性饲料含有较丰富的粗蛋白,植物性饲料中饼类、豆科类蛋白质的含量较多。一般植物性蛋白质的消化率比动物性蛋白质低,与饲料中膳食纤维的量有关。

(五)缺乏与过量

实验动物在生命活动中,如果饲料中的蛋白质不足,动物体内蛋白质代谢就呈负氮平衡。动物消化功能减退,体重减轻,生长速度降低,抵抗力下降,组织器官结构和功能异常,并且影响繁殖力。如果饲料中蛋白质过多,不仅造成浪费,而且长期饲喂高蛋白质饲料会引起机体代谢混乱,肝脏结构和功能损伤,造成蛋白质"中毒"。

二、脂肪

(一)基本组成

脂肪分为饱和脂肪酸和不饱和脂肪酸 2 大类。脂肪酸中碳原子间相互以单键联接,不能再和其他原子结合者称为饱和脂肪酸,大多系动物脂肪;脂肪酸中碳原子相互以双键相结合者称为不饱和脂肪酸,其中双键越多,则不饱和的程度越大,植物脂肪均属此类。不饱和脂肪酸,特别是亚油酸、亚麻酸、花生四烯酸等高度不饱和脂肪酸很难在动物体内形成,但对机体有重要的生理功能,必须依靠饲料提供。

(二)主要功能

脂肪是供给动物能量的重要来源,饲料脂肪被动物消化吸收后,可以产生热能供动物体利用,也可转化为体脂储存。脂肪也是构成动物组织的重要成分,如动物的各种器官和组织、神经、肌肉、骨骼及血液中均含有脂肪,主要为卵磷脂、脑磷脂、脑糖脂和胆固醇等。脂肪主要分布在动物的皮下结缔组织、腹腔大网膜及肠系膜等处,常以大块脂肪组织的形式存在,可占体重的 10%～20%。饲料中的脂溶性维生素 A、维生素 D、维生素 E、维生素 K 被动物摄食后,必须溶解于脂肪中才能被动物消化、吸收和利用。脂肪中提供的某些不饱和脂肪酸,如亚麻酸、亚油酸和花生四烯酸等对幼龄动物的生长、发育是必需的,称为必需脂肪酸(essential fatty acid,EFA)。此外,动物吸收脂肪储存在体内,脂肪在动物体内是一种绝缘物质,不易传热,因此皮下脂肪能防止热的散失,具有保蓄体温的功能。另一方面,脂肪在动物体内填塞在器官周围,具有固定器官、保护器官的作用。

(三)消化吸收

脂肪消化吸收的场所主要在小肠。受肠壁蠕动和胆汁的作用,脂肪在小肠被乳化成微粒状。随后在胰腺分泌的胰脂酶作用下水解成甘油、脂肪酸和甘油单酯。水解后形成的小分子如甘油、短链和中链脂肪酸很容易被小肠细胞吸收,随后直接进入血液,而甘油单酯和长链脂肪酸等大分子被吸收后,又重新在小肠中合成小的脂肪滴,后经淋巴系统进入血液循环,被输送至机体脂肪组织中储存。

(四)主要来源

植物性脂肪则占饲料脂肪总量的绝大多数,主要来源于大豆、豌豆、蚕豆等豆科籽实,特别是大豆粗脂肪含量高达 16%。米糠中也含有较多的脂肪,为 12%～13%,但不易贮存,适口性差。另外,油饼、油粕类也是植物性脂肪的来源,一般压榨法所得的油饼脂肪含量达 5%左右,浸提法所得的油粕脂肪含量约 1%。亚麻籽饼是必需脂肪酸的主要来源,但含有亚麻配糖体和亚麻酶,在水中浸泡会形成氢氰酸等有毒物质,使用前应经脱毒处理。根据需要,也可在饲料中添加植物油。饲料中的动物性脂肪主要来源于水产副产品和畜禽副产品,如鱼粉、肉骨粉、血粉、奶粉等,根据需要也可添加食用动物油脂。

(五)缺乏与过量

如果饲料中脂肪缺乏,维生素 A、维生素 D、维生素 E、维生素 K 不能被溶解,可导致动物脂溶性维生素的代谢障碍,出现维生素 A、维生素 D、维生素 E、维生素 K 的营养缺乏症状。饲料中缺乏脂肪也可引起动物严重的消化障碍,以及中枢系统的功能障碍,如可使大鼠产生皮肤病、脱毛、尾部坏死、停止生长,其他动物也可出现生殖能力下降、泌乳量减少及毛无光泽、脱毛等现象。饲料中缺乏必需脂肪酸时,幼龄动物生长受阻,皮肤发生鳞片化,尾部坏死,性成熟受阻,繁殖性能降低,甚至导致死亡。饲料中的脂肪过多会造成动物肥胖,引发相关疾病。

三、糖类

糖类包括无氮浸出物和粗纤维。

(一)无氮浸出物

1. 基本组成　无氮浸出物是糖类的一部分,也由碳、氢、氧 3 种元素构成,氢氧原子之比大多为 2∶1。它包括糖类和淀粉,是实验动物能量供应的主要来源。无氮浸出物大量存在于植物性饲料中,一般禾本科谷物含量较大。

2. 主要功能　无氮浸出物在实验动物体内消化过程中需被分解为单糖(如葡萄糖)才能被吸收利用,它在动物体内构成机体组织,是组织器官不可缺少的成分,如 5 碳糖是细胞核酸的组成成分,半乳糖与类脂质是神经组织的必需物质,许多糖类与蛋白质化合而成糖蛋白,低级羧酸与氨基化合成氨基酸。无氮浸出物在动物体内可进行生理氧化产生热能,维持动物体温。动物为了生存及生命活动,需要进行一系列的活动,如肌肉的运动、心脏的跳动、肺的呼吸、胃肠的蠕动及血液循环等,这些活动均需要热能的供应,而这些热能的来源主要靠饲料中的无氮浸出物。饲料中无氮浸出物除供应动物所需要的热能之外,多余部分可以转化成体脂或者转变为肝中的肝糖元和肌肉中的肌糖元贮备起来,以备需要时利用。无氮浸出物是动物在泌乳期合成乳糖和乳脂的原料。

3. 消化吸收　无氮浸出物在消化道经酶水解,由长链变成短链,再由短链变成双糖,最后分解成单糖而被吸收。消化过程始于口腔,唾液中的淀粉酶将淀粉水解成短链多糖和麦芽糖,但因饲料在口腔中停留的时间过短,故水解作用有限。糖类至胃中,由于胃酸作用致使淀粉酶失活,但对淀粉有一定的降解作用。糖类的分解和吸收主要在小肠,首先由胰腺分泌的胰淀粉酶将多糖分解为双糖,然后分别在麦芽糖、蔗糖和乳糖等双糖酶的作用下,将相应的双糖分解为单糖后被小肠吸收。被小肠吸收的单糖进入血液后被运至肝脏进行相应的代谢,或运至其他器官直接被利用。

4. 主要来源　植物性饲料是无氮浸出物的主要来源。尤其是禾本科籽实,如大麦、小麦、燕麦、荞麦、玉米、高粱、稻谷等,无氮浸出物含量高达 70%～80%,主要为淀粉,是各种实验动物的基础饲料,一般占日粮的 40%～60%。米糠、麸皮等粮食加工的副产品也含 40%～50%无氮浸出物,通常亦被添加入饲料。

5. 缺乏症　在饲养实验动物时,如果饲料中无氮浸出物供应过低不能满足动物维持生存所需时,动物为保持正常的生命活动,便会动用体内的贮备物质,首先是糖元和脂肪,如仍不足,则动用蛋白质代替无氮浸出物以供给所需要的热能与机械能,此时动物会出现身体消瘦、体重减轻,故无氮浸出物在动物营养中具有重要地位。

(二)粗纤维

1. 基本组成　粗纤维是糖类的另一部分,同样是由碳、氢、氧3种元素所组成。包括纤维素、半纤维素和木质素等几个部分,是饲料中较难消化的一种物质,纤维素是构成植物细胞壁的原料,纤维素和半纤维还比较易于消化,而木质素则几乎不能消化或根本不消化。饲料中的纤维比例越高,则其所含有的有机物质消化率越低。

2. 主要功能　粗纤维具有抗腹泻作用,可以预防癌症,治疗糖尿病和胆石症,降脂解毒。粗纤维还可刺激胃肠黏膜,促进胃肠蠕动和粪便排泄。同时,粗纤维不易消化,吸水量大,充填胃肠道,使动物有饱感。草食性动物能分解、消化、吸收利用粗纤维作为能量来源之一。

3. 消化吸收　实验动物对粗纤维的消化能力各不相同,食草动物最强,杂食动物次之,食肉动物最差。食草动物能大量利用粗纤维是由于在其瘤胃或盲肠、结肠中寄生有大量的纤毛虫和细菌,它们能分解纤维细胞膜并把粗纤维消化成低级脂肪酸和葡萄糖,被动物吸收和利用,作为能量的一个来源。而杂食动物和食肉动物体内缺少这类特殊的消化器官,因此利用粗纤维的能力也较低。

4. 主要来源　苜蓿草粉和脱水蔬菜等干草类是饲料粗纤维的主要来源。苜蓿草粉含粗纤维高达20%～30%,是实验动物饲料粗纤维的优质来源。饼粕类粗纤维含量为6%～7%,消化率高;糠麸类粗纤维含量约占10%,亦是饲料粗纤维的来源。

5. 缺乏症　饲料中缺乏粗纤维会影响动物的消化功能,引发便秘,增加有毒有害物质在体内蓄积的时间,从而导致各种疾病的发生,例如癌症、腹泻、肠胃炎等。特别对草食性动物危害更大。

常用实验动物常规营养成分的需要量见表4-1。

表4-1　常用实验动物常规营养成分的需要量(%)

营养指标	大鼠	小鼠	豚鼠	犬	猫	灵长类	育成兔	繁殖兔
能量	3 800	—	3 000	—	—	—	2 500	2 500
粗蛋白	12	12.5	18	22	28	15	16	17
粗脂肪	5	5	—	5	9		2	3
亚麻油酸	0.3	0.3	—	+	+	1	—	—
粗纤维	—	5	10	—	—		10～12	14
钙	0.5	0.4	0.8～1	1.1	1	0.5	0.4	1.1
磷	0.4	0.4	0.4～0.7	0.9	0.8	0.4	0.22	0.7

四、无机盐

无机盐即矿物质,它是实验动物进行正常生长发育和繁殖等生命活动不可缺少的一些金属和非金属元素。根据各种矿物质元素在动物体内含量的不同,一般可分为常量元素和微量元素2大类。

（一）常量元素

钙、磷、钠、氯、钾、镁、硫等元素占动物体重 0.01% 以上，称为常量元素(macroelements)。

1. 钙和磷　这两种元素占动物体内矿物质总量的 60%～70%，其中 99% 的钙和 80% 的磷分布在骨骼和牙齿中，是组成骨骼和牙齿的重要成分。钙和磷在机体内以 2∶1 的比例存在，无论哪一种缺乏都会降低两者营养价值。当钙、磷供给不足和缺乏时，便消耗骨中的钙和磷，而使骨骼疏松变软。钙、磷代谢的破坏是造成动物软骨病的主要因素，特别是生产期的母犬和生长期的幼犬需要钙、磷量更大。此外，钙对血液和组织液的反应调节、肌肉和神经感应性的维持，血液的凝固都有重要作用。磷除了与钙结合存在于骨组织外，对糖类和脂肪的代谢，细胞代谢产物的排出，血液和组织液酸碱度的缓冲等功能均有重要作用。钙、磷或维生素 D 缺乏时，对于生长期动物可形成软骨病，成年动物则造成骨性过度重吸收，形成骨质疏松。另外，钙缺乏导致血钙过低，会引起钙痉挛，缺磷时动物食欲不良，有异食癖。钙磷过多也会造成不良影响。钙过多可引起骨硬化症、软组织钙化并影响其他矿物元素的吸收。磷过多可使钙不足，引起严重骨重吸收，发生肋骨软化，影响正常呼吸。钙磷在各种饲料中含量不一，谷类饲料中都缺少钙，而磷的含量较多。豆类饲料含钙量比谷类饲料稍多，骨粉中含钙磷很丰富，碳酸钙也可作为供给钙的饲料。通常饲料配合中钙和磷的需要量有一定的比例：Ca∶P＝(2～1.5)∶1。

2. 氯和钠　食盐(NaCl)是实验动物氯和钠的理想来源，它具有刺激食欲、改善饲料风味、提高饲料适口性等作用，也能促进消化液的分泌。氯离子是动物细胞外最多的阴离子，与钠离子一起占维持渗透压的离子总数的 80%，参与调节细胞外液容量和维持渗透压，维持体液的酸碱平衡，稳定机体内环境。氯离子也是胃液中的主要阴离子，形成盐酸使胃蛋白酶活化，并保持胃内酸性，有杀菌作用。钠离子大量存在于肌肉中，使肌肉兴奋性加强，对心肌活动起调节作用。缺乏氯化钠会影响动物的生长，降低利用已消化的蛋白质和糖类的能力，但食盐过量也会产生不良的后果，如引起氯化钠中毒。

3. 镁　镁是构成骨骼和牙齿的成分，其余则分布于软组织细胞中。镁离子为动物细胞内主要的阳离子，富集于线粒体中。镁能激活多种酶，参与体内许多重要代谢过程。例如，动物体内蛋白质、脂肪和糖类的代谢，离子转运、肌肉收缩、神经冲动的产生与传导等都需要镁。镁是维持骨细胞结构和功能、促使骨骼生长、影响骨吸收的必需元素。镁离子在肠道中吸收缓慢，可促进水分滞留，产生导泻作用。镁也可作用于周围血管系统引起血管扩张，缺乏时会使血管紧张素和收缩因子增加，引发动脉的突然收缩。动物缺乏镁时常表现纳差、掉毛、皮肤损害、生长停滞、水肿、虚弱、神经肌肉兴奋过度、心率无常、器官钙化等症状，突然应激时会发生痉挛、惊厥，甚至死亡。动物摄入镁过多，则表现为恶心、呕吐、发热、肌无力、肌麻痹、膝腱反射减弱、周围血管扩张、血压下降等症状。谷物和动物内脏含镁丰富。

4. 钾　钾也是动物细胞内的主要阳离子，占动物体无机盐的 5%，是生长必需的元素。钾参与维持细胞内液的渗透压，维持神经肌肉的应激性和正常功能。钾还营养肌肉组织，协同钙和镁维持心脏正常功能，通过 $K^+ - Na^+ - ATP$ 酶维持心肌的自律性、兴奋性和传导性，影响心房 T 波。钾还参与细胞的新陈代谢和酶促反应。动物缺乏钾时，常表现为食欲差、体重减轻、蛋白质代谢异常、心肌细胞坏死、钠泵活力低下、肾功能减退、抗热应激能力降低等症状。钾过多则主要表现为神经肌肉功能紊乱。一般植物性饲料中含钾丰富。

(二) 微量元素

铁、铜、锌、锰、钴、硒、碘等元素占动物体重 0.01% 以下,称为微量元素(microelements 或 trace elements)。微量元素在动物体内含量虽少,但对机体的各种生理过程起着重要作用。

1. **铁** 是形成血红蛋白和肌红蛋白所必需的物质,并与细胞内生物氧化过程有密切关系,缺乏时可出现贫血、生长不良、皮毛粗糙、苍白及低氧血症。铁主要来源为奶、鱼粉、肉粉、$FeSO_4$。

2. **铜** 为多种酶的成分和激活剂,与造血过程、色素形成、神经系统和骨骼正常发育有关,铜缺乏可出现四肢软弱无力、腹泻贫血,共济失调。其主要来源为豆饼、豆粕、$CuSO_4$。

3. **锌** 是体内多种酶的成分和胰岛素成分、参与糖类的代谢,缺乏可出现生长不良、食欲下降、上皮角化不全症及皮癣。锌主要来源为酵母粉、米糠、动物性饲料。

4. **锰** 为骨骼正常发育所必需,与糖类和脂肪代谢有关,缺乏可出现四肢痉挛、骨节肥大、变形腿、行动困难。锰主要来源为米糠、麸皮、$MnSO_4$。

5. **碘** 为甲状腺素成分,与基础代谢率密切有关,参与所有物质代谢过程,缺乏可出现甲状腺肿大、黏液性水肿。碘主要来源为海藻类、碘化食盐。

6. **钴** 为维生素 B_{12} 的组分,参与造血过程,缺乏可出现贫血、异嗜癖。钴主要来源为氯化钴、硫酸钴。

7. **硒** 为谷胱甘肽过氧化物酶的主要成分,起抗氧化作用,保护细胞膜的完整性,维持胰腺细胞的正常功能,有助于维生素 E 的吸收和存留,促进生长,保护心血管系统,解除体内重金属中毒,保护视力,抗肿瘤。缺乏可出现生长停滞,白内障生成,无精症,脱毛,肌肉营养不良,钙沉积,肝坏死。硒主要来源为亚硒酸钠。

8. **氟** 可促进钙磷的利用及在骨骼中沉积,加速骨骼形成,促进生长,维护骨骼健康。为牙齿的重要成分,在牙齿表面形成一层抗酸、耐腐蚀的坚硬氟磷灰石保护层,缺乏可出现龋齿、骨质疏松。氟主要来源为饮用水。

五、维生素

维生素是实验动物进行正常代谢活动和保持健康所必需的营养素。属小分子的有机化合物,以辅酶或辅酶前体参加酶系统工作。虽然动物的需要量甚微,但对调节代谢的作用甚大。除个别维生素外,大多数动物体内不能合成,必须由饲料或肠道寄生的细菌提供。当饲料中维生素缺乏时,引起动物的疾病抵抗力降低,质量下降,最后产生缺乏症。维生素有 20 多种,根据溶解性可分为 2 大类,即脂溶性维生素和水溶性维生素。

(一) 脂溶性维生素

脂溶性维生素溶于脂肪与脂溶剂,不溶于水,有维生素 A、维生素 D、维生素 E、维生素 K 4 组,因为吸收后可在体内贮存,故短期供给不足不会对生长发育和健康产生不良影响。

1. 维生素 A 又称视黄醇,它的前体是胡萝卜素。两者对热、酸和碱均稳定,一般加热不会破坏,但易被氧化,特别在高温条件下,紫外线可促进氧化。维生素 A 是一般细胞和亚细胞结构必不可少的重要成分,有促进生长发育、维护骨骼的正常生长修补、维护上皮组织的完整、促进结缔组织中黏多糖的合成、增强对疾病的抵抗力、维护细胞膜和细胞器膜结构的完整、维持正常视觉等作用。此外,维生素 A 还与动物的正常繁殖功能有关,与正常免疫功能有关。维生素 A 参与视网膜视紫红质的合成与再生,与正常视觉关系密切。饲料中维生素 A 长期缺乏或不足,大鼠、小鼠、牛、犬等由于眼部上皮组织的退变,泪液分泌减少产生干眼病、流产和胚胎发育不全。维生素 A 也与上皮细胞的正常形成有关。饲料中维生素 A 缺乏时,动物上皮干燥、粗糙、层叠与过度角化,有的动物产生畸形,如兔骨骼畸形、脑积水等,幼年动物生长停滞、牙齿、骨骼形成不好,可能通过影响蛋白质的生物合成而影响动物的生长和骨骼形成。天然维生素 A 只存在于动物性饲料中,植物体内只含有维生素 A 原,在消化道吸收之后进入体内,在肠细胞和肝脏内转变为维生素 A。维生素 A 主要贮存于动物的肝脏之中,其余贮存于脂肪中,当机体需要时再释放入血液中。维生素 A 的来源是各种动物肝脏、鱼肝油等,胡萝卜素的良好来源是有色蔬菜等。

2. 维生素 D 是类固醇衍生物。维生素 D 的稳定性较大,中性和碱性条件下能耐高温与氧化,在 130℃加热 90 分钟,仍能保存生理活性,但在酸性条件下则逐渐分解。维生素 D 主要包括维生素 D_2 和维生素 D_3。酵母中含有丰富的维生素 D_2 元——麦角固醇;鱼油中含有丰富的维生素 D_3 元——7-脱氢胆固醇,经紫外线照射后分别转变为维生素 D_2 和维生素 D_3。维生素 D 最主要的作用在于调节钙和磷的代谢,维持骨骼牙齿的正常发育。此外,还参与柠檬酸的代谢,维持血液中的氨基酸含量。维生素 D 可促进钙磷在肠道的吸收,有利于钙磷沉着,促进钙磷成为骨质的基本结构。维生素 D 缺乏严重影响钙磷代谢,影响骨骼生长发育。幼龄动物出现佝偻病,成年动物出现骨质疏松,特别是妊娠、哺乳和老年期的动物易出现骨质疏松。此外,血中钙、磷含量降低还影响肌肉和神经系统的正常功能。缺乏维生素 D 的动物会产生骨质疏松、软骨病和发育异常。维生素 D 的主要来源是动物肝、脑、鱼肝油和蛋类。

3. 维生素 E 又称生育酚,是一组有生物活性的化学结构相近似的酚类化合物,天然存在的生育酚有 α、β、γ、δ 4 种,其中以 α-生育酚分布最广、活性最强。维生素 E 耐热和酸,对碱性环境不稳定,在空气中会缓慢地被氧化而破坏。维生素 E 的基本功能是保持细胞和细胞内部结构的完整,防止某些酶和细胞内部成分遭受破坏。维生素 E 具有很强的抗氧化作用,可抵制组织膜内多价不饱和脂肪酸的氧化,稳定细胞脂类,保证红细胞的完整性。维生素 E 也是细胞呼吸的必需因子,参与体内 DNA、维生素 C 和辅酶 Q 的合成。此外,还与动物的生殖功能、免疫功能密切相关。维生素 E 与动物的胚胎发育和繁殖功能有关。维生素 E 缺乏严重影响动物的繁殖功能,雄性动物精细胞形成受阻,精液品质不佳,精子数减少。雌性动物受胎率下降,即使受胎也会产生死胎或胎儿被吸收。缺乏维生素 E,大鼠、小鼠和地鼠可引起生殖系统的损害,雄鼠睾丸退化、萎缩,孕鼠胚胎吸收和死亡,而且变化是不可逆的。维生素 E 能保持动物的骨骼肌、心肌、平滑肌和外周血管系统的结构完整和功能正常。缺乏会造成动物肌营养不良,肌肉氧耗量增加,导致肌肉麻痹、瘫痪。急性表现为心肌变性,亚急性表现为骨骼肌变性,前者常发生死亡,后者运动功能障碍,严重时不能站立。可引起僵羊羔(stiff lamb)病、白肌病、鸡的脑软化、猫的脂肪组织炎和貂类黄脂病。兔缺乏维生素 E 会产生核酸代谢紊乱,组织中核酸含量下降。动物缺乏维生素 E 还产生红细胞的溶血现象。长期缺乏维生素 E,可使红细胞膜溶解,寿命缩短,出现溶血性贫血。种子的胚芽、青绿饲料、绿草、干草中都含有丰富的维生素 E。

4. 维生素 K 是一组化合物的总称,现已发现有多种化合物具有维生素 K 活性。其中最重要的是维生素 K_1、维生素 K_2、维生素 K_3 3 种。维生素 K 只有 2 种天然存在形式,维生素 K_1 仅存在于绿色植物中,维生素 K_2 则由微生物合成。维生素 K 能促进肝脏合成凝血酶原,故具有促进血液凝固的作用。此外,能增强胃肠道蠕动和分泌功能,参与体内的氧化还原过程。动物机体一般不会产生维生素 K 缺乏,因为它广泛存在于饲料中,且在大肠内的细菌也能合成,但无菌动物可发生维生素 K 缺乏。

（二）水溶性维生素

水溶性维生素可分为 B 族维生素和维生素 C,B 族维生素中有维生素 B_1、维生素 B_2、维生素 B_6、维生素 B_{12}、叶酸等多种。由于很少或几乎不在体内贮存,水溶性维生素短时间缺乏或不足均可引起体内某些酶活性的改变,阻抑相应的代谢过程,从而影响动物生长发育和抗病力,但在临床上不一定表现出来,只在较长时间后才出现缺乏症。反刍动物瘤胃微生物可合成足够需要的 B 族维生素。单胃动物虽肠道微生物也可合成,但可以利用的较少,多数随粪排出体外。具有食粪癖的动物如兔,可从粪中得到 B 族维生素的补充。

1. 维生素 C 又称抗坏血酸,为 6 碳糖的衍生物,有 L 型和 D 型两种异构体,但只有 L 型对动物有生理作用。维生素 C 是一种抗氧化剂,在酸性条件下稳定,加热和碱性条件下易破坏。所有动物都需要维生素 C。值得注意的是灵长类和豚鼠,由于它们体内都缺乏古洛糖酸氧化酶,不能合成维生素 C,必须由饲料加以补充。维生素 C 对于骨骼组织细胞间质中骨胶原的形成,以及这些组织正常功能的维持都是必需的,对于机体的防御功能也有促进作用,还可促进肠道内铁的吸收,参与叶酸、酪氨酸、色氨酸代谢,调节脂肪、类脂及胆固醇代谢,具有较强的解毒作用及抗氧化作用。维生素 C 缺乏时,动物生长阻滞,食欲减退,活动力差,皮下及关节弥散性出血,易引起骨折、贫血、下痢。严重缺乏维生素 C 的动物可引发坏血病,如齿龈炎、舌炎、坏死性口炎。维生素 C 的来源是新鲜蔬菜和植物。

2. 维生素 B_1 又称硫胺素,其分子组成中含有嘧啶环和噻唑环。动物机体内的贮存量在所有维生素中最少,故需经常补充。维生素 B_1 耐热,酸性条件下很稳定,但在碱性条件下对热极不稳定。在 pH 值>7 的情况下煮沸,大部分被破坏,甚至在室温下储存亦可逐渐破坏。维生素 B_1 的主要功能是参与糖类代谢,在能量代谢和葡萄糖转变成脂肪的过程中作为一种辅酶。另外,对维持神经组织及心肌的正常功能、维持正常的肠蠕动及脂肪在消化道的吸收均起一定作用。饲料缺乏维生素 B_1,动物主要症状为多发性神经炎,会损伤神经活动性能,使神经系统进一步退化,导致瘫痪和肌萎缩。早期表现为厌食、呕吐、反射降低。幼年动物生长障碍,成年动物如鸟类不能行走、飞翔,严重的甚至不能站立,最后导致死亡。大鼠出现心动过缓等。维生素 B_1 缺乏还可引起消化不良、胃部松弛等消化功能障碍,当及时补充维生素 B_1 时,症状可逐渐缓解或消失。维生素 B_1 的主要来源是谷类、豆类、酵母和动物内脏。

3. 维生素 B_2 又称核黄素,由一个黄色素和一个还原形式核糖组成,广泛分布在植物与动物组织中。在动物体内,肝和肾含有较高浓度的核黄素,但机体的贮存能力有限。维生素 B_2 对热稳定,酸性和中性溶液中较稳定。在 $120℃$ 加热 6 小时仅有少量破坏,但在碱性溶液中较易被破坏。游离核黄素对光,特别是紫外线敏感,结合型核黄素对光较稳定。所有动物都需要维生素 B_2,反刍动物、马和兔可以由肠道细菌合成维生素 B_2,满足对维生素 B_2 的部分或全部需求,其他动物则应由饲料补充。核黄素参与能量代谢,是生物氧化过程中不可缺少的重要物质,对促进生长、维护皮肤和黏膜的完整性、对眼睛感光过程、晶状体的角膜呼吸过程具有重要作用。动物缺乏维生素 B_2 的症状各异。鸡早期表现趾卷曲麻痹或用脚跟行走,晚期出现两腿瘫痪;犬则表现为呼吸频率减慢,体温降低,心动过速,昏迷以至死亡,有时还伴有角膜损害、血管增生和干鳞状皮炎;小牛缺乏维生素 B_2 时口角裂开,口唇肿胀,厌食,生长不良;妊娠小鼠表现为骨骼与软组织异常,出现腭裂及肢体畸形等,仔鼠重量减轻。幼龄动物表现为生长停滞,食欲减退,被毛粗乱,眼角分泌物增多等。维生素 B_2 的来源主要是内脏和酵母。

4. 维生素 B_3 又称泛酸,由泛解酸和 β-丙氨酸组成,存在于一切组织之中,它是辅酶 A 的成分,是体内能量代谢中不可缺少的成分。泛酸参与糖类、脂肪和蛋白质代谢,特别是对脂肪的合成与代谢起十分重要的作用。泛酸还是形成乙酰胆碱所必需的物质。缺乏泛酸可使动物生长速度下降,皮肤受损,神经系统功能紊乱,抗体形成受阻。

5. 维生素 B_4 又称胆碱,是卵磷脂结构中的一个关键部位,在体内有重要的生理功能。作为某些磷脂类物质的一种成分,通过脂肪代谢防止脂肪肝;作为乙酰胆碱的成分,在神经传导方面发挥作用;作为不稳定甲基来源,用于肌酸的生成及几种激素的合成。胆碱缺乏可引起动物生长缓慢,脂肪代谢障碍。

6. 维生素 B_5 又称烟酸,在生物氧化过程中发挥重要作用,并维护神经系统、消化系统和皮肤的正常功能,扩张末梢血管和降低血清胆固醇水平也具有作用。烟酸缺乏可引起动物生长减缓、食欲丧失、鳞状皮炎、神经反射紊乱、运动失调、骨骼发育异常。

7. 维生素 B_6 吡哆醇、吡哆醛、吡哆胺都具有 B_6 的活性,总称为维生素 B_6,在蛋白质代谢中具有特别重要的作用,在糖类和脂肪的代谢中也起作用,此外也是能量产生、中枢神经系统活动、血红蛋白合成及糖原代谢所必需的。维生素 B_6 缺乏症最常见的表现是中枢神经系统功能紊乱,动物产生惊厥,外周神经发生进行性病变,导致运动失调,最后死亡。

8. 维生素 B_7 又称生物素,在通常情况下,动物肠道内的微生物都能合成生物素,并且合成的数量可以满足动物的营养需要。无菌动物由于缺少肠道微生物,可能会缺乏生物素,出现生长减缓、食欲不佳的表现。

9. 维生素 B_{11} 又称叶酸,是由喋磷啶,对氨基苯甲酸与 L-谷氨酸结合而成的一组化合物,对于机体形成一碳化合物是不可缺少的,并与核酸的合成有关,参与细胞的形成。缺乏叶酸时,动物生长受阻,食欲减退,脱毛,巨红细胞性贫血、白细胞减少、血小板减少。一般动物体内微生物可以合成,无菌动物或肠道菌群紊乱时易缺乏。

10. 维生素 B_{12} 是一种含钴的化合物,有多种形式,一般指的是氰钴素,在自然界中的唯一来源是微生物合成,为造血器官的正常作用所必需。它维护神经系统正常功能,参与糖类、脂肪和蛋白质代谢。一般情况下动物不易发生维生素 B_{12} 的缺乏。

11. 烟酸 又称尼克酸,性质稳定,在高压下,120℃20分钟也不破坏。烟酸以烟酰胺的形式在体内构成辅酶Ⅰ(CoⅠ或 NAD)及辅酶Ⅱ(COⅡ或 NADP),是组织中极其重要的递氢体,在生物氧化中起着重要作用。缺乏烟酸将引起癞皮病。典型症状是皮炎和腹泻。猪、犬和鸡缺乏烟酸表现为体重降低、腹泻、皮炎和口腔损害,犬还有"黑舌症"的报道。癞皮病的出现与动物饲料中含大量玉米有关。玉米中烟酸含量并不低,但主要为结合型,不能被吸收利用,而且前体物色氨酸含量也很少。增加高蛋白质饲料对癞皮病有一定疗效。由于其中色氨酸含量高,在体内可转化为烟酸。有些动物如猫体内不能利用色氨酸转化为烟酸,因此饲料中应增加烟酸的含量。烟酸广泛存在于动植物中,但含量较少,主要来源是酵母、花生、谷类、豆类和肉类。

六、水

(一)基本功能

动物体内水分含量占 $55\%\sim80\%$,水对于动物生存的重要性仅次于氧气,没有水的存在,任何生命活动都无法进行。水在动物营养生理上的作用十分重要,它是动物机体各种器官、组织、体液的组成成分,参与维持组织器官的形态;水是各种营养物质的溶剂和运输工具,动物机体的新陈代谢和各种生物化学反应都需要有水才能正常进行,废物的排除也要靠水来运输;水还具有调节体温和润滑的作用,参与调节动物机体渗透压。

(二)缺乏症

当动物体内缺乏水时,饲料的消化和营养物质的吸收受到阻碍,机体代谢产物的排出停滞,血液循环和内分泌系统失常,体内热量调节发生障碍,使动物处于中毒状态。一头饥饿的动物失去大部分脂肪、蛋白质尚不致死,但当体内水分丢失达体重 $1\%\sim2\%$ 时,动物开始感到干渴,食欲减退,拒绝进食干饲料;当体内水分减少 8% 时,其组织中蛋白质和脂肪分解加强、泌乳动物泌乳量急剧下降,出现严重干渴、食欲丧失、消化功能减退、黏膜干燥等症状,抗病力下降;当脱水 10% 即可引起心脏活动减弱及体温升高,肌肉活动不协调,代谢紊乱;当失去体内水分 20% 时,会引起动物死亡。因此,及时喂给实验动物足够的清洁饮水,是动物进行正常代谢、生长、发育和保证健康的重要条件。

常用实验动物每日饮水的需要量见表 $4-2$。

表 $4-2$ 常用实验动物每日饮水的需要量

动物种类	每日饮水需要量(ml)
小鼠(成熟龄)	$4\sim7$
大鼠(成熟龄)	$20\sim45$
豚鼠(成熟龄)	$85\sim150$
兔(1.4~2.3 kg)	$60\sim140$ ml/kg 体重

续　表

动物种类	每日饮水需要量(ml)
金黄地鼠(成熟龄)	8～12
小型猪(成熟龄)	1 000～1 900
犬(成熟龄)	25～35 ml/kg 体重
猫(2～4 kg)	100～200
红毛猴(成熟龄)	200～950

第二节
实验动物的营养需要

实验动物的营养需要是指能够对于满足动物维持正常生长和繁殖的各种养分的基本需要。具体而言,就是指每日每只动物对各种营养素的基本需要量。实验动物为了维持生命及生长、发育、繁殖等需要各种营养素。由于不同种属的动物,处于不同生理状态(如生长、妊娠、泌乳等)的动物,以及生活在不同环境条件(如气候条件、实验刺激、罹患疾病等)下的动物,在生命过程各个阶段对各种营养素的实际需要都会有所差异,有时差异还十分显著,因此,研究实验动物所需要的营养物质组成,研究不同种类的动物在不同年龄段、不同生理状态、不同环境条件、不同生产水平,以及不同实验处理状态下各种营养素的需要量,研究不同营养素之间相互的作用等,是为不同种类的实验动物制定营养素的供给水平,以及实验动物配合饲料标准的重要依据。

一、动物生命过程各个阶段的基本营养需要

(一)动物维持的营养需要

维持是指健康动物体重不发生明显变化,不进行生产,体内各种营养物质处于收支平衡状态。维持需要量是指动物处于维持状态下对各种营养素的基本需要量。

保持维持状态的动物体内各种营养物质的合成代谢与分解代谢速度相等,处于动态平衡状态。维持需要就是用来满足维持这个动态平衡对各种营养素的实际需求,动物只有在维持需要得到满足之后,多余的营养物质才能用于生产及其他活动。

维持需要是动物生命活动最基本的营养需要,在总营养需要中占很大比例,消耗于维持需要的能量约为总能量需要的一半。

(二)动物生长的营养需要

生长是指动物通过机体的同化作用进行物质积累、细胞数量增多和组织器官体积增大,从而使动物的整体体积及重量增加的过程。处于生长状态的动物,其体内物质的合成代谢超过分解代谢。

动物在不同的生长阶段,其不同组织和器官的生长强度和占总体生长的比重都不同。在生长早期,骨组织及头和腿的生长较快,所以水分和蛋白质所占的比重较大;在生长中

期,体长和肌肉生长的幅度较大;在生长后期,则生长重点变为身体的增长和脂肪的贮积。所以,即使是同一种动物,由于在不同生长阶段其不同组织和器官的生长不同,故在不同的生长时期其对各种营养素的需要也不尽相同。

动物生长的蛋白质需要取决于氨基酸组成、配比和生物利用率,赖氨酸、蛋氨酸的充足供应最为重要。生长动物的蛋白质需要随断奶后日龄的增长而降低。处于生长期的动物对于钙和磷的需要特别大,尤其在生长早期必须足够供给。因生长期内血液组织大量形成,故铁也需充分供给。由于维生素 A 对维持健康、促进生长、提高机体抗病力十分重要;维生素 D 参与钙、磷代谢,对骨骼和牙齿的生长至关重要,所以亦需充分提供。

（三）动物繁殖的营养需要

动物的繁殖过程包括两性动物的性成熟、性功能的形成与维持,精子和卵子的形成、受精过程、胚胎发育、妊娠、产前准备、产后恢复、哺育后代等许多环节,在不同的繁殖过程应提供适宜的营养物质。

动物用于繁殖的营养消耗巨大,需要随时补充。营养问题会引发多种繁殖障碍,因此提供营养充足全价的繁殖各个阶段专用饲料,是保证和提高实验动物繁殖能力和哺乳能力的物质基础。

妊娠动物的甲状腺和脑垂体等内分泌腺功能逐渐增强,胎儿生长发育对营养物质的需要也不断增加,从而使母体的物质和能量代谢显著提高。在妊娠期间,母体的代谢率平均增加 $11\%\sim14\%$,到后期可增高至 $30\%\sim40\%$。孕期母体合成代谢旺盛,具有较强的贮存营养物质能力。妊娠动物的能量需要随妊娠期的延长而逐渐增加,如妊娠大鼠的能量需要比成年大鼠多 $10\%\sim30\%$。妊娠动物对蛋白质的需要比能量更为重要,蛋白质的需要随着妊娠期的延长而增加。妊娠动物对矿物质和维生素的需要也增加,特别是钙、磷、铁和维生素 D、维生素 A、维生素 E 需要量极大,维生素 E 的缺乏可导致流产或死产。

泌乳动物代谢旺盛,会从乳汁中排出大量营养物质,这些营养物质应由饲料提供。如果饲料含量不够,母体将动用体内贮备。泌乳动物的能量需要极大,如泌乳大鼠的能量摄入量为一般成年大鼠的 $2\sim4$ 倍。蛋白质水平则与幼仔的生长发育休戚相关,也应充分给予。除钙和磷外,铁对于泌乳动物也十分重要,如小鼠缺铁时将出现贫血,可使鼠仔的出生体重和窝产仔数降低。动物乳中氯和钠含量较高,必须充分供给食盐。泌乳动物对维生素的需要较大,其中维生素 D 最重要,如缺乏维生素 A 可导致仔鼠发生小头畸形,缺乏维生素 B_1 可使泌乳动物食欲不振、泌乳量减少,乳中营养物质含量降低,进而影响幼仔。水分占乳汁的 80% 以上,泌乳动物必须供给充足的饮水。

（四）动物应激的营养需要

当实验动物防御系统参与机体应激调节时,会使动物机体的生物学功能发生改变,应激诱导产生的生物学功能变化引起机体内各种生物活动之间资源的分配改变,原来被用于生长或繁殖的能量被机体用于应激,从而使其生长受阻和繁殖功能下降,应激时机体生物功能的改变常被称为应激的生物学代价。例如,对 31 日龄小鼠经过 4 小时限制应激,应激后 24 小时,应激组小鼠的生长速率比对照组显著下降,同时体内瘦肉与脂肪的储备量减少,必须再经过 24 小时,应激组小鼠的代谢水平才能恢复到对照组小鼠的水平。应激生物学代价的累积效应,将使受应激动物处于亚病理状况,最终导致疾病的产生。例如,同样采用 31 日龄的小鼠做实验,实验小鼠每日限制应激 4 小时,与限制应激 1 天和 3 天的小鼠相比,限制应激 7 天的小鼠生长、瘦肉和脂肪的沉积及总产热量都显著减少。由此证明,应激通过调用生物资源,导致用于新陈代谢的物质不足,如果不及时补充所需的营养物质,最终将导致动物机体正常的生长受阻,进而发生病理变化,危害实验动物的健康。

动物机体对付应激时如果动用其他功能系统的物质,会使机体正常的生理功能发生改变,一旦机体正常功能活动受到损害,动物就会进入亚病理状态,很容易发展成病理状况。因此,处于应激状态的动物必须及时补充相应的抗应激营养素,以免过度消耗自身储备和调用其他功能活动所需的营养物质。所以,满足动物应激的营养需要,才能保证动物健康和福利,减少对实验结果的不利影响。

应激使动物体内肾上腺素和去甲肾上腺素分泌增加,引起糖原和脂肪分解加速,血糖浓度提高,从而降低采食量,因此在动物应激期间,随着饲料消化率下降,动物的能量摄入量也呈下降趋势,提高日粮的营养浓度,可用于克服应激造成的不良影响。由于脂肪热增耗较低,能量在体内的滞留量增加,并能改善适口性,降低饲料在胃肠道的流通速度,从而提高动物的生长率。故在实际运用中常添加脂肪以提高日粮能量浓度,在高温应激下,用脂肪代替等能量的糖类,能明显改善应激动物的生产性能,增加动物的抵抗力。

应激会造成动物体内血液电解质和酸碱的平衡失调。在日粮或饮水中添加电解质可减少动物的血液生化指标在应激时的变化幅度,对动物的应激具有一定的缓解作用。碳酸氢钠、氯化铵、氯化钾等有利于恢复体内酸碱平衡;氯化钾具有维持细胞内渗透压和机体酸碱平衡的作用,饲料中钾的含量一般较高,常温下不需补充。但在应激条件下血钾降低,则有必要在饲料或饮水中补充钾以维持血钾浓度;氯化铵能降低动物应激时血液中pH 值,减轻呼吸性碱中毒造成的危害。

微量元素铬对缓解应激危害具有重要的作用。铬与烟酸、甘氨酸、谷氨酸、半胱氨酸等一起组成葡萄糖耐受因子(GTF),GTF 是一种具有类似胰岛素生物活性的有机螯合剂,它对调节 3 大营养物质代谢有重要作用。应激导致动物糖代谢、矿物质紊乱及糖原降解和异生作用加强,并最终通过尿排出体外,因此补充铬会提高动物的抗应激能力。此外,铬还能改善应激动物免疫功能并抑制皮质激素的分泌,防止高温导致的皮质激素分泌增加。

维生素 C 和维生素 E 在减轻应激方面具有确切的作用。维生素 C 缓解应激的作用主要表现在:①应激时皮质类固醇的产量增加,而其合成需要维生素 C;②维生素 C 为合成肉毒碱所必需,肉毒碱对肌肉的能量供应是必不可少的代谢因子;③在高温应激时,通过喘气散热需消耗大量能量,因此补充维生素 C 有助于抗热应激;④在应激过程中,维生素 C 有助于维持较高的采食量,从而保证足够的营养供给抵抗应激的不利影响。在正常情况下,绝大多数动物自身合成的维生素 C 能满足需要,饲料中不需添加。但在应激存在的情况下,由于应激使动物肝脏中古洛糖酸内酯氧化酶活性降低,维生素 C 的合成不足,同时动物对维生素 C 的需要量增加,因此需通过饲料或饮水补充维生素 C。维生素 E 也具有一定的抗应激作用,它在体内是一种良好的生物催化剂,又是细胞的良好保护剂,能稳定生物膜结构,参与细胞免疫和体液免疫。添加维生素 E 有利于提高应激动物的免疫应答水平和降低死亡率。

二、常用实验动物的营养需要特点和营养需要量

实验动物的品种、品系繁多,食性较杂,饲养环境各异,对各种营养素的需要也不同,遗传和环境因素都会影响实验动物的营养需要。营养缺乏或过剩都对实验动物的生长、繁殖和实验应用不利。因此,制定不同动物在不同时期科学合理的营养标准是实现实验动物营养学质量控制的首要条件。

饲养标准是根据实验动物种类、性别、年龄、生理状态、饲养目的与水平条件,以及饲喂过程中的实际经验,结合饲养试验的结果,科学地规定一只动物每日应该给予的能量和各种营养物质的数量。饲养标准是制定全价营养饲料的重要依据,我国已于 1994 年 10 月 1 日颁布了实验动物全价营养饲料的国家标准,规定了全价营养饲料的质量要求、试验方法、检验规则、标志、包装运输及贮存,并规定了相应的测定方法,成为执行饲养标准,实现实验动物营养学质量控制,确保实验动物标准化的重要保证。

(一)小鼠的营养需要特点

小鼠为杂食性动物,有随时采食的习性,夜间最为活跃。对蛋白质的需求相对较高,饲料中需含有≥16%的蛋白质才可满足需要。通常小鼠的日增重和离乳成活率随饲料蛋白质水平的提高而提高。每只小鼠每日给予 60.6 kJ 代谢能就可满足生长需要,75.2 kJ 就可满足其快速生长和繁殖需要。

小鼠喜食含糖类高的饲料,饲料中的比重可适当大些。小鼠对粗纤维的需要量受含纤维的饲料性质决定,还受到适口性、消化、泌乳、肠道微生物、其他营养成分的吸收等因素的影响,一般以 5%粗纤维含量为宜。小鼠对必需脂肪酸的需要相关研究较少,但泌乳期小鼠喜食含脂类高的饲料,也需要亚油酸。

小鼠对于维生素 A 的过量很敏感,尤其是妊娠小鼠摄入过量的维生素 A 会导致胚胎畸形。小鼠对维生素 A 和维生素 D 的需要量较高。给予维生素 E 能使小鼠的受孕率、产仔率明显提高。无菌小鼠应注意补充维生素 K。锌、铁、铜、锰等微量元素的缺乏可导致小鼠生长发育受阻,被毛粗糙、贫血及繁殖率下降。

小鼠各品系间营养需要有明显差异。在隔离或屏障环境中培育的动物其营养需要和同品系在开放环境中饲养动物的营养需要差别更为明显。

(二)大鼠的营养需要特点

大鼠为杂食性动物,但对纤维素的消化能力也很强,其盲肠内有大量微生物,能分解纤维素,合成 B 族维生素和维生素 K。大鼠对营养缺乏较敏感,可消化能的需要量约为 15.9 MJ/kg 饲料。饲料中含 18%～20%的蛋白质一般可满足生长、妊娠和泌乳的需要。饲料中添加 0.36%的蛋氨酸或 0.5%的赖氨酸,可使大鼠生长速度达到最快。在生长期以后,蛋白质需要量锐减,可适当减少饲料中蛋白质含量以延长其寿命。7%～10%的蛋白质可满足成年大鼠的维持需要。生长期的大鼠易发生脂肪酸缺乏,饲料中必需脂肪酸

的需要量应占热能物质的 1.3%,其中亚油酸需＞0.3%,它能在大鼠体内转化为花生四烯酸,此为细胞膜上的主要脂肪酸,也是前列腺素的重要前体物质。一般饲料中应当添加脂肪。

大鼠对钙、磷的缺乏有较大的抵抗力,但对镁的需要量较高。当饲料含锌量≤3.55 mg/kg时,会使雄鼠生殖功能下降;含铁量≤60.95 mg/kg 时,会导致缺铁性贫血;如果锌和锰的含量同时降低,还将引起大鼠肾上腺发育迟缓。核黄素缺乏会限制大鼠的生长速度,使肝/体比值升高,血红蛋白含量下降。维生素 E 缺乏可导致雄鼠睾丸变性和孕鼠胎儿吸收。大鼠对维生素 A 缺乏十分敏感,一旦缺乏时常可咬人。大鼠能有效地储存脂溶性维生素和维生素 B$_{12}$、制造维生素 C,以及通过食粪满足其对维生素 B 的大部分需要。

(三)豚鼠的营养需要特点

豚鼠为草食性动物,喜好采食含纤维素较多的禾本科嫩草,对粗纤维消化能力较强。豚鼠饲料中应保证 12%～14% 的粗纤维,若粗纤维不足,可发生排粪较黏和脱毛现象,还会相互吃毛。饲料中粗纤维含量对豚鼠的生产能力有很大影响,当饲料中粗纤维含量为11% 时,豚鼠的繁殖力偏低;当上升至 12.4% 时,繁殖能力提高;继续增加至 13.7% 时,其繁殖能力不会再升高但趋于稳定。

豚鼠食量较大,食性挑剔,对饲料的改变敏感。有食粪癖,成年豚鼠从肛门口处取食软粪补充营养,幼仔从母鼠粪中获取正常菌丛。豚鼠日夜采食,随吃随拉,一般拒食苦、咸和过甜饲料。

饲料中蛋白质和能量水平与豚鼠的生长关系密切,16% 的蛋白质含量和 12 MJ/kg 的能量会使豚鼠体增重最快。当蛋白质含量提高至 18% 时,豚鼠的繁殖能力上升,继续提高至 20% 时,其各项繁殖指标趋于稳定。豚鼠对某几种必需氨基酸需要量很高,其中最重要的是精氨酸。用单一蛋白质饲料若不补充其他氨基酸,则饲料中蛋白质含量需高达35% 才能生长最快。豚鼠体内缺乏古洛糖酸氧化酶,自身不能合成维生素 C。对维生素 C 的缺乏特别敏感,缺乏时可引起坏血病、生殖功能下降、生长不良、抗病力降低,最后导致死亡,必须在饲料或饮水中予以添加。每日每百克体重给予 0.5～1.0 mg 维生素 C 可满足豚鼠生长发育的需要,而每日每百克体重给予 1.5～2.0 mg 维生素 C 则可使繁殖豚鼠的受孕率、产仔数、初生体重和离乳成活率达到最高。添加时应给予 10% 的安全系数,如饲料需高温高压消毒则该系数更高,以弥补消毒造成的维生素 C 破坏。

(四)地鼠的营养需要特点

地鼠为杂食性动物,以植物性饲料为主。但对饲料蛋白质的质量和数量要求较高,如果不能满足需求,则会引起成年鼠性功能减退和幼鼠生长发育缓慢。饲料中蛋白质的含量一般要求达到 20%～25%,动物性蛋白质与植物性蛋白质之比应为 1∶2 或 2∶3,否则导致生殖功能障碍、无生活能力的仔鼠增多。同时,还需定量供给脂肪和维生素 A、维生素 B、维生素 D。地鼠需要适量给予青绿饲料,冬季饲养时应适当补充萝卜、白菜等,夏季则可给予适量的黄瓜、白菜、油菜等。

(五)兔的营养需要特点

兔为草食性动物,对粗纤维的消化能力较强。饲料组成中粗纤维含量不足,特别是

95

≤6％时，常可引发消化性腹泻，一般应控制在 11％～15％为宜。夜间采食十分活跃，采食量占全天的 75％。

饲料中生长兔和繁殖兔的蛋白质水平在 17％～21％，15％的蛋白质水平即可满足维持的营养需要。在必需氨基酸中，精氨酸是兔的第一限制性氨基酸，对兔的健康特别重要，赖氨酸和含硫氨基酸也十分重要。

兔可以耐受高水平的钙，在初生时有很大的铁储备，因而不易贫血。兔肠道微生物可以合成维生素 K 和大部分 B 族维生素，并通过食粪行为而被其自身所利用，但对繁殖兔仍需补充维生素 K。

（六）犬的营养需要特点

犬为肉食性动物，善食肉类、脂肪和骨，对动物蛋白和脂肪的需要高，饲料中动物性蛋白质至少要占蛋白质含量的 1/3。幼犬每日每千克体重应给予动物性蛋白质 4.7 g。饲料中代谢能达 14.6～16.7 MJ/kg、蛋白质含量达 22％，可满足犬生长和繁殖的营养需要。

犬虽可摄入杂食或素食，但对植物纤维和生淀粉消化力差，不消化的生淀粉过多可在肠道内引起异常发酵，产生软便和出现腹泻。供给犬脂肪、蛋白质时，除考虑满足能量外，还应当考虑改善饲料的适口性。犬能耐受高水平的脂肪，也非常爱吃动物性脂肪，并要求饲料中含有一定水平的不饱和脂肪酸。

犬对维生素 A 的需要量较大。尽管犬肠道内的微生物可合成 B 族维生素，但仍需要从饲料中补充维生素 B_{12}。

（七）猪的营养需要特点

猪为杂食性动物，大部分时间都在取食，吃食无节制，吃的多，消化快，食谱多样化，但有择食性，能辨别口味，特别喜爱甜味。饲料量一般按体重的 2％～3％分 1～2 次供给。

猪生长期饲料中蛋白质含量应为 16％、脂肪为 3％、粗纤维为 5.5％；维持期饲料中蛋白质应为 16％，脂肪为 2％，粗纤维为 14％。

（八）猕猴的营养需要特点

猕猴为杂食性动物，以素食为主，喜食味甜而富含淀粉的果实。16％～25％的蛋白质就可满足猕猴的生长和繁殖需要。脂肪则以 3％～6％为宜。粗纤维占 2.5％～5.0％即可。

猕猴体内缺乏维生素 C 合成酶，不能在体内合成维生素 C，必须从饲料中摄取，缺乏时可致牙龈出血、精神萎靡，长期缺乏会导致死亡。一般猕猴除饲喂常规饲料外，还要添加瓜果蔬菜。

人工饲养时，猕猴通常饲喂以面粉、玉米粉、黄豆粉、鸡蛋、食盐和骨粉制作的蛋糕和饼干。

第三节

实验动物饲料的类型

饲料是实验动物饲养的物质基础，一般占总生产投入的 70％。实验动物饲料的原料通常以植物为主,为了弥补蛋白质的不足,也添加少量的动物性原料。对于饲料的分类,习惯上按饲料的来源、理化性状、消化率等因素,将饲料分为植物性、动物性、矿物质饲料和其他添加剂饲料。也有按饲喂对象或传统习惯进行分类。

一、饲料原料的分类

1983 年,中国农业科学院畜牧研究所为了能够反映出饲料的营养特性,依据国际饲料命名及分类原则,按饲料营养特性将饲料分为粗饲料、青绿饲料、青贮饲料、能量饲料、蛋白质饲料、矿物质饲料、维生素饲料、添加剂等共 8 大类。

(一)粗饲料

粗饲料包括干草类及绝干物质中粗纤维含量≥18%的糟渣类、农副产品类、树叶类等。干草类的营养价值与植物的种类、生长阶段,以及调制方法密切相关。通常豆科干草的营养价值高于其他干草。实验动物最常用的干草主要是苜蓿草粉和脱水蔬菜。

苜蓿干草多采用自然干燥法,粗蛋白质含量为 10%～20%,粗纤维含量为 20%～30%,维生素 D_2 含量较多为 2 000 IU/kg,胡萝卜素含量为 26 mg/kg,还含有较多的钙。苜蓿干草粉是实验动物的优质饲料,在豚鼠和兔的日粮中可占 25%～50%,大鼠和小鼠的日粮中占 5%为宜。脱水蔬菜是经人工甩干脱水或高温快速脱水干燥而成,营养损失甚微,基本保留和浓缩了原有成分。在豚鼠和兔日粮中可占 20%～30%。

(二)青绿饲料

青绿饲料是指天然水分含量≥60%的青绿饲料类、树叶类及非淀粉质的块根、块茎瓜果类。通常青绿饲料中粗蛋白质含量按干物质计为 10%～20%,不仅含量丰富、消化率高,而且品质好,所含必需氨基酸较全面,赖氨酸、组氨酸、色氨酸含量较高。

青绿饲料中胡萝卜素含量高达 50～80 mg/kg,还含有丰富的硫胺素、核黄素、烟酸等B 族维生素,以及较多的维生素 C、维生素 E、维生素 K 等。青绿饲料按干物质计,钙含量占 0.4%～0.8%,磷含量 0.2%～0.35%,比例适宜。

青绿饲料幼嫩多汁、纤维素少、适口性好、消化率高、营养相对均衡,还含有雌激素促进发情。但含水量很高,有季节性,常常带寄生虫及虫卵,不易消毒和贮存,特别是清洁级以上实验动物使用不便,主要用于普通级大动物的饲喂。

(三)青贮饲料

青贮饲料是指用新鲜的天然植物性饲料调制成的饲料,及加有适量糠麸或其他添加物的饲料。

(四)能量饲料

干物质中粗纤维含量<18%,同时粗蛋白质含量<20%的谷实类、糠麸类、草籽树实类、淀粉质的块根块茎瓜果类均属能量饲料。

禾本科籽实类是实验动物的基础饲料,主要有小麦、大麦、燕麦、荞麦、玉米、高粱、稻谷等,通常占日粮的 40%～60%。禾本科籽实富含淀粉,占 70%～80%,粗纤维含量

≤6%,每千克消化能的含量≥12 540 kJ,因此被称为高能饲料,且适口性好,易消化。

尽管禾本科籽实类的粗蛋白质含量为10%左右,但氨基酸组成不平衡,色氨酸和赖氨酸含量少,不能满足动物需求,使用过多还会影响其他必需氨基酸的利用。禾本科籽实类中脂肪含量仅为干物质的2%～5%,较少,钙含量更是<0.1%;磷含量较多,占0.3%～0.45%,不过多以肌醇六磷酸盐的形式存在,不易被消化吸收,钙-磷比例也不平衡。

禾本科籽实类含有较丰富的维生素 B$_1$ 和维生素 E,但都缺乏维生素 D。除玉米外,也都缺乏胡萝卜素。黄玉米中所含的玉米黄素具有胡萝卜素的功能,因此玉米是优质能量饲料。大麦中富含烟酸。

糠麸类主要有米糠、麸皮,由谷皮、大部分胚和小部分胚乳组成,是粮食加工的副产品。含有丰富的B族维生素,其他维生素含量较少。糠麸类饲料中无氮浸出物占40%～50%,粗蛋白质约占14%,粗纤维约占10%。脂肪含量较多,占12%～13%,不易贮存,适口性差。钙含量较少,≤0.1%;磷含量较多,≥1%,但70%以植酸盐的形式存在,不易被动物吸收;钙磷比例不平衡,为1∶8。麸皮质地疏松,在消化道中可改善日粮的物理性状,日粮中可占10%～20%。但其中含有较多镁盐,有轻泻作用,需引起注意。

(五)蛋白质饲料

蛋白质饲料包括干物质中粗纤维含量<18%,同时粗蛋白质含量为≥20%的豆类、油饼类、动物性饲料等。

用作饲料的豆类主要有大豆、豌豆、蚕豆等,其粗蛋白质含量高达20%～40%,而且品质较好,精氨酸、赖氨酸、苯丙氨酸、亮氨酸、蛋氨酸含量较多。豆类的粗脂肪的含量也较高,大豆约含16%,其余豆类约含2%。豆类的B族维生素含量丰富,但其他维生素缺乏。需注意豆类含有胰蛋白酶抑制剂、皂素、植物性血凝素等物质,影响饲料的适口性、消化率及其他生理过程,因此豆类饲料必须经过3分钟的110℃热处理,使之分解或失活后才能饲喂动物。

油饼类饲料中可消化的粗蛋白质含量高达30%～45%,且氨基酸组成较齐全,特别是禾本科籽实饲料中缺乏的赖氨酸、色氨酸、蛋氨酸等,在油饼类饲料中含量丰富,苯丙氨酸、苏氨酸、组氨酸含量也较多。所以,粗蛋白质的消化率和利用率均较高。其粗脂肪和粗纤维的含量随加工方式的不同变动较大,一般粗脂肪含量为1%～5%,粗纤维为6%～7%。油饼类饲料中无氮浸出物含量占干物质的22.9%～34.2%,B族维生素含量丰富,含有少量的胡萝卜素。

动物性饲料主要包括水产副产品和禽畜副产品,如鱼粉、肉骨粉、血粉、奶粉、蛋粉等。动物性饲料中粗蛋白质含量一般高达40%～80%,各种必需氨基酸齐全、配比得当,为优良的蛋白质饲料。通常在日粮中加入5%～10%的动物性饲料,可显著提高饲料蛋白质的生物学价值。其糖类含量低、无粗纤维,消化率高,适宜于各种动物。动物性饲料富含B族维生素,维生素 B$_{12}$ 含量尤其丰富。鱼粉中还含有维生素 A、维生素 D$_3$,以及食盐和丰富的微量元素。动物性饲料中还含有较多的矿物质,钙磷比例恰当,能被动物充分吸收利用。

（六）矿物质饲料

包括人工合成的、天然单一的矿物质饲料,多种混合的矿物质饲料,以及配合有载体或赋形剂的痕量、微量、常量元素的饲料。动物在生长发育和繁殖过程中,需要的矿物质元素达 20 种以上。由于实验动物终生生活在人工封闭环境内,没有其他途径获得矿物质元素,故更需补充必需矿物质元素。

对于以植物性饲料为主的动物,尤其是草食动物,需要补充食盐。食盐既可补充钠和氯,又可提高饲料的适口性,增加采食量。

钙是动物需求量较大的重要矿物质元素,需要在饲料中补充。骨粉、磷粉钙、磷酸氢钙等饲料中既含钙,又含磷,动物的利用率较高。贝壳粉、蛋壳粉、石灰石粉、碳酸钙等的主要成分为碳酸钙,动物的利用率不高,但来源广、价格低廉,目前常用于饲料添加。

（七）维生素饲料

是指工业合成或提纯的单一维生素或复合维生素,但不包括某些维生素含量较多的天然饲料。

大多数维生素都不稳定,易被氧化或被其他物质破坏,尤其对微量元素不稳定。在高湿环境下,维生素对各种因素的稳定性均下降。因此,维生素制剂需经过特殊处理或包被,密闭隔水包装,真空包装尤佳。还应储存在干燥、避光、低温条件下,开封后尽快用完。

（八）添加剂

分为非营养性添加剂如防腐剂、着色剂、抗氧化剂、药物性添加剂、生长促进剂;营养性添加剂如矿物质微量补充料和人工合成氨基酸等。

加入添加剂的目的是为了完善日粮的全价性,提高饲料的利用率,促进动物生长和防治疾病,减少贮存期间饲料营养物质的损失,改善饲料的品质和适口性等。为了保证动物实验结果的准确性和可靠性,《实验动物全价营养饲料》国家标准中规定,实验动物饲料中禁止添加任何一种非营养性添加剂。

二、配合饲料的分类

日粮是指一只(头)动物 24 小时所摄入的饲料及其量。因为所含营养物质的限制,单一的饲料原料无法全部满足动物的所有营养需求,所以应选取不同的饲料原料,按各种动物的特定营养要求及每种原料的营养物质含量互相搭配,使其所提供的各种营养素均符合饲养标准所规定的数量,这样的设计步骤称为日粮配合。但在实际运用中是按日粮的饲料百分比配制出大量混合饲料,即按生产目的相同的动物群体配制大批混合饲料,这样的饲料称为饲粮。在畜牧业和实验动物行业,习惯上将动物所用的饲粮称为配合饲料,即指根据动物的饲养标准及所采用的每一种饲料原料的营养素含量,经科学的计算确定各种原料的最佳配合比例,然后按这种比例关系经一定的生产流程而规模化生产出来的饲料。配合饲料是按一定饲料配方配制而成的多种成分混合料。可依照应用目的、喂饲方法及生产方式的不同而有所区别。该饲料含有全面而均衡的各种营养素,能合理满足动物对营养和热能的需要。

（一）按营养成分分类

1. 全价配合饲料　又称全日粮配合饲料，该饲料含有的各种营养物质和能量均衡，能够完全满足动物的各种营养需要，不需添加任何其他成分就可以直接饲喂，并能获得最大的饲养效果。目前在实验动物行业，大鼠、小鼠、豚鼠和兔都采用全价配合饲料。

2. 混合饲料　又称基础饲料，是由能量饲料、蛋白质饲料、矿物质饲料等按一定的比例配伍组成，基本可满足动物的营养需要。但营养不够全面，还需另外补充添加一定量的青、粗饲料，才能达到营养全价。部分实验动物机构用于饲养豚鼠、兔、犬、猴等动物。

3. 代乳饲料　又称人工乳，是专门为各种哺乳期动物配制，可用于代替自然乳的全价配合饲料，如一些剖宫产动物可用其代替保姆动物哺乳。

（二）按组分的精细程度分类

1. 天然原料饲料　是指用经过适当机械加工的谷物、牧草、脱水蔬菜等天然原料和适当的酵母、骨粉、鱼粉等添加剂配制成的日粮或全价配合饲料。因其价格便宜、加工简便，故广泛应用于动物的生产繁殖。在正常情况下，实验动物的繁育、生产都是使用这种饲料。

2. 提纯饲料　是指原料经精炼后配制的饲料，如牛奶中提炼出的酪蛋白、乳白蛋白，鸡蛋中提炼出的卵白蛋白作为蛋白质的来源，蔗糖和玉米淀粉作为糖类的来源，植物或动物油作为脂肪的来源，再加上化学纯的无机盐、维生素和纤维素等配制而成的日粮。这类饲料容易控制营养成分，易于重复实验，只适用于某种特殊需要的动物实验。

3. 化学成分确切的饲料　采用化学成分纯净的化合物，如氨基酸、必需脂肪酸、无机盐、维生素等配制而成的日粮。这类饲料比加工饲料化学成分更明确，价格也更高，只适用于某些需要严格控制营养成分的动物实验。

（三）按加工的物理性状分类

1. 粉状饲料　是把所有的原料按需要粉碎成大小均匀的颗粒，再根据配方按比例混合好的一种料型，不再进行成形加工。粉状饲料的加工一般是将各种原料的干粉，按不同比例配制而成的混合干粉。配制过程中应注意将生粉加热处理，如粮谷类粉料一般应在120℃高压蒸汽灭菌处理，冷却后再拌入其他粉料，添加维生素、无机盐时应采取逐步扩大法，并应反复过筛拌匀。这类饲料品质稳定、饲喂方便，加工方法简单、成本低，便于试验过程中随时添加药品。但易引起动物挑食而造成浪费，且饲养效果差，在运输过程中比重不同的原料容易分离。

2. 颗粒饲料　是以粉料为基础，采用配好的干粉加水拌匀，经过蒸汽加压成形处理而制成的颗粒状饲料。这类饲料密度大、体积小、适口性好，便于加工贮存，易于饲料标准化，具有增加动物的采食量、饲料报酬高的优点。加温加压能破坏饲料中的部分有毒成分（如大豆中的抗胰蛋白酶），但同时也使一部分维生素和酶类受到破坏，在实际使用中应注意适量添加维生素。

颗粒饲料在加工过程中经过水蒸气热压后对饲料有烧煮作用。能将粉粒湿润软化，并促使组织细胞破裂，纤维撕碎，引起有些成分的结构变化，使高能量饲料发生综合作用，并使生淀粉 α 化（淀粉糊化），容易被动物消化吸收。在加热过程中，能引起蛋白质变性，降低蛋白质溶解性,增强组织蛋白食感优良性,破坏酶的生物活性和毒性蛋白。在加热过程中可抑制对生理代谢有害的物质。例如在未经煮烧过的黄豆和豆类蛋白中,有一种生长抑制剂对动物生长和生理代谢都有影响,而加热后能去除这种有害物质。通过加热,可除去腥味而增加饲料的适口性。同时蒸汽又具有杀菌作用使颗粒饲料细菌数减少,饲料不易变质,食物中毒机会减少,提高了饲料质量,饲料的保存性能提高,保证了动物健康生长。

颗粒饲料在生产加工和饲喂过程中,不像混合粉料那样产生大量粉尘而造成损失。因减少了加工和饲喂工序,操作方便从而减轻了劳动强度。在饲料装卸和运输过程中,不会像粉料那样因饲料成分的比重不同而引起自动分级破坏其均匀状态,特别是微量成分,颗粒饲料能有效地保证其分布均匀。颗粒饲料可减少贮存和运输体积,特别是对苜蓿草等粗纤维饲料更为显著。颗粒饲料能避免动物扒食造成不必要的浪费。颗粒饲料饲喂方便,每日喂 1 次即可,而且饲喂量容易掌握。颗粒饲料体积小,便于密封长期保存,防止饲料霉烂虫蛀变质。颗粒饲料香脆耐嚼,符合啮齿类动物喜啃咬磨牙的特性,故非常适用于小鼠、大鼠、地鼠、豚鼠等啮齿类实验动物。

3. **膨化饲料**　是将粉料拌以水压入模管,在高温高压下强迫湿粉通过模孔而形成的膨化状饲料。这类饲料对猴、犬、猫等动物的适口性好,其他动物不宜使用。

4. **烘烤饲料**　在其他方法不利实行灭菌或成形时,使用烘烤的方法烘制而成的块状饲料,并起到一定的消灭微生物作用。但营养成分会有一定程度的损失,成本较高。

5. **凝胶饲料**　将水、琼脂、明胶或其他凝胶剂加入粉料中配制而成的凝胶状饲料。这类饲料适口性好,动物乐于接受,且便于测量动物的采食量。但由于饲料含水量高,易受微生物的污染,必须冷藏或需要时临时配制。这类饲料主要用于运输途中或其他饮水不便场合,以及动物实验的特殊需要,特别是饲料中需掺入有毒物质或避免粉尘时适用。

6. **液体饲料**　采用纯化学物质配制而成的流质饲料。供特殊试验之用,也可用于无菌动物、剖宫产幼仔等,但价格较贵。

(四) 按所适用的动物分类

按适用的动物不同可分为大鼠饲料、小鼠饲料、豚鼠饲料、兔饲料、犬饲料、猪饲料、猕猴饲料等。按动物不同的生理时期可分为繁殖饲料、生长饲料、维持饲料等。按动物饲养目的不同可分为正常动物饲料、为某种动物模型所特制的饲料、不同微生物级别的普通饲料、^{60}Co 照射灭菌饲料、无菌饲料等。

第四节
实验动物饲料的加工及质量控制

实验动物必须从饲料中获得全部的营养素以维持生长、发育、繁殖等一切生命活动。因此,饲料的质量与实验动物的质量休戚相关。给予实验动物营养全价、质量稳定、安全可靠、合乎需求的饲料是确保动物实验质量的基础条件之一。

一、饲料的加工调制

饲料经过加工调制能够改变原来的理化性状,增加适口性;消除饲料中的有毒有害物质,提高饲料的消化吸收率;同时便于饲喂和贮存。实验动物饲料的种类较多,所采用的加工调制工艺也互有不同,每道工序的加工方式、设备选择、操作管理等都会导致饲料质量的变化,所以在整个生产过程均应按工艺标准严格控制。一般来讲,饲料加工调制的工序主要有原料处理、饲料配合、搅拌混匀、压制成型、成品分装等过程。

(一)原料处理

实验动物饲料所用的原料不仅要按饲料配方的要求确保各种营养素的组成和含量,而且还应根据容易获得与贮存、价格低廉、便于加工与运输、无污染等要求进行选择。如果条件允许应尽可能固定原料产地、收割季节、加工贮存方法、运输环境等条件。

用于加工配合饲料的各种原料,必须首先按照质量标准检查有无变质和污染,进行除杂工作,然后按要求进行切碎、粉碎,以便各种原料能够充分混合均匀。粉碎后的饲料要妥善保存,防止受潮。

豆类原料中含有一种抗胰蛋白酶素,需经蒸煮处理使其破坏,从而提高蛋白质的消化率。禾谷类原料经过 $130\sim150℃$ 焙炒后,其中部分淀粉 α 化变为糊精,可产生特殊香味,刺激动物食欲,增加适口性也可提高消化率。同时,蒸煮和焙炒也可杀灭部分病原微生物。猫、犬、猴的饲料经过蒸煮可以增加采食量,但在加热过程中会使部分维生素遭到破坏,且高温时间过长还会使蛋白质凝固,降低利用率,因此温度不宜过高,加热时间不宜过长。

(二)饲料配合

按配方要求将各种原料进行计量,依次投入混料箱内称饲料配合。饲料的配合过程要注意计量的准确,防止少投、误投。

在配合饲料时,除了要知道实验动物对营养的需要量以外,还要了解所用饲料原料的营养成分组成和含量,这样在配制混合饲料时,首先考虑的是用哪些原料,要多少数量才能达到所需要的能量和蛋白质指标。再看钙和磷含量,要加多少食盐才能满足需要。最后计算一下必需氨基酸和必需维生素及主要矿物质元素的含量。

(三)饲料混合

将配合好的饲料,在混料箱内经过一定时间的充分搅拌,使各种原料充分混匀,获得均匀分布的混合粉料的过程。

混合过程是饲料加工调制过程中保证质量的核心环节,混合均匀度是饲料质量检定的重要指标。影响混合均匀度的因素很多,一般要充分考虑设备的性能、原料的比重和体积、搅拌的时间、原料加入的先后次序等因素,对于用量较少的原料应采用逐级稀释的方法进行混合。

(四)饲料成型

饲料成型是将混合好的饲料粉料按不同的要求,采用相应的赋形工艺方法,制成不同剂型的颗粒。

赋形加工过程中既要严格控制适当的温度尽量避免营养成分的破坏,又要保证适当的硬度和适口性。根据不同动物的采食特点,使其具有不同大小的颗粒和适当的硬度,一般大鼠、小鼠、仓鼠的饲料直径应为 8～12 mm,豚鼠、家兔的饲料直径应为 3～5 mm。

(五)成品分装

加工好的成品饲料应经过烘烤或其他方法将含水量降至 10% 以下,再按需要进行分装。一般普通动物饲料可用无毒塑料桶密封包装,或用无毒编织袋密封包装,每桶或每袋 25 kg。对于用于饲养无菌动物、SPF 级动物和清洁级动物的饲料,经高温高压灭菌的饲料可用双层塑料袋密封真空包装,经射线照射灭菌的饲料可用铝箔包装,每袋 5 kg。

二、饲料的消毒

由于饲料的原料来源比较复杂,在收获、加工、贮存、运输和使用过程中的各个环节都有可能被病原体污染。因此,对饲料进行消毒灭菌是十分必要的。饲料的消毒方法有很多种,在消毒过程中,由于受外界条件的影响,饲料中的某些营养成分尤其是维生素和氨基酸易受到损失,故应在灭菌前饲料配合时予以补足。应根据实际需要和设备条件选择饲料消毒方法,一般普通级动物使用烘烤加工的饲料即可,而清洁级动物、SPF 级动物和无菌动物则需采用高温高压或射线照射灭菌的饲料。

(一)干热消毒

干热消毒是将饲料在 80～100℃ 的条件下烘烤 3～4 小时,此法能够完全杀灭真菌和大肠埃希菌。干热消毒能使灭菌物表面温度较快达到高温,但需较长时间才能到达内部,故营养成分破坏较多,如温度>80℃,绝大多数维生素,尤其是维生素 C、维生素 B_1、维生素 B_6、维生素 A 就会受到破坏。干热也会使饲料变得过硬,降低适口性,并且易使饲料褐变而造成浪费,因此在实践中多采用 80℃ 的烘烤温度,增加烘烤时间的方法。干热消毒的处理设备较简单,但温度不易掌握,灭菌不彻底。

(二)高温高压灭菌法

高温高压灭菌法是将饲料在 121℃,1.0 kg/cm² 的高温高压下加热>20 分钟,从而达到彻底灭菌的目的。此法能够杀灭所有细菌,灭菌时间短,营养成分的损失比干热灭菌法少。能应用于大量饲料的灭菌,易于普及。

灭菌时必须掌握好所需的时间,且必须使蒸汽渗透饲料内部。操作时应预先将锅内减压至−80 kPa 以下,灭菌结束后要抽真空干燥>20 分钟,饲料保存时间不宜太长,并要采取有效的防潮措施。

高温高压灭菌法对大多数维生素的破坏较严重,且有使饲料蛋白质凝固变性的缺点,对动物适口性也较差,采食量会降低。

(三)药物熏蒸灭菌法

利用化学药品的气雾剂对饲料进行消毒。如用氧化乙烯进行灭菌,熏蒸后必须在≤

实验动物学基础与技术(第二版)

20℃的自然空气中将残余气体挥发。实验证明,即使熏蒸后将残余气体充分挥发,饲料中也还会残存一些对动物有害的化合物,一般不推荐使用。

（四）X 射线照射灭菌法

通常在对谷物类饲料灭菌时采用 5M rad 的 ^{60}Co 照射,此法灭菌时饲料温度不上升,俗称"冷灭菌"。由于射线穿透力强,灭菌效果好,工艺上极为方便,可以成批辐照处理,是理想的饲料灭菌方法。但需专门设备和辐照源,不利推广。

辐照灭菌对饲料的营养成分破坏最小,实验证明 γ 射线对于维生素 B_1、维生素 B_6 和维生素 A 仅有微小的破坏,对纯化学饲料则损失较大,应将剂量降至 3M rad。通常,SPF 级动物和清洁级动物使用的饲料,可通过 3M rad 的剂量照射,无菌动物使用的饲料则需提高至 5M rad 剂量照射。

三、饲料的贮存和运输

饲料应贮存在洁净、干燥、凉爽、通风良好的环境内,还需具备防虫、防鼠的设备,严格控制温度≤10℃、相对湿度≤40％,防止霉变和虫蛀。饲料存放区域应使用专用搁板、架子或台车,保证所置饲料架距离地面＞20 cm 的高度。饲料严禁与有毒有害物品同存,各种饲料应分门别类整齐堆放,做到先购入的饲料先使用,减少积压。开包装后尚未用完的饲料应存放在密闭容器内,防止被污染和受潮。灭菌饲料不宜久存,一般进入屏障系统内的灭菌饲料保存期不得＞1 周。饲料存放不能过多、时间不宜过长,一般原粮贮存期为3～6 个月,粉状饲料贮存期为 1～2 个月,动物性饲料贮存期为 1～3 个月,颗粒饲料贮存期为 1～3 个月,具体时限视饲料的含水量、贮存季节、仓储条件等因素而定。

饲料在运输过程中要防止日晒雨淋、包装受损。饲料不得与有毒有害物质混运。饲料长途运输需控制温度和湿度。灭菌饲料运输要控制时间,双层密封包装,严防污染。

四、饲料的污染

实验动物饲料大多为配合饲料,配方多样、基质复杂,原料来源各异,加工环节多、周期长。除了原料本身天然存在的有毒有害物质和环境污染物外,在栽培、收获、加工、调制、包装、运输、储存、使用等各个环节也有可能被污染。饲料的污染可分为生物性污染、化学性污染和物理性污染 3 种。

（一）生物性污染

饲料常见的生物性污染包括微生物污染、寄生虫污染和昆虫污染等。

1. 微生物污染　主要是指污染饲料的细菌及其细菌毒素、真菌及其真菌毒素等。饲料的原料和成品都有可能被沙门菌、大肠埃希菌、肉毒杆菌等致病菌感染,实验动物接触和食用后会中毒患病。动物性饲料容易被微生物污染,尤其是鱼粉常被沙门菌污染,配制前需灭菌。谷物饲料容易霉变,特别是玉米,真菌利用玉米中富含的糖分大量繁殖,同时产生真菌毒素,尤其是黄曲霉素。黄曲霉素是由真菌类的黄曲霉和寄生在曲霉中的产毒菌株的代谢产物,是一类 B_1、B_2、G_1、G_2、M_1、M_2、$B_{2}\alpha$、$G_{2}\alpha$ 等 10 多种结构相似的毒素组成的混合物,对动物有高度的毒性和致癌性。其中,B_1 和 B_1 的代谢产物 M_1 毒性最大。

采用黄曲霉素 B_1 饲喂大鼠,每日剂量为 0.018 mg,89 日后所喂动物全部发生肝癌。有些谷物饲料霉变后可产生橘霉素、柠檬色霉素、T2 毒素和玉米赤霉烯酮等毒素,可引起动物肝脏和肾脏损害,繁殖功能降低,还会致癌、致突变,甚至导致死亡。

2. 寄生虫污染　由于饲料及其原料营养丰富,如果保管不善,极易被寄生虫污染。寄生虫及虫卵寄生其中,会充分利用所含的营养物质,不仅使饲料质量下降、适口性变差,而且会损害动物健康,阻碍实验的顺利进行。如肝囊虫、犬旋毛虫等经常通过污染饲料而引发实验动物的寄生虫病。特别是青绿饲料常常带有寄生虫及虫卵,不便消毒和贮存,应避免使用。

3. 昆虫污染　苍蝇、蟑螂、蛾、蛆等昆虫常在饲料及其原料中生活繁殖,并利用其中的营养物质,不仅会降低饲料及其原料的营养价值,使饲料适口性变差,而且会传播虫媒传染病,所以,饲料在加工、运输、贮存等过程中要防虫,使用中应随时密封保存。

（二）化学性污染

饲料原料在栽培或生长过程中,由于土壤、水源、大气等自然地质条件所致,或工业"三废"的排放和农药、化肥等的滥施,通过生物富集作用会蓄积在原料内造成化学性污染。也有为促进动植物生长或预防病虫害等目的,人为地滥用添加剂,甚至添加有毒有害物质牟利的。另外,饲料加工过程中机械、管道、容器、包装材料内的化学物质残留也会污染饲料。目前,我国实验动物配合饲料化学污染需检测的指标主要是重金属和有机氯农药残留。

1. 重金属污染　重金属主要通过抑制酶系统的活性发挥毒性作用,共同的作用机制是与巯基、羧基、氨基和羟基等酶蛋白活性的功能基团结合,使酶活性减低甚至丧失。如铅、镉、汞、砷等都能与肾、肝中含巯基的氨基酸结合,形成稳定的络合物,从而抑制巯基酶的活性。

（1）铅对多种器官和组织具有毒性作用,主要损害神经系统、消化系统、造血系统、免疫系统和肾脏,具有蓄积效应,使抵抗力下降。铅在日常生活环境中广泛存在,陶瓷、搪瓷、马口铁罐头、汽油中都含有铅。饲料中的铅主要来自含铅的农药、大气粉尘、污染水源、包装容器等。

（2）镉在工业上应用广泛,采矿、冶炼、电镀、焊接等产业都需要,电池、电器、陶瓷、玻璃、油漆、颜料、照相材料、塑料、化肥、杀虫剂等产品中都含镉。镉具有蓄积效应,在一般环境中含量极低,但可通过生物链富集后达到较高浓度。镉也可通过污水灌溉污染农作物,即使摄入微量也会损害动物肾脏。

（3）汞的毒性与其化学存在形式、汞化合物的吸收密切相关。无机汞不易吸收,故毒性小。有机汞极易溶于脂肪而被组织吸收,且难以分解排泄,所以毒性大。特别是甲基汞吸收率高达 90%～100%,且有蓄积效应,危害较大。尤其对神经组织损伤极大,还具有遗传毒性作用。汞与巯基具有很强的亲和性,当机体内含汞量增加时,细胞内部酶系统中的巯基立刻与汞作用而失活,对机体造成危害。由于肾细胞中含有巯基,易与汞牢固结合,因此肾功能极易受损。

（4）砷的毒性作用主要是与动物细胞中酶系统的巯基结合,导致酶系统作用障碍,从而影响细胞的正常代谢,引发神经系统、毛细血管和其他系统的病变。砷在体内具有蓄积效应,致癌性较强。砷在自然界中广泛存在,很多工业原料中都含有砷。饲料中的砷主要来自含砷的农药、添加剂、工业"三废"原料等。砷的毒性与其化学性质有关,单质不溶于水,摄入机体后几乎不被吸收而完全排除,所以无害;除砷化氢的衍生物外,有机砷一般毒性较弱;自然界中的砷多以五价形式存在,环境污染的砷则多以三价形式出现;五价砷离子毒性不强,最毒的是三价砷离子。当摄入五价砷离子时,中毒症状缓慢,需在体内还原转化为三价砷离子后才能发挥其剧毒作用。

2. 有机氯农药残留污染 农药是指用于防治农作物及农副产品的病虫害、杂草和其他有害生物药剂的总称。农药在长期大量使用中,会以各种方式不断向环境扩散,造成环境污染。特别是有机氯农药,如六六六、滴滴涕等有机氯杀虫剂,脂溶性强而易吸收、化学性质稳定、难以分解、毒效期长,容易在农作物和动物体内蓄积残留,造成慢性中毒。而且其产量大、应用广、杀虫效率高、价格低廉,深受农民欢迎,使用量占农药总用量的一半以上,对环境的危害性最大。环境中的生物和食物链对残留的农药具有富集作用,会极大提高动植物体内农药残留的浓度。

摄入有机氯农药残留超标的饲料主要引起动物慢性蓄积性中毒。有机氯农药在体内常常蓄积在肝脏、肾脏、睾丸、甲状腺、肠系膜脂肪和皮下脂肪等组织和部位,对肝、肾危害尤甚。慢性中毒的动物都有肝大、肝细胞变性与坏死等症象,并伴有贫血、白细胞增多和中枢神经的病变。有机氯农药还能刺激体内酶系统,诱发肝酶增加。对生殖功能的损害表现为性周期失调、胚胎发育障碍、子代发育不良或死亡等。

3. 环境激素污染 近年来,环境激素对饲料的污染问题越来越引起重视。环境激素(endocrine disrupting chemicals,EDCs)是指由于人类的生产和生活活动而释放到环境中的,影响人和动物内分泌系统的化学物质,具有类似雌激素的作用,故又称为"外源性内分泌干扰物"。环境激素具有与生物体内分泌激素类似的作用,进入体内后能扰乱生物体正常的内分泌功能。当环境激素进入生物体后,会很容易与它们的"受体"相结合,使机体的内分泌系统误认为是自身激素而加以吸收,取代动物细胞中正常激素的位置,诱使机体渐渐改变某些生物化学反应,从而干扰机体的内分泌系统,造成对动物器官或各种发育的障碍。

目前,怀疑对生物体有直接影响的化学物质约有 200 种,这些化学物质广泛应用于生产染料、香料、涂料、农药、合成洗涤剂、塑料及助剂、激素药物、食品添加剂、化妆品等。已知环境激素的种类有:有机化合物(如双酚 A、二苯酮、邻苯二甲酸酯、苯乙烯、二噁英等)、杀真菌剂(如苯菌灵、六氯苯、代森锰锌等)、杀虫剂(如 β-六六六、甲萘威、氯丹等)、除草剂(如甲草胺、氨三唑、阿特拉津等)、杀线虫剂(如 1,2-二溴-3-氯丙烷、丁醛肟威等)、重金属(如镉、铅、汞等)、天然和合成的激素药物(如雌三醇、雌酮、己烯雌酚等)、植物性激素(如豆科植物及白菜、芹菜等植物的植物性激素等)等。

环境激素可经由下列 3 种途径对生物体造成危害效应:①模仿天然激素的效应蒙骗机体,而使其产生反应过度或不足,或使其在不恰当的时间产生反应等;②抢夺天然激素的受体,阻碍"激素-受体复合体"的生成,以抑制天然激素的功能;③直接刺激或降低内分泌系统的功能,造成激素的分泌过度或不足。正常状态下,体内激素在分泌后与细胞中的受体结合,进而深入细胞核,诱发遗传基因发生各种各样的变化,维持生物体正常的新陈代谢。但环境激素则通过环境介质和食物链进入生物体内与受体结合后,在体内发出错误信息,从而破坏生物体的正常代谢、造成生物体的激素分泌失调和生殖器官畸形,甚至癌变,影响后代的生存和繁衍。虽然环境激素并不直接作为有毒物质给生物体带来任何异常影响,而是以激素的面貌对生物体起作用,但是即使数量极少,也会导致生物体内分泌功能失衡,而且具有潜伏性、持久性和不可逆转性,在短期内不易察觉其危害。环境激素已成为继臭氧层破坏、温室效应之后的第三大全球性重大环境问题。

随着现代工业的发展,大量环境激素在制药、塑料制品添加剂生产、除草剂的使用和垃圾处理等过程中不断释放。同时,为了追求高额利润,有些不法经营者给牲畜体内注射了大量雌激素以使牛、羊多长肉、多产奶,养殖户向池塘里添加"催生"的激素饲料以便让鱼和虾迅速生长,菜农和果农们不惜喷洒或注射一定浓度的乙烯利、脱落酸等"催生剂"来促使蔬菜、瓜果长成大个,提前进入市场,由此造成环境激素对农副产品的污染。环境激素不易分解,其毒性作用的潜伏期长,可在食物链中循环,又可随风飘散,对生态环境造成巨大危害。环境激素污染土壤和水源后,可通过食物链传递和生物富集效应,扩散并浓集于动植物体内,对实验动物的植物性饲料和动物性饲料均可产生污染,被实验动物摄入后会导致健康损害,从而失去实验应用价值,故必须对实验动物饲料中的环境激素污染引起足够警惕。

(三)物理性污染

饲料中的物理性污染主要是指放射性核素的残留,包括天然放射性核素和人工放射性核素。天然放射性核素种类很多,对动物体具有一定影响的有铀、钍、镭、氡、氚等。在自然环境中分布范围也很广,岩石、土壤、大气、水源及动植物体内都有。个别地区由于当地的地质条件特殊,地表层内含有高浓度的铀、钍、镭等放射性元素,因而使地表的 γ 射线剂量显著高于一般地区,这些地方称为高本底地区。环境中人工放射性污染主要来自研究、生产和使用放射性核素的单位排放的放射性"三废",以及核武器试验产生的放射性物质。在上述这些地区栽培后收获的农作物,以及生长繁育的动物,其放射性元素的含量较高。如果作为原料加入饲料中,就会造成物理性污染,影响动物健康,干扰实验结果。

辐射对机体的损伤作用有直接损伤和间接损伤两种途径。直接损伤是将机体物质的原子或分子电离,破坏机体内某些生物大分子的结构,如 DNA、RNA、蛋白质及各种酶,使其共价键断裂,生成离子或自由基,甚至打成碎片。间接损伤是首先将体内普遍存在的水分子电离,生成高活性的自由基和分子产物,继而通过它们与机体的有机成分相互作用,产生与直接损伤相同的后果。因此,辐射对机体的电离作用,不仅可以干扰和破坏机体细胞、组织的正常代谢活动,而且能够直接破坏它们的结构,从而构成严重危害。所以,在饲料及其原料中也要注意防止放射性元素的污染。

五、饲料的质量管理

饲料的质量管理应涵盖配方设计、原料选择、加工调制、贮存运输、消毒使用等各个环节的全过程。

（一）原料管理

配合饲料的质量同饲料中各种原料的优劣有着极为密切的关系。原料应来源清楚，不含化学药品，无虫害和细菌、真菌等污染，没有变质，农药残留和重金属含量不得超出国家标准。各种原料和添加剂的各项营养指标应采用实测值数据。

任何一种原料的发霉、腐败、变质、污染均会影响饲料的质量，从而给实验动物带来健康危害。如果各种原料保存不妥，则含水量必然会增加，特别是梅雨季节轧制出来的饲料含水量也相应较高，因而饲料就容易发霉变质。

若原料中存在有毒有害物质，例如玉米中的黄曲霉毒素、苜蓿草发霉后的霉菌毒素、含脂量较高的鱼粉中脂肪酸变质所变生的过氧化物毒性物质以及所含农药残留较高、重金属污染等，均会引起动物毒性反应而导致健康损害，轻者阻碍生长发育、影响繁殖性能，重者造成大批中毒死亡。所以，必须对原料和加工调制过程采取严格的质量控制。

（二）生产管理

根据《实验动物管理条例》规定，各地实验动物管理机构应对实验动物饲料生产部门的环境条件、设备设施、工艺流程、人员结构、检测技术、规章制度、采购销售等按有关规定进行检查验收，合格者方可取得生产许可。

应选择品质新鲜的原料进行加工。鱼粉中常污染沙门菌，配制前需灭菌；棉子饼含有有毒物质棉酚，加工前应先去除。大豆饼粕含有抗胰蛋白酶素、皂素等有毒物质，加工中需经100℃高温处理使其分解失活。原料须经高温高压处理，使生淀粉熟化，才能被动物消化吸收。加工时各种原料要充分混匀，尤其是含量极少的维生素和无机盐，并需逐级扩大。

（三）贮运管理

实验动物饲料所用的原料、半成品、成品在贮存和运输过程中都要防止霉变和虫蛀；防止野鼠、昆虫侵袭和有毒有害物质污染；分类存放，标志清楚、明显，严防原料或成品料混杂，注意保质期限。

一般含水量为7%～8%的固形饲料可放在密封的容器中长期保存，几乎不发生霉变和虫蛀。在含水量＞10%时，就难以长期保存。梅雨季节往往数天后就能看到霉变现象。拆封的饲料，一旦放进取食器中，如果室温在23±1.0℃，湿度为60%时，放置1天就会增加水分8.5%～9.5%，放置2天会增加10.2%～12.5%，充分说明高温、高湿环境对饲料保存的危害性。在放置饲料的区域，如果有少量的饲料粉末撒落在地面上，粉末受潮吸水常会引来虫害。采用麻袋或纸袋装颗粒饲料时，成虫会咬破此袋，再在饲料中生长繁殖，形成虫蛀结团现象，野鼠和蟑螂也同样会咬破此袋偷食并污染饲料，较为安全的方法是将加工好的饲料装于密封的容器中。一般颗粒饲料的含水量＜10%，保管适当时可保存1～3个月，其营养成分很少变化。

（四）质量检测

饲料的检测是实验动物饲料质量管理的重要技术手段。必须定期对产品和原料进行抽样,通过外观、营养成分和有毒有害物质含量的分析、检测,对饲料的品质进行评定。

1. **感官检验** 通过视觉、嗅觉和触觉,人工对饲料的形状、色泽、气味、硬度、杂质含量、含水量等情况进行判别,从而直观判断饲料的纯度、新鲜度、均匀度、湿度、粒度,必须无杂质、无异味、无霉变、无发酵、无虫蛀、无鼠咬。

2. **营养成分测定** 按照国家实验动物饲料营养标准所规定的养分含量及分析方法对饲料的营养成分和混合均匀度进行检测。一般平时检测常规营养成分和混合均匀度,定时检测所含的氨基酸、维生素、微量元素。

常用实验动物配合饲料常规营养成分指标见表4-3。

表4-3 常用实验动物配合饲料常规营养成分指标

指标	小鼠、大鼠		兔		豚鼠	
	维持饲料	生长繁殖饲料	维持饲料	生长繁殖饲料	维持饲料	生长繁殖饲料
水分,% ≤	10	10	11	11	11	11
粗蛋白,% ≥	18	20	14	17	17	20
粗脂肪,% ≥	4	4	3	3	3	3
粗纤维,% ≤	5	5	10.0~15.0	10.0~15.0	10.0~15.0	10.0~15.0
粗灰分,% ≤	8	8	9	9	9	9
钙,%	1.0~1.8	1.0~1.8	1.0~1.5	1.0~1.5	1.0~1.5	1.0~1.5
磷,%	0.6~1.2	0.6~1.2	0.5~0.8	0.5~0.8	0.5~0.8	0.5~0.8
钙∶磷	1.2∶1~1.7∶1	1.2∶1~1.7∶1	1.3∶1~2.0∶1	1.3∶1~2.0∶1	1.3∶1~2.0∶1	1.3∶1~2.0∶1

指标	地鼠		犬		猴	
	维持饲料	生长繁殖饲料	维持饲料	生长繁殖饲料	维持饲料	生长繁殖饲料
水分,% ≤	10	10	10	10	10	10
粗蛋白,% ≥	21	24	20	24	16	21
粗脂肪,% ≥	3	3	4.5	6.5	4	5
粗纤维,% ≤	6	6	3	3	4	4
粗灰分,% ≤	8	8	9	9	7	7
钙,%	1.0~1.8	1.0~1.8	0.7~1.0	1.0~1.5	0.8~1.2	1.0~1.4
磷,%	0.6~1.2	0.6~1.2	0.5~0.8	0.8~1.2	0.6~0.8	0.7~1.0
钙∶磷	1.2∶1~1.7∶1	1.2∶1~1.7∶1	1.2∶1~1.4∶1	1.2∶1~1.4∶1	1.2∶1~1.5∶1	1.2∶1~1.5∶1

常用实验动物配合饲料氨基酸指标见表4-4。

表4-4 常用实验动物配合饲料氨基酸指标

指标	小鼠、大鼠		兔		豚鼠	
	维持饲料	生长繁殖饲料	维持饲料	生长繁殖饲料	维持饲料	生长繁殖饲料
赖氨酸,% ≥	0.82	1.32	0.7	0.8	0.75	0.85
蛋氨酸+胱氨酸,% ≥	0.53	0.78	0.5	0.6	0.54	0.68
精氨酸,% ≥	0.99	1.1	0.7	0.8	0.8	1
组氨酸,% ≥	0.4	0.55	0.3	0.35	0.34	0.4
色氨酸,% ≥	0.19	0.25	0.22	0.27	0.24	0.28
苯丙氨酸+酪氨酸,% ≥	1.1	1.3	1.1	1.3	1.2	1.5
苏氨酸,% ≥	0.65	0.88	0.56	0.65	0.65	0.75
亮氨酸,% ≥	1.44	1.76	1.15	1.3	1.25	1.35
异亮氨酸,% ≥	0.7	1.03	0.6	0.72	0.72	0.8
缬氨酸,% ≥	0.84	1.17	0.75	0.83	0.8	0.93

指标	地鼠		犬		猴	
	维持饲料	生长繁殖饲料	维持饲料	生长繁殖饲料	维持饲料	生长繁殖饲料
赖氨酸,% ≥	1.18	1.32	0.71	1.11	0.85	1.2
蛋氨酸+胱氨酸,% ≥	0.7	0.78	0.54	0.72	0.6	0.79
精氨酸,% ≥	1.13	1.38	0.69	1.35	0.99	1.29
组氨酸,% ≥	0.45	0.55	0.25	0.48	0.44	0.48
色氨酸,% ≥	0.25	0.29	0.21	0.23	0.23	0.27
苯丙氨酸+酪氨酸,% ≥	1.27	1.73	1	1.56	1.31	1.54
苏氨酸,% ≥	0.8	0.88	0.65	0.78	0.63	0.79
亮氨酸,% ≥	1.5	1.76	0.81	1.6	1.35	1.59
异亮氨酸,% ≥	1.03	1.18	0.5	0.79	0.72	0.82
缬氨酸,% ≥	1.05	1.12	0.54	1.04	0.9	1.09

常用实验动物配合饲料维生素指标见表4-5。

表4-5 常用实验动物配合饲料维生素指标

指标	小鼠、大鼠		兔		豚鼠	
	维持饲料	生长繁殖饲料	维持饲料	生长繁殖饲料	维持饲料	生长繁殖饲料
维生素 A, IU/kg ≥	700	14 000	6 000	12 500	7 500	12 500
维生素 D, IU/kg ≥	800	1 500	700	1 250	700	1 250
维生素 E, IU/kg ≥	60	120	50	70	50	70
维生素 K, mg/kg ≥	3	5	0.3	0.4	0.3	0.4
维生素 B_1, mg/kg ≥	8	13	7	10	7	10

指标	小鼠、大鼠		兔		豚鼠	
	维持饲料	生长繁殖饲料	维持饲料	生长繁殖饲料	维持饲料	生长繁殖饲料
维生素 B_2，mg/kg ≥	10	12	8	15	8	15
维生素 B_6，mg/kg ≥	6	12	6	9	6	9
烟酸，mg/kg ≥	45	60	40	55	40	55
泛酸，mg/kg ≥	17	24	12	19	12	19
叶酸，mg/kg ≥	4	6	1	3	1	3
生物素，mg/kg ≥	0.1	0.2	0.2	0.45	0.2	0.45
维生素 B_{12}，mg/kg ≥	0.02	0.022	0.02	0.03	0.02	0.03
维生素 C，mg/kg ≥	—	—	—	—	1 500	1 800
胆碱，mg/kg ≥	1 250	1 250	1 000	1 200	1 000	1 200

指标	地鼠		犬		猴	
	维持饲料	生长繁殖饲料	维持饲料	生长繁殖饲料	维持饲料	生长繁殖饲料
维生素 A，IU/kg ≥	10 000	14 000	8 000	10 000	10 000	15 000
维生素 D，IU/kg ≥	2 000	2 400	2 000	2 000	2 200	2 200
维生素 E，IU/kg ≥	100	120	40	50	55	65
维生素 K，mg/kg ≥	3	5	0.1	0.9	1	1
维生素 B_1，mg/kg ≥	8	13	6	13	4	16
维生素 B_2，mg/kg ≥	10	12	4	5	5	16
维生素 B_6，mg/kg ≥	6	12	5	6	5	13
烟酸，mg/kg ≥	45	60	50	50	50	60
泛酸，mg/kg ≥	17	24	9	27	13	42
叶酸，mg/kg ≥	4	6	0.16	1	0.2	2
生物素，mg/kg ≥	0.1	0.2	0.2	0.2	0.1	0.4
维生素 B_{12}，mg/kg ≥	0.02	0.022	0.03	0.068	0.03	0.05
维生素 C，mg/kg ≥	—	—	—	—	1 700	2 000
胆碱，mg/kg ≥	1 250	1 250	1 400	2 000	1 300	1 500

常用实验动物配合饲料矿物质指标见表 4-6。

表 4-6　常用实验动物配合饲料矿物质指标

指标	小鼠、大鼠		兔		豚鼠	
	维持饲料	生长繁殖饲料	维持饲料	生长繁殖饲料	维持饲料	生长繁殖饲料
镁，% ≥	0.2	0.2	0.2	0.3	0.2	0.3
钾，% ≥	0.5	0.5	0.6	1	0.6	1

续 表

指标	小鼠、大鼠		兔		豚鼠	
	维持饲料	生长繁殖饲料	维持饲料	生长繁殖饲料	维持饲料	生长繁殖饲料
钠,% ≥	0.2	0.2	0.2	0.3	0.2	0.3
铁,mg/kg ≥	100	120	100	150	100	150
锰,mg/kg ≥	75	75	40	60	40	60
铜,mg/kg ≥	10	10	9	14	9	14
锌,mg/kg ≥	30	30	50	60	50	60
碘,mg/kg ≥	0.5	0.5	0.4	1.1	0.4	1.1
硒,mg/kg ≥	0.1~0.2	0.1~0.2	0.1~0.2	0.1~0.2	0.1~0.2	0.1~0.2

指标	地鼠		犬		猴	
	维持饲料	生长繁殖饲料	维持饲料	生长繁殖饲料	维持饲料	生长繁殖饲料
镁,% ≥	0.2	0.2	0.15	0.2	0.1	0.15
钾,% ≥	0.5	0.5	0.5	0.7	0.7	0.8
钠,% ≥	0.2	0.2	0.39	0.44	0.3	0.4
铁,mg/kg ≥	100	120	150	250	120	180
锰,mg/kg ≥	75	75	40	60	40	60
铜,mg/kg ≥	10	10	12	14	13	16
锌,mg/kg ≥	30	30	50	60	110	140
碘,mg/kg ≥	0.5	0.5	1.4	1.7	0.5	0.8
硒,mg/kg ≥	0.1~0.2	0.1~0.2	0.1~0.2	0.1~0.2	0.1~0.2	0.1~0.2

3. 卫生指标测定 应对每批饲料原料和定期对饲料成品按国家标准限定的有毒有害物质含量和检测方法,进行微生物污染、重金属污染、毒素污染、农药残留的检测,确保饲料的安全性。常用实验动物配合饲料微生物控制指标见表4-7。

表4-7 常用实验动物配合饲料微生物控制指标

项目	大鼠、小鼠	兔	豚鼠	地鼠	犬	猴
菌落个数,cfu/g ≤	5×10^4	1×10^5	1×10^5	1×10^5	5×10^4	5×10^4
大肠埃希菌,MPN/100 g ≤	30	90	90	90	30	30
真菌数,cfu/g ≤	100	100	100	100	100	100
致病菌(沙门菌)≤	不得检出					

常用实验动物配合饲料化学污染控制指标见表4-8。

表 4-8 常用实验动物配合饲料化学污染控制指标

项目	指标	项目	指标
砷,mg/kg ≤	0.7	六六六,mg/kg ≤	0.3
铅,mg/kg ≤	1.0	滴滴涕,mg/kg ≤	0.2
镉,mg/kg ≤	0.2	黄曲霉毒素 B_1,$\mu g/kg$ ≤	20.0
汞,mg/kg ≤	0.02		

（杨　斐）

第五章

常用实验动物的生物学特性

可供实验应用的动物种类繁多,随着生命科学的不断进步,新开发运用的实验用动物也纷纷涌现。但目前很多实验用动物尚未实验动物化,真正实验动物化的常用实验动物大多是哺乳纲动物。哺乳纲动物因为恒温、胎生、被毛,对环境适应能力强,便于驯化,与人类的相似度高等特点,在生物医学研究中被广泛应用。本章主要介绍目前最常用的小鼠、大鼠、豚鼠、地鼠、长爪沙鼠、兔、犬、猴、猪、猫。

第一节

小 鼠

小鼠(*Mus musculus*,mouse)在分类学上属于脊椎动物门(Vertebrata),哺乳纲(Mammalia),啮齿目(Rodentia),鼠科(Muridae),鼷鼠属(Mus),小鼠种(Musculus)。小鼠源自野生鼷鼠。很久以前,白化小鼠就作为观赏动物被驯养。17世纪起,小鼠被用于动物实验,主要用于解剖学实验、发生学实验、肿瘤移植实验及遗传实验等。至20世纪已被广泛应用于生命科学各个研究领域。

一、一般特性

(一)外形

小鼠体小娇嫩,面部尖突,呈锥形体,嘴脸前部有19根长的触须,耳耸立呈半圆形,眼大,鼻尖,尾长约与体长相等。尾部覆有横列、环状的小角质鳞片。毛色因品系、品种不同而异,有白色、黑色、灰色、棕色、黄色、巧克力色、肉桂色等多种(图5-1)。成年鼠体重和体长也因品系、品种不同而差异较大,近交系体型偏小,雄性体型较雌性大。

A. BALB/cJ小鼠 　　B. C58/J小鼠 　　C. DBA/1J小鼠 　　D. JF1/Ms小鼠

图5-1 小鼠的外形

(二)性情

性情温顺,容易捕捉,胆小怕惊,不主动咬人。

114

（三）感官

嗅觉灵敏,小鼠能够利用气味探测和确定食物和其他动物,还能根据气味辨别同类,且能识别它们的年龄、等级、性别及家系,并以此气味标识划定其活动的区域范围。很少依赖视觉,但眼睛对动态物体敏感,善于发现周围物体,能看到紫外线,还能听到超声波,雄性小鼠通过超声波吸引雌性小鼠。

（四）易感性

小鼠对外界环境反应敏感,适应能力差,不耐冷、热,对疾病抵抗力弱。当强光或噪声刺激时,可导致哺乳母鼠神经紊乱,发生食仔现象。温度过高或过低时,生殖能力明显下降,严重时会发生死亡。

（五）习性

高度群居,通过释放信息素传递信息。雄性优势明显,非同窝雄性小鼠间好斗,常被咬伤头、背、肩和尾部,甚至睾丸。喜欢黑暗,白化小鼠怕强光,光照强度应控制在 25 lx 左右。昼伏夜动,其进食、交配、分娩多发生在夜间。活动高峰为傍晚后 1～2 小时与黎明前。小鼠往往会倚靠坚固物体获得安全感,并且通过身体敏感的毛发感知周围物体及压力负荷,有筑巢特性,所以饲育时须提供遮掩物。

二、解剖学特点

（一）骨骼

小鼠的骨骼系统由中轴骨骼和四肢骨骼组成。中轴骨骼包括头骨、脊柱、肋骨和胸骨。四肢骨骼包括肩带、前肢骨、腰带和后肢骨。

1. **齿式**　上下颌各有 2 个门齿和 6 个臼齿,齿式为 $2(I1/1, C0/0, P0/0, M3/3) = 16$。无齿根、无乳齿、无犬齿,门齿终生不断地生长,常啃咬物品磨损门齿以维持长短的恒定。

2. **头骨**　在头盖骨的背面中央可见鼻骨、额骨、顶骨、间顶骨和枕骨。侧面可见前颌骨、上颌骨和颧骨等。下颌骨喙状突较小,髁状突发达,其形态有品系特征,可采用下颌骨形态分析技术,进行近交系小鼠遗传质量监测。

3. **脊柱**　可分为 5 个部分,包括颈椎 7 枚,胸椎 12～14 枚,腰椎 5～6 枚,荐椎 4 枚,尾椎 27～30 枚。

4. **肋骨**　共 12～14 对,前面 7 对为真肋,直接与胸骨连接;后面 5～7 对为假肋,其中前 3 对的肋软骨远端向胸骨呈弓状弯曲,后 2～4 对为游离软肋骨。

5. **胸骨**　共 6 块,固定在真肋骨上,最前部为胸骨柄,其后为胸骨体 4 枚,固定第 2～7 肋骨。胸骨的最后部称剑状突起,其前端为剑状软骨。

6. **尾椎**　小鼠有一条长的尾巴,其尾长大于体长,尾椎骨 27～30 块,尾骨结构相近,各尾骨逐渐变小并逐步退化。

7. **前肢骨**　前肢带包括肩胛骨和锁骨。肩胛骨在胸部的侧面,为倒三角形的扁平骨。前肢骨包括桡骨、尺骨、腕骨和指骨。腕骨 13 枚,指骨 14 枚。

8. 后肢骨　后肢带包括股骨、坐骨、耻骨及髋骨。后肢骨包括大腿骨、胫骨、腓骨、跖骨、跟骨和跗骨等,共 12 枚,趾骨 14 枚。

(二) 脏器

1. 肺　为 1 对实质性的海绵状器官,新鲜的肺呈粉红色,富有弹性。小鼠的肺分左肺和右肺,位于左、右胸膜腔内,肺左右分叶不同,左肺仅有 1 叶,右肺较大,分为 4 叶,即尖叶、心叶、膈叶和副叶。

2. 心脏　呈圆锥状,位于近胸骨端,心尖位于第 4 肋间,心耳较大。

3. 肝　位于腹腔前部,膈的正后方,呈暗褐色。分为 5 叶:外侧左叶、内侧左叶、外侧右叶、内侧右叶和尾状叶。

4. 胆囊　为贮存和浓缩胆汁的椭圆囊,位于肝叶的胆囊窝内。胆管起自胆囊颈部,向前外侧走行,与肝总管汇合构成胆总管。胆总管开口于十二指肠。

5. 胃　为消化管入腹腔后的膨大部分。分前胃和腺胃,有明显的脊分开,与食管相连接为前胃,与小肠相连接的为腺胃。胃是粉红色的囊状器官,位于腹腔背侧、膈与肝的后方。分为贲门、幽门、胃底和胃体,幽门内壁黏膜呈皱褶状。胃容量小,为 1~1.5 ml,不耐饥饿。

6. 肠　肠道较短,盲肠不发达。分为小肠和大肠。小肠是连接胃与大肠之间的长消化管,位于肝脏和胃的腹面后侧。小肠分 3 个部分:十二指肠、空肠和回肠。十二指肠为小肠的起始部分,是小肠的 3 个部分中最短的一段。空肠占小肠的大部分,介于十二指肠和回肠之间。回肠是小肠的最末部,也高度盘绕。大肠起于回肠而终于肛门,分为盲肠、结肠、直肠和肛管。

7. 胰　位于胃底、十二指肠的肠黏膜上,呈树枝状的肉粉色脂肪组织。

8. 脾　斜卧于胃的左侧,长条扁平状,呈暗红色。脾脏有明显造血功能,雄性脾脏大于雌性约 50%。

9. 肾　位于腹腔背面,为 1 对形如蚕豆状、呈赤褐色的脏器。右肾高于左肾。肾脏的前方有肾上腺。肾脏的外表有 1 层薄膜,每个肾脏的内侧都有 1 条输尿管,开口于膀胱的背面。

10. 膀胱　位于腹腔后端,雌鼠通到尿道口,雄鼠经生殖孔通体外。

11. 睾丸　1 对,幼年时位于腹腔内,性成熟后下降至阴囊内。表面多为纤维性结缔组织,内部由无数弯曲的精细管和间质组织组成。精细管内充满精子,间质组织能产生雄性激素。雄性幼年时睾丸藏于腹腔,性成熟后下降到阴囊。如果性成熟后,睾丸仍在腹腔内称为隐睾,此类动物无生育能力。

12. 附睾　为精子进一步成熟的器官,由许多弯曲相通的细管组成。附睾可分为附睾头、附睾体和附睾尾。头部在睾丸上部,与精细管相通;体部从睾丸的一侧下行,尾部与输精管相接。精子在附睾内成熟,同时产生具有受精能力的精细胞。

13. 输精管　为精子通过的管道。由附睾尾部引出的毛细管,在精囊腺下面、膀胱的背侧汇合进入尿道。

14. 阴道　前部与子宫相连,后部开口于体外。阴道背面扁平,与直肠相接;腹面微成圆弧形,与尿道相连。在阴道口的腹面稍前方有 1 个隆起,称为阴蒂。

15. **子宫** 为双角子宫,左右子宫角和子宫体呈"Y"形。子宫角始于输卵管结合部,沿体背面下行,左右子宫角在膀胱背面会合,形成子宫体。子宫体前部和后部分开,前部面向中隔壁,左右分离,后部中隔消失,左右子宫会合后逐渐形成子宫颈,子宫颈末端在阴道突内突出。

16. **卵巢** 1 对,位于肾脏下方,形似绿豆状、呈粉红色。除妊娠期以外,每年反复进行周期性排卵。

17. **输卵管** 为卵子受精及通过的管道。呈弯曲状,左右各 1 条,位于卵巢与子宫角之间,前端喇叭口开口朝向卵巢,后端紧接于子宫。

18. **尾** 有 4 条明显的血管,背腹面各有 1 条动脉,左右各有 1 条静脉。尾有散热、平衡、防卫等功能。

（三）腺体

1. **乳腺** 5 对乳腺,3 对在胸部,2 对在腹部,第 1、5 对乳腺发育不好,第 2、4 对乳腺相当发达。

2. **阴蒂腺** 为与雄性包皮腺相似的器官,左右 1 对,在阴蒂处开口。

3. **前列腺** 分为背叶和腹叶,背叶在尿道背侧,腹叶包在尿道腹侧,靠近膀胱。

4. **尿道球腺** 位于盆腔内尿道球的背上方,呈球状。

5. **精囊腺** 有锯齿状的褶,呈半月形弯曲,内贮存白色分泌物。

6. **凝固腺** 在精囊内侧附着的半月形的半透明器官,其分泌液对精囊分泌液有凝固作用。

7. **包皮腺** 较大,位于阴茎附近的腹壁和上皮之间,呈脂肪状。

8. **垂体腺** 位于脑的底面,垂体窝借漏斗连于丘脑下部,分为腺垂体和神经垂体。

9. **唾液腺** 3 对,由成对的腮腺、颌下腺和舌下腺组成。

10. **松果体** 位于四叠体和丘脑之间,以柄连接于丘脑上部。

11. **甲状腺** 1 对,位于喉后方、气管两侧,呈长圆形,较大,由峡部相连。

12. **甲状旁腺** 位于甲状腺外侧附近,呈椭圆形,较大。

13. **胸腺** 位于胸腔纵隔的前方,是 1 个 2 叶的淋巴器管,大小随日龄而变化,性成熟时最大,之后开始退化。

14. **肾上腺** 位于肾脏前内方,呈粉黄色,左右各一,左侧略靠前。

（四）性别特征

小鼠的性别区分主要以生殖器(阴茎或阴户)与肛门之间有无被毛作为标志。其主要区别为:①雄鼠乳头不明显,雌鼠乳头非常明显,初生 7 日的仔鼠,腹部尚未完全长毛时极易区别;②雄鼠的生殖器突起,距肛门较远并较雌鼠大;③雌鼠肛门和生殖器之间有一无毛小沟,雄鼠在肛门和生殖器之间长毛。

三、生理学特性

（一）消化生理

小鼠胃容量小(1.0～1.5 ml),功能差,不耐饥饿。肠道短,盲肠不发达,消化功能差。

属杂食性动物,有随时采食习性,夜间更为活跃。喜吃淀粉含量高的饲料,以谷物为主,蛋白质含量应达到20％～25％。

(二) 体温调节与代谢

正常体温为37～39℃,体表面积相对较大。环境温度较低时,外界温度每下降1℃,小鼠必须一昼夜产生约192 kJ/m² 的热能才能维持体温。小鼠有褐色脂肪组织,最大的脂肪群位于两肩胛骨中间,参与代谢和增加热能。小鼠没有汗腺,以体温升高、代谢率下降,以及耳血管扩张加快散热。新生小鼠是变温动物,20 日龄后才具有体温调节能力。小鼠的蒸发表面与体重相比所占比例较大,故对饮水量不足敏感,可通过呼出的气体在鼻腔内冷却,以及尿液的高度浓缩来保持水分。小鼠排尿量少,一次仅1～2滴,尿液高度浓缩,尿中含有蛋白质和肌酸酐。当遭遇危险时,小鼠通过排尿释放警戒的信息素用于同类间报警。

(三) 生殖生理

性成熟早,36 日龄左右的雄鼠附睾中就有活动的精子。雌鼠在 37 日龄即可发情排卵、受孕。雄性精囊腺、凝固腺、前列腺、尿道球腺具有分泌精液的功能,这些分泌物具有营养、保护精子的作用,并在阴道和子宫颈处遇到空气而凝固,形成阴道栓,具有阻塞精液倒流外泄的作用,提高受孕能力。一般雌鼠交配后10～12小时,在阴道口可见 1 个白色、米粒大小的阴道栓,防止精子倒流,以提高受孕率,可作为交配成功的标志。

小鼠性周期明显,雌鼠 20 日龄后,阴道外口皮层逐渐变薄,不久即开口,36～42 日龄达到性成熟。性周期短,小鼠性周期为 4～5 天。性周期可分为 5 期(表5-1)。

表 5-1　小鼠性周期阴道分泌物涂片变化

阶段	持续时间(h)	光镜下所见	外生殖器特点
发情前期	9～18	只有大量圆形有核上皮细胞或含有少量角化上皮细胞	阴道开口大,充血肿胀,阴道干燥
发情期	6～12	有大量角化上皮细胞,无核,无白细胞	阴道口呈白色干燥状态
发情后第一期	18～24	可见少量角化上皮细胞,并集聚在一起	阴道肿胀,阴道内有干酪样集块
发情后第二期	12～24	角化上皮细胞周围有无数白细胞	阴道肿胀消失,阴道黏膜湿润
发情休息期	31～42	白细胞,有核、无核上皮细胞均有,但细胞量少,混有黏液	阴道无肿胀,阴道黏膜湿润

小鼠性成熟早,雌性 35～50 日龄,雄性 45～60 日龄,适配时间为 65～90 日龄。性周期 4～5 天,妊娠期 19～21 天,哺乳期 20～22 天。每胎产仔 5～16 只,年产 6～10 胎,生育期 1 年。繁殖力强,全年均可繁殖,有产后发情便于繁殖的特点。一般在发情后 2～3 小时即可排卵。在分娩后 24 小时内排卵,如此时交配即可受孕,俗称"血配"。

(四) 生长发育

发育迅速,小鼠生长发育的快慢,与品系、母鼠的哺乳能力、生产胎次、哺乳仔数、疾病状况、营养和环境条件有关。

新生仔鼠,赤裸无毛,皮肤呈肉红色,两眼未开,耳郭与皮肤粘连,头大尾短,生后即可发出声音,有触觉、嗅觉和味觉,对刺激有反应。新生小鼠体重为 1～1.5 g,体长 2 cm 左右。生后 1～2 小时即可吃奶,可明显看到胃里充满白色的乳汁,呈透明状。3 日龄时脐带脱落,皮肤由红色转为白色,开始长毛,有色品种小鼠可以看到颜色。4～6 日龄两耳张开,1 周后能爬行,被毛逐渐浓密、丰富,8 日龄长出下门齿,10 日龄有听觉,12～13 日龄开眼,14 日龄长出上门齿,13～15 日龄可从窝内爬出,开始活动采食,学习饮水。3 周左右可以离乳,即能独立生活,此时可断奶。1～1.5 个月时体重 20 g 左右,寿命为 2～3 年。体成熟:雌性为 65～75 日龄,雄鼠为 70～80 日龄。小鼠生长速度因雌鼠健康情况、品系、哺仔数量、饲料质量、气候条件等不同有所差异。

（五）免疫功能

淋巴系统特别发达,外界刺激可使淋巴系统增生,因此易患淋巴系统疾病。性成熟时胸腺最大,没有扁桃体。骨髓为红髓,终身造血。对多种毒素和病原体易感,百万分之一的破伤风毒素能使小鼠致死。对致癌物敏感,自发性肿瘤多。

（六）外观判断健康的标准

食欲旺盛;眼睛有神,反应敏捷;体毛光滑,肌肉丰满,活动有力;身无伤痕,尾不弯曲,天然孔腔无分泌物,无畸形;粪便黑色,呈麦粒状。

四、应用

小鼠在生命科学领域广泛的应用主要得益于其强大的繁殖能力、易于操控的较小体型、明确的质量标准和多样的品种品系等优势,小鼠一生能产下约 150 个后代,是生物医学领域用量最多的实验动物。

（一）安全性评价、毒性测试和效价测定

小鼠是安全性评价和毒性测试中最常用和最多用的动物,因为小鼠易于大量繁殖,为这些研究提供了所需的动物,人们由此建立了基于小鼠这个实验体系的诸多方法和技术并普遍运用,同时对小鼠的遗传学和微生物学质量控制进行深入的研究,逐步将这个评价体系标准化,更进一步确立了小鼠在该领域经典的应用地位。目前,小鼠仍是进行半数致死量(LD_{50})实验和致癌试验最合适的动物,激素和生物制品效价测定中也普遍使用小鼠。

（二）遗传学研究

小鼠是遗传学研究经典的模式生物。目前为止,小鼠仍是哺乳类动物中遗传背景研究得最清楚的,许多遗传工程技术操作都在小鼠身上获得了成功运用,进一步帮助人类揭开遗传学的奥秘,以及开展基于遗传学的医学研究。小鼠具有多样的毛色基因,便于通过毛色变化进行遗传学分析,其世代间隔短且易于建立重组近交系系列品系,常用于研究基因定位和连锁遗传。研究多态性基因位点常用小鼠的同源近交系。

（三）药效学研究

在药效学研究领域,用小鼠建立了一些通用的方法和技术,如评价止痛药常用小鼠进

行热板反应、甩尾试验；测试药物对副交感神经和神经接头的影响常利用小鼠的瞳孔放大作用；评价抗痉挛药物常用听源性痉挛的小鼠；评价镇静药物常用小鼠的角膜和耳郭反射。

（四）肿瘤学研究与抗肿瘤药物筛选

小鼠较多自发肿瘤，且肿瘤的发生学上与人体肿瘤接近，由此还培育了众多肿瘤高发小鼠品系，如 AKR 小鼠白血病发生率达 90％，C3H 小鼠乳腺癌发病率达 90％～100％，小鼠也易于通过多种方式诱发肿瘤，而且在近交系小鼠品系内进行肿瘤移植较易生长，因此小鼠常用于肿瘤发生学的研究以及抗肿瘤药物的筛选。随着对肿瘤遗传学的研究深入，遗传背景被研究得很透彻的小鼠也经常用于研究肿瘤的遗传学基础，揭示肿瘤发生中外界诱发因素和遗传因素的相互作用。

（五）计划生育研究

小鼠具有规律的且较短的性周期，妊娠期较短，常用于计划生育的各项研究。

（六）老年医学研究

小鼠寿命通常为 1.5～2 年，容易观察其老龄化进程，老龄小鼠的肝脏变化和人相似，老龄小鼠结缔组织主要成分是胶原蛋白，其老化可视作机体老化的指标。

（七）人类疾病研究

小鼠几乎用于各种人类疾病的相关研究，且通过遗传工程，人们还在不断开发出新的人类疾病小鼠模型。

第二节

大　鼠

大鼠（*Rattus norvegicus*，rat）在分类学上属于脊椎动物门，哺乳纲，啮齿目，鼠科，大鼠属。由褐家鼠演变而来，起源于亚洲，最早栖息于中亚沼泽地。17 世纪初传到欧洲。18 世纪中开始人工饲养并首次用于动物实验。19 世纪起，美国费城 Wistar 研究所开始培育实验大鼠，目前使用的许多实验大鼠品系均来源于该所。因为大鼠繁殖力强，易饲养；体型大小合适，遗传特性均衡稳定；对实验处理反应一致，给药容易、采样方便；畸胎发生率低，行为表现多样，情绪反应敏感；故被广泛应用于生物医学研究中的各个领域。

一、一般特性

（一）性情

较温顺，行动迟缓，环境适应性和抗病力强，易于调教和捉取。但若捕捉方法粗暴使其紧张不安，则难以捕捉甚至攻击人。门齿较长，被激怒时易咬手，孕鼠和哺乳鼠较易攻击人。常用品系大鼠见图 5-2。

图 5-2 大鼠的外形

（二）感官

大鼠嗅觉和味觉较灵敏，做条件反射等实验反应良好。对噪声敏感，强噪声能使其内分泌系统紊乱，性功能减退，出现食仔现象，故饲育环境必须安静。能听到超声波，相互间通过超声波频率的叫声进行联系。能看到紫外线。利用嗅觉来识别同类，确定其年龄、等级、性别、家系，甚至饮食癖好。

（三）易感性

大鼠对湿度极为敏感，当相对湿度≤40％时，易患环尾（ringtail）症，因尾根部血管环状收缩导致尾巴缺血性坏死而脱落，最终引起死亡。湿度过低还会发生哺乳母鼠食仔现象，一般饲养室湿度应保持在50％～65％之间。对空气中的粉尘、氨气和硫化氢等极为敏感。如果饲养室内空气卫生条件较差，在长期的慢性刺激下，可引起肺部炎症或进行性组织坏死。

（四）习性

大鼠为昼伏夜动性动物。白天喜欢扎堆休息，常夜间活动，傍晚、午夜、凌晨为活动高峰期，采食、交配多在此期间发生。不适光照对其繁殖影响很大，对新环境适应性强。喜群居，较少斗殴，亦耐受单笼饲养。通常情况下，一只占统治地位的雄鼠会与多只雌鼠及从属的其他雄鼠居于一处。喜欢使用不透明的坚固遮掩物筑巢，以获取安全感。喜运动，后足站立是大鼠重要的探究玩耍行为。

二、解剖学特点

（一）骨骼

大鼠的骨骼系统分为中轴骨骼和四肢骨骼两大部分。中轴骨骼包括头骨、脊柱、肋骨和胸骨。四肢骨骼包括肩带、前肢骨、腰带和后肢骨。长骨有骨骺线长期存在，不骨化。

1. 齿式 上唇中间裂开，下门齿1对，较长而尖锐，门齿外露，无乳齿。齿式为$2(I1/1, C0/0, P0/0, M3/3)=16$。

2. 头骨 由主部和附属部构成。主部有额节、顶节和枕节。附属部由3个感觉囊、颌骨和舌骨组成。额节的基底是前蝶骨，两侧为1对眶蝶骨，上面为额骨。顶节接着额节，顶节的上面为顶骨，两侧为翼蝶骨，基底部为基蝶骨。枕节在额节的后面，枕节由枕骨和间顶骨组成。枕骨分基枕骨、外枕骨和上枕骨。枕骨的后方有枕大孔。3个感觉囊为听觉囊、视觉囊和嗅觉囊。听觉囊由围耳骨、听骨和鳞骨组成，围耳骨与听骨结合，形成鼓室。视觉囊由位于眶窝内侧的泪骨组成。嗅觉囊由鼻骨、鼻甲骨、筛鼻甲骨、中筛骨、筛板、颌鼻甲骨和犁骨等小骨组成。额骨至鼻腔有1对鼻骨，鼻骨下面有数对鼻甲骨与前者愈合。中筛骨下面有筛板。筛甲骨的前部有颌甲骨。中筛骨的下缘、筛甲骨上方有犁骨。颌骨分为上下2部分：上颌部有翼骨、腭骨、上颌骨、颧骨、前颌骨。翼骨是连翼蝶骨的1对板状骨，腭骨在前蝶骨的下缘，上颌骨的下面有臼齿。上颌骨后部有颧突，与此相连的棒状小骨称颧骨，后面与鳞骨的颧突起相连。前颌骨在上颌骨的前面，在正中线相合，前端有门齿。在齿的排列上，上下颌相同。下颌部只有1对下颌骨。舌骨游离于舌的基部，其中包括舌骨体与其两侧的2对角状突起，1对称角舌骨，另1对称椐舌骨。

3. 脊柱　由57～60枚椎骨相连而成。整个脊柱可分为5部分：颈椎7枚，胸椎13枚，腰椎6枚，荐椎4枚，尾椎27～30枚。各部椎骨形态虽有差异，但均有共同的组成部分。椎骨的主要部分是椎体和椎弓。椎体和椎弓相接围成椎孔，椎孔是脊髓通过的孔。椎弓的顶点有突起，称棘突。第1颈椎称为寰椎；第2颈椎称为枢椎；第6枚颈椎有一个明显的特征，即横突腹面延长，尾端倾斜，变成薄的骨片；第7枚颈椎的椎孔较小。接近颈椎的胸椎小，越往后越大。腰椎椎体发达，荐椎全部愈合而成为腰带的基础。尾椎的末端仅为较细的椎体。

4. 肋骨　13对，由背肋和胸肋组成。胸肋的最初7对与胸骨相连，其余6对是游离的。

5. 胸骨　由6枚胸骨片纵相贯连。第1胸骨于第1肋骨相连，第2～5肋骨与相应的胸骨相接，第6、7肋骨与第5胸骨相接。第1胸骨片称为胸骨柄，第6胸骨称为剑胸骨，在其前端附着圆形的小软骨盘。

6. 肩带　由肩胛骨与锁骨构成。肩胛骨呈三角板状，背端游离，腹端与锁骨和肱骨相连，中央有1条突起称肩胛冈，腹端称肩峰，下面有关节窝，在其前端有喙突，上面有上肩胛软骨。

7. 前肢骨　由上臂、前臂和手3个部分组成。上臂部有肱骨，与肩胛窝相接的半球部叫作肱骨头，在其周边有大、小结节。与前臂相接处称滑车面，在其两端有尺侧上髁和桡侧上髁。在前臂有桡骨和尺骨。桡骨与滑车面相接，在下部有茎突与手骨相接。尺骨在桡骨的前面，且稍长，与上臂相接处有肘头突，又名鹰突；与手骨相接的部分有茎突。手骨分上下两列，有9枚腕骨。接近前臂的有镰状骨、舟月状骨（舟状骨与月状骨相愈合而成）和楔骨等4枚，接近掌骨的有大多棱骨、小多棱骨、中央骨、巨骨和钩骨等5枚。手有5指，有掌骨5枚，指骨5枚。拇指有指骨2枚，其余各指各3枚。指骨有籽骨的，拇指有1枚；掌骨与第1列的指骨之间各有2枚；第2、3列的指骨间各有1枚。除拇指外各指有爪1个。

8. 腰带　由1对髋骨组成，每块髋骨由髂骨、坐骨和耻骨构成。髂骨与荐骨相关节，在其尾部腹面有坐骨和耻骨。耻骨左右相结合处称耻骨联合。髂骨、坐骨和耻骨的结合点为髋骨臼部。股骨头与臼窝合成关节。耻骨与坐骨间的洞，称为闭孔。

9. 后肢骨　包括股、胫、跗和足4个部分。股部有股骨，股骨与髋骨臼合成关节的球状部分称为股骨头，在其周边有大、小转子。与胫相接部位的隆起称胫侧髁、腓侧髁。在其前面有膝盖骨，在这些髁的后侧面各有1枚籽骨。胫部有胫骨、腓骨，腓骨是愈合在胫骨背面的细骨。跗骨有 8 枚,最大的称为跟骨,在后方有踵跟结节,跟骨的内侧上方有距骨,于此部位与胫骨相接。再向内侧有胫跗骨。在距骨前方有舟状骨,舟状骨前方有1、2、3 枚楔状骨。它们各在 1、2、3 骨的基部。足部有 5 趾,距骨 5 枚,其前端有趾骨 2枚,其他趾各有 3 枚,前端有爪。趾骨间有籽骨。

(二)脏器

1. **脑** 脑外面被覆脑膜,脑膜分 3 层:最外层为硬脑膜;内层富有血管的薄膜为软脑膜;硬脑膜与软脑膜之间为蜘蛛膜。脑的前端有 1 对大的嗅球。大脑占脑的大部分,由左右两个大脑半球组成,两大脑半球之间有大脑镰状膜,从背面看大脑半球分为 4 个部分:靠近嗅球的部分称为额叶;两侧为颞叶;中间部分为顶叶;后部为枕叶。大脑的后面为小脑,小脑分为 3 个部分:中间部分为蚓部;侧面为侧叶;再外侧为小叶(又称绒球)。小脑的后面为延髓。

2. **脊髓** 位于脊椎内的神经管中,其粗细上下不一致,颈部和腰部较粗,从第 4 腰椎的水平位置开始到尾部,脊髓变细,呈细长的条索状,称为终丝。

3. **肺** 位于胸腔内,左右胸腔以纵隔膜隔开。左右两肺分叶不同,左肺仅为1叶。右肺分 4 叶,即:尖叶、心叶、膈叶和心脏背侧的副叶。副叶为较深的中间叶,与隔膜相贴。

4. **心脏** 位于心包内,分左、右心房及左、右心室。从心尖方向切开心脏,首先看到右心房与右心室之间有三尖瓣,它们各有腱索。腱索的下端附着于乳头肌上。在肺动脉的出口有半月形的瓣膜,称为肺动脉瓣。左心室通往大动脉的出口,即主动脉口处也有半月形的三尖瓣,称为主动脉瓣。在左心房与左心室间的瓣膜称二尖瓣或僧帽瓣。上述这些瓣膜的作用是防止血液倒流。从左心室发出主动脉,左、右肺静脉会合一同汇入左心房。2 条前腔静脉和 1 条后腔静脉汇入右心房。心脏的动脉有主动脉、无名动脉、左锁骨下动脉、右锁骨下动脉、左颈总动脉、右颈总动脉。心脏的静脉有左前静脉、右前静脉、心前静脉、心室静脉、心小静脉分支、心大静脉分支、后静脉。心脏和外周循环与其他哺乳动物稍有不同。心脏的血液供给既来自冠状动脉,也来自冠状外动脉,后者起源于颈内动脉和锁骨下动脉。大鼠心电图中没有 S-T 段,甚至有的导联也不见 T 波,这一点与小鼠相同。

5. **肝** 在膈的正后方,由镰状韧带将其附在膈上,呈暗褐色,分 4 叶,即左叶、右叶、中叶和尾叶。每叶都是中心厚,边缘薄。首先能看到的是中叶,边缘有深的缺刻;将中叶推向腹侧可见到较大的左叶,左叶背侧为尾叶,尾叶围绕食管;右叶边缘由于有较深的缺刻,看上去似 2 叶。故亦有人将大鼠肝脏分为 6 叶,即左叶、左副叶、右叶、右副叶、乳头叶和尾状尾叶。大鼠无胆囊,来自各肝叶的肝管口汇成肝总管,肝脏分泌的胆汁则通过肝总管再流入胆总管,然后进入十二指肠,并受十二指肠括约肌控制。再生能力强,部分肝叶(60%~70%)切除后仍可再生。库普弗细胞 90% 具有吞噬力。

6. **胃** 分为贲门部和幽门部,贲门部外观呈半透明状,内壁有黏液腺。幽门部不透明,内壁有柔软的黏膜,黏膜皱褶上有胃酶腺。胃中有一皱褶,收缩时会堵住贲门口,此为大鼠不会呕吐的原因。

7. **肠** 肠道较短,盲肠较大。紧接胃为淡红色的十二指肠,十二指肠后为空肠和回肠。回肠与大肠分界处有盲肠,盲肠末端连接着较窄的蚓突。盲肠和肛门之间为结肠和直肠,直肠进入盆腔,开口于肛门。

8. **胰**　胰腺分散,位于十二指肠和胃弯曲处,似粉红色的脂肪组织。把胃与脾之间的薄膜除去,可见到在其下方有如树枝状的肉色组织,这就是胰腺。胰管有许多条,其中较大的2条分别为前大胰管和后大胰管。所有胰管和肝总管一起汇合而成胆总管,开口于十二指肠。

9. **脾**　位于胃大弯左方,长形,呈红色腺体状。

10. **肾**　位于腹腔背面,呈赤褐色、蚕豆状。右肾高于左肾。肾脏的外表有1层薄膜,每个肾脏的内侧都有1条输尿管,开口于膀胱的背面。单乳头肾,肾脏前端有一米粒大肾上腺。

11. **膀胱**　位于腹腔后端,雌体通到尿道口,雄体经生殖孔通体外。

12. **睾丸**　1对,在未成熟时位于膀胱附近,成熟后降入阴囊内。睾丸呈椭圆形,淡红色,表面为纤维性结缔组织,前端有呈索状的精索,精索内有动脉、静脉和神经。雄性腹股沟终生开放,30～40日龄时睾丸下降。

13. **附睾**　切开阴囊可看到1对附睾,附睾是分布在睾丸上方及下方的不规则管块。从睾丸上方发出的部分称附睾头;下部称附睾尾。附睾由许多弯曲回旋的细管组成,为接受并临时储存精子的地方。

14. **输精管**　1对,为精子通过的管道,自附睾尾发出,进入腹腔内,通过输尿管的上方和膀胱的背面,左右会合后开口于尿道的基部。在膀胱附近有一倒"八"字形的贮精囊。

15. **卵巢**　1对,在肾脏下方,呈小球状,表面凹凸不平。

16. **子宫**　为双子宫型,呈"Y"形排列,左右两侧子宫角完全分开,形成2个单独的子宫,分别开口于各自独立的子宫颈。左右子宫会合延至阴道,分别开口于阴道,开口处形如小丘。阴道在膀胱的背侧,直肠的腹侧,阴道开口称阴道孔(阴门)。尿道口开口于阴道孔的前方,在开口部的前面有相当于雄性阴茎的突起,称为阴蒂。

17. **输卵管**　接着卵巢的是输卵管,其由不规则的、弯曲的块状组成,一端以喇叭口在离卵巢很近处开口于体腔,另一端膨大为子宫。

(三) 腺体

1. **乳腺**　6对,胸部和鼠蹊部各有3对。

2. **精囊腺**　形大分叶,内储存有营养精子的白色浓稠分泌物。

3. **前列腺**　2对,位于膀胱的基部,为肉色柔软的腺体。

4. **尿道球腺**　位于骨盆腔内尿道球的背上方,为褐色的球状分泌腺。

5. **凝固腺**　为雄性啮齿类动物所特有,附着于精囊腺内侧,呈半月弧形、半透明,其分泌物起着凝固精囊腺分泌液的作用,交配后形成阴栓。

6. **包皮腺**　为雄性大鼠和小鼠所特有,位于阴茎近腹壁上皮间,呈瓜子形的脂质分泌腺,开口于包皮内侧。

7. **阴蒂腺**　为雌性大鼠和小鼠所特有,与雄性的包皮腺相似,左右各一,开口于阴蒂处。

8. 垂体腺　脑下垂体位于视交叉的后方,通过漏斗与脑的基部相连,易于摘除。分为前叶、中间部和后叶3个部分。在出生40～50天时,不同性别的脑垂体的重量不同,雌性较重。随着年龄的增长,垂体的重量也有所增加。垂体-肾上腺系统功能很发达,应激反应灵敏。

9. 松果体　位于大脑后部与小脑之间、四叠体的上方。

10. 甲状腺　为1对,位于喉头的后方、气管前端甲状软骨的两侧,呈长椭圆形、深红褐色,左右两端的甲状腺由横越气管腹面的峡部相联。

11. 甲状旁腺　紧贴每叶甲状腺前外侧面,呈微白色的小腺体。

12. 胸腺　1对,位于心脏腹面的上半部,形似脂肪状,呈淡肉色。

13. 肾上腺　位于肾脏上方,呈粉黄色,大小如绿豆。左侧肾上腺位置略高。

（四）性别特征

雄鼠比雌鼠体型大,头亦大,身体前部比后部大。雌鼠头部纤细、体型较小,身体后部较前部大。雄鼠的生殖器突出,离肛门较远,肛门与生殖器之间有毛;雌鼠的生殖器呈圆形,并有凹沟,较为明显。

三、生理学特点

（一）消化生理

大鼠为杂食性动物,食物以谷物为主兼食肉类。门齿终生不断生长,需磨损维持其恒定。喜啃咬,好食香脆的颗粒饲料。对营养缺乏较敏感,特别是维生素A和氨基酸供应不足时,可发生典型的缺乏症状。能有效地储存脂溶性维生素和维生素B_{12},制造维生素C,以及通过食粪满足其对维生素B的大部分需要,当维生素A缺乏时常咬人。胃功能较差,过量食物会引起破裂。

（二）体温调节

大鼠颈区肩胛部沉积的脂肪组织呈腺体状,称为冬眠腺,在产热中起着重要作用。汗腺极不发达,仅在爪垫上有汗腺,尾巴是散热器官,当周围环境温度过高时,靠流出大量唾液调节体温。但当唾液腺功能失调时,易中暑引起死亡。

（三）生殖生理

大鼠2月龄时性成熟,为全年多次发情动物,并有产后发情。发情周期(性周期)4～5天,可分为发情前期、发情期、发情后期和间情期。通过阴道涂片可判断处于何期。大鼠妊娠期为19～23天,平均21或22天,初产鼠的妊娠期略长于经产鼠。平均窝产仔6～14只。适配鼠龄雄性为90日龄,雌性为80日龄,一般大鼠繁殖生产期为90～300天。缺乏维生素E时,大鼠即丧失生殖能力,特别是雄鼠可终身丧失,如补喂维生素E,雌鼠可以恢复其生殖能力。大鼠交配后,雄性大鼠副性腺分泌物留在雌性大鼠阴道口,在遇空气后凝固而形成阴道栓,具有阻塞作用,防止精子倒流外泄。

（四）生长发育

新生鼠体重5～8g,全身无毛,呈肉红色,耳闭合粘连皮肤,3～4天耳与皮肤分离,并长出体毛。8~10 天长出门齿,14~17 天睁眼,16 天被毛长齐,19 天生出第一臼齿,21 天生出第二臼齿,35 天后生出第三臼齿。大鼠生长发育速度与品系、母鼠的体质、生产胎次、哺乳只数、饲料营养和环境条件等有关,一般成年雄鼠 350~650 g,雌鼠 250~400 g,寿命为 2~3 年。

(五)免疫功能

大鼠无扁桃体。具有完整的胎盘屏障,可以防止疾病传播给仔代,病毒不能嵌合到其体细胞的基因组合中,细菌和寄生虫也不能通过胎盘屏障而垂直传播下去,因此通过无菌剖宫产,可能建立悉生动物群。踝关节和呼吸系统对炎症反应敏感,群体中的支原体感染率很高。

四、应用

大鼠具有适中的体型,一只大鼠通常能提供足够一般实验分析的血液和体液等样品。大鼠较温顺,其体型也便于常规操作,如手术、组织样品采集、给药等。此外,大鼠和小鼠一样具有强大的生育能力,因此在生命科学尤其是生物医学研究领域也有着广泛应用,目前大鼠的应用范围比小鼠更广。

(一)安全性评价与药/毒代动力学研究

在安全性评价中,大鼠多用于亚急性毒性、长期毒性和生殖毒性的评价,以确定最大安全剂量。由于个体适中,采样便捷,大鼠也常用于测定药物吸收、分布、排泄等药物代谢相关研究。大鼠的血压和血管阻力反应敏感,心电图各间期较明显且平稳,适宜直接描记血压,在安全药理学中常用于评价药物对心血管的作用。

(二)神经-内分泌反应研究

下丘脑-垂体-肾上腺轴是动物应激中的主要神经内分泌系统,大鼠具有发达的垂体-肾上腺系统,应激反应灵敏,广泛用于应激的神经内分泌研究。采用心理刺激或身心复合刺激使之产生应激性胃溃疡,其机制和表现类似人在高度精神压力下形成的胃溃疡,成为心身医学的经典模型。此外,大鼠的垂体、肾上腺和卵巢均很容易手术摘除,便于进行需要切除相关内分泌腺的内分泌实验。

(三)营养学研究

大鼠对多种营养素缺乏均敏感,容易发生典型的相应缺乏症,是营养学研究中使用最早和最多的动物种类,常用于维生素、蛋白质、氨基酸、钙、磷等缺乏研究。

(四)行为学实验研究

行为通常是动物神经系统对外界刺激的肢体反映,动物进化程度越高,其行为越复杂,反映了神经系统对外界信息的处理和适应能力,但进化程度和人类接近的动物代价不菲来源稀少,而大鼠的神经系统的反应与人有一定相似性,且具有多样的行为和情绪表现,能够人为唤起或控制其动、视、触、嗅等行为,在行为学实验研究中具有较高价值,因此是行为学研究中常用的动物,多用于神经官能症、狂郁精神病、精神发育阻滞等高级神经活动障碍的研究,如大鼠迷宫试验测试学习和记忆,大鼠电击试验测试奖惩反应能力,大鼠戒断试验(饲喂酒精、咖啡因、鸦片等使之成瘾而后撤除这些药物)研究人类戒断反应等。

(五)肝胆外科研究

大鼠的肝脏具有极强再生能力,切除 $60\%\sim70\%$ 的肝叶仍可再生,大鼠无胆囊,从胆总管直接分泌胆汁,其胆总管粗大便于行胆管插管术,因此成为肝胆外科的常用动物。

(六)口腔医学研究

大鼠常用于研究龋齿与微生物、唾液、食物的关系,以及牙垢产生条件、牙周炎实验。

(七)中医药学研究

在中医药研究领域,大鼠被广泛用于方剂研究,原因之一是大鼠比小鼠能更好耐受反复经口灌胃,这是大多数中药的给药途径。大鼠适中的体型和便于饲育、操作、采样的特性也十分有助于中医药研究,如运用大鼠进行针灸实验。此外,目前已经运用大鼠开展了一系列中医症候模型的研究并获得初步成功,大鼠是中医药研究中十分有前途的实验动物。

(八)计划生育研究

大鼠常用于畸胎学的研究,因为大鼠生育力强,胎产子数多,而畸胎的自发率较低,可降低对实验的背景性干扰。

(九)药效学研究

大鼠在药效学研究中的应用基于人类长期的摸索和积累。评价药物对副交感神经-神经效应时,通过大鼠的体征和行为表现如分泌唾液、外因性流泪、发抖、不自觉咀嚼等判断药物的刺激和抑制作用;评价类固醇避孕药的不良反应时观察大鼠服药后发胖、肿瘤发生率升高情况等;利用大鼠对炎症反应敏感,尤其是踝关节对炎症反应灵敏,研究关节炎药物的药效,筛选抗炎药物的最常用方法是大鼠的足跖水肿法。

(十)人类疾病的研究

与小鼠一样,通过建立自发和诱发的疾病模型,大鼠广泛用于从传染病到遗传病的多种人类疾病研究。在心血管疾病领域,已经育成多种大鼠模型,如心肌肥大的自发性高血压大鼠、新西兰自发高血压大鼠、遗传性下丘脑尿崩症高血压大鼠,对盐敏感和抗性高血压同类系均是研究高血压最佳动物,还有自发性动脉硬化品系、肠系膜动脉多发性结节性动脉炎大鼠、心肌炎大鼠等;大鼠呼吸系统容易受到环境空气质量的影响,是支气管肺炎等呼吸系统疾病的重要模型动物;在内分泌失调疾病领域,已有多种相应的大鼠自发或诱发模型,如尿崩症、糖尿病、肥胖、甲状腺功能减退症等模型。

第三节

豚　鼠

豚鼠(*Cavia procellus*,guinea pig)在分类学上属哺乳纲,啮齿目,豪猪形亚目,豚鼠科,豚鼠属。实验豚鼠由野生豚鼠驯化而育成,又称天竺鼠、荷兰猪、海猪等。原产于南美大陆西北部，最初在安第斯地区作为食用动物驯养。16世纪，被西班牙人带到欧洲作为玩赏动物。1780年，拉维泽（Laviser）首次使用豚鼠做热原质试验。20世纪20年代后期，英国培育的Dunkin-Hartley短毛豚鼠是最早的实验豚鼠品系，现已广泛应用于医学、生物学、兽医学、药学等领域。

一、一般特性

（一）外形

豚鼠身体紧凑，短粗。头大颈短，耳圆又小，上唇分裂。四肢短小，前足4趾，后足3趾，每趾均有突起的大趾甲，脚型似豚。具尖锐短爪，但不抓人。不善攀登跳跃。尾仅有残迹。被毛短粗，紧贴体表。毛色多样，因品种而异（图5-3）。

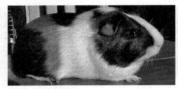

图5-3 豚鼠的外形

（二）性情

豚鼠胆小、温顺、易惊，较少斗殴，但陌生的多个雄性成年种鼠间较易争斗，极少咬人。

（三）感官

豚鼠对外界刺激极为敏感。喜欢安静、干燥、清洁的环境。突然的声响、震动可引起四散奔逃或呆滞不动，甚至引起孕鼠流产。豚鼠的嗅觉和听觉发达，能识别多种不同的声音。当有尖锐的声音刺激时，常表现耳郭竖起应答，并发出吱吱的尖叫声，称为普莱厄反射或听觉耳动反射，该反射可作为判断其听觉功能正常与否的依据。耳壳大，耳道宽，耳蜗网发达，耳蜗管对声波敏感，听觉敏锐。豚鼠的听神经对声波特别是700~2 000 Hz的纯音最为敏感。相互间通过身体接触或频繁叫声进行联系。通过尿液及皮脂腺分泌物的气味区分彼此，划分领地。

（四）易感性

豚鼠对组胺敏感，能引起支气管痉挛性哮喘。对麻醉药物敏感，麻醉死亡率较高。抗缺氧能力强，比小鼠强4倍，比大鼠强2倍。对结核分枝杆菌高度敏感。皮肤对毒物刺激反应灵敏。对抗生素类的药物反应大，较大剂量用药后48小时常可引起急性肠炎，甚至致死，这是由于肠道正常菌丛在抗生素作用下产生内毒素所致。

（五）习性

豚鼠喜活动，白天活动栖息范围广，需较大活动场地，单笼饲养时易发生足底溃疡。高度群居，活动、休息、采食多呈集体行为，休息时紧挨躺卧。群体中有专制型社会行为，1~2个雄鼠处于统治地位，一雄多雌的群体构成明显的群居稳定性，较少发生攻击性行为，但在发情期雄鼠为争偶或有争斗。在拥挤或应激状态下，会发生拔毛现象，导致脱毛、皮肤创伤和皮炎。日夜采食,随吃随拉,在两餐之间有较长的休息期。一般拒食苦、咸和过甜饲料,易弄脏饮水和饲料。喜利用遮蔽物获得安全感。

二、解剖学特点

(一)骨骼

豚鼠的骨骼系统可分为主轴骨骼、附属骨骼、内脏骨骼 3 大类;豚鼠骨骼的数量常因年龄而异,成熟豚鼠有 256~261 块骨。其中,对称型骨骼:颅骨与舌骨 45 块,脊柱骨 35~38 块,胸骨 6 块,肋骨 26~28 块。附肢型骨骼:肩带与前肢 36 块,腰带与后肢 33 块。异型骨骼:子骨前肢 30(不定)块,后肢 44(不定)块,阴茎骨 1 块。

1. 齿式　恒齿齿式为 2(I1/1, C0/0, P1/1, M3/3)＝20。齿无根,可连续生长。后臼齿缺瓣尖,但有深沟;上臼齿有中央沟,咬合面在两侧;下臼齿有侧沟,咬合面在中央。由于豚鼠的齿不断生长和磨损,而且牙质部比牙釉部磨损的快,故门齿顶部有后切迹。门齿尖锐呈弓形深入颌部,终身生长。两门齿的横切面显然不同,上门齿呈三角形,下门齿呈半圆凹形。

2. 头骨　由颅骨、面骨和腭区及下颌骨组成。舌骨和听骨也属于头骨的组成部分。颅骨包括:成对的顶骨、额骨、颞骨和不成对的枕骨、顶间骨、蝶骨和筛骨等。面骨包括:成对的颌骨、门齿骨、鼻骨、腭骨、泪骨、颧骨和犁骨等。

3. 脊柱　由 36~38 块椎骨组成,有 3 个弯曲:颈到胸下凹;胸腰段突起;骶尾段轻度凸起,几乎成直线。颈椎 7 块,主要特征为缺少肋关节面,其横突右横突孔。第 1 与第 2 颈椎与其余 5 个颈椎有明显差别,寰椎无锥体与棘突,枢椎锥体长,棘突高而薄。胸椎 13~14 块,与颈椎相比锥体较长,中央细缩,两端扩大。锥体上具有特突的肋关节面,横突短而无孔。腰椎 6 块,除缺乏肋骨关节面外,与最后 2 个胸椎相似。腰椎显著特征为椎体大,且越靠后越大,2 个孔横穿椎体两侧。骶椎 3~4 块,成年雌体有 3 块骶椎,雄体有 4 块骶椎。尾椎 7 块,轻度突入骨盆出口,构成这一范围的组成成分。

4. 肋骨　通常为 13 对,偶见 14 对。肋骨在背部与胸椎相连接,腹侧与胸骨相关连接。第 7~9 对肋骨称为“浮肋”。

5. 前肢骨　包括肩胛骨、锁骨(长约 1 cm)、肱骨、桡骨和尺骨。前足有腕骨 9 块、掌骨 4 块和 4 个指(每指有 3 块指骨),此外尚有一些子骨。

6. 后肢骨　包括髋骨(由髂骨、坐骨、耻骨和髋臼相结合而成)、股骨、胫骨、腓骨和髌骨。后足有趾骨 8 块。

7. 阴茎骨　位于阴茎头部,呈杆状,小而薄,长约 15 mm。

(二)脏器

1. 脑　呈椭圆形,前端狭而尖,后部较宽大。成年豚鼠脑的重量常随体重的大小而有差异,鲜重平均为 4 g 左右。

(1) 大脑:呈不规则的圆锥体形,前尖而后圆,由左、右 2 个大脑半球组成。大脑在胚胎期 42~45 天发育成熟。大脑半球的平均长度为 2.1 cm,最大宽度为 2.25 cm。大脑半球之间有一半球间纵裂将两半球分开。纵裂内的硬脑膜称为大脑幕。纵裂深处有白色连合组织称为胼胝体,将两半球连接在一起。大脑半球前端为嗅球(叶)、后端为小脑。嗅叶与大脑半球之间有十字裂;大脑半球与小脑之间有横裂,横裂内有幕状的脑幕,称为小脑幕。每个大脑半球再被横嗅裂分为背部和腹部。大脑半球宽大的背部属新脑皮质,是大脑皮质的新脑部分;而狭窄的腹侧部为嗅脑部,是大脑皮质的古老部分。大脑腹面向外扩大的突起为梨状叶。它位于大脑脚和视束的外侧。沿大脑的半球间裂切开脑,分为完全相同的两半。大脑半球底部呈弧形,覆于间脑与中脑背部。被切断的胼胝体呈白色纵带,前后两端略膨大,前端称膝,后端称压部。胼胝体下方呈弧形隆起,称为穹窿。穹窿前端有白色的前连合。胼胝体与穹窿之间有透明隔。

(2)嗅球:位于大脑半球前端,直径5 mm左右。嗅球后连嗅束,向后分为二嗅纹,嗅纹后部与嗅结节相连。

(3)间脑:位于大脑半球之下、中脑之前和前连合之后,分为丘脑背部、下丘脑、底丘脑和上丘脑4个区。丘脑背部占间脑的绝大部分,构成第3脑室的外侧壁。其前缘相当于室间孔的水平,下缘为丘脑下部的前部,外侧面与内囊为界,后部有丘脑后结节,外侧排列着外侧膝状体和内侧膝状体的纤维束。下丘脑位于丘脑的腹面后侧,有一部分向后突入中脑。底丘脑构成第3脑室的腹侧壁,其腹侧壁有视束交叉、灰结节、漏斗和乳状体等。去掉大脑半球后可清楚地看到上丘脑的表面,它包括第3脑室的膜顶和缰核。膜顶上覆盖脉络丛,缰核背面被覆髓纹纤维。缰核的后部与白色的缰连合相连。缰核及缰连合构成马蹄形核结构,即缰复合体。上丘脑由内侧和外侧膝状体组成,它们位于背部丘脑腹面的后部,为两侧对称的膨隆。内侧膝状体突起的纤维束与后丘相连,外侧膝状体也以纤维束与前丘相接。这些突起的纤维束分别组成前丘和后丘伸向膝状体的两臂。松果体位于枕极和前丘构成的三角区内。

(4)中脑:在正中矢状切面上,可看见中脑位于后连合之后、脑干的前端,背面覆盖着大脑半球。自背面观察,中脑背面犹如颠倒的金字塔。由大脑脚和覆盖于其上的四叠体所组成。四叠体与大脑脚之间的中脑导水管向前开口于第3脑室,向后与第4脑室相通。四叠体位于大脑半球后下方,由4个隆起组成。前2个隆起称前丘,后2个隆起称后丘。大脑脚位于四叠体腹侧,它从脑桥前缘外侧分出后,从间脑两侧前行,穿入梨状叶前内侧下方。两大脑脚间有一狭窄的裂口,称为大脑间窝。第Ⅲ对脑神经自大脑脚前内侧分出。第Ⅳ对脑神经自后丘后面发出。

(5)脑桥:在大脑的底面,位于脑干中部的延脑与大脑脚之间,由横跨脑干的纤维束构成,较扁而狭。粗大的第Ⅴ对脑神经从脑桥外侧与腹侧交界处发出。脑桥外侧端弯向背侧,绕至小脑,并伸入小脑,构成小脑的外侧臂。脑桥后方有一称为斜方体的结构,也是由横过脑干的纤维束组成,比脑桥宽大,且有更多的突起和沟凹。从斜方体前内侧发出第Ⅵ对脑神经、前外侧发出第Ⅶ对脑神经、稍外侧发出第Ⅷ对脑神经。

(6)延髓:位于脑桥后部,前宽后窄,在枕骨大孔附近向脊髓移行。延髓腹面正中有前后延长的腹正中裂,其后端与脊髓腹正中裂相连。腹正中裂两侧有圆索状隆起,称为锥体。锥体外侧外形呈卵圆形隆起的为橄榄体,由橄榄核形成。延髓背面大部分被小脑覆盖。去掉小脑,可见一菱形窝,为第4脑室底面的大部分。其表面高低不平,正中有纵行的背正中沟,是脊髓同名沟的延续。菱形窝的后端称闩,前顶端由小脑上脚向中汇集而成。菱形窝两外侧角是由小脑脚和会结节构成。脉络丛覆于第 4 脑室顶,并延向两外侧孔及后正中孔。延髓侧面,可见第 4 脑室外侧分别有 3 个脚,位于内侧,连接延髓与小脑;小脑中脚,位于最外侧,连接脑桥与小脑;小脑上脚,位于前两个脚的中间,连接小脑与中脑。由耳蜗神经核形成的灰小结节位于第 4 脑室背部两边。圆条状隆起的棒状体位于背正中沟两侧。与棒状体外侧平行的突起条是契状结节。延髓侧面、橄榄体背侧,可见自前而后依次排列的舌咽、迷走和副神经的根。第Ⅻ对脑神经起自锥体后部和腹正中裂两缘。

(7) 小脑:位于颅腔后窝中,为一多叶性结构。在大脑枕叶和后丘之后,脑桥与延髓背侧。大脑枕叶与小脑间被小脑幕隔开。脑桥与延髓上部、小脑下方构成第 4 脑室的底面、侧壁和顶壁。成年豚鼠小脑的重量约为其体重的 1.5%,包括绒球结叶在内,其边距约 1.3 cm。小脑表面有许多平行的浅沟,沟与沟之间形成细小的小脑回。小脑可分为左、右两半球及中央蚓部。蚓部位于两半球之间的正中,约占小脑总体积的 1/3。蚓部与两半球之间有沟为界。该沟宽约 4 mm。小脑背面前部称为原裂的深沟将小脑分为前叶和后叶,后外侧裂位于腹面后侧,又将后叶与绒球结叶分开。一般认为后叶为新小脑球,绒球结叶为古小脑,前叶为旧小脑。

2. 脊髓　近似扁圆柱形,长 18～24 cm,位于椎管内,外包被膜。前端起自枕骨大孔,和延髓相连续;末端缩细成脊髓圆锥,圆锥末端延长成终丝。脊髓圆锥相当于第 6 腰椎水平处。脊髓全长粗细不等,在颈部和腰部特别膨大,分别称为颈膨大和腰膨大。颈膨大部为第 4～8 颈椎,与臂丛神经丛的形成有关;腰膨大部为第 3～8 腰椎,与腰、骶神经丛的形成有关。在颈膨大部和腰膨大部的前角中,细胞数增多。借腹、背二纵沟分成左、右对称的两半。腹面为腹正中裂,窄而深,几乎达背腹直径的一半,并有软膜褶突入。腹侧脊髓动脉及其分支位于裂中。背面有背正中沟,较浅,此外还有两外侧沟,即前外侧沟和后外侧沟。在脊髓两侧各有成排的神经根附着。每侧又分腹根与背根。腹根附着于腹外侧沟,由运动神经纤维组成;背根由感觉神经纤维组成,附着在背外侧沟。每一背根上都有膨大的神经节,内含感觉细胞。腹背两根向外行,在椎间孔处汇合成脊神经而穿出椎管。因此,每条脊神经既含有运动纤维,也含有感觉纤维。脊髓有 3 层被膜,内层为软脊膜,中层为蛛网膜,外层为硬脊膜。软脊膜最薄,贴于脊髓表面,内含大量血管,同时分出槽柱伸入脊髓软组织内。终丝大部分由软脊膜的纤维组织组成。脊蛛网膜在枕骨大孔处与脑蛛网膜相延接,它包围在脊髓软膜表面,构成蛛网膜下隙,该腔与脑蛛网膜下隙相通。腔内含有脑脊液。硬脊膜成管状包被脊髓的外围,自枕骨大孔起达骶骨区,并包绕软膜而构成终丝的一部分。硬脊膜与脊髓管壁的骨膜相分离,两者之间的腔隙称为硬脊膜外腔。腔内含有脂肪性结缔组织及静脉,通过从硬脊膜穿出的神经根部的神经鞘固定。

3. 肺　分为左肺和右肺,位于左、右胸膜腔内,以隔膜隔开,被主支气管所连接。呈粉红色、为柔软而有弹性的海绵样组织,压之有细小的爆裂音。各叶肺均有肺尖和一个深凹面的肺底。肺尖在胸腔入口处,肺底在膈前突面。肺有 3 个面,即肋面、纵隔面和膈面。肺根由主支气管、支气管血管、神经和淋巴结组成。肺门是指肺根入肺的部位。豚鼠的肺门相当于第 4～5 胸椎的水平或第 3 肋间隙的位置。右肺比左肺大,由尖叶、中间叶、附叶和后叶 4 个叶组成,各叶均为深裂所分开。右肺尖叶最小,位置最靠前,位于心脏前端右侧,被前叶间深裂将它和中间叶及后叶分开。右肺中间叶位于尖叶后侧、心脏腹面外侧,它的中间面有一很深的心压迹凹面,深的后叶间裂将它和后叶分开。右肺的后叶最大,位置最靠后,它有膈的深凹面。右肺附叶的外形不规则,位于心脏和膈之间的纵隔凹内,它的腹面有一很深的切迹,是后腔静脉通过的位置。左肺由尖叶、中间叶和后叶3个叶组成。左肺尖叶与右肺尖叶的不同点在于它有一叶间裂将其分为较小的前段和较大的后段。尖叶位于心脏的腹面外侧的前面,与右肺的中间叶相对应。故尖叶也有1个心脏的深凹面。它与后叶被深的后叶间横裂所分开。中间叶是左肺各叶中最小的叶,位于心脏背面后侧,后叶中部。中间叶中部有一浅的食管压迹。左肺后叶最大,中间叶恰在其中部凹面。肺部淋巴组织丰富。

4. 心脏　位于胸腔正中,为一中空的肌质器官。外观呈不规则的圆锥形,内分4腔。心底朝前,心尖朝向后下方。右缘处于第2~3肋间隙,左缘位于第2~4肋间隙。心脏表面有2个沟:冠状沟和左右纵沟。冠状沟是心房和心室的分界线,除在肺动脉根部被隔断外,它环绕整个心外围。冠状沟内充填少量脂肪,心冠状血管部分走行于其中。左右纵沟是左右心室的分界。豚鼠的纵沟很浅,因血管走行于其中,故仍易于鉴别。右心房位于右心室前端,由腔静脉窦和右心耳组成。接受静脉系统和冠状动脉回流的血液。右心房内面,在腔静脉窦与右心耳之间有一突起,称为终嵴(界嵴)。右心耳内面衬有5个肌性突起,称为梳状肌。右心房有4个主要的开口,分别是位于后腔静脉口和右房室口之间为心脏血液回流管口的冠状窦、位于右心房后部且靠近房间隔较大的后腔静脉口、开口于右心房背部前侧较小的前腔静脉口、右房室口。右心室位于较大的左心室前侧和右心房的后侧之间。右心房口呈椭圆形、周围有环行肌纤维,房室瓣的基部即附着在环上。右房室瓣由3个精致而透明的尖瓣组成。尖瓣的游离缘在右心室内与腱索相连,腱索的下端附着在右心室的乳头肌上。通常右心室内有3个乳头肌。除肺动脉圆锥外,内室壁上有肌质结节和嵴,高低不平。肺动脉圆锥呈漏斗状,位于右心室前侧,是肺动脉在右心室的开口。肺动脉口受肺动脉瓣管制,肺动脉瓣由3个半月状瓣组成。左心房比右心房小,构成心底背面的前端,也有心耳,外形和结构与右心耳同。有1个大的肺静脉口开口于左心房背侧,该口是由4根肺静脉汇合而成。左侧房室口位于左心房后部,开口于左心室。左心室比右心室大,壁也较厚,占心脏膈面的大部分,构成心尖。左侧房室口受二尖瓣管制,二尖瓣由2个大小、形状相同的尖瓣组成:腹面右侧的隔尖瓣较大,背侧的壁尖瓣较小。室中有2个比右心室粗大的乳头肌,腱索自乳头肌连于尖瓣上。主动脉口位于心底中央附近,是左心室向主动脉的开口,其上有主动脉瓣。主动脉瓣由3个半月瓣组成。在半月瓣和主动脉壁之间有"主动脉窦",其中有心冠状动脉的开口。

5. 肝　位于腹腔前部膈之后,呈半球形,深枣红色,光滑,坚实而脆。膈面或腹面凸突,背面或内脏面为凹面。肝脏被深裂缝分成4个主要肝叶和4个小肝叶及2个深裂。方叶为肝脏最大的叶,比其他肝叶更靠腹面,居整个肝脏和腹部的中部。方叶被纵行裂分为两个外形相似的左右2个小叶,2个小叶间有圆韧带。后腔静脉在方叶头侧缘穿过膈。右小叶有深切迹和凹,胆囊就卧于其背侧。肝左叶位于方叶背侧、体正中左侧,其腹侧正中部部分地被方叶覆盖。它有1个很深的容纳胃体部和底部的内脏凹面。在头侧肝左叶和后腔静脉及肝方叶相融合。肝右叶位于体正中的右侧,呈椭圆形,由中央较长的小叶和外侧较小的小叶组成,两小叶在头侧相连。外侧小叶有一深凹,为右肾压迹。肝后叶是4

个主要肝叶中最小的 1 个叶,位于背侧正中,在胃角切迹内。它分为位于右侧的后突和位于左侧的乳突。它们被后突小叶的峡在头侧正中连接在一起。食管位于两小叶突之间。

6. 胆囊 壁薄,呈浅绿色,为贮存和浓缩胆汁的椭圆形囊,位于肝方叶的胆囊窝内,分底、颈和体部。胆管起自胆囊颈部。它向前外侧走行,与肝总管汇合构成胆总管。胆总管向十二指肠前段走行,距幽门 5 mm 处进入十二指肠乳头。

7. 胃 为消化管入腹腔后的膨大部分,介于食管和小肠之间,为一形如豌豆、外表光滑、粉红色的囊状器官,胃壁极薄,胃容量 20～30 ml。位于腹腔背侧、膈与肝的后方,大部分在体正中平面左侧,有 2 个弯曲部:较小的头端凹部称为小弯,向后外侧的大凸起部称为大弯。小弯下部形成一个深而窄的角,称为角切迹。胃分为贲门、底、体和幽门 4 部,以及两个面(腹面和背面)。幽门是胃和小肠的交通口,贲门和胃底部的内壁光滑,幽门和胃体部的内壁富有纵行皱襞。

8. 肠 肠管约为体长的 10 倍,小肠是连接胃与大肠之间的长消化管,呈襻状盘绕,位于肝脏和胃的腹面后侧。小肠分 3 个部分:十二指肠、空肠(中间部)和回肠(末部)。管内充满质地柔软的皱褶,是由黏膜游离面的绒毛样组织(小肠绒毛)构成。十二指肠为小肠的起始部分,是小肠的 3 个部分中最短的一段。深粉红色,呈"S"形弯曲,分为前、降、横和升 4 段。前段位于前部,幽门右侧,距幽门 5 mm 处的肠管壁有胆总管开口的十二指肠乳头。降段在空肠的腹侧、结肠背侧。其升支构成十二指肠的横段,位于空肠的右腹侧,被结肠的背侧顶住。较长的升段位于升结肠腹面的正中。十二指肠弯曲开始是向前和向背部,然后从背侧向后弯向左侧,在左肾尾端的水平处与空肠相移行。胰腺导管开口于距幽门 8～10 cm 的升段的管壁上。胰腺位于十二指肠似马蹄形弯曲的凹内。空肠占小肠的大部分,介于十二指肠和回肠之间。高度盘绕,呈深棕粉红色。位于十二指肠的背侧、胃的腹面尾侧。回肠是小肠的最末部,是空肠和盲肠之间较大的肠管。长约 10 cm,也高度盘绕,呈深青棕色,背位与盲肠密切相邻。其末段是结肠与盲肠相连接处的回盲瓣。回盲瓣位于结肠与盲肠连接的狭窄部左侧 5 mm 的肠管内。回盲乳头乃回肠和盲肠连接处的回肠突起,其周围绕以窄小的结回瓣。大肠起于回盲瓣而终于肛门,分为盲肠、结肠、直肠和肛管,缺乏肠脂垂、乙状结肠或阑尾,只有盲肠含肠膨袋和纵带。盲肠是大肠的起始部,为消化管的最膨大部分,特别发达,占腹腔容积的 1/3,占体重的 15%,壁薄,棕绿色,长 15～20 cm,以半环状的囊状肠管充满腹腔的腹面。在盲肠和结肠连接处呈反时针方向弯曲,其凹部为小弯,凸部为大弯。小弯朝向右侧,大弯朝向左侧。盲肠表面有 3 条纵行带,即背纵带、腹纵带和内纵带。纵行带将盲肠分为许多囊袋状隆起,称为肠膨袋。大约可在盲肠内的黏膜找到 9 个平坦的白色区,直径约 1 mm,为集合淋巴结的所在。在回盲口外侧,盲肠和结肠相连接的地方称为盲结口。距回盲瓣右侧约 5 mm 的盲结口开口处有环状的瓣膜状结构。结肠起于盲结口,终于直肠,呈深绿色。根据它在腹腔内的位置而分为 3 个部分:升结肠、横结肠和降结肠。升结肠起始于盲结口,肠管越往后越细。升结肠沿盲肠大弯前行,然后呈襻状向后折回,在十二指肠背部外侧两次向心和数次离心的来回转折成为盘绕状,以后继续前行。由于其中有粪粒,故外形呈串珠状。升结肠向左走行于十二指肠背部,成为横结肠。背侧的横结肠自行盘绕而向左侧走行,然后向中走行成为降结肠。降结肠较直,而且粪粒使它的管壁更明显地呈串珠状。降结肠的终末为直肠。

整个结肠表面充满半月形的结肠褶。直肠较直,是降结肠的延续部分。位于背部体正中,限于盆腔的一段与降结肠无太大的区别。降结肠的终末为肛管,肛管末部约 5 mm 的长度被括约肌所环绕。肛管的外口就是肛门。

9. **胰**　为一长而扁平的叶状腺体,粉红色,呈"V"形,横位于腹腔前半部胃的背面。胰腺分头、体和尾叶。体部沿脾的纵轴排列,胰头位于背侧大网膜内侧,其末端在十二指肠凹内,尾叶沿胃大弯走行。胰头的大胰腺管是各叶的小管的汇合管,开口于十二指肠升部,距胆总管开口 7 mm 处。胰腺无副管入十二指肠。

10. **脾**　呈扁平的板状,位于胃的大弯部。

11. **肾**　呈豆形,表面光滑,棕红色。两肾位于腹腔前部背侧,体正中线的两侧。肾虽为腹膜后器官,但它们向腹侧突出并为背部壁腹膜所包围,只有其背侧中部表面不受腹膜覆盖。肾卧于体壁浅凹中,其周围被大量脂肪组织所包绕。肾表面包被肾囊,肾囊里层为光滑的纤维层直接敷于肾表面,外层为脂肪囊层。右肾比左肾更靠前,约在第 12 肋间隙的水平处,后端相当于第 3 腰椎的位置。左肾前端在第 13 肋间隙的水平处,后端在第 4 腰椎。每个肾有两端:前端与后端,两缘:外缘与内缘;两面:背面与腹面。两肾的前端较尖,后端粗钝。它们的内缘凹陷,称肾门,是血管和输尿管进出肾的地方。肾的腹面凸出,背面平坦。

12. **膀胱**　呈锥体形囊状,壁薄,相当大。其大小、外形和位置常因贮尿量的多少而不同。分为顶、体、颈 3 个部分。膀胱内壁布满皱褶,并逐渐集中于颈部,纵行走向尿道。豚鼠的膀胱缺膀胱三角,而由纤维组织在膀胱的颈部和底部加以支持。

13. **睾丸**　椭圆形,纵轴较长,淡红色,纵行稍向背外侧排列于阴囊内。附睾头及大脂肪体紧密地附着于其前端,附睾体在其中部,而附睾尾在其后部。睾丸背侧为睾丸系膜所悬挂;腹侧的腹膜皱褶系在精索上,后部被厚而强固的纤维韧带所固定,称为附睾韧带。睾丸表面被 1 层透明的鞘膜脏层所覆盖。

14. **附睾**　为一高度卷曲的组织器官,由头、体、尾 3 个部分组成。膨大的附睾头的位置最靠前,位于大脂肪体后部外侧。狭窄的体部沿睾丸的边缘走行,并移行至尾部后延续成输精管。约有 5 根输出管自睾丸通入附睾。附睾头和尾分别通过睾丸系膜的延续与睾丸相联结,称为附睾系膜。附睾系膜包绕整个附睾。附睾尾部被细小的附睾韧带固着在鞘膜上,这一韧带相当于雌性的圆阔韧带。

15. **输精管**　起自附睾尾,终于尿道,分为弯曲、盘绕和不盘绕 3 个部分。豚鼠无输精管膨大部,管径粗细一致。输精管的盘绕部的卷圈大于附睾尾的卷圈,它沿背部中央走行,而且逐步失去盘绕性,成为直管,经腹股沟环进入腹膜腔膀胱背侧之间。左右两管在膀胱颈背面逐渐向中央集中,直至两管紧相连接,然后经前列腺狭部腹面,穿过尿道壁与精囊的排泄管,共同开口于精阜部的憩室内。

16. **卵巢**　1 对,属腹膜内器官,其背部及两端扁平,黄白色,卧于输卵管系膜的卵巢囊内。右侧卵巢位于右肾后端外侧;左侧卵巢在左肾前端外侧。卵巢表面通常是光滑的,但由于排卵周期中排出成熟的卵泡,最后也成为节结状。卵巢有内外 2 个面,凹面外侧缘游离,直面内侧缘及输卵管却被卵巢系膜包绕。内侧缘的卵巢门有一白色直线,由卵巢系膜的附件构成。

17. 输卵管　大部分位于卵巢囊的外侧区,由 3 个部分组成:漏斗部、子宫口部及管部。输卵管漏斗部是输卵管的最前端(卵巢端),位于卵巢囊前外侧部,外形膨大张开,呈漏斗状。漏斗边缘有许多不规则的乳头状突起,自漏斗的腹面外突,称为伞。子宫口部是输卵管通向子宫的细小开口。输卵管管部为一壁薄高度纡曲的管道,位于卵巢的外侧,其末端的几个盘曲管位于卵巢后端,同子宫角相连接成为输卵管子宫口部。

18. 子宫　属于双角形子宫,为"Y"形、粉红色、细长状器官,前接输卵管,后通阴道。子宫分为角、体、颈 3 个部分。两子宫角长 30～50 mm,直径约 5 mm,背腹扁平,位于腹膜腔背侧部。由于左肾比右肾低,故其相邻的左侧子宫角轻度卷绕。两角根部与子宫体相连,子宫角的内壁在动情期呈颗粒状,在非动情期壁面光滑。在妊娠期,由于子宫的扩张,子宫角呈浮凸状,而且两子宫角由腹膜腔的背、后部向正中集合,构成子宫体的一部分,在该处两子宫角被三角形的皱褶连接,这一皱褶称为角间韧带。子宫角所在的邻近腹壁有盲肠、膀胱和肠管与之相伴。子宫体为两子宫角集合连接处与后部的子宫颈之间的部分,长约 20 mm,直径为 6 mm,位于膀胱背侧和降结肠腹面,被限制在腹膜腔中。子宫颈为子宫体的后部,在骨盆内,占腹膜腔的最后部分,向后与阴道相通。其外部被横行的、厚的纤维附件牢固地固定在膀胱背侧壁上。宫颈内腔被覆纵行的皱褶,并开口于阴道。宫颈突在阴道顶部,状如乳头,故阴道顶呈穹窿形。

(三) 腺体

1. 乳腺　只有 1 对,位于腹后部靠近腹股沟体正中两侧的皮下,为特殊的皮肤腺,分娩后可产生乳汁。雄性的乳腺退化;雌性妊娠和哺乳时乳腺明显变大。由叶状腺体组织组成,呈淡褐色,质地柔软,并由一主要腺管通到乳头尖顶。其乳头为长圆锥形的肉质皮肤乳头,位于乳腺相应的腹后部外侧。

2. 前列腺　位于精囊腺后端中部,精囊和输精管基部的外侧,在背面横腺峡覆盖精囊管,输精管和精囊腺。由 2 对腺叶组成:小的腹面叶和大的背面叶,2 叶在背面被横腺峡所连接,各叶的导管(腹面叶有 1 对,背面叶有多对)通入尿道后部两侧的精阜。

3. 精囊腺　左右各一,形状如虫,连接输精管。

4. 垂体腺　属多叶性腺体,扁平,位于乳头体腹侧,被硬脑膜所覆盖,嵌于蝶骨垂体凹内。背部神经垂体悬于丘脑下漏斗部,其细小的柄连于灰白结节腹面后部。

5. 松果体　为一小的圆形腺体,位于间脑背侧后方、丘脑与上四叠体之间。

6. 甲状腺　包括右叶和左叶,大部分缺峡部,偶尔 2 叶间也有细长的峡部连接。扁平,呈卵圆形,暗红棕色,被菲薄的纤维囊紧密地附着于第 4～7 气管环上,紧靠腮腺的外侧缘,轻度突起,中央略呈凹面,与气管的表面相适应;腹侧边缘菲薄,背侧边缘与颈动脉鞘接触,相对较厚。每个叶的腹面被胸舌骨肌覆盖。如果有峡部,多在各叶的后端连接而呈"H"形。成熟的雌性豚鼠的甲状腺比雄性的略重。甲状腺的重量和体重并不呈正比,故体重增加时,其比值反而变小。

7. 甲状旁腺　较小,长 2～3 mm,扁平,呈椭圆形,红棕色,埋在甲状腺侧叶筋膜内。通常位于甲状腺动脉后侧附近,但也有的远离甲状腺动脉,而在甲状腺侧叶的中部和外侧部。有时在甲状腺后侧、气管腹外侧也可找到甲状旁腺。一般每侧各有 2 个甲状旁腺。

8. **胸腺** 全在颈部,呈三角形,位于下颌骨角到胸腔入口的中间,颈胸部皮下的颈淋巴结下方,易摘除。由 2 个光亮的浅黄色(有时是褐色)、呈椭圆形、充分分叶的腺体组成,位于颈正中线两侧的皮下脂肪内层。2 叶被薄而透明的筋膜层和脂肪粒所连接。胸腺随着年龄的增长而逐步退化和脂肪化。许多豚鼠都有胸腺的附叶。呈单独的结节状,直径 1～2 mm 或更小,位于筋膜内,其深度和主叶差不多。一般有 2 个,在单侧或双侧,多在甲状旁腺附近或与其融合。

9. **肾上腺** 1 对,分别位于两肾前端的腹面,被包一层薄纤维囊,呈黄褐色,轻度凸突,柔软而脆。由于左侧肾上腺贴在肾门的血管上,故其外形细长。它的背侧呈凹面形;腹侧内面与脾、脾胃韧带及胰相邻接;背面外侧对着肾的前面中部,内侧朝向右膈脚。右侧肾上腺的背面呈凹面以适应肾的前内侧面。右侧肾上腺与左侧肾上腺不同,与肾门血管不相接触。右侧肾上腺的腹面与肝脏相邻,其前方为右膈脚。肾上腺是内分泌腺中唯一随体重增加而重量增加的腺体。

三、生理学特点

(一) 消化生理

豚鼠属草食动物,臼齿发达,嚼肌发达,爱吃含纤维素较多的禾本科嫩草。食量较大,食性挑剔,对饲料的改变敏感。胃壁极薄,盲肠发达,肠管长。体内缺乏古洛糖酸氧化酶,自身不能合成维生素 C,必须补充青绿饲料。有食粪癖,从肛门口处取食软粪补充营养,幼仔从母鼠粪中获取正常菌丛。

(二) 体温调节

体型紧凑利于保温,但不利于散热,故耐冷不耐热,自动调节体温的能力较差。当环境温度反复变化且幅度较大时,易造成自身疾病流行。尤其当室温升至 35～36℃时,易引发豚鼠急性肠炎,抗病力较差。

(三) 生殖生理

豚鼠有性早熟特征,雌性一般在 14 日龄时卵泡开始发育,于 60 天左右排卵。雄鼠 30 天左右开始出现爬跨和插入动作,90 日龄后具有生殖能力的射精。射出精液中的副性腺分泌物在雌性阴道口凝固形成阴道栓,停留数小时后脱落,查找阴道栓可用于确定交配日期,准确率达 85%～90%。雌鼠 30～45 日龄,雄鼠 70 日龄性成熟。雌鼠的性周期为 15～17 天,发情时间可维持 1～18 小时,大多在 17:00 至次日早晨,排卵是在发情结束后。妊娠期比其他啮齿类动物长很多,为 59～72 天,妊娠后期易流产。分娩前 1 周耻骨联合出现分离,最大限度可达 3 cm 左右,可做产期判断。雌鼠分娩时蹲伏,产后把仔鼠弄干净,并吃掉胎盘。一般产仔 3～4 只,哺乳期 2～3 周。泌乳能力强,母鼠间有互相哺乳的习惯。

(四) 生长发育

豚鼠生长发育较快。新生仔鼠周身被毛,体重约 80 g,两耳竖起,两眼张开,具视力,有门齿。出生后 1 小时即能活动,数小时后即可自己采食,数天后就可独立生活,属于胚胎发育完善的动物。出后前上半月每日增重 4～5 g,2 月龄体重可达 350 g,5 月龄雌鼠体重可达 700 g,雄鼠体重可达 750 g。寿命一般为 4～5 年,最长可达 8 年。

（五）免疫功能

血清中补体活性高,含量丰富,免疫学实验制备补体最宜用雌性成年豚鼠。其出生后就有免疫能力,极少见自发性肿瘤。豚鼠易致敏,当 2 次注射抗原后,可有规律地发展成急性典型休克,支气管平滑肌收缩、发绀、虚脱、呼吸困难而死亡,是速发型过敏性呼吸道疾病研究的首选动物模型,并与迟发型超敏反应与人相似。2～3 月龄、350～400 g 的豚鼠最适宜做过敏反应研究。淋巴系统较为发达,肺部淋巴结具有高度的反应性。

四、应用

豚鼠个体适中,繁殖迅速,曾作为食用动物和宠物饲养,在 1780 年首次被用于(热原)试验,短毛豚鼠 Dunkin-Hartley 是最早育成的实验用豚鼠,目前广泛用于医学、生物学各领域。

（一）免疫学研究

豚鼠是现有种类实验动物中最易致敏的,常用实验动物对致敏原的反应程度由高到低依次为:豚鼠＞兔＞犬＞小鼠＞猫＞蛙,为此,豚鼠成为过敏性实验和研究过敏反应的首选动物。如,速发型过敏性呼吸道疾病研究中,使用豚鼠进行 2 次抗原注射后可观察到动物有规律发展成急性典型休克,支气管平滑肌收缩,发绀,虚脱,以致呼吸困难而死亡。豚鼠的迟发型超敏反应和人类似。此外,豚鼠血清中的补体含量是现有实验动物中最高的,免疫学实验中的补体大多用豚鼠来制备。

（二）安全性评价、毒性测试与效价测定

豚鼠皮肤对毒物刺激敏感,且反应近似于人,药品、化妆品安全性评价中,豚鼠常用于皮肤毒性和过敏性的测试。和大鼠、小鼠不同,豚鼠幼仔出生时发育完全,被毛长全,睁眼竖耳,具有恒齿,因此适合研究药物对胎儿后期发育的影响。生物制品检定中,豚鼠多用于毒性检查和免疫力测定。

（三）悉生生物学研究

豚鼠是最早培育成功的无菌动物种类,对豚鼠较易推算剖宫产时间,豚鼠幼仔出生时发育完全,容易成活,为悉生动物的建立提供了方便。

（四）内耳实验研究

豚鼠具有较大的耳郭,易于进入中耳和内耳操作,其耳蜗血管延伸至中耳腔,便于进行内耳微循环检查,耳蜗管构造对特定声波表现出特殊的敏感性,便于进行内耳方面的实验研究,如噪声对听力的影响、抗生素的耳毒性等。

（五）药效研究

利用豚鼠对组胺可产生支气管痉挛性哮喘的特性,进行平喘药和抗组胺药的药效测试;应用豚鼠吸入 7% 氨气、SO_2 或柠檬酸可引起咳嗽的特性评价镇咳药的药效。

(六) 人类感染性疾病研究

豚鼠可感染多种病原微生物并发生相应疾病,尤其对人型结核分枝杆菌高度敏感,感染病变酷似人,是结核菌分离、鉴别、诊断、病理研究、治疗研究药物的首选动物。钩端螺旋体感染的研究也多用豚鼠。

(七) 其他领域的应用

豚鼠的血管反应灵敏,出血症状明显,辐射损伤引起的出血综合征在豚鼠表现最明显,常用放射病的相关研究,其后依次为猴和家兔、大鼠和小鼠。豚鼠自身不能合成维生素C,因此通过控制饮食中摄入量可形成维生素 C 缺乏症,是研究实验性坏血病的常用材料。

第四节

地　鼠

地鼠,又称仓鼠,在分类学上属于啮齿目,仓鼠科,仓鼠亚科。仓鼠亚科动物广泛分布于欧亚大陆,下分 5 属、12 种、52 亚种,常用于实验研究的有 8 种,其中已开发为实验动物的有 2 种,分别是金黄地鼠(*Mesocricetus auratus*,golden hamster)和中国地鼠(*Cricetulus griseus*,chinese hamster)。金黄地鼠又称叙利亚地鼠,因源自 1930 年从叙利亚 Aleppo 地区捕获的 1 雄 2 雌野生地鼠而得名。我国饲养的金黄地鼠最早由兰春霖教授于 1947 年从美国引入上海。中国地鼠又称黑线仓鼠或背纹仓鼠,由美国的施温特克(Schwentker)于 1948 年从我国取走 10 对野生原种,经多年研究繁殖成功而得名,现已遍布欧美、日本等国。山西医科大学育成了我国第一个中国地鼠近交系——山医群体中国地鼠近交系;中国军事医学科学院育成世界上唯一的黑线仓鼠白化突变群 A:CHA。

一、一般特性

(一) 外形

金黄地鼠成年体长 16～19 cm,成年体重雌性 120 g,雄性 100 g。眼小而亮,耳色深、呈圆形,尾粗短。被毛柔软,常见脊背为鲜明的淡金红色,腹部与头侧部为白色。由于突变,毛色和眼的颜色产生诸多变异,毛色可有野生色、褐色、乳酪色、白色、黄棕色等,眼可有红色和粉红色。中国地鼠体型小,呈灰褐色,长约 9.5 cm,成年体重约 40 g。眼大、黑色,外表肥壮、吻钝、短尾,背部从头顶直至尾基部有一暗色条纹(图 5-4)。

A.金黄地鼠　　　　　　B.中国地鼠

图 5-4　地鼠的外形

（二）性情

地鼠胆小，警觉敏感。行动迟缓，不敏捷，易捕捉。凶猛好斗，常互相厮打。雌鼠亦好斗，较雄鼠强壮，非发情期不允许雄鼠靠近。

（三）易感性

地鼠喜居温度较低、湿度稍高的环境，室温以 22～25℃ 为宜，湿度以 40%～60% 为宜。对室温变化敏感，一般 8～9℃ 时可出现冬眠，＜13℃ 时幼仔易冻死。

（四）习性

地鼠嗜昼伏夜动，通常晚上(20:00～23:00)活动频繁，白天睡觉。嗜睡，熟睡时全身松弛，如死亡状，不易弄醒。喜独居，生活能力强。具有储食习性，常有食仔癖。

二、解剖学特点

（一）骨骼

1. **头骨** 结实，口唇长且大，两眼之间的距离小于口吻的宽度，门齿孔小，头盖骨后缘为较小的棚状隆起。齿式为 2(I1/1, C0/0, P0/0, M3/3)＝16。白齿排束状，咬面不平滑，有明显的突起。

2. **脊椎** 有 43～44 枚，其中颈椎 7 枚、胸椎 13 枚、腰椎 6 枚、荐椎 4 枚、尾椎 13～14 枚。

（二）脏器

1. **肺** 分为 5 叶，右肺 4 叶，左肺 1 叶。右肺由尖叶、心叶、膈叶、副叶组成。

2. **心脏** 位于 2～4 肋间，中央偏左侧。

3. **肝** 分为 6 叶，左 2 叶、右 3 叶和 1 个很小的中间叶，胆囊在中间叶的上端。

4. **胃** 分为前胃和腺胃，前胃较小与食道相连，腺胃与十二指肠相连，两胃之间有一环状的沟。胃容量为 2～3 ml。

5. **肠** 分为大肠和小肠，消化道总长是体长的 4.5～6.5 倍。小肠全长 33～44 cm，为体长的 3～4 倍。大肠全长 36～44 cm，为体长的 2.5 倍。盲肠约为体长的 0.6 倍。

6. **胰** 呈长条片状，分为 2 叶，右叶紧连十二指肠，左叶在胃后与脾相连。

7. **脾** 呈长带形，长 2.8～4.5 cm，宽 0.4～0.5 cm。

8. **肾** 位于腰部脊椎两侧，在第 2～7 腰椎。肾乳头突起很长，一直延伸到输尿管内。

9. **睾丸** 位于腹腔内脐部左侧和胃下部。相对较大，呈桑葚状，占体长的 1/6～1/7，重量为 1.6～2.0 g。上端有 1 对乳白色长条叶片状的大积液囊。

10. **附睾** 分为冠、体、尾 3 个部分，长 3.5～4.0 cm，宽 1.0～1.5 cm。

11. **卵巢** 呈圆形，左右各一。一次最多可排卵 20 个。

12. **子宫** 呈"Y"形，较大。子宫角长约 4 cm。子宫颈长约 0.7 cm，子宫体长约 0.3 cm，阴道长约 2 cm。

（三）腺体

1. **乳腺** 金黄地鼠雌性有乳头 7 对；中国地鼠为 4 对。
2. **肾上腺** 1 对，位于肾脏上方，米粒大小。

（四）特殊构造

1. **颊囊** 口腔内两侧各有 1 个颊囊，深度为 3.5～4.5 cm，直径为 2～3 cm。颊囊从左右两侧的口腔黏膜一直延伸到耳后颈部与肩胛部的后方，由一层薄而透明的肌膜构成，其内缺少腺体和完整的淋巴管通路，容量可达 10 cm³。中国地鼠的颊囊容易牵引翻脱。成年金黄地鼠的颊袋长 4～6 cm，宽 1～2 cm。颊袋由括约肌和伸展肌包围，形成一个口袋状，较易摄入和吐出食物。
2. **淋巴系统** 全身有 15 个淋巴中心，35～40 个淋巴结。

三、生理学特点

（一）消化生理

为杂食性动物，以植物性饲料为主，食谱广泛。口腔两侧各有一发达的颊囊，用于储存食物和水。颊囊黏膜适合观察淋巴细胞、血小板、血管反应变化。牙齿坚硬，门齿终生不断生长。蛀牙产生与饲料和口腔微生物有关，适用于龋齿研究。

（二）生殖生理

金黄地鼠性成熟约 30 日，性周期为 4～5 天，妊娠期 14～17 天，为哺乳类实验动物中妊娠期最短的。哺乳期 21 天，窝产仔数 4～12 只，有假孕现象。由于成熟早，妊娠期短，性周期准确规律，繁殖周期短，同时人类的精子能穿透地鼠卵子的透明带，故适用于计划生育的研究。

中国地鼠 8 周龄性成熟，性周期为 3～7 天，妊娠期 19～21 天，哺乳期 20～25 天。

（三）生长发育

金黄地鼠生长发育迅速，从受精卵到成熟只需 60 天，寿命为 2～3 年。

中国地鼠生长发育与小鼠相近，寿命为 2～2.5 年。

（四）免疫功能

对皮肤移植反应特殊，同一封闭群内的个体间皮肤移植均可成活，并能长期生存。但不同种群之间的移植 100％被排斥。颊囊缺乏组织相容性反应，可以进行肿瘤移植。自发感染少，实验性诱发感染方便。金黄地鼠是我国乙型脑炎疫苗生产的主要原材料来源。中国地鼠对白喉、结核分枝杆菌极其敏感，其睾丸是极好的接种器官。由于自发性和内源性病毒感染发生率低，中国地鼠的组织培养细胞已成为诱变和致癌研究的实验工具。

（五）遗传特性

金黄地鼠染色体 22 对。中国地鼠染色体 11 对，染色体大且数量少，易于相互识别，X 染色体与人类的形态相似，而 Y 染色体形态独特，是研究染色体畸变和复制机制的理想材料。近交系中国地鼠易发生自发性遗传性糖尿病。

四、应用

用作实验动物的地鼠主要是金黄地鼠和中国地鼠。

（一）肿瘤学研究

地鼠的颊囊缺乏组织相容性抗原，是"免疫特区"，移植组织在此不易发生排斥，便于对肿瘤进行移植和研究，地鼠对致癌物和可诱发肿瘤的病毒也很敏感，在肿瘤学研究中地鼠的使用非常广泛。

（二）遗传学研究

中国地鼠在细胞遗传学、辐射遗传学等领域有着广泛应用。其染色体少（2n＝22）而大，大多能相互鉴别，与人类一样是 X 型，Y 染色体在形态上独特极易识别，多用于染色体畸变和复制机制的研究。

（三）生理学研究

地鼠的颊囊由一层薄而透明的肌膜组成，便于进行微循环观察，常利用颊囊黏膜观察淋巴细胞和血小板变化及血管反应性变化。地鼠可诱发冬眠，因此多用于冬眠生理研究。其妊娠期短性周期准，也多用于生殖生理和计划生育研究。

（四）疾病研究

近交系中国地鼠易出现自发性糖尿病，是人类真性糖尿病研究领域的常用模型动物；地鼠对各种血清型钩端螺旋体感受性强，病变典型，常用作钩体病的模型及进行病原分离；地鼠对维生素 E、核黄素缺乏敏感性，可用作相应营养缺乏症的研究；也可采用地鼠进行实验性感染，复制多种病毒和细菌感染性疾病。

（五）生物制品生产

地鼠肾可用于脑炎、流感、腺病毒、立克次体、原虫的病原培养和分离，以及制备狂犬疫苗和脑炎疫苗，是生物制品生产中的重要原材料。

（六）生物学评价

地鼠的颊囊常用于评价各种受试物，如药物、医用材料（浸提液）对口腔黏膜的刺激性，通过在颊囊内放置浸有受试物或其浸提液，观察接触一段时间后颊囊的局部组织反应，以评价受试物对口腔黏膜的刺激作用。

第五节

长 爪 沙 鼠

长爪沙鼠（*Meriones unguiculataus*，mongolian gerbil），属于哺乳钢、啮齿目、仓鼠科，沙鼠亚科，沙鼠属，又称长爪沙土鼠、蒙古沙鼠或黑爪蒙古沙土鼠，黄耗子，砂耗子等。分布在内蒙古自治区及其毗邻的省区，包括河北省北部、山西、陕西、甘肃、宁夏、青海等地的草原地带。苏联外贝加尔地区和蒙古人民共和国也有分布。1952 年开始实验动物化，目前国内已建有封闭群长爪沙鼠，国外已培育多个近交系和突变系，为应用前景广阔的多功能实验动物。目前,开发应用的实验长爪沙鼠均来自同一种群,为1935年在我国东北的日本人从我国东北和蒙古东部捕捉后驯养的。1935年,当时大连卫生所春日送给日本北里研究所的长野开始驯化;1952年,日本实验动物中央研究所野村得到了这种动物后,并进一步实验动物化,建立了一个亚群。1954年,美国Schwentker博士从这一亚群中将其引进至美国各地广泛应用实验研究,然后又引种到英、法等国(图5-5)。

图5-5 长爪沙鼠外形

一、一般特性

(一)外形

长爪沙鼠成年平均体重77.9(30～113)g,体长112.5(97～132)mm,尾长101.5(97～106)mm,眼大而圆,耳明显,耳壳前缘有灰白色长毛,内侧顶端有少而短的毛。背毛棕灰色,腹毛灰白色,体侧和峡部毛色较淡。尾粗长,上被以密毛,尾端毛较长,集中成束。爪较长,趾端有弯锥形长而有力的爪,适于掘洞。后肢长而发达,长度27(24～30)mm,后肢跖和掌被以细毛,可作垂直与水平的快速运动。沙鼠尾巴长满披毛并常在尾尖部集中成毛簇。成年雄性阴囊突起明显,阴囊与肛门周围有黑色素沉着。

(二)习性

长爪沙鼠是一种小型草食动物,主要采食植物幼芽、根须、籽实,采食时常采用半直立姿势。喜居沙质土壤的洞穴中。行动敏捷,群居,有贮食习惯。昼夜活动,下午(15:00)和午夜为活动高峰期。体温调节能力强,耐热能力佳,不冬眠,一年四季活动。易于陷入催眠状态,类似人类的自发性癫痫,突然放入宽敞场地或握在手中常发生癫痫。月龄不同,发作频率也不同。特别是出生后2月龄左右的长爪沙鼠,对非特异性因子具有感受性。有的可因癫痫发作致死。美国加利福尼亚大学洛杉矶分校Loskota在长爪沙鼠具有癫痫发作特点的基础上,培育出发作感受型WJL/UC和发作抵抗型STR/UC 2个新品系。

长爪沙鼠每天排尿量仅为数滴,粪便干燥。长爪沙鼠长期栖息在干燥地区,肾脏功能特殊,可以把饮水量控制在每百克体重2 ml左右而毫不影响体重。其能把食物中的水分和代谢产生的水有效利用,并且尽可能减少水的排出。但在实验室饲养时,若增加饮水量,尿量也随之增加。这些特殊的肾功能特点是研究肾功能性病变的良好动物模型。长爪沙鼠性情温顺,较少斗殴。但成年长爪沙鼠混群常导致激烈斗殴,伴有伤亡。断奶时可以安全合并成大群,并可维持到性成熟及以后。

（三）易感性

长爪沙鼠对多种丝虫、原虫、线虫、绦虫和吸虫非常敏感,特别是研究丝虫病的理想模型动物。长爪沙鼠对多种病毒、细菌敏感,如流行性出血热病毒、西方型马脑炎病毒、狂犬病毒、脊髓灰质炎病毒等;肺炎链球菌、布氏杆菌、结核分枝杆菌、炭疽杆菌、支气管败血鲍特杆菌、鼠麻风杆菌、单核细胞增多性李氏杆菌、鼠伤寒沙门菌等。沙鼠不仅对肺炎链球菌、流感嗜血杆菌,以及其他需氧菌和厌氧菌本身敏感,对其培养物也极为敏感。

（四）繁殖与生长发育

长爪沙鼠繁殖以春秋为主,每年12月和1月基本不繁殖,交配多发生在夜间,接受交配时间为1天。性周期为4～6天,妊娠期为24～26天,哺乳期为21天,成年雌鼠1年繁殖3～4胎,每胎平均5～6只,最多达12只。在人工饲养条件下,1年可繁殖5～8胎,一生的繁殖期为7～20个月,雌鼠一生最高可繁殖14胎,寿命为2～3年。初生仔鼠体重2.5～3.0 g,无毛、闭眼、贴耳。3～4天耳壳竖起,6天开始长毛,8～9天长出门牙,16～18天开眼。生长发育较快,出生后3～4个月性成熟,通常5～6个月可进行配种,成年雌鼠体重60～75 g,雄性70～80 g。

二、解剖生理特点

（一）骨骼

1. **牙齿**　齿尖利,齿式 2(I1/1, C0/0, P0/0, M3/3)＝16。
2. **脊柱**　颈椎7枚,胸椎12～14枚,腰椎5～6枚,骶椎4枚,尾椎27～30枚。

（二）腺体

成年长爪沙鼠中腹部有1个卵圆形、棕褐色的无毛区域,上面被有蜡样物质,称为腹标记腺或腹标记垫。雄性长爪沙鼠的腹标记腺较雌性长爪沙鼠大且出现得早。长爪沙鼠在物体上摩擦腹标记腺时会引起腺体分泌一种油状具怪味的分泌物,该分泌物具有标记其活动疆界的作用。雄性长爪沙鼠的标记行为和腺体的完整性受雄激素控制。一般在群养时,以其中最常分泌腺体的长爪沙鼠为统治者。雌性长爪沙鼠的腹标记腺较小,不剪毛不易发现,其嗅觉标记活动在妊娠和早期哺乳期增强。

长爪沙鼠的副泪腺位于眼球后,眼角内侧。此腺体可分泌一种吸引素,从鼻孔排出并与唾液混合。在动物清洁腹部时扩散出来,雄性长爪沙鼠副泪腺分泌的吸引素对于发情期雌性长爪沙鼠具有促进交配的作用。

与体重相比,长爪沙鼠的肾上腺几乎为大鼠肾上腺的3倍,其产生的皮质酮多。与大鼠相比,切除肾上腺的沙鼠不能由于提供补充钠而得到维持。繁殖后的长爪沙鼠肾上腺皮质激素(主要是糖皮质激素)分泌亢进,同时伴有高血糖和动脉硬化等。这种现象在未交配过的雌雄长爪沙鼠均未见到。

（三）循环

长爪沙鼠与大鼠、小鼠等脑底动脉的分布有所差异,其小脑上动脉与大脑后动脉之间无后交通动脉相连,故不能构成完整的 Willis 环,基底动脉紧贴脑桥基底沟前行,呈"T"

形的 2 条小脑上动脉,两侧颈内动脉自颅底到达半球底面后分成大脑前动脉、大脑中动脉和大脑后动脉 3 个分支。脑底动脉环后交通支缺如,当结扎其单侧颈总动脉时,常发生脑梗死,很易造成同侧大脑半球缺血,大面积梗死一般发生在皮质、海马、丘脑、下丘脑和中脑背侧,表现为瘫痪、反复圆圈运动、癫痫和昏迷等,是研究人类脑血管意外的理想模型。

三、应用

长爪沙鼠使用量虽较大鼠、小鼠、豚鼠和地鼠少得多,但其某些独特的解剖学、生理学和行为学特征对于某些特殊研究具有重要价值,是其他啮齿类动物无法比拟的。而且其应用范围也越来越扩大,事实证明长爪沙鼠是一种"多能"性的实验动物,具有非常重要的开发应用价值。

(一)脑神经病研究

长爪沙鼠的脑血管不同于其他动物,其有独特的解剖特征,脑底动脉环后交通支缺损,没有连系颈内动脉系统和椎底动脉系统的后交通动脉,不能构成完整的 Willis 动脉环,结扎长爪沙鼠的单、双侧颈动脉,很容易造成脑梗死病变,可建立脑缺血模型。单侧颈总动脉结扎的动物术后出现偏瘫体征,结扎对侧肢体活动少,肌张力弱。双侧结扎颈总动脉动物,手术后出现直立跳起,呼吸急促。单侧结扎后 1 小时多有缺血性病理学改变,以结扎侧颞叶皮质及基底带最明显,主要有水肿、坏死、神经元缺失,双侧结扎 2 小时内死亡的无明显病变,8 小时内死亡的可见缺血性病变,出现双侧半球的缺血状态。所复制的模型操作简便,实验效果可靠,重复性强,可用于脑缺血的实验研究及药物治疗研究。使用长爪沙鼠研究脑梗死所呈现的脑卒中、术后脑缺血,以及脑血流量减少等比较理想。长爪沙鼠具有类似人类自发性癫痫发作的特点。月龄不同,发作频率也不同。尤其是生后 2 月龄左右的沙鼠,对非特异性因子具有感受性。有的可因癫痫发作致死。美国加利福尼亚大学洛杉矶分校 Loskota 在长爪沙鼠具有癫痫发作特点的基础上,培育成新的品系,如发作感受型 WJL/UC 和发作抵抗型 STR/UC。

(二)寄生虫病研究

长爪沙鼠对多种丝虫、原虫、线虫、绦虫和吸虫非常敏感,因此是研究这类寄生虫病的良好模型。特别是近年来国内外都认为长爪沙鼠是研究丝虫病的理想模型动物。

(三)微生物学研究

长爪沙鼠对多种病毒、细菌敏感,如流行性出血热病毒、西方型马脑炎病毒、狂犬病毒、脊髓灰质炎病毒等,以及肺炎链球菌、布氏杆菌、结核分枝杆菌、炭疽杆菌、支气管败血鲍特杆菌、鼠麻风杆菌、单核细胞增多性李氏杆菌、鼠伤寒沙门菌等。长爪沙鼠对来自黑线姬鼠、褐家鼠或患者的流行性出血热病毒(EHFV)均敏感。与大鼠相比,具有对 EHFV敏感性高,适应毒株范围广,病毒在体内繁殖快,分离病毒和传代时间短等优点。因此,长爪沙鼠成了研究流行性出血热病毒的理想实验动物。长爪沙鼠不仅对肺炎链球菌、流感嗜血杆菌,以及其他需氧菌和厌氧菌本身敏感,对其培养物也极为敏感。但对链霉素却异常敏感,50 mg 就可以使成年长爪沙鼠死亡。

（四）内分泌研究

经过交配的长爪沙鼠肾上腺皮质激素（主要是糖皮质激素）分泌亢进，同时伴有高血糖和动脉硬化等。这种现象在未交配过的雌雄长爪沙鼠均未见到。长爪沙鼠睾丸的分泌也有特点，在促黄体激素（LH）的作用下，睾丸间质细胞不仅释放雄激素，也释放孕激素（黄体酮）。在 LH 刺激下，雄激素和孕激素的释放有明显的正相关。另外，体外雄激素生物合成与小鼠和大鼠相比，沙鼠的睾丸间质细胞对 LH 更敏感。这可能是由于沙鼠的大部分 LH 受体未被占用，即使是微量 LH，也能完全活化激素生成的缘故。

（五）代谢研究

长爪沙鼠的代谢比较奇特。长爪沙鼠血清胆固醇水平显著受饲料中胆固醇含量的影响。尽管其能够耐受动脉粥样硬化，但高胆固醇饲料会引起肝脂沉积和胆结石。一般情况下，其肝内的类脂质比大鼠高 3 倍，成为研究高脂血症的合适动物。血清胆固醇大部分为胆固醇酯，而且脂蛋白为低密度脂蛋白，很少出现高脂血症的动脉粥样变性或动脉瘤性硬化症。饲料中增加胆固醇时，肝和血浆中三酰甘油也增加，若饲料中增加蔗糖成分，肝和血浆的三酰甘油则降低。因此，可用于研究胆固醇吸收和代谢变化。常规饲料喂养长爪沙鼠，约有 10% 的沙鼠出现肥胖现象。这种肥胖鼠的耐糖力很低，血中胰岛素的含量很高，而且胰脏还发生病理变化。6 个月后还可引起牙周炎。在饲料中增加糖的含量，则发生龋齿。长期用 50% 半乳糖喂养，可使长爪沙鼠死亡。喂养 24 小时后，可出现白内障。白内障的进展速度和晶体中醛糖还原酶的活性，都比大鼠高 2 倍，类似于晶体中多元醇蓄积过多引起的白内障。所以，长爪沙鼠也是研究糖尿病、肥胖症、牙周炎、龋齿及白内障的理想实验动物。

（六）药理学研究

长爪沙鼠可用于抗精神失常药物对中枢神经介质影响的研究。因为多巴胺拮抗药氟哌利多和可乐定可增加长爪沙鼠的超声信号（与一般活动有关）作用，多巴胺的相似药阿扑吗啡可减少其超声信号的作用，而儿茶酚胺则有调节声信号的作用。可乐定可引起长爪沙鼠行为的改变。这种行为改变可被抗抑郁药所对抗，但安定类药物和其他抗精神病药物则不能对抗这种作用。因此，长爪沙鼠很适合用于抗抑郁药的筛选。

（七）肿瘤研究

长爪沙鼠有自然发生肿瘤的倾向。鼠龄 24 个月的老年长爪沙鼠，有 10%～20% 产生自发性肿瘤。一般发生在肾上腺皮质、卵巢和皮肤等部位。长爪沙鼠是唯一产生自发性耳胆脂瘤的动物。采用电耳蜗记录技术，可有效而无损伤地记录耳胆脂瘤的发生。

（八）肾病研究

由于长爪沙鼠肾脏功能的特殊，其长期栖息在干燥地区，可以把饮水量控制在每百克体重 2 ml 左右，而对体重毫无影响。它能把食物中的水分和代谢产生的水有效利用，并且尽可能减少水的排出。但在实验室饲养时，若增加饮水量，尿量也随之增加。长爪沙鼠这些特殊的肾功能特点是研究肾功能性病变的良好模型。

（九）铅中毒和放射病研究

长爪沙鼠长期给予醋酸铅,会发生慢性肾病和小红细胞性贫血,类似于人类慢性铅中毒的变化。长期或短期投给铅,肾脏可产生各种各样的病理性变化,故成为研究急性和慢性铅中毒动物模型。长爪沙鼠对 X 线或 γ 射线的耐受量为其他动物的 2 倍,通过对其耐辐射能力的研究,可以探查抗辐射机制。

第六节

家　兔

兔(*Oryctolagus cuniculus domestica* , rabbit)在分类学上属于哺乳纲,兔形目,兔科,真兔属。在动物学分类上,兔曾被列入啮齿目。后因啮齿目动物只有 4 颗切齿,而兔有 6 颗切齿,其中有 1 对较小的切齿紧贴在上颚 1 对大切齿的后方,呈圆形而不尖锐,故现被列入兔型目。生物医学研究应用的实验兔是由野生穴兔经过人工驯化而育成,多为欧洲野兔的后代。

一、一般特性

（一）外形

兔体型中等,耳郭大,上面血管清晰、耳静脉粗易于注射和采血。眼球大,几乎呈圆形,虹膜内有色素细胞。皮脂腺遍布全身,能分泌皮脂,油润被毛。腰臀丰满,四肢粗壮有力,某些品种雌兔有肉髯。肌肉总重占体重的 35%。表皮薄,真皮较厚。被毛较厚,毛色主要有白、黑、灰蓝色等,被毛的颜色和长度常可作为识别品种主要特征(图 5-6)。

A. 日本大耳兔　　　　B. 新西兰兔　　　　C. 青紫蓝兔

图 5-6　常用实验兔

（二）性情

高度警觉,胆小怕惊,温顺。具有嗜睡性,若使其仰卧,全身肌肉松弛,顺毛抚摸其胸腹部并按摩太阳穴时,可使其进入睡眠状态。

（三）感官

兔的嗅觉、听觉、视觉十分灵敏,能凭嗅觉辨别非亲生仔兔,并拒绝为其哺乳,还能嗅到其他动物。大耳朵能听到很微弱的声音,快速准确地定位声源。视野广阔,常直坐俯视地平线。

（四）易感性

兔对环境变化十分敏感。厌湿喜干,怕热。由于汗腺不发达,当气温＞30℃或湿度过高时,易引起减食、废食,还会造成母兔流产、泌乳量减少和拒哺现象。喜安静、清洁、干燥、凉爽的环境。耐寒不耐热,耐干不耐湿。

(五) 习性

兔的群居性差,群养时同性别成年兔经常发生斗殴咬伤。适于单笼饲养。具有夜行性,白天表现十分安静,常闭目睡眠。夜间十分活跃,采食量占全天的 75%。齿尖,喜磨牙,有啃土、扒土习惯。拉粪撒尿固定一角,有良好的卫生习惯。喜弹跳运动,喜寻找掩蔽物获取安全感。

二、解剖学特点

(一) 骨骼

兔的骨骼系统共有 275 块骨,构成身体的支架,主要包括中轴骨骼和附肢骨 2 大部分。中轴骨骼包括头骨、脊柱、肋骨和胸骨,附肢骨包括前肢骨和后肢骨。

1. 齿式 乳齿齿式为 2(I2/1, C0/0, P0/0, M3/2)=16,成年兔齿式为 2(I2/0, P3/2, M3/3)=28。上唇的中央有一裂缝,称唇裂。前门齿大而长,后门齿短而细小。

2. 头骨 分为颅骨和面骨 2 个部分。颅骨包括:不成对的顶间骨、枕骨、基底骨和筛骨,成对的顶骨、额骨和颞骨共 10 块;它们包围并保护着脑及眼、耳、鼻 3 对特殊感受器。面骨包括成对的上颌骨、前颌骨、鼻骨、腭骨、颧骨、泪骨、翼骨和 1 块犁骨,此外,还有下颌骨和舌骨。它们形成口腔和鼻腔,保护呼吸道和消化道的前端部分。

3. 脊柱 脊柱骨主要由颈椎、胸椎、腰椎、荐椎和尾椎 5 个部分组成。脊椎骨呈链状,位于身体中央,是不成形、不成对的骨骼。自头低部向后延伸至尾部,成为全身骨骼的基础部分。脊椎骨之间有一层软骨垫,称为椎间盘,减少脊椎骨活动时的摩擦作用。各脊椎骨由韧带相连构成脊柱。椎骨由 3 个部分组成:①椎体为椎骨的中央部分,呈柱形,椎体的前后端与相邻接的椎骨之间,以椎间盘相连接。②椎弓位于椎体的背侧,左右椎弓于顶端相连接,向背侧伸出一突起,称为棘突(神经棘);椎体与两椎弓之间形成一骨环,中央处的孔道称为椎孔;各椎骨相连,椎孔相通,在脊椎中央形成椎管,其中容纳脊髓,脊髓被膜。③横突是椎体腹面左右两侧向外的突起,是肌肉与韧带附着的部位。脊柱上每个椎骨因其部位所在不同,形状也有很大差别。家兔的脊柱约有椎骨 46 枚(45~48 枚)。颈椎有 7 枚,第 1、2 颈椎支持头颅并适应头部的转动,其形态有明显的差别。第 1 颈椎又称环椎,没有椎体和棘突,形似 1 个扁骨环,两侧有扁平翼状的横突,前面有两个关节窝与头骨的 1 对枕骨髁相连接。第 2 颈椎又称枢椎,其最明显特点是椎体前端有锥状突起,称为齿状突,向前伸入环椎内,成为旋转头骨的轴。其神经棘长大,在皮肤外可明显触及,此特点可判明枢椎的部位。其他 5 枚颈椎,形态结构相近。椎体的腹面中央有腹棘,椎弓强大,棘突短呈低棘的形状。横突短,并与退化的颈肋在远心端愈合,形成横突孔,横突孔相连构成横突管。胸椎有 12 枚。其椎体短小,椎弓小,横突短而厚,游离端形成结节状,并有关节面,与左右 1 对肋骨结节成关节。棘突高大而且窄细。第 1~5 胸椎的棘突最长,向后倾斜。第 6~9 胸椎椎体增大,棘突逐一缩短而趋向直立。第 10 胸椎(有的第 11 胸椎)的棘突差不多近似垂直,第 12 胸椎的棘突明显向前倾斜。腰椎有 7 枚。其椎体长大而粗壮,横突成长板状,上下扁平,椎骨中以腰椎的横突为最强大,并微向下弯曲,其中第1~5腰椎的横突最长。棘突的高度与最后两胸椎相同。荐椎位于左右髂骨之间,兔的荐椎是由4枚荐椎愈合而成的。背面中央有4枚荐椎的棘突。尾椎一般有16个尾椎骨。尾骨结构相近,各尾骨逐渐变小并逐步退化,仅有椎体而已。

4. 肋骨 12对,为长而弯曲的弓状骨。左右成对,并与胸椎数目一致,由肋骨体和两端组成。肋骨是狭长而弯曲的扁骨,各肋骨的长、宽及弯曲度不均,与胸腔的形状相关。肋骨的两端分别称为背端、腹端。兔的前7对肋骨腹端分别直接与胸骨连接,称为真肋;后5对不直接同胸骨成关节,而是与后几个真肋相连,称为假肋;最后3对假肋的腹端变细呈游离状态,它们易于移动而称为浮肋。

5. 胸骨 6枚,由一系列节片状的胸骨组成。胸骨分胸骨柄、胸骨体与剑突3个部分。第1枚胸骨片扁平,向前伸长,最后的胸骨片呈圆桃形、薄而宽大的软骨,称为剑突。胸廓由胸椎、肋骨、软肋骨及胸骨构成。背壁为胸椎,侧壁为肋骨和软肋骨,腹壁为胸骨。胸腔的形状为不规则无顶的圆锥体。完整的胸廓保护着心、肺器官。

6. 前肢骨 分为肩带、臂、前臂和前足4个部分。肩带包括肩胛骨、锁骨和鸟喙骨。哺乳动物鸟喙骨已退化成肩胛骨上的1个突起,称为鸟喙突。兔的肩胛骨(scapula)为一扁宽的三角形薄骨片。肩胛骨外侧面有一嵴,将它分为前肩胛窝和后肩胛窝两部分,内侧面为下肩胛窝。这些部位是肌肉附着的地方。在肩胛骨的下方有一凹陷称为肩臼,它与肱骨相关节。兔前肢骨骼主要承担体重,前肢外展运动能力差,锁骨不发达,退化为细而长的棒状骨。臂骨由1个肱骨组成,肱骨是1个长骨,上端与肩胛骨形成肩关节。前臂包括桡骨和尺骨,两者均为长骨。桡骨位于内侧,尺骨位于外侧。尺骨较桡骨长而粗壮有力,略呈"S"形弯曲。前足包括腕骨、掌骨和指骨,腕骨是1组小型短骨,有9枚。排列成上下2列,上列腕骨有4枚,自桡侧向尺侧的分布分别称桡腕骨、中间腕骨、尺腕骨和副腕骨;下列腕骨有4枚(或5枚),其命名顺序分别称为第1、2、3、4、5腕骨。2列腕骨之间有1块小的中央腕骨。掌骨属于长骨,有5枚。自桡侧向尺侧的分布分别称为第1~5掌骨。第1掌骨最短,第3掌骨最长。指骨5枚,一般每个指骨由3个骨节组成,但第1指骨仅有2个骨节。

7. 后肢骨 分为腰带、大腿、小腿和脚4个部分。腰带由1对髋骨组成。髋骨与荐骨、前3(或5)尾椎骨组成骨盆腔。每1个髋骨是由髂骨、耻骨和坐骨3个扁骨组成。髂骨在三骨中最大,构成骨盆的侧壁;耻骨在三骨中最小,构成骨盆腹侧壁的前部。坐骨构成骨盆腹侧壁的后部。大腿包括股骨、胫骨、腓骨及膝盖骨。股骨为一粗壮的长骨,在长骨中最大。股骨近端隆大,内侧有一半球状突出的头,称为大转子。与远端与胫、腓骨及膝盖骨形成膝关节。小腿包括胫骨、腓骨和膝盖骨。胫骨为一长骨,骨体粗大。近端隆突有髁头,髁上呈鞍形关节面,与股骨形成关节。远端与跗骨为关节。腓骨为一细小的长骨,位于胫骨的外缘,不与股骨成关节。膝盖骨属短骨,为一大籽骨,与股骨成关节。脚骨包括跗骨、遮骨和趾骨3个部分。跗骨是一组短骨,有6块,分布在胫骨与距骨之间,排列成不完整的3列,上下列间嵌入一块孤立的中央跗骨。上列有2块粗大的短骨,位于内侧的1块不正形骨为胫跗骨。位于外侧的为腓跗骨。下列有3枚跗骨,从内侧至外侧的排列分别为第2、3、4跗骨,其中第2跗骨最小,第4跗骨最大。而第1跗骨缺损。蹠骨有4

枚,第 1 蹠骨缺损。自内侧向外排列为第 2～5 蹠骨,第 3 蹠骨最长,第 2 和第 5 蹠骨最短。趾骨有 4 枚,每个趾骨有 3 个骨节。

(二) 脏器

1. **脑**　包括大脑、小脑、间脑、中脑、脑桥和延髓。大脑和小脑的表面覆盖着一层灰质,组成皮质。除此以外,灰质还分布在脑干等部位的内部,如四叠体、丘脑和大脑白质内部的神经核上(尾状核、豆状核、壳核和苍白球)。在大脑脚内有红核和黑质。

(1) 大脑:由 2 个半球所组成,上表面由细小的纵裂将其分成 2 个半球。以半球与小脑相比较,其比例并不甚大,1 对半球越向前方越狭窄,呈三角形。大脑皮质不发达,比较薄。皮质表面光滑,缺乏沟与回,在半球表面上,较为明显的仅有微小的血管沟。半球上的分部也不甚明显,基本上可分为 3 个部分:即前部、颞部和后部。后部为组成半球的基本部分,颞部与其他 2 个部分的分界较为明显。大脑半球的内部是白质,系由神经纤维所组成,用以完成神经细胞(中枢的)彼此之间的联系。在每个大脑半球的内部有成对的、不规则的空腔,称为侧脑室。在脑室的上面覆盖着 1 层薄而致密的白质小板,称为胼胝体。它是由两个大脑半球之间横向联络的纤维所组成。大脑半球的前端逐渐窄细,在其前面有 1 对嗅球,从嗅球上发出很多细的神经干,构成嗅神经(即第 1 对脑神经)。侧脑室的前角继续向前延伸与嗅球内腔相通。在 2 个侧脑室之间,沿中线有很薄的、质地细腻的髓板,为半透明的中隔。侧脑室的底为大脑灰质组成的粗大的团块,称为尾状核。尾状核的下方,在白质深处有豆状核。由尾状核与豆状核组成纹状体,成为大脑半球内的基底神经核。在尾状核的后部即为海马,沿着海马边缘向前有一明显的、狭窄的白带,即穿窿脚或伞。

(2) 间脑:被大脑半球所遮盖。在间脑中,丘脑(也称视丘)是主要部分。丘脑是 1 对相当大的球形灰质团块(9 mm×11 mm),其上覆盖着薄层的白质。处于大脑半球腹侧,2 个丘脑之间有一狭窄的缝隙,即为第 3 脑室。在其前方以室间孔与左、右侧脑室相通。丘脑之间还有神经束(白质)彼此相连,在兔脑的正中矢状面上可看到,在穿窿消失处的前方有 1 个横断面呈圆形的神经束,称为前连合;位于第 3 脑室的背后方可看到其横断面的大小、形状与前连合相似的神经束,即为后连合;在第 3 脑室中央处有一比前、后连合更大的中连合。在丘脑的腹侧部为丘脑下部(又称下丘脑)。从第 3 脑室底向下,在脑底视神经交叉的后方,有漏斗状物从脑腹面伸出,并有一些增厚处,称为灰结节。

(3) 中脑:将大脑与小脑相接处轻轻分开,即可见中脑,由 2 个部分组成:背面为四叠体;腹面是 1 对大脑脚。四叠体位于丘脑的后方,是由纵横二沟分成的 2 对灰质结节。前面的 1 对比较粗大,称前丘(上丘);后面的较小,称后丘(下丘)。后丘并不被大脑所遮盖。在四叠体的腹侧为大脑脚。在四叠体与大脑脚之间有狭长的管道,称为中脑导水管。它联通第 3 脑室与第 4 脑室。脑桥不发达,位于小脑腹面的前半部,介于大脑脚与延髓之间,其表面在左、右向的横纹,以粗大的神经束走向背面,与小脑相联系。

(4) 延髓:位于小脑腹面的后半部,介于脑桥与脊髓之间。脊髓是延髓的延续部分,两者之间没有明显的界限。兔的延髓重约 1.4 g,在延髓的背侧面有 1 个明显的菱形窝,它构成第 4 脑室的底。由小脑的腹侧面构成第 4 脑室的顶。第 4 脑室的顶,从前至后有 1

层薄的髓板——前髓帆和后髓帆，其上有血管丛。第4脑室向前与中脑导水管相通，向后与脊髓的中央管相通。1条纵沟将菱形窝分成两翼。第4脑室底部含有许多灰质核，由这些神经核发出脑神经（第Ⅴ～Ⅻ脑神经）。

（5）小脑：不发达，位于大脑半球后，延髓与脑桥的背侧，从小脑背侧面可将其分为2个部分：位于中央酌是蚓部，表面有横纹，中央的两侧为向外突出的小脑绒球，是1对具有沟回的半球形体。小脑的外表面是1层灰质，随着表层沟裂而向深处弯曲，楔入到中间白质中。在小脑的矢状切面上可看到小脑白质呈树枝状，称为小脑树。通过3对小脑脚使小脑与脑干相联系。前面的1对小脑脚走向中脑的四叠体，中间的1对横向通至脑桥，后面的1对走向脊髓前端的1对绳状体。

2. 脊髓　形似一较粗的绳状体，包围在脊椎管内，其背腹稍扁平，前端在枕骨大孔处与延髓相接，两者之间没有明显的界线。脊髓有2处较为膨大：前部相当于第6颈椎以下的部位，稍有膨大，但不甚明显，此处称为颈膨大；后部相当于第3～5腰椎处，为腰膨大，此处比颈膨大较为显著。由膨大处发出的脊神经也比较粗大，它们分别支配前肢和后肢。脊髓的末端狭细，称为脊髓圆锥，处于第3～4荐椎的水平。脊髓圆锥向后变成1条细线，称为终丝，伸展于尾椎管内。脊髓表面也有沟裂，在背面中央处有1条纵行的浅沟，称为背正中沟。在腹面中央处有1条纵行的深裂，称为腹正中裂。脊髓被背腹二沟裂分为左右对称的两半。脊髓的外围是白质，是由大量的神经纤维所组成，在白质内是灰质。在灰质的中央处有1个细的纵行空腔，称为脊髓中央管，它向上直通第4脑室，向下纵贯脊髓全长。从脊髓横切面上可看出，灰质形似蝶状向背侧发出两角，称为背角。其中含有大量感觉神经细胞体；向腹侧发出的两角，称为腹角，由大量运动神经细胞体组成。在脊髓的胸段处，灰质还向外侧发出较小的侧角。侧角内含有植物性神经细胞体。脊髓白质内的神经纤维组成前、后行的，神经束。由于有灰质的各角部位不同，可将白质分为几个区域：背索（后索）处于灰质的背侧，介于两背角之间；腹索（前索）处于灰质腹侧，介于两腹角之间，侧索处于灰质的两外侧，介于背角和腹角之间。脊髓腹面的两侧各有一列神经根，称为腹根。脊髓灰质前角内的运动神经元发出的轴突（即运动神经纤维）经腹根而出。脊髓背面的两侧也各有1列神经根，称为背根。并在背根上有一膨大处，称为脊神经节。节内含有感觉神经细胞体，其神经纤维经背根进入脊髓与灰质背角内的感觉细胞联系。脊髓一侧的背根与腹根在椎间孔处汇合成脊神经，然后穿出椎间孔。

3. 肺　位于密闭的胸腔内心脏的两侧，是1对实质性的海绵状器官，新鲜的肺呈粉红色，质地松软，富有弹性，具有小叶状的构造，左右肺之间有纵隔分开。右肺较左肺大。在每个肺内侧面靠近前端的部位有支气管、血管和神经出入肺，此部位称为肺门。兔的肺有一定数目的分叶。根据每个肺从前至后的裂纹，可分为尖叶、心叶和膈叶，右肺还有中间叶（左肺3叶，右肺4叶）。两肺这种不对称的结构是与心脏在胸腔内偏左的位置有关。整个肺在充气的状态下似圆锥状，底部大，上部窄细。肺由许多肺小叶组成。每个肺小叶包括呼吸细支气管、肺泡管、肺泡囊和肺泡4个部分。支气管进入肺后，经多次分支最后成为呼吸细支气管，其末端膨大成囊状，称为肺泡囊。囊内又分成许多小室称肺泡。肺泡的外面有丰富的血管网。

4. 心脏　位于狭窄的胸腔前部，纵隔的中间位，界于第2肋骨的后缘至第4肋骨的后缘或第 5 肋骨的前缘之间。为一中空的肌质器官,依靠心脏的收缩与舒张活动产生的压力,推动血液与淋巴循环。由于胸廓的前端呈紧压状态,因此由左心室发出的主动脉弓非常低位,并明显的向左移位和向后弯曲,处于气管的左侧和左肺上缘之间。兔的心脏稍向左侧偏移,沿着胸腔内的长轴方向,斜着向后伸直。心脏沿着纵轴稍向右旋转,心脏与脊柱呈锐角(45°)。心脏处于薄而透明的心包膜内。心包为一纤维性的浆膜囊。在心包膜内部有鞍裂的心包腔,腔内含有一定量的浆液,称为心包液。心包膜的内层为脏层,直接包于心脏的外表面而成为心外膜。其外层为壁层。心脏分为 4 个腔,分别称为左、右心房(由房中隔分开)和左、右心室(由室中隔分开)。心室的肌壁较心房更为坚厚,而左心室壁最厚,约为右心室壁厚度的 3 倍以上。从心脏外表观察,心房与心室的表面分界线为冠状沟,除在肺动脉根部被隔断外,冠状沟环绕整个心脏的外围。左右两个心室的分界线为两条纵沟,沟内有冠状血管和脂肪。心脏本身所需要的血液来自左、右冠状动脉。冠状动脉起自主动脉根部,主动脉瓣前方的左右两壁处。心壁中静脉血液大部分由冠状静脉回流至心,冠状静脉汇集在冠状窦,开口于右心房。此外,也有一些小静脉直接开口于右心房。暴露心脏时,手术操作无需做人工呼吸。颈神经血管束减压神经易于分离,其末梢分布在主动脉弓血管内,属于传入性神经。

5. 肝　为 1 个有浅裂的分叶器官,呈红褐色。肝位于腹腔前部,附着于膈肌的后方,前表面凸出,与膈肌向胸腔内的凹陷相适应。肝脏腹面的裂沟可将肝脏分成 4 个部分,左侧有 2 个大的肝叶,分别称为左外侧叶和左内侧叶;右侧有一较小的右叶,右叶与左内侧叶之间为狭窄的中央叶。在 2 个左叶之间有明显的深裂,几乎将其完全分离成 2 个独立的小叶。在中央叶前方的肝门处,还有尾状叶和乳状突。乳状突为 1 个扁平的肝突起在胃小弯处。尾状叶转向后方,盖于右肾前端,在其后面形成凹形窝,称为肾压迹。

6. 胆囊　位于肝的中央叶与右侧叶之间的沟裂处,是 1 个绿色梨状的囊袋。从胆囊发出的胆囊管分布至肝门处(此处有肝门静脉和肝动脉)与肝导管汇合成胆总管,进入十二指肠的起始端,其开口处距幽门约 1 cm。

7. 胃　为消化管中最膨大的部位,呈囊袋状,横卧于腹腔的前部。胃的入口为贲门,上接食管;其出口为幽门,与十二指肠相通。在贲门和幽门处均有括约肌,控制着食物的通过。胃的前缘的弯曲呈凹形,较短,称为胃小弯,位于食管的末端与胃十二指肠起始部之间;后缘的弯曲呈凸形,较长,称为胃大弯,起自贲门部,开始向左上方弯曲,再转向右下方,最后又弯向右上方而止于幽门处。兔胃形态的特点是从胃的入口处向左方扩大并向前方稍稍突起,形成 1 个相当大的圆顶,这部分称为胃穹,它向下通到胃底,而胃的出口处则相反,相当狭窄并稍有伸长。兔胃可分为胃底部、贲门部和幽门部 3 个部分。胃底部包括胃的入口处(贲门)和与此相毗连的体积宽大的胃底,幽门部包括胃的末端和出口处(幽门),后者容积较小,仅为前者的 1/4,但幽门部的胃壁含有丰富的肌肉层,因此胃壁厚。在胃小弯处、界于贲门与幽门之间有 1 个垂向胃腔的皱褶,皱褶弯曲呈镰刀状,即是胃底部与幽门部分界的标志。此外,在食管进入胃的入口处还有环形狭小的部分,称为贲门部。胃的内壁有发达的胃黏膜,黏膜上有大量的胃腺。胃的外表面附有脂肪的网状膜,称为大网膜,兔的大网膜并不发达。

8. 肠　肠管细长而盘曲,其长度占消化管总长度的绝大部分,兔肠管发达,成年兔肠管的长度平均值可达 5 m 左右,约为体长的 10 倍。肠可分为小肠和大肠 2 个部分。小肠包括十二指肠、空肠和回肠。大肠包括盲肠、结肠和直肠。小肠和大肠的表面有脂肪性网膜。十二指肠是小肠的起始部,前端接于胃的幽门,后端接空肠。十二指肠的特点是管腔口径粗大,肠管长,全长平均约 50 cm,并呈鲜艳的粉红色。十二指肠又可分为 2 个部分:前段从幽门起始,称为逆行部;后段为反回部。在十二指肠襻内的肠系膜上散布着胰腺,在肠襻的顶端有小的淋巴结。十二指肠的逆行部在幽门附近呈乙状弯曲,在相距幽门 1 cm 处有胆管进入十二指肠。反回部较逆行部短 1/3,有 2～3 个弯曲,在反回部的中间处有胰导管进入肠管。空肠前端接十二指肠、后端通回肠,是小肠中肠管最长的一段。在空肠的管壁上有 4～5 个粗大的隆起,第一个隆起即为十二指肠的分界处。回肠是小肠的最后部分,其前端与空肠相连,后端与大肠的结肠相接。回肠和空肠之间无明显的界限,但由于结肠管壁上有许多皱襞,并在回肠和结肠连接处还有 1 个粗大的盲肠,因此,回肠与结肠尚容易区分。兔回肠的特点是没有盘曲,较短,其长度仅为 35 cm 左右,而且肠壁增厚。兔属草食性动物,因此盲肠特别发达,位于腹腔的中后部,几乎占据了腹腔的 1/3。盲肠长而粗大呈袋状。后端逐渐变狭,在其终末处形成 1 个盲端。盲肠的起始端位于回肠与结肠的连接处,其直径为 3～3.5 cm,向后端逐渐变狭,其中间部直径为 2.4 cm,而末端仅为 1.3 cm。盲肠的全长一般为 50～60 cm,近于体长。盲肠里面有大量繁殖着的细菌和原生动物,这些微生物可使草料中的纤维素发酵和分解,因此它相当于 1 个大的发酵袋。盲肠经常充满内含物,透过较薄的肠壁呈暗绿颜色。在盲肠的内部,从起始端至狭窄的末端,分布着螺旋形突起的皱襞,将盲肠腔分成许多单独的囊袋(23～26 个),从外表将盲肠明显地分成节段。盲肠的终末端为游离的盲端,小而光滑,称为阑尾。结肠与回肠末端相接,从盲肠的起端发出。兔结肠的形态特殊,而且管径逐渐狭窄,结肠的起始端,管径粗大,在管壁上附着 3 条肌索带,它们沿着结肠壁纵向移行,使管壁呈现出明显的皱褶、在管腔上构成小室。这部分结肠较短,长度约为 20 cm,称为大结肠。从大结肠向后,管径狭窄,肠壁上仅有 1 条较宽的肌索带,故后段称为小结肠。直肠分为前直肠和直肠 2 个部分。前直肠起始于小结肠的末端,肠管狭细、呈浅灰色,其长度平均为 65～70 cm,移行分布,形成许多襻。直肠部分则位于腹腔的背侧壁处,从胃的部位沿着脊柱向后移行至肛门。它在腰部的长度约为 20 cm,在盆腔内的长度约为 13 cm。直肠的管径较窄,肠壁较厚。整个直肠的外形由于肠管内有粪丸而呈念珠状,易于识别。

9. 胰 为 1 个疏松的脂肪状、分散的腺体,由复管泡状腺组成,大部分腺体呈单独的小叶状,沿着肠系膜零散分布,呈浅粉黄色,与脂肪相似。这种疏松的腺体基本可聚集成 2 叶。右叶是胰腺的主要部分,沿着十二指肠襻内的肠系膜分布。从右叶中间部向前分出另一小部分胰腺,它们分布至胃小弯和十二指肠的起始端,而且继续向左侧,顺着胃小弯分布至与胃相连的脾的前端,此为左叶。胰导管为 1 条薄壁的小导管,在十二指肠襻的后部,从胰腺右叶发出并即刻通入十二指肠的后段 1/3 处。

10. 脾 很小,体积和重量与其含血量的多少有关,变化较大。幼兔的脾比较大。脾形似舌,呈暗红褐色,具有较大的伸展性,其宽度可改变。脾悬挂在大网膜上,紧贴于胃大弯的左侧部,其长轴与大弯的方位一致,而曲度与胃大弯相适应。其前缘面稍凹陷,也与胃大弯曲凸面相适应,而后缘面则相反,为凸面。

11. **肾** 为 1 对实质性器官,呈豆形,深红褐色。位于腹腔的背壁,分布在腰椎两侧,并由脂肪组织包埋,左右肾的位置不在同一平面上,右肾的位置比较靠前,相当于第 1 腰椎的前缘,几乎全部处于肋骨的后方,前端伸至肝尾叶处,右侧缘的凸面与十二指肠和前直肠相邻,而后端则与盲肠为邻。左肾的位置略移向后方,其前缘到达胃大弯的水平,其后端可延伸至第 4 腰椎的前端或中间部位。右肾较厚,左肾扁平且稍有缩短。肾的内侧面有一明显的凹陷,称为肾门,是肾动脉、肾静脉和输尿管出入肾的部位。肾的内部分为两层,外层称肾皮质,呈深褐色,并散布着许多小斑点;内部为肾髓质,呈浅褐色,并有细纹,呈放射状排列。在肾门处有一漏斗状的浅色区为肾盂。肾盂处肾髓质呈乳头状伸向肾门。肾盂是输尿管膨大的起始端,经肾门缩小移行于输尿管。

12. **膀胱** 是 1 个似梨形的薄壁囊,很轻,为中空的贮尿器官。位于腹腔后部、直肠的腹侧。它可分为顶、体和颈 3 个部分。只有颈部向后伸入盆腔,而膀胱的本体则几乎全部处于腹腔内,由韧带固定,紧贴于腹壁的下部。膀胱的大小与形状与其贮尿量有关。雌兔的膀胱颈变成短的尿道,开口于阴道前庭。雄兔的膀胱颈延伸成 1 条长管,成为尿液和精液的共同通道,称为泌尿生殖管。

13. **睾丸** 呈长卵圆形。幼兔的睾丸位于腹膜内,性成熟后睾丸可以自由地下降到阴囊或缩回腹腔。

14. **附睾** 为精子进一步成熟的器官,两端膨大,前端膨大部称为附睾头,由精细管盘曲成帽状,紧附于睾丸上,后端稍膨大,称为附睾尾,附睾尾与睾丸之间的联系并不紧密,但可通过系膜与阴囊鞘膜相联系。在附睾头、尾之间是狭窄的附睾体。

15. **输精管** 起自附睾的尾端,向前上方移行,进入腹股沟管内,通过腹股沟管,在腹腔内与其平行的血管神经束分开,再转向后方入盆腔。此后,输精管与输尿管并列,彼此靠近,移向后方。然后再从尿道的背壁进入尿道。

16. **卵巢** 呈长椭圆形,浅粉色,位于腹腔的背侧、腰椎两侧缘。左右各 1 个,左右卵巢的分布不在一个平面上,左侧卵巢位于第 4 腰椎的水平位置,而右侧卵巢较左侧卵巢明显地靠近前方。性成熟雌兔的卵巢,表面上均有明显凸起的滤泡,滤泡内含有卵细胞。当卵细胞成熟、滤泡破裂,卵细胞和滤泡内的液体状内含物一起逸出。

17. **子宫** 为中空的肌质器官,前方连接输卵管,后方开口于阴道。兔的子宫属于双子宫类型,是由 1 对独立的、游离的子宫角弯曲而成的。子宫角的后端扩大成子宫,每个角是 1 个独立的子宫,左右子宫的出口分别独立进入阴道。

18. **输卵管** 为 1 对弯曲的细管,左右各 1 条。其前端接近卵巢,并从卵巢的外侧和前端扩大,形成漏斗状的扩展结构,边缘多皱褶成伞状,称为喇叭口,朝向卵巢,开口于腹腔。当成熟的卵细胞从卵巢排出时,即落入输卵管的喇叭口内,进入输卵管。

(三)腺体

1. **乳腺** 4～5 对,位于身体腹面。

2. **前列腺** 位于膀胱颈部位,包围在尿道的周围。为 1 个复杂的分叶状腺体,在前部是 1 个小的腺叶,后部有 1 对分叶甚多的浅裂状腺体,于尿道的两侧为旁前列腺,其中后部的前列腺最发达,与前列腺囊密切相合,形成一个整体,呈囊状。囊的后部狭窄,于精阜的前方处,开口于尿道。

3. **尿道球腺** 位于前列腺的后方,尿道两侧,为1对小的圆形腺体。

4. **垂体腺** 脑垂体位于脑的腹面,视交叉的后方,借漏斗状的垂体柄与间脑相连。处于颅底蝶骨背面的小陷窝内。很小,为1个椭圆形的小体。在垂体的纵切面上可见:前叶(腺垂体)最大,后叶(神经垂体)次之,中间叶最小。垂体内,在前叶与中间叶之间有一狭窄的破裂的间隙,称为垂体腔。

5. **松果体** 位于脑的背面,大脑半球纵裂末端与小脑之间,在视丘后部与四叠体交界处。为1个很小的腺体,呈杆状。

6. **甲状腺** 位于气管前端的两侧,分布在甲状软骨的外表面,自甲状软骨的前角向后延伸至第9气管软骨环,紧贴甲状软骨,疏松地附着于气管上。为一条红褐色的无管腺,由2个侧叶及连接于2叶之间的狭窄部分所组成,此狭窄部称为峡部,峡部横行于气管的腹面,位于第5～9气管环的位置。气管两侧左右各一侧叶,长而扁平。每个侧叶均形成尖锐的角。甲状腺体的位置与大小因个体差异而不同,并与年龄和性别有关,一般雌兔的甲状腺比雄兔的大。甲状腺由单个闭锁的上皮囊泡组成,称为滤泡,为甲状腺的分泌部分,分泌含碘的甲状腺素。

7. **甲状旁腺** 为一很小的长形腺体,肉眼刚能分辨,呈卵圆形或纺锤形。紧贴在甲状腺旁或埋在甲状腺组织内,分布位置有较大的个体差异,一般包埋在甲状腺中间或甲状腺侧叶的前1/3处;另有的位于甲状腺后部,紧贴于甲状腺动脉的根部,气管的两旁;还有的是非对称性分布,1个旁腺在甲状腺的背侧;另1个旁腺在甲状腺的一侧。此外,还常可见到1个额外的甲状旁腺,其位置或在甲状腺基底部附近,或分布在远离甲状腺的部位,甚至可进入胸腺内。

8. **胸腺** 位于胸廓内部,胸骨的内壁上,处在纵隔前部。为1个轻而薄的腺体,呈浅粉红色,无固定形态。胸腺的前端凸出,后端凹陷,其内部构造主要是淋巴-上皮细胞。胸腺在幼兔发育时较为明显。成兔的胸腺几乎全被脂肪和结缔组织所填充。

9. **肾上腺** 位于肾脏的内侧前方,左右侧各一。为1对小腺体,呈浅黄色、不规则的圆形体,体积如黄豆大小。2个肾上腺的位置不对称,右侧肾上腺位于右肾内侧缘的前方,左侧肾上腺位于远离左肾的前方,腹主动脉与左肾动脉夹角的前方,紧贴于腹主动脉的旁侧,相当于第2腰椎的位置。肾上腺的内部构造可分成2个部分,外层为皮质,内层为髓质。

10. **唾液腺** 4对,即腮腺、颌下腺、舌下腺和眶下腺。

三、生理学特点

(一)消化生理

兔属草食动物。有发达的盲肠,在回肠和盲肠的交接处膨大形成1个厚壁圆囊,此为兔特有的圆小囊。囊壁富有淋巴滤泡,其黏膜不断分泌碱性液体,可以中和盲肠中微生物分解纤维素所产生的各种有机酸,便于消化吸收。故对粗纤维的消化能力较强,饲料组成中如粗纤维含量不足常可引发消化性腹泻,一般应控制在11%～15%为宜。具有食粪特性。正常兔粪有 2 种，一种是常见到的圆形颗粒硬粪；另一种是表面附有黏液的软粪。软粪在晚上排出，含有较丰富的粗蛋白和维生素，兔往往在夜间直接从肛门口吞食软粪。兔的食粪行为是一种正常生理现象，可重新吸收软粪中经分解的蛋白质、肠道菌丛产生的 B 族维生素和维生素 K 等营养物质。兔对外源性胆固醇吸收率高达 75%～90%，对高脂血症清除能力较低，静脉注射胆固醇乳液可引起高脂血症。

（二）体温调节

兔属恒温动物，正常体温为 38.5～39.5℃，体温变化灵敏，最易产生发热反应，发热反应典型、恒定。对致热物质反应敏感，适用于热源实验。汗腺不发达，在高温环境下主要通过浅而快的喘式呼吸和耳部血管扩张来散热，维持体温恒定。适宜的环境温度因年龄而异，初生仔兔窝内温度为 30～32℃，成年兔 20±2℃。对体内温度变化的抵抗力较差，肠道血管较脆弱，肠壁富渗透性。

（三）生殖生理

兔性成熟较早，属刺激性排卵动物，交配后 10～12 小时排卵，性周期一般为 8～15 天，无发情期。只有待雄兔交配动作刺激后，卵细胞才能移至输卵管内，准备接受精子，否则卵细胞在卵巢内被吸收消失，称为诱导排卵。排卵数量可用卵巢表面的鲜红色点状小突起个数进行计算。由于雌兔只能在交配后才能排卵，因此排卵时间可以准确判断，同期胚胎材料容易获得，故适宜用于计划生育的工作研究。一年四季均可交配繁殖，妊娠期为 30～33 天，产仔数为 4～10 只，哺乳期为 40～45 天。生育年龄为 5～6 年。平均寿命 8 年。

（四）生长发育

生长发育迅速。初生仔兔无毛，眼睛紧闭，耳闭塞无孔，趾趾相连，不能自由活动。3～4 日即开始长毛，4～8 日脚趾开始分开，6～8 日耳根内出现小孔与外界相通，10～12 日睁眼，出巢活动，21 日左右即能摄入饲料，30 日左右被毛形成。初生体重约为 50 g，1 月龄时体重为出生时的 10 倍，至 3 月龄体重增加直线上升，于 3 月龄后增加缓慢。兔在正常生命活动中有两种换毛现象，一种是年龄性换毛；另一种是季节性换毛。仔兔 30 天乳毛长齐，到 100 天左右第 1 次脱换乳毛，130～190 天开始第 2 次换毛，此次换毛就意味着发育到成年，通称为年龄性换毛。季节性换毛是指每年春、秋季均有一次换毛现象，换毛期间兔抵抗力差，最易发生消化器官疾病。

（五）免疫功能

兔免疫反应灵敏，产生血清量较多，耳静脉和动脉较粗，易于注射和采血，故常用于制备高效价的特异性免疫血清，生产抗体。兔后肢膝关节屈面腘窝处有一个比较大的呈卵圆形的腘淋巴结，长约 5 mm，易触摸定位，适用于淋巴结内注射。兔抗空气感染能力很强，对皮肤刺激反应敏感，反应近似于人。兔在遗传上具有能产生阿托品脂酶的基因，该酶能破坏有毒的生物碱。

四、应用

兔也是较早应用于生物医学实验研究的动物，我国最常用的实验兔为新西兰兔、日本大耳兔和青紫蓝兔。

（一）免疫学研究

利用兔免疫反应灵敏且血清产量多的特性生产抗体、制备高效价和特异性强的免疫血清,是兔在免疫学领域的重要用途,兔具有较粗的耳静脉和动脉,也为采血和注射提供了方便。目前多种免疫血清都使用兔来制备,如病原体免疫血清有细菌、病毒、立克次体等免疫血清,间接免疫血清有兔抗人球蛋白免疫血清、羊抗兔免疫血清、抗补体抗体血清有兔抗豚鼠球蛋白免疫血清、抗组织免疫血清有兔抗大鼠肝组织免疫血清、兔抗大鼠肝铁蛋白免疫血清等,兔也用于研制各种人畜抗血清和诊断血清,以及畜用兔化组织疫苗如猪瘟兔化疫苗。此外,兔的腘淋巴结明显且位置较固定,易于进行淋巴结注射。

（二）热源试验和发热研究

兔是目前最易产生发热反应的实验动物,兔的体温变化十分灵敏,对各种感染性和非感染性发热物质均能产生典型而稳定的发热反应,如皮下注射灭活大肠埃希菌培养液数小时内可引起发热并持续12小时,肌内注射10%蛋白胨1.0 g/kg可在2～3小时内引起发热,且体温升高显著。药品和生物制品的热源试验均采用兔作为标准的测试动物,涉及发热的研究也多用兔进行。

（三）皮肤毒性测试

和豚鼠一样,兔的皮肤对刺激敏感,皮肤反应较接近人,常用于各类皮肤药物、化妆品、化工产品等局部皮肤毒性和刺激性试验。

（四）生殖生理

兔具有刺激性排卵的特性,便于准确判断排卵时间,通过生物或药物刺激容易获得同期胚胎材料,在生殖生理研究中十分常用,多用于药物致畸或者药物干扰生殖过程的研究;其排卵数可通过计数卵巢表面的小红点突起而获得,便于进行抗排卵或促排卵药物的作用观察,多用于避孕药筛选。

（五）人类疾病研究

兔是最早用于胆固醇代谢和动脉粥样硬化研究的动物,兔对外源胆固醇的吸收率高达75%～90%,而对高脂血症清除能力低,可通过提供高脂饮食或静脉注射胆固醇的方式引起高脂血症、主动脉粥样硬化斑块、冠状动脉粥样硬化,且病变和人基本相似,常用于复制相关疾病模型;在感染性疾病方面,兔多用于狂犬病、天花、脑炎等研究;兔在心血管疾病研究中有较多优势,可用多种药物诱发兔的心血管疾病,如心律失常、肺心病等,选择性阻断冠状动脉左室支位置远近和牵拉力量大小,可调整心肌梗死范围,用于复制心源性休克或缺血性心律失常;兔的胸腔构造特殊,左右胸腔相互独立,开胸手术中不弄破纵隔可以不使用辅助呼吸,适用于急性期心血管实验;失血性休克和肠毒素休克研究方面也常用兔。

（六）眼科研究

兔的眼球很大,便于实施手术操作和观察,因此是眼科研究的常用动物。另一个用途是将组织移植到眼前房,便于直接观察激素对组织的作用。

犬

犬(*Canis lupus familiaris*, dog)在分类学上属于哺乳纲,食肉目,犬科,犬属、犬种动物。作为已被驯养的家养动物,历史悠久。自从 17 世纪开始,犬已被用于实验研究。从 20 世纪 40 年代起,开发作为实验动物。目前以科学研究为目的,已培育出多个品种专门用于各类实验(图 5 - 7)。

A. Beagle 犬　　　　B. 墨西哥无毛犬　　　　C. Labrador 犬

图 5 - 7　实验用犬

一、一般特性

(一) 性情

有服从主人的天性,能领会人的简单意图。反应敏捷,经调教可与人为伴。能很好地配合实验研究的需要,但不合理的饲养及粗暴对待可促使其恢复野性,产生恐惧感,难以接近及易咬人。

(二) 适应性

对外界环境适应能力强,易于饲养。健康犬鼻尖如涂油状滋润,触摸有凉感。

(三) 感官

犬视力因品种不同而有差异,一般说视力不发达,每只眼睛有单独视野,视角仅为 25° 以下。正面近距离是看不到的,这是由于犬眼球的晶状体较大,眼睛测距性能差,视网膜上无黄斑,即没有最清晰的视觉点,一般视力仅为 20～30 m,实验证明色感也差,为红绿色盲。犬的听觉十分灵敏,范围为 50～55 000 Hz,听力是人类的 16 倍。犬的嗅神经极为发达,鼻黏膜布满神经末梢,鼻黏膜内约有 2 亿个嗅细胞,为人类的 40 倍,嗅细胞表面还有许多粗而密的纤毛,显著提高了嗅细胞的表面积,使之与气体的接触面积扩大,产生敏锐的嗅觉功能,其嗅觉能力是人的 1 200 倍。一般说按体型比例,鼻尖离嗅脑越远,则嗅觉能力越强。通常鼻镜湿润,触之有凉感。味觉极差。触觉较敏感,触毛生长在上唇、下唇、颜部和眉间,粗且长,敏感度较高。

（四）习性

雄犬性成熟后爱撕咬、喜斗，有合群欺弱的特点。犬的神经系统发达，能较快地建立条件反射。喜欢清洁，冬天喜晒太阳，夏天爱洗澡。习惯不停地活动，如果运动量不足，会导致雌犬到时不发情或配种后不孕，长期饲养应该配备运动场。犬具有高度群居性和社会性，好奇心强。犬的时间观念和记忆力强。

二、解剖学特点

（一）骨骼

犬的全身骨骼约为 319 枚，其中主轴骨骼为 123～126 枚（包括头骨 46 枚、脊柱 50～53 枚，肋骨和胸骨 27 枚），附肢骨骼 176 枚，内脏骨（阴茎骨）1 枚。犬无锁骨，肩胛骨由骨骼肌连接躯体，后肢由股关节连接骨盆。

1. 齿式 犬齿大而锐利，能切断食物，出生后十几天开始换齿，8～10 个月换齐，但 1 岁半后才能生长坚实。乳齿齿式 2(I3/3，C1/1，P3/3，M0/0)＝28，成年齿式 2(I3/3，C1/1，P4/4，M2/3)＝42。

2. 头骨 头颅大多呈圆锥形，下颌发达并伸长，颅骨 14 枚，面骨 15 枚，舌骨 11 枚，听骨 3 对，分别为锤骨、镫骨和砧骨，共 6 枚。

3. 脊柱 颈椎 7 枚、胸椎 13 枚、腰椎 7 枚、荐椎 3 枚、尾椎 8～22 枚。全形较平直，有 3 个微曲度，分别为颈椎与前部胸椎形成的凸向腹侧的曲度、后部胸椎至腰椎形成的凹向腹侧的曲度、荐骨与前部尾椎形成的凹向腹侧的曲度。

4. 肋骨 包括 9 对真肋，4 对假肋。肋骨体窄而厚，弯度很大。第 1 对肋骨弯度最大而长度最小，以后各肋骨的长度逐次增大，而以中间的数个为最长。

5. 内脏骨 阴茎骨 1 枚，为雄犬特有，位于骨盆腹侧，阴茎的前部，前端凹陷成尿道沟。

6. 胸骨 由 8 枚胸骨节愈合而成。胸骨腹侧面略凸，背侧面略凹，外侧面稍扁平。第 1 胸骨节最长，前端略为钝圆，最后一骨节为前阔后窄形，后端接剑状软骨。第 2～7 骨节组成胸骨体。

7. 骶骨 由 3 枚脊椎愈合成。

（二）脏器

1. 脑 形状圆而短，为体重的 1/30～1/40，灰质与白质之比为 61∶39。

（1）大脑：呈长卵圆形，由左右 2 个大脑半球所组成。两半球之间有大脑纵裂，纵裂深处有白色连合，称为胼胝体，将两半球连接在一起，胼胝体中部的下方有一呈弧形的隆起，曲向前方腹面，称为穹窿。大脑半球后部很宽，前部宽度渐小，至额极处突然变窄，两侧扁平。大脑半球表面覆盖着一层灰质，称为大脑皮质。皮质的表面呈不规则的索状隆起，称为脑回，脑回之间有深度不等的沟裂。每个大脑半球的前端与嗅球接触，犬的嗅球大，两侧压扁，位于筛凹中，向后连于嗅束。

（2）间脑：被大脑半球覆盖，背面为胼胝体、穹窿等，前方以终板为界，后部邻接中脑，分为丘脑和丘脑下部 2 个部分。丘脑位于间脑的外侧，是 1 对卵圆形体，两丘脑的内侧面之间的间隙为第 3 脑室。在间脑腹侧部为丘脑下部(包括灰结节、乳头体、漏斗等)。

(3) 中脑:位于大脑后连合之后,背侧面盖有大脑半球,分为位于中脑基部的大脑脚和覆盖着其背侧的四叠体 2 个部分所组成,两者之间有中脑导水管。

(4) 脑桥:位于延脑与大脑脚之间,在脑的底面,其交界处的前后缘均有横沟为界,在其表面上有横向分布的浅沟。在脑桥的后方有斜方体,犬的脑桥不大,而斜方体却较为宽阔。

(5) 延髓:前端接脑桥,后端与脊髓相连,背侧大部分由小脑覆盖,腹面正中处有明显的纵裂,称为腹正中裂。在正中裂与侧沟之间有 1 对纵轴状的隆起,称为锥体。犬的延髓宽而厚,锥体大而隆凸。

(6) 小脑:位于大脑半球的后方,有大脑横裂将其与大脑半球分开,前部被大脑半球所覆盖,底面前部位于脑桥的背面,后部在延髓的背面。小脑较小,呈圆形,中央部突出,称为蚓部,蚓部的外周是一层灰质构成的小脑皮质。两侧扁平,为成对的侧叶,称为小脑半球。

2. **肺**　左肺分成尖叶、心叶和膈叶 3 叶,右肺分成尖叶、心叶、膈叶及中间叶 4 叶。左肺比右肺小 1/4。右肺尖叶位于心包的前方,并越过体正中面达于左侧。中间叶呈不正三面圆锥形,基底接膈的胸腔面,尖端向肺根部,外侧面有一条深沟,容纳后腔静脉及右膈神经。

3. **心脏**　较大,占体重的 0.1%~0.5%。心脏在心包中,心包是一纤维浆膜性的囊,包于心脏外围,其中一部分包被并附着于大血管的根部,纤维层薄而强固,缺乏弹性。心脏在舒张扩大时,呈卵圆形。心尖钝圆,心底部主要对着胸前口,在第 3 肋骨下部。心尖在左侧第 6 肋骨间隙或第 7 肋骨部并于胸骨相接之处。心脏的内腔可分为左、右心房和左、右心室。

4. **肝**　位于膈之后、胃的前部,呈紫褐色,较大,前后扁平而滑泽,前表面高度隆凸,后表面凹凸不平,形成脏器压迹。可分为 5 个主要肝叶:左右各 2 叶,均为外侧叶和中央叶;后面 1 叶,后面叶又分为舌形叶、尾叶和乳头叶。左侧外叶最大呈卵圆形,舌形叶与右中央叶之间,隔有一容纳胆囊的深窝。左外侧叶、左中央叶左段的肝静脉汇成左肝静脉,左中央叶右段有一较小的肝中静脉,注入后腔静脉。右叶静脉分支较多,且与左中央叶、尾状叶均有肝短静脉相连。

5. **胆囊**　隐藏在肝脏右外侧与右中央叶之间的胆囊窝内,胆管在门静脉裂的腹侧部与肝总管相连接,形成胆总管,开口于十二指肠。开口距幽门 5~8 cm。

6. **胃**　较小,在充满状态呈不正梨形,容量比较大。左侧贲门部比较大,呈圆形;右侧及幽门部小,呈圆桶形。胃大弯长度约为小弯的 4 倍。易做胃导管手术。

7. **肠**　较短,为体长的 3~4 倍。小肠全长 2~3 m,占腹腔大部分,位于肝、胃后方。大肠为 60~75 cm,肠壁缺少纵带和囊状隆起,其中盲肠为 12~15 cm,形状弯曲,前端开口于结肠的起始部,后端为一尖盲端,黏膜内有许多孤立的淋巴结,呈圆形,中央有一陷窝。结肠依次分为上行结肠、横行结肠及下行结肠 3 个部分。直肠几乎全部由腹膜被盖。

8. **胰**　较小,呈粉红色、柔软、细长、"V"形状,分成 2 个细长的分支,2 支在幽门后方相会后。右支经十二指肠起始段的背侧面及肝尾状叶和右肾的侧面,向后伸展,末端达到右肾的后方,包围在十二指肠系膜内;左支经胃的脏面与横结肠之间引向左后方移行,末端达左肾前端。胰腺一般有两个胰腺管,小胰腺管开口于胆总管开口的近旁,大胰腺管开口于胆总管开口的后方 3～5 cm。易摘除。

9. **脾** 呈淡红色,长而狭窄,略呈镰状,下端较宽。移动性较大,很松弛,附着在大网膜上。

10. **肾** 2 个,比较大,均呈蚕豆状,背腹径较厚,腹侧面圆形隆起,背侧面隆凸较小,表面光滑。肾门位于肾内侧缘的中央部,向内凹陷,较宽广,没有肾盏,肾盂在肾门处变窄,与输尿管相连。

11. **睾丸** 位于阴囊内,左右各一,较小,呈卵圆形,长轴自上后方向前下方倾斜。附睾较大,紧密附着于睾丸外侧面的背侧方,其前端膨大为附睾头,后端为附睾尾。犬没有精囊腺和尿道球腺。

12. **卵巢** 位于腹腔内,肾的后方,左右各一,呈扁平卵圆形。到发情期,可产卵子经输卵管排入子宫。

13. **子宫** 属于双角子宫类型,子宫体很短,子宫角细长,角腔内径均匀,没有弯曲,近乎直线,子宫角的分支处呈"V"形,向肾脏伸展,子宫颈很短,含有厚层肌肉,在子宫颈腹侧形成圆柱状突,位于阴道壁上的凹陷内。

(三)腺体

1. **乳腺** 10 个,分左右排成 2 列,乳头短,其顶端有 6～12 个小排泄管口。

2. **前列腺** 极为发达,位于或接近耻骨前缘,黄色,较大,呈球形,组织坚实。环绕在膀胱颈及尿道的起始部,有一正中沟将腺体分成 2 叶。

3. **尿道球腺** 犬没有尿道球腺和精囊腺。

4. **垂体腺** 位于间脑腹侧面和视交叉束的后方,悬挂在下丘脑漏斗之顶端,嵌入在颅腔内蝶骨的垂体凹中。呈圆形,较小,外被一层纤维囊。

5. **松果体** 位于间脑背侧后方、丘脑与四叠体之间,处于缰连合背侧面的正中,呈卵圆形,较小,外被一层纤维囊。

6. **甲状腺** 位于气管上端,呈红褐色,组织坚实,外被一层纤维囊,自囊壁向内分出小梁,深入腺体。腺体疏松地附着于气管表面,包括两个侧叶和连接两侧叶之间的狭窄部(峡部),侧叶长而窄,呈扁平椭圆形,两端较小,后端尖锐,位于气管前端 6～7 气管环的两侧。血供丰富,有 2 条来自颈动脉的粗大甲状腺动脉,甲状腺静脉也较大,归于颈静脉。

7. **甲状旁腺** 共 4 个,较小。其中,2 个在甲状腺侧叶的深侧,埋入组织内;其余 2 个靠外侧,接近甲状腺的前端。

8. **胸腺** 位于胸腔内,较小,分左右 2 叶,左叶比右叶大,外被 1 层薄而疏松的弹性纤维囊,大小与年龄相关。

9. **肾上腺** 分别位于左右两侧肾脏上,内部为实质组织,分为皮质和髓质 2 个部分,皮质部较薄,呈苍白略带黄色;髓质部较厚,呈深褐色。右侧肾上腺位于右肾内缘的前部与后腔静脉之间,略呈菱形,两端尖细。左侧肾上腺在左肾上端,紧贴腹主动脉的外侧,于肾静脉之前向前伸长,并不直接与左肾接触,呈长方形,前后略长而背腹较扁,左腹侧面有一沟,有隔动脉通过,沟的前方呈圆盘状,被脂肪组织包围。

10. **肛门腺**　犬直肠近肛门处,位于腹部两侧各有一黄豆大的肛门腺,易被细菌感染发炎,引起犬在地上磨屁股。

三、生理学特点

(一) 消化生理

犬为肉食性动物,善食肉类、脂肪和骨,对动物蛋白和脂肪的需要高,对植物纤维和生淀粉消化力差,也可杂食或素食。犬的牙齿具备肉食动物的特点,犬齿、臼齿发达,撕咬力强,咀嚼力差。犬齿大而锐利,能切断食物,喜欢咬、啃骨头以利磨牙。实验犬的喂饲要做到定时、定量、定质。成年犬一般每日 2 次,生产母犬或幼犬每日 3 次;每日按体重 4% 的量供应全价营养的颗粒饲料。

(二) 体温调节

犬的皮肤汗腺极不发达,趾垫上有少量汗腺,散热主要靠加强呼吸频率,将舌头伸出口外以喘式呼吸,通过加速唾液中水分的蒸发,来加速散热,调节体温。

(三) 生殖生理

犬为春秋季单次发情动物,多数在春季 3～5 月和秋季 9～11 月发情,发情周期 13～19 天,发情期可持续 6～10 天,雌犬发情时肢体和行为会有特征性变化,主要表现为兴奋性增强,活动增加,烦躁不安,吠声粗大,眼睛发亮;阴门肿胀,潮红,流出伴有血液的红色黏液;食欲减少,排尿频繁,举尾拱背等。妊娠期 58～63 天,有假妊娠现象,交配后判断雌犬是否妊娠,应看阴唇外翻程度,外翻明显则可能已受孕。分娩前体温会下降 0.5～1.5℃,为预测分娩的重要指标,分娩多在夜晚和凌晨。每胎可产 1～13 只幼仔,通常为 4～6 只。哺乳期为 60 天,乳母一般可哺乳 6～7 只幼仔。

(四) 生长发育

幼仔发育快速,食欲旺盛。犬牙齿是辨识犬龄的重要依据,犬出生后十几天开始换齿,8～10 个月换齐,但 1 岁半后才能生长坚实。可参考犬齿更换和磨损情况来估计其年龄(表 5－2)。牙的磨损还取决于饲料和好斗情况,所以在估计年龄时还要看饲养情况。喜啃骨头、啃咬以及好斗者牙磨损情况提早。

表 5－2　犬牙齿和犬年龄的关系

年龄	牙齿情况
<2 个月	仅有乳齿(白、细、尖锐)
2～4 个月	更换门齿
4～6 个月	更换犬齿(白、牙尖圆钝)
6～10 个月	更换臼齿
1 岁	牙长齐,洁白光亮,门齿有尖突
2 岁	下门齿尖突部分磨平

年龄	牙齿情况
3岁	上下门齿尖突部分都磨平
4～5岁	上下门齿开始磨损呈微斜并发黄
6～8岁	门齿磨成齿根，犬齿发黄磨损唇部，胡须发白
>10岁	门齿磨损，犬齿不齐全，牙根黄，唇边胡须全白

（五）血型

血型有 A、B、C、D、E 5 种，只有 A 型有抗原性，会引起输血反应，其余 4 型可任意供其他血型的犬受血。

（六）神经类型

犬的神经系统发达，能较快地建立条件反射。犬有多种神经类型，神经类型不同性格也不一样，用途也不同。主要神经类型有：多血质（活泼的）——均衡的灵活型；黏液质（安静的）——均衡的迟钝型；胆汁质（不可抑制的）——不均衡；兴奋占优势的兴奋型；抑郁质（衰弱的）——兴奋和抑制均不发达。

（七）相似性

犬具有发达的血液循环和神经系统，其内脏构造及其比例与人相似。消化器官与人相似，比例也近似，消化过程基本上和人相同，常用于慢性消化系统瘘道的研究。

四、应用

从进化角度看，人类与鼠在时间上更为接近，但人类和犬基因组之间的相似性，却比鼠和人类、鼠和犬基因组之间的相似性都要大。犬是继人和鼠之后第 3 种被绘制基因组草图的哺乳动物，犬的驯化历史长，悟性较高，通过训练可配合实验，非常适合于慢性实验研究。

（一）实验外科

犬的解剖生理特点比较接近于人，又比非人灵长类易于获得和饲育，广泛用于心血管外科、脑外科、断肢再植、器官或组织移植的研究，往往采用犬进行手术技术方法的创新、改进、操练。

（二）药理和毒理研究

犬是新药临床前评估中经典而重要的动物，其对药物和毒物的毒性反应基本和人一致。犬的血液循环系统较发达，血管较粗，管壁弹性强，适合观察药物对循环系统的作用机制。

（三）基础生理研究

犬具有发达的神经系统，神经较粗，常用于脊髓传导实验，大脑皮质定位，易于形成条件反射，用于进行高级神经活动研究；犬的消化系统和消化过程与人比较相似，常采用犬制作各种消化道瘘进行消化生理的观察。

（四）口腔、颌面医学研究

研究犬的先天性唇裂、腭裂，下颌骨突出等，可为人的相关疾病提供诊治线索；犬是自体牙移植中常用的动物；犬的牙周膜组织学、牙周炎组织病理、牙周病许多病因和人相似，是较理想的牙周病模型。将犬第2、3、4前磨牙拔除后取出根间骨骼，可形成类似人的拔牙创用于研究干槽症。

（五）心血管系统疾病

目前犬较多用于研究失血性休克，弥散性血管内凝血，动脉粥样硬化，脂质在动脉壁沉积，高胆固醇血症，不同类型心律失常，急性肺动脉高压，肾性高血压等疾病的研究。

第八节

猪

猪（*Sus scrofa domestica*，pig）在分类学上属于偶蹄目，野猪科，猪属动物。由于在心血管、消化系统、免疫系统、泌尿系统、皮肤、眼球等处，以及在解剖、生理、营养和新陈代谢等方面与人类十分相似，故猪成为研究人类疾病的重要实验动物。但因为普通猪躯体肥大，不利于实验操作和管理，同时考虑到节省饲育成本和场地，目前各国竞相培育小型猪用于实验（图5-8）。

A. Hormel Beeld 小型猪　　B. Yucatan 小型猪　　C. 微型猪

图5-8　实验用小型猪和微型猪

一、一般特性

（一）性情

猪性格温顺，易于调教。爱清洁，好奇而聪明，喜探究游戏。

（二）适应性

猪的汗腺不发达，怕热，对外界温湿度变化敏感。对新购入的实验猪至少要经过1周的检疫，使其适应新的环境后才能进行实验。

（三）感官

猪嗅觉灵敏，鼻子也是敏感的触觉器官，成为探究周围环境和寻找食物的主要工具。具有坚强鼻吻，好拱土觅食，有用吻突到处乱拱的习性，也会用鼻吻探究同伴。听觉也较灵敏，但视觉不发达。

（四）习性

群居,少数大母猪和它们的仔猪组成自然群,若分开会变得情绪苦闷。成熟的雄猪一般单独生活,这样可减少攻击性行为发生。猪群中具有明确的群体结构和等级结构。群体间通过复杂的咕哝和尖叫声相互沟通交流。母猪分娩前爱筑窝。

二、解剖学特点

（一）骨骼

1. 齿式　齿式为 2(I3/3,C1/1,P4/4,M3/3)=44,门齿发达。不仅具有与肉食动物同样发达的门齿和犬齿,齿冠尖锐突出,便于食肉;同时也具有与草食动物同样发达的臼齿,齿冠有台面,上列横纹,便于食草。

2. 头骨　枕嵴特别突出,枕骨较高。颈突较长,垂向下方。吻端有一吻骨,位于颌前骨前部的上方和鼻骨前方,为吻突的骨质基础。

3. 脊柱　颈椎 7 枚,胸椎 14～15 枚,腰椎 6～7 枚,荐椎 4 枚,尾椎 20～23 枚。

4. 肋骨　14～15 对。

5. 肩胛骨　较宽,肩胛冈为长三角形,冈的中部弯向后方,有一大的冈结节,前端凸。

6. 臂骨　稍呈弯曲状,螺旋状肌沟浅,三角肌结节小,大结节大。桡骨短,稍呈弓状,远端宽大。尺骨发达,比桡骨长,骨干两端稍向后呈弓形。

7. 髋骨　长而窄,左右两半相互平行。

8. 股骨　骨干粗大,较短,大转子的高度与股骨头相平。

9. 小腿骨　胫骨骨干稍弯向内侧,腓骨发达,近端和远端都与胫骨相连结,远端形成外侧髁。

10. 跗骨　跟骨有一非常发达的跟结节,距骨的近端和远端均形成滑车。

（二）脏器

1. 脑

（1）大脑:分为左右半球,大脑半球的内腔是侧脑室,底壁的基底核和嗅脑的大部分位于间脑的前方。顶壁的大脑皮质部分覆盖在丘脑与四叠体的背侧。表面的皮质由 5～6 层神经细胞构成。

（2）间脑:位于中脑的前方,前外侧接大脑半球的基底核,由丘脑、丘脑下部和第 3 脑室等组成。丘脑为 1 对略呈卵圆形灰质核团,左右两丘脑的内侧部分相接,断面呈圆形。丘脑下部位于间脑的下部,前端伸达视束之前为视前部,后方为乳头体,视束与乳头体之间为灰结节部。第 3 脑室盛环形围绕着丘脑中间附着部,其后方接中脑导水管,腹侧形成一漏斗形凹陷。

（3）中脑:位于脑桥的前方、间脑的后方,内腔是中脑导水管,背侧面有 4 个丘状隆起,称为四叠体,前方 1 对较大为前丘,后方的 1 对较小为后丘。

（4）脑桥:位于延髓前方,背侧面构成第 4 脑室底壁的前部,分为腹侧部和背侧部,腹侧部呈横行隆起,为大脑皮质与小脑之间的中间站,内含发达的横行纤维,纤维向两侧通入小脑,形成小脑中角。背侧部为网状结构。

（5）延髓：为脑干的最后一段,后端在枕骨大孔与脊髓相连,向前逐渐向两侧扩展形成稍横扁的锥形,为网状结构,其中有上、下行传导束和一些灰质核团。在背侧部两侧的纵向纤维直入小脑形成小脑后脚,并形成第4脑室的侧壁。在腹侧、中线两侧有1对纵行的锥体,在后端大部分纤维交叉到对侧,形成锥体交叉。

（6）小脑：位于延髓和脑桥的背侧,略呈球形,两侧为小脑半球,正中为蚓部,构成第4脑室顶壁,灰质覆盖在白质的表面,形成小脑皮质。

2. 肺　位于胸腔内,在纵隔两侧。左右各一,右肺较大,叶间结缔组织发达。表面光滑、湿润,覆有胸膜脏层。呈粉红色,海绵状,富有弹性,质软而轻。分叶明显,左肺由前向后分为尖叶、心叶和膈叶3叶,右肺分为尖叶、心叶、膈叶和副叶4叶。

3. 心脏　位于胸腔纵隔内,夹于左、右两肺之间,略偏左侧。呈左、右稍扁的圆锥体,为中空的肌质器官,上部宽大,为心基,下部尖,为心尖。近心基处有冠状沟,为心房和心室的外表分界,上部为心房,下部为心室。心腔共有右心房、右心室、左心房和左心室4个腔。

4. 肝　位于季肋部和剑状软骨部,略偏右侧,壁面凸,脏面凹,中央部分厚而周围薄,分为左外侧叶、左内侧叶、右内侧叶、右外侧叶、方叶和尾叶6叶。

5. 胆囊　位于右内叶的脏面,胆管与肝管汇合成胆总管,开口于距幽门2～5 cm处的十二指肠憩室。

6. 胃　位于季肋部和剑状软骨部,为单室混合型。壁面向前,脏面朝后,左端大而圆,近食管口端有一扁圆锥形突起,为憩室。容积很大,为5～6 L,呈扁平弯曲的囊状,黏膜无腺部很小。

7. 肠　小肠长15～20 m,其中十二指肠长40～90 cm,起始部在肝的脏面形成乙状形弯曲。空肠卷成无数肠圈位于腹腔右半部。回肠较短,固有膜内淋巴结明显,呈长带状。大肠长4～5 m,其中盲肠发达,短而粗,呈圆锥状,长20～30 cm。结肠可分为前、后两部,前部较长,后部较短,在肠系膜根部盘曲成结肠终襻。直肠在肛门前方形成直肠壶腹,周围有大量脂肪。

8. 脾　位于腹前部,在胃的左侧。呈紫红色,狭而长,质较软。上端稍宽,下端较窄。壁面平,脏面凸,形成一个长嵴为脾门所在处。

9. 胰　位于最后两个胸椎和前2个腰椎的腹侧,略成三角形。呈灰黄色,分胰头和左、右2叶,胰管由右叶末端穿出,开口在胆总管开口之后,距幽门10～20 cm处的十二指肠内。

10. 肾　左右各一,均呈蚕豆状,较扁长,位置对称,均在最后胸椎及前三腰椎腹面两侧,为平滑多乳头肾。肾门位于肾内侧缘正中部,2个肾乳头与一肾小盏相对,肾小盏汇入2个肾大盏,肾大盏汇注于肾盂,肾盂延接输尿管。

11. 睾丸　位于会阴部长轴斜向后上方,质较软。睾丸头位于前下方,游离缘朝向后方。附睾位于睾丸的前上方,附睾尾发达,位于睾丸的后上端,成钝圆锥形。

12. 卵巢　较大,呈卵圆形,其位置、形状、大小有增龄性变化。

13. 子宫　属于双角子宫,可分为子宫角、子宫体和子宫颈3个部分。子宫体极短,为3～5 cm。子宫角特别长,为0.9～1.5 m,外形弯曲似小肠,但壁较厚。子宫角黏膜褶大而多。子宫颈较长,其黏膜在两旁集拢成 2 行半圆形隆起,相间排列呈螺旋状。

(三)腺体

1. **乳腺** 排列在腹白线两侧,常有 4~8 对,乳池小,每个乳头上有 2~3 个乳头管的开口。

2. **腮腺** 很发达,棕红色,呈三角形,埋于耳根下方和下颌骨后缘的脂肪内。

3. **颌下腺** 较小而致密,呈扁圆形,带红色,位于腮腺深面。

4. **前列腺** 体部位于尿生殖道起始部的背侧,扩散部形成一腺体层,分布于尿生殖道骨盆部的壁内。

5. **精囊腺** 特别发达,由许多腺小叶组成,呈淡红色,外形似棱形三面体,其导管开口于精阜处,呈裂隙状。

6. **尿道球腺** 特别发达,位于尿生殖道骨盆部后 2/3 的两侧和背侧,呈圆柱形,表面被尿道球腺肌覆盖,每个腺体有一条导管,开口于坐骨弓处的尿生殖道背侧壁。

7. **垂体** 位于脑的底面,在蝶骨构成的垂体窝内,借漏斗连于丘脑下部,可分为腺垂体和神经垂体,腺垂体由结节部、远侧部和中间部组成,神经垂体由神经部组成。

8. **松果体** 位于回迭体与丘脑之间,以柄连于丘脑上部,表面有被膜,被膜伸入腺体,将其间隔分为许多不明显的小叶。小叶由松果体细胞和神经胶质细胞组成,还常有钙质沉积物,称脑砂。

9. **甲状腺** 位于喉后方,气管的两侧和腹面。侧叶和腺峡结合为一整体,呈深红色,位于胸前口处气管的腹侧面。

10. **甲状旁腺** 1 对,位于颈总动脉分叉处附近,很小,呈圆形,埋于胸腺内。

11. **胸腺** 位于胸腔前部纵隔内,向前分成左右 2 叶,延气管伸至颈部,大小和结构有增龄性变化。

12. **肾上腺** 位于肾内侧缘的前方,为成对的红褐色器官,形状狭长。

三、生理学特点

(一)消化生理

猪为杂食性动物,有发达的唾液腺,可分泌含量较多的唾液淀粉酶;胃肠能分泌各种消化酶,沉积脂肪的能力强,饲料利用率高。盲肠中有少量共生的有益的微生物,能广泛地利用植物性、动物性和矿物质饲料。胆囊浓缩胆汁的能力很低,且胆汁量少。猪大部分时间都在取食,吃食无节制,吃的多,消化快,食谱多样化,但有择食性,能辨别口味,特别喜爱甜味。饲料量一般按体重的 2‰~3‰分为 1~2 次供给。

(二)体温调节

汗腺不发达,幼猪怕冷,成年猪怕热,爱洗澡。

(三)生殖生理

猪为常年发情的多胎动物,世代间隔短,性成熟早。性成熟:雌性为 4~8 月龄,雄性为 6~10 月龄。性周期为 21(16~30)天。妊娠期为 114(109~120)天,哺乳期 30 天。繁殖周期短,生产力高,一窝产仔多,生长快,发育迅速。年产 2 胎,产仔数 2～10 头,寿命平均为 16 年。

（四）免疫功能

猪的胎盘属于上皮绒毛膜型,母源抗体不能通过胎盘屏障,只能通过初乳传递给仔猪。初生猪体内没有母源抗体,只能从初乳中获得。无菌剖宫产术获得的仔猪,其体液内 γ 球蛋白及其他免疫球蛋白含量极少,其血清对抗原的抗体反应极低。无菌猪如果饲喂低分子、无抗原的饲料,则体内没有任何抗体,接触抗原后能产生较好的免疫反应,可用于免疫学研究。

（五）相似性

猪的心血管系统、消化系统、免疫系统和肾脏、皮肤、眼球、鼻软骨,以及营养需要、骨骼发育、矿物质代谢等都与人类的情况极其相似。猪的胃内分泌腺分布在整个胃内壁上,与人相似。心血管分支、红细胞成熟时期、肾上腺及雄性尿道等的形态结构,以及血液与血液生化部分指标都与人接近。脏器重量、齿象、牙质和齿龈的构造近似于人类。

猪给予致龋菌丛和致龋食物可产生和人一样的龋损,是复制龋齿模型的理想动物。产期仔猪和幼猪的呼吸系统、泌尿系统和血液系统与人类新生儿十分相似,也易患营养不良症,且胚胎发育和胃肠道菌丛清晰,故也是儿科学研究的适用动物。

猪的皮肤和人类皮肤的组织结构相似,体表毛发的疏密、表皮厚薄也类似。表皮具有皮下脂肪层,上皮修复再生性与人相似,烧伤后内分泌与代谢的改变也近似,所以是烧伤新研究工作的理想模型动物。经冻干特殊处理的无菌猪皮,可作为烧伤或其他皮肤缺损的生物敷料,用于临床治疗,与传统的液体石蜡纱布相比,可缩短痊愈时间(愈合速度可增加 1 倍),减少疼痛和感染,又无排斥现象,血管联合亦佳。

猪的冠状动脉循环在解剖学、血流动力学方面与人类十分相似,无论是幼猪,还是成年猪都可以自然发生动脉粥样硬化,其病变前期与人类似。猪和人对高胆固醇饮食的反应一致性高,某些品种的老龄猪饲喂人的残羹剩饭后就能产生动脉、冠状动脉和脑血管粥样硬化病变,与人类的特点非常相似,故是复制动脉粥样硬化模型的极好动物。还可利用猪的心脏瓣膜修补人的心脏瓣膜缺损。

猪品种繁多、基因多样、遗传资源丰富,是选育自发性肿瘤模型的理想动物。目前已育成的美洲辛克莱小型猪,自发性皮肤黑素瘤的发病率可达 80%,且发生于子宫内及产后自发的皮肤恶性黑素瘤发病率极高,伴有典型的皮肤自发性退行性病变,与人类黑素瘤病变和传播方式完全相同,瘤细胞形态和疾病临床表现类似人的黑素瘤从良性到恶性的变化过程,因此是研究人类黑素瘤的较佳自发性动物模型。

四、应用

猪一年多胎,一胎多仔,且比较便于管理和操作,是较易获得的哺乳类实验动物,尤其是近年来相继培育成功的小型猪更为研究提供了理想的材料。

（一）烧伤医学研究

猪是烧伤研究领域的经典实验动物,使用猪皮覆盖烧伤创面无排斥,伤口愈合速度比使用液体石蜡纱布增加 1 倍，且有效减少疼痛和感染，血管愈合情况也较好。猪的皮肤结构与人相似，包括体表毛发密度，表皮厚度，表皮具有脂肪层，表皮形态学和增生动力学、烧伤皮肤体液和代谢变化等方面都与人相似，是实验性烧伤研究的理想动物。

（二）活体器官和组织移植

由于在身形、生理和解剖学等方面与人相似，猪是最适合为人类提供移植器官的动物，临床广泛采用猪的心脏瓣膜修补人类心脏瓣膜或其他缺损，近年来研究的转基因猪主要用于提供不会被人体免疫系统排斥的各类器官。

（三）免疫学研究

在免疫学方面猪具有独特的应用，由于猪的胎盘为上皮绒毛膜型，母源抗体不能通过胎盘，而只能通过哺乳传递给仔猪，因此初生仔猪体内 γ 球蛋白和其他免疫球蛋白含量极少，剖宫产所得仔猪数周内体内 γ 球蛋白仍极低，其血清对抗原的抗体反应非常低，无菌猪体内无任何抗体，免疫学实验往往利用猪的这些特性。

（四）围产期医学

围产期的仔猪和幼猪呼吸系统、泌尿系统和血液系统与新生儿相似，仔猪可发生与新生儿相似的营养不良，儿科和新生儿营养学方面常采用猪作为研究，如婴儿病毒性腹泻，蛋白质、铁、铜和维生素 A 缺乏症。

（五）人类疾病研究

猪在心血管疾病研究中用得较多，特别是老年性冠状动脉病。其冠状动脉循环在解剖学、血流动力学方面和人相似度高，幼猪和成年猪均可自然发生动脉硬化，病变前期和人类似；猪可能是研究人类动脉粥样硬化最好的模型动物，猪和人对高胆固醇饮食的结果一样，一些品种老龄猪可产生与人相似的动脉、冠状动脉和脑血管粥样硬化病变，且辅以针刺损伤动脉壁可在 2～3 周内出现病灶。其他如血友病、十二指肠溃疡、胰腺炎等也常采用猪进行研究。

（六）实验外科

目前，在猪体已经实现腹壁拉链，其对猪正常生理功能无较大干扰，且可保留 40 天以上，为外科手术实验中反复开腹提供了较好的解决方案。

第九节

猕　猴

猕猴（*Macaca mulatta*，macaque）在分类学上属于哺乳纲，灵长目，猴科、猕猴属动物。猕猴为猕猴属灵长类动物的总称，共有 12 个种、46 个亚种。分布于我国的有 5 个种，它们是恒河猴、熊猴、红面短尾猴、台湾岩猴和平顶猴。在我国，猕猴属的恒河猴是最为常用的实验猴，而在国外常用的实验猴则是猕猴属的食蟹猴。因为猕猴在亲缘关系上与人类最接近，遗传同源性高达 98.5%，许多生物学、行为学特性与人类相似，所以是生物医学研究最为理想的实验动物。

一、一般特性

（一）外形

猕猴体型中等、匀称,身上大部分毛色为灰褐色,背毛棕黄色至臀部逐渐变为深黄色,有光泽(图5-9)。肩与前肢色略浅,胸腹部和腿部为浅灰色。脸部和耳部为肉色,少数为红面。胼胝为粉红色,雌猴色更赤。四肢粗短,具五指,有较长的手指和脚趾,前后肢的拇指(趾)与其他四指(趾)分开,掌面有多种不同的指纹和掌纹。

图5-9　猕猴的外形

（二）性情

猕猴聪明伶俐,动作敏捷,好奇心和模仿力强,有较发达的智力,能操纵工具。

（三）适应性

猕猴属热带、亚热带动物,生活在热带、亚热带丛林中或草原上,一般栖居在树木和岩石坡面上,接近水源。从海拔100 m的低丘到300 m的石山均有分布。

（四）感官

猕猴视觉较人类敏感,视网膜具有黄斑,有中央凹。视网膜黄斑除有和人类相似的锥体细胞外,还有杆状细胞。猴有立体感,能辨别物体的形状和空间位置;有色觉,能辨别各种颜色,并有双目视力。猕猴的嗅脑很不发达,嗅觉高度退化,而听觉灵敏,有发达的触觉和味觉。

（五）习性

猕猴群居性极强,喜吵闹与撕咬。社会性较强,每群猴均有1只最强壮、最凶猛的雄猴做猴王,其他猴都严格服从其严厉管制。昼行性,其活动与觅食都在白天。

二、解剖学特点

（一）骨骼

1. 齿式　乳齿齿式2(I2/2，C1/1，P0/0，M2/2)=20,恒齿齿式2(I2/2，C1/1，P2/2，M3/3)=32。齿弓排列成大致平行的两条直线,犬齿发达,出现齿隙。

2. 脊柱　椎骨之间夹有椎间盘。颈椎7枚,椎体较小,椎弓较大;胸椎12枚,从第1～12椎体增长和加宽,约成椭圆的一半;腰椎7枚,椎体粗大,从头侧向尾侧逐渐增大,越向下越长且宽，最后 1 个例外；骶骨 3 枚，融合而成一稍弯曲的三角形骨；尾椎 12 枚，很小，前 4 个有椎孔，前 5 个有关节突，前 6 个有横突，其余的没有关节突和横突，从头侧向尾侧逐渐变细，头尾较短，中间较长。

3. 肋骨 12 对，其中前 8 对为真肋，其后 2 对为假肋，最后 2 对为浮肋。从第 1～7 对肋骨长度逐渐增加，肋软骨的长度从第 1～9 对逐渐增加，肋软骨出现不同程度的骨化。

4. 胸骨 为一长形扁骨，由软骨相连的 7 节骨片和尾侧端的 1 节软骨组成，分为胸骨柄、胸骨体和剑突 3 个部分。颅侧端的胸骨柄最大，呈八角形，其余的骨片为长方形。

5. 腕骨 9 枚，近侧一排有 4 枚，从桡侧到尺侧依次为舟骨、月骨、三角骨和很粗大的豌豆骨；远侧一排有 4 枚，从桡侧到尺侧依次为钩骨、头状骨、小多角骨和大多角骨；中央骨 1 枚，介于周骨、头状骨和小多角骨及大多角骨之间，构成关节。

6. 掌骨 5 枚，属长骨。第 3 掌骨最长，其次为第 2、第 4～5 掌骨，第 1 掌骨最短，约为第 3 掌骨的 1/2。

7. 指骨 14 枚，拇指有 2 节，其余各指各有 3 节，每节指骨全是一更短的长骨。

8. 髋骨 1 对，为形状不规则的扁骨，左右髋骨在前方正中线借软骨相连接，构成耻骨联合。

9. 跗骨 7 枚，均属短骨，形状不规则，关节面极为复杂，其中距骨、跟骨、舟骨、骰骨各 1 枚，楔骨 3 枚，形成整个足骨长度近侧的 1/3。

10. 趾骨 14 枚，拇趾为 2 节，其余各趾 3 节。

（二）脏器

1. 脑

（1）大脑：大脑半球分为额叶、颞叶、顶叶和枕叶。中央沟把额叶和顶叶分开，位于大脑背外侧面中部，从后上方斜向前下方。

（2）小脑：由中央的蚓和两侧的小脑半球组成，以结合臂、桥臂和绳状体 3 对脚与脑的其他部分相连，可分为前叶、中叶和后叶，原裂把前叶和中叶分开，次裂把中叶和后叶分开。原裂位于小脑背侧，次裂位于小脑后面。前叶可分为舌叶、中央叶和山顶 3 小叶。中叶可分为单叶、山坡、蚓叶、蚓结节和锥体。后叶在内侧由蚓垂和小结组成，两者被蚓垂小结沟分开。与蚓垂相连的蚓状结构构成旁绒球，而与小结相连的蚓状结构则构成绒球，它们一起构成绒球叶。

（3）脑干：前连合、视交叉、四叠体和丘脑中间块明显，脑桥比较大，尾状核突向内侧，丘脑可分为外侧部和内侧部。脑桥在两侧以桥臂与小脑半球相连。

2. 肺 被纵隔分成左右两半，为不成对肺叶，左肺分为前叶、中叶和后叶 3 叶，右叶可分为前叶、中叶、后叶和中间叶 4 叶，右肺中叶分叶完全，左肺中叶分叶不完全。

3. 心脏 位于胸腔内纵隔的腹侧，约 2/3 偏向左侧，1/3 在右侧，心尖向左下方，基底部朝向右上方。右心偏向腹侧，左心偏向背侧。呈长的卵圆形，基底部较粗朝向颅右侧，心尖较细朝向左尾侧，心切迹在心尖右侧约 1 cm 处，胸肋面比较平坦，稍凸向腹颅侧，心的膈面向尾背侧，也较平坦，心的背面由左右心房形成，并略居肺门的尾侧。房室间的冠状沟充满脂肪组织。右心房壁薄柔软，右心耳大；右心室壁薄，近心尖部厚；左心房腔内平滑,左心耳外部边缘不整齐,呈切迹状;左心室壁很发达,室间隔也较发达,与左心室壁一样厚。心包由纤维层和浆膜层构成,包于心外。

4. **肝**　呈不规则形,右侧较厚,左侧较薄;腹侧较厚,背侧较薄。可分为外侧左叶、内侧左叶、外侧右叶、内侧右叶、右中心叶和尾状叶6叶。肝的膈面凸窿,较光滑;脏面凹陷不平,有脏器压迹。

5. **胆囊**　位于肝脏的右中心叶中央背侧的胆囊窝。胆囊底与肝游离缘有一定距离,胆囊壁薄,尾侧面被腹膜覆盖。内层的黏膜呈蜂窝状,并延伸到胆囊管中形成螺旋形和环形的坚固皱襞。胆囊由折成皱襞的黏膜、肌层、在朝向腹腔的面上被以浆膜的外纤维层3层组成。胆囊管与小胆囊动脉相伴,在离肝门裂不远处与肝管相接。

6. **胃**　单室胃,呈梨形,胃底特别大,有发达的肝左外侧叶。胃的轴线呈螺旋形,贲门与第12胸椎齐平,幽门齐平第13胸椎并突向背侧,胃小弯短而曲度大,胃的韧带很发达。胃壁在胃底区较薄,在幽门区则较厚,由浆膜层、肌层、黏膜下层和黏膜层组成。

7. **肠**　横部较发达,上部和降部形成马蹄形弯曲,肠壁可分为浆膜层、肌层、黏膜下层和黏膜层。小肠由十二指肠、空肠和回肠3个部分组成。小肠壁较薄,在小肠黏膜表面可见淋巴结节。在小肠系膜根部有5～10个较大的淋巴结。大肠包括盲肠、结肠和直肠。结肠壁的纵肌层形成3条结肠带,结肠直径由粗到细,盲肠和升结肠最粗,结肠袋由大到小,由疏到密。盲肠很发达,为锥形的囊,无蚓状体。

8. **胰**　横附于腹腔背侧壁上部,位于胃的背侧,在第2腰椎的腹面,沿横轴生长。可分为头、体和尾3个部分,头与体之间以小的弯曲为界。头长与宽相等,体部切面呈三角形。胰的腹面被胃覆盖,胰管有2条,分别为胰大管和胰小管。

9. **脾**　位于腹腔左上部,在膈之下,邻接胃底左边,横切面近似三角形,被腹膜所包。可分为内外两面、上下两端及前后两缘,外侧面光滑稍隆起,内侧面前面稍凹,与胃底相对;后面下部与胰尾相接。上端较钝,下端略尖。前缘较锐薄,有若干小切迹,后缘较钝厚。

10. **肾**　左右各一,位于腹腔背壁,左肾比右肾稍大,左肾比右肾稍靠下方。肾背面借助脂肪囊和肾筋膜牢固地系于背侧体壁,肾外表面有一薄的神经纤维网层,在其下肾实质表面有一薄而坚固的纤维膜。肾盂较小,肾盏中只有单一的乳头或嵴。弓形动脉和静脉位于肾皮质和髓质之间,髓质部分在肾的上下两端较厚,在侧面较薄。

11. **睾丸**　位于体腔外发达的阴囊中,成年时阴囊变成半悬垂状,呈椭圆体。睾丸活动性较大,可以上移至腹股沟内的耻骨联合区皮下,睾丸表面是固有鞘膜脏层,其下是厚而坚韧的白膜,其内面有富有粗而迂曲血管的薄结缔组织膜,直接包在睾丸实质上。白膜在睾丸系膜缘部伸入睾丸内形成睾丸纵隔,由纵隔再分成睾丸小隔。附睾分为附睾头、附睾体和附睾尾3个部分,头大尾小。头部以凹面贴于睾丸上端,体部附于睾丸背外侧面,尾部细圆,附于睾丸下部背面,以锐角弯曲向上延伸为输精管。

12. **卵巢**　呈卵圆形或纺锤形,被子宫阔韧带所包,每个卵巢的子宫端下端由一强的扁平韧带附于子宫,韧带较长,内包有卵巢动静脉,卵巢与系膜之间有深的卵巢囊。

13. **子宫**　位于正中稍偏左侧,直肠在其右侧。单子宫,前后稍扁平,可分为子宫底、子宫体和子宫颈,子宫体平滑,肌层厚,中线处有一浅沟,两侧有子宫角;子宫体稍成球形;

子宫颈有内、外之分,内子宫颈的前唇较厚,黏膜较平滑,前穹隆较后穹隆深。外子宫颈突入阴道内,前唇与后唇大致相等,后穹隆较前穹隆深,外子宫颈黏膜较粗糙,并有许多小皱襞。

(三)腺体

1. **乳腺** 1 对,位于第 5～6 肋骨和胸骨连接的水平位置上,每个乳头有 2～3 个输乳管,还有若干小的副输乳管。

2. **前列腺** 位于尿道前列腺部的背侧,为坚实腺体。后部中央较窄,两侧较发达,稍伸向颅侧,背面与直肠相贴。

3. **尿道球腺** 位于尿道腹部两侧,在尿生殖膈之外,以细管开口于尿道海绵体部的始端,呈卵圆形。

4. **垂体腺** 位于蝶鞍内,背侧与蝶鞍壁相贴,此壁向前伸展覆盖着垂体后叶的绝大部分,也覆盖着前叶的一部分,垂体被完全包在硬脑膜中。垂体由前叶、中间部和后叶 3 个部分组成。呈椭圆形,前叶较大稍呈豆状;后叶较小,藏于蝶鞍背侧壁和蝶鞍底形成的窝中;中间部和垂体结节部很小。

5. **松果体** 基部附着于丘脑背后侧缘,前支附着在缰的最后端,后支附着在后联合背侧的间脑后缘顶部。呈扁平三角形,覆盖着后联合区域。

6. **甲状腺** 位于颈上部的前面和侧面,由中间的甲状腺峡和左右两侧叶组成。峡部很窄。侧叶呈锥状,两侧大小相等。腺体被包在由结缔组织形成的甲状腺囊中,这些结缔组织伸入腺体组织,把腺体分隔成许多甲状腺小叶。

7. **甲状旁腺** 位于侧叶的后表面,共 4 个,每侧 2 个,颜色较浅,呈近圆形。每侧的甲状旁腺被包在它本身的结缔组织囊中,常成对存在,每对甲状旁腺常位于甲状腺中静脉的分支点上。

8. **胸腺** 大小和结构有增龄性变化。新生不发育,1 年后明显增大,占据着纵隔上部和中部区域,呈淡灰色,不完全分成 1 个颈叶和左右 2 个外侧叶。成年时萎缩,几近消失,残存于纵隔上部,被脂肪组织所代替。

9. **肾上腺** 1 对,位于两肾上端,呈淡紫红色。右肾上腺似扁平的楔状体,长轴为头尾方向,前后两面较平坦,嵴呈楔形位于外侧,内侧为较窄的面。左肾上腺呈扁平的锥形体,较右腺体为宽,长轴为头尾方向。肾上腺表面被有一层纤维膜,包含有较多的脂肪组织,伸入腺体实质内。

三、生理学特点

(一)消化生理

猕猴为杂食性动物,食谱广、进食快、爱挑食,以素食为主,喜食味甜而富含淀粉的果实,盲肠发达。胃液呈中性,含 0.01%～0.043% 的游离盐酸。体内缺乏维生素 C 合成酶,不能在体内合成维生素 C,必须从饲料中摄取,否则会出现脱毛现象。主食应以全价配合饲料为主,辅以蔬菜、瓜果类的青饲料,定时定量饲喂。猕猴具有颊囊,颊囊是利用口腔中上下黏膜的侧壁与口腔分界的。颊囊用来贮存食物,这是因摄食方式的改变而发生进化的特征。

（二）生殖生理

猕猴为单子宫动物,雌猴性成熟后,具有与人类相似的月经排卵周期,是人类计划生育研究的理想实验动物。月经周期平均为 28 天(变化范围为 21~35 天),月经期多为 2~3 天(变化范围 1~5 天)。具有典型的生殖季节,通常是每年的 9 月至次年的 2 月,持续 4~6 个月,生殖季节内表现有规律的月经周期,月经周期的长短受气候、饲养方式、内分泌等多种因素影响。雌性动物在交尾季节,生殖器官的周围区域发生肿胀,外阴、尾根部、后肢的后侧面、前额和脸部等处的皮肤都会发生肿胀,这种肿胀称为"性皮肤"。猕猴的胎盘为双层双盘。每年一胎一仔,偶见双胎或三胎。母猴以手帮助胎猴娩出,分娩多数在春、夏季的夜间,白天的光线对猴的分娩有抑制作用。猕猴的性周期为 28 天,妊娠期为 164 天(156~180 天),哺乳期为 7~14 个月。雄猴性成熟为 2 岁,体成熟为 3~4 岁,雌猴性成熟也为 2 岁,体成熟为 4 岁,月经开始后 12~13 天排卵,妊娠期平均为 165 天,每次产仔 1 个,交配及受孕有季节性。猕猴属各品种猴的染色体为 2n＝42。

（三）血型

猕猴的血型分为 2 类,一类与人相似,分为 A、B、O、Lewis、MN 和 Rh 型等;另一类是猕猴特有的,有 A^{rh}、B^{rh}、C^{rh}、D^{rh} 等 14 种血型。这些血型抗原可产生同族免疫,在同种异体间输血时要做血型配合试验,但不发生新生儿溶血症和成红细胞增多症。猕猴的白细胞抗原(RhLA)是灵长类动物中研究主要组织相容性复合体基因区域的重要对象。同人的 HLA 抗原相似,RhLA 具有高度的多态性,猕猴 RhLA 的基因位点排列与人类具有相似性,也是研究人类器官移植的重要实验动物。

（四）进化特征

猕猴进化程度高,大脑发达,有大量的脑回和脑沟,有较发达的智力和神经控制能力,能用手脚操纵工具,喜探究周围事物。前膊能自由转动,具 5 指,拇指与其他 4 指相对,具有握力。指甲为扁指甲,能握物攀登。猕猴的眉骨高,眼窝深,有较高的眼眶,两眼向前。胸部有 2 个乳房,脑壳有一钙质的裂缝。

（五）相似性

猕猴在形态学、生殖生理特征、血液循环系统和代谢方面与人类十分相似,在遗传物质上与人类的同源性高达 98.5%,且可以感染人类特有的传染病病原体,如脊髓灰质炎病毒、肝炎病毒、麻疹病毒、B 病毒、马尔堡病毒、人类免疫缺陷病毒、赤痢阿米巴、人疟原虫等,最易感染人的痢疾杆菌和结核分枝杆菌。所以是研究人类传染病、生产和检定相关疫苗的唯一合适动物。

猕猴的牙齿在大体结构和显微解剖、在发育的次序和数目方面与人类牙齿有一定的共同之处,可用于研究牙龈炎等牙科疾病。根据长出牙齿的顺序及齿的磨损程度,可判断其年龄的大小。

猕猴具有与人类相似的生理生化代谢特性和相同的药物代谢酶,其代谢方式也和人类相似。猕猴的药物代谢与人类的相似度达 71%,特别是药物对中枢神经的作用,无论是定性,还是定量,与人类均非常相似。猕猴对镇痛剂的依赖性表现与人类接近,戒断症状明显且易于观察,已成为进入临床前必须做的实验。猕猴在脂质代谢和高脂血症及动脉粥样硬化疾病的性质和部位、临床症状,以及各种药物的疗效等方面,都与人类非常相似,饲喂高胆固醇饲料,可导致严重的广泛性粥样硬化,且可产生心肌梗死,还会出现冠状动脉、脑动脉、肾动脉、股动脉的粥样硬化,用于研究相关疾病。因此,猕猴是药理学和毒理学研究的首选实验动物。

四、应用

非人灵长类实验动物在进化上和人类最接近,因而总体上和人有着更多相似性,适合生命科学领域大多数研究应用,但其来源稀少,饲育难度高,不能像其他实验动物那样进行普遍应用,只能用于一些特殊的、必须使用非人灵长类的研究中。

(一)人类特有疾病的研究

猕猴可感染绝大多数人类特有的传染病并与人类有类似临床表现,在该领域有独特的应用价值。病毒性疾病如病毒性肝炎、脊髓灰质炎、麻疹、疱疹、流行性感冒、艾滋病等,细菌性疾病如结核病、野兔热、葡萄球菌病、菌痢等,寄生虫病如弓形体病、丝虫病等。猕猴对人疟原虫敏感,是疟疾诊疗研究和抗疟药物筛选的唯一动物。运用猕猴开展人类帕金森病的研究取得了突破性进展。

(二)生殖相关研究

猕猴的生殖生理和人类非常相近,因此在生殖领域有着广泛应用且不可替代,生理方面常采用猴做妊娠过程、孪生机制、配子发生、着床过程,卵子发育过程,性周期各项激素水平的研究;疾病方面常作为宫颈发育不良、胎儿发育迟缓、淋病、妇科病理、孪生、子宫肿瘤等的研究;妊娠毒血症是妊娠后期母体死亡的最根本原因,常用猴复制妊娠毒血症模型;猴还是研究避孕药和进行雌激素评估的理想动物;由于无论在室外还是室内,猕猴均表现出由阴道分泌物引起的与雌激素诱发的刺激作用有关的嗅觉活动,因此是良好的性行为模型,常用于研究内分泌对性行为的影响。

(三)药理学研究

猴是最理想的药物代谢研究对象,在经研究的化合物中71%的化合物在人和猴具有相似的代谢途径,而犬只有19%,大鼠仅为14%;药效学方面,猕猴和松鼠猴对中枢神经系统药物在定性和定量方面都和人极为相似;猕猴对麻醉药与毒品的依赖性表现类似于人,其戒断症状较明显,是新麻醉剂临床前评估和研究必需的动物;常用猴筛选抗震颤麻痹药;多种因素如辐射、感染、内分泌、遗传、药物、环境化学物等引起的致畸作用均可通过观察猴的母体效应、胚胎效应、体内异常、出生后效应等进行评估。

(四)口腔医学

首选动物是猕猴,其具有与人一样的齿数,其牙齿和口腔微生物区系和人类似,如给予高糖饮食可诱发与人相似的乳牙和恒牙龋齿,是龋齿研究、口腔矫形和口腔内科常用的动物,常用于再植牙的效果和组织病理、干槽症组织病理以及各类口腔医疗新方法、技术和材料的研究。

（五）高级神经活动研究

在高级神经活动和情绪反应上猴最类似于人，具有丰富的情感和表达，可用药物和环境手段诱发猴的各种精神病，如抑郁症、神经官能症、精神分裂症、强迫症，以及母性和性反应的异常等，是研究人类精神疾病和精神障碍的最佳动物。

（六）眼科研究

猴是研究人类近视眼、白内障、角膜屈光不正等眼科疾病机制和治疗的理想动物。

（七）其他疾病研究

猴的正常营养代谢、血脂、动脉粥样硬化疾病的性质和部位、临床症状和药物疗效均和人类似，采用高胆固醇饲喂可发生严重广泛的粥样硬化症，可产生心肌梗死，冠状动脉、脑动脉、肾动脉、股动脉粥样硬化等，因此常用于胆固醇代谢、脂肪沉积、肝硬化、铁质沉着症、肝损伤、维生素 A、维生素 B_{12} 缺乏、镁离子缺乏伴低钙血症、葡萄糖利用降低等研究。内分泌疾病方面较多用于库欣病、尿崩、糖尿病、自身免疫性慢性甲状腺炎的研究。老年病方面常用于老年性白内障、慢性气管炎、肺气肿、老年性耳聋、震颤性麻痹研究，也较多用于衰老过程中的肥胖、记忆力减退等研究，还是多发性硬化症的常用动物。

● 第十节

猫

猫（*Felis catus*，cat）在分类学上属于哺乳纲，食肉目，猫科、猫属动物。自 1898 年以来，猫被应用于研究情绪，心脏病，脊髓损伤，白内障，青光眼，狼疮，糖尿病，脊柱裂等。现在广泛用于生理学、药理学、毒理学和疾病研究等领域。国外很多国家已经建立了实验用猫繁育基地。例如，美国宾夕法尼亚大学在 1974 年构建了（Referral Center for Animal Models of Human Genetic Disease，RCAM）系统，其保存的猫疾病模型在研究与人类同源的遗传性疾病中具有不可或缺的位置；美国国立卫生研究院（National Institutes of Health，NIH）自 1978 年在其动物中心建立了封闭群猫种群；苏黎世大学目前已培育有 SPF 级的实验用猫（图 5-10）。

图 5-10　实验用猫

一、一般特性

(一)外形

成年猫体长 40～50 cm(尾长不计),雄性体重为 3～4 kg,雌性为 2～3 kg。前肢具 5 趾,后肢 4 趾。爪尖锐发达,呈三角钩形,并能回缩,是捕食的主要工具。

(二)性情

猫生性孤独,具神经质,行动谨慎。家猫较为温顺,经调教对人会有亲切感。未经驯化的野猫具有放开即跑、动辄咬人等野性。

(三)适应性

猫喜舒适、明亮、干燥的环境,白天喜攀高、远眺、晒太阳。对环境变化特别敏感,实验前需由足够时间让其适应。不认特定主人,没有永久的栖息地,自行选择食物好、环境佳的场所为栖息地。猫的适宜温度为 18～21℃,适宜相对湿度为 40%～70%。

(四)感官

猫的视觉较发达,眼睛能按照光线强弱灵敏地调节瞳孔的大小,白天光线强时可收缩成线状,夜晚光线弱时可变得很大,夜间视力较好。瞬膜大且反应敏锐,宜做药物对瞬膜及虹膜的反应实验。宜用阿托品解除毛果芸香碱作用等实验。口边有触须,触觉较发达。

(五)习性

喜独居自由生活,除发情与交配外较少群居。有在固定地点排泄的习惯,便后即刻自行掩埋,故在笼内或室内一角放置盛有垫料的便盆,就可以收集其全部大小便。猫为肉食性动物,齿爪锐利,野外靠捕食鼠、鸟、鱼等小动物为生,喜食荤腥,有偏食的特点。实验室饲养猫需饲喂全价的颗粒饲料,饲料配方中动物性饲料需占 30%～40%。猫不能利用 β-胡萝卜素作为维生素 A 的来源,猫科动物最必需的氨基酸为牛磺酸和精氨酸,亚油酸对猫的生长发育至关重要,所以都必须在饲料里充足添加。成年猫每日需饲喂 150 g 食物,饮水 200 ml。猫对刺激性气体、蒸汽、酚类消毒剂和吩噻嗪敏感,须避免接触。

(六)生长发育

初生小猫全身被毛,闭眼,一般体重 70～90 g。10 日龄左右开眼,20 日龄左右可爬行,30 日龄时体重约达 400 g,可随母猫活动和采食,40 日龄以后可捕食小鼠。此后生长发育较快,50～60 日龄体重为 700～800 g,具完全独立生活能力,此时可以离乳。

二、解剖生理特点

(一)骨骼

1. **齿式**　恒齿齿式 2(I3/3,C1/1,P3/2,M1/1)=30。门齿不大,犬齿、假臼齿和真臼齿锐利。一般上颌的后假臼齿和下颌的第一真臼齿特别粗大,故命名为食肉齿。猫牙齿的特点使其便于进食硬质食物。

2. **脊柱**　颈椎 7 枚,胸椎 13 枚,腰椎 7 枚,骶椎 3 枚,尾椎 21 枚。

3. **肋骨**   13 对。

4. **阴茎骨**   1 枚。

（二）神经系统

猫脑分为大脑、间脑、中脑、小脑和延髓 5 个部分,脑神经 13 对。大脑、小脑较发达,大脑半球表面有沟、回。猫头盖骨和脑的形态特征固定,对去脑实验和其他外科手术耐受力较强。平衡感觉、反射功能发达,瞬膜反应敏锐。适用于去大脑僵直、姿势反射、脑内插电极描记脑电活动等中枢神经系统实验。猫对吗啡的反应和一般动物相反,犬、兔、大鼠、猴等主要表现为中枢抑制,而猫却表现为中枢兴奋。

（三）循环系统

猫胸腔较小,循环系统较发达,血压稳定,血管壁较坚韧。心脏分为左、右心房及左、右心室 4 个腔。主动脉从左心室发出至主动脉弓再分出头臂干的右锁骨下动脉、颈总动脉和左锁骨下动脉,分别至头颈和前肢。主动脉弓弯至胸腹腔背面后,称胸主动脉,至腹腔称腹主动脉,其分支到腹腔各内脏,腹主动脉最后分为内、外髂走向下肢。心搏力强,血压曲线明显,能耐受麻醉和手术,宜观察药物对血压的影响,特别适合做药物对循环系统作用机制的分析实验。

肺动脉从右心室发出左、右肺动脉入肺。回心的大静脉有前、后腔静脉各一,分别接受由头、颈、前肢及腹腔各内脏器官和后肢等回心的血液。肺静脉由肺经气体交换的动脉血,通过肺静脉回左心房。

红细胞大小不均匀,细胞边缘有一环状灰白结构,称为红细胞折射体(RE),正常情况下,10% 的红细胞中有 RE 体。血型有 A、B、AB 型 3 种。

猫对强心苷敏感,苯胺及其衍生物会引起猫与人相似的病理变化,产生变形血红蛋白,适合做苯胺及其衍生物的毒理学研究。对神经肌接头阻断药的反应最与人类接近,适用于心肌病药物研究。心电活动和冠状动脉分布接近于人类,且耐受性强,不易因发生心室颤动或心力衰竭而死亡,可用于研究各种急性心律失常。

（四）消化系统

猫腹腔很大,猫舌的结构是猫科动物所特有的,其表面有无数丝状乳突,被有较厚的角质层,呈倒钩状,便于舔食骨上的肉。猫为单室胃,肠较短,肠管长度约 122 cm,肠壁较厚,具有明显的食肉动物特征。盲肠细小,只能见到盲肠端有一个微小突起。肝分为 5叶,即右中叶、右侧叶、左中叶、左侧叶和尾叶。猫的大网膜发达,重约 35 g,由十二指肠起始,沿胃延伸,经胃底连接大肠,脾和胰脏附其上,中间形成一个大的腔囊。上下两层的脂肪膜状如被套覆盖于大、小肠上,后面游离部分将小肠包裹,发达的大网膜不但起固定保护胃、肠、脾、胰脏的作用,而且还能保温,故御寒能力强。猫的呕吐反应灵敏。

（五）呼吸系统

肺分为 7 叶,右肺 4 叶,左肺 3 叶。在正常情况下很少咳嗽,但受机械刺激或化学刺激后易诱发咳嗽。猫的呼吸道黏膜对气体或蒸汽反应敏感。

（六）泌尿生殖系统

雌猫乳腺位于腹部,乳头 4 对,具双角子宫。雄猫阴茎只是在勃起时向前,在泌尿时,尿后方排出。猫属于典型的刺激性排卵动物,经交配刺激后 25～27 小时才排卵。宜做避孕药研究。猫属于季节性多次发情动物,交配期每年 2 次,分别为春季和秋季。性周期约 14 天,发情持续期为 4～6 天,求偶期连续 2～3 天。发情时雌猫发出粗大叫声,骚动不安,手压猫背可见踏足举尾动作。用阴道涂片镜检法能明确地判断猫的性周期,其性周期可分为 4 个阶段。①发情前期:以大量有粒细胞为主;②发情期:出现角质化细胞;③发情后期:以中性白细胞为主;④发情间期:有许多有核上皮细胞和少量中性白细胞。发情期阴道涂片出现角质化细胞,此期适宜交配。交配时发出特有叫声,交配后可见到雌猫在地上打滚的行为。一年可产 2～3 胎,每胎产仔数 3～5 只。妊娠期为 60～68 天,分娩一般需 2～3 小时。哺乳期为 60 天,适配年龄雄性为 1 岁,雌性为 10～12 月龄。雄性可利用实验研究 6 年,雌性 8 年,寿命 8～14 年。

三、应用

猫是一种具有独特实验应用价值的哺乳动物,自 1898 年以来,被应用于研究情绪,心脏病、脊髓损伤、白内障、青光眼、狼疮、糖尿病、脊柱裂等。现在广泛用于生理学、药理学、毒理学和疾病研究等领域。据统计,近年来世界范围内各研究领域使用实验动物的种类和数量,猫仅次于大鼠、小鼠和犬,其用量和兔相当,超过了豚鼠、仓鼠和非人灵长类。由于猫的反射功能与人近似,循环系统、神经系统和肌肉系统发达,在神经学、生理学和药理、毒理学方面的实验效果较啮齿类更接近于人,适宜作为观察各种反应的实验。

(一)生理学研究

猫具有极敏感的神经系统,头盖骨和脑的形状固定,为脑神经生理学研究的理想实验动物。在电极探针插入大脑各部位的生理学研究方面已经标准化。可在清醒条件下研究神经递质等活性物质的释放和行为变化的相关性,如针刺麻醉、睡眠、体温调节和条件反射。常在猫身上采用辣根过氧化物酶(HRP)反应方法进行神经传导通路的研究,同时可采用 HRP 追踪中枢神经系统之间的联系和进行周围神经系统与中枢神经系统联系的研究。做去大脑僵直、姿势反射、刺激交感神经时瞬膜及虹膜的反应实验等。

(二)药理学研究

猫可用脑室灌流研究药物的作用部位及药物如何通过血-脑屏障。观察用药后呼吸,心血管系统的功能效应和药物代谢过程对血压的影响。猫血压稳定,血管壁坚韧、心搏力强、便于手术操作;能描绘完好的血压曲线,适合进行药物对循环系统作用机制的分析,进行冠状窦血流量的测定,以及阿托品解除毛果芸香碱作用等实验。还可通过瞬膜反射分析药物对交感神经和节后神经节的影响,易于制备脊髓猫,排除中枢对血压的影响。

(三)疾病研究

猫可用于诊断炭疽病,进行阿米巴痢疾、淋巴细胞白血病、恶病质者血液的研究。猫是弓形体的终末宿主,是研究弓形体病的良好动物模型。猫可制备很多疾病的动物模型,如 Kinefelters 综合征、先天性吡咯紫质沉着症、白化病、耳聋症、脊柱裂、病毒引起的营养不良、急性幼儿死亡综合征、先天性心脏病、草酸尿、卟啉病等。猫作为弱视动物模型及高眼压动物模型等具有不可替代的作用。由于猫的骨盆与人类骨盆结构相似,常用来建立人类骨盆的矫正模型。猫还可用于腺体瘤、鳞状细胞癌、各种肉瘤、基底细胞瘤、脂肪瘤、纤维瘤、血管瘤、软骨瘤及卵巢的种植性肿瘤等的研究。贾勒特（Jarrett）于 1964 年在猫中发现了类似于人类白血病的猫白血病病毒（FeLV）。猫白血病病毒的疫苗已被许可应用并且多年来逐渐发展完善，这有助于人类白血病疾病模型的研究。1987 年在佩德森（Pedersen）等的研究中首次报道了猫 T 淋巴细胞慢病毒（FTLV）的发现，这种病毒与人类的 HIV 病毒相似。天然感染 FTLV 病毒的猫被用作研究人类艾滋病的有效抗病毒治疗的模型，最近 FTLV 疫苗的开发为 HIV 疫苗的开发提供了一种潜在的新模式。乳腺癌是女性最常见的恶性肿瘤之一，乳腺癌在猫中也很常见，猫乳腺癌的许多特征类似于人乳腺癌。

（四）感官研究

猫具有良好的视力、敏锐的听觉和高度发达的平衡系统以及空间知觉。在视觉系统方面，大卫·胡贝尔（David Hubel）研究了猫视觉系统的发育和功能，发现了包括人类在内的所有哺乳动物都在出生时具有部分发育的视觉系统。他利用之前对幼猫神经系统的详细研究的基础上，发现大脑内的眼睛、视神经和视觉中枢的正常发育需要通过光刺激视觉神经元。这个发现于 1981 年获得诺贝尔生理学或医学奖。猫在定位声音方面具有非凡的才能，猫在夜间进行大部分狩猎，那时它们的啮齿动物猎物最活跃，而因为夜间的视力有限，所以听觉是猫对其猎物定位的主要感官提示。猫的听觉系统与人类非常相似，能够被用于研究大脑如何结合两只耳朵的信息进行声音定位，并与人类人工耳蜗植入的临床研究相关。猫也具有良好的认知能力和记忆，并且经常用于学习能力相关的实验室测试，其结果已经应用于人类教育实践。

（胡　樱）

第六章

实验用动物资源

生命科学研究的不断深入,对实验动物的需求也越来越广泛。无论是种类还是数量,现有的实验动物均无法满足医学的科学研究。人类疾病动物模型研究需要从分子、细胞、组织、器官、系统乃至整体的各级水平,寻找相对应的各种类型相似动物,以及病因、病机、病理各个阶段的相似过程。特别是生态平衡、动物福利、环境保护的逐步严格,更是限制了已有实验动物的应用。因此,迫切需要开发新实验动物资源以满足需求。随着野生动物实验动物化研究的进展,实验动物已不局限于常规哺乳纲的品种品系,越来越多的其他种类动物被开发为实验动物,为生命科学研究充当"活的试剂"。

第一节

树　鼩

树鼩(*Tupaia belangeris*,tree shrew)属哺乳纲,灵长目,原猴亚目,树鼩下目,树鼩科。分布在热带和亚热带,如我国云南、广西、广东、海南,以及印度恒河北部、缅甸、越南、泰国、马来西亚、印度尼西亚和菲律宾等地。其下分 2 亚科 6 属 47 个种及约 100 个亚种,绝大部分分布在亚洲南部。树鼩的主要品种及产地:①Tupaia Belangeri Chinensis:主要分布于我国云南的西部、南部及华南等地。②T. glis(2 对乳头,60 个染色体):主要分布于吉隆坡。③T. Chinensis(3 对乳头,62 个染色体):体重 120～250 g 之间,主要分布于泰国的曼谷、尼泊尔、缅甸及我国云南。④T. Belangeri(亚种,有人定为 T. Chinensis):主要分布于马来西亚北部及缅甸南部。⑤亚种 T. b. Yunalis:主要分布于云南东南部、内蒙古和广西壮族自治区。⑥亚种 T. b. Modesta:主要分布于海南岛。不同种属树鼩的染色体数目不同,2n＝44～62。

一、一般特性

(一)外形

树鼩(图 6-1)外形似松,鼠吻部较长、尖细,耳较短。毛蓬松,被毛常见黄栗色,尤以尾背及两侧毛较长,背部有一短浅色条纹,呈棕黄或淡黄色。体色因不同亚种而异。颌下及腹部为浅灰色,颈侧有条纹,这是区别种属的重要标志。我国常见有黄栗色和橄灰色。头骨的眶后突发达,形成一骨质眼球,脑室较大。前后肢各 5 趾,趾端有爪,且发达而尖锐。尾部毛发达,并向两侧分散。中国树鼩笼养 1 年后,部分动物于尾根部、两后腿外侧、

图 6-1 树鼩外形

腰臀部出现块状脱毛现象,持续 2～3 个月后新毛再次长出,但夹杂部分白毛,故呈花斑形,可用于人类斑秃和无发再生的研究。体长 12～24 cm,尾长约 16 cm,成年体重 120～150 g。

(二)习性

树鼩有地栖性和树栖性两类,除少数种类外,绝大多数营地栖生活,主要在地上活动、觅食、戏耍和休息。树鼩野外多在丘陵、平原近农舍旁的灌木、森林边缘活动,有时会出入于农舍院宅。分布范围广,数量多,个体数稳定,有较强的适应性。行动灵活,在土堆挖洞作穴,亦有在树上筑巢。常见单个出没于丛林或村道、园内。雌性成对生活,不群居。树鼩有一定的领域行为和修饰行为,可猛烈攻击同种的入侵者。雄性性格凶暴,在繁殖期经常发生攻击、争斗行为,因此不易将雄性同笼饲养,一雄一雌成对分笼饲育为宜。

除笔尾树鼩外,属昼行性动物,主要在白天活动,以黎明和黄昏时最为活跃,中午活动较少,夜晚活动呆滞。善攀登、跳跃,四足运动,在地上或树上用急速弹跳的方式奔跑运动,启动时尾突然翘起呈半卷曲状,晚上蜷缩在笼的一角,以尾裹颈而睡。实验室饲养的树鼩喜在笼内作翻滚蹿跳活动,能量消耗较大。饲养笼不宜过小。树鼩生产时不能惊动,否则易造成仔鼩被噬食,或拒哺乳的情况。胆小,机敏,易受惊。如长时间受惊处于紧张状态,则体重下降,睾丸缩小,臭腺发育受阻。当臭腺缺乏时,母鼩产后吃仔,生育力丧失。饲养室温度应控制在 15～24℃,湿度 40%～60%,每日 12 小时充足光照,缺少光照,易患花斑病。保持安静,尤其在交配繁殖时避免惊扰。

树鼩属杂食性动物,常以昆虫、小鸟、五谷、野果、树叶为食。喜甜食,如蜂蜜。偏好虫类肉食。树鼩觅食主要集中在 8:00～10:00 和 15:00～19:00。笼养时需供给足够的蛋白质饲料。营养缺乏或低下时体重减轻,毛无光泽,易患疾病而死亡。应给予软的高蛋白饲料、水果、蔬菜。如饲喂常规饲料则需每周 2 次加鸡蛋蛋白、熟肉(牛肉、兔肉、鼠肉、豚鼠肉均可)。成年树鼩食量为每日 100～150 g,用前肢抓取食物。

(三)感官

树鼩视觉、嗅觉较好,颅脑发达。视网膜有 96% 视锥细胞,有色觉和立体感。通过不同的叫声、多样的视觉信号、有特殊气味的分泌物标记识别周围环境和相互联系。能发出 8 种不同的声音用于警报、注意、接触和防御。其声音范围从 0.4～20 kHz,声音结构取决于个体的状态和动机,音调随着恐惧的增加而增加。

（四）繁殖与生长发育

树鼩是一雌一雄固定交配,如果雌性树鼩接受雄性树鼩,它们将形成稳定的繁殖对,并继续在一起繁殖。树鼩交配繁殖并没有特定的时间,也没有发现季节性高峰期,可在一年的任何时间进行。树鼩性成熟时间为4～6个月,妊娠期为41～50天,孕酮的变化与人类相似。树鼩为诱导排卵动物,只有交配之后雌性才会排卵受精。繁殖能力强,胎仔数为2～4只,有产后动情期,产后4～8小时即可交配,每年4～7月为生殖季节。

实验室饲养时宜雌雄分居,交配时合笼,怀孕时分笼,将雌性转到繁殖笼内,分娩育仔。哺育幼仔期间,雌性每48小时只返回一次给幼仔喂奶,在30～35天的时间内与幼仔接触少于2小时,雄性不参与照料幼仔。雌性树鼩如长时间受惊,处于紧张状态时,会出现不育症、堕胎,甚至产后吃仔等现象。

仔树鼩初生时体重约10 g,体长约6.4 cm,尾长约3.8 cm,初生的树鼩全身无毛,皮肤粉红,眼闭,只会蠕动,5～6天皮肤变黑,开始长毛,14～21天开眼,3周开始走动,4周可跳动,5～6周断奶而独立生活,3月龄达到成熟体重,4月龄可出现交配行为,4～5个月达到性成熟。繁育年龄约3年,寿命5～7年。

二、解剖生理特点

（一）骨骼

1. 齿式 树鼩犬齿细小,后臼齿宽大,齿式2(I2/2, C1/1, P3/3, M3/3)＝36。

2. 脊柱 颈椎7枚,胸椎13枚,腰椎6枚,骶椎3枚,尾椎24～26枚。颅骨薄,对λ＝560 nm光透过率为56.8%,适合于做光化学反应,无需开颅且无脑脊液外漏,动物能长期存活进行动态观察,适宜做脑缺血发病机制的研究。眼窝与颞窝隔开,眼眶后有骨桥,形成骨形眼眶。耻骨与坐骨左右形成1 cm软骨接合部,鼓骨包已形成;胫骨与腓骨独立。

（二）神经系统

树鼩神经系统接近于一般的灵长类动物,大脑、小脑、视交叉较发达,脑室较大,脑重与体重比例为1∶40,与人类相似。多用于神经系统方面的研究,如对大脑皮质的定位,嗅神经、纹状体颞皮质,小脑核闭的形态,幼树鼩的小脑发育、视觉系统、神经血管的研究,神经节细胞识别能力,口腔黏膜感觉末梢的研究,神经系统的多肽、应激等方面的研究。神经介质方面有作为乙酰胆碱、5-羟色胺、肾素、血管紧张素等的研究应用。

（三）消化系统

树鼩具有一个呈披针状的舌下器。胃形态简单,与人相似,无明显的幽门管,在幽门孔括约肌形成一环状嵴与十二指肠明显分开。小肠由十二指肠、空肠、回肠组成,界限不明显。大肠包括盲肠、结肠、指肠。肝分为左右外侧叶和中央叶,在肝脏中能合成维生素C。胰总管和胆总管在幽门孔6 mm处共同开口于十二指肠。胆汁组成与人类相似,高胆固醇膳食下,树鼩容易形成胆结石,以胆盐的形式从尿中排出,但不易形成动脉硬化,为研究高脂血症时胆固醇排出途径提供客观依据。树鼩可用于进行胃黏膜、下颌牙床、胆石症的研究。

（四）呼吸系统

树鼩右肺分为上叶、中叶、下叶和奇叶，左肺分为 3～4 叶。

（五）泌尿生殖系统

树鼩肾在形态上同一般的哺乳动物。子宫为双角子宫，分为子宫角、子宫体和子宫颈 3 个部分。可用于交感神经对肾小球结构的作用、肾衰竭等研究。

三、应用

树鼩进化程度较高，新陈代谢和大体解剖近似人类，白蛋白与人的相似。在自然条件或实验室条件下能感染人的疱疹病毒、流感病毒。可用于研究鼻咽癌 EB 病毒。树鼩也可以感染甲型肝炎病毒、乙型肝炎病毒、丙型肝炎病毒和丁型肝炎病毒，复制相应的实验感染肝炎动物模型。以树鼩作为轮状病毒感染的腹泻病理模型也已获得成功。

由于树鼩血中高密度脂蛋白成分占血脂总量的 60%～70%，比例较高，已用于探索抑制动脉粥样硬化发病机制的研究。对化学致癌物较敏感，尤其适合做黄曲霉素致肝癌实验模型。也可自发产生乳腺癌、淋巴肉瘤、肝细胞瘤、表皮肝细胞癌等。

树鼩全基因组测序分析和国内外多项研究结果表明，其亲缘关系与灵长类最接近（约为 93.4%），在组织解剖学、生理学、生物化学、神经系统（脑功能）、代谢系统和免疫系统等方面与人类近似，与灵长类动物比较，其自身具有体型小、繁殖周期短、易于实验操作、饲养成本低等特点，已广泛应用于生物医药研究领域。

第二节

狨　猴

狨猴（*Callithrix jacchus*, common marmoset）属哺乳纲，灵长目，类人猿亚目，绒猴科，是一种新世界猴。狨猴科包括跳猴亚科和狨猴亚科。已知的包括狮狨、皇柽柳猴、顶柽柳猴、侏狨、黑白柽柳猴、普通狨猴等有 3 属 35 种。主要分布在南美洲巴西东南部和中部的热带雨林，为一种世界上最小的猴类。染色体与人类很相似，$2n=46$，第 22 对染色体为端着丝点染色体，Y 性染色体为近端着丝点染色体，为研究染色体致畸的良好模型。

一、一般特性

（一）外形

狨猴（图 6-2）体型小，成年平均体长 19.9 cm（17.9～21.3 cm），平均尾长 24.8 cm（22.5～27.2 cm），平均体重 321 g（240～400 g）。尾比体长，不能卷曲，尾部具有缠绕性。头、脸的模样似哈巴狗或狮子头，头圆，耳大，耳边有一簇白色长毛缨，故又称"绒耳狨猴"。前额有一大块白色斑点，脸部没有毛，脸部的皮肤在阳光下会改变颜色。鼻扁平，大而呈卵圆形的鼻

图 6-2　狨猴外形

孔被宽阔的中隔分开,朝向两侧。身体是斑驳的灰棕色,由灰白色、橘黄色和黑色组成层次明显的细条纹组成。与其他高等灵长类不同,只有大脚趾具扁平指甲。其余各趾和指均为爪子,拥有爪状坚硬的指甲,被称为翅基片,代替了其他哺乳动物的扁平指甲,使其能更好地运动和捕食,趾具钩爪,而且可以握合。胸部有 1 对乳。后肢比前肢长。体温不稳定。

(二)习性

绒猴为树栖性动物,生活作息很有规律,上午觅食,下午休息娱乐,每日活动时间共达 11～12 小时。觅食主要以昆虫、小鸟、鸟蛋、野果、蜥蜴、花蜜、树芽或树木的渗出液等为食。实验室饲养时,狨猴休息一般在笼底或栖木上,四肢爬行或后肢站立,未发现站立行走现象。在移动位置时,一般是跳跃、"飞行"式的灵巧而快速,在爬行或移位时靠尾巴保持平衡。当发现有陌生人时耳旁的白毛竖立,脸不断摇晃,甚至发出龇牙咧嘴的高频率尖叫,以表示恐惧、警示的应激状态。狨猴根据判断得出人类在没有明显表现出攻击或捕捉它的情况下,很少看到会发出主动攻击的行为,反之则会发起攻击。抓取食物时,会用单个前肢接住、抓住食物塞进嘴里,如果是流质食物,它们会用舌头直接舔舐。

狨猴会使用瞪眼、眯眼、张口、发声和嗅觉等进行沟通、表达情感和传递外部环境信息。狨猴的领域性强,领域的大小与食物关系密切,以尿液或身体特殊的气味辨别对方和领土范围。狨猴经常性会啃咬木头,在人工驯养的情况下持久的啃咬木头表示一种烦躁的情绪。在处理群体间相互关系时,表现出相互清理对方被毛或皮肤、两者"熊抱"或舔舐对方而紧紧地依靠对方,以此来建立彼此的社会关系,是行为学研究的理想动物模型。

(三)感官

狨猴听觉发达,嗅觉、视觉次之。视力非常敏锐,并且和人类一样同时靠两只眼睛准确判断物体的远近,从而能在丛林中跳跃翻飞、来去自如。所有的雄性狨猴都是红绿色盲,雌性狨猴中只有一部分是红绿色盲,另一部分有正常的色彩视觉。狨猴的叫声非常丰富,和鸟类的叫声类似,有些叫声的频率甚至超出了人耳的识别范围。听力也很出色,在森林中,狨猴的个体小而活动范围大,再加上有树叶遮挡,因此声音交流几乎是狨猴之间最重要的交流方式。嗅觉也很灵敏,不但可以靠嗅觉找寻食物并判断食物有没有成熟,还可以预警潜在的入侵者和天敌。狨猴还会利用气味做标记和交流,例如用尿液划定自己的领地,或给其他狨猴留下可识别身份的气味信息。

(四)繁殖与生长发育

狨猴以相对稳定的家族式群居生活,一般每个群体 8～10 只,多者达 40 只,无论群体大小,雌性多寡,唯有占统治地位的雌性才有生殖能力,从属地位的雌性不出现发情周期。在自然环境中,一个稳定群体的繁殖模式通常是一雄一雌制,但也存在一雄多雌或者一雌多雄的现象。觅食、嬉戏等都是同进同出,但是在特殊的情况下也存在因食物、配偶相互打斗、驱逐的情况。

交配通常在早晨进行,往往是雄性追逐雌性,刚开始雌性拒绝,但马上雌性会妥协从而进行交媾,时间长达 10 分钟左右。狨猴在交配期会出现一些性行为,如雌性常以生殖器摩擦物体,雄性则嗅雌性摩擦过的地方和生殖器,是生殖生理学研究的理想模型。狨猴的家庭也与人类的家庭组成很相似。在野外,一个狨猴家庭有 3～15 个成员,分别是一只雄狨猴、一只雌狨猴，以及它俩的孩子。约 1 岁半的狨猴就可以离开父母组建自己的家庭。狨猴家庭成员有明确的分工。雄狨猴承担着抵御外敌保卫家园的重任，同时还要负责出去寻找食物。雌狨猴负责生育和哺乳，但带幼猴的任务仍然主要由雄狨猴负责。幼猴的兄姐们也会参与照顾幼猴，尤其是家庭中的长子，一方面可以帮父母分担工作，另一方面也是为自己以后出去新组家庭积累经验。

新生的狨猴会紧紧地趴在父母或兄姐的背上。出生后第 3～5 周，幼猴的各项运动技能开始发育，就可以独自活动了，出生后第 8 周，幼猴的运动技能已经基本发育成熟。大多数情况下，在狨猴家族内成年雌性和雄性中繁殖的猴支配整个家族，其中一只繁殖的雌性猴最具有主导权，地位低的雌性猴从属于它，在猴群中只充当"保姆"的职责，没有繁殖的权利。这只占主导地位的雌性成年繁殖猴如果死亡，该群体将会面临解散危机。在哺育期间，所有的家族成员会帮助分娩、照顾及支持幼猴，如清洗幼猴身体、诱导进食和采食等。当幼猴体成熟后，会离开它本来出生的群体。

狨猴妊娠期为 146 天(140～150 天)，性成熟为 14 个月，有月经，性周期为 16 天，其中 6 天滤泡期，10 天黄体期。交配不受季节限制，可以在笼内人工繁殖，每胎 1～3 仔，双胎率约为 80%。每胎的间隔期是 158 天。仔狨猴一般出生后的 3 周内都在母亲的背部，吸吮乳汁；到第 4 周时才时而在地面活动，此时也可以给予少量的流质食物；第 8 周断奶，开始采食固体食物。狨猴 3～4 月龄达到性成熟，5 月龄达到体成熟。在人工饲养的条件下，狨猴全年都可以配种，但也表现出一定的季节性，一般在春夏是繁殖高峰，秋冬是繁殖低谷。雌猴的发情周期为 28 天左右，在发情周期内随时可以配种，最好在排卵期配种，雌猴发情通常在清晨和上午。

二、解剖生理特点

狨猴齿式 2(I2/2, C1/1, P3/3, M2/2)＝32，为异齿型。颊齿通常为丘型齿和低冠齿，臼齿呈四方形并有 4 个较低的锥状突起，适于咀嚼，下颚切齿与犬齿长短大致相同。

狨猴脑具有距状裂，皮质光滑，脑裂较少。中耳膨大成泡状鼓室。

狨猴淋巴管无乳糜，大肠的升结肠、横结肠和降结肠基本分开，无乙状结肠曲。胰腺分为胰头、胰体和胰尾。肝分为右叶、左叶、中叶和尾叶。胆囊位于中叶。有发达的盲肠。

狨猴肺右侧分为上叶、心叶、膈叶和后腔叶，左侧分为上叶和膈叶。

狨猴双角子宫或单子宫。胎盘血管吻合相连，呈嵌合性。

三、应用

狨猴作为实验动物的优势是个体小、繁殖快、饲养空间小、实验适应性好、实验用药量少，在生理特性等方面与人类极其相似。狨猴的家庭结构和人类更接近，可以用来研究人类社会行为。狨猴具有更丰富的声音交流，比猕猴更适用于研究人类语言。白须狨、普通簇耳狨可感染人类甲型肝炎病毒、人类免疫缺陷病毒，制作相关模型用于疫苗的安全性评价。EB 病毒可感染棉冠狨、普通簇耳狨，诱发恶性淋巴瘤。狨猴可自发罹患消耗性综合征，体温过低和低血糖，引发贫血。饲料中缺乏维生素 D_3 时可引起纤维性骨营养不良症，导致佝偻病，可作为人类 II 型维生素 D 抵抗性佝偻病的动物模型。缺乏叶酸时会导致口角干裂、体重减轻、腹泻、贫血和黏膜溃疡,可做相关模型。狨猴对药物的敏感性、依赖性及药物代谢等反应接近于人类,适宜做药理学和安全性评价试验。狨猴具有自发性牙周疾病,可用于牙积石、色素沉积、错位咬合形成及牙周病等的牙科动物模型。狨猴高血压蛋白原酶-血管紧张素系统结构与人类相似,对药物作用的反应性也极其相似,能够复制高血压动物模型,用于高血压及血压调节机制的研究。

第三节

鸡

鸡(*Gallus domestia*, chicken)属于鸟纲,鸡形目,雉科。是由原鸡长期驯化而来,它的品种很多,如来航鸡、白洛克、九斤黄、澳洲黑等,生物医学研究中常用的品种是白来航鸡。实验鸡近交程度很高,饲育环境控制水平高,SPF 鸡和鸡胚是我国应用最广泛的 SPF级实验动物。

一、一般特性

(一)外形

图 6-3 白来航鸡外形

白来航鸡(图 6-3)原产于意大利。体型较小,单冠,冠鲜红,膨大,全身紧贴白色羽毛,耳叶白色,喙、胫、趾、皮肤黄色,胫无毛。公鸡冠大而直立,上缘呈锯齿状。母鸡冠较薄,多倒向一侧。体型紧凑,体表羽毛丰满,尾羽毛开张,羽毛纯白色,一年有 4次换羽现象,5 月龄开产。

(二)习性

鸡性情活泼好动,适应性强,性成熟早。仍然保持鸟类某些生物学特性,如一定的就巢性和飞行能力。鸡没有汗腺,通过呼吸散热。体表被覆丰盛的羽毛,因而怕热不怕冷。生长快,代谢旺盛。鸡听觉灵敏,白天视力敏锐。鸡具有神经质的特点,极易惊恐,突然的声响和突然发出的光都会使其惊恐万状,挤成一团,气压的突变会引发歇斯底里。鸡习惯于四处觅食,不停活动,用灵活的两脚爪向后刨。鸡对色彩很敏感,如鲜红的血会对鸡形成刺激,引起鸡追随啄食,造成严重损伤。环境和管理不良易产生异嗜癖。鸡属群居动物,具有成群结队采食的习性,不同群体一般不出现斗殴现象。食性广泛,借助吃进沙粒石砾以磨碎食物。

(三)繁殖与生长发育

鸡为卵生动物,性成熟年龄 4～6 月龄,鸡蛋的孵化期为 21 天,新生雏鸡体重 37～40 g,生长发育特别快,2 周龄可达出生体重的 2 倍,6 周龄增加 10 倍,8 周龄增加 15 倍。7～20 周龄阶段的白来航育成鸡的羽毛已经丰满,具有健全的体温调节能力和较强的生活能力,对环境的适应能力强,生长发育迅速,各器官发育基本完成,功能趋于健全。产蛋鸡最适温度为 10～21℃。每日需要 14～16 小时的光照才能使产量达到最高。

二、解剖生理特点

(一) 消化系统

鸡消化系统由口、咽、食管、嗉囊、胃、小肠、大肠和泄殖腔以及唾液腺、肝、胰等器官组成。特点是没有唇、齿，颊也严重退化。由上下颌形成喙。唾液腺种类多而体积小。没有软腭，食管宽大，在入胸腔前扩大成嗉囊，具有储存食物和软化饲料的作用。胃分腺胃和肌胃，腺胃消化性差，主要靠肌胃和砂砾磨碎食物。肠道短，仅为体长的 6 倍。小肠分十二指肠、空肠和回肠，大肠包括 2 条盲肠和直肠，靠盲肠消化少量粗纤维。直肠后接泄殖腔。肝体积较大，分左右 2 叶，胆囊位于右叶。胰位于十二指肠襻内。胆囊和胰都有管道通向十二指肠腔。

(二) 呼吸系统

鸡呼吸系统由鼻腔、眶下窦、喉、气管、支气管、肺、胸膜腔和气囊等器官组成。肺为海绵状，紧贴于肋骨上，无肺胸膜和横膈膜。肺上有许多小支气管直接通气囊，气囊共有 9 个。

(三) 泌尿生殖系统

鸡无膀胱，每日排尿很少，尿呈白色，为尿酸及不溶解的尿酸盐，呈碎屑稀粥状混于粪的表面，与粪一起排出。公鸡的生殖器由 1 对睾丸、1 对输精管组成，睾丸位于腹腔脊柱两侧，在肾前叶的下方，输出管由睾丸内缘通出，形成扁平隆起成附睾，向后延续为输精管，沿输尿管外侧后行，开口于泄殖腔。公鸡无阴茎，交配时母鸡泄殖腔紧贴，精液射入母鸡泄殖腔内。母鸡生殖系统由卵巢和输卵管组成。特点是左侧的卵巢和输卵管发育正常，右侧的退化。卵巢位于腹腔背部、肾的前下方，表面有许多大小不等、发育不全的卵泡。发育的输卵管可分伞部、卵白分泌部、峡部、子宫和阴道 5 个部分，其末端为阴道，开口于泄殖腔背部。

三、应用

鸡的凝血机制佳，红细胞呈椭圆形，有大的细胞核，染色后细胞质为红色，细胞核为深紫色，利用该特点，在进行炎症时的吞噬反应试验时，采用鸡红细胞作炎症渗出液内白细胞吞噬异物，效果很理想。鸡胚是生物制品生产的重要原料，常用于生产小儿麻疹疫苗、狂犬疫苗和黄热病疫苗。鸡胚也可用于病毒的培养、传代和减毒，故可用于病毒类疫苗生产鉴定和病毒学研究。鸡和鸡胚还是研究生产和检验鸡新城疫苗、马力克疫苗、鸡法氏囊苗、山羊传染性胸膜炎培养浓缩苗的主要材料和实验手段。利用 1～7 日龄鸡膝关节和交叉神经反射，可评估脊髓镇静药的药效。6～14 日龄雏鸡用来评估药物对血管功能的影响。鸡的体外药物评价系统有:离体嗉囊评估药物对副交感神经肌肉连接的影响;离体心脏用于评估药物对心脏的作用;离体直肠评估药物对血清素的影响。还可用于筛选抗癌及抗寄生虫药等。鸡也可用于研究支原体感染引起的肺炎和关节炎，以及链球菌感染、细菌性内膜炎。鸡马立克病是由疱疹病毒引起的肿瘤，可用疫苗防治，故可用于研究病毒致癌。

公鸡阉割后会引起内分泌和性行为改变,可见雄性性征退化,如冠须不发达、颜色干白、翼毛光亮消失,斗殴少,性情温顺,啼鸣少,腿长缩短。利用这些特点,可进行雄性激素、甲状腺功能减退症及垂体前叶囊肿等内分泌性疾病的研究。鸡可用于研究 B 族维生素,特别是维生素 B_{12} 和维生素 D 缺乏症。鸡的高代谢率适合于研究钙-磷代谢调节、嘌呤代谢调节和碘缺乏症。鸡的生殖功能随着年龄的增长而衰退,其产蛋可作为研究老化的一个客观指标。有机磷化合物对鸡的脱髓鞘作用可用于监测环境有机磷水平。鸡易通过空气感染疾病,可由此监测空气中微生物的污染水平。

第四节

棉 鼠

棉鼠(*Sigmodon hispidus*, cotton rat)属哺乳纲、啮齿目,真鼠亚目,仓鼠科,田鼠亚科,棉鼠属。野生棉鼠多见于中美洲和北美南部。1972 年,由瑞士 Friendheim 医生赠送,棉鼠被引入我国上海,用于丝虫病的研究。目前分布于浙江、福建、广西、云南、山东、新疆等地饲养繁殖。

一、外形特性

棉鼠(图 6-4)外形似大鼠,体形稍小,有深褐色、刚硬和紧密的被毛。亦有白色的突变种,有人称"Snowball",眼睛小,为黑色。

图 6-4 棉鼠外形

二、习性

棉鼠具神经质,胆小,神经过敏。喜欢安静环境,对声音敏感,特别怕金属声,易受惊吓,不轻易咬人。喜啃咬,行动敏捷,善于攀跳,有时可从站立的位置向上跳起近 50 cm 高度。抓尾倒提时皮肤易脱落。2 月龄成年体重雌性 60~90 g,雄性 80~120 g,体长 250 mm,尾长 100 mm。配对饲养时,雄性寿命 214~507 天,雌性 167~367 天。适宜温度 18~24℃,相对湿度 50%~60%。

三、解剖生理特点

颈椎 7 枚,胸椎 12 枚,腰椎 7 枚,骶椎 4 枚,尾椎 24~25 枚,肋骨 12 对,胸骨分节数 6。为不换性牙齿。胸腺黄白色,呈三角形。肺分左右 2 叶,左叶为一整叶,右叶分为上叶、中叶、下叶和中间叶 4 叶。胃由贲门腺、胃底腺和幽门腺组成，为单一的囊状结构。肝分为内侧左叶、内侧右叶、外侧左叶、外侧右叶、尾状叶、尾状突起和乳头突起。脾红褐色，呈细长舌状。无胆囊。

四、繁殖

棉鼠 10 周龄体成熟，体重＞80 g。雌鼠性周期为 7 天（4～8 天），妊娠期为 27 天（23～28 天），每胎产仔数平均 5.7 只，最多可达 12 只。一般情况下，棉鼠平均每 2 个月可生产 1 胎。哺乳期为 21 天，离乳重 26.4 g。整个产程可达 3 小时。

五、生长发育

初生仔鼠体重约 6.5 g，有被毛和耳壳，可判断性别，雄性睾丸处可见黑点，雌性则无。第 3 天可睁眼，身上出现红灰色细毛，第 6 天全睁眼，全身长黄灰色毛，体重为 11 g。第 8 天活动较灵活，能爬出窝外，抓时能跳跃，灰褐色被毛已长全。第 14 天能自由活动、吃食，体重为 15.2 g。第 19 天有的母鼠拒绝哺乳，并表现与仔鼠争食。第 21 天可离乳，仔鼠动作敏捷，有的能向上跃起 30 cm 高，已不易捕捉，体重为 26.4 g。第 28 天体重为 42.2 g，第 35 天体重为 45 g，第 42 天体重 58 g，第 49 天体重 72.9 g，第 56 天体重 74.9 g，第 63 天体重为 83 g，26 周龄体重可达 150 g 左右。

六、应用

棉鼠用于实验研究已有 60 余年历史。最早由阿姆斯壮（Armstrong）用于脑脊髓灰质炎病毒的感染实验，以后逐步应用于多种微生物感染实验、疫苗制造和寄生虫学的研究。棉鼠除了可做丝虫病研究外，还可以用于棘球囊虫病、哥斯达黎加血线虫、包虫病、委内瑞拉马脑炎、龋齿、钙质沉着、鼠型斑疹伤寒等方面的研究。

第五节

鼠　　兔

鼠兔（*Ochotona daurica pallas*，pika）属哺乳纲、兔形目，鼠兔科。原产于阿富汗，在日本北海道也有分布，在我国西北地区分布较多。分布于我国内蒙古、甘肃、青海、西藏等地的鼠兔有各种不同品种，如藏鼠兔（ochtona thibetana）、东北鼠兔（ochotona hyperborea）、达呼尔鼠兔（ochotona daurica）、高原鼠兔（ochotona alpina pallas）、大耳鼠兔（ochtona macrotis gunther）等。

一、外形特性

鼠兔（图 6-5）的外形酷似兔子，身材和神态又很像鼠类。体形小，体长＜20 cm，成年体重为 40～160 g。耳短，呈椭圆形。眼黑、体毛呈茶褐色。尾仅留残迹，隐于毛被内。因牙齿结构（如具 2 对上门齿）、摄食方式和行为等与兔子相像，故而得名。全身毛浓密柔软，底绒丰厚，与它们生活在高纬度或高海拔地区有关，毛呈沙黄、灰褐、茶褐、浅红、红棕和棕褐色。每年冬、夏季各换毛 1 次。

图 6-5 鼠兔外形

二、习性

鼠兔性情温和,胆小怕惊扰,属草原型动物,成群生活在草原和半荒漠地带,全天活动,善打洞。适宜在室温 20℃左右,湿度 40%～50% 环境下生长,光照 14～16 小时。耐寒怕热,室温＞28℃时,鼠兔呼吸紧促,气喘不安,不利于生长。鼠兔是典型的草食性动物,有储草习性,要供给足量的粗纤维及其他必要的营养成分,有吃软便习惯。好发出鸟叫式啼鸣,经常鸣叫表示健康,发情季节鸣叫也是发情表现之一。

三、解剖生理特点

鼠兔后肢比前肢略长或接近等长。头骨上面无眶上突,上颚每侧只有 2 枚臼齿。雄性肛门和阴茎形态结构与兔相似,阴茎不外露。非繁殖期睾丸收缩至米粒大小,并回收到腹腔,至第 2 年繁殖期前,睾丸才逐渐增大,并降于阴囊。雌性有乳头 3 对,胸部 2 对,腹部 1 对。

四、繁殖

鼠兔繁殖能力强,性成熟早,性成熟期为 50 天左右,2.5 月龄可进行第一次配种,繁殖期一般在 4～8 月间,部分个体当年可再妊娠,甚至当年幼鼠兔也可参与繁殖。妊娠期为 23～24 天,每胎产仔 7 只(5～10 只),哺乳期为 20 天。

五、生长发育

初生仔鼠兔全身无毛,体重为 7.6～9.7 g,背部暗灰色,腹部肉红色,眼未睁,耳孔未开,而门齿已萌出。生后第 3 天全身长出纤毛,细软如丝,能翻身打滚。第 5 天体重已达 12.7～18.7 g,毛色加深呈淡褐色,能爬动,但站立不稳。生后第 7～8 天体重为 17.1～26.0 g,已开眼,耳孔微开,能站立走动。第 11 天可到处跑动,开始吃麦苗或鲜嫩苜蓿。第 14 天体重为 28.4～40.6 g,能啃食苹果、胡萝卜,行动敏捷。第 16 天动作形态几乎与成年鼠兔一样,且与其母相互嬉戏打闹,期间边吸奶边吃食,以吃食为主。第 20 天体重达 40～60.5 g,可吃颗粒饲料,这时仔鼠兔仍想吃奶,但母鼠兔拒绝。第 21～23 天可离乳,按雌雄分离。第 30 天体重达 63.0～74 g,开始单笼饲养完全独立生活。第 40 天体重达 82～86 g。第 50 天前后雄鼠兔性成熟,追逐雌鼠兔交配,体重为 93～102 g。

六、应用

由于鼠兔体型小、性情温和，繁殖力较强，性成熟早，比兔饲养更为经济，操作方便。因此，作为新实验动物资源已引起国内外关注，正将其实验动物化用于药理、毒理及疾病模型等方面的研究。鼠兔心电图基本波形与人类相似，为窦性心律，其 T 波也与人类相似，80％成年鼠兔有 S－T 段，适宜做心电实验。鼠兔对吗啡有明显的拮抗作用。鼠兔血清中有抗核抗体，雌性鼠兔易发肾小球肾炎，可作为自身免疫性疾病动物模型。高原鼠兔红细胞计数明显高于人类、兔等其他种属，对氧的利用率较大鼠高 60％左右，可作为高原生理和低压特征研究的理想模型。鼠兔是形成自然过剩排卵、过剩着床的动物，故可用于生殖生理研究。鼠兔易致畸，可研究畸形的发生。鼠兔对鼠疫、弓形体、铜绿假单胞菌易感。

第六节

旱　獭

旱獭(*Marmota bobak*，marmot)属哺乳纲，啮齿目，松鼠科，旱獭属，俗称土拨鼠。共有 14 种，其中我国有 4 种。分布在苏联、蒙古人民共和国和我国新疆的天山、阿尔泰山、内蒙古的东部草原和大兴安岭西坡。常用于实验的有喜马拉雅旱獭(marmota himalayana)、美洲旱獭(marmota monax)和蒙古旱獭(marmota sibirica radde)。喜马拉雅旱獭为自然资源最丰富的品种，分布在青藏高原及其邻近山区，大多生活在海拔 2 800～4 000 m 间的地域。长尾旱獭仅见于新疆塔里木盆地以西的高山上。

一、外形特性

旱獭(图 6-6)体型粗壮，成年体长为 40～50 cm，体重 5～10 kg，尾短为 11 cm。头阔而短，耳小而圆，耳壳呈黑色，两眼为圆形。上唇为豁唇，上下各有 1 对门齿露于唇外。四肢粗短，前爪发达，适于掘土，前足 4 趾，后足 5 趾，前后肢间无皮翼，可直立行走，尾短而略扁。全身大部分毛呈黄褐色，背部毛一般为土黄色。腹部毛呈黄褐色。体毛短而粗，毛色有地区、季节和年龄变异。春季毛色淡。

图 6-6　旱獭外形

二、习性

旱獭为典型的草食性冬眠动物,栖息于平原、高山草甸草原等环境,分布形式随地形而定,在山地多呈带状分布,而在草原多呈岛状弥散式分布。耐饥饿,不饮水,喜食含水量大的多汁植物,食量大。野外主要随季节变化,采食沙草科、禾本科的叶、茎和豆科的花。易驯化、不伤人、不耐热、怕曝晒、抗病力强。早晚活动。适宜温度 10~15℃,冬眠室温 -2~2℃,相对湿度 40%~60%为宜。

旱獭喜家族式群居生活,集群穴居,挖掘能力强,洞道深而复杂,多挖在岩石坡和沟谷灌丛下。从洞中推出的大量沙石堆在洞口附近形成旱獭丘。通常一个家族占据由各种类型的洞穴组成的洞群,称为家族洞群。由邻近数个家族共同组成一个群聚。家族之间的个体和睦相处。一个群聚中的个体活动小区及取食领地,可以互相重叠。个体之间的接触是相当频繁与密切的,彼此之间常有互相迁入或迁出,重组家族的现象时常发生。至于家族洞群间所分布的一些临时洞,则更是成为各个家族成员暂时息小憩的共用场所。一般在不同季节挖掘不同的洞穴,有主洞、副洞、临时洞等多种型。主洞又称冬眠洞,主要作为冬眠之用,但也可以作为养育幼仔的洞巢,洞道的结构极为复杂,洞深可达数米之长,洞道的分支也较多,总长度可以达 10 余米,副洞的洞道比较浅,结构也较为简单,分支极少,或仅仅只有一个单一的洞道,出入口一般也只有一个,多为雄性成年个体夏季的居住之所。临时洞构造更是极为简单,洞道极浅,仅仅作为临时休息或应急避敌之用。同一个家族的各个洞口之间都有通道相连接,甚至相邻家族的洞群之间,也常有小通道连接在一起。

旱獭属于白昼活动的动物,以早晨和黄昏最为活跃。早上出洞的时间随季节而异,一般依太阳照射到洞口来确定。每次出洞前总是先探出头来四处张望,觉得安全后,先露出半个身子,扒在洞口晒太阳,然后发出鸣叫声。此时,临近的同类立即响应,一起鸣叫。此后不久,即开始取食,除非是遇有敌害外,此后的一天内完全不再发声鸣叫。日落之前进入洞中休息,夜间不再出来活动。取食时,有较老个体坐立在旱獭丘上观望,遇危险即发出尖叫声报警,同类闻声迅速逃回洞中,长时间不再出洞。秋季体内积存大量脂肪,秋后闭洞处蛰眠状态,冬眠期为 160 天,实验室饲养减至 110 天,次年春季 3~4 月出洞活动。一般清明出蛰。耐缺氧,冬眠期各组织的总酶活力高于非冬眠期。寿命可达 15~20 年。

三、解剖生理特点

旱獭具有一系列适于掘洞穴居的形态特征:体短身粗,无颈,四肢短粗,尾、耳皆短,头骨粗壮,眶间部宽而低平,眶上突发达,骨脊高起,身体各部肌腱发达有力。齿式 2(I1/1,C0/0,P2/1,M3/3)=22。染色体数目 2n=38,常染色体中有 24 个中着丝粒和亚中着丝粒染色体,12 个端着丝粒染色体,X 为中着丝粒染色体,Y 为端着丝粒染色体。盲肠较粗。肝脏分为左前叶、左后叶、右前叶、右后叶和尾叶 5 叶,其中左后叶最大,胆囊位于左前叶和右前叶之间。有乳头 6~7 对。

四、繁殖

春季是旱獭的繁殖季节,出蛰后 10 天左右开始交配。幼獭于 36～40 月龄体成熟,成熟体重雄性为 6.8 kg,雌性为 5.4 kg。一年繁殖 1～2 次,出蛰后不久即进入繁殖期,开始交配,延续 1 个月左右,个体活动极其频繁,经常串洞、追逐,以进行性活动为主,吃食时间很短,很少警戒,活动范围很大,其中尤以成年雄性参与繁殖的个体的活动性最强。4 月中旬即可发现怀孕的雌性,妊娠期约为 35 天,哺乳期为 44 天,每胎产仔 4～7 只,多者达 12 只以上,种群繁殖力与种群密度有关,种群密度大幅下降时,繁殖程度却相应提高。初生体重为 27.2 g,体长为 8.5 cm。幼仔出生后,雌兽吃食时间与范围逐渐增加,为保护幼兽守望警戒增多,串洞和交往则明显减少。6 月底即可见到幼仔出洞活动,十分活跃,取食频繁。幼兽与母兽一直生活至第 2 年的 7 月才分居出去,独立生活。3 岁时达到性成熟。但每年参与繁殖的雌性个体,仅仅只占达性成熟雌性个体总数的 50％～60％。

五、应用

旱獭的肝炎病毒表面抗原和人乙型肝炎病毒的抗原表现有交叉反应,已从其体内分离出类人乙型肝炎病毒。因其耗氧量低,可做高原生理的动物模型。旱獭对鼠疫杆菌、布氏杆菌、类丹毒、肠道寄生虫都易感,可作为相应的动物模型。旱獭有自发性主动脉破裂、脑出血性脑血管病、冠心病、恶性肝细胞瘤、肥胖等疾病,也可作为研究上述疾病的良好模型。旱獭脂肪可入药,内可治咯血,外可治烧伤,还可加工制成高级化妆品,具有润肤、护肤作用。

第七节

九 带 犰 狳

九带犰狳(*Dasypus novemcinctus*, nine-banded armadillo)属于哺乳纲,真兽亚纲,贫齿目,犰狳科,犰狳属。分布于南美洲安弟斯山脉一带,以及中美、墨西哥和美国南部地区。

一、外形特性

九带犰狳(图 6-7)体长为 60～80 cm,体重为 3.6～7.7 kg。上体两侧和四肢外侧常覆盖着骨板与鳞板,并由几列可动的横带分成前后两部,横带间由弹性皮肤连接,可将身体蜷缩成球状,以防御天敌侵害。耳小,舌能伸缩,前肢 3～5 指,指爪弯曲强大,后肢 5 趾,后腿短而有力,趾有锐利的爪,很适合于掘穴。牙齿细小,钉状,终生生长。全身披上一层硬又厚的护甲,这层护甲由一片一片的鳞片组合起来,每一块鳞片都像一块小盾板一样的坚硬。腹部无鳞片只有粗毛,稀疏而成簇分布。身体的上部有革化的甲壳防护。甲壳主要分为 3 个部分:头、肩为一尖的屑壳所覆盖,大部分背部、胯、骨盆,甚至到尾亦覆有甲壳。头肩之间有一皮肤褶襞,背尾间亦然。甲壳的中间部有 9 个可动带(以皮肤褶襞连接),所谓九带犰狳即因此而得名。每条带又由 50～75 块鳞甲组成,表观上看近似鱼鳞。

鳞甲及带型常常因遗传变异而发生变化,如出现双鳞片、异常带或带的某个部分发生变化,或多生一带或部分带等。其护甲除了可以防御敌人的攻击外,又可以在逃入洞穴以后,将洞口紧紧地堵起来,以便安全地躲在洞里。

图6-7 九带犰狳外形

二、习性

九带犰狳栖息于不同的生活环境如森林、草原和半荒漠等。天然食性是食虫,吃昆虫、蚁和鸟卵,也吃腐肉、毒蜘蛛、蝎子和蛇等。昼伏夜出,擅长挖地洞,同时也善于游泳。最独特的本领,就是遇到强敌而实在无法脱身的时候,干脆把四脚一缩,整个身体平贴在地上;或者把身子从头到脚卷起来,变成一团球样的怪物,让敌人对它没办法而得以逃生。寿命长达12～15年。

三、解剖生理特点

九带犰狳的牙齿有16个,生于下颌骨,发育不全,珐琅质很少,所以不能啃咬。雌犰狳有一泌尿生殖裂口的阴道及尿道,有与人类相似的单子宫。雄犰狳有睾丸,位于腹腔。九带犰狳的红细胞小,骨髓细胞含有一个多叶核,血浆总蛋白、纤维蛋白原比人高,但血清电泳与人类似。红细胞内含钾量高,含钠量低,与人相同,但与犬、猫相反。体温较低(30～35℃),有低氧负荷能力。免疫反应弱,仅有原始免疫反应。

四、繁殖

九带犰狳妊娠期约260天,初夏配偶交媾,经交配后受精卵有一个延长的胚胞着床期,为14～16周,在此期间胚胞在子宫中游离存在,不贴子宫壁,安静地沐浴在子宫液中。胚胞一旦着床则迅速发育,从胚胞底发展出4个胎芽,形成初级条纹,胚细胞团经历2次增值,导致4次类似区别性别组成的隔离,再发展成4个胎儿。每年春季分娩1次,一胎4仔(同卵,单合子),规律性地产生于同一个受精卵,因是同卵所生,故各仔性别相同。

五、生长发育

小犰狳出生后,生长很快,且在出生的同时眼睛也随之睁开,能步行,身披软而完整的甲壳,随年龄增长变硬和革化。初生体重50～150 g,从鼻到尾尖全长25～30 cm。胎儿的肾上腺很大,如人和灵长类。

六、应用

九带犰狳对人的麻风杆菌易感,给其腹部皮内、耳皮内、带间皮内、足垫或静脉接种

0.1 ml 麻风杆菌(含菌量约为 $8.9 \times 10^7/ml$,形态指数为 3%)即可引起发病。在接种部位可以出现结节性肉芽肿,为类瘤型麻风感染。因此,九带犰狳是研究人类瘤型麻风病和制造麻风疫苗的重要动物模型。九带犰狳对回归热、斑疹伤寒、鼠性斑疹伤寒、旋毛虫病、血吸虫病、非洲睡眠病等人类疾病也很敏感,很适合做相关研究。

因为九带犰狳是同卵动物,免疫反应很弱,排斥作用极小,所以在研究免疫抑制性药物和免疫反应机制方面是一种有价值的动物模型。酞咪呱啶(thalidomide)可致人类畸胎,但对大多数动物无致畸胎作用,对九带犰狳有致先天畸形作用,因此可替代人来观察和研究畸胎的发生。九带犰狳的鳞片和带型异常经常发生并可以遗传,为研究变异因素提供了可能。九带犰狳虽是同卵个体,但也发现其新生儿有不同之处,可能与体细胞的发育差异有关,可用于体细胞变化性研究。采用遗传学上相同的犰狳个体进行实验研究,实验结果的重复性好,尤其在慢性中毒的研究中更有其重要价值,如杀虫剂、乙醇等。

第八节

山 羊

山羊(*Capra hircus*,goat)属哺乳纲,偶蹄目,牛科,山羊属。分布于草原、山地等干燥区域,主要分布于温带。全世界已有 150 多个山羊品种,是最早被人类驯化的家畜之一。

一、外形特性

山羊(图 6-8)雌雄皆有角,向后弯曲如弯刀状,角细长,向两侧开张。雄性的角发达,角上有明显的横棱。山羊的瞳孔扩大时,形状接近矩形,这是由山羊眼睛玻璃体的光学特性、视网膜的形状和敏感度,以及山羊的生存环境和需要决定。毛一般为白色,也有杂褐色、黑色。成年雄性身高为 $50 \sim 55$ cm,体重为 $25 \sim 30$ kg;成年雌性身高为 $45 \sim 50$ cm,体重为 $20 \sim 25$ kg。

图 6-8 山羊外形

二、习性

山羊喜清洁干燥、怕雨淋,也怕烈日晒和冷风吹,体温为 $38 \sim 40 \, ^\circ\text{C}$。山羊勇敢活泼,敏捷机智,喜欢登高,善于游走,性急、好斗角,但又生性怯懦,有摩擦犄角部的习惯。山羊的觅食力强,对各种牧草、灌木枝叶、作物秸秆、菜叶、果皮、藤蔓、农副产品等均可采食,喜食禾本科牧草或树木枝叶。山羊嗅觉高度发达,采食前总是先用鼻子嗅一嗅,凡是有异味、沾有粪便或腐败的饲料,被污染的饮水或被践踏过的草料,山羊宁愿受渴挨饿也不采食。山羊是草食性反刍动物,饲喂应以青粗饲料为主,精饲料不能过多。山羊具素食性,拒食含有荤腥油腻的饲料。山羊的采食时间大多集中在白天,日出时开始采食,但不连续采食,每日清晨和黄昏山羊的采食量大,而在其他时间进行反刍、休息。山羊具有较强的合群性,无论放牧还是舍饲,山羊总喜欢在一起活动,其中年龄大、后代多、身强体壮的羊担任"头羊"的角色。在头羊带领下,其他羊只能顺从地跟随放牧、出入、起卧、过桥及通过狭窄处。平均寿命为8~10年。性情温顺,适应性强,饲养方便。

三、繁殖

山羊性成熟早,繁殖力强,具有多胎多产的特点。大多数品种的山羊每胎可产羔2~3只,平均产羔率200%以上。山羊性成熟年龄为6月龄,繁殖适龄期为18月龄,性周期21天(15~24天),发情持续2.5天(2~3天),为季节性发情动物,发情季节一般为秋季,发情后9~19小时排卵,妊娠期150天(140~160天),哺乳期3个月,产仔数1~3只,分娩间隔为248天,初产日龄为393天。染色体二倍体为60个(精子内),单倍体30个(初级和次级精母细胞内)。

四、应用

因山羊性情温顺,不咬人、踢人,适应性较强,饲养方便,且其颈静脉表浅粗大,采血容易,故血清学诊断、检验室的血液培养基等都大量使用山羊血。山羊还可用于营养学、微生物学、免疫学、放射生物学、泌乳生理学研究,也适用于进行实验外科手术、制作肺水肿模型等。

第九节

绵　　羊

绵羊(*Ovis aries*,sheep)属哺乳纲,偶蹄目,牛科,绵羊属。野生绵羊驯化为家畜始于约11 000年以前的新石器时代,发源地在中亚细亚,以后逐渐向世界各地扩展。绵羊现在世界各地均有饲养。

一、外形特性

绵羊(图6-9)体躯丰满,被毛绵密,头短。雄绵羊多有螺旋状大角具有威慑性,母绵羊无角或角细小,毛色为白色。颅骨上具泪窝,鼻骨较隆起。四蹄都有趾腺。体重10~100 kg不等。嘴尖、唇薄而灵活,主要靠上唇和门齿摄取食物,绵羊上唇有裂隙,便于啃很短的草。平均寿命为10~15年。

图6-9 绵羊外形

二、习性

绵羊性情温顺,胆小,行动缓慢。当突然遭到惊吓时,两耳竖起,眼睛睁大,四处乱跑,引起"炸群"。喜干燥清洁,抗寒而怕炎热潮湿。棚圈湿热、湿冷或于低洼草地放牧,易感染寄生虫病和关节炎等。绵羊全身被毛密生,皮肤厚,故一般不怕冷而怕热,体温为38～40℃。绵羊有发达的嗅觉,在采食前,总是先用鼻子嗅一嗅,凡有异味、污染或被践踏的饲草混有泥土的草、料均不喜欢采食。绵羊耐渴,喜饮清洁的流水或泉水等,拒饮不洁的水。绵羊嘴唇薄而灵活,门齿锐利,能啃食低矮的小草及根,采食植物种类多,约占整个可饲喂植物种类的88%,喜食禾本科牧草,在枯草期对落叶和杂草皆吃。绵羊对生活环境条件的适应性较强,有较强的耐受性和抗逆能力。亦能采食粗硬的秸秆、树枝,消化能力强,胰腺不论在消化期或非消化期都持续不断地进行分泌活动,胆囊的浓缩能力较差。有的种类可在尾部、臀部和内脏器官周围蓄积脂肪,以供冬春青饲料缺乏时消耗。仿效性、合群性强,喜聚集一起,有跟随领头羊(通常是老母绵羊)集合成群的习性,放牧时好向高处采食,夜间亦喜睡于牧地高处。

三、繁殖

绵羊高度驯化的饲养品种多为常年发情,地方放牧品种为季节发情,多在秋季、冬季发情,一般配种季节在日照缩短、气温下降的9～11月,但在纬度较低而饲养管理较好的地方,也能全年发情配种。绵羊性成熟年龄为7～8月龄,繁殖适龄期8～10月龄,性周期16天(14～20天),发情持续时间1.5天(1～3天),发情后12～18小时排卵,妊娠期150天(140～160天),哺乳期4个月,产仔数1～5只,染色体二倍体为54(体细胞内)。初生体重3.5～4.5 kg,多为单羔,但双羔和三羔亦常见。性成熟和初配年龄因品种类型和饲养管理而异:母羊4～10月龄性成熟,初配年龄为1～2岁,繁殖年限为6～8岁;公羊5～7月龄性成熟,18～20月龄初配,繁殖年限为6～8岁。

四、应用

绵羊为免疫学研究中常用的动物,可用绵羊制备抗正常人全血清的免疫血清,利用此免疫血清可以研究早期骨髓瘤、巨球蛋白血症和丙种蛋白缺乏症。绵羊的红细胞是血清学"补体结合试验"必不可缺的主要试验材料,广泛应用于若干疾病的诊断,所以绵羊是微生物学教学实习及医疗检验不可缺少的实验动物。绵羊还适用于生理学实验和实验外科手术,绵羊的蓝舌病能够用于人的脑积水研究。

第十节

蟾蜍和青蛙

蟾蜍(*Bufo bufo*,toad)和青蛙(*Rana nigromaculata*,frog)都属两栖纲,无尾目,品种很多,均是脊椎动物由水生向陆生过渡的中间类型。蟾蜍(toad,bufo bufo)属于蟾蜍科,有 26 个属,340 余种,主要分布在除了马达加斯加、波利尼西亚和两极以外的世界各地区,在我国主要是中华大蟾蜍和黑眶蟾蜍 2 种。最常见的蟾蜍是中华大蟾蜍,俗称癞蛤蟆。青蛙(frog,rana nigromaculata)属于蛙科,有 50 余属,650 余种,分布在除了加勒比海岛屿和太平洋岛屿以外的全世界。蟾蜍多在陆地生活,因此皮肤多粗糙;青蛙体形较苗条,多善于游泳。

一、一般特性

(一)外形特性

蟾蜍(图 6-10A)成年体长 13～19 cm,体重 50～100 g,无鸣囊,背部皮肤长满疣状突起的毒腺。蟾蜍雌性体背灰黑色,雄性褐色,腹面浅黄色,雄性前肢 2～3 趾背面皮肤上均有一块黑色疣,雌性无此特征。青蛙(图 6-10B)成年体长 5～10 cm,体重 30～50 g,皮肤光滑,背部皮肤有褐、青、黑色相间的斑纹。雄蛙头部两侧有较大的鸣囊,是发声的共鸣器,会发出响亮的叫声,雌蛙不叫。将青蛙后肢提起,前肢呈环抱状为雄性,呈伸直状则为雌性。

A.蟾蜍   B.青蛙

图 6-10 蟾蜍和青蛙

蟾蜍和青蛙体型短阔,身体背腹扁平,左右对称,可分为头、躯干和四肢 3 个部分。青蛙头部扁平,略呈三角形,吻端稍尖。口宽大,横裂,由上下颌组成。舌尖分两叉,舌跟在口的前部,倒着长回口中,能突然翻出捕捉虫子。上颌背侧前端有 1 对外鼻孔,外鼻孔外缘具鼻瓣。眼大而突出,生于头的左右两侧,具上、下眼睑;下眼睑内侧有一半透明的瞬膜。当眼睑闭合时,眼球位置有所变动,瞳孔均为横向。两眼后各有一圆形鼓膜(蟾蜍的鼓膜较小。在眼和鼓膜的后上方有 1 对椭圆形隆起称耳后腺,即毒腺)。雄蛙口角内后方各有一浅褐色膜襞为声囊,鸣叫时鼓成泡状,为发声的共鸣器(蟾蜍无鸣囊),叫声特别响亮。鼓膜之后为躯干部。躯干部短而宽,躯干后端两腿之间,偏背侧有一小孔,为泄殖腔孔。前肢短小,由上臂、前臂、腕、掌、指5个部分组成。有4指,指间无蹼。生殖季节雄蛙第一指基部内侧有一膨大突起,称婚瘤,为抱对之用。后肢长而发达,分为股、胫、跗、跖、趾5部分。5趾,趾间有蹼,适于水中游泳。在第1趾内侧有一较硬的角质化距。皮肤光滑、湿润、有腺体无外鳞,在甲状腺素作用下可整张脱落。皮肤中存在黏液腺,分泌一种透明物质,在水中可润滑动物皮肤,在陆地上则可湿润皮肤,颗粒腺分泌刺激性或毒性物质。由于皮肤裸露,不能有效地防止体内水分的蒸发,因此它们一生离不开水或潮湿环境。皮肤里的各种色素细胞还会随湿度、温度的高低扩散或收缩,从而发生肤色深浅变化。淋巴系统在背部皮肤下形成一些较大的窦部,便于注射。蟾蜍皮肤粗糙,背部皮肤上有许多疣状突起的毒腺,其中最大的一对是位于头侧鼓膜上方的耳后腺,可分泌蟾蜍素,尤以眼后的椭圆状耳腺分泌毒液最多,雌性则无。这些腺体分泌的白色毒液,是制作蟾酥的原料。蟾酥是用蟾蜍的头部耳后腺和背皮肤腺分泌的白色乳浆加工而成的名贵药材,有强心利尿、兴奋呼吸、消肿开窍、解毒治病、麻醉止痛等功能。

（二）习性

栖息在田间、池边等潮湿环境中,大多在夜间活动。一般是夜晚捕食,为杂食性动物,其中植物性食物只占食谱的7%,动物性食物占食谱的93%。以昆虫为主食,也取食一些田螺、蜗牛、小虾、小鱼等。冬季潜伏在土壤中冬眠,春天出土。蟾蜍从春末至秋末白天隐藏在石块、洞穴和落叶下的阴湿处,以昆虫和软体动物为食。黄昏时常在路旁、草地上爬行觅食。多行动缓慢笨拙,不善游泳,多数时间作匍匐爬行,但在有危险的时候也会小步短距离小跳。青蛙一般栖居于陆地,常活动予河边、稻田和池塘的草丛中,以昆虫、蜘蛛等多足类为食,有时也潜伏在水里。由于皮肤裸露,不能有效地防止体内水分的蒸发,因此离不开水或潮湿的环境,怕干旱和寒冷。故大部分生活在热带和温带多雨地区,分布在寒带的种类极少。在秋末天气变冷时,青蛙带蛰伏在水底或洞穴之中冬眠,翌年春季天气变暖时再回到水中繁殖。

（三）繁殖与生长发育

蟾蜍每年3~4月到水中繁殖,卵结为带状,数目可达6 840枚,受精后2周孵化,蝌蚪经77~91天开始变态,转入陆地生活。4个月后性成熟,每年10月以后居于河底泥沙中越冬。青蛙产卵受精后孵化,蝌蚪经3个半月变态转入陆地生活,每年10月后于泥沙中越冬。生殖特点是雌雄异体,水中受精,属于卵生。繁殖时间在每年的4月中下旬。在生殖过程中,有抱对现象。但抱对并不是在进行交配,为生殖过程中的一个环节,抱对可以促进雌性排卵。生殖季节在水中产卵,体外受精。幼体形似小鱼,用鳃呼吸,有侧线,称作蝌蚪,以水中植物为主要食料。经过变态发育为成体,尾巴消失,到陆地上生活,用肺呼吸,同时其皮肤分泌黏液,帮助呼吸。其内部器官系统,也逐渐完善,反映出由水生向陆生过渡的特征。蟾蜍发情时间为4日至4周,每年2月下旬至3月上旬发情一次,发情后于4~7月间,排卵,产仔1 000~4 000个,染色体二倍体为26(精子内),单倍体为13(初级和次级精母细胞内),寿命为10年。

繁殖期间,许多雄蛙常聚到一个共同的区域,高声鸣叫,连续不断,这是雄蛙的一种求偶行为,通过鸣叫来吸引异性,结成配偶。配对后雌蛙便开始向水中排卵,每次排卵

3 000～6 000 粒;与此同时,雄蛙向水中排出精子。精、卵细胞在水中结合成受精卵,经 4～5 天的孵化发育成为蝌蚪。蝌蚪必须生活在水中,以尾游泳,用鳃呼吸,并取食矽藻、绿藻等植物性食物。经过 2 个月的发育后,蝌蚪变态成为幼蛙,尾部逐渐消失,体长大为缩短,并开始上陆生活,食性也开始转变为以动物性食物为主。从幼蛙到性成熟约需要 3 年时间。

二、解剖生理特点

(一) 骨骼

蟾蜍无齿,青蛙口缘有齿。无肋骨,前肢的尺骨与桡骨愈合,后肢的胫骨与腓骨愈合,所以爪不能灵活转动。

(二) 神经系统

脑包括大脑、间脑、中脑、小脑和延脑。大脑和中脑发达,小脑不发达。有动眼神经,三叉神经,听神经等 11 对。蛙眼视网膜的神经细胞分成 5 类,一类只对颜色起反应,另外 4 类只对运动目标的某个特征起反应,并能把分解出的特征信号输送到大脑视觉中枢——视顶盖。视顶盖上有 4 层神经细胞,第 1 层对运动目标的反差起反应;第 2 层能把目标的凸边抽取出来;第 3 层只看见目标的四周边缘;第 4 层则只管目标暗前缘的明暗变化。这 4 层特征就好像在 4 张透明纸上的画图,叠在一起,就是一个完整的图像。因此,在迅速飞动的各种形状的小动物里,青蛙可立即识别出它最喜欢吃的苍蝇和飞蛾,而对其他飞动着的东西和静止不动景物都毫无反应。

(三) 循环系统

心脏位于胸腹腔正中腹面,有左右心房和一个心室,外有心包膜。心脏连接主动脉干和动脉圆锥,动脉圆锥呈管状,向前连接主动脉干,随后向左右分出前、中、后 3 对动脉弓,前一对为颈总动脉弓,分支到前肢后在心脏背面汇合成背主动脉,分支到后肢和内脏器官。后一对为肺皮动脉弓,分支为肺动脉和皮动脉,分别到肺脏和皮肤。静脉分为体静脉和肺静脉。血液经静脉循环返回右心房,经肺行气体交换后的氧合血,由肺静脉返回左心房,两房不同的血液在一个心室中相混合而不能完全分流,称为过渡型心脏,其循环方式称不完全双循环。

(四) 呼吸系统

成年的蟾蜍和青蛙肺呈粉红色,位于体腔前部,肝和心的前上方。吸气时鼻孔张开,上下颌紧闭,口腔底部下降,空气进入口腔,然后鼻孔关闭,口腔底部上升,空气压入肺中。呼气时鼻孔张开,借助肺泡的张力和呼气运动,将气体排出体外。冬眠和潜水时采用皮肤呼吸。

(五) 消化系统

消化道包括口腔、食管、胃、小肠和大肠等部分。口腔内有舌和分泌腺。消化腺有肝、胆、胰。肝呈棕褐色,分 3 叶。胆囊位于中叶的腹面,绿色,呈圆形。胰为不规则腺体,淡黄色,位于胃及十二指肠间的系膜上。

（六）泌尿生殖系统

包括肾(中肾)、中肾管和膀胱。中肾腹面有褐色纵行的肾上腺。中肾管位于中肾外缘，为一白色细管，末端与膀胱相通，雄性兼有输精管作用，向后入泄殖腔。雄性生殖器包括睾丸、输精管、中肾管等，位于中肾腹面内侧。雌性生殖器包括卵巢、输卵管、子宫，卵巢1对悬垂于体腔背壁，输卵管为白色弯管，开口于泄殖腔。

三、应用

蟾蜍和青蛙是医学实验中常用的动物，尤其在生理、药理实验中应用较多。其心脏在离体情况下仍可有节奏地搏动很久，因此常用来研究心脏的生理功能、药物对心脏的作用等。其腓肠肌和坐骨神经可以用来观察外周神经的生理功能，药物对外周神经、横纹肌或神经肌肉接头的作用。其腹直肌也可用于鉴定胆碱能药物。其皮肤是研究皮肤肿瘤的良好实验材料。还可用于比较发育、移植免疫、肢体再生、致畸胎毒性、内分泌及激素测定等研究。蛙还常用来作脊髓休克、脊髓反射和反射弧的分析实验，肠系膜上的血管现象和渗出现象实验。蟾蜍后肢血管明显，利用后肢血管灌注方法可观察肾上腺素和乙酰胆碱等药物对血管的作用。在临床检验中，可用雄蛙作妊娠诊断实验。

● 第十一节

斑　马　鱼

斑马鱼(*Danio rerio*，zebrafish)属于辐鳍鱼纲，鲤形目，鲤科，短担尼鱼属的一种硬骨鱼。分布于孟加拉国、印度、巴基斯坦、缅甸、尼泊尔的溪流，是一种性情活泼、不怕冷的热带鱼品种。斑马鱼因个体小，养殖花费少，能大规模繁育，具备许多优点，很适合研究应用和系统发展。20世纪70年代开始应用于生物医学研究，目前已有约20种斑马鱼品系。斑马鱼在工业实验室中常被用作毒理学检验，是国际标准化组织推荐的5种实验鱼种之一。

一、外形特性

斑马鱼体长4~6 cm，身体延长而略呈纺锤形(图6-11)，头小而稍尖，吻较短，尾部侧扁。背部橄榄色，体侧从鳃盖后直伸到尾未有数条银蓝色纵纹，臀鳍部也有与体色相似的纵纹，尾鳍长而呈叉形。雄性体型细长，体较窄，颜色略深，条纹较为显著，为深蓝色条纹间柠檬色条纹；雌性身体肥胖，体较宽，颜色稍淡，为蓝色条纹间银灰色条纹，臀鳍淡黄色，在性成熟后腹部肥大。根据条纹的数量和宽窄，以及鳍的差异，形成不同品种。

图6-11　斑马鱼外形

二、习性

斑马鱼性情温和,小巧玲珑,终日不停地游动。喜结群游动,易饲养,可与其他品种鱼混养。斑马鱼对水温的变化有较强的抵抗力,最适生长温度为 25℃,在水温为 11～15℃时仍能生存,对水质的要求不高。日常饲养时,在水族箱底部放些鹅卵石,能使水质清澈。对各种动物性饵料或干饲料,都能食用。

三、繁殖及生长发育

斑马鱼属卵生鱼类,4 月龄性成熟,一般用 5 月龄鱼繁殖较好。繁殖用水要求 pH 值6.5～7.5,硬度 6～8,水温 25～26℃。喜在水族箱底部产卵,斑马鱼最喜欢自食其卵。繁殖水温 24℃时,受精卵经 2～3 天孵出仔鱼;水温 28℃时,受精卵经 36 小时孵出仔鱼。雌鱼每次产卵 300 余枚,最多可达上千枚。水温 25℃时,7～8 天的仔鱼开食,此时投喂蛋黄灰水,以后再投喂小鱼虫。斑马鱼的繁殖周期 7 天左右,一年可连续繁殖 6～7 次,而且产卵量高。斑马鱼所产之卵经 24 小时即可胚胎发育成熟,仔鱼期只有 1 个月。斑马鱼的发育分为 6 个阶段:卵裂期、囊胚期、原肠胚期、分裂期、成形期和孵化期。

四、特点

斑马鱼养殖方便、繁殖周期短、产卵量大、胚胎体外受精、体外发育、胚体透明。斑马鱼的卵是透明的,整个胚胎发育在体外完成,也是透明的,这就使得人们不仅可以很容易得到胚胎,而且还可以在显微镜下直接观察斑马鱼胚胎发育的过程,故很容易观察到药物对其体内器官的影响。雌性斑马鱼可产卵 200 枚左右,胚胎在 24 小时内就可发育成形,可以在同一代鱼身上进行不同的实验,进而研究病理演化过程并找到病因。不仅可作为脊椎动物模型研究脊椎动物的胚胎发育过程,还是一种可用于人类疾病研究的实验动物,建立药物筛选和治疗的研究平台。

斑马鱼与人类基因同源性高达 85%,其信号传导通路与人类基本近似,生物结构和生理功能与哺乳动物高度相似,这意味着在其身上做药物实验所得到的结果在多数情况下也适用于人体。斑马鱼具有个体小(目前唯一适于进行微孔板高通量药物筛选的脊椎类动物)、发育周期短(24 小时器官便可形成)、实验周期短(筛选结果在一周内即可得出)、费用低(为啮齿类的 1/10～1/100)、体外受精、透明(可直接观察药物对内部器官的作用)、单次产卵数较高(150～200 枚),以及实验用药量小(为小鼠用药量的 1/100～1/1 000)等优点,作为实验动物的优势很突出。斑马鱼已经广泛应用于发育生物学研究、人类疾病模型研究、新药筛选、药物毒性与安全性评估,以及环境毒理学研究等领域。美国国立卫生研究院(NIH)将斑马鱼列为继大鼠和小鼠之后的第三大脊椎类模式动物。

五、应用

(一) 研究目的基因在脊椎动物中的表达和功能

利用斑马鱼胚胎透明的特点,构建绿色荧光蛋白(GFP)与内源性靶蛋白的融合蛋白,通过观察融合蛋白的荧光分布情况,借以确定目的基因或目的蛋白的功能和表达特点。同时,还可通过检测绿色荧光的分布,监测外源蛋白的表达在斑马鱼中的表达与分布情况。

（二）免疫学研究

斑马鱼作为免疫学新实验动物的优点在于:①与传统的免疫学实验动物小鼠相比,斑马鱼体型小,子代数量多,培育要求低,易于养殖,饲养成本低,便于开展大规模研究。②斑马鱼个体发育过程是在全透明状态下完成,使得整个心血管系统的发育过程能十分完整地被观察。特别是免疫系统个体发育的相关资料,是无法从小鼠上所进行的实验中轻易获得的。③先期对斑马鱼的遗传学研究积累的丰富突变库也为研究免疫相关基因的功能提供了条件。④在目前已知生物中,鱼类是最早具备获得性免疫系统的纲。这就使得对斑马鱼免疫系统的研究成为人们了解非特异性免疫系统和获得性免疫系统进化与功能相互关系的重要工具。这个独特的免疫系统进化地位还赋予了斑马鱼作为免疫学研究实验动物的另一重要优势,即其成体可以在没有胸腺、淋巴细胞生成的情况下存活传代,这又是小鼠无法比拟的。

（三）人类疾病研究

斑马鱼的基因组中约有 30 000 个基因,数目与人差不多,而且许多基因与人类存在一一对应的关系。斑马鱼的中枢神经系统、内脏器官、血液以及视觉系统,在分子水平上85％与人类相同,尤其是其心血管系统的早期发育与人类极为相似,故斑马鱼是研究心血管疾病基因的最佳实验动物。斑马鱼中的肿瘤发生情况与人类亦极为类似。斑马鱼的基因特点使它可以成为一种很好的人类肿瘤模型。

（四）新药研发

斑马鱼模型既具有体外实验快速、高效、费用低等优势,又具有哺乳类动物实验预测性强、可比度高等优点,可以有效弥补体外实验和哺乳类动物实验之间的巨大生物学断层,完善现有药物研发体系。

斑马鱼模型既可以像体外实验那样对作用靶点明确的候选化合物进行靶向筛选和药效学评价,进行单个或多个作用靶点的筛选和验证,也可以像哺乳动物一样对靶点不明或致病机制复杂疾病的治疗药物进行基于药效学的筛选和评价,能够提高药物早期药效学评价的灵敏性和可靠性,有助于在药物研发早期淘汰那些体内药效学评价结果不佳的候选化合物。

斑马鱼模型能够早期发现化合物毒性、早期鉴别化合物毒性靶器官,从而做到"早期评价,早期淘汰"。将斑马鱼模型体外实验和哺乳动物实验相结合,可以从整体上缩短药物临床前早期研发的实验周期,降低实验成本,提高实验预测的准确性,进而提高药物研发效率,降低药物研发风险。

（五）发育生物学研究

斑马鱼卵子体外受精,体外发育,胚胎发育同步且速度快,胚体透明。其细胞标记技术、组织移植技术、突变技术、单倍体育种技术、转基因技术、基因活性抑制技术等已经成熟,且有数以千计的斑马鱼胚胎突变体,是研究胚胎发育分子机制的优良资源,斑马鱼已经成为最受重视的脊椎动物发育生物学模式动物。斑马鱼具有繁殖能力强、体外受精和发育、胚胎透明、性成熟周期短、个体小易养殖等优点,尤其是可以进行大规模的正向基因饱和突变与筛选,使其成为功能基因组时代生命科学研究中重要的实验动物。

(杨　斐)

第七章

实验动物的选择与运用

实验动物是人类为科学的目的而创造的一类独特的资源,几乎应用于生命科学的所有领域,位居生命科学研究四要素(动物、设备、信息、试剂)之首,然而和仪器设备、试剂材料不同,实验动物是有知觉、意识和自主运动的完整生命形式,除了科学应用价值外,还具有生命特有的价值。实验动物的培育出自特定的科学需要,每个品种或品系都具有独特的应用价值和适宜的应用方向,因此,应用实验动物时必须严格遵循其中的科学规律,平衡实验动物的科研价值和生命价值,确保合理与可持续利用。

第一节
实验动物在生命科学中的用途

生命科学主要研究生命的本质和特征,以及与环境的关系,其终极目标是解答与人类生存、发展、获得更高生活质量相关的一系列问题,健康地、高质量地、与自然和谐地生存。为此,生命科学的研究范围涵盖了对生命奥秘如起源、本质、特性的探索,对疾病和健康的探索,对生存环境与条件的探索,对人类发展前景和改造手段的探索等。疾病是威胁人类生存和健康的最主要因素,生命科学的绝大部分研究都紧紧围绕人类的医学保健(如对人类疾病的机制、诊断、预防、治疗、控制等开展研究),以及医药产品开发、生产、检定等。此外,生命科学也极大服务于人类对生活环境的保护和改造,并为人类的各种科学探索活动提供生命保障。动物实验是生命科学研究最主要的形式,在动物实验中,实验动物作为人类的替身、精密的分析仪器、高纯度的分析试剂、活的培养基和原材料等,发挥着不可替代的重要作用。

一、生物医学研究

生物医学研究是生命科学领域最重要的内容,实验动物则是生物医学研究必要的基础。

(一)破解生命体的自然规律

动物实验是人类得以认识有机界各种规律的重要途径。生物学奠基人亚里士多德(Aristotle)运用解剖技术展示了各种动物的内在差别;活体解剖创始人埃拉西斯特拉图斯(Erasistratus)利用猪确定了气管是呼吸的通道,肺则是呼吸的器官;古罗马医生盖伦(Galen)医生通过对多种动物进行初步活体解剖来推论人体的生理功能;现代解剖学奠基人韦萨留斯（Vesalius）利用猪、犬阐明了解剖学和生理学的关系；英国医生哈维（Harvey）通过动物实验阐明了血液循环途径并发现心脏是循环系统的中心；德国解剖学教授施旺（Schwann）将德国植物学教授施莱登（Schleiden）在植物中的发现应用到动物中，并首次提出"细胞学说"术语；德国病理学家菲尔肖（Virchow）提出"一切细胞来源于别的活细胞"的著名论断，进一步完善了细胞学说；俄国生理学家巴甫洛夫（Pavlov）应用犬研究消化生理和高级神经活动，其经典条件反射理论开创了高级神经活动生理研究新领域；斯金纳（Skinner）通过对小鼠的实验研究提出了操作条件反射理论；米勒（Miller）致力于动物的神经系统发育研究，1969 年提出主神经系统所控制的某些功能可由意识来控制的理论；法国生理学家里基特（Ricet）通过动物实验发现过敏的本质是抗原抗体反应，推动了过敏反应性疾病的研究；洛伊（Loewi）在蛙心上进行的实验证明了副交感神经的神经介质为乙酰胆碱；伦敦大学医学院的生理学家贝利斯（Bayliss）和斯塔林（Starling）在动物胃肠里发现了胰泌素，这是人类首次发现的多肽物质，由此开创了多肽在内分泌学中的功能研究；无菌豚鼠的培育成功，回答了关于动物能否在没有肠道细菌参与情况下生存的问题；动物的主要组织相容性抗原基因复合体（MHC）是在小鼠体内首先发现；克隆羊"多利"的诞生证实了体细胞的全能性；近现代运用实验动物和现代生物技术开展基因组的改造和操纵研究，为人类探索基因的结构与功能、解读基因组这本"天书"提供了前所未有的优越条件。

（二）揭示疾病的本质

动物实验也是人类揭示疾病本质的强大工具，在人类寻求健康、解除病痛、延缓衰老的漫长征途中有着并将继续作出不可替代的贡献。19 世纪，为了突破临床观察和尸体解剖对于疾病研究的局限性，人们开始用动物实验的方法研究人类疾病发生的原因和条件，以及发展过程中的各项机体功能的变化，由此揭示患者各种临床症状和体内变化的内在联系，阐明疾病的发生机制和发展规律。此外，达尔文（Darwin）在生物进化方面的发现使人们意识到人和动物之间在结构和功能上存在某种一致性和关联性，因此研究动物疾病也成为深入了解人类疾病的机制的新途径。第一个被证实的细菌病是炭疽病（牛、羊）；第一个放线菌病是在牛体内发现；最早发现的病毒病是犬的狂犬病和牛羊的口蹄疫；最早发现的原虫病是骆驼的苏拉病；牛的得克萨斯热使人类认识到虫媒疾病；包括艾滋病在内的慢病、毒病最初是在绵羊痒病中发现的；伯纳德（Bernard）率先用动物研究疾病并创立"实验医学"一词；巴斯德（Pasture）通过对鸡和兔的实验性感染，证明微生物感染是许多疾病发生的原因，而不仅仅是之前所认为的体内紊乱；科赫（Koch）通过动物实验证明从原宿主分离的炭疽杆菌可以引起新宿主出现相同的症状的疾病，至今 Koch 理论广泛适用于病原的确定和突发疾病的确认；山极市川用家兔证明化学致癌物的作用；T 淋巴细胞识别入侵微生物的机制是科赫蒂（Koherty）和津克马吉尔（Zinkermagel）利用小鼠进行病毒侵袭脑组织的研究中发现的，该成果为其他有关传染病、组织移植免疫学、癌症和风湿病学等研究提供了全新的途径。斯坦利·科恩（Stanley Cohen）在将肉瘤植入小鼠胚胎的实验中观察到的交感神经纤维生长加快、神经节明显增大的现象，由此起始了对神经生长因子（NGF）的研究。人类的疾病谱随着社会的发展而不断变化，当前对人类多发病、常见病、重大疾病、新型疾病的研究成果大多来自实验动物，各种疾病动物模型是人类疾病研究不可或缺的材料。

（三）研发药物和诊疗技术

动物实验不仅极大丰富了人类研究疾病的手段，也推动了相关药物制剂和疾病诊疗技术的研发。莫顿（Morton）利用鸟类实验发明了乙醚麻醉术；巴斯德是有意识研制、应用疫苗预防多种疾病的第一人，后人在巴斯德等的研究思路和基础上，先后确认了许多传染性疾病并研制出相应的疫苗，显著提高了人类预防传染病的能力；科勒（Kohler）和米尔斯坦（Milstein）运用 BALB/c 近交系小鼠建立了杂交瘤细胞技术研制出单克隆抗体，为抗原鉴定、传染病诊断、肿瘤研究与治疗等带来了革命性变化，开创了免疫学等学科研究新领域；弗里德里希·洛夫（Friedrich Loffer）等用豚鼠等动物研究白喉杆菌发现了细菌毒素是造成感染动物死亡的原因，创立了抗毒素治疗；冯·梅林（Von Mering）和奥斯卡·考斯克（Oscar Kowsk）通过对切除胰腺的犬进行研究时认识了糖尿病的本质，并从犬胰腺中分离出胰岛素有效用于糖尿病的治疗；艾力克·伊萨克斯（Alick Isaacs）和琼·林登曼（Jean Lindenman）在应用鸡胚研究流感病毒时发现了干扰素，至今已用于 30 多种疾病的治疗；通过感染小鼠的体内筛选，人们得以认识百浪多息（prontosil）的抗菌效果并由此获得一系列磺胺类药物。相反，由于没有进行适当的动物实验研究，对青霉素的广泛使用被推迟了 10 年；心脏外科中，修复二尖瓣的人造替代瓣膜是通过多年对犬和犊牛试验后研制成功，心肺机的研制也是先在犬身上进行了 20 多年的研究；器官移植研究中，确保缝合的血管有足够强度抵抗动脉血压的技术突破是通过对猫的大量试验而获得的，避免排斥反应所采用的抑制免疫系统的方法则是通过对兔、啮齿类、犬和猴等动物的反复试验而逐步完善。

二、生物检定

生物检定是以生物体作为实验系统评估受试物质生物学活性的一种方法，整体动物、离体组织、器官、细胞，以及微生物等都可以用作生物检定的实验系统。为此，可以把生物检定看作是一种以生物体为工具的测量手段，衡量的刻度由生命有机体的反应来确定。生物检定广泛应用于药物的效价和毒性评定、新药研发、药品质量控制、中药现代化探索，以及人类生活环境和日常用品中农药、重金属、内分泌干扰物质等的残留量测定，是量化生物反应、揭示药物疗效和毒性、探索药物作用机制、认识各种新型化合物对人类和其他生物毒副作用的不可替代的手段。在所有的实验系统中，整体动物能够最全面地反映被检物质的生物学效应，因此，许多和人类健康密切相关的生物检定项目都要求使用整体动物。

（一）生物药品的效价测定和毒性检查

生物检定是测定生物药品的效价和毒性的重要方法，生物药品的效价判定和毒性检查则是生物检定的主要应用方向。WHO 在 2004 年将生物药品定义为"来源于生物、生物技术或合成的预防、治疗、诊断物质，其质量不能完全用化学、物理的方法进行鉴定的品种，包括分子结构尚未完全阐明的大分子蛋白质、抗原、疫苗、抗血清、血液制品、核酸及分子结构已经阐明的小分子蛋白质"，强调了其质量控制无法通过理化检验的方法进行。

生物药品往往结构复杂或者包含不定比例多种成分，如一些天然提取物、血清、疫苗、菌苗、血液制品等，难以应用理化检验测定其单一成分，只能应用生物检定。如，天然催产素和加压素是已知结构的八肽,合成的催产素和加压素混有极微量戊肽,必须采用生物检定来控制内在质量。生物检定能够反映药品的生物学活性,其结果与临床高度相关,而理化检验只能反映药物某方面的理化特性,不一定与临床效应平行,如肝素的测定中,使用新鲜的兔全血可以反映肝素抗凝血作用的剂量-效应关系,而天青 A 比色法不能反映肝素的抗凝血活性,因为失去抗凝血作用的肝素仍保留了使天青 A 变色的反应;激肽释放酶效力测定可采用以 N-苯甲酸-L-精氨酸乙酯(BAEE)为底物的分光光度法,但考核其药理性质仍需用动物血压下降为指标的生物检定;此外当一些理化性质清楚、结构已知的药物由于构型不同而呈现不同生物学活性时,也需要采用生物检定的方法。

(二)新药的临床前研究

新药研发是人类攻克疾病的重要环节,实验动物的应用使人类摆脱了"神农尝百草"的危险处境。在古代中国和埃及,人们就已通过动物实验对大量药物和药方进行初步验证。当今,在新药临床前药理、毒理学评估中,整体动物是最主要的研究系统。新药的药效学研究必须采用相应的疾病动物模型,一般药理学通过对疾病模型动物和健康常态动物的研究发现新药的次要药效,以及安全药理方面的特性;一般毒理学研究通过对健康动物的急性毒性和长期毒性试验确认潜在的药物毒性,观察试验物质对健康动物的致癌、致畸、致突变作用是特殊毒理学的主要内容,药物的免疫毒性研究如局部刺激性、过敏性,以及神经毒性如药物依赖性研究等也离不开相应的动物实验。药物临床前安全性评价的试验项目和使用的动物见表 7-1。

表 7-1　药物安全性评价中使用的动物种类

试验项目	动物种类
急性毒性	小鼠,大鼠,犬
长期毒性	大鼠,犬
遗传毒性	小鼠
生殖毒性	大鼠
致癌性	小鼠,大鼠
皮肤刺激性	家兔
血管刺激性	家兔
肌肉刺激性	家兔,大鼠
直肠刺激性	家兔,犬
阴道刺激性	家兔,大鼠,犬
吸入、滴鼻刺激性	家兔,豚鼠,SPF 大鼠
口腔刺激性	金黄地鼠
滴耳刺激性	家兔,SPF 大鼠
眼刺激性	家兔
主动皮肤过敏	豚鼠
啮齿类局部淋巴结试验	小鼠
被动皮肤过敏	大鼠,豚鼠
全身主动过敏	豚鼠
皮肤光毒性	豚鼠
皮肤光过敏性	豚鼠

（三）食品和化妆品的安全性评价

日常的衣食住行也需要实验动物"把关"，最具代表性的是对食品和化妆品的安全性评价。食品工业源源不断地开发出食品新种类和新资源食品，为了确保这些食品新成员的安全性，需要由实验动物代替人类先行"试吃"；当今，对各种保养护肤和美容化妆用品观念的改变，显著促进了化妆品工业的发展，而各种化妆品在应用到人类之前，都需要由实验动物"试用"以获得安全性的相关数据。食品、化妆品安全性评价试验项目和所用动物见表7-2与表7-3。

表7-2 食品安全性评价中使用的实验动物

试验项目	动物
经口急性毒性	小鼠，大鼠
骨髓细胞微核试验	小鼠，大鼠
哺乳动物骨髓细胞染色体畸变率检测	大鼠，小鼠
小鼠精子畸形实验	小鼠
小鼠睾丸染色体畸变试验	小鼠
致畸试验	大鼠
30天喂养试验	大鼠
90天喂养试验	大鼠
繁殖试验	大鼠
代谢试验	大鼠，小鼠
慢性毒性试验	大鼠
致癌试验	大鼠，小鼠

表7-3 化妆品安全性评价中使用的实验动物

试验项目	动物
急性皮肤毒性试验	大鼠，豚鼠，家兔
急性经口毒性试验	大鼠，小鼠
皮肤刺激试验	家兔，豚鼠
眼刺激试验	家兔
GPMT试验	豚鼠
BT试验	豚鼠
皮肤光毒性试验	豚鼠，家兔
皮肤光过敏反应试验	豚鼠，家兔
亚慢性皮肤毒性试验	大鼠，家兔，豚鼠
亚慢性经口毒性试验	大鼠
致畸试验	大鼠
哺乳动物骨髓细胞染色体畸变率检测试验	大鼠，小鼠
动物骨髓细胞微核试验	小鼠，大鼠
小鼠精子畸形检测试验	小鼠
慢性经口毒性试验	大鼠，小鼠
致癌性试验	大鼠，小鼠

(四)化合物安全性评价和环境污染评价

意外污染事故、人类的科学探索,甚至日常生产、生活都会产生大量有毒有害物质。据估计新合成的化合物通过动物实验证实对人和动物无害的比例仅有 1/30 000。由于人类对这些危害的认识有限、缺乏相应处理和控制能力等因素,导致毒害物质在环境中扩散并蓄积,严重危害地球上所有生物的安全,如环境激素在土壤和水中沉积、通过食物链在生物体内富集、通过"蚱蜢跳"效应远距离传播已经成为全球性的污染问题。

对环境污染的传统监测手段是通过对特定物理、化学或生物污染物质的测定来发现污染,这不仅远远不足以应对污染物质丰富的种类,而且对于这些物质在自然界中形成的未知或新型化合物逃逸监测以及进入生物体后的生物学效应都缺乏足够预见。采用整体动物实验可以从终端发现污染物质的危害效应,既获得了确切结果也简化了操作。目前实验动物越来越多地应用于对新型化合物安全性评价和公害监测,如用鱼类判断污水处理的效果和水质污染程度;用小鼠判断土壤中有毒化合物残留情况;用大鼠判断下水道中有毒气体蓄积情况,核设施周边环境安全分析,放射性本底分析等,为人类做好废弃物质排放和其他有关作业提供了又一重保障。

三、生物医药产品生产

生物药物是一大类利用生物体、生物组织及其成分,综合应用生物学、生物化学、微生物学、免疫学、物理化学和现代药学原理与方法进行加工、制造而成,用于预防、诊断和治疗疾病的制品,采用整体动物或其组织进行生产是生物药物的重要生产方式之一。尽管随着细胞培养技术和相关设备的不断发展与完善,越来越多的产品可以利用动物细胞系生产,但是不少生物医药产品的生产仍需使用整体动物或者动物提供的原代细胞。

(一)从正常动物组织中提取

从新生、新鲜的小牛胸腺中提取的胸腺素主要用于免疫功能缺陷疾病、病毒和细菌感染型疾病,胸腺素制剂作为免疫调节剂已经广泛用于临床;从小鼠颌下腺分离纯化的表皮生长因子和神经生长因子广泛应用于治疗溃疡、烧伤、促进神经生长、免疫调节等方面。

(二)从经过特殊处理动物的体液或组织中提取

对猪进行乙型肝炎疫苗免疫后,采集脾脏和淋巴结制成的抗乙型肝炎转移因子,具有调节和增强机体特异性乙型肝炎病毒感染的细胞免疫和体液免疫功能,用于治疗乙型肝炎;各类抗血清如破伤风抗毒素、白喉抗毒素、抗蛇毒血清等均用相关的蛇毒素免疫马后,采集马血浆制备;一些疫苗的生产需要将菌毒种接种于动物提供的活细胞,如地鼠或沙鼠的原代肾细胞进行体外培养,甚至直接接种于活体动物,如乳鼠脑内接种,一段时间后从动物的血液或相关组织中提取相应的产物。表 7-4 列出了《中华人民共和国药典》2005年版(3 部)中,利用动物细胞、组织或鸡胚作为生产原料的疫苗;采用动物体内诱生法制备单克隆抗体是将杂交瘤细胞接种于经过预处理小鼠或大鼠的腹腔,诱导产生大量含有抗体的腹水,再从腹水中提取,该过程不需要复杂的大型设备,在实验室规模条件下较短时间内可获得相当的单克隆抗体数量,并且实验动物质量和动物饲养环境条件的不断改善也确保了单克隆抗体的质量。在我国,这仍是生产单克隆抗体的主要手段。上述各类产品的生产过程中,实验动物是用作培养基的活细胞的供体,甚至本身就被当作活体培养基。

表7-4 疫苗及其生产基质

疫苗	动物(鸡胚)/细胞
乙型脑炎减毒活疫苗	地鼠/原代或连续传代不超过5代的肾细胞
乙型脑炎灭活疫苗	地鼠/原代或连续传代不超过5代的肾细胞
风疹减毒活疫苗(兔肾细胞)	兔/原代肾细胞
口服脊髓灰质炎减毒活疫苗	猴/原代肾细胞
麻疹减毒活疫苗	鸡胚/原代细胞
腮腺炎减毒活疫苗	鸡胚/原代细胞
麻疹腮腺炎联合减毒活疫苗	鸡胚/原代细胞
流感全病毒灭活疫苗	鸡胚/原代细胞
Ⅰ型肾综合征出血热灭活疫苗	沙鼠/原代肾细胞
Ⅱ型肾综合征出血热灭活疫苗	地鼠/原代肾细胞
双价肾综合征出血热灭活疫苗	沙鼠/原代肾细胞
人用狂犬病疫苗(地鼠肾细胞)	地鼠/原代或连续传代不超过5代的肾细胞

(三) 利用生物反应器生产

生物技术药物(biotech drugs)是在生物药物和基因工程技术的基础上发展起来的,运用整体动物生产生物技术药物的一个典型案例是动物生物反应器。这是一种基因组中整合有编码目的产物(通常是药用蛋白)基因并能在特定组织中进行表达的转基因动物,根据预先设计的表达途径,人们可以从这些动物的乳汁、尿液、血液等体液或组织中收获产物。目前,研究得最多的是利用动物的乳腺进行生产,即乳腺反应器。表7-5是目前已成功在乳汁中生产的生物技术药物。

表7-5 已成功在乳汁中生产的生物技术药物

治疗蛋白	临床用途
人血因子Ⅸ	治疗血友病B
组织纤溶酶原激活剂(tPA)	溶栓剂
IL-2	治疗免疫缺陷、肿瘤、感染性疾病
a1-抗胰蛋白酶	治疗肺气肿
尿激酶	溶栓剂

四、实验动物在其他领域和行业的应用

医学和生物学的教学中,经常采用整体动物进行示教和技术训练,如展示动物的解剖结构,进行解剖和手术技术的实训等,甚至使用活体动物演示重要的生物学原理。目前,运用"数字青蛙"、高科技假人模型等可以减少在教学上的动物用量,但仍不能完全替代真

实的动物。

国防科学领域中,在确定各种武器的杀伤效果以及相关防治措施的有效性时,都需要使用实验动物进行最终的验证。如在核武器爆炸试验中,实验动物被预先放置在爆炸现场以观察光辐射、冲击波、电力辐射对生物机体的损伤;航天科学研究中,在人类真正进入太空前,已有多种实验动物被送上太空,由此获得大量关于失重、辐射等因素对生理功能影响的数据。此外,在汽车设计中的撞击试验、建筑设计中的抗震性研究、突发灾难性事故的处理研究等,也都采用实验动物来替代人类。

第二节
实验动物应用的原则和方法

动物实验是以实验动物为对象的实验室研究,是医学科学研究的重要手段和基本途径之一。与临床实验相比,动物实验最大的优势之一是可以在动物身上进行无法用人体进行的研究,下丘脑释放激素的发现就是一个经典的案例。20 世纪 70 年代,2 组科学家分别从 10 万多头羊和猪下丘脑提取的下丘脑释放激素为神经内分泌调节提供了有力证据,并改变了许多内分泌疾病诊断和治疗方法,而此前 40 年人们一直没能找到下丘脑调节垂体功能的介质。现在,一些临床上难以实现的研究和观察往往只能通过动物实验的途径,如对药物的长期疗效和毒副作用的观察,采用相应动物模型开展对罕见疾病的研究等。动物实验为人类提供了细致且可重复观察疾病发生、发展、转归全过程的机会,通过严密控制和改变实验条件、设置对照等,可以最大限度获取反映实验效应的研究样本和资料,对疾病进行透彻的研究,动物实验还能缩短研究周期、节约研究开支等。

由于动物机体的结构和功能并不完全等同于人类,有时还存在较大差异,而且人类对动物认识也并不全面,特别是对动物心理、精神方面远远不如对其生理状况那样了解,因此动物实验研究有其自身的局限性。此外,动物实验的整个过程中存在许多可变因素,如动物自身的因素、环境的因素、技术的因素、试剂的因素等,均可能干扰最终的研究结果,对实验结果的错误外推也能够导致错误结论。为了克服动物实验的缺陷,并通过动物实验获得确切可靠的信息,必须正确地应用实验动物,包括合理设计实验方案、确立正确的研究方法、实施规范的实验操作、确保研究中对动物适当的护理、对结果进行科学而周密的解释和严谨外推等。

一、实验动物应用准则

生命科学研究中,对实验动物的应用必须遵循科学(science)、伦理(ethic)和经济(economy)3 个准则,简称"实验动物应用的 SEE 准则"。动物实验研究必须在 SEE 准则的指导下,对构成动物实验的一系列研究因素如动物、材料与方法、实验技术、设备与环境等等进行正确选择和配置。

(一)科学准则

科学准则是指整个动物实验的方案设计和实施过程必须符合科学规律,具体到动物、方法、技术、环境等要素都必须与实验目的匹配,这是确定动物实验方案时最基本的准则。科学准则不仅涵盖选择动物时的相似性原则、特殊性原则、标准化原则,而且包括对动物数量、性别、年龄、体重、生理状态等一般要求的考虑,对实验的昼夜、季节、周期、分组、对照、观察指标的确定,动物的饲育环境、营养供给、质量控制,以及动物实验中饲育管理、实验技术、观察方法的选择与实践等方面的全面内容。

动物实验中,动物、方法、技术和环境构成了密切关联的整体,除了选择符合实验目的动物之外,与动物和实验目的相匹配的研究方法、与动物及操作人员相匹配的技术、与动物和实验要求相匹配的环境等都是实验成功必不可少的部分。在明确研究目的后,各项研究要素和条件与之匹配程度越高,实验的成功率就越高。执行科学准则的意义在于为整个研究奠定科学的基础,确保研究结果的准确性、可靠性、重复性,前提是透彻理解研究目的,并且掌握相关匹配所要求的背景知识。

(二)伦理准则

伦理准则是指人道地使用实验动物,这是科学研究者必备的基本素质。动物实验研究必须遵循"健康、快乐、有益"的实验动物福利"3H"宗旨,在科学研究和尊重生命的天平上取得最佳平衡。为此,研究者应关注动物在研究中遭受的痛苦和不适,充分运用各项动物实验知识和技术尽量避免对动物不必要的伤害,如适当地使用药物免除动物的疼痛和紧张,掌握并熟练实施规范的动物操作技术,为动物提供合适的环境和护理、实验前充分评估对动物身心的伤害程度并确定应对办法等。研究许可的情况下,用低等生物替代高等动物,用非生命研究手段替代活体动物研究均是伦理准则的体现。

在动物实验中体现人道主义有着科学和人文的双重含义。从科学的角度,动物在得到人道对待时,对实验因素的反应受到的干扰更小,从而更趋近真实状况,研究结果的可信度就高;从人文的角度,懂得善待动物的人更懂得尊重生命和自然,这是人类文明发展的方向。

(三)经济准则

经济准则是指动物实验的设计和实施均应体现对资源的节约与合理利用。如药物长期毒性研究中的非啮齿类动物通常可用犬或者猴,由于猴的来源稀少且饲育难度大,维持成本高,犬则来源较广泛,饲育也相对容易得多,因此当研究允许时,使用犬可减少人力、能源和材料的消耗,并有助于保护猴这一物种。

经济准则也体现在时间上,通过对动物和方法等的选择缩短研究周期,有利于加快研发进程,并减少较长研究周期中各种不确定因素对研究的干扰,如避孕药的研究周期和动物妊娠期密切相关,使用妊娠期较短的动物可以缩短避孕药研究周期,加快药物研发进程。

在确保研究质量的前提下,选择来源充足、易于饲养的动物,选择简单明了的方法,选择实验周期较短的方案,选择成熟的、对设备依赖性低的技术,选择能耗低的设备等,都是经济准则的体现。

二、动物的选择

对实验动物的选择包括种属、品种、品系、性别、规格[年龄和(或)体重]这些基本内容,有时研究还对动物的生理状态作出特殊规定,如使用妊娠动物、临产动物等,如果使用的是标准化的实验动物,还要确定动物的生物学净化等级。选择动物的一般程序是首先需确定种属、品种、品系,然后考虑性别、规格、生理状态、净化等级等具体要求。与实验目的匹配是动物选择的首要原则,也是科学准则的体现,匹配与否直接关系到研究的成败,其次考虑在不影响研究效果的前提下选择更符合人道和更经济的动物。如实验可能造成非研究需要的剧烈疼痛时,考虑采用对疼痛敏感性较差的动物;当2种动物都可用于同一研究而不会产生差异很大的结果时,就应使用来源更广泛的那种动物。

(一)种属、品种、品系的匹配原则

1. 按相似性匹配 相似性是指实验动物和目标动物(例如人)在结构、功能、反应特征上相似。大多数动物实验的目的是通过受试动物的反应预测处理因素对目标动物的作用,因此实验结果通常都要外推到目标动物身上,当两者的相似程度越高,则结果外推的准确率也越大,相似性常常是选择动物时首先考虑的因素。按相似性匹配主要考虑解剖和组织结构、生理反应、代谢过程、疾病特征等方面。

人处于进化树的最高端,总体上,动物的进化程度越高,和人类的整体相似度就越大,如猕猴、猩猩等非人灵长类动物在生物学、行为学上有大量和人类相似的特征,对特定实验因素的反应相近,人类的一些传染性疾病,如结核等只能在非人灵长类动物中进行实验性感染研究,在转基因乙肝小鼠研究成功前,狒狒是唯一的人类乙肝动物模型,意识、行为和基础神经研究中仍大量使用和人类有最近亲缘关系的非人灵长类动物。但有些时候,进化程度不高的动物可能在某些特定方面具有和人类的高度相似,如猪的皮肤和人类皮肤的组织结构相似,体表毛发的疏密、表皮厚薄也类似,而不似猴那般多毛,猪的上皮修复再生性与人相似,烧伤后内分泌与代谢的改变也近似,所以比猴更适合用于人类烧伤的研究。用啮齿类、兔、等动物制作的疾病动物模型尽管在进化上远低于非人灵长类,但这些动物局部所反映出的与人类相似的疾病过程和临床表现与这些疾病的研究要求相符,正是由于大量利用局部相似性,人类才可能使用各种实验动物开展广泛的研究。

自然选择形成的动物和人类的相似度有限,为此在种的基础上根据特定需求培育了不同品种和品系的实验动物,如封闭群、近交系、杂交F1代,系统杂交动物,以及来源于各种背景品系的突变动物和转基因动物,这些动物具有人为创造或保留的和人类相似的特性,从而丰富了人们选择动物的来源。封闭群动物具有和人类群体相似的遗传异质性,适合人类遗传研究、药物筛选和毒性试验,近交系、杂交F1代,系统杂交动物、突变动物和转基因动物很多都是人类疾病的动物模型,可以再现某些人类疾病的特征,成为研究这些疾病的理想材料。

2. 按特殊性匹配 特殊性是指实验动物特有的结构、功能和反应。这些特性和目标动物有很大差异,甚至是目标动物所不具备的,但运用这些特性可以简化研究工作、提高实验成功率等。一些动物特殊的身体构造可为实验研究带来许多便利,如长爪沙鼠的脑底动脉环后交通支缺损,不能构成Willis动脉环,因而在脑缺血研究中可方便地进行自身对照;犬的甲状旁腺位置固定且位于甲状腺表面,适合于甲状旁腺摘除术相关研究;豚鼠的胸腺全部位于颈部,容易手术摘除,在研究胸腺功能时十分有用;家兔胸腔中的纵隔将

胸腔分为左右不相通的两部分,在需要开胸的研究中如果不损坏纵隔可以不使用呼吸机。使用对实验因素敏感性高的动物能够更好地达到实验目的,如家兔易产生发热反应,且发热典型、恒定,很适合用于发热、解热和热原检查等与体温相关的研究;大鼠的垂体-肾上腺功能发达,应激反应灵敏,常用于机体应激反应研究;大鼠踝关节对致炎因子很敏感,故适合多发性关节炎的研究。动物的特殊反应往往成为研究的有利条件,如兔和猫是典型的刺激性排卵动物,适合于抑制排卵的避孕药研究;豚鼠体内不能合成维生素 C,必须从食物中摄取,通过控制饮食中维生素 C 的含量就可进行相应缺乏症的研究;大鼠的肝脏具有强大的再生能力,切除 60%～70%肝叶仍可再生,适合肝外科的研究。

3. 寿命的匹配 实验动物的寿命必须比研究周期长,才能观察到实验的终点,这对于一些长期实验研究如慢性毒性实验特别重要。对所需寿命的估计应不小于实验周期加上能用于实验的动物最小年龄(或日龄)。常用实验动物寿命见表 7-6。

表 7-6 常用实验动物寿命

动物	一般寿命(年)	动物	一般寿命(年)
猕猴	20	豚鼠	6～7
犬	15	大鼠	2～3
猫	10	小鼠	2～3
家兔	7～8	猪	16

4. 不同种属的标准化程度 标准化的实验动物具有明确的遗传背景和微生物学背景,依赖于成熟的营养控制和饲养环境控制技术,其来源清楚,背景资料齐全,健康状况明确,是实验动物中的"标准件",应用标准化的实验动物,不仅有利于排除来自实验动物自身和环境的各类研究干扰因子(准确性要求),也有利于研究结果的横向和纵向比较(重复性要求)。条件允许时,应选用已经标准化的实验动物种属开展实验。目前,我国的标准化实验动物有大鼠、小鼠、豚鼠、兔、地鼠、犬和猴。其中,大鼠和小鼠的标准化程度最高,对犬、猴等动物的应用还存在标准化动物和非标动物并存的情况,在一些地区已经确立了实验用猪的地方标准,实验用猫目前还没有标准。

(二) 性别、年龄、体重的匹配要求

1. 性别匹配 选用和目标动物相同的性别,即性别一致,是性别匹配的基本要求。计划生育研究中,通常能够明确该研究针对男性或者女性,从而选择相应性别的动物;肿瘤研究中,子宫内膜癌、卵巢癌等必定采用雌性动物。但多数研究的目标动物包括两性,此时需要根据实验反应的性别差异和研究的具体情况决定使用何种性别的实验动物。

当已知处理效应无性别差异而研究对性别要求又没有明确规定时,通常优先选用雄性动物,这是考虑到雌性动物在性周期不同阶段,以及妊娠、授乳等特殊生理状态下的机体反应性有较大改变,可能干扰研究;当实验反应的性别差异仅体现在量的方面,如骨髓微核试验中雄性小鼠比雌性小鼠对诱导微核更敏感,则使用雄性,而如果已知性别导致实验反应有质的差别,则应同时采用两种性别;如需发现和分别确定实验刺激对两种性别的不同作用,如不同的 LD_{50},通常应同时使用两种性别动物且数量相等;如果已知某个性别的特殊反应对研究可能造成干扰时,就应回避这个性别,例如对动物神经内分泌的研究需要避免雌性动物性周期导致的激素水平波动,可以仅用雄性动物进行研究。

2. 年龄匹配 研究中,使用和目标动物一致的年龄以获得最可靠的结果。当一项研究的预期外推对象没有特定年龄规定时,如多数药物都可针对各个年龄的人群,则使用性成熟的青壮年动物,实践证明如此选择能够满足大多数研究的需求。对于研究周期较长的实验,可适当使用幼龄动物,以确保观察到实验的终点。

年龄匹配的依据在于,不同年龄个体的生物学差异不仅体现在解剖生理特征上,如外观、解剖结构、腺体重量等,也体现在各种生物学功能上,如生长速度、发育水平、成熟度、脏器功能和衰老程度等,并由此导致对同一实验刺激的不同反应。幼龄动物解毒系统多发育不完全,如>2周龄的家兔肝脏才具备解毒功能,并且在4周龄后才能达到成年兔水平,而大鼠的葡萄糖醛酸转移酶约在出生后30天达到成年大鼠水平,老龄动物解毒功能则发生退化,因此不同年龄对毒物的敏感性一般顺序是幼年>老年>成年,大鼠或小鼠对乙烷、汽油、二氯乙烷的敏感性从大到小的顺序均为幼年>老年>成年。

由于不同种属的动物有着不同的寿命和发育特点,在不同种属间的"年龄一致"是指两者间的年龄对应,即生物学时间上的"同步",而非天文学时间上的"相等"。如小鼠的一般寿命为2.5年,人类的寿命约70年,那么1只2岁多小鼠对实验的反应可能是1个70岁的人类才会发生的。由于不同种属在生命各个阶段发育速度不一致,也不能简单地将两种动物按寿命进行等距对应以推算"一致"的年龄,否则,按照16岁的犬相当于80岁的人来推论,就会出现1岁的犬相当于5岁的人的结论,事实上1岁的犬对应15岁的人类。所以除了寿命之外,年龄对应还必须考虑不同种属的年龄阶段对应,实质上是动物在各个年龄阶段的生长发育特点对应(图7-1)。

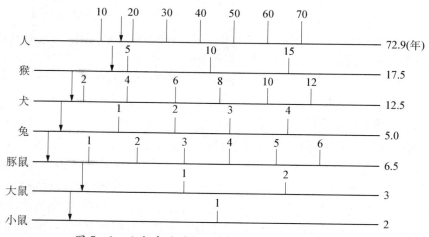

图7-1 人与实验动物的年龄和生命周期对应关系

注:↓表示动物的成年时间。

3. 体重选择 本质上是年龄选择。体重是一个与年龄有一定相关性的生物量。要获得实验动物的确切年龄,必须准确记录每个动物的出生日期,这在规模化生产的实验动物尤其是大鼠、小鼠、地鼠等小动物中是不现实的,但在特定情况下可以通过动物的体重推算其年龄,从而简化年龄匹配。

由于遗传因素确定后,体重和年龄的对应关系主要受到营养状况和饲养条件的影响,而标准化的实验动物具有较为均一的遗传背景、标准化的营养控制和饲养条件,其体重和年龄间的对应关系较为恒定,尤其在对数生长期具有良好的对应,因此可以根据每个品种、品系的生长曲线,将年龄选择转换为较为简单的体重选择。但对于出生日期不详、遗传背景不清、饲养条件不统一的动物则不能作同样转换。

此外,同一实验中,动物的体重应尽可能一致,体重的组内差异通常<10%。

(三) 动物的净化等级和状态匹配要求

1. 生物学净化等级的匹配　不同的生物学净化等级意味着不同的微生物学和寄生虫学背景,净化等级越高,则相应的背景干扰越小,对于标准化的实验动物,可以通过选择生物学净化等级来限定实验动物的微生物学、寄生虫学背景,从而满足实验研究的相关需求。根据我国实验动物国家标准(GB 14922.1 - 2011,GB 14922.2 - 2001),将实验动物按生物学净化程度分为普通级动物、清洁级动物、无特定病原体(SPF)动物、无菌动物 4 个级别。其中,清洁动物是根据我国国情而建立的一个级别。在其他一些国家,则分为普通级动物、SPF 动物、悉生动物和无菌动物 4 个等级,其 SPF 动物应排除的微生物和寄生虫与我国的清洁级动物和 SPF 动物均不同,从控制的严格程度而言,介于我国的清洁级动物和 SPF 动物之间。

对净化等级的选择应当从实验目的出发,而非越高越好,因为许多微生物和机体存在共生关系,是机体维持健康和正常功能所必需的。在我国,目前无特定病原体(SPF)动物和清洁动物是最常用的 2 个等级。SPF 动物由于排除了人兽共患病、动物烈性传染病、隐性感染和潜伏感染、条件致病的病原而被称为"真正的健康无病模型",适用于大多数科学研究。在中期或长期的研究、一些免疫学研究,以及生物制品的生产和器官移植中,使用 SPF 动物可避免大部分条件致病病原感染以及隐性感染、潜伏感染的干扰;清洁级动物也被称作"无疾病症状的模型",短期的、对动物携带微生物和寄生虫要求不严格的实验可以使用清洁级动物;普通级动物通常不用于正式的科学研究,而用于教学示范和预试。无菌动物和悉生动物则是一类超常的生态模型,仅用于确实有必要排除一切微生物的研究,以及在此基础上研究单一菌种对生物体的作用,或两种菌种在体内的相互作用等。

2. 生理状态的匹配　对于生理状态的匹配采用等同原则,即根据研究所针对的生理状态选择具有相同状态的动物。实验动物特殊生理状态主要是指妊娠、授乳等,处于特殊生理状态中的动物各项功能和反应都与常态动物有很大差别。因此,研究中如没有明确规定,应使用未曾交配的性成熟动物,避免特殊生理状态的干扰。

3. 对健康状况的要求　健康是一切研究中使用动物的基本质量要求。对于常态动物,要求是健康无病;对于疾病模型,要求除了特定疾病的症状、体征外,其他方面均应该是正常的。对于标准化的实验动物,健康即质量"合格"。标准化的动物可能因为不当的饲育管理操作和突发事件而产生种种健康问题,如感染疾病、发育缓慢、肥胖、精神障碍等,导致质量下降,成为不合格的标准化实验动物,这些健康问题将增加研究的背景性干扰。对于非标准化的动物，由于不明确其遗传组成和携带病原微生物的状况，需要通过外观和一系列检查诊断来判断动物的健康状况才能作出选择，为此需要在研究前进行相应的检疫、观察和临床诊断。

4. 对机体应激水平的要求　机体应激水平是基于实验动物遗传学质量、微生物和寄生虫学质量、营养学和饲料质量、环境质量基础上的第五大实验动物质量要素。应激反应使机体稳态出现波动，稳态失衡则降低动物的健康水平。使用标准化或非标准化的动物都存在应激干扰，在研究开始前，必须确保动物的"应激本底"尽可能低，为此需要了解动物在实验开展之前的应激经历，包括运输、换笼、混群、分组、饲育环境和操作人员的变更等，评估动物在这些事件中的应激程度，预测动物的恢复时间，并筛除机体应激水平过高或者不容易恢复的动物，这些动物很可能在研究过程中表现出对实验操作的异常敏感而干扰研究。

三、实验环境和饲养条件的匹配

实验中动物的生活环境完全由人类控制，实验环境和饲养条件不仅是动物实验过程中动物赖以生存的要素，也是人类控制研究质量的关键。实验结果，即动物对实验处理的反应在遗传性决定之后，主要受到环境因素的影响，且在数量性状上受环境的影响很大，环境标准化是动物实验标准化的重要内容，为此实验环境和饲养条件必须与实验目的，以及动物正确匹配。

（一）实验环境

我国实验动物国家标准中，将动物实验设施的环境分为普通环境、屏障环境、隔离环境3类，不同的环境对应不同净化等级实验动物的饲养和实验观察（表7-7）。

表7-7　不同环境类型和动物净化等级的匹配

环境类型	对应动物等级	推荐饲养目的
普通环境	普通级动物	普通级动物繁殖和实验
屏障环境	清洁级动物，无特定病原体（SPF）动物	清洁级动物繁殖和实验，无特定病原体（SPF）动物大群繁殖和实验
隔离环境	无特定病原体（SPF）动物，悉生动物，无菌动物	无特定病原体（SPF）动物保种，悉生动物和无菌动物的保种、繁殖与实验

高净化等级的动物不能在"低等级"的环境内进行实验待养，如清洁动物不能饲养在普通环境中，悉生动物不能饲养在屏障环境和普通环境中，否则该动物将被视作自动降级至该环境中的最低等级，如无特定病原体动物饲养于普通环境中，就应算普通动物。降级不仅导致培育高等级动物所耗资源的浪费，违背实验动物使用的"经济准则"，而且由于低等级的环境中存在更多致病微生物，高净化等级的动物往往缺乏对其的免疫力而更容易感染发病，引起生物安全问题。但进行短期的、急性的、无须动物存活的实验时，由于在较低等级环境中短暂停留一般不会对实验造成明显干扰，也不会给动物的健康和福利带来显著影响和严重后遗症，则可以在较低等的环境中开展高等级动物的实验，其有利之处是

节约开支和能源并适度简化工作。

净化等级较低的动物可以饲养在较高等级的环境中,但其净化等级不会随环境类型而改变,普通动物饲养在隔离环境中仍旧是普通动物,这样做会提高实验成本并且造成资源浪费,同样违背实验动物使用的"经济准则",如无特别需要一般不提倡。

屏障环境和隔离环境都可用于无特定病原体动物的实验,一般的实验可以在屏障环境中开展,研究中需要保种或对环境中微生物控制极其严格,如要求达到无菌水平,应选择隔离环境。

屏障环境和隔离环境都对应一种以上动物净化等级,但隔离环境是由彼此独立的隔离装置实现的,每个隔离装置内仅容纳一种等级的动物,而屏障环境却是由配置各种屏障的建筑设施实现,仅仅采用"相互独立的房间"无法避免空气和物品的交叉污染,因此在屏障设施内应只饲养清洁级动物或者 SPF 动物,如果必须将两种级别的动物同时饲养在一个设施内,则必须应用更有效的物理屏蔽如具有独立通风系统的饲养观察设备,以及采取可防交叉污染的措施分别供应两种级别动物饲养和实验所需物品,如饲料、垫料、饮水等,确保 SPF 动物的生活环境及其接触到的一切物品不会受到清洁级动物的影响,否则和清洁级动物共同饲养在屏障设施内的 SPF 动物只能降级作为清洁级动物使用。

(二)饲养条件

在动物实验中,对动物进行直接操作的时间很少,大多数时间用来作实验观察,饲养条件作为实验处理以外的因素极大影响着实验中动物的生存质量和福利状况。有些实验对饲养条件有着特殊要求,如限量采食、单笼饲养等。一般情况下,应参照有关国家标准和不同动物的饲养规范,根据动物福利的原则匹配饲养条件。主要包括:笼具、垫料和饲养方式,饲养密度和社会环境,饲料、饮水和饲喂方式。

1. **笼具**　笼具的匹配包括笼具选择和使用。笼具主要是根据不同动物的行为习性、生活习惯设计的,体现在高度、宽度、深度、配件等要素上,应使用和动物种类匹配的标准化笼具,如小鼠笼、犬笼等,匹配不恰当可能造成动物行动受限、身体损伤、死亡或逃逸。笼具的材质应便于实验观察和操作,如透明的 PVC 笼盒很容易从外部观察动物状况而不会惊扰动物;同时考虑外界环境对笼内环境的影响,如金属栅栏笼也很容易观察动物,但其内部环境如温度、光照、通风都容易受到笼外环境的影响。笼具的底部大致有实地和网底两种形式,前者便于动物行走、趴伏,有利于笼内的保温,不过需要使用垫料;后者可容动物排泄物自然落下,无需垫料,但容易导致动物足部劳损等问题,局部保温性能也较差。通常实验采用实地笼,但当实验需要观察动物排泄物或阴栓之类的实验指标,或需要排除垫料粉尘对呼吸道的潜在影响、垫料或者粪便被动物采食的可能等,网底笼是更合适的选择。托盘式网底笼采用可单独取出的托盘接纳动物的排泄物,但积聚的排泄物会使空气中臭气物质浓度以及湿度增高,为此可以在托盘中放入吸附性较好的垫料。冲水式的网底笼下有可冲洗的水槽,能够及时除去动物的排泄物,由于用水量大,且会造成较高的相对湿度,通常用于普通级动物的实验中。选择普通笼具还是净化笼具应结合实验环境的要求,如需防范空气的交叉污染时,可采用净化笼具。代谢笼是专门用于观察测定动物代谢状况的笼具,设计上更多考虑实验观察和样品收集的需求,不宜用作常规饲养。笼具需要进行正确的装配，避免笼盒笼盖和配件"张冠李戴"影响使用效果，定期清洗和灭菌是笼具使用的基本要求，高压蒸汽灭菌是最理想的灭菌方式，不耐高温的笼具可采取消毒液浸泡等措施。

2. **垫料**　在选择垫料时，要考虑是否使用垫料，垫料的种类，垫料的灭菌。用于各类笼具的垫料可根据材质和大小进行分类分级，各种材质和规格都有不同特性，如对臭气的吸附性能、吸湿性能、保温性能、柔软度、黏附性、结团性、动物喜好度等。目前国内最常用的是木质刨花垫料，其具有优良的吸湿保温和吸附性能，并且比较柔软蓬松，适合动物钻越，选用适当的形状和规格则不容易黏附在动物眼睛、生殖器外周等体表部位，但木质刨花容易产生粉尘，可能干扰呼吸道相关研究，使用前应除尘。此外，需要注意木质刨花材质的安全性，芳香性软质木料如红松、白松、红杉等来源的垫料可释放挥发性碳氢化合物，干扰肝微粒体酶系并具有其他毒性，对药代、毒代动力学研究有明显干扰，还可能影响动物繁殖，应避免使用。玉米芯垫料解决了粉尘问题，目前较多用于独立通风净化笼具，但其吸附性能、吸湿性能、保温性能，以及价格因素制约了大量推广。其他用于笼具的垫料材质还有纸质的、蒲草的，等等。干草是常用于圈舍的垫料，一般不需另外加工。垫料都应消毒、灭菌后提供给动物，以去除其中混杂的寄生虫、野生动物排泄物等有毒有害因素，一般采用预真空的高压蒸汽灭菌，商品化的灭菌垫料有高压灭菌和辐射灭菌的，可直接使用，适合缺乏相应灭菌条件的实验室。

3. **饲养方式**　实验动物饲养方式有笼养和圈养，绝大多数实验都采用笼养方式，猪和羊有时会圈养。由于受到笼子大小的限制，体型中等或较大的实验动物笼养时活动空间狭小，其运动量减少，当实验周期较长时需要适当给予笼外运动的机会，如笼养的犬可安排每天定时出笼活动。

4. **饲养密度**　根据最小饲养单元（笼、圈、室）中的动物数量可将饲养密度分为单独饲养、成对饲养和群饲（>3 只），确定饲养密度需要考虑笼具或圈舍的大小、实验分组、动物的群居特性、实验观察要求等。多数实验动物都是群居动物，3～5 只的群饲是最常用的饲养密度。确定每笼或每圈内饲养动物数的主要依据是确保动物最小生活空间，可以参考国家标准以及笼具生产商提供的建议饲养数量。单独饲养是一种比较特殊的饲养密度，严格的单独饲养应是动物处于无法与其他动物交流的状态，常在需要排除动物相互干扰的研究中使用，如一些手术后的观察等，有的动物如小鼠具有较强的群居需求，较长时间单独饲养容易导致精神异常。相比之下，大鼠较能耐受单独饲养，但也会出现更加警觉的表现，对雌性大鼠通常推荐采用群养方式。猫是个例外，由于猫的独立性很强，一般都采用单独饲养。成对饲养适应以 1∶1 进行繁殖实验的研究需要，一般情况下不考虑。

5. **社会环境**　饲养密度和动物所处社会环境具有密切联系。成对饲养或群饲时，大多数啮齿类、犬及猴等都能迅速形成一定的社会等级，由于社会地位和关系会对动物的身心带来特定影响，由此造成群体中每个动物在行为和实验反应中的一定差异。同性别动物成对饲养时，其中一只动物处于主导或优势地位，而另一只则处于从属或劣势地位，有时容易引发动物的争斗或导致两者反应差异增加。群居动物的单独饲养可能造成生长发育和心理等方面的问题。在动物实验中，社会环境是一种较隐蔽的干扰因素，研究中应尽可能为动物提供与其天性相符的社会环境。

6. 饲料种类和给饲器具 采用天然原料加工而成的各种动物全价营养颗粒饲料是动物实验中的最佳选择,从营养学角度,标准化的全价营养配合饲料具有全面均衡的营养成分,如豚鼠和兔的饲料中含有较高比例的粗纤维,适应其草食动物的生理需求;从物理性状角度,其具有良好的适口性以及符合动物采食习惯的形状,如大鼠、小鼠的饲料具有适合其啃咬的硬度和颗粒形状,颗粒饲料也便于储存和饲喂并能防止动物挑食。

目前,大鼠、小鼠、豚鼠、地鼠、兔、犬和猴的配合饲料营养成分均可参照国家标准,由于成分和卫生状况难以控制,不提倡自制饲料用于实验期间动物的常规饲养。大鼠和小鼠的全价营养颗粒饲料商品化生产供应已很成熟,犬也有商品化的全价颗粒饲料,豚鼠、地鼠和兔在使用商品化颗粒饲料同时,通常需要补充新鲜的青绿饲料以维持健康,猴需要在饲料之外补充水果、果汁等。新鲜的青绿饲料、水果可以提供丰富的维生素 C 和纤维素,从而满足动物对营养素的特殊需求(如猴、豚鼠需要额外补充维生素 C),以及完成动物在摄食中的天性如咀嚼。实验用猪和羊尚无饲料标准,可以参考养殖业的要求。猫的实验动物化程度较差,为便于实验中的饲料品质控制,可使用各品牌市售猫粮,但不宜经常更换品牌和种类。

清洁级以上动物应使用灭菌饲料。目前,商品化的实验动物饲料按灭菌处理分为高温灭菌和辐射灭菌两种,前者饲喂前需进行预真空高压蒸汽灭菌,后者已经过辐射灭菌可直接饲喂,因此更适合缺乏高温高压灭菌条件的实验室。如实验需要自行配制饲料时,也应注意饲料的清洁卫生与动物等级和实验环境匹配。

颗粒饲料通常采用和笼具配套的饲料槽供给,有的与笼盖联成一体,犬和猫常用饲料盆。对容器的要求是能防饲料被动物污染或浪费。需要精确控制营养成分的实验中可用经提纯精炼的原料,或直接使用纯净化合物配制饲料,通常配制成液体饲料、凝胶饲料或者粉状饲料,并使用适合其物理性状的特殊给饲器具。

7. 饮水种类和给水器具 普通动物可直接供给清洁的自来水,清洁级以上动物则需供给灭菌的清洁自来水或者纯化水,pH 值 3.0～3.5 的酸化水可用于清洁级以上动物,但可能干扰动物的生理生化测定结果。

实验动物常用的给水器具主要包括水瓶、水盆、管道供水系统。对给水器具的要求包括能够保持饮水的清洁,便于观察水量的消耗,无泄漏或泼洒,便于清洁消毒又不易破损等。带吸管(水嘴)的透明塑料水瓶适合大多数实验,此种水瓶可用于全部种类的饮水,并且动物很容易学会从水嘴中吮吸,但需要选择合适的大小(容量)。水瓶的容量以一次灌装(4/5 瓶)能满足动物 3 天左右的饮水需求为宜,这是基于水瓶更换工作量以及瓶内水质变化而确定的,大鼠、小鼠的水瓶常采用 250 ml 和 500 ml 的规格,许多笼器具配备专门匹配的水瓶简化了对水瓶的选择。灭菌自来水通常连水带瓶一起灭菌(灌装后灭菌)使用,无需灭菌的自来水和纯化水可在清洗消毒后的空水瓶中灌装后直接供给动物饮用。管道式供水需要建立专门的供水系统,目前多用于纯化水,将饮水通过管道直接接入动物笼舍,可免去换水以及对容器的清洗消毒灭菌等工作,在饮水头安装水量监控装置还可监测动物的饮水量。水盆中的水容易受到外界环境的污染,也容易泼洒,正逐渐被淘汰,可用于无法通过吮吸饮水的动物。

8. 饲喂方式 饲喂方式的选择需要兼顾动物的采食习惯和实验的规定。饮水的供给通常没有时间和量的限制,应随时向动物提供充足的饮水。在饲料的给予中,无特别规定时,大鼠、小鼠、豚鼠、地鼠都采用不定量、不限时的自由采食,一次性给予动物可维持2～3天的饲料和饮水并每天观察、添加或更换即可。兔、犬、猫一般采用定时定量的饲喂方式。

(三)日常管理和护理

1. 动物接收和验收　接收和验收外来动物进入实验室,是动物实验正式开始后的第一个步骤。无论是从其他设施运来的动物,还是从本设施其他饲养室转移过来的动物,都需要执行接收和验收程序,其目的是"验明正身",包括对动物种系、数量、性别、规格(年龄/体重)、净化等级等信息的核对,并对动物的包装进行检查,确认其与动物净化等级匹配且无破损和其他可疑之处。接收和验收必须在动物抵达后的第一时间进行,因为在将动物从一处设施转运至另一处设施时,动物暂时处于不利的生活环境中,包括运输笼箱的新异环境、断水断食、通风换气效率低等。在这样环境中所处的时间越长,动物健康所受的影响越大,对实验研究的潜在干扰也越大。由于强烈的应激效应,一些动物甚至可能在运输途中或到达实验室等待接收的期间死亡。对于需要饲养在屏障环境中的动物,应在将动物连同包装一起送入屏障设施后,才能开启包装查看动物。

2. 检疫、观察和适应　任何来源的实验动物,在通过验收进入实验室后都不能立即开展实验研究,而必须经过一定期限的检疫或者健康观察,以及适应性饲养,这是为了消除动物的运输应激,帮助动物适应实验室环境,并且及时发现动物潜在的疾病和其他健康问题。为防范疾病的传播,检疫、观察和适应需要在专门的隔离区域内开展。清洁级以上的标准化实验动物具有清晰的微生物学背景,通常无须检疫,而采用3～14天的健康观察,可以针对应激状态适时采用各类干预措施。对普通级的标准化实验动物和来源于养殖场的动物,如犬、猴、猪、羊等,需要隔离检疫,了解其免疫接种的情况,并进行必要的临床检验和免疫。野外捕获的动物如猴、猫等,由于无从获知其微生物学背景,应进行严格的临床检验和免疫接种,发现人兽共患病或动物传染病应立即淘汰。检疫和健康观察同时也是适应的过程,因此需要为动物提供近似于实验环境的生活环境和日常照料。

3. 饲喂操作　饲料和水的给予是实验中最频繁的动物日常管理,除了遵照既定的饲喂方式外,还需注意如下细节:①为了能给动物提供适量饮水和饲料,宜在实验前粗略测定最小饲养单元(如每笼)的饲料和饮水消耗量,结合动物每天消耗量的参考数据确定实验中给饲的量。②采用颗粒饲料自由采食时,一次给予的饲料量不宜超过动物3天的摄食量,并应每天观察饲料消耗情况是否正常,饲料有否污染变质,3天后将剩余饲料全部撤除,重新给予新鲜的饲料。③颗粒饲料定时定量饲喂时,一次给予的饲料量以动物能够全部吃完为宜。④采用饮水瓶供水时,灌装量通常为容量的2/3～4/5,每天都应观察饮水消耗情况是否正常,饮水有无污染或变质,并在余水量达到容量1/5～1/3时更换水瓶,不得往原水瓶中续水。此外,为了确保水质新鲜,至少每3天应连瓶更换新鲜的水。⑤应经常检查水瓶和管道供水的水嘴出水情况,及时纠正漏水和堵塞现象。

4. 笼具、笼舍的卫生　实验中应根据动物排泄物数量定期清理笼舍、更换垫料、清洗和消毒笼具,为动物提供清洁卫生的小环境。小动物在采用垫料的笼养方式下,应定期全部更换笼具和垫料,而不采用单独更换垫料的方式,更换的频度视垫料被排泄物污染的程度而定,通常饲养密度较小时垫料可维持较长时间,但如糖尿病动物模型等特殊的动物由于排泄量大,需要缩短更换间隔,有时甚至2~3天就必须更换。频繁地更换垫料和笼具对动物的应激会在一定程度上干扰实验观察,应根据研究的需要和动物实际情况确定更换频度,对笼舍的打扫也是如此。给饲容器、给水容器都应定期清洗和消毒灭菌,屏障设施和隔离设施中有关笼器具都是集中清洗和灭菌,动物饮水的管道系统则定期消毒并监测水质。开放设施中可以在每次使用后清洗并消毒,水瓶、水盆等用消毒液浸泡后以清水除去残留消毒液可直接使用,盛放饲料的容器则应晾干后使用。

四、动物实验设计

实验设计是动物实验的灵魂,良好的设计能确保动物真实反映实验处理的效应,而将非处理因素的干扰降至最低。实验方法和技术决定了实验处理因素,是动物实验设计的精髓。动物实验设计应确立明确的研究目标,并在对研究内容和实验动物基础知识融会贯通的前提下进行,还须掌握必要的统计学原理。

(一)设计原则

1. 对照性原则　在实验中应设立可与实验组比较用以消除各种非处理因素影响的对照组,对照组和实验组有着同等重要的意义,没有对照的实验结果是缺乏说服力的。设立对照的正确方法是把研究对象随机分配到对照组和实验组。

2. 一致性原则　实验中,实验组和对照组的非处理因素应保证一致,这是处理因素具有可比性的基础。非处理因素存在于动物、仪器、试剂、操作人员、环境等各个方面,可以通过设计消除干扰因素或控制干扰因素趋于一致。

3. 重复性原则　同一处理(一组)应设置多个样本例数,使用足够的样本数观察处理因素的效应能否在同一个体或不同个体中稳定地重复出来。重复的主要作用是估计实验误差,提高实验结果的真实性和可靠性。虽然样本数越大越能够真实反映整体的状况,但实际的研究不允许无限扩大样本含量,运用统计学方法,可以确定获得理想统计效率的最小样本,从而既能够降低实验误差,又有利于控制实验成本。不同组的样本数可以相等或不等,样本数相等时,统计检验效率最高。动物实验中参考样本数见表7-8。

表7-8　动物实验的参考样本数

实验动物	每组样本数	
	计量资料(≥)	计数资料(≥)
小鼠、大鼠、蛙、鱼	10	30
豚鼠、家兔	8	20
犬、猫、猪、羊	6	20

4. 随机性原则　实验分组应按照机遇均等的原则进行,其目的是降低主观因素和其他偏性因素造成的实验误差。随机分组最好的方法是借助随机数字,可参照随机数字表,或通过电子计算器、计算机产生随机数字,也可采用编号卡片抽签法等。

5. 客观性原则 确定实验观察指标时,应尽量选择客观性指标,少用带有主观成分的指标,定量指标比定性指标更客观,也更精确和灵敏,主观性指标容易受到判断人员经验、意愿和生理因素等的干扰。分析实验结果时,必须采用科学的方法筛选数据、推理结果,而不能以主观意愿随意取舍数据、改动结果。

(二)设计方法

实验处理因素是决定设计方法的关键,是指为研究目的而施加给动物的外部措施和物质,对单因素实验(一种处理因素)和多因素实验(≥2 种的处理因素)需要采用不同的实验设计,当一种处理因素包含多个水平或等级时,如一种药物的不同浓度给药,相应地也有不同实验设计。

1. 自身对照设计 是指在同一动物身上观察实验处理前后某个观察指标的变化,或观察接受处理与不接受处理的相关部位组织的不同变化的设计,前一种情况如观察动物用药前后的变化;后一种情况如使动物一侧肢体实验性骨折,另一侧正常肢体作为对照。该设计有利于消除动物个体间的差异,但不适用于在同一个体上反复多次进行实验和观察的情况,是单因素实验的一个特例。

2. 配对设计 在实验前将动物按性别、体重或其他有关因素加以配对,以各因素基本相同的 2 个动物为一对,然后将这对动物随机分配于两组中,这样的设计可减少个体差异,同窝动物或者一卵双生动物往往用于配对设计,适用于仅有 2 个组(其中 1 个是对照组)的单因素动物实验。

3. 随机区组设计 是配对设计的扩大,又称配伍设计。将全部动物按体重、性别及其他有关因素分成若干组,每组中动物的体质条件相似,数量则与拟划分的组数相等,称为一个区组,然后将每个区组中的每只动物随机分配到各个实验组或对照组,这种设计可以减少个体差异,并适用于有多个组的动物实验。

4. 完全随机设计 是将每个动物随机分配到各组,完全随机设计的操作和统计都较简单,但在样本数较少时难以保证组间的一致性。

5. 多因素实验设计 同时分析多种因素的效应,需要采用行列表设计、正交设计等较为复杂的设计方法。

(三)统计方法

实验结果通常必须经过适当的统计学处理才能显示其意义,针对不同的实验设计和研究所获资料性质,需采用不同的统计学处理方法。

根据观察指标的性质,动物实验结果既有定量资料也有定性资料,前者包括计数资料和计量资料;后者为质量性状资料。计数资料如产仔数、成活数、死亡数等;计量资料如体重、心率、血清激素浓度等;质量性状资料又称属性性状资料,是指能观察到而不能直接测量的性状资料,如毛色、性别、生死、精神状态、活动性能等。

1. 整理原始资料 是指统计学处理的第一步,包括对动物实验结果的检查核对、缺项与差错处理和资料分类。动物实验中,并非所有的原始资料都可用于最终的统计分析。对于明显差错尤其是人为差错的资料应予以纠正,无法纠正时必须剔除;缺项资料如缺少的是统计分析必需的信息必须剔除,或在实验条件控制较严格的小规模实验中,采用相应的统计技术对个别缺项求出估计值;对于不太明显的非人为差错或可疑值应借助统计学技术决定取舍。质量性状资料在统计前应先进行数量化,可采用统计次数法和评分法将其转换为可用于进一步统计分析的形式。

2. 统计描述　采用何种统计描述由实验资料的性质和分布特点决定,常用的有算数平均数±标准差、中位数、率、构成比等。

3. 数据分析　对动物实验结果的分析主要是比较实验处理组和对照组之间是否存在由实验处理引起的差异,通常以有无"统计学意义"来判断,统计检验的目的就是判断两组的差异是否具有统计学意义。t检验和方差分析是最常用的参数检验方法,仅对两组资料进行比较时,根据实验设计选择完全随机或者配对 t 检验,多组比较时采用方差分析,在方差分析的基础上还采用相应的方法进行多组间两两比较。卡方检验、四格表检验等常用于非参数检验。

4. 统计推断　是指根据统计检验的结果对实验结果进行统计学角度的解释,而不是对实验结果的全部意义进行判断。一些在统计学上有意义的差异可能在生物学上无意义,而没有统计学意义的组间差异却可能有生物学上的显著意义,后者常表述为具有某种"趋势"。因此,统计推断只是实验结果推断的一部分。

（四）对照的设置

对照组是进行统计检验的"基准",是否正确设置对照组在很大程度上决定了对实验结果的科学解释。

1. 空白对照　对照组不给予任何实验处理因素,其状况反映了实验动物的"本底"。空白对照组是确定许多观察指标基准值的重要依据,如血糖、血浆总蛋白等血液生化指标。对于一些与时间有关的自发生理改变,如实验期间体重的增长、白细胞数在一天内规律性的波动等,空白对照提供的信息在正确鉴别实验处理效应时非常重要。自身对照设计中,处理前的个体或者未接受处理的观察部位也可看作空白对照。

2. 实验对照　对照组不给予实验处理,但给予和实验处理相同的条件,如假手术对照使动物经历和实验处理组完全相同的手术过程,包括麻醉、打开体腔、缝合等,但不进行结扎、切除、埋植等实验操作,用以鉴别处理条件(手术过程)对处理效应的干扰。随着对动物应激生物学的深入认识,一些以往被认为"刺激性很小或无"的常规实验操作如灌胃、注射、短时保定对动物正常生理状态的影响也逐渐被发现,因此需要通过设立相应的实验对照来鉴别操作过程对实验处理效应的干扰。

3. 标准对照　采用现有的标准方法或已知确切效果的常规方法作为对照,分为阴性对照(阴性结果)和阳性对照(阳性结果)。在新药的药效学研究中,往往采用已知确切疗效的药物或能引起标准反应的物质作为阳性对照,采用确定无效的物质或药物作为阴性对照,通过比较了解新药的疗效和特点。

4. 溶媒对照　当给予动物的受试物质含有可能对动物产生影响的溶媒时,应设不含受试物质的溶媒对照,以鉴别溶媒的潜在效应。

5. 历史对照和正常值对照　以本实验室或其他实验室过去的研究结果为对照,或以获得公认、被公布为"正常值"的结果作为对照,可以节省对照动物,但必须十分谨慎,由于不同实验室的研究条件不同，以其他实验室的结果作为对照的可靠性很低，即便是自己实验室以往的研究结果，也可能因为和当前实验的条件有所差别而降低参考价值，这些条件包括从动物到试剂、设备、人员、气候、时间等一系列因素。已公布的实验动物"正常值"如没有注明测定的各项条件如方法、试剂、动物等，则几乎没有可比性，由于目前大多数实验动物"正常值"范围都很宽而注释不详，参考价值通常都很低。

（五）实验类型

急性实验和慢性实验是两种完全不同而互为补充的实验类型。急性实验用时短，对实验中各种因素较易从质和量两方面实现控制，人力物力耗费少，成本较低，但动物处于失常的生理状态，其反应不能说明在生理条件下的功能与活动规律。慢性实验中动物处于比较接近正常的生活状态，能够保持机体与外界环境的统一性，不过费时费力成本较高，而且对实验因素的控制难度也较大。采用急性实验还是慢性实验，应根据具体的实验要求来确定。

（六）预实验

预实验是指在正式实验前开展的初步实验，其目的是检查各项准备工作是否完善，验证实验方法和步骤是否可行，测试实验指标是否稳定可靠，初步了解实验结果和预期结果间的差距，从而为正式实验提供补充、修正的经验和线索。预实验使用的动物数量可以比正式实验少，但实验方法和观察指标应与正式实验相同。预实验有助于提高正式实验的成功率，减少盲目实验造成的资源浪费，并积累相关经验，是动物实验中不可缺少的重要环节，但预实验的结果不可归入正式实验的最后结果中一并分析。

（七）实验的季节、昼夜和周期

在确定实验开展的季节、昼夜和实验周期时，除了研究本身特点和需求外，动物的生物节律也是需要考虑的重要因素。动物的许多生物学功能随季节、昼夜或其他因素（如节气等）呈现有规律的变化，如巴比妥那对大鼠的麻醉潜伏期和麻醉维持时间在春、秋两季有明显的不同，家兔、犬和小鼠的放射敏感性都随季节而变化，许多基础生理指标如体温、血糖、外周血白细胞数、基础代谢率、神经内分泌等都有明显的昼夜节律，在实验周期跨季度时，或者需要在一天中不同时间进行实验观察和进行指标测定时，均需要鉴别和防止生物节律的干扰作用。

实验周期的确定还和动物寿命有关，由于不同实验动物寿命不同，同样的实验周期在寿命较短的动物和寿命较长的动物中具有不同意义，如进行为期 1 年的长期毒性实验，在大鼠（寿命约 2.5 年）涵盖了一生的大部分生命阶段，但在犬（寿命约 15 年）则只能反映一个特定阶段的情况。

（八）实验技术的选择与优化

动物实验技术决定了对动物的直接操作，研究者依靠这些技术施行实验处理和获取观察指标。根据应用范围可将动物实验技术大致分为两大类，即常规实验技术和特殊实验技术。捕捉、保定、个体标识、一般途径给药（受试物）、常规生物样品采集、处死等是几乎每个动物实验中都会用到的常规实验技术，各种手术、特殊途径的给药和特殊生物样品的采集则属于特殊实验技术范畴。尽管动物实验技术种类繁多，且永远随着研究的需要而发展，但每项技术都有各自的应用目的和范围，这便是技术选择的主要依据。当有多项技术均可以达到同样目的时，必须进一步考虑动物的种属和个体状况，结合实验具体要求和操作人员的实际水平选择最适宜的技术。在此前提下，还应当考虑技术的优化，以便在顺利完成实验研究的基础上，将该操作对动物的损伤和应激降至最低。

实验技术的优化有两层含义：①采用更优化的新技术代替原技术；②改进原有技术使之更有效率、对动物损伤更小。对实验操作人员而言，前者意味着对优化技术的选择，后者则意味着改良应用。新技术的开发和验证由专门的实验室进行并需要大量投入，目前，尽管各类非接触式测定技术的研究如火如荼，但许多尚未能推广，在研究中不得贸然使用缺乏验证或验证不可靠的新技术。对实验技术的改进通常是一些值得推广的个人或实验室经验，如从小鼠尾部进行微量采血时，由于持续时间较短，通常仅对尾部固定便可操作，就不必使用全身固定装置，减轻对小鼠的心理刺激；用软布遮蔽一些动物的眼睛可帮助其在实验操作中保持安静和镇定，从而减少对其躯体的限制。可以将这些改良技术进一步标准化以提高推广利用价值。

五、结果的解释和外推

对动物实验结果的解释和外推是动物实验研究的最后一个环节。动物实验是一种间接测试手段，存在不可避免的局限性，对动物实验结果的解释应当建立在统计推断和该研究的生物学意义基础上，外推则需要正确分析不同实验动物之间，以及实验动物和目标动物之间由于遗传和环境等因素不同所导致的各种差异。

（一）来自种属差异的局限性

由于动物和人类存在着种属差异，有时动物实验并不能使人类预见特定处理的潜在效应，如人类和实验动物对同种药物的敏感性可能存在量甚至质的不同，动物实验无法反映人体用药的效果和毒害作用。曾有人对 19 种人类摄入会致癌的化合物采用大鼠和小鼠进行研究，发现如果采用现行标准用量，则只有 7 种化合物能引起小鼠和大鼠的癌症。酞谷酰胺可引起人的先天性肢体缺损，但除了兔和一些非人灵长类，大多数种类的实验动物都不会发展成如同人那样的肢体缺损。提高心输出量的药物米力农（milrinone）经诱发性心力衰竭大鼠证明可提高其存活率，但对严重慢性心力衰竭的患者却增加了约 30% 的死亡率。实验动物为近现代人类癌症和肿瘤的研究提供了大量线索，但癌症具有明显的种属特异性，对动物实验结果的解释必须结合对癌症患者的临床观察，以及临床实验结果，充分利用来源于患者的线索。

使用不同种属的动物进行同一项研究时，不同种属动物之间的差异可能使实验结果的解释更加困难，1988 年《自然》杂志报道的使用大鼠和小鼠同时测试 214 种化合物致癌性，其反应的一致性仅为 70%，而啮齿类和人类的相关性比大鼠和小鼠之间更低，但使用多个种属研究同一个问题却有利于发现种属差异对研究的潜在误导效应，从而避免单一种属研究结果外推带来的风险，所以在新药安全性评估研究中通常要求同时使用＞2 种且种属差异大的动物。

（二）来自环境差异的局限性

环境因素是决定生物体演出型的另一个关键因素，实验动物的生活环境相对稳定并受到高度的人工控制，人类所面临的环境中不可控因素则比实验动物多得多，随时可能面临巨大的环境变化，人类还具有多样的生活方式和习惯，一名患者的转归情况可能受到不良生活习惯如吸烟、酗酒、过度疲劳或者不良情绪、突发事件的打击等影响，这些都无法在动物实验中逐一复制并一次解决。此外，动物实验中许多没有被鉴别出来的干扰因素（实验误差）也会对结果的分析产生一定程度的混淆甚至误导。

（三）来自实验动物自身的局限性

大多数实验动物无法表达其主观感受，因此无法从动物实验获得类似于患者主诉的资料，一些反映于主观感觉的毒性效应如疼痛、疲乏、头晕、目眩、耳鸣等在动物实验中难以发现。此外，一个实验组群中通常采用规格一致的动物，但将结果外推及人时，人群的健康状况、年龄、种族等却千变万化，这些因素都难以通过动物实验再现，因而也不是动物实验能够解决的问题。

第三节
模式生物与动物模型

模式生物和动物模型是两个经常被混淆的概念，但前者是指某个物种，动物、植物、微生物都可以作为模式生物，小鼠就是一种模式生物，而后者是指运用某种动物建立的实验体系，如 SHR 大鼠就是研究人类原发性高血压的自发性动物模型，给 Wistar 大鼠饲喂高胆固醇饲料可建立诱发性高脂血症的动物模型。

一、模式生物

模式生物是被选定用于揭示普遍生命现象的特定生物物种，通过研究模式生物可以获知生物界的普遍规律。孟德尔在揭示生物界遗传规律时选用豌豆作为实验材料，而摩根选用果蝇作为实验材料，豌豆和果蝇就是研究生物体遗传规律的模式生物。多细胞生物在胚胎期复杂的发育变化和调控一直是困扰研究生物个体发育的科学家们的难题之一，利用处于生物复杂性阶梯较低级位置上的物种，即相对简单的生物来研究发育共同规律，则发育的现象难题可以得到部分解答。19 世纪末、20 世纪初，模式生物在发育生物学的研究中获得了广泛应用，海胆、黑腹果蝇和秀丽线虫等相继成为发育生物学研究的理想材料。模式生物基因组计划是人类基因组计划的必要补充并极大促进后者发展，因为一些与人类基因有相似性，但结构和基因组成都相对简单的生物体是进行人类基因组研究的绝好样本，对这些模式生物的基因组进行分析，可为人类基因组研究提供参照。

目前在人口与健康领域应用最广的模式生物包括噬菌体、大肠埃希菌、酿酒酵母、秀丽隐杆线虫、海胆、果蝇、斑马鱼、爪蟾和小鼠。在植物学研究中比较常用的有拟南芥、水稻等。随着生命科学研究的发展，还将有新的物种被人们用来作为模式生物。能够成为模式生物的物种都必须具备以下基本特点：①有利于回答研究者关注的问题，能够代表生物界的某一大类群；②对人体和环境无害，容易获得并易于在实验室内饲养和繁殖；③世代短、子代多、遗传背景清楚；④容易进行实验操作，并且具有遗传操作的手段和表型分析的方法。

二、动物模型

狭义的"动物模型"通常指"人类疾病动物模型"，即生物医学研究中建立的具有人类疾病模拟表现的整体动物；广义的"动物模型"还包括生物医学动物模型、抗疾病动物模型、其他种类动物疾病模型等，绝大多数也与人类健康与疾病研究有着密切关系。就疾病研究而言，当某种动物的生物学特征和另一种动物的疾病表现相似时，这种动物可以成为研究该疾病的生物医学动物模型（biomedical animal model），如鹿的正常红细胞是镰刀形的，被用于人镰刀形红细胞贫血的研究；当某种动物具有对特定疾病的天然抵抗力时，可作为抗疾病动物模型（negative animal model），如东方田鼠不会感染血吸虫病，因而用于血吸虫感染和抗病机制的研究；当动物经过人工培育或者由于人为致病手段而患上与人类相似的疾病或表现相似的疾病症状，并且该疾病或症状可控，就成为人类疾病动物模型（animal model of human diseases）。目前，已经建立了数万种人类疾病动物模型，仅小鼠就有近万个表现型明确的模型。

动物模型必须是整体动物，虽然离体的器官、组织、细胞、细胞株等有时也被称作某种研究的"模型"，但并不具备完整生命体的特征，不属于动物模型的范畴；数学模型最终可能模拟整体生命的全部功能与特性，但本身属于非生命的研究系统。动物模型还必须具备适用于人类疾病研究的特点，如疾病特征与人类高度相似等。

三、模式生物和动物模型的联系与区别

模式生物和动物模型的应用方向不同。模式生物用于揭示具有普遍规律的生命现象，是遗传学、发育生物学等研究中广泛使用的策略，哺乳类实验动物是模式生物的组成部分之一；动物模型用于探索人类疾病发生、发展规律，寻求预防、诊断、治疗的方法、技术和药物。在解答各种医学问题和开展生物学评估中，疾病动物模型和健康动物模型（健康无病的实验动物）作为特定的研究模式和实验系统有助于突破研究条件的局限，成为重要的研究手段和工具，绝大多数动物模型都采用哺乳类动物建立。

模式生物和动物模型对于所用动物的要求不同。用于制备模型的实验动物须具备模式生物的基本特点，如世代短、遗传背景清楚、易于操作和人工繁殖、能够为研究者提供有关问题的答案等。但目前的常用实验动物中，仅小鼠成为广泛使用的模式生物，大多数实验动物都没有成为模式生物，因为模式生物研究策略的成功基础是各种生物物种在进化中所保留的具有高度保守性的生命活动基本方式，就此而言，进化上较低、结构和功能较简单的物种更具优势，而小鼠已经是当前模式生物中进化程度最高的生物。

无论是自发性还是诱发性动物模型，本质上都是人类通过特定手段"制造"出来的，和遗传学、发育生物学等研究领域中应用的自然存在的模式生物有很大不同，其最根本的差别在于，动物模型其实是动物经过一系列致模因素处理所形成的特定研究体系，使用动物模型是现代生物医学研究中极其重要的实验方法和手段，或可比喻为人类疾病研究的一

个"模式"，为了和这个目的相匹配，目前的动物模型主要是哺乳类实验动物，在进化上比绝大多数模式生物更接近人类。

四、人类疾病动物模型的分类

对人类疾病动物模型可以根据不同研究的出发点，从很多角度进行分类。通常采用以下几种分类体系。

（一）按产生的原因分类

1. 自发性动物模型　实验动物未接受任何有意识的人工处理，在常规饲养下发生类似于人类的疾病或表现相关症状、体征，即为自发性动物模型，如自然衰老的小鼠作为自发性衰老模型，正常饲养至15月龄的雌性大鼠作为自发性更年期综合征模型，但不包括在实验动物化过程中由于人工饲养条件和动物自然生活条件的差异所导致的动物疾病和异常。

自然发生的基因突变所引起的异常表现经过遗传育种被保留下来，也是自发性动物模型的一种情况，无胸腺裸鼠、无脾小鼠、肌萎缩症小鼠、肥胖小鼠、癫痫大鼠、高血压大鼠、青光眼兔等都属此类；近交系在培育过程中由于等位基因的纯合而使许多有害基因暴露出来，经过定向培育形成能够表现该基因效应的自发性疾病品系，许多自发性肿瘤模型均来源于此，如近交系大鼠 Lou/CN 为浆细胞瘤高发品系，近交系小鼠 DBA/2 的乳腺癌发病率在雌性为66％，在育成雄性为30％。

自发性动物模型的主要特点是疾病在自然状态下发生，病情发生、发展的经过和人的情况比较接近，在疾病研究中有着很高的应用价值，但其来源受限，难以大量生产和使用。通过大规模筛查发现实验动物的自发病例并加以保存和定向培育，是近年来获得自发性动物模型的主要手段，许多遗传病的动物模型就是通过这种方法建立的。尽管如此，自发性模型培育和维持成本高、种类少，仍是限制其应用的瓶颈。

2. 诱发性动物模型　又称实验性动物模型，是指人为地使用各种致模因素造成动物组织、器官或者全身性的损害，使动物表现出某些和人类疾病特征相似的形态结构和功能上的病变，即人为诱发动物产生类似人类的疾病。

致模因素是指用来诱发动物疾病以建立模型的因素，从性质上可分为3类：物理性、化学性和生物性。有的动物模型仅采用单一致模因素建立，如使用＞55℃的热水制作烫伤动物模型，热水是单一的物理性致模因素；使用毒毛花苷静脉注射制作心律失常动物模型，强心苷类药物毒毛花苷是单一的化学性致模因素；采用病毒接种复制病毒性心肌炎动物模型，病毒是单一的生物性致模因素。也有的模型需要使用复合致模因素来建立，可以是同性质的多种致模因素复合，如烧冲复合伤动物模型采用两种物理制模因素复合造模，先以强光辐射致皮肤烧伤后再给予重度冲击；也可以是不同性质的多种制模因素复合，如急性肾盂肾炎动物模型采用生物因素和物理因素复合，通过向动物膀胱注入大肠埃希菌悬液并适度结扎输尿管，可再现人类的逆行性感染病理生理过程。

与自发性疾病动物模型相比，多数诱发性疾病动物模型更容易获得，其症状也更便于控制，适用于短时内需要大量动物模型的研究，在药理学、毒理学、免疫学、肿瘤学、传染病学等研究领域有着很好的应用,但诱发的疾病与自然产生的疾病间存在差异,包括病因、症状、病情、对药物敏感性等。用于诱发动物疾病的因素可能极少作用于人,因此使病因病机的解释比较困难,诱发的肿瘤和自发肿瘤对药物敏感性存在差异时会影响抗肿瘤药物筛选。

3. **转基因动物模型**　是主要运用转基因技术获得的人类疾病动物模型。转基因动物模型能够自发地表现人类疾病的病理过程和特征并代代相传,但这样的"自发"表现是建立在对其遗传组成人为改造的基础上,这样的动物模型在来源上是自发途径和诱发途径的结合。

通过建立传染性疾病转基因动物模型,可以极大推动对严重危害人类而宿主范围又很窄的病原体的研究。乙型肝炎病毒(HBV)是一种宿主范围很窄的 DNA 病毒,除了人和黑猩猩,绝大多数动物不能感染该病毒,故对乙肝病毒的研究长期以来只能使用土拨鼠、鸭等实验动物化程度很低的动物进行间接研究,而植入乙肝病毒基因组的 HBV 转基因小鼠能够自然且稳定地表达乙肝病毒表面抗原,较好模拟乙肝病毒携带者的生存状况,为人类研究 HBV 各种生物学特性、致病机制、相关肝细胞癌变,以及乙肝药物筛选等提供了容易获得的新型动物模型。

转基因动物模型能够根据人类的设计在动物身上再现人类疾病,既可避免自发性模型来源稀缺、培育难度高的缺点,又可相对避免诱发性模型和人类自然发生的疾病间的差异,在人类疾病动物模型的研发中极具前景。

(二) 按系统范围分类

1. **基本病理过程动物模型**　基本病理过程是指机体在致病因素作用下出现的一些非特异性的功能和结构的改变,如发热、炎症、休克、电解质紊乱等,这些都是多种疾病共有的变化,基本病理过程动物模型是能够稳定、可控地再现这些变化的动物模型。基本病理过程动物模型的致病因素和疾病表现都不是某种疾病所特有的,如发热动物模型、多种病原微生物感染都可引起发热,给动物注射内毒素、异体蛋白、某些化学物质等可通过干扰体温调节中枢引起发热而形成模型。基本病理过程动物模型是研究疾病机制和药物筛选、药效评价的理想对象,如采用电击建立小鼠电休克模型,采用荷包牡丹碱建立大鼠惊厥模型,两者均用于评估抗惊厥、抗癫痫药物的疗效。

2. **各系统疾病动物模型**　是指患有与人类各系统疾病相对应疾病的动物模型,如呼吸系统疾病模型、循环系统疾病模型等,实际应用中,通常根据和人类病种的对应程度具体到某种特定疾病的动物模型,如呼吸系统疾病模型中,对应人类的慢性阻塞性肺疾病的有慢性阻塞性肺病动物模型;循环系统疾病模型中,对应人类的动脉粥样硬化的有动脉粥样硬化的动物模型。系统疾病动物模型还可按科别分类,以便和临床密切对应,如传染病、五官科病、外科病、地方病、职业病等动物模型。系统疾病动物模型是研究特定疾病的有用工具。

3. **疾病症状动物模型**　是指能够重现特定疾病症状的动物模型,但动物本身并未患上该疾病。如用 M 胆碱受体激动震颤素(termorine)和氧化震颤素(oxotremorine)诱发小鼠产生帕金森综合征样体征,动物出现震颤、共济失调、痉挛等,用于评估抗帕金森病药物的疗效。

（三）按中医药的体系分类

祖国医学渊远流长,但现代中医药学科的理论发展和探索必须在临床经验归纳和传承基础上加强实验研究,才能获得更强大的生命力。中医学有着和西方医学完全不同的理论体系,对生命现象和疾病本质有着独特的认识,中医药研究中的实验系统必须符合其自身理论体系,为此在近年来逐渐形成了具有中医特色的疾病动物模型体系。

中医学立足于生命体的完整性和统一性,独创"阴阳五行"学说,"辨证论治"是其精髓,藏象、经络、气血、津液是其对组织结构和生命功能的独特解释,寒热、表里、虚实等是其对疾病表现的独特描述,症状、证候、疾病是其对病理过程独特的解析,七情、六淫、痰饮、淤血等是其对病因独特的认识,望、闻、问、切是其独特的检查手段,舌、脉、神、色是其独特的观察指标,正邪、阴阳、升降是其独特的病机,同病异治、异病同治、上病下治、虚证实治、扶正祛邪、因人因地因时制宜是其独特的治疗思路,推拿、针灸、导引是其独特的治疗方法,"气""性""味"等是其对药物性质独特的界定,"君""臣""佐"使"是其药物组方的配伍规律,这些都决定了中医药研究中的动物模型的分类体系完全不同于西方医学。

证候,即"辨证论治"中的"证",是中医学特有的概念。证候是机体在疾病发生过程中某一阶段的病理概括,包括病变部位、原因、性质、邪正关系等丰富内涵,证候是症状的组合,反映了疾病的本质,是辨证论治的基础,也是中医药研究动物模型的主要分类依据。中医证候动物模型总体上可分为虚证、实证、表证、里证、寒证、热证、燥证、湿证、脱(厥脱)证等动物模型大类,并与脏腑、气血、舌脉、阴阳等因素组合成多种再现人类特定证候的动物模型,如脾阳虚证动物模型、肝阳上亢动物模型、风寒表证动物模型等。

中药材采自天然物质如动物、植物、矿石等,绝大多数中药都是复方,即便是单味药也有着难以精确测定和定量的多种成分,对中药功效的评估是依据患者使用后的最终结果,而非某一特定的化学成分的含量,因此中药研究中的动物模型根据药物功效分类,以适应中药药理学研究需要,如清热解表药动物模型、理气活血药动物模型、平肝息风药动物模型等。

中医药动物模型的应用是中医学和中药学发展、完善与创新的必然结果,肾虚、脾虚、血瘀三证模型开创了中医动物模型的先河,目前已有八纲辨证、脏腑辨证、气血津液辨证、六淫辨证、卫气营血辨证等数百种证型动物模型。由于中医药理论体系的特殊性,评价标准和观察指标十分准确的动物模型目前并不多。

五、人类疾病动物模型的应用价值和评价标准

应用人类疾病动物模型主要是为了克服采用人进行研究的风险和伦理方面的障碍,其次是获得更加便利的研究条件。人类疾病动物模型的出现,使疾病研究跃上了新台阶,然而,目前的人类疾病动物模型还远远不能完全覆盖人类的疾病谱,而且许多模型的制作方法、评估指标、应用效果还有待进一步完善和证实。因此,模型的研发、标准化,以及对模型价值的科学评估是当前人类疾病动物模型研究领域的主要课题。

（一）使用模型的意义

1. 避免人体实验的风险　由于临床观察只能为疾病研究提供有限和不确定的线索,

临床研究则受制于与患者相关的诸多客观因素,实验研究是获得疾病全面信息更有效的途径,但多数情况下,用人来开展疾病的试验研究会严重损害人体健康,甚至危及生命,既不人道也不现实,更不可能进行重复试验和为研究需要而采取活体组织或者处死试验对象。以实验动物作为人类的替身,则可以克服这些伦理、方法上的障碍。

2. **有利于获得实验对象和进行实验观察**　对于一些在自然情况下发病率低的疾病,如急性白血病、血友病等,通过有意识提高在实验动物中的发病率可推进研究;对一些潜伏期长、病程长的疾病,如高血压、肺心病、肿瘤、慢性支气管炎等,可以使用实验动物缩短观察和研究周期,因为实验动物的寿命大多比人短得多,可以在实验室里进行数代甚至数十代的观察;对于一些临床上不易收集到的病例,可以对实验动物进行诱发以供研究,如放射病、毒气中毒、烈性传染病等;对于一些发展迅速、病程极短的疾病,可以通过实验动物进行反复观察,透彻研究其病变过程和机制。

3. **有助于全面认识疾病本质**　疾病通常是遗传因素和环境因素共同作用的结果,使用动物模型能够细致观察环境或遗传因素对疾病发生、发展的影响,揭示某种特定致病因素对机体的作用,还可以通过比较一种致病因素对不同动物、不同脏器组织的损害,观察在不同时间、不同层次上引起的病理生理变化,追踪每个变化的来龙去脉、涉及的通道、路径和网络,从而开展对疾病的"全方位立体研究",更好地理解其本质。

4. **有利于控制实验条件、简化操作**　动物模型简化了人类对疾病的研究过程,如研究者可按需要随时采取各种样品,可以通过对动物遗传背景、微生物学背景、年龄、性别等的限定,以及致模因素的选择实现研究对象均一化,可以通过统一实验条件,包括对物理、化学、生物、社会等环境因素以及营养因素的控制,排除外界因素对研究的干扰,也可创造研究所需的特定条件。

(二) 模型的评估

模型应是能够被不同实验室应用于同类研究并获得同样可靠结果的实验系统,每一种新的模型都需要经过谨慎验证和客观评估,才能确认其价值,并非每种动物疾病、每个患病或者异常的动物都可以被当作模型。对模型的评估主要从相似性、重复性、可控性等方面进行。

1. **相似性**　是指模型疾病和人类疾病在病因、病理机制、表现等方面的相似。再现所要研究的人类疾病是复制模型的根本目的,模型应尽可能反映人类的疾病特征,即特异性地、可靠地反映某种疾病或某种功能、结构的变化,具备该疾病的主要症状和体征,并可用临床检验手段证实。模型疾病和人类疾病的相似性越高,动物研究结果外推到人就越确切,则该模型的应用价值就越高。

判断模型的相似性可以采用疾病特异性指标检测的"正证"法,比较检测结果和人的相似度,也可以采用治疗有效性的"反证"法,如采用临床治疗手段能够治愈的动物可以作为该疾病的模型。对于诱发性动物模型的评估,除了疾病表现外,还需要考虑致病因素的相似性,许多用于动物的疾病诱发手段都是在人类日常工作和生活中不常见的,因此尽管可能造成与人类疾病类似的表现,也会在病因解释上造成一定困难,如雌激素可中止大鼠、小鼠的早期妊娠,但对人并无此作用。应用雌激素制作大鼠、小鼠的早期妊娠中止模型,不能用来解释人的早期妊娠中止。能够采用和人类相同的致病因素复制出和人类相似的疾病,则该模型的相似性更高,如对大鼠进行持续的不可预见性应激使其血压升高,比进行肾动脉狭窄术导致的血压升高更接近于人类由于情绪因素而产生的高血压。

一些动物自发的疾病症状可能和复制疾病症状的混淆,如大鼠自发的进行性肾病容易和铅中毒所致肾病混淆,从而使相似性"假性"升高,在模型设计时,必须先排除类似问题。

2. 重复性　理想的模型是可重复甚至可标准化的,如此才具有推广价值。自发性动物模型的重复性是指在正确的繁殖和护理条件下,动物相关疾病性状能够稳定地遗传和表现,如自发性高血压大鼠品系 SHR,其高血压发生率为 100%,是研究高血压发病机制和筛选降压药物的理想模型。诱发性动物模型的重复性是指能够在不同时间、地点、不同的实验室复制成功,兔耳缘静脉注射革兰阴性菌来源的脂多糖 0.2 μg/kg 体重可引起体温升高,用于解热药物活性研究,该方法可靠而灵敏度高,已被多部药典收录。

复制方法的标准化有助于提高模型的重复性,对复制技术和条件的量化是标准化的基础。如 1% 角叉菜胶足跖腱膜皮下注射 0.05～0.1 ml 诱发大鼠足跖肿胀效果稳定,可作为定量研究,容易标准化。

3. 可控性　是指模型的疾病发展必须便于控制,才能用于疾病的研究。科学研究具有严密的计划性,模型应当适应这种计划性,使疾病的形成、发展和转归都可以通过人为控制而符合研究的需求,无法控制的疾病过程会极大影响实验观察、取材等工作。如腹腔注射粪便滤液引起犬的腹膜炎,24 小时内可致 80% 的犬死亡,该模型由于病理过程太短暂而来不及进行治疗观察,故几乎没有什么研究价值。许多因素可使动物患病,但其病程进展和病变表现不稳定且难以人为控制,因此不能成为疾病动物模型。

4. 动物背景资料、动物福利、经济性及安全性　实验动物的背景资料包括其培育史、遗传背景、微生物学背景、生物学特性、应用特点、该动物的获得途径、使用该动物研究获得的所有发现等,背景资料越完整,应用该动物建立的模型价值越高,因为这些背景资料提供了对这个模型进行分析、比较和应用的丰富信息。

在动物福利方面,需要衡量用于建立模型的动物种属、造模方法和技术是否能够对动物的福利损害降到最低。在种属方面,如果应用非人灵长类和进化上较为低等的种属如啮齿类都能成功建立某种模型,那么啮齿类模型的价值显然更高。分析造模方法和技术对动物福利,以及模型价值的影响则需要考虑更多因素,在建立外伤动物模型时需要人为损伤动物的身体组织,如夹断动物的股骨造成骨折模型,出于动物福利的考虑应使用麻醉剂和镇痛剂使动物感受不到处理时的疼痛,但从模型价值考虑,人发生骨折时不仅会受到机械伤害,也会感受到疼痛,甚至惊恐的情绪,这些感觉和情绪也是骨折伤的重要组成部分,并可能影响伤势的发展,以及治疗效果,屏蔽动物对受伤过程的感受可能降低模型价值。

经济性主要从动物的来源、操作难度、方法技术对设备和人员的依赖性等角度评价。凡动物来源广泛容易获得,操作简便,所要求的设备和人员力量符合大多数实验室的配备水平,则该模型具有较高的价值。

安全性则从操作人员、动物,以及环境安全的角度考虑,当一些模型具有较大安全隐患，如容易造成人员伤害、危害环境安全或者自身安全状况较差，则会增加研究难度和危险性，从而降低应用价值。

第四节
免疫缺陷动物及其应用

免疫缺陷动物存在一种或多种免疫系统组成成分缺失和（或）功能缺陷，由此表现出不同于寻常动物的免疫学特性，如抗感染能力下降、对异种移植物的低排斥性等，这些特性被广泛应用于肿瘤学、免疫学、细胞生物学等生物医学领域的研究。

动物的免疫缺陷可由遗传因素决定（先天性的免疫缺陷），或在出生后被诱导发生（采用获得性免疫缺陷病病毒进行实验室感染、手术摘除免疫器官，或用射线破坏其功能等）。免疫缺陷动物是指先天性免疫缺陷的动物，常用于原发性免疫缺陷动物模型，诱导发生免疫缺陷的动物则属获得性免疫缺陷动物模型。

一、T淋巴细胞功能缺陷动物

（一）裸小鼠

裸小鼠又称"无胸腺裸鼠"，是先天性无胸腺且无被毛的小鼠。裸小鼠11号染色体上具有隐性纯合的裸基因（nu/nu）是其遗传学基础。裸小鼠的背景品系目前主要有 NIH、BALB/c、C3H、C57BL/6 等。尽管各品系裸小鼠的遗传背景不同，所表现的细胞免疫反应和实验检查指标不尽相同，但裸小鼠均具有以下主要的解剖生理特点：①毛囊发育不良，全身被毛稀少呈现无毛的"裸体"外表（图7-2）；②无胸腺，仅由胸腺残迹或异常的胸腺上皮，不能分泌胸腺素。

A. BALB/c-nu　　　　　　　　　B. C57BL/6-nu

图7-2　裸小鼠外形

在免疫学特性上，由于其胸腺功能的缺陷，裸小鼠的 T 细胞不能正常分化，从而导致 T 淋巴细胞功能缺失，细胞免疫力低下；裸小鼠的 B 细胞功能基本正常；6～8 周的裸小鼠的 NK 细胞活性较常规小鼠高，而 3～4 周的裸小鼠 NK 细胞活性低下；裸小鼠粒细胞数比常规小鼠低；体内免疫球蛋白主要是 IgM，只有极少量 IgG。将裸基因导入不同小鼠品系中可建立具有不同遗传背景的裸小鼠，其所表现的免疫学特性和实验室检查指标有所不同。

裸小鼠问世以来，广泛应用于肿瘤学、微生物学、免疫学、寄生虫学、毒理学等基础医学研究。由于裸小鼠对异种移植几乎不发生排斥反应，人类肿瘤能够在其体内存活并生长，易于建立相应的移植肿瘤模型，从而为深入研究人类肿瘤的发病机制、抗肿瘤药物的药效学研究和筛选等提供了理想的实验工具。应用裸小鼠比常规小鼠能够更有效研究 T 淋巴细胞、B 淋巴细胞、NK 细胞等的功能，由此人类发现了 T 淋巴细胞的胸腺外发育途径。裸小鼠的遗传基础、免疫缺陷指标和组织学特征均和人类的原发性细胞免疫缺陷病相似，是研究人类相关免疫缺陷疾病发病机制和遗传规律的重要模型。裸小鼠腹腔接种杂交瘤可产生含有高效价抗体的大量腹水，以 BALB/c 背景的裸小鼠制备单克隆抗体所产生的抗体量多于有胸腺的常规小鼠。裸小鼠也是研究病毒、细菌、寄生虫感染机制的良好材料，如对麻风杆菌高度易感，且感染后病理组织学特征与人类结节性麻风非常相似，胸腔接种复制卡氏肺囊虫疾病模型时感染率高且方法简便，采用美洲锥虫（肌型）感染裸小鼠可以成功复制美洲锥虫慢性感染模型。在临床医学各个方面亦有应用裸小鼠的不少报道，如利用裸小鼠背部皮肤研究人类毛囊移植的应用价值，向裸小鼠眼内注射视网膜母细胞瘤观察瘤细胞破坏视网膜全过程，利用裸小鼠异种移植离断后的神经观察离体神经元生物学特性，利用裸小鼠皮肤裸露特性进行各类皮肤病原真菌感染实验观察等。

饲育环境微生物学控制水平较低时，裸小鼠容易感染病毒性肝炎和肺炎，因此需在屏障环境或隔离环境中饲养。此外，由于雌性纯合子的乳房发育不良，受孕率低下，母性差，不能通过常规的小鼠繁育方法获得裸小鼠，繁殖裸小鼠一般以纯合雄鼠与携带 nu 基因的杂合雌鼠进行交配，其后代中约 1/2 为纯合裸小鼠。

（二）裸大鼠

裸大鼠的基因符号是 rnu，和裸小鼠一样属于常染色体隐性遗传。裸大鼠具有与裸小鼠基本相似的特征，如无胸腺，被毛稀少（裸体），缺乏功能性 T 淋巴细胞，B 淋巴细胞功能基本正常等，但和裸小鼠相比，裸大鼠躯干部仍可见少量被毛，头部和四肢处更多，且幼年裸大鼠的免疫缺陷较成年更明显。裸大鼠同样能接受人类正常组织和肿瘤的移植，由于体型稍大，可为实验分析提供较多的血样和组织样品，也更易于进行外科手术，使各部位肿瘤移植和肿瘤供血研究更方便进行。

二、B 淋巴细胞功能缺陷动物

X-连锁免疫缺陷（XID）小鼠起源于 CBA/N，其 X 染色体上的 xid 基因是引起 B 淋巴细胞功能缺陷的遗传因素。纯合子雌鼠（xid/xid）和杂合子雄鼠（xid/Y）对非胸腺依赖性Ⅱ型抗原如葡聚糖、肺炎球菌脂多糖，以及双链 DNA 等不能发生体液反应，对胸腺依赖抗原缺乏抗体反应，血清中 IgM 和 IgG 水平降低，对 B 淋巴细胞分裂素缺乏反应，分泌 IgM 和 IgG 亚类的 B 淋巴细胞数量减少，但 T 淋巴细胞功能正常。该动物是研究 B 淋巴细胞发生与功能的理想动物，其病理和布鲁顿无丙种球蛋的血症（Bruton's agammaglobulinemia）、威斯科特-奥尔·德里奇综合征（Wiskott-Aidsch syndrome）相似。

三、NK 淋巴细胞功能缺陷动物

Beige（bg）小鼠是 NK 细胞活性缺陷的突变系小鼠，其隐性突变基因 bg 位于 13 号染

色体上。纯合子被毛完整但毛色变浅，耳郭和尾尖色素减少，出生时眼睛颜色很淡。该小鼠表型特征与人的 chednak-Higashi（cHS）综合征相似，其内源性 NK 细胞功能缺乏的机制为细胞溶解作用的后识别过程受损。bg 基因纯合时还损伤细胞毒 T 淋巴细胞的功能，降低粒细胞趋化性和杀菌活性，延迟巨噬细胞调节的抗肿瘤杀伤作用的发生，该基因还影响溶酶体的发生过程，导致溶酶体膜缺损，是有关细胞中的溶酶体增加而溶酶体功能缺陷。由于溶酶体功能缺陷，Beige 小鼠对化脓性细菌感染非常敏感，对各种病原也都较敏感，必须在屏障环境以上级别的环境中饲育。繁殖采用纯合子间交配。

四、联合免疫缺陷动物

（一）严重联合免疫缺陷（SCID）小鼠

SCID 小鼠免疫缺陷的遗传学基础是位于 16 号染色体的 scid 基因。纯合子（scid/scid）的淋巴细胞抗原受体基因 VDJ 编码顺序的重组酶活性异常，使 VDJ 区域在重拍时裂端不能正常连接，重排后的抗原受体基因出现缺失和异常，造成 T、B 淋巴细胞自身不能分化成特异性的功能淋巴细胞。

SCID 小鼠外观与常规的小鼠无异，体重也发育正常，但胸腺、脾、淋巴结的重量一般均未及常规小鼠的 30%，组织学上表现为淋巴细胞显著缺乏，其胸腺多为脂肪组织包围，没有皮质结构，仅残存髓质，主要由类上皮细胞和成纤维细胞构成，边缘偶见灶状淋巴细胞群。脾白髓不明显，红髓正常，脾小体无淋巴细胞聚集，主要由网状细胞构成。淋巴结无明显皮质区，副皮质区缺失，呈淋巴细胞脱空状，由网状细胞占据。小肠黏膜下和支气管淋巴集结较少见，结构内无淋巴细胞聚集，其骨髓结构正常。外周血白细胞较少，淋巴细胞占白细胞总数 10%～20%，而常规的小鼠该比重达到 70%。SCID 小鼠所有 T 和 B 淋巴细胞小功能测试均为阴性，对外源性抗原无细胞免疫及抗体反应，体内缺乏携带前 B 淋巴细胞、B 淋巴细胞和 T 淋巴细胞表面标志的细胞，但是，其非淋巴性造血细胞的分化不受突变基因的影响，巨噬细胞、粒细胞、红细胞等均呈正常状态。NK 细胞和 LAK 细胞也正常。SCID 小鼠的渗漏现象是指少数 SCID 小鼠的免疫功能出现极微小的恢复，其机制不清，且无遗传作用，但和小鼠年龄、背景品系、饲养环境有关，C3H－SCID 小鼠的渗漏率低于 CB17－SCID 小鼠。

SCID 小鼠目前广泛应用于人类生理学、病理学、病毒学、免疫学、血液病学等研究，也应用于药物筛选和疫苗效价测定与安全性试验。SCID－nu 小鼠用于研究人类免疫系统发育过程、制备人单克隆抗体，以及广泛用于器官移植研究和肿瘤学研究。

（二）Motheaten 小鼠

位于 6 号染色体上的 me 基因决定了 Motheaten 小鼠一系列免疫缺陷。该小鼠 2 日龄即出现皮肤脓肿，有严重的联合免疫缺陷，表现为对胸腺依赖和非依赖抗原均无反应，对 T、B 淋巴细胞分裂素增殖反应严重受损，细胞毒和 NK 细胞活性降低，纯合型还伴有自身免疫倾向，免疫复合物可沉积在肾、肺、皮肤。Motheaten 小鼠对判别生命早期免疫功能缺陷和某种自身免疫性疾病发生都具有重要研究价值。

五、其他免疫缺陷动物

显性半肢畸形小鼠（无脾小鼠）基因符号为 Dh，该基因位于 1 号染色体，是显性突变基因。纯合子由于泌尿生殖系统和骨骼系统的严重畸形，在出生后很快死亡，杂合子存活但缺乏脾脏，其泌尿系统、生殖系统、消化道和骨骼有一定程度畸形。畸形发生于早期胚胎的脏壁中胚层，由于无脾，在一定程度上损伤了体液免疫反应。该小鼠无需特殊饲养条件。无胸腺和脾脏的 Lasat 小鼠即是同时具有 nu 基因和 Dh 基因的免疫缺陷小鼠。

第五节
遗传工程实验动物及其应用

运用遗传工程技术培育的转基因动物、克隆动物，以及转基因克隆动物是实验动物大家族里的"新新成员"。这些动物的诞生，突破了无性繁殖和有性繁殖之间的界限，跨越了种间隔离的障碍，打破了新性状、新物种培育的局限，为人类的科学研究提供了前所未有的材料，使人类对生命的认识、利用和保护跃上了新的高度。

一、动物遗传工程

遗传工程包括 2 个水平的研究，即细胞水平（如转化、接合和转导）和基因水平（如基因转入、基因敲除和基因替换）。目前主要的研究内容是建立于基因水平之上的，因此遗传工程往往也被称为基因工程。除了少数 RNA 病毒外，几乎所有生物的基因都存在于DNA 结构中，于是基因工程又被习惯性地称为重组 DNA。

遗传工程技术被形象地比喻为对遗传物质进行"体外施工"。与传统的保种、育种技术相比，遗传工程技术具有高度的预见性、精确性和效率，并且能够打破自然界的时空限制与物种隔离。理论上，通过直接对遗传物质改组和重建，人类能够根据特定的需求创造任何新的物种，通过克隆，人类可以无限保存已有物种，且复活已经灭绝的物种。由转基因技术实现的个体遗传改造以及通过核移植技术实现的体细胞克隆是当前遗传工程的两项关键内容，应用于动物时，前者用于培育转基因动物，后者用于培育克隆动物，两者结合则产生转基因克隆动物。

（一）动物基因改造

动物基因改造是通过直接对动物的基因或基因组进行修饰、剔除和替换等操作改变动物的遗传组成，其最终目的是让动物表达这种遗传上的改变，产生原本没有的性状，或者失去某项原有性状，从而为研究和生产提供新工具和材料，如整合荧光基因等报告基因探测基因组的时空特异性表达调控序列，采用反义基因对相关基因进行失活来构建基因表达缺陷-功能丧失的动物模型，建立能够合成人体组分或贵重生物药物的动物反应器，利用动物生长出可逃避人体免疫系统识别与排斥的供移植器官、组织等。

基因改造可以达到以下生物学效应。①产生新的生物学功能：其手段往往是在基因组中插入一个能有效表达的基因，该基因可以是原基因组没有的，也可以是有相应内源基因的,还可以是事先经过体外改造、结构被改变了的内源基因等。当在内源基因邻近位置引入与内源基因含有相通调控序列的基因拷贝,且原则上不破坏原基因邻近位点上的基因结构时,即成为基因重复。②丧失原有生物学功能:使基因失活从而令个体丧失原有生物学功能的方法有多种,插入突变是利用外源性 DNA 片段整合到基因组时可破坏整合位点所在基因这一特性导致该基因功能丧失;大片段缺失突变是将内源性基因的功能片段替换下来,代之以无功能的片段,从而导致相应功能丧失。③生物学功能的替换:使操作位点上的内源基因被另一个基因取代,并且在内源基因功能丢失的同时获得取代基因的功能,不影响邻近位点基因结构,是更加精确的基因改造。

动物转基因技术是实现动物基因改造的核心技术,由于能够直接操纵遗传物质,"设计"新物种,在 1991 年第一次国际基因定位会议上,动物转基因技术被公认是遗传学中继连锁分析、体细胞遗传和基因克隆之后的第 4 代技术,被列为生物学发展史上 126 年中第 14 个转折点。

广义的动物转基因技术包括对动物基因组的所有改动,但人们更习惯于把"转基因"狭义地理解为通过显微注射、反转录病毒介导、胚胎干细胞介导或其他类似方式使动物获得新生物学功能的基因转入过程,而对于精确的基因替换导致动物单个基因的缺失或者获得,则赋予另一个名称"定向基因转移",或者基因打靶(gene targeting),由此获得新基因(功能)的称为"基因敲入(knock-in)",丧失原有基因(功能)的称为"基因敲出(knock-out)"。

(二) 动物克隆

克隆意味着复制自我,生物学家将其称为"无性繁殖"。在遗传学上,克隆者和被克隆者好比同卵双生的双胞胎,只不过两者出生的时间可能相差很远。动物克隆的历史可以追溯到德国胚胎学家 Oskar Hertwig 进行的孤雌生殖实验,实验中,经过番木碱或氯仿处理的海胆卵在未受精情况下开始发育。蛙是最早被克隆出来的动物,现在,人类已经成功获得了克隆羊、克隆小鼠、克隆牛、克隆猫、克隆猪、克隆猴等,并对更多动物进行了克隆研究。克隆动物具有和亲代高度相同的遗传组成,对于批量获得遗传一致的动物、挽救濒危物种,甚至"复活"生命极具应用价值。尽管微生物或离体培养的细胞的分生又称为克隆,但和通过一系列复杂技术实现的动物无性繁殖在机制上有着很大差别,因此,动物"克隆"只是一种形象的比喻。

1. 胚胎分割与融合　在动物胚胎发育至囊胚前,如桑椹胚及更早,每个胚胎细胞都具有发育为完整个体的能力(全能性),从囊胚期的胚胎内核取出的胚胎细胞可以分化成任何一种类型的细胞,却不能发育成完整个体(多能性)。对早期胚胎进行分割来实现动物克隆,即利用了胚胎细胞的全能性,但尚未达到严格意义上"克隆"——无性繁殖,因为该过程实质上是首先通过有性繁殖获得胚胎,而后在人工干预下让一个胚胎产生更多的胚胎并分别发育为遗传相同的个体(人工辅助的同卵双胞胎或同卵多胞胎)。在遗传学上,每个新生个体仍然拥有 2 个亲本(1 个父本和 1 个母本)。而将分别来自 2 对不同亲代的、具有不同遗传组成的早期胚胎(或经分割后的部分)进体外融合,通过细胞重排和重聚团,将以嵌合体的形式获得具有 4 个亲本(2 个父本和 2 个母本)的个体,该个体同时拥有了4个父母的遗传信息，虽然仍需以有性繁殖为前提，但突破了传统有性生殖的界限。理论上，可以用该方法创造具有多种物种特征的组合生物，例如传说中的麒麟拥有龙头、狮尾、牛身、鹿角。

2. 核移植克隆　核移植克隆是将供体细胞的核（包含该细胞遗传信息）导入去核的卵细胞中，由此构建一个胚胎并使之发育成个体，该技术是动物克隆的研究重点。每个细胞，无论其是否具有全能性，均携带了一个个体全套的遗传信息，只不过分化到一定程度后，这些细胞将只表达与其职能相关的性状，而与这些性状无关的基因则不再表达。但在一定条件下，这些基因仍能被"唤醒"，从而从1个细胞（核）发育为一个完整个体。核移植克隆的优势在于可以采用高度分化的体细胞进行克隆，而无需获得胚胎（受精卵），难点在于如何"唤醒"基因，启动重造生命的进程。因此，在进行体细胞核移植克隆前，人们对从胚胎中提取的具有全能性或多能性的胚胎干细胞进行了大量相关研究。用早期胚胎细胞核作供体进行移植、克隆所形成的动物称为胚型克隆动物，用体细胞核作供体进行移植、克隆形成的动物称为无性克隆动物，后者是真正意义上的"克隆动物"。

二、动物转基因的主要方法

目前，在制作遗传工程动物的过程中，克隆和基因改造是两项不可分割的工程，而转基因技术是整个工程的核心，实现了"分子及细胞水平的操作，组织及动物整体水平的表达"，从而能够使人类在动物整体水平研究目的基因。

（一）反转录病毒介导

反转录病毒是一种广泛感染动物和人类的RNA病毒，当其基因组RNA侵入动物细胞后，就可反转录成DNA，由该DNA分子编码并指导宿主细胞产生的整合酶将把该DNA分子插入宿主的基因组，成为原病毒。反转录病毒介导的基因转入与整合（转基因）即利用了这种特性，将反转录病毒改造成不能合成病毒外壳并且没有传染性的缺陷性病毒，作为外源基因的载体，通过感染动物的胚胎（八细胞期）将外源基因导入。根据载体（病毒）性质的不同，目的基因可以是随机整合到受体基因组的各个位置（随机整合型），或者整合到预定的位点（定点整合型）。这类病毒载体的外源基因整合效率虽高，但容量有限，通常只能携带<8 kb的外源基因，如SV40和腺病毒作为载体时接受外源DNA容量在7~8 kb。此外，不同载体序列所能接受的外源序列的能力也不同。多年来，反转录病毒被认为是一种很有希望的基因转移系统，但限于其有限的基因携带能力，不可能表达许多功能基因。

（二）显微注射

显微注射技术从动物胚胎学研究移核实验的基础上发展而来，其基本原理是用显微注射针将外源基因直接注入动物受精卵的原核，使之整合入动物基因组。1980年，Gordon等首先报道了用显微注射纯化DNA的方法获得转基因小鼠，1985年转基因绵羊和转基因猪问世，至今转基因大鼠、兔、鸡、牛、鱼等都陆续取得成功，是迄今应用得较为普遍而且富有成效的动物转基因技术之一。

该技术优点是外源基因导入速度快且操作相对简单，重复性高，无需载体（用于基因导入），对外源基因片段大小无限制，最大的已达 250 kb，外源基因在宿主染色体上的整合率相对较高，不足之处是外源基因的整合是随机的，既可在染色体的单个位点整合，也可在不同染色体的不同位点整合，且外源基因片段可能以单拷贝形式或首尾相连的形式插入一个随机整合位点，从而形成从一至数百个不等的拷贝；此外，检测外源基因能否稳定整合于受体基因组必须等到子一代个体出生后，不利于在生育周期长、产仔少的动物中应用。

（三）胚胎干细胞介导

胚胎干细胞是从哺乳动物胚胎囊胚期内的细胞团中分离出来的尚未分化的胚胎细胞，确切地说是囊胚期的内层细胞。ES 细胞具有发育的多能性，即能够分化出成体器官的各类细胞，但不能发育为胎盘，因此不具有发育为完整个体的全能性。将 ES 细胞注入动物囊胚后可参与宿主的胚胎构成，形成嵌合体。利用该特性可将 ES 细胞作为导入外源基因的载体。其过程大致为：将外源基因通过转染等方式导入 ES 细胞，然后进行细胞体外培养和筛选，将成功转入外源基因的细胞再注入受体囊胚腔中，使之成为受体胚胎的一部分参与分化。

对 ES 细胞的基因改造和体外培养技术难度都相对较低，几乎已知的所有 DNA 操作都可以在干细胞中进行，不仅可采用多种物理和化学方法将外源基因导入 ES 细胞、进行基因突变，以及基因组定位修复或修饰，在体外培养中对细胞的鉴定、筛选也比较方便，可预先在细胞水平上测定外源基因的拷贝数、定位和表达的水平，以及插入的稳定性等，而且将 ES 细胞注入囊胚的操作较易进行，整合率相对较高。然而建立 ES 细胞系本身却是一项难度极高的工作，目前小鼠 ES 细胞系虽已建立，但在猪、羊中还未能得到真正稳定的 ES 细胞株。此外，由 ES 细胞介导的转基因获得的多为嵌合体动物，即动物体的一部分组织来源于整合有外源基因的供体 ES 细胞，只有当供体 ES 细胞分化形成生殖细胞，才可通过杂交将引入的外源基因传递下去。

（四）基因组定位突变

基因组定位突变在技术上和目的上都和以上 3 种转基因有很大不同。基因组定位突变采用定向基因转移技术（基因打靶技术）精确地实现点突变，其原理是 DNA 同源重组。DNA 同源重组是指在细胞内部，具有相似核苷酸顺序的 DNA 片段（同源 DNA）之间可相互配对并发生交换的现象，其生物学意义是增加自身和后代的遗传多样性，促进生物的进化。通过构建与目标基因上、下游序列同源的载体（打靶载体）并使之携带需要导入的基因，可以利用同源重组的自然过程使导入基因替换下目标基因，如事先对导入基因进行灭活，则通过重组取代有功能的基因片段，从功能学上可将该基因剔除，效果如同"打靶"一样精确。目前，这一技术多用以获得基因定点灭活动物，自从 Capecchi 等首次成功利用定向基因转移技术在小鼠的 ES 细胞中实现基因定点突变以来，该技术已成为研究小鼠基因功能的最直接手段，目前已获得 800 多种基因定位缺陷小鼠。

三、遗传工程实验动物的种类

运用一种或多种遗传工程技术"制作"的实验动物统称遗传工程实验动物，根据所采用的技术分为以下几种。

（一）转基因动物

转基因动物其实包括基因转入动物、基因剔除动物和基因替换动物,但通常人们提到"转基因动物"时指的是基因转入动物。转基因动物最重要的特点是其基因组中稳定整合有人工导入的外源基因,并可随动物的繁殖而遗传给后代,嵌合体动物虽在身体部分组织细胞整合有外源基因,但仅当整合发生在生殖细胞时才可将外源基因特性传给后代,因此不能被称为"转基因动物"。

转基因动物因外源基因的导入而发生"可遗传"的改变包括以下几种:①外源 DNA 片段至少整合到一条染色体的一个位点上;②外源 DNA 的插入使基因组中某个基因的结构发生改变;③外源 DNA 的插入使染色体重排;④导入可以持久存在的遗传实体,如人工染色体或者可以自我复制并传递给子细胞的非染色体 DNA 元件。

转基因本身的性质及其重组方式在很大程度上决定了它在动物受体细胞内的表达特性,这些特性对于成功应用转基因动物开展研究至关重要。

1. 表达的时空特异性 是动物基因表达调控的一个显著特征,尤其在发育过程中,相关基因的时序特异性和组织特异性表达更为严格。

2. 表达的可控性 转入基因的诱导条件往往取决于受体细胞的性质和启动子类型,因此可以采取合适的方式诱导动物细胞内的转基因进行稳定高效的表达。如给"巨型小鼠"喂以少量锌离子,在诱导金属硫蛋白大量表达的同时小鼠肝脏也大量表达生长素。

3. 转基因的共抑制效应 当受体细胞染色体上含有转入基因的同源基因时,转入基因与内源性的同源基因表达同时受到抑制,这种现象称为"转基因沉默"或"转基因失活",其特点为:共抑制效应只发生在转入基因和与之同源的内源性基因之间,其他基因的表达不受影响;若转入基因与内源性基因发生体内重组,则共抑制效应消失;共抑制的发生与结构基因编码区有关,但不依赖于启动子的来源和性质;两个相同的转入基因之间也能发生共抑制效应。

（二）克隆动物

克隆动物并没有像转基因动物那样接受外源 DNA 而成为一个新物种,但这种高度精确的对自身的复制方式为批量生产多胞胎以及保种提供了全新的思路,克隆动物应用于研究中可减少个体差异和重复实验,应用于商业中则常出于保持赛马、奶牛、牧羊犬等良种的目的,甚至不少人开始考虑通过克隆已经衰老的宠物使之能陪伴自己一生。

研究克隆动物的价值在于,真正的克隆动物是通过无性繁殖产生的,对于那些常规上必须通过两性细胞结合生产后代的动物而言是革命性的突破,其中必然牵涉对诸多复杂机制的阐明,由此,克隆动物也成为遗传工程动物中的重要一员。在哺乳动物被成功克隆以前,人们已经对青蛙、爪蟾、蝾螈、海胆等进行了克隆研究并相继获得成功。绵羊"多莉"是对哺乳动物高度分化的体细胞的首次成功克隆,其遗传物质取自一头 6 岁绵羊的乳腺细胞,整个过程为:从一头成熟绵羊的乳腺取得细胞进行体外培养,将细胞核移入另一头绵羊的去核卵细胞中,再移入第 3 头绵羊的子宫内,之后,再转到第 4 头绵羊体内发育成熟。"多莉"的诞生,证明了高度分化的体细胞同样具有发育为完整个体的潜能,而不像人们之前认为的那样,走到了分化"单行道"的尽头,只能分裂或者停止分裂。

(三)克隆转基因动物

转基因技术和克隆技术越来越多地联用以制作遗传工程动物,如体细胞克隆技术生产转基因动物,该过程可以简要表述为:获得和培养体细胞系→在细胞中实现基因整合甚至表达(转基因细胞)→将这个细胞作为核供体,使用去核卵母细胞作为细胞质受体,进行核移植克隆→将所形成的胚胎移植到代孕母体内发育成熟。

克隆转基因动物的价值不仅在于产生新的物种,还在于制作的过程。相比于另一种常用的转基因动物生产方法——原核胚显微注射,体细胞克隆生产转基因动物完全是不同的技术体系,前者是在胚胎发育过程中利用短暂的空隙增加一个注射 DNA 的步骤,后者则需要花费很长时间分离适当的细胞,再在培养细胞上进行基因操作直到获得合格的细胞系,细胞操作不涉及胚胎发育,没有发育过程中的时间限制,从而可以很从容地完成必要操作,并且制成的转基因细胞可以冷冻保存直到需要时取出进行克隆生产。有了体细胞克隆技术,细胞操作的一整套行之有效的技术全部可以用到生产转基因动物中,而核移植仅仅成为由细胞变成动物个体的桥梁。显微注射是目前最常用的转基因技术,如此一来,显微注射的固有缺陷能得到根本克服,显著提高动物转基因的效率。而且,对培育成功的转基因动物进行体细胞核移植克隆,可以在短时间内大量繁殖该动物,迅速扩大群体,为商业化生产开辟了新途径。

(四)嵌合体动物

嵌合体动物是由遗传上不同的胚胎或胚细胞组合并发育而来的动物,可用于观察同一个体条件下不同遗传背景细胞间的相互作用。采用胚胎融合法将遗传上不同的胚胎细胞组成一个个体,或者采用注射法将胚胎细胞注入另一个遗传上不同的胚胎的桑葚胚或囊胚腔内,都可以获得嵌合体。制备转基因动物时,如外源基因只整合动物部分组织细胞的基因组,则成为嵌合体动物。在这类动物中,只有当外源基因整合入的"部分组织细胞"恰为生殖细胞时,才能将其携带的外源基因传递给子代。

四、遗传工程实验动物的应用

遗传工程实验动物的用途可以归结为表达外源基因和(或)停止表达自身基因。其中,使动物通过转基因变成相关种属动物,为新药,尤其是生物技术药物的评价提供了试验对象。种属相关是指相关动物细胞上具有供试品特异受体或抗原决定簇,给予供试品后可显示特异生物活性的动物,许多生物技术药物由于缺乏合适的动物实验对象而无法检验其效果或者副作用。

(一)从整体水平研究基因功能及其表达调控

真核生物具有复杂的基因表达调控系统,采用转基因动物技术研究基因的表达调控,可以实现分子、细胞和整体动物水平研究的统一,从时间和空间角度进行立体研究,更好反映活体内的情况。在离体培养的条件下,要维持动物细胞在体内相同甚至相近的环境条件几乎是不可能的。由于脱离了体内环境,包括组织的三维结构、血液送来的营养、氧和二氧化碳、激素、与其他细胞的接触等,细胞的许多特性迅速消失。如:肝细胞在体外培养 24 小时,绝大多数组织特异性表达的基因都会停止活动,而且多数基因在细胞系中的表达水平与在动物活体中相差很远,如把基因转入细胞系时,有或无内含子的基因表达水平相近,但相同基因转入小鼠后,有内含子的基因表达水平比去掉内含子的基因高数百倍。此外,发育、分化、脑功能、行为学和免疫反应等过程都涉及多种类细胞的互作,不可能通过离体细胞来研究。

通过同源重组的方法准确改变某个内源基因,是研究基因功能的最高水平,利用基因定向转移技术建立的 800 多种基因敲除小鼠主要用途就是研究基因功能。近 20 年来,这些小鼠帮助人们发现了许多未知基因的功能和已知基因的新功能。

（二）研究人类疾病

大量的转基因动物被用于建立人类疾病动物模型,不仅可以获得常规手段不能获取的材料,且能够在整体水平同时从时间和空间的四维角度观察基因表达功能和表性效应。用于研制人类疾病转基因动物模型的动物目前基本上以小鼠、大鼠和兔为主,在疾病种类上比较集中于遗传性疾病、传染病和肿瘤 3 大类。

1. **遗传性疾病**　动物无法通过"感染"的途径患上人类的遗传性疾病,将人类遗传性疾病的基因导入动物基因组制备转基因动物模型突破了该局限,如将舞蹈病基因导入小鼠建立舞蹈病的小鼠模型;通过基因剔除方法也可以建立人类遗传病的动物模型,如人类囊性纤维化病的小鼠模型。

2. **传染病**　病毒感染通常具有高度种属特异性,HBV、HDV、HIV 等病毒在自然状态下均只能感染少数几种灵长类动物,由于可用动物种类少而且珍稀,这类疾病的实验室研究受到极大限制,采用来源广泛、经济的动物建立对这些病原敏感的疾病模型是传染病研究领域追求的目标。将人的脊髓灰质炎病毒受体转入小鼠体内,可使之表达人源受体并具有脊髓灰质炎的感受性,而且感染小鼠表现出和人类患者同样的临床症状,并对病毒株的特异性也表现出与人相同的性质,不仅可用作人类脊髓灰质炎动物模型,还可代替猴进行疫苗效价测定和安全性评价等。在我国,乙肝小鼠是这一类模型中目前真正获得成功并且通过鉴定的,将人乙肝表面抗原基因导入小鼠获得的人乙肝小鼠模型,既可以模拟人的带毒状态,又不会导致发病,为人类乙型肝炎的研究提供了经济、充足又安全的研究材料。

3. **肿瘤**　肿瘤基因的发现是近 10 年来肿瘤学研究的重大突破。现已证明各种脊椎动物都携带肿瘤基因,但只在特定条件下才被激活从而引起细胞癌变,通过向小鼠受精卵插入癌基因或原癌基因培育转基因小鼠,可在整体水平上研究癌基因对细胞正常分裂分化的影响。

4. **内分泌疾病**　糖尿病是以糖代谢紊乱为主要表现的内分泌疾病,转入以大鼠胰岛素启动子控制 MHC - 1 基因的重组基因的小鼠出现胰岛素依赖型糖尿病,推知 MHC - 1 在胰岛 β 细胞中的过表达是该病发生的一个直接原因,为胰岛素依赖型糖尿病的发病机制提供了直接证据。

5. **心血管疾病**　应用遗传工程动物进行心血管疾病的研究目前主要有血脂代谢与动脉粥样硬化的关系。将小鼠转铁蛋白基因启动子与人的 LDL 受体基因蛋白编码区重组并制备携带该融合基因的转基因小鼠,可研究 LDL 受体的表达增强对高脂饮食后血浆总胆固醇水平的影响。将加压素、心钠素、肾素等与血压和电解质调节相关的基因导入实验鼠体内获得的相应动物模型,有助于在分子水平进一步认识心血管功能和发病机制,在当前基因治疗研究中也颇有价值。

（三）免疫学领域的探索

应用遗传工程动物进行免疫球蛋白的多样性即免疫球蛋白基因重排方面的研究,具有其他任何实验方法所不及的优点,Brinster 等将一功能性重排的小鼠免疫球蛋白 IgK 基因注入小鼠受精卵建立了转基因鼠。转基因小鼠可用来研究免疫耐受和肝细胞损伤的关系以探讨发病机制,还为研究第 I 和第 II 类主要组织相同性抗原提供了新的手段。

（四）动物制药

运用遗传工程技术,可以将动物变成大量生产具有特殊价值(如治疗价值)的生物活性物质的"分子药厂",动物生物反应器是实现这一目标的技术,这是一类用于生产外源性生物活性物质的转基因动物,可以在组织内表达外源基因,目前主要是在血液、乳腺(乳汁)和膀胱(尿液)中表达,人们可以从中提取这些外源基因的产物用于各项研究、生产或治疗。就基因工程而言,动物生物反应器是其 3 大表达系统中的一个,即动物个体表达系统;另外两个分别是微生物表达系统(原核生物表达系统)和动物细胞表达系统(真核生物表达系统),对于功能性蛋白的生产,动物个体表达系统是最理想的,因为微生物表达系统和动物细胞表达系统缺乏个体表达系统中对合成蛋白质的后加工能力。

1. 乳腺生物反应器　动物的乳腺是一种高度分化的专门腺体,具有强大的合成蛋白质能力,运用乳腺生产目标产品不仅产量高,易收获,成本低,提取简便,且品质好,动物乳腺具备一整套机制对翻译后产品进行自然的加工,而且乳腺是一个独立分泌系统,其表达的外源蛋白极少进入循环系统,不会影响动物正常生理功能。因此,乳腺生物反应器是当前公认的生产重组蛋白的理想动物生物反应器。第一批用于制作乳腺生物反应器的目标基因是数种源于血液的产品,第二批目标产品中包括抗体、激素、受体、细胞因子、疫苗、营养药物和食品等 10 类蛋白质。

（1）小鼠乳腺生物反应器:转入人 t－PA 基因的小鼠能够从乳腺分泌人源性组织血纤维蛋白溶媒原活化因子,该物质能够融解心脏冠状动脉中的血栓,是一种非常重要的治疗心血栓的药物,经过筛选的高产小鼠每天能产 4 ml 乳汁,而喂养小鼠的成本远低于通过哺乳动物细胞生产。

（2）牛乳腺生物反应器:牛奶是人类动物性蛋白的良好来源,而且经过长期遗传改良的奶牛具有惊人的泌乳能力,运用奶牛生产人源化牛奶(含有人乳铁蛋白)于 1996 年 3 月获得成功,这些转基因牛乳汁中乳铁蛋白浓度为 0.3～2.8 g/L,且与人乳中的完全相同,能够提高人体对铁的吸收并帮助抵御肠内感染。

（3）山羊乳腺生物反应器:转入凝血酶Ⅲ基因的山羊从乳腺中表达的水平达到 14 g/L,100 头羊大约可生产价值 2 亿美元的蛋白产品。

2. 其他生物反应器　将人的血红蛋白基因转移到猪体内使之表达,便可从猪的血液中提取人血红蛋白,解决了血源紧缺的问题,同时能够有效降低生产和使用人血液制品的风险。在尿液中表达人生长激素的转基因小鼠,其尿液中的含量高达 0.5 g/L,而且产生过程和性别、年龄无关。

(五) 提供移植器官和组织

目前,全球对器官移植的需求正在稳步增长。从动物体内获得异种器官或者通过组织培养生成器官是当前最有希望的解决之道,但存在于动物器官的表面抗原会引起人类的排斥反应导致移植器官的迅速坏死等,通过遗传工程手段可使异种表面抗原不能被人体免疫系统识别,提高移植物成活率。

猪是移植器官潜在的理想供体,运用重组 DNA 技术可以防止猪提供的器官被人体识别为异源器官,这是通过基因替换技术关闭猪体内的 α - 1,3 -半乳糖转移酶基因表达(基因沉默)来实现。该酶是修饰猪细胞膜糖基的重要酶,而糖基在免疫应答中起了重要的作用,其缺失减少了移植器官被排斥的机会。实验显示,非转基因的对照组心脏在几分钟内就受到受体免疫系统攻击,而转基因猪的心脏在灵长类体内存活了 30~60 天。同样通过基因替换,猪的胰岛细胞不再合成猪胰岛素,而改为生产人胰岛素,这些细胞可以移植给人用于治疗重度糖尿病。不过,异种器官移植中,一些由动物携带并对动物无害的病毒,如猪内源性反转录病毒,却可能通过器官移植传染给人类并使人致病,转基因动物也不例外。

(杨　斐)

第八章

实验动物的生物安全

实验动物的使用和培育是生物技术领域中一个特殊的范畴,其所蕴含的生物安全风险不仅来自传统的实验动物技术操作,也包括施加于实验动物的各种现代生物技术。动物的活动(如动物的攻击性行为),以及动物所携带的病原(如实验动物传染性疾病和致敏原)随时可能威胁人类和其他动物的安全。随着近年来越来越多遗传工程实验动物培育成功并广泛应用,遗传工程技术特有的潜在威胁引发了实验动物科学工作中一系列新的生物安全问题。保障实验动物科学工作中的生物安全,不仅是保护工作人员自身免受感染和防止病原微生物的传播与扩散,还包括保护环境、自然资源和人类赖以生存的自然生态系统。此外,实验动物本身就是一个活的研究体系,也是生物安全的保护对象。

第一节
生物安全的基本内容

生物安全是随着生物技术的发展而出现的,生物安全问题囊括了生物技术从研究、开发、生产到实际应用整个过程中的所有安全性问题。生物安全的实现是一个涉及科学研究、公共卫生、国家安全、环境生态等众多方面的系统工程。

一、生物安全定义

广义的生物安全是对生物技术活动本身及其产品可能对人类和环境的不利影响及其不确定性和风险性进行科学评估,并采取必要的措施加以管理和控制,使之降低到可以接受的程度,以保障人类的健康和环境的安全,包括人类的健康安全、人类赖以生存的农业生物的安全,以及与人类生活息息相关的生物多样性即环境生物安全3个方面。

一切利用有机体的操作技术都是生物技术。其中,以基因工程技术为核心的现代生物技术大大提高了人类操作有机体的能力,是生物技术发展领域的历史性飞跃,但应用现代生物技术所创造的新性状、新产品甚至新物种可能产生人类目前的科学技术知识和水平所不能预见的后果,其所对应的安全性问题也超出了传统生物安全的范畴。因此,通常将防范由现代生物技术的开发和应用(主要是转基因技术)所产生的负面影响,即对生物多样性、生态环境和人体健康可能构成的危险或潜在风险定义为狭义的生物安全。

生物安全的最终目的是防范生物危害(biohazard)。广义的生物危害是指人们所利用的各种生物因素对人类及其生存环境的危害,这里的生物因素不仅包括病毒、细菌、真菌、原虫、昆虫和其他有害动植物等广泛存在于环境和各种生物体内的因子,也包括人类有意识地使用现代生物技术进行科研和生产时可能产生的以目前的科技知识水平无法预见的后果,如产生抗药性的细菌、昆虫、具有特殊性能的"超级"实验动物等。狭义的生物危害则指在实验室进行感染性致病因子的科学研究过程中,对实验室人员造成的危害以及对环境的污染。

目前的生物危害来源大致有:人类和动物的各种致病微生物、外来物种(自然存在或人为制造的)入侵、生物恐怖。来自人类和动物的各种致病微生物的生物危害通常造成不同规模的疾病感染流行,其中一些流行甚广,危害极其严重,上至公元 5 世纪导致全球将近 1 亿人死亡的鼠疫,下至近百年来陆续出现于多个国家造成巨大经济损失并危害人类健康的疯牛病、禽流感、艾滋病等,直接威胁人类的生存;外来物种入侵通过破坏当地生物多样性严重危害环境生物安全,又称"生物污染",从某种意义上说,运用现代生物技术创造的转基因生物也属于外来物种,此类生物可能具有"非凡"的特性并超越当前人类控制能力,从而引起全球性生态灾难;生物恐怖是将致病微生物或毒素作为生物武器通过一定途径散布导致烈性传染病暴发、流行,引起人群发病和死亡的犯罪活动,目前危害最大的生物武器包括鼠疫杆菌、天花病毒和炭疽杆菌等。

二、生物安全原理

生物安全原理包括安全评估和风险控制。其中,评估是生物安全的基础与核心,是风险控制的前提。

评估不同性质的生物危害,需要运用不同的工具、程序和专业判断,如评估某种微生物的危险度时须参考其危险度等级,同时结合该微生物的致病性和感染剂量、接触后果、自然或实验室感染途径、是否能够进行有效的预防或治疗干预等;而评估遗传工程生物的危险度,还必须考虑其意外释放到环境中的可能性及后果,对其所造成的生态压力进行评估。

物理控制和生物控制是控制生物安全风险的基本方法。物理控制是从物理学角度进行控制的一种防护方法,涉及操作方法、实验设备、实验室建筑和相应设施等多方面,包括实验操作规程、特殊操作要求、防扩散设备、防扩散实验室及相应设施。生物控制是从生物学角度建立的一种安全防护方法,主要针对具有潜在危害的重组 DNA 有机体,根据其高度特异的生物屏障,限制载体或媒介物(质粒或病毒)侵染特定寄主,并可限制载体或媒介物在环境中的传播和生存,使它们除了在特定的人工条件下以外,在实验室外部几乎没有生存、繁殖和转移的可能,从而达到控制的目的。物理控制和生物控制是相互补充、相辅相成的,针对不同重组体的各种实验,可以将物理控制与生物控制进行不同方式的组合,以达到不同生物安全等级。

三、生物安全的实现

生物安全实现过程就是根据生物危害评估的结果,确定并实施合适的生物安全策略的过程。以实验室生物安全为例,根据对某一种微生物、某一项操作或者某个实验项目的生物危害评估结果,设定相应的生物安全水平(bio-safety level),运用该水平中的生物安全策略,如技术规范和管理、防护设施和设备防范有害生物因子的扩散,保护操作人员及其周围环境的安全,实现对相应生物危害的控制。

(一)生物安全的基本依据

实验室是人类从事科学研究活动的特殊场所,随着生命科学技术的迅速发展,生物安全问题成为威胁实验室安全的主要问题之一,WHO 发布的《实验室生物安全手册》为各国制定生物安全策略提供了基本依据。WHO 于 2004 年正式发布了该手册的第 3 版,其主要内容包括:微生物危险度评估、基础实验室(1 级和 2 级生物安全水平)、防护实验室(3 级生物安全水平)、最高防护实验室(4 级生物安全水平)、实验动物设施、实验室/动物设施试运行指南、实验室/动物设施试认证指南、实验室生物安全保障的概念、生物安全柜、安全设施、实验室技术、意外事故应对方案和应急程序、消毒灭菌、感染性物质的运输、生物安全和重组 DNA 技术、危害性化学、生物安全责任人和安全委员会、后勤保障人员的安全和培训规划。

美国疾病预防控制中心和美国国立卫生研究院首次提出将病原微生物和实验活动分为 4 级的概念,并于 1993 年联合出版了《微生物学及生物医学实验室生物安全准则》,将实验操作、实验室设计和安全设备组合成 1~4 级实验室生物安全防护等级。现在,大多数国家都采用这样的方法进行生物危害的评价和控制。至今已有 20 多国家开展了生物技术的安全性研究,并陆续制定有关生物技术实验研究、工业化生产和向环境释放等一系列安全准则、条例、法规或法律,这些文件通常包括生物安全等级、控制措施和管理体系 3 个主要部分。

(二)我国的生物安全法规

我国的基因工程工作开始于 1975 年前后,20 世纪 80 年代末对生物安全进行立法管理被提上议事日程,迄今有关政策和法规主要如下。

1.《病原微生物实验室生物安全管理条例》(国务院令第 424 号) 于 2004 年 11 月 12 日公布,是我国第一个具有指导性和法律效力的病原微生物安全方面的法规。其意义在于:指导实验室生物安全;有利于生物安全的规范管理;标志我国的病原微生物实验室管理步入法制管理轨道。条例分为七章:总则、病原微生物的分类和管理、实验室的设立与管理、实验室感染控制、监督管理、法律责任、附则,共 72 条。附则中还提出:本条例施行前设立的实验室,应当自本条例施行之日起 6 个月内,依照本条例的规定办理有关手续。

2.《实验室生物安全通用要求》(GB 19489 - 2008) 于 2008 年 12 月 26 日颁布,替代原先的 GB 19489 - 2004。该标准由全国认证认可标准化技术委员会提出,规定了不同生物安全防护级别实验室的设施、设备和安全管理的基本要求,不仅适用于医学实验室,而且适用于进行各个级别的生物因子操作的各类实验室。标准主要包括风险评估和风险控制、实验室生物安全防护水平分级、实验室设计原则及基本要求、实验室设施和设备要求、管理要求等内容。

3.《生物安全实验室建筑技术规范》(GB 50346 - 2004) 由建设部 2004 年 8 月 3 日发布,自 2004 年 9 月 1 日起开始实施。该规范的实施改变了长期以来我国在生物安全实验室建设、建筑技术方面缺乏统一标准的局面。该规范内容包括生物安全实验室建筑平面、装修和结构的技术要求，实验室的基本技术指标要求，空气调节与空气净化、给水排水、气体供应、配电、自动控制和消防设施配置以及施工、验收和检测的原则、方法等各个方面。它适用于微生物学、生物医学、动物实验、基因重组，以及生物制品等使用的新建、改建、扩建的生物安全实验室的设计、施工和验收，并明确生物安全实验室的建设应以生物安全为核心，确保实验人员的安全和实验室周围环境的安全，同时根据实验需要保护实验对象不被污染，在建筑上应以实用、经济为原则。

4.《兽医实验室生物安全管理规范》（302号公告）　由农业部制定并于2003年10月15日颁布施行，本规范根据《中华人民共和国动物防疫法》和《动物防疫条件审核管理办法》的有关规定，参照国际有关对实验室生物安全的要求制定，旨在加强兽医实验室生物安全工作，防止动物病原微生物扩散，确保动物疫病的控制和扑灭工作以及畜牧业生产安全。

5.《微生物和生物医学实验室生物安全通用准则》（WS 233－2002）　由国家卫生部发布于2002年12月3日，并于2003年8月1日开始实施。鉴于医疗机构微生物和生物医学实验室的实际状况以及生物安全要求的特殊性，卫生部于2003年8月19日发布通告（卫通［2003］14号），宣布医疗机构推迟两年执行该准则。在此期间，卫生部将组织有关专家，针对医疗机构微生物和生物安全实验室的特点对该准则进行适当的补充完善，另行下发。

第二节
与实验动物有关的生物安全风险因子

根据实验动物科学工作的内容和性质，大致可分为上游（动物的培育和生产）、中游（动物的运输）和下游（动物实验）环节。各个环节都存在不同性质、不同程度的生物安全风险。其中，动物实验是一项高风险的科学活动，除了使用标准化实验动物之外，许多时候还需要使用微生物学背景、寄生虫学背景和遗传背景复杂、不清晰的经济动物甚至野生动物。动物实验过程中，各类生物危害因素高度密集，加之动物实验的设备、环境条件复杂，人员操作习惯和技术水平参差不齐，经常出现各类不可预见的情况，对生物危害因素的控制难度相对较大。在传统的实验动物繁育生产中，由于采用的专业技术和环境设施设备目前都较成熟，且经过标准化的实验动物排除了多数人兽共患病和动物传染病病原，操作人员比较固定而且通常技术娴熟，大大降低了其风险系数，高度的生物安全风险主要来自意外事故、设施设备故障、或违背科学准则的操作。随着实验动物生产和使用分离格局的形成，动物运输成为衔接上游和下游的必要环节，对实验动物而言，运输是一个高度应激的过程，环境的剧变、饮食和休息的剥夺，使实验动物处于前所未有的紧张状态，其生理和心理的稳定都受到极大干扰，精神狂躁和免疫力下降不仅可能导致动物间的打斗致伤和疾病暴发，也使工作人员面临更多的人身威胁和感染风险，此外，运输设施在防破坏、防逃逸方面的性能局限，运输途中气候、交通状况千变万化等都是实验动物运输中生物安全问题的诱因。早期实验动物科学工作中的生物安全通常局限于对人的保护，随着科学技术发展和人类社会文明进步,目前已扩展到对人、实验室里的动物、环境、生态的保护。

一、动物性气溶胶

动物性气溶胶(animal aerosol)是指来源于动物的气溶胶。无论是感染性动物实验或非感染性动物实验,还是一般的动物饲养和转运,动物性气溶胶都是实验动物科学工作中最重要的生物危害来源。动物性气溶胶有着广泛发生、难以防范的特性,是实验动物设施中人兽共患病病原、动物传染病病原、感染性动物实验中的实验性病原体等各类致病微生物传播的主要方式,也是人类接触动物致敏原的重要途径。动物性气溶胶携带的致病致敏物质可通过吸入、黏膜接触或者吞入的方式进入人或动物体内,人和实验动物都是其受害者。

(一) 动物性气溶胶的来源

动物是具有自主运动的活体,动物性气溶胶的形成不仅和特定的操作及设备有关,还与动物的活动密切相关。动物的日常生理行为如呼吸、排泄,以及梳理、玩耍、挣扎、逃逸等自然行为均可产生气溶胶,动物性气溶胶广泛存在于实验动物繁育、运输和实验的各个环节。其中,感染动物释放的气溶胶是发生实验室感染的主要原因。人为干预如更换垫料或饲料、清理笼具圈舍、捕捉或连笼具移动动物等日常的操作可引起动物的紧张、兴奋而促使其活动强度增加,释放大量气溶胶;对动物进行实验操作时,动物的反抗是导致气溶胶生成的主要原因,进行感染性接种尤其是鼻腔内接种更可能造成感染性气溶胶的扩散;尸体剖检和病理取材等实验过程亦是动物性气溶胶的重要来源;处理动物排泄物、尸体及组织、动物实验废弃物等时,同样面临接触高浓度动物性气溶胶的风险。由于实验动物设施空间相对封闭和局限,人和动物近距离频繁接触,一些在自然条件下非气源性的病原微生物,也可能在某些特定条件下发生空气传播。

(二) 气溶胶的性质和特点

气溶胶是以胶体状态悬浮在大气中的液体或固体微粒,液体微粒又称飞沫核,固体微粒分为浮尘和干粉。气溶胶直径一般为 $1\sim5~\mu m$,小至 $0.01~\mu m$,大的不过 $200~\mu m$,肉眼很难发现。

形成气溶胶的微小颗粒为病原微生物提供了长久悬浮于空气中的载体和生存条件,从而增加了被人或动物摄取并感染的概率。气溶胶颗粒的大小与其危害程度关系密切,颗粒越细小,在空气中悬浮时间越长,越容易穿透普通的过滤介质,越容易潜入呼吸系统深部造成不同程度危害(表 8-1),直径 $1\sim5~\mu m$ 是最易引起感染的尺寸,一般实验过程中,与意外事故无关的感染几乎 80% 都起因于气溶胶的危害。

表 8-1 气溶胶颗粒直径和吸入深度的关系

颗粒直径(μm)	到达呼吸系统的部位
>10	常停留于鼻腔黏膜
4~10	可侵入支气管
2~4	能够沉积于肺部深处

微生物气溶胶的危害作用受到内在因素和外在因素两方面的制约,内在因素如气溶胶所包含的病原微生物或有毒活性物质的性质,外在因素即周围大气环境条件。由呼吸道吸入的感染剂量比其他方式(如消化道摄入)低 100 万倍左右,若气溶胶所携带的病原微生物抗性较强,或在干燥状态仍能保持稳定(如委内瑞拉马脑炎病毒),则更容易造成较长时间和较为严重的危害,此时即便在空气中浓度极低,但操作人员持续在该环境中正常呼吸就可能接受较大的剂量,以每天工作 8 小时,每分钟吸入 6 L 空气计,即使空气中气溶胶浓度仅 1×10^{-6} kg/L,其接受剂量也可达到 3 g/d。另一方面,大气温度、湿度、光照强度等环境条件对气溶胶的危害产生不同程度的影响,通常较低的相对湿度和适宜的温度会加速液体蒸发,促进气溶胶生成,较强的光照对微生物有较强杀灭作用。良好的通风一方面有利于气溶胶稀释,另一方面却是气溶胶远距离扩散的主要条件。

气溶胶感染具有如下特点:①感染的空间和面积效应都比较大,如贝氏柯克氏体气溶胶能够在下风向十几公里处引起 Q 热;粗球孢子菌可以被风吹到数百公里外造成感染,如其随空气流动而进入一切不密闭的、没有空气过滤装置的空间,可造成空气和表面污染。迄今还没有一种实际可用的装置能对此及时发出报警信号。②呼吸道吸入微生物气溶胶的易感性显著高于经消化道感染,如流行性出血热病毒经呼吸道感染易感性比经消化道感染高数百倍,又如人口服 1 亿个土拉杆菌才能发病,但吸入 10~50 个就足以感染。③吸入气溶胶能同时造成大量人群感染,并且在临床上可能发生非典型症状病例,导致诊断困难,延误治疗。④对气溶胶呼吸道感染防治困难,如当前针对一些致病微生物如鼠疫杆菌、炭疽杆菌和某些病毒的疫苗还不能有效防止气溶胶呼吸道吸入感染。

二、意外创伤

被实验动物抓咬、顶撞、挤压致伤是人在操作实验动物时常见的受伤原因,即便是最温顺驯良的动物也存在发起主动攻击的潜在可能,而在创伤性的操作中,动物往往都试图挣扎反抗,此时丰富的实践经验和完备的保护措施并不能确保万无一失。尽管如此,在动物的实验操作前需接受专业培训,掌握专门技术并积累一定的经验,事先熟悉动物的习性和潜在危害,配备适当的工作防护用具和仪器设备等,仍是最有效的减少意外创伤的办法。意外创伤也常常发生于使用注射器、尖锐的手术器械等进行动物实验的过程中由于不谨慎、欠熟练或者意外而造成操作人员的伤害。如注射时没有很好掌控动物就容易将注射器扎中自己或辅助操作人员的手;动物手术中,麻醉深度过浅导致动物中途苏醒而挣扎,容易发生手术器械误伤实验人员的情况,尤其是当手术器械摆放不当时更容易发生事故。

(一)动物的种属、驯化历程与意外创伤的发生

由动物造成的意外创伤和动物的个体大小并无必然联系,而与动物的个性及驯化程度有关。标准化的实验动物由于经过一定驯化历程,通常比较温顺,对日常饲育和实验操作有较好的适应性。其中,犬类、灵长类实验动物能够通过调教与工作人员建立信任与良好的合作关系,从而接受某些具有一定伤害性的操作而不作反抗,因此有时注射或者采样甚至可以不用器械进行保定,但在大鼠、小鼠这样的啮齿类实验动物,从体重测定到给药、

采样的各种操作几乎都是"强迫性"的,都会引起动物的逃避和反抗。大鼠和小鼠门齿尖锐并且终生生长,这是其应对威胁最有效的武器,同样能够造成伤害的还有其尖利的爪子。小鼠体型小巧而灵活,当其感到危险并决定反抗而不是逃避时,通常不辨方向张嘴就咬;大鼠则可能在事先会辨认一下,但所费时间极短,因此总是令操作者措手不及;地鼠的牙齿能够咬断较粗的铁丝,当其颈背部皮肤被抓住时也能够将头部向后转180°从而咬到工作人员;豚鼠和兔虽没有尖牙利齿,但有力的后腿和尖利的爪子仍是不容忽视的威胁,操作这些动物时,容易被踢蹬和抓挠,保定不当时不仅动物轻易逃脱,更可能导致操作人员受伤。一些尚未完全实验动物化的实验用动物野性更大,更难以掌握。

(二)意外接种

"意外接种"是指实验性病原、有毒生物活性物质或动物自身携带的病原通过注射器、手术器械等所造成的伤口进入人体引起中毒或感染,常见于感染性动物实验以及使用实验用动物、野生动物进行的研究中。由实验动物直接或间接造成的意外创伤通常并不严重,多数情况下只是皮外伤。但是,伤口为致病微生物的入侵提供了极好的机会,继发感染或"意外接种"可能引发严重的生物安全问题,这取决于伤势、所处理动物的来源和性质、感染性微生物的危害性、实验性病原微生物的危害性、受伤者的易感性,以及伤口处理措施等。标准化的实验动物具有比较清晰的微生物学背景,排除了所有已知人兽共患病病原和动物烈性传染病病原,引起意外接种的风险较小,但仍可能携带着一些对人类有潜在危害的微生物,至于尚未标准化的猪、牛、羊、鸡等经济动物虽为人工饲养,但往往缺乏完整的健康信息和免疫史资料,操作这些动物具有较大风险,而来源不清(从野外捕获)的动物如猫、猴更可能携带对人类健康有着极大威胁的各种已知或未知微生物,这类动物在用于实验前都必须经过严格的检疫。实验室获得性感染中,与气溶胶吸入无关的感染有大约70%是由意外接种造成,不过和气溶胶吸入相比,人类能够在意外创伤发生时立刻觉察,因而就能及时采取处理措施,有效避免进一步危害的发生。

(三)发生于动物之间的意外创伤

当意外创伤的受害者是实验室里的动物,通常是动物相互打斗所致,同样会成为生物安全问题的诱因。小鼠的雄性优势、犬类的合群欺弱、灵长类动物的王位之争等都是动物打斗的起因。单独饲养时,笼位相邻的兔之间也会发生打斗,有些动物还会自戕。受伤动物可能因感染而衰弱、死亡,或因免疫力减退而诱发疾病,特定条件下可引起实验动物设施内的暴发感染与流行。由于实验动物设施内环境生态完全不同于动物自然栖息的环境,在密闭的空间、单一的环境条件、集约化饲养方式、强制性空气流通、设施设备运行的噪声等综合作用下,动物的自稳系统变得脆弱,导致易感性升高,且致病微生物的局部积累,感染途径也与自然状态下的有所不同,实验室内出现动物群体性感染的概率远远高于自然界。小型实验动物大多采用群养方式并能相安无事,但对某些好斗的品种、品系,或者在某个年龄阶段容易出现争斗行为的动物必须采用适宜的防范措施,避免动物间意外伤害的发生。

三、实验室外的生物

实验动物设施是一个相对封闭的场所,并不能杜绝外界各种昆虫和动物的进入,常见的潜入生物有蝇、蚊、蟑螂、跳蚤、螨虫这些昆虫以及鸟类、野鼠、野猫等，这些生物对设施内的生物安全可构成极大威胁。

（一）设施外生物的进入途径

开放环境的实验动物设施存在许多能够让外界生物进入的通道。设施的防范措施和设备不周、设计漏洞、操作失误、管理不当、意外事故都可能使上述本该排除在动物设施外的动物出现在设施内。如鸟类和一些昆虫能够从没有安装纱窗、纱门并且敞开的窗户或门洞飞入；野鼠可能从没有安装挡鼠板之类装置的人员、物品出入口进入，以及通过下水管道钻入；野猫能够从各种高度的地方进入设施并善于破坏单薄的防范措施；蟑螂的生存能力强而活动范围广，能够通过很狭小的缝隙；蚤、螨、虱等节肢动物可能由侵入的动物携带来，也可能是进入设施的工作人员或送入设施的受到污染的物品携带的。因此，即便是对环境控制要求最低的开放环境设施，也必须具有相应的防范外界动物入侵的装置和措施。然而最多时候为动物入侵开启方便之门的是每天出入设施的人类，如没有随手关门、对进入的物料没有进行检查和除虫、个人卫生状况较差等。

（二）实验室外生物入侵的危害

苍蝇、蚊子和蟑螂等是病原微生物通过虫媒传播的重要载体，跳蚤、螨虫、虱子等节肢动物本身就是造成实验动物寄生虫感染的病原，同时也能够传播多种细菌性或病毒性疾病。螨不仅在数量和种类上是最常见的栖居者，且容易传播几乎所有重要的病原，如细菌、衣原体、立克次体、病毒、原虫、螺旋体和蠕虫。此外，大多数螨能引起人的严重变应性、丘疹性皮炎。蜱常由新进的犬和野生动物携带，和螨一样能传播多种疾病。蚤以其能传播疾病给人特别是鼠疫和鼠伤寒而知名。鸟类、野鼠、野猫、蛇等既是各类体内外寄生虫的宿主，也是各种人兽共患病、动物传染病病原的携带者。此外，野鼠、野猫和蛇类等动物还可能伤害甚至猎食实验动物。实验动物设施内气候环境适宜，食物丰富，且由于饲养大量的动物而随时散发出动物特有的气味以及信息素，设施周边也往往散落有饲料、饲养废弃物甚至动物尸体，这些因素吸引大量实验室外的动物聚集，使动物入侵设施的概率相应提高。

由于实验动物设施内部的相对封闭性，一旦进入设施，这些动物就很难自行离开；由于内部生存环境适宜、食物丰沛，反而可能在其中大量繁衍，从而扩大污染和危害的范围。蚊蝇等害虫往往行踪隐蔽，不易被觉察，在饲养动物的设施内杀虫剂的使用受到极大限制，加之蚊蝇等的繁殖速度快，清除这些害虫比防止其进入更难。入侵的脊椎动物会寻找藏身之地并尽量回避人类，但其活动痕迹较容易被发现，如野鼠为了偷吃饲料而咬破容器、包装袋，或将大量饲料洒落在地面；野猫可能咬伤咬死笼中的动物，或破坏室内的物品、设备等。无论这些动物最后是否被抓获清除，被入侵的设施以及其中的动物、人类都可能面临高度的生物安全风险。另一方面，入侵动物如果重新回到外界，也可能将设施内的生物危害向外扩散，如将感染性动物实验设施内的病原微生物带出设施并造成区域性的动物或人群感染，或者是重组 DNA 的意外释放。

四、废弃物

实验动物饲育及实验工作产生的"三废"，即废气、废液和固体废料中含有大量生物危害物质,在设施内积累可危害设施内的环境、动物和操作人员,一旦泄漏到设施外,后果可能不仅是污染环境,还会导致所在地区动物或者人群感染疾病,危及当地的公共卫生和安全。

(一) 废气

非感染性动物室产生的废气主要含有各类臭气物质和气溶胶(飞沫核和粉尘)。臭气物质的种类、浓度和设施内动物种属及饲养密度、打扫工作的频度等有关,氨是各类臭气物质中浓度最高的,其他有甲基硫醇、硫化甲基等。臭气主要来自动物的排泄物,也有部分来自对饲料、垫料的灭菌过程。

臭气物质不仅可使人、动物产生不愉快的气味感受,还具有一定毒害作用。长期置身通风不良的动物室内接触较高浓度的臭气物质,不仅会产生心理上的厌恶,也会引起生理上的病变,其中氨的危害作用最为明显。在哺乳动物,吸入是氨损害机体健康的主要途径,过量吸入导致呼吸系统疾病,并对皮肤和眼睛产生强烈刺激。大鼠在 $25\sim250$ ppm 的氨环境中生活 $4\sim6$ 周,即可发生严重鼻炎、中耳炎、支气管炎和支原体肺炎。小鼠和大鼠肺内的鼠肺炎支原体的增殖,在氨含量为 20 ppm 的情况下和对照组(非暴露组)之间无明显差别,但在 50 ppm 及 100 ppm 情况下则明显增殖,每 1 g 小鼠肺组织内的细菌数比对照组多 10^4 个,氨对气管及肺组织的影响或使气管纤毛运动减少,与微生物的侵袭协同作用而诱发呼吸器官疾病。

在感染性动物室内,除了臭气的问题,空气中还可能悬浮着大量污染了感染性病原的微粒,在排放前必须经过空气过滤,可以采用安装排气过滤器进行 3 级过滤的办法,其中低效过滤器用于去除饲料粉末和动物毛发等,在高效过滤器和超高效过滤器上设置压差计可以观察过滤器是否被堵塞,对过滤器进行喷雾消毒可避免排气过滤器成为污染源。

(二) 废液

废液主要产生于动物的尿液、粪便,以及笼器具的洗涤污水,其他还有动物的血液和组织液样品、动物检测或实验中的各类检测、研究试剂,以及废弃液体等,也包括设备运转用水如高压灭菌器的排水和冷却用水。废液的安全风险来自动物排泄物或组织样品中可能存在的感染性微生物,以及具有生物危害的实验废液。水洗饲养方式如大鼠、豚鼠、兔的冲水式饲养,对犬、猪、羊圈舍的冲洗打扫,以及清洗笼器具都会产生大量含有动物排泄物的污水,实验废水中更可能含有动物体组织或其洗涤污水。通常,实验动物设施内的人尽量不接触这些污水,并采取较好的防范措施避免自己及环境被污染,但当排入下水管道后,这些污水就将和城市居民生活用水的排水一样进入水体循环,若没有有效的无害化处理,便会污染水质。排泄物通常都先排入专门的化粪池处理,一旦化粪池泄露,则设施周围的土壤、水质将受到污染,进而影响周围生活的人和其他生物。

(三) 固体废料

固体废料主要是动物的排泄物、铺垫物、动物尸体或部分肢体(组织),以及废弃的医疗器械、培养基、实验器材、一次性口罩、帽子、手套等实验室废弃物。固体废料的流动性比废气、废液小,易于控制,但其含有的生物危害物质却是最多的,而且固体废料为多数微生物提供了更好的生存环境,使后者离开宿主后能够存活较长时间。随着这些废料被运往另一个地方,微生物可能由此开始一段远距离的传播。医用废弃物的处理已有明确的相关规定和较成熟的管理制度,但对于动物性废弃物的管理目前仍不严密,许多单位仍没有严格执行动物尸体冷冻后火化、废弃物集中储存交专业机构焚烧的规定。

对实验动物设施内动物性废弃物所持有的错误认识可导致人为的生物安全事故。20世纪80年代,我国一些大型实验动物设施废弃的动物垫料被附近农民收购用作有机肥料,因其中含有大量动物粪便、饲料残渣,甚至是动物的尸体而没有经过任何处理,最后导致该地区动物传染病流行。近年来,随着动物福利观念的引入,部分热心团体和个人纷纷为实验动物举办悼念仪式,将动物尸体直接埋入花园土壤中,此举无意中导致了潜在生物危害的扩散。

五、意外释放的实验动物

实验动物的意外释放是指由于各种非预期的事件导致实验动物离开其生活的规定范围,包括笼具、饲养室和实验动物设施,从而脱离人的控制,意外释放通常源于动物的逃逸,有时也见于人为释放。

(一)意外释放动物的潜在危害

实验动物之所以被称为实验室动物(laboratory animal),因为这些动物终生都生活在实验室里,高度驯化的实验动物经过长期的人为选择而具有独特的遗传组成和生物学特性,一些实验动物还是人类借助现代生物技术创造的新物种,因此实验动物不完全是自然界的生物,对自然环境的适应性通常较弱,一旦离开实验室,可能难以生存。然而有些品种具有较强的生存能力,甚至可能超过其自然界的同类,或者具有某方面的生存优势,当这些动物逃逸(意外释放)到自然环境中,有可能大量繁衍,和其他动物抢夺资源或捕食某些动物,影响生物多样性,对当地的生态平衡造成破坏。如逃逸的实验动物和土著动物发生杂交,由于两者遗传背景相差悬殊,可能产生出具有高度杂交优势的后代,进而威胁其他同类。遗传工程动物大多具有遗传缺陷,并且在制作中通过基因构件来限制其意外释放后的风险,因此这类动物在自然界的生存繁衍的可能性不高,但不能完全排除遗传工程动物逃逸对生态平衡的潜在威胁。

当动物逃出笼舍在实验动物设施内部四处游走时,往往成为病原微生物活动的传染源或者传播媒介。出逃的感染动物通过排泄、接触其他健康动物或者其饲料和用品造成污染和病原扩散,出逃的健康动物通过接触病原微生物的培养基、感染动物室内的各类物品,甚至动物而被感染成为传染源或传播媒介将病原携带至其他地方。出逃动物更容易恢复野性而对人类发起攻击,并且面对抓捕具有更强的反抗力和灵活性。此外,啮齿类动物为了满足其磨牙的天性,会咬坏实验室内的电线电缆、记录资料、橡胶软管及其他物品,引起各类事故和损失。一些灵长类实验动物能够模仿人类的行为开启实验室的设备,还可能取得实验室内的钥匙而打开其他动物笼的门放出更多动物,造成更大破坏。

(二)导致意外释放的原因

动物逃逸通常发生于笼具不坚固或不适当、防逃设施不可靠、操作失误和意外事故等。小鼠骨骼柔软善于钻洞,离乳前后的小鼠活泼好动,有时能够从看似不可能的狭缝或窄小空隙里钻出笼具。使用大鼠笼具饲养小鼠时,由于规格不同,小鼠常会从笼盖的缝隙里钻出。地鼠善于啃咬,可能将笼具的铁丝咬断而逃出。猪善于拱土打洞,圈养时如不经常检查,有可能会洞穿圈舍墙壁。猴能够学会打开笼门的插销,以及使用钥匙开门。操作动物时如保定失败也会使动物逃逸。转运动物时,转运设施设备的漏洞、交接中对动物掌控不当以及交通事故导致笼具破坏,都会使动物逃脱。

在某些情况下,人可能在无意中释放实验动物,如实验中将动物的深度麻醉误认为死亡,而没有采取最后的处死措施,并且也没有将动物尸体放入冰柜保存,只是放在无法封闭的容器内,甚至直接放在桌面或地面,待动物苏醒后就可逃出;批量处死动物时没有对尸体作最后检查确认,导致昏迷的甚至清醒的动物被当作尸体运出设施。更极端的情况是有意的批量释放,例如2003年前湖北省一些农村流行饲养实验鼠并卖给相应机构提取血清用于生产某些洗发产品和化妆品,随着血清的价格急剧下降,农户不再愿意养实验鼠但又不忍处死,就直接将鼠弃于田间,导致对当地环境生态的严重破坏。

第三节
实验动物科学工作中的生物安全问题

涉及实验动物的生物安全问题有其特殊性。一般情况下工作人员主要面临各类实验室获得性感染和过敏问题;对实验动物的威胁主要来自传染性疾病;对动物设施外的环境而言,威胁来自设施的泄漏、动物的逃逸以及人员出入造成的生物危害物质传播;在转基因实验动物的培育和使用中,还存在重组DNA的相关生物安全问题。

一、人兽共患病的实验室感染

人兽共患病(zoonosis)是由人类和脊椎动物的相同或相似病原体引起,在流行病学上密切相关的疾病,"人兽共患病"于1979年由WHO和联合国粮农组织共同命名。目前,有200多种动物传染病和150多种寄生虫病可通过动物或动物产品直接或间接传染给人类,引起人类发病甚至死亡。传统的人兽共患病主要有鼠疫、结核病、狂犬病、布鲁氏菌病、乙型脑炎、血吸虫病等。随着全球化发展突破地域障碍,加上全球气候和生态环境的改变、抗生素滥用等问题,新的传染病不断出现和流行,如近年来的重症急性呼吸综合征、高致病性禽流感H5N1、埃博拉出血热、肾综合征出血热、尼帕病毒病、新型克-雅氏病等。实验动物设施内发生人兽共患病对工作人员、实验动物都具有极其严重的危害,可导致感染动物及人的发病、死亡,以及科学研究中断或失败,病原一旦逸出设施造成外界疾病传播和流行,还将危及公共安全。

(一)实验室中人兽共患病的传染源

动物是实验室中人兽共患病的主要传染源。实验动物由野生动物驯化而来,其自然界的同类本身是很多人兽共患病病原体的天然宿主,这些动物可能携带的人兽共患病病原体高达150种之多。啮齿类和家兔常携带的人兽共患病病原有弓形体、绦虫、念珠状链杆菌(鼠咬热)、淋巴细胞性脉络丛脑膜炎病毒、沙门菌、各类皮肤病原真菌(癣和皮肤病)、钩端螺旋体、汉坦病毒、鼠疫杆菌等，犬和猫常携带狂犬病病毒、弓形体等。

不携带已知的人兽共患病病原是实验动物最基本的要求，使用合格的标准化实验动物可有效避免已知人兽共患病的发生，但是由于人兽共患病的种类繁多并且在不断更新，应用标准化合格的实验动物仍需防范新发的、未知的人兽共患病。自 20 世纪 70 年代以来，全球新发生了 40 多种传染病，绝大多数是动物源性的人兽共患病，有些是原本可能不存在的，如艾滋病、冠状病毒性 SARS、O139 霍乱等，有些是存在已久而近年被发现和认识，如莱姆病、戊型肝炎、丙型肝炎等，还有的属于过去被认为非传染病而今已找到病原并确认具有传染性，如幽门螺杆菌引起的胃溃疡或萎缩性胃炎等。在实验动物科学研究中，有时还会用到尚未标准化的家禽、家畜甚至野生动物，因此，各种来源的实验动物和实验用动物仍是人兽共患病病原的主要潜在传染源。迄今常见的实验室工作人员易患人兽共患病见表 8-2。

表 8-2　实验室工作人员易患的人兽共患病

疾病	动物宿主	人体患病严重程度
布鲁菌病	牛、绵羊、山羊、猪	++
Q 热	牛、绵羊、山羊、猪	+
肝炎	非人灵长类	++
土拉杆菌病	兔	++
结核病	非人灵长类、牛、绵羊、山羊、猪	++
鹦鹉热	长尾小鹦鹉、鹦鹉、鸽、火鸡、家鸡	+
鼠伤寒	大鼠、负鼠	+
钩端螺旋体病	大鼠、犬、小鼠、仓鼠、豚鼠、负鼠、臭鼬、狐、牛、绵羊、山羊、猪	+
志贺菌病	非人灵长类	++
新城疫	家鸡、火鸡	+
沙门菌病	家鸡、火鸡、非人灵长类	+
淋巴细胞性脉络丛脑膜炎	小鼠、大鼠、仓鼠、豚鼠	++
炭疽	牛、绵羊、山羊、猪	++
水泡性口炎	牛、绵羊、山羊、猪	+
弓形体病	大鼠、小鼠、猫、犬、牛、绵羊、山羊、猪	++

（二）人兽共患病的分类

根据人与动物之间在人兽共患病流行病学上的关系，目前将人兽共患病主要分为以下 4 类。

1. **动物源性共患病**　病原的主要贮存宿主是动物，通常在动物间传播，亦可波及人类引起人感染发病，但人多为病原体传播的生物学死角，病原很少通过人再感染其他人或动物，如狂犬病。这类病原中，只有鼠疫等少数种类可在人间传播。

2. **人源性共患病**　病原的贮存宿主是人，通常在人群间传播，偶尔感染动物，动物感染后也成为病原体传播的生物学死角,没有继续传播的机会,如人型结核传染给猴或牛。

3. 互源性共患病 人和动物都是病原的贮存宿主,自然条件下这些疾病均可在人之间、动物之间,以及人和动物间传播流行,人和动物互为传染源相互感染,这类病原宿主谱很广,传播媒介很多,如炭疽、钩端螺旋体病、血吸虫病等。

4. 真性共患病 病原必须以动物和人分别作为中间宿主和终宿主,才能完成其生活史,如人的猪肉绦虫病和牛肉绦虫病,病原分别,猪、牛为中间宿主,人为终末宿主。

(三) 人兽共患病的危害特点

由于人兽共患病的病原能够在人类和其他脊椎动物间自然传播,和其他疾病相比更具危害性,主要特点如下。

1. 高度危害性 很多人兽共患病是动物和人类的烈性传染病或流行病,既可通过同源性链在同类,如动物和动物间或人与人之间传播,又可通过异源性链在动物与人之间的流行。历史上,鼠疫、天花、霍乱、伤寒等疫病曾多次发生世界性流行,造成重大的灾难。作为新型人兽共患病,艾滋病目前已感染了 6 000 多万人,并导致 2 000 多万人死亡。首发于 1985 年的疯牛病波及英国、德国、加拿大、瑞士、意大利、法国、美国、日本等多个国家,造成全球 30 多万头牛感染并引起 130 多人发病死亡。

2. 病原体宿主广泛 人兽共患病的病原可感染包括人在内的多种动物,宿主谱很广,鼠疫病原菌可从 214 种动物身上分离,60 多种脊椎动物能自然携带土拉杆菌,狂犬病毒能感染 4 000 多种哺乳动物和人类,炭疽杆菌几乎可以感染所有哺乳动物和人类。

3. 受感染的人和动物表现可能不完全相同 由于人和动物处于不同的进化阶段,当人由动物感染了人兽共患病后,其传染过程、传播方式、流行过程、临床表现等与动物感染后并不完全相同,可能干扰对疾病的诊断、防控。如啮齿类动物感染森林脑炎病毒后没有症状,而人被感染后则表现出严重的临床症状。鼠疫、炭疽、血吸虫病、布鲁菌病、狂犬病等在动物和人类的感染后症状及传播方式不同。对各种人兽共患病的易感性,人与动物、各种动物之间都存在差异,即便能够感染多种动物和人类的病原在不同物种也会表现出不同的疾病特征和严重程度。易感性的高低,与易感机体自身特性如免疫状态、年龄等有关,也与病原种类、毒力等因素有关。实验动物具有比较一致的遗传背景和免疫状态,同类中的易感性较为相似,而人的个体差异相对更大,对病原的感受性以及感染后的表现差别也大。

4. 动物在人兽共患病原体传播中有重要作用 许多动物是人兽共患病病原的储存宿主和传播媒介,据统计 2/3 的人兽共患病病原体储存宿主为动物,感染人兽共患病的人中 1/3 其病原来自家畜和其他脊椎动物,职业性接触动物的人有更多机会暴露于人兽共患病病原。

二、实验性病原感染

由实验性病原体的意外扩散引起人和动物的感染,是感染性动物实验研究中较常见和主要的生物危害,传染源包括实验性感染的动物及其组织以及病原体储存容器如安瓿、注射器等。

应用致病微生物进行各类动物感染实验时,从接种病原体到实验结束,要经过数日、数周乃至数月,在饲育及实验工作中存在许多实验性病原体扩散的机会,任何一次疏忽都可能导致病原体失控,引起操作人员和非预期感染动物的相关疾病(表8-3)。

表8-3 病原体常见的实验室感染途径

途径	操作/事故	备注
吸入(含病原体气溶胶)	混合,搅拌,研磨,捣碎,离心,接种动物	自然条件下非空气传播的病原也可在实验室发生空气传播
	口吸吸管,液体溅入口中,在实验室内饮食、吸烟,将污染物品或手指放入口中,如咬笔头、指甲等行为	13%的实验室相关感染与用口吸吸管有关
非肠道意外接种	被针尖、刀片、玻璃片所伤,被昆虫、动物咬伤	25%的实验室相关感染与针刺有关,15.9%的实验室相关感染与切割伤有关
由皮下或黏膜透入	血液和皮肤直接接触,含病原体液体溢出或溅洒在皮肤或眼睛、鼻腔、口腔黏膜,皮肤或黏膜接触污染表面或污染物,以及诸如如戴眼镜、擦拭脸部等由手到脸的动作	

实验性病原体可能只对人类或动物致病,也可能是人兽共患病病原;病原可能在研究过程中因某些操作、培养而发生变异;即使是相同的病原体,如果所用的动物种类和接种途径不同,其繁殖程度和排出方式也会有所不同,而病原体在动物体内经过繁殖后,其致病性有时会得到增强,如果不考虑这些因素,往往会因准备不周,或没有采取适当的措施,在毫无察觉的情况下释放病原。实验性病原感染涉及的因素比人兽共患病复杂,但其危害通常局限于和这些病原,以及接种动物密切接触的人,工作人员对其可能导致的危害有一定了解和预计,能够事先采取一定防范措施。实验性病原体感染常发生于疏忽、事故或对病原的危害性估计不足时。

三、过敏反应

实验动物所致过敏症,又称实验动物变态反应(laboratory animal allergy,LAA),属Ⅰ型变态反应,不仅在从事实验动物工作的人员中十分普遍,也会累及许多哺乳动物,如猫、犬、马、牛、绵羊、山羊、猪、兔、大鼠、小鼠、仓鼠、沙鼠和豚鼠等。大多数时候,是由其他哺乳动物引起人类的过敏反应。

对动物性致敏原的过敏反应是严重的职业病。对人而言,由实验动物引发的过敏通常导致出现各种不适的过敏症状,严重者可危及性命,通常是影响过敏者的健康并导致工作效率下降和差错率上升,从20世纪70～80年代接触实验动物的人员收集到的流行病学资料表明,LAA的平均发生率为20%,近年来该比例还在上升。人们因接触实验动物而发生的过敏反应已成为很突出的问题,故而过敏反应是实验动物设施中比较严重的生物危害。

人类对实验动物过敏的症状包括鼻充血、鼻溢、喷嚏、眼部发痒、血管性水肿、哮喘,以及各种皮肤症状,最典型的症状反应在是鼻子、眼睛,且呼吸方面的症状多于皮肤症状,LAA患者中80%出现鼻炎、打喷嚏、鼻塞和鼻溢,40%患者出现蜂窝状皮疹或荨麻疹,约10%患者出现较严重的呼吸道症状如咳嗽、哮喘、呼吸急促等。患接触性荨麻疹的人接触小鼠或大鼠的尾部时其皮肤就会产生疹块,潮红而隆起,被猫或犬抓挠也有类似反应,橡胶手套中的乳胶是导致接触性荨麻疹的另一原因。对动物唾液有过过敏反应的人可能对动物蛋白敏感,一旦被动物咬伤就会出现过敏症状。严重过敏者甚至可出现咽喉水肿、呼吸困难。此外,过敏也是抗传染病能力下降的原因之一。实验动物引起的常见过敏反应见表8-4。

表8-4　实验动物引起的常见过敏反应

病症	症状	体征
接触性荨麻疹	皮肤发红,发痒,隆起肿块	凸起的局限性红斑损伤
过敏性结膜炎	喷嚏,发痒,鼻溢,鼻充血	结膜充血,流泪
过敏性鼻炎	喷嚏,发痒,鼻溢,鼻充血	鼻黏膜苍白或水肿,流涕
气喘症	咳嗽,气喘,胸闷,呼吸急促	呼吸声减弱,呼吸时相延长或气喘,可逆气流闭塞,导气管高反应性
过敏症	全身性瘙痒,起疹块,喉咙发紧,眼唇水肿,吞咽困难,吼叫,呼吸短促,眩晕,晕厥,恶心,呕吐,痉挛性腹痛,腹泻	潮红,疹块,血管水肿,喘鸣,气喘,低血压

不同动物引起人过敏的发生率不同,根据山内忠平对5 641名人员按接触动物的种类进行调查发现,发生率依次为:豚鼠31%,猫31.1%,兔29.7%,小鼠26.1%,大鼠24.9%。人群中的易感对象包括敏感体质者、有家族过敏史,以及吸烟者容易发病,职业性接触实验动物者的发病率较高,且和接触时间、强度、频度有关。对实验动物的过敏反应发生最早的是在与动物接触的2~3个月内,而大部分是在2~3年以内才会发生,也有少数是在3年以后出现症状,数年内不出现症状者以后发生这类过敏反应的可能性极小。与实验动物接触而发现过敏反应症状的时间平均为6.1±5.1年。对来源于小鼠的致敏原有反应者,亦有很多对大鼠、豚鼠、仓鼠、家兔的致敏原反应呈阳性。与从事动物实验的人相比,接触实验动物机会更多的饲养技术人员中,存在出现症状早的倾向,在其他方面则无明显差别。

LAA的致敏原主要是动物性蛋白,近年研究表明其主要成分是一些微小的酸性糖蛋白,属于细胞外蛋白质,这些与过敏有关的胞外蛋白总称为脂质体超家族。致敏原的主要来源是动物的皮屑和尿液。已证实小鼠、大鼠、豚鼠、家兔、犬、猫等动物的毛、皮屑、血清、唾液、尿液含有致敏原性复合物,这些抗原蛋白的分子结构具有很大相似性,但不同物种却不具有共同抗原性,只在近交系动物间存在交叉反应性。已经发现大鼠尿液中的低分子量 a2-球蛋白、小鼠尿液中的前白蛋白是即时型气喘反应的主要诱因。兔毛中的一种糖蛋白是重要的致敏原;鸟类是高敏感性肺炎的潜在病因,接触鸟可引起鼻炎和哮喘症状;鱼蛋白是人吸入性过敏的主要病原,接触猪可引起哮喘及其他呼吸症状;爬行动物中,曾有过对蛙蛋白过敏的报道,其他则很少;人类对灵长类动物过敏反应不常见。来自家猫的致敏原可经实验人员传递给实验动物,如小鼠、大鼠、人的哮喘和猫的致敏原有密切关系。

LAA的致敏原在动物代谢活动中经尿液、唾液、粪便、皮屑、脱落被毛等排放,以液滴、粪渣、皮块于饲料渣、垫料粉尘混合的形式飘浮在空气中,或沾染在动物体表、吸附于衣物和饲养设施表面,一般致敏原直径为$1\sim20~\mu m$,多数$<10~\mu m$,可以持续漂浮>60分钟,动物室内的气溶胶是致敏原的主要载体,未直接接触动物的工作人员也可能在同一个工作环境中受到致敏原刺激。来自实验动物的致敏物质通过呼吸道、皮肤、眼、鼻黏膜或消化道引起人的过敏反应,其他接触途径如直接接触动物排泄物、污染笼器具表面或笼具洗刷的污水等。不同品种动物单位时间内代谢产生的致敏物质数量不同,对饲养不同品种的实验动物室内致敏原水平测量显示,兔和豚鼠室内含量最高,大鼠和小鼠次之。此外,不同性别、年龄的动物单位时间内排泄的致敏物质数量也差异很大,一般雄性动物比雌性动物排泄量大,同等体重时,年龄大的动物比年龄小的排泄量大。

四、动物传染病

除了人兽共患病和实验性病原体意外感染,以及致敏原的干扰,实验动物还可能受到其他的动物传染性疾病的侵袭。对实验动物具有特异性的病毒、细菌等传染病病原虽不会导致人的感染,却是实验动物非实验性死亡的重要原因,有时动物即便存活,也会因疾病的消耗而体质衰弱,抵抗力下降,易感性升高,在各类应激因素的影响下,为传染病暴发流行埋下隐患,最轻微的后果是带菌带毒动物对研究观察的干扰。

(一)实验动物感染类型

实验动物感染病原体后会有不同的临床表现,从完全没有临床症状到明显的临床症状,甚至死亡,这不仅取决于病原体本身的致病力和毒力,也与实验动物的遗传易感性和宿主的免疫状态,以及环境因素有关。

1. **显性感染** 当机体免疫力较弱,或入侵的病原体毒力较强、数量较多时,则病原体可在机体内生长繁殖,产生毒性物质,经过一定时间相互作用。如果病原体暂时取得了优势地位,而机体又不能维护其内部环境的相对稳定性时,机体组织细胞就会受到一定程度的损害,表现出明显的临床症状,即显性感染。显性感染的过程在体可分为潜伏期、发病期及恢复期。这是机体与病原体之间力量对比的变化所造成的,也反映了感染与免疫的发生与发展。显性感染可分为轻重、急慢性等各种类型。如鼠痘病毒感染急性发作可使动物在数小时内大批死亡而未见任何症状,亚急性或慢性过程可导致肢体、尾部水肿,继发坏死性炎症,动物非死即残,该病是小鼠的常见病,曾在英国、德国、法国、美国、苏联、日本,以及我国许多地区流行,感染后动物被迫全群淘汰。

实验动物显性感染的临床表现需由饲养人员和实验人员通过仔细观察方能发现。一般而言,进化程度较高的大型实验动物的特异性临床表现较易识别,而进化程度较低的小型实验动物的临床表现是非特异性的,通常表现为生长发育缓慢、饮食活动减少、背弓毛松、抵抗力和繁殖力下降等症状,需通过病理解剖和实验室诊断才能确诊。

2. **隐性感染** 又称亚临床感染,由于病原体侵入动物体后仅引起机体产生特异性的免疫应答,不引起或只引起轻微的组织损伤,因而在临床上不显出任何症状和体征,甚至生化改变,只能通过免疫学检查发现。

实验动物感染后不出现或仅出现不明显的临床症状,但通过血清学检测可发现其体内产生针对某种病原体的特异性抗体。一些遗传上对某种传染病具有抗性的实验动物,感染后往往不发病,从而被人们所忽视,但其能不断排出病原体,成为传染源。所以,必须对实验动物进行定期的病原体监测加以预防。

3. 潜伏感染 是指一种病毒的持续性感染状态。原发感染后,病毒基因存在于一定的组织或细胞中,不能产生感染性病毒,也不出现临床症状,病毒与动物机体在相互作用过程中保持暂时的平衡状态。但在某些条件下,如运输、手术、注射、X线照射、免疫抑制等,机体的防御功能降低,暂时的平衡受到破坏,病毒被激活增生,感染急性发作而出现症状,急性发作期可以检测出病毒。这种感染方式多见于实验动物的某些病毒性传染病,如鼠痘、鼠肝炎等。鼠肝炎是由鼠肝炎病毒引起的小鼠传染病,大多数病例外观无明显症状,但幼鼠和经实验处理抵抗力下降的鼠可出现急性肝炎临床症状,或为亚急性至慢性肝炎,最终死于消耗症。

4. 病原携带状态 是指病原体在动物体内停留于入侵部位或在离入侵处较远脏器继续生长繁殖,而动物体不出现疾病的临床表现,但能携带且不断排出病原体。按病原体种类不同分为带毒、带菌与带虫。

病原携带状态一般可分为恢复期携带和"健康"携带两种。恢复期携带的实验动物传染病有鼠痘、沙门菌感染等,恢复期携带时间的长短是决定患病动物隔离期限的主要依据。"健康"携带的实验动物传染病有淋巴细胞脉络丛脑膜炎、乳酸脱氢酶增高症等,由于机体对于病毒处于免疫耐受,血液中抗体滴度没有或极低,但存在大量病毒颗粒,且终生带毒。

主要的实验动物传染病见表8-5~表8-7。

表8-5 常见实验动物烈性传染病病原及其危害

病原体	易感动物	症状与危害
鼠痘病毒	小鼠	又称脱脚病,全身感染,传播快,死亡率高,大部分为隐性感染,多呈暴发性流行。①急性:多见于初发,症状不明显,经过迅速,死亡率60%～90%;②亚急性:出现四肢、尾和头部肿胀、溃烂、坏死甚至脚趾脱落、皮疹、眼睑及结膜炎的典型症状,病程较长;③慢性:多见于流行后期,偶见皮疹,育成鼠发育迟缓
兔出血症病毒	兔	又称兔瘟,引起呼吸道出血及实质器官水肿、淤血和出血;发病急,传染性强,死亡率高,常呈暴发性流行;青年兔和成年兔常发病,仔兔常呈慢性经过。①急性:迅速死亡,无症状,死前常抽搐、尖叫和鼻腔流出泡沫状血样液体;②亚急性:病初被毛粗乱、结膜潮红、高热,死前极度兴奋,死后角弓反张、口鼻流出泡沫状血样液体;③慢性:多见于老疫区和发病后期,潜伏期和病程较长,病兔消瘦、衰竭而死,耐过兔发育不良
兔痘病毒	兔	全身性感染,传播快,死亡率高

病原体	易感动物	症状与危害
兔黏液瘤病毒	兔	全身皮肤黏液瘤样肿胀,死亡率高,传播快
犬细小病毒	犬	引起急性出血性肠炎或非化脓性心肌炎,死亡率高,幼犬多发。①肠炎型:病初发热、呕吐、腹泻,粪便稀薄恶臭,后期排血便;②心肌炎型:多见4~6周龄的幼犬,发病突然,症状不明显,呼吸困难,因急性心力衰竭而突然死亡
犬瘟热病毒	犬	又称犬瘟,死亡率30%~80%;双相热持续数周后出现呼吸、消化和神经系统受损症状,如腹式呼吸、呕吐、痉挛、转圈、踏脚等
犬肝炎病毒	犬	高热,伴有黄疸,肝大、变性,胆囊充盈,胆囊壁水肿
猴D型反转录病毒和猴免疫缺陷病毒	猕猴	猴获得性免疫缺陷综合征,又称猴艾滋病,高致死性慢性传染病;专门攻击免疫细胞CD_4^+,导致免疫功能衰竭,最终并发各种严重的机会性感染和肿瘤;常见腋下和腹股沟淋巴结病,脾大,严重腹泻,贫血,低蛋白血症,皮肤和黏膜水肿、坏死、溃疡,肝大、坏死,胸腺萎缩
猪瘟病毒	猪	又称猪瘟,特征性症状为淋巴结水肿、出血,脾梗死,肾脏呈土黄色、皮质表面点状出血,发病率和死亡率均高。①急性:高热、结膜炎、便秘与腹泻交替,病程为10~20天。②亚急性:皮肤有明显出血点,其余同急性,病程为21~30天;急性和亚急性表现为出血性败血症,耳根、颈、腹、四肢内侧等部位皮肤有出血点,稍久可融合形成较大的紫红色斑块。③慢性:体温时高时低,消瘦,便秘与腹泻交替,病程1~3个月。④温和非典型性:妊娠母猪流产、死胎
大肠埃希菌	兔	又称黏液性肠炎,暴发性,死亡率高;症状为水样或胶冻样粪便,因严重脱水而引起死亡;主要发生在1~4月龄的幼兔、断奶前后的仔兔群中
多杀巴斯德杆菌	兔	出血性败血症或局部慢性感染。①败血型:突然死亡;②鼻炎型:鼻塞、咳嗽、打喷嚏、皮下组织发炎,有浆液性、黏液性或黏液脓性鼻液;③地方流行性肺炎型:肺实质病变,因败血症而迅速死亡;④中耳炎型:斜颈、回旋、耳道流出脓性渗出物,运动失调;⑤其他:有子宫内膜炎、睾丸炎、附睾炎等生殖器官感染,以及两侧结膜炎、皮下和器官脓肿表现
荚膜组织胞浆菌	啮齿类,犬、猫	烈性真菌病,主要侵害肺脏及网状内皮系统
粗球孢子菌	犬	烈性真菌病,主要侵害肺脏
爱美尔球虫	豚鼠、兔、大鼠、小鼠	兔肝球虫和肠球虫危害最大,可引起腹泻、进行性消瘦、肝脏高度肿大,直至死亡
犬恶丝虫	犬	心脏扩大、心功能紊乱,供血不足,贫血,消瘦,结节性皮肤病

表8-6 常见实验动物弱致病性病原及其危害

病原体	易感动物	症状与危害
小鼠肺炎病毒	啮齿类	引起食欲下降,被毛粗乱,消瘦,弓背,呼吸急促,耳和尾发绀等症状,导致慢性鼻炎、间质性肺炎

续 表

病原体	易感动物	症状与危害
小鼠白血病病毒	小鼠	引起各型白血病
小鼠肉瘤病毒	小鼠	引起肿瘤
小鼠乳腺瘤病毒	小鼠	引起乳腺肿瘤
呼肠孤病毒Ⅲ型	小鼠、大鼠、仓鼠	出现黄疸、运动失调（震颤和麻痹多见）、油性被毛、脱毛、脂肪型下痢、生长发育迟缓，导致结膜炎、脑炎、肝炎、胰腺炎；急性发作多见于新生乳鼠和断乳小鼠，成年鼠多呈隐性感染
大鼠冠状病毒	大鼠	急性传染病，流行范围广，发病率高，我国普通大鼠抗体阳性率达90%；引起唾液腺和泪腺炎性损害，导致畏光、流泪、红眼、红鼻、颈部肿胀，角膜混浊，眼前房积脓和充血，结膜炎
豚鼠白血病病毒	豚鼠	引起各型白血病
兔乳头状瘤病毒	兔	传染性肿瘤病，颈、肩、腹部可见乳头状疣物
犬乳头状瘤病毒	犬	传染性肿瘤病，呈散发型，多见于口鼻、眼睛周围的皮肤
犬腺病毒Ⅰ型	犬	引起传染性肝炎、呼吸道病变和眼病，感染率40%～70%。①急性：怕冷、高热、呕吐、腹泻、血便，重者数小时内死亡；②亚急性：咽喉炎致扁桃体肿大、颈淋巴结炎致头颈部水肿，角膜水肿即"蓝眼病"为特征；③慢性：多见于老疫区和流行后期，很少死亡，可自愈。成年犬很少出现临床症状，主要感染幼犬
犬腺病毒Ⅱ型	犬	幼犬腹泻
犬冠状病毒	犬	急性胃肠炎
犬呼肠病毒	犬	轻微上呼吸道疾患
支气管鲍特杆菌	豚鼠、兔、犬、猪	厌食、鼻炎、呼吸困难、消瘦、虚脱；引起豚鼠支气管肺炎，竖毛、流水样或化脓样鼻涕、咳嗽；引起兔鼻炎和化脓性肺炎，鼻腔流脓性分泌物，打喷嚏、喘息；引起犬气管、支气管炎，阵发性干咳、干呕、呕吐和咳嗽，也可转成肺炎；引起猪传染性萎缩性鼻炎，鼻梁骨变形，鼻甲骨萎缩，生长性能下降
支原体	啮齿类	肺支原体在实验动物中最常见，是啮齿类慢性呼吸道疾病的主要病原体，广泛存在于大鼠和小鼠中，大多数动物感染后症状轻微或无，表现为萎靡、弓背、流涕、呼吸困难等症状，引起支气管肺炎、关节炎、生殖道疾病，大鼠感染率最高；溶神经支原体产生的外毒素可侵袭大鼠和小鼠的脑神经及中枢神经，引起旋转病；关节炎支原体可引起大鼠自发性关节炎，表现为关节红肿，皮肤周围溃疡，甚至断足
新生隐球菌	犬、猫	引起脑膜炎、脑炎、肺炎
肝片吸虫	豚鼠、兔、犬	消瘦、发热、贫血、腹泻、黄疸
蛔虫	犬、猫	消瘦、发育不良、生长缓慢、异嗜、腹胀等
犬钩虫	犬、猫	异嗜、呕吐、下痢或便秘、贫血

表8-7 常见实验动物隐性感染及潜伏感染病原及其危害

病原体	易感动物	症状与危害
仙台病毒	小鼠、大鼠、地鼠、豚鼠	离乳小鼠常急性发作,主要表现为被毛蓬乱,发育不良,眼角有分泌物,呼吸困难等呼吸道症状,毒力增强可引起致死性肺炎;其他动物大多呈隐性感染;大鼠发病则表现为呼吸困难并发出呼噜声,发育不良,产仔数下降;成年地鼠感染后一般无症状,幼年地鼠则表现为精神不振、呼吸急促、困难,有时因衰竭而死亡
小鼠肝炎病毒	小鼠	正常情况下呈亚临床感染或慢性感染,应激后才会成为致死性疾病,表现为肝脏灶性坏死、腹泻和神经症状,引起肝炎、脑炎和肠炎。①急性型:消瘦、腹水;②神经型:后肢松弛性麻痹,结膜炎,全身抽搐,转圈运动,2~4天内死亡
小鼠细小病毒	小鼠	我国普通小鼠群抗体阳性率达60%;感染后不表现任何临床症状,也无明显的病理变化,但会引起免疫抑制,污染移植肿瘤和白血病病毒毒株
多瘤病毒	小鼠	我国小鼠群中抗体阳性率达40%;多呈隐性感染,乳鼠感染会导致唾液腺和腮腺部位肿瘤
小鼠K病毒	小鼠	我国小鼠群中抗体阳性率达5.9%;引发间质性肺炎
小鼠腺病毒	小鼠	普通小鼠群抗体阳性率达4%;FL株常引起小鼠的全身性致死性感染,表现为弓背、被毛粗糙、食欲下降等症状,累及棕色脂肪、心肌、肾上腺等组织器官;K87株常造成肠道局部的非致死性感染,不发病,但经粪便向外排毒
小鼠胸腺病毒	小鼠	隐性感染,导致胸腺坏死,免疫抑制
乳酸脱氢酶病毒	小鼠	隐性感染,引起乳酸脱氢酶异常增高
小鼠脑脊髓炎病毒	小鼠	我国普通小鼠群抗体阳性率达8%~35%;一般无明显的临床症状表现,主要侵害小鼠中枢神经系统
大鼠细小病毒	大鼠	我国普通大鼠群抗体阳性率达5%~60%;成年大鼠呈隐性感染,抵抗力下降会发病;乳大鼠表现为发育不良、黄疸、脑水肿,运动失调;雌鼠产仔减少,胎次减少,胎儿发生死亡或畸形;该病毒具有高度抗癌特性
豚鼠类疱疹病毒	豚鼠	隐性感染,我国普通豚鼠群抗体阳性率达30%~70%
兔疱疹病毒	兔	隐性感染,引发皮肤斑症和水疱
猴巨细胞病毒	猴	感染普遍,分布广泛,我国抗体阳性率高达40%~100%,多呈隐性感染,免疫力骤降可激活发病。表现为腹泻、厌食、背部脱毛等消耗性症状,活动性感染可发生重度间质性肺炎,病变主要见于唾液腺、淋巴结、肾脏和肺
猴泡沫病毒	猴	感染率高,我国猕猴群的抗体阳性率高达90.95%;感染后宿主虽有免疫应答,能引起动物低水平持续感染直至终生,但不表现任何临床症状和病理损伤,病毒基因可与宿主细胞基因整合,复制传代终生;可感染来自不同种属的不同类型的细胞系,有着广泛的细胞嗜性和宿主范围,从而污染生物制品
猴腺病毒	猴	多呈隐性感染,应激后发病排毒,表现为肺泡壁间质充血、水肿、炎症,以及坏死、脱落,心肌纤维发生轻度营养不良性改变,中枢神经系统血管扩张、充血等

续　表

病原体	易感动物	症状与危害
猴空泡病毒 SV40	猴	感染率高,我国猴群抗体阳性率达 73.84%;感染后无任何临床症状或病理损伤,呈隐性感染,可诱发肿瘤
泰泽病原体	啮齿类,兔	以隐性感染为主,在小鼠中较为常见,以芽胞形式传播广泛。沙鼠和地鼠的易感性最高,表现为出血性肠炎和弥漫性肝灶性坏死,鼠龄越小发病越重、病死率也越高;小鼠主要为肝有弥漫性坏死灶,以血管周围多见,回肠、盲肠、结肠上部均有病变;大鼠主要为回肠炎、溃疡性大肠炎和心肌病变;兔病变基本与小鼠相似
鼠棒状杆菌	小鼠、大鼠	又称伪结核病,条件致病菌,一般情况下为隐性感染,应激后可暴发流行,引起伪结核病。先表现为食欲下降、行动迟缓、消瘦,继而发生肝脏、肾脏、肺等器官的化脓性坏死,以及皮肤溃疡、尾部化脓灶、包皮淋巴结脓疡、关节肿大等,甚至死亡
肺炎克雷白菌	啮齿类,兔	条件致病菌,广泛寄生于动物的呼吸道和肠道,分布广泛,应激或免疫力下降后,引起肺炎、化脓性炎症及败血症,出现食欲下降、呼吸困难、不安、鼻痒、打喷嚏等症状
铜绿假单胞菌	所有动物	条件致病菌,分布广泛,致病性非常弱,主要以继发感染或混合感染导致慢性炎症,如中耳炎、内耳炎。动物表现为斜颈或转圈;感染皮肤,可引起动物局部脱毛、溃疡,周围被毛被染成绿色;带菌动物因应激而抵抗力骤降,会诱发致命的菌血症,引起内脏器官广泛的灶性坏死,以肝脏为甚
金黄色葡萄球菌	所有动物	条件致病菌,常位于动物体表、皮毛、口鼻、消化道内,当皮肤、黏膜出现破损或机体抵抗力下降、免疫抑制时,可引起皮肤软组织感染、败血症、乳腺炎、心内膜炎、肺炎、肠炎、脑膜炎、骨髓炎、筋膜炎、关节炎、中毒性休克综合征等。实验大鼠和小鼠发病,可引起化脓性睾丸炎、前列腺炎、卵巢脓肿、子宫内膜炎等;兔极易感染发病,通过皮肤损伤或经毛囊、汗腺感染时,可引起转移性脓毒血症;经呼吸道感染时,可引起上呼吸道炎症;哺乳母兔感染可引起乳腺炎,并引起仔兔肠炎
白色念珠菌	所有动物	条件致病真菌,寄生于体表、肠道、阴道等处,当机体免疫力下降或正常菌丛紊乱时,可引起全身或局部感染
毛霉菌	所有动物	条件致病真菌,常累及脑、肺、消化道
曲霉菌	所有动物	条件致病真菌,多侵犯呼吸道,产生的毒素可引起动物中毒,诱发肿瘤
兔脑原虫	哺乳类	常呈隐性感染,无特征性临床症状,因免疫力骤降可发病;兔可见急性病例,表现为转圈、麻痹甚至死亡,引起脑炎和肾炎症状
鞭毛虫	啮齿类	多无明显临床症状,偶见被毛无光、营养不良、消瘦、腹胀或腹泻
蛲虫	小鼠　大鼠　猴	隐性感染,偶见肠炎和直肠突出
鼠膀胱线虫	小鼠　大鼠	诱发膀胱癌及泌尿系统结石
结肠小袋纤毛虫	小鼠　大鼠、豚鼠　犬　猴	偶见腹泻和结肠炎
食道口线虫	猴	偶见下痢、衰弱、消瘦

(二)实验动物传染病流行环节

1. 传染源 患病动物是设施内重要的传染源。然而在合格的非感染性实验动物设施内不应存在最初导致动物感染的病原,因此病原来自外界,且由人或者进入设施的物品、动物携带,微生物学背景不明确的实验用动物,以及野生动物往往是最初的传染源。不同病期的患病动物,其作为传染源的意义也不相同。前驱期和症状明显期的患病因能排出病原体且具有症状,尤其是在急性过程或者病程转归阶段可排出大量毒力强大的病原体,因此作为传染源的作用也最大。潜伏期和恢复期的患病动物是否具有传染源的作用,则随病种不同而异。患病动物能排出病原体的整个时期称为传染期。不同实验动物传染病传染期长短不同,需根据传染期的长短制定各种传染病的隔离期。

病原携带者排出病原体的数量一般不如患病动物,但因缺乏症状不易被发现,有时可成为十分重要的传染源,如果未及时发现,还可以随实验动物的流动散播到其他单元,造成新的暴发或流行。病原携带者一般分为潜伏期病原携带者、恢复期病原携带者和健康病原携带者 3 类。狂犬病等在潜伏期后期能够排出病原体;布鲁菌病等在临诊痊愈的恢复期仍能排出病原体;沙门菌病等的健康病原携带者为数众多,有时可成为重要的传染源。病原携带者存在着间歇排出病原体的现象,因此仅凭一次病原学检查的阴性结果不能得出正确的结论,只有反复多次的检查均为阴性时才能排除病原携带状态。

2. 传播途径 每种实验动物传染病都有其特定的传播途径,有的可能只有一种途径,如虫媒病毒病等,但也有些从多种途径传播,如炭疽可经接触、饲料、饮水、空气、土壤或媒介节肢动物等途径传播。实验动物传染病的传播途径大致可分成 2 大类:①水平传播,即传染病在群体之间或个体之间以水平形式横向平行传播,在传播方式上又可分为直接接触和间接接触传播两种,大多数实验动物传染病如兔瘟等以间接接触为主要传播方式,同时也可以通过直接接触传播,2 种方式都能传播的传染病又称为接触性传染病;②垂直传播,即从母体到其后代两代之间的传播。

直接接触传播的疾病其流行特点是一个接一个地发生,形成明显的连锁状。这种方式使疾病的传播受到限制。一般不易造成广泛的流行,常局限于同窝动物内;间接接触传播时病原体通过传播媒介感染易感动物,传播媒介是指从传染源将病原体传播给易感动物的各种外界环境因素,可能是生物,也可能是无生命的物体,空气(如飞沫、飞沫核、尘埃)、污染的饲料和水及垫料、活的媒介物(如节肢动物、野生动物和人类)等均可引起病原体的间接接触传播,通常,呼吸道传染病通过空气传播,消化道传染病通过污染的饲料和水及垫料传播,间接接触传播的疾病流行范围和特点取决于传播媒介。垂直传播从广义上应属于间接接触传播,包括经胎盘传播、经卵传播、经产道传播等几种方式,许多病毒如淋巴细胞脉络丛脑膜炎病毒、乳酸脱氢酶增高症病毒、细小病毒等可通过胎盘垂直传播,但其传播范围局限。

实验动物都生活在专门的笼器具中,接触到的一切物品都由人类提供,因此,在动物传染病的发生和流行中,人的活动起了重要的作用。人向动物提供灭菌不彻底的饲料、饮水、物料、笼器具,使用被污染的器械和器具接触动物或动物的用品,在设施内逆向走动,从感染实验室进入非感染区而不更换工作服,等等,都会增加动物接触病原的危险。如设施内有节肢动物感染,则虫媒传播也是病原传播、扩散的重要途径。此外,实验动物设施内高度密集的饲养也为动物传染病的传播提供了重要条件,气溶胶是许多病原的载体,气流布局紊乱、空气调节设施故障都能够使感染性气溶胶向健康动物所在区域扩散。

3. 易感动物群　是指实验动物群中对某种病原体具有易感性的动物群体。易感性是指实验动物对于某种传染病病原体感受性的大小,实验动物群的易感性与实验动物群中拥有易感动物的数量呈正比,实验动物群中易感个体所占的百分率,直接影响到传染病是否造成流行以及疫病的严重程度。

实验动物易感性的高低虽与病原体的种类和毒力强弱有关,但主要还是由机体的遗传特征、年龄等内在因素、特异免疫状态决定。外界环境条件如气候、饲料、饲养管理卫生条件等因素都可能直接影响实验动物群的易感性和病原体的传播,动物间的打斗造成的伤害会降低动物抵抗力并增加接触感染的风险。疾病的流行与否,流行强度和维持时间,取决于该疾病的潜伏期,致病因子的传染性,以及实验动物群体中易感动物所占的比例和易感动物群体的饲养密度。

五、人身伤害

在实验动物设施内,工作人员因动物攻击而受伤是比较常见的,伤势通常和动物体型有着密切关系。大型实验动物、未经驯化而用于实验的体型较大的动物,以及各类大型经济动物的咬、抓、蹬、顶撞均可能会造成严重的外伤或内伤,啮齿类、兔等小型的实验动物因驯化历史较长通常比较温顺并容易操控,造成的多是轻微皮外伤。由动物引起的人身伤害其最终危害性和下列因素有关:伤人的动物是否携带可感染人的病原、伤势、受伤后的处理措施等,由于外伤的继发感染能够导致比伤害本身严重得多的后果,因此即使是轻微的外伤也必须慎重对待,及时处理。

六、对设施外的污染

实验动物设施内动物的逃逸、废弃物排放、人的进出都可能使生物危害因子向外界扩散,影响人类健康以及生态环境。这些污染根据其表现形式大致可分为环境污染和生态污染,前者主要指"三废"排放对大气、水质和土壤的污染,乃至感染性病原对外界动物和人的感染;后者包括实验室内的动物及其他生命体对外界生物圈的影响等,环境污染和生态污染之间存在密切的联系,可共同发生或互为因果。

(一)传统的生物污染

实验室病原微生物的扩散可引起区域性的人兽共患病、动物传染病、实验性病原体感染疾病的流行,严重危害人类和动物的健康,致敏原的播散也可使设施周围无关人员产生过敏反应。感染事故的发生往往和"三废"污染有关,尤其是来自感染性实验室和已经发生感染的动物室的排放物,从中逃逸的动物以及入侵后又离开的动物也是重要的传播因子。值得注意的是一些病原在实验室内和自然界的传播方式、途径,以及毒力不同,或者在实验室内发生变异,因此难以根据其在实验室里的表现确切推断对外界的危害作用,有时这样的感染可能产生无法预料的严重灾难,如外界某种生物因无力抵抗而遭灭绝,则可转变为生态污染问题。

动物饲养产生的"三废"中含有的有机物质和生物活性物质具有天然可降解性，但短期内不加控制地大量释放也可因超过自然界的处理能力而堆积形成危害。据测定，动物室的排风中所含的恶臭物质通常能在排入大气时被显著稀释，在排风口测得氨的浓度仅为 2～3 ppm，其他物质均在指标范围内。粉尘（其中包含了动物的落毛、皮屑、饲养铺垫物屑、饲料屑等）随排风逸出在设施周围沉降或被风力带到远处，可能沉降到其所经过的任何地方，在实验动物设施下风处容易受到其影响。不加处理的废水渗入地下，可能通过自然界的水体循环污染生活用水。废弃物料在被人为播散的情况下可造成大面积的污染，但通常其危害性被局限于专业收集、清运和处理的工作链中。然而，废弃物料若被雨水浸泡，其中的生物危害物质随雨水渗入地表，同样进入水体循环。

（二）现代生物技术和新型生物污染

除了和传统的实验动物一样产生"三废"或发生感染，遗传工程动物及遗传工程生命体的整体动物实验还可能带来更多潜在的生态污染问题。基因工程实验生物的危害同样存在于 2 个方面：个体危害即对操作者和操作对象的危害。群体危害即有害物质逸出实验室对生态环境和社会人群的危害。

人为改变生物体的遗传组成具有许多不可预见、不确定的风险，与所采用的技术及其目的有关。基因敲除技术常用于研究特定基因缺失的生物学效应，基因敲除动物能够天然表现某种人类疾病的特征或者人类希望研究的某种现象，从而成为研究人类疾病和生命现象的理想材料，这些动物一般不表现特殊生物危害，对自然生态的压力也相对较小。基因转入技术通过向生物体导入外源遗传信息使其表达原本所没有的性状，如建立生物反应器，生产人类所需要的生物活性产品，或是培育异种器官、组织等，为这类目的培育的转基因动物本身一般不具备很大的危害性，危害性更多是来自研究中人工构建的具有生物活性的载体，如构建转基因动物常用的反转录病毒载体，在通过重组将外源基因转入体内的同时其致病性可能增强，表达病毒受体的转基因动物一般不会感染该种系病毒，但若动物逃逸并将转移基因传给野生动物群体，理论上可产生这些病毒的储存宿主。在组织移植研究中，天然微生物可能因宿主的人为改变而导致原有生物学特性发生变化，如其侵袭力增强、宿主范围扩大等。

此外，遗传修饰可能在无意间创造出"超级动物""超级生命体"，一旦释放到外界，其后果类似于外来物种入侵，极有可能造成特定种群的覆灭或将其改造成强势种群，导致当地的生态灾难。澳大利亚研究员曾将 IL-4 基因插入鼠痘病毒以促进抗体产生，结果经过改造的病毒在 9 天内使所有的动物致死，而且这种病毒对接种疫苗有着异乎寻常的抵抗力。遗传工程动物本身尚且具有许多不明确的生物学问题，如强制性改变动物的遗传组成对机体多基因平衡的影响、基因重组改变病原微生物的宿主范围和毒性等，都是导致生态污染的潜在因素。

第四节
实验动物生物安全评估与控制

生物安全中的评估是对所要从事的活动中存在的生物安全风险进行评估，其目的是确定开展该活动所需的生物安全水平,以便防范可能发生的生物危害。评估是生物安全的核心与基础。除了感染性动物实验之外,动物的非感染性研究应用,以及日常饲育、繁殖等也都具有各自的风险因子。实验动物是自然感染的病原、实验性病原的宿主,以及各类现代生物技术操作的对象,安全评估必须考虑实验动物本身的特性对从事相关研究的工作人员构成的风险。此外,与其他实验室如微生物实验室、临床实验室、基因工程实验室不同的是,动物实验室还需要考虑这些风险对动物的影响。

一、评估原则

生物安全问题是由人类使用各种生物技术的行为引起的,因此生物安全的评估对象是这些基于生物技术的研究、测试、生产等活动。评估内容可以概括为这些活动中涉及的生物因素最终产生危害作用的可能性。评估应考虑以下 3 个方面的问题:①潜在的生物危害因素,如传染性病原、致敏原、重组 DNA 生命体等;②将进行的实验室活动,包括一般操作和特殊操作;③将使用的实验仪器设备和设施。只有将三者有机结合,才能对一项实验活动的潜在生物危害作出科学、客观、全面的评估。

(一)评估内容

不同的实验室由于研究内容、范围不同而面临不同性质和程度的生物安全问题。在应用实验动物开展的科学活动中,生物危害因子比其他类型实验室活动更多、更复杂,评估实验动物科学工作中的生物安全更宜采用广义的生物安全定义,即评估这些活动对人、对动物的健康与安全的危害,以及对环境生态的影响,并充分考虑动物在其中的作用。

1. 人的健康与安全 对人的健康与安全的主要威胁是感染性疾病,如由人兽共患病感染、实验性病原体的感染、实验中变异的病原微生物感染等引起的疾病;其次是过敏和动物造成的意外伤害;其他和动物无关的、由各类常规实验操作和仪器设备使用引起的危害与伤害,可参照相应的实验室如微生物实验室、遗传工程实验室进行评估。

2. 动物的健康与安全 对动物健康与安全的主要威胁也是各种感染性疾病,造成感染的病原除了上述能够引起人类感染的种类之外,还包括动物特异性病原。

3. 环境和生态的安全 对环境和生态的影响主要考虑有害废弃物质的排放问题和动物逃逸对生态平衡构成的压力。

(二)评估策略

评估必须基于专业判断,评估者必须是对致病因子、危害因子、宿主动物、操作规程、防护设备、实验设施等最熟悉的人员,实验室主管或主要研究者应负责评估工作,并与生物安全委员会和(或)其他需要的生物安全专业人员密切合作。评估成员应熟悉生物危害的来源及其可能发生的领域。

考虑到科学的最新进展,评估是动态发展的,适度的风险评估可以确保人类在生物安全许可范围内从生物技术的利用中获得最大收益。运用适当的评估依据是科学评估的前提,评估依据基于大量的研究和事实基础提供了某一类生物因子的危害性信息,如危害对象、危害程度、危害性质等,在此基础上结合对这类因子拟采取的操作,可以预估相关的风险。需明确评估依据不是唯一的参考,对生物因子的接触和操作最终决定了其危害性。

评估可以是定性或者定量的，如对动物实验室内有害气体、致敏原的水平、尘埃粒子计数进行测定能够获得定量的明确结果。但更多时候，由于生物安全问题的复杂性，对潜在生物危害的判定只能做到定性。定性危险评估时，应首先鉴定并探讨所有的危险因素，当收集的信息越全面、越丰富，就越有助于对可能的生物危害作出准确的预见。某些情况下，当有关危险因素的完整信息缺失而必须进行主观判断时，宜尽可能保守。

二、感染风险的评估

各类感染事故是实验动物工作中最主要的危害，评估感染风险主要依据造成感染事故的 3 个因素，即传染源、传播途径和易感对象。实验动物设施中的感染情况复杂，人兽共患病可以是由动物自身携带的病原传染给人，或由操作人员传染给动物；实验性病原感染可以是人直接接触病原（如接种物质），或通过已接种的动物而间接发生；动物传染病病原可以由闯入设施的外界动物携带或者通过被污染的器具进入设施，在设施内引起交叉感染；一些病原可能在实验过程中变异，通过自然或非自然途径引起动物或（和）人的感染。而且，这些感染都可能向设施外播散。

感染性微生物的危险度等级是评估感染风险的公认依据。划分感染性微生物危险等级的基本原则包括如下。①微生物的致病性；②病原体的传播方式和宿主范围：在这方面有可能受到人群现有免疫状况、人口密度和移动情况、传播媒介，以及环境卫生水平等情况的影响；③有无有效预防措施：包括免疫预防和使用抗血清、卫生措施（如食品和饮水卫生、控制动物宿主或节肢动物的媒介、对进口有传染病动物及其产品的限制）；④有无有效的治疗措施：包括被动免疫、接触后的应急接种、采用抗生素及化学药物治疗，并应考虑出现耐药菌株的可能性

WHO 根据上述 4 条原则将感染性微生物由低到高列为 4 级（表 8-8）。

表 8-8　感染性微生物的危险度等级分类

分类	危险度描述	危害性
危险度 1 级	无或极低的个体和群体危险	不能引起人或动物致病的微生物
危险度 2 级	中度的个体危险，低度的群体危险	病原体可使人或动物致病，但对实验室工作者、社区、家畜或环境不易造成严重危害。在实验室内接触虽有发生严重感染的可能，但有有效的治疗和预防措施，而且传播的可能性有限
危险度 3 级	高度个体危险，低度群体危险	病原体通常使人或动物罹患严重疾病，但一般不传染，具有有效的治疗和预防措施
危险度 4 级	高度的个体和群体危险	病原体通常能引起人或动物的严重疾病，且易于发生个体之间直接或间接传播，一般没有有效的治疗和预防措施

注：本表适用于实验室工作。

职业性感染和自然感染有许多不同之处，对实验动物工作中的感染性风险的评估必须考虑有关实验动物的特点，可能直接或间接参与的传染性病原，工作人员的专业素养和

经验,实施项目的具体活动和程序等。各项评估内容中,气溶胶传播的可能以及疾病的严重程度尤其应予重视,可能接触的病原体浓度以及感染性物质的来源也需纳入评估。评估内容主要如下。

1. 传染源　①传染性病原体:毒力,致病性,生物学稳定性。②病原的宿主:实验动物种类及其自然携带的传染性病原,文献记载的职业性疾病来源。在有实验动物参与的感染性病原研究中,被研究的病原、作为病原来源或储存宿主的实验动物和易感宿主,以及进行捕捉、使用、观察、管理等与实验动物接触的易感人群是同时存在的 3 个感染来源。其他情况下,则视动物的感染或疾病情况。③设施是否处于或临近自然疫源地,或周围有动物疫情发生。

2. 传播途径　①病原逸散方式:天然逸散,如随实验动物尿液、唾液和粪便排出,从皮肤或其他损害部位释放,依附于动物体表或新侵袭的虫媒等载体;人为逸散,考虑试验程序和操作方法,操作性质和作用,如抽取病毒血症动物血样,活检或尸检等程序,通过外科器械,各种组织和体液。②病原传播方式:气溶胶传播,还需考虑形成气溶胶的微粒沉降后污染表面进行传播;直接接触传播,如通过污染的注射器针头或直接接触感染动物;通过昆虫进行机械性和生物性传播;二次传播及垂直传播的可能。③感染途径:经口摄入、吸入、直接接种;肠外接种途径如割破、擦伤、针刺伤、咬伤等;黏膜直接接触。

3. 易感对象　①人体或动物患病后的严重程度;②人体或动物对疾病的抵抗力;③有无相应免疫预防措施、治疗方法和医疗监督;④人的技术水平、素养和经验。

4. 控制条件与管理措施　①拟进行的操作和使用的设备、设施造成病原逸散、传播、蓄积的可能性;②就潜在危害性和常规及应急处理办法对工作人员的告知;③设施设备的可靠性;④医疗监督。

三、过敏风险的评估

长期以来过敏常常被看做只针对 20% 过敏症患者的危害,由于约 80% 的人不会患实验动物过敏症,同种属动物之间很少发生过敏反应,由致敏原在不同物种间传递而发生动物过敏的现象很少被报道,因此实验动物过敏症没有像其他生物安全风险那样受到关注,解决的办法通常只是简单地让患者脱离致敏环境,减少与致敏原接触的机会。随着生命科学的蓬勃发展,越来越多人从事实验动物相关的工作,职业性接触的机会显著增加,实验动物过敏症也成为生物安全评估的一个方面。

致敏原对人体的危害程度因人而异,尽管有些严重的过敏患者可能面临生命威胁,也很难据此对致敏原进行危害程度的界定。更多时候,是通过个人既往过敏史、家族遗传过敏史等估计潜在的过敏风险。此外,已经得到证实的实验动物致敏原也是评估过敏风险的重要依据。

人接触实验动物或相关物品的潜在过敏风险,主要从以下几方面进行评估。①人的易感性:包括个人及家族过敏史,现有的脱敏方法和预防、治疗措施;②致敏原特性:包括靶器官及其可能引起的过敏症状,可能产生致敏原的动物种类及其年龄、性别,动物室内致敏原浓度和分布特点;③致敏原传递途径:包括致敏原的逸散途径如通过正常代谢活动排出动物体外,致敏原传播途径如是否可经空气传播或经表面接触传播,人接触致敏原的方式如吸入或皮肤接触；④管理措施：包括有无避免或减少接触致敏原的措施如减少和动物直接接触次数和时间、减少在动物室内停留时间、通过优化工作流程减少暴露概率、降低环境中致敏原的浓度等，有无减少或避免工作人员暴露的设备，医疗卫生监督情况。

四、污染风险的评估

实验动物工作中，对设施内生物危害因子向外界扩散的可能性评估重点在于实验动物废弃物的排放，也需考虑其他潜在的污染扩散的途径如动物的逃逸、人员、物品的出入等。实验动物设施所产生的废弃物均需做无害化处理，达到 GB 8978 的要求后才能排放。动物尸体应作焚烧处理，其排放物应达到医院污物焚烧排放规定要求。对实验动物设施的排放物评估时可参考的依据主要有环境空气质量标准（GB 3095 - 1996）和污水排放综合标准（GB 8978 - 1996）。

评估内容包括：①设施内可能产生的污染因子种类（如病原微生物、毒素、有毒有害气体、液体）和排放浓度，其危害对象和危害作用；②污染因子逸出设施的途径，如通过"三废"排放、动物逃逸、昆虫携带、人员携带等；③对废弃物品的分类和专业化处理设备及程序；④废弃物的排放监测；⑤防动物逃逸的设备和措施；⑥预警系统。

五、生物安全风险的控制

控制生物安全风险的根本措施，就是根据生物安全评估结果，为所要开展的工作设定相应的生物安全等级，从而最大限度防范有害生物因子的扩散，有效管理生物安全风险。动物生物安全等级是通常可安全进行相关实验动物工作的条件的整合，和不同工作中的生物安全要求相匹配。一般参照物理控制设定。

（一）物理控制和生物控制

物理控制是从物理学角度进行控制的一种防护方法，其防护功能体现于 3 个方面：①将对危害因子的操作局限于能防止气溶胶扩散的环境中；②将操作区域的空气在排放前进行净化处理；③将污物、污水等在送出实验室前进行彻底灭活。物理控制按其控制范围分为一级防护和二级防护 2 个层次，具体所采用的技术、方法、设备、设施视研究的具体情况而定。

物理控制等级的划分曾经以 P1、P2、P3、P4 来表示，P 代表实验室逸出生物危害的可能性，但此种划分往往被理解为只是实验设备和设施的等级，容易导致忽略操作规范和管理规程这两项物理控制的基本要求，故现在以 BSL 表示。

物理控制中，每一级生物安全等级都包括操作规范、管理规程、一级防护和二级防护 4 个部分。操作规范通常必须包含进入规定、人员防护、技术规范、实验室工作区的管理等；管理规程包括生物安全管理、健康和医学监督、人员培训、对废弃物处理的管理、化学品、火、电、辐射、仪器设备的安全等内容；一级防护又称一级屏障，是实验室内使用的安全设备；二级防护又称二级屏障，指实验室的防护设施和防护设计。

一级防护为各类防止污染向室内环境扩散的安全设备，主要用于防止实验者的感染，也可减少生物危害向外泄露的机会。一级防护一般由 4 种单元构成：结构屏障、空气屏障、过滤屏障、灭活屏障，常用的安全设备包括生物安全柜、各种密闭容器和个人防护器材。

二级防护是一级防护的外围设施，由实验室的建筑与工程构件加上支撑的机械系统组成，用来防范污染在不同功能区之间或向外环境弥散或迁移，从而防止周围人（动物）的感染和外界的污染，在一级防护失效或其外部发生意外时，二级防护可保护其他实验室和周围人群不致暴露于释放的实验材料中而受到危害。二级防护包括实验室建筑、结构、装修、暖通空调、通风净化、给水排水、消毒灭菌、消防、电气、自控等，也包括防虫害、鼠害的功能设施，典型的组件如墙、门、气锁、传递窗、空气过滤器、穿越墙壁安置的双扉高压灭菌器等。

生物控制中，通过建立以原核生物和低等真核生物作为宿主的生物控制系统（宿主-载体系统），使得重组体即便不慎泄漏出物理控制屏障时，也难以在实验室外继续存活。目前有一级生物控制（HIV1）和二级生物控制（HIV2），与不同等级物理控制的实验操作规程、实验设备和设施进行优化组合达到防护目的。

（二）实验动物设施生物安全等级

实验动物设施通常考虑的生物安全在于是否使用感染性微生物进行研究，据此可将动物设施分为感染性动物设施和非感染性动物设施两类。在生物安全方面，两者都存在实验动物携带的微生物、致敏原、人身伤害、环境污染、遗传修饰生物等问题，不同点在于感染性动物设施还将面临实验用感染因子感染动物后产生的一系列生物安全问题，并且这类问题比单纯对感染因子的实验操作复杂得多。目前，参考实验室（体外研究）生物安全等级，实验动物设施也根据所研究的微生物的危险度等级分为 4 个动物生物安全等级（animal biosafety level，ABSL），并分别以 ABSL-1、ABSL-2、ABSL-3、ABSL-4 表示，涉及遗传修饰生物体的整体动物实验及相关工作按照生物安全评估的结果，归入相应的实验室生物安全水平/动物设施生物安全水平，例如携带外源性遗传信息的动物（转基因动物）应在适合外源性基因产物特性的防护水平下进行操作。

在二级以上的生物安全实验室（设施）入口，应标示国际通用的生物危害符号以警示（图 8-1），并明确标示出操作所接触的病原体名称、危害等级、预防措施负责人性命、紧急联络方式等。

图 8-1　生物危害警示标记

在实验室工作中确立适当的生物安全水平时，危险度评估结果十分关键，还必须考虑到工作中的特殊要求。例如，归入危险度 2 级的微生物因子，进行安全工作通常需要二级生物安全等级的设施、仪器、操作和规程，但如果特定实验需要发生高浓度的气溶胶时，由于三级生物安全等级通过对实验工作场所内气溶胶实施更高级别的防护，所以更适于提供所必需的生物安全防护。因此，在确定所从事特定工作的生物安全等级时，应根据危险度评估结果来进行专业判断，而不应单纯根据所使用病原微生物所属的某一危险度等级来机械地确定所需的实验室生物安全水平。进行动物实验时，由于动物自身存在的生物安全风险，操作者所面临的生物安全问题比一般的实验室工作更复杂,在动物实验及相关工作中,必须兼顾所研究的或自然存在的微生物危险度等级作出危险度评估。

(三)实验动物疾病防疫

防范实验动物感染性疾病的发生必须遵循以下要求。

1. **隔离饲养**　对不同种属、不同等级、不同用途的实验动物分开饲养、相互隔离,动物繁育区和动物实验区须严格分离,防止交叉感染。

2. **引进和检疫**　应该从拥有实验动物生产许可证的生产单位购入合格的实验动物,外来动物必须经隔离检疫合格后方能引入,不得从疫区引进动物。

3. **定期消毒**　对实验动物的房舍、笼器具、实验器械等用品定期进行严格消毒,杜绝各种微生物的污染。

4. **定期检测**　定期对实验动物群体进行微生物与寄生虫质量的抽样检测,争取早发现、早处理,淘汰不合格动物。定期对实验动物设施内环境进行检测,确保各项参数达标,保持压力梯度和洁净度,防止环境污染。

5. **控制环境**　搞好实验动物设施周围的环境卫生,杀灭野鼠和蚊蝇,防止野生动物和昆虫进入动物饲养室或动物实验室,及时对实验动物尸体和废弃物进行无害化处理。对逃出设施的实验动物及时就地扑杀。

6. **定期体检**　实验动物工作人员定期进行健康检查,患有人兽共患病的人员不能从事实验动物工作,对过敏体质的人员及时防治职业病。

7. **制定预案**　事先制定实验动物传染病发生应急预案,经常演练,配齐药品器材,发现疫情及时上报,迅速采取相应措施。

8. **接种疫苗**　对于大型实验动物如犬、兔等,可接种疫苗防止疾病流行。而小型实验动物如小鼠、大鼠等,则由于个体小、数量多、繁殖快、生产成本低,故不建议接种疫苗。

9. **及时处置**　一旦发现实验动物传染病,首先应迅速封锁疫区,隔离患病动物,对于危害性大的疫病,患病动物须全部扑杀后销毁,污染的饲料、垫料等物品需焚毁处理,污染的环境及设备等用具应进行严密彻底的多次消毒,封闭1个月,经再次检测合格后方能启用。

很多实验动物传染性疾病在发病初期临床症状特异性不强,但一旦流行往往来势迅猛,难以遏制,因此对实验动物进行经常性的健康检查,有利于尽早发现和及时处理疫情,对控制实验动物传染性疾病的发生、发展具有十分重要的意义。实验动物健康状况的观察主要从以下几个方面进行。

1. **生活习性的观察**　不同种属的动物有着不同的生活习性。如习性反常,常表明该动物健康有异常,如患病动物会表现不喜活动、行动迟钝现象。

2. **身体状况的观察**　包括动物活动是否有异常、身体各部位是否正常以及动物的营养状况是否良好。健康动物应具有正常的体形和坐姿,反应灵活,运动自如,无抓耳挠腮,爪趾无咬伤、无溃疡、无结痂,外生殖器无损伤、无脓痂、无异味黏性分泌物,患病动物除上述身体异常和损伤外还可出现头颈歪斜、站立不正、运动失调等异常姿态,以及机体消瘦、乏力,毛色粗糙、黯淡无光,皮肤缺乏弹性。

3. 精神及反应性观察　健康的动物精神状态良好,活泼好动,运动协调正常,双眼明亮,对外界环境反应敏锐,对光照、响声、捕捉反应敏捷。患病动物常精神抑郁、运动失调、神经过敏。对外来刺激或声音反应迟钝,一般病情越重,反应越弱,甚至出现昏迷、各种反射消失等现象,或者出现精神异常,即亢奋不安、转圈、乱咬等狂躁表现。如果出现过度兴奋或过度抑郁则为异常。

4. 皮肤及被毛观察　健康的动物被毛光亮浓密,皮肤富有弹性,手感温热,体表无污染,无脱毛,无创伤、瘢痕、丘疹、水泡、溃疡、脱水皱缩蓬乱、体外寄生虫和真菌感染现象。动物异常时则可出现被毛粗乱、蓬松,缺少光泽,皮肤粗糙缺乏弹性,甚至出现损伤,体表可有粪便污染。

5. 饮食及饮食行为观察　健康动物食欲旺盛,有相对固定的采食量和饮水量,以及采食和饮水方式。患病动物则食欲减少甚至不食,有时出现异食现象,腹泻动物增大饮水量。若采食和饮水量突增或突减以及采食方式发生改变,均示异常。

6. 粪尿观察　正常粪便具有一定的形、色、量,尿液具有一定的色泽、气味。异常时可见粪尿过多或过少,粪稀薄或硬结,粪便中有胶冻状黏液、脱落黏膜、血液、尿中带血,颜色混浊不清。便秘动物粪便干硬、色深,排便费力、次数少。腹泻动物粪便稀软,排便次数增加。排尿次数异常增加或减少,有炎症时尿液黏稠,有时有血尿发生。

7. 呼吸、心跳和体温观察　正常动物具有相对固定范围内的呼吸、心跳和体温,固定的呼吸式,多以腹式呼吸为主,健康动物呼吸时腹部起伏均匀,无膨大隆起的现象。呼吸、心跳和体温超出它的变动范围则视为异常。

8. 天然孔、分泌物及可视黏膜观察　正常动物天然孔干净无污染,分泌物少,可视黏膜湿润。眼球结膜无充血,瞳孔等圆、清晰,鼻黏膜处无分泌物,无鼻煽,打喷嚏,口部无流涎、张口困难。无腹泻或肛门口处无毛发粘结等情况。异常情况如:鼻涕,眼屎,阴户流恶露,肛门有粪便,可视黏膜充血或发绀,眼睑肿胀,流泪,畏光,鼻干燥,呼吸困难等。

9. 妊娠及哺乳观察　正常雌性动物经配种后出现正常妊娠和哺乳期,且在各阶段有不同的体态、行为及采食反应。异常时可见流产、早产、死产和难产,以及拒绝哺乳、离弃幼仔和吞食幼仔等。

10. 生长发育观察　动物出生后经哺乳、离乳至成年后均要达到一定体重,具有该品种品系的外貌特征。异常时可见发育迟缓、瘦小或出现畸形。这时除对后天环境因素做出分析外,还应对动物的遗传性能作出分析。

11. 患病动物和死亡动物的检查　对日常健康状况观察中发现的异常动物进行更细致的个体检查,以初步分析症状异常的原因;对疑为患病死亡或不明原因死亡的动物应进行尸检,必要时根据上述检查结果再行有针对性的细菌、病毒、真菌和寄生虫实验室检查。检查方法同实验动物微生物与寄生虫质量检测。

实验动物的饲料、垫料、饮水、笼具和环境设施是感染性病原传递的重要介质。实验动物物料和设施的消毒、灭菌基本手段包括物理手段和化学手段,物理手段主要包括加热、过滤、辐射,主要应用于各类物料;化学手段包括各种化学药物的使用,常应用于环境设施和笼器具。消毒可杀死微生物的营养细胞但不要求杀死细菌芽胞,灭菌可使操作对象中所有微生物丧失生命活力，但未必全部破坏它们所构成的酶或是所产生的代谢产物与副产品。灭菌可以实现消毒的目的，当严重污染的物品不能被迅速消毒或灭菌，则必须重视清洁。

（胡　樱）

第九章

实验动物福利

实验动物福利是实验动物科学技术与人文关怀的有机结合,体现了人类对科学的精益求精和对生命的理解与尊重。鉴于我国和西方国家文化的差异,很难对"动物福利"进行符合我国文化背景和习惯的翻译,中国台湾学者夏良宙将其归纳为:善待活着的动物,减少动物死亡时的痛苦,至今这已成为一个广为接受的、精简而恰当的表述。实验动物是科学研究中有生命的仪器、材料,以及替身,实验动物福利的最终目的是实现其科学价值和生命价值的平衡与统一。为此,必须了解在人类的科学活动中,实验动物及实验用动物可能经历的不适和痛苦,如何评估其对动物的影响,以及如何避免这些事件的发生或减轻影响的程度,这就是实验动物福利的内容——对福利状况的评估和对损害福利的各项因素的控制。

第一节
实验动物福利的 3H 宗旨

"3H"是指健康(Healthy)、快乐(Happy)、有益(Helpful),概括了实验动物福利从内容到意义的全面含义。"健康"是指实验动物无疾病,且保持各项正常生理功能和生活状态;"快乐"意味着实验动物无情绪异常,对当前生活状况和条件感到满足;"有益"指实验动物的一切状态都有利于科学研究的正常进行,其对研究的背景性干扰降至最低。"3H"宗旨是指导实验动物福利研究与实现的根本准则,正如"3R"原则指导着动物实验的开展。

一、实验动物基本福利

实验动物福利(laboratory animal welfare)最初是动物福利(animal welfare)在实验动物中的应用和延伸。目前国际普遍认可的动物福利包括以下5项内容:①为动物提供适当的清洁饮水和保持健康与精力所需的食物,使动物免受饥渴;②为动物提供适当的房舍或栖息场所,使之能够舒适地休息和睡眠,免受困顿不适;③为动物做好防疫和及时诊治,使动物免受疼痛、伤害和疾病;④保证动物拥有良好的条件和处置(包括宰杀),使动物免受恐惧和精神上的痛苦;⑤为动物提供足够的空间,适当的设施以及与同类在一起,使动物能够自由表达天性。

这5项内容又称为动物福利的"五大原则",从动物的角度体现了实验动物福利的基本内容，即身心安康与快乐（physiological and psychological wellbeing），包括生理需求的满足（日常饮食、生长等生理活动）和心理需求的满足（安适的环境、社会关系、无不良情绪等）。

二、实验动物福利的特殊性

实验动物福利与人类生存发展的关系极为密切，超过了其他任何一种动物，人类的科学研究与探索只有在背景"干净"的动物身上才能得到真实可靠的研究结果，从而生产安全有效的产品、研究切实可行的技术、发现生命科学的真理。实验动物福利保障了实验动物拥有"干净的"背景，满足了人类无止境进行科学探索的需求。如果单纯从动物福利的角度出发，很容易把实验动物福利看作人类对实验动物单向的"关怀"，因此，在实验动物的5项基本福利之上，必须增加"有益于科学研究"这一要求，即生理健康、心理快乐、有益于科学，方为实验动物福利的完整内涵。

任何实验动物福利技术都以"3H"为最终目标。对于维持实验动物的生理健康，目前从卫生防疫、营养供给、遗传筛选和改良、环境控制等角度已经建立了许多成熟的技术；对于保障实验动物的心理快乐，例如，评估和控制动物的不良情绪等，仍待深入研究。然而"有益于科学"这一要求必须在前两者基础上考虑与研究本身相关的因素，如果一项技术一方面使实验动物更健康快乐；另一方面却增加了研究的复杂性和成本、延长研究周期或有其他不利影响，那么决定实验动物福利最终的实现途径和水平的关键就在于研究者如何平衡实验动物生命价值和科研价值间的关系，而不仅仅是人类和实验动物的感受。

第二节
实验动物福利的本质

实验动物福利建立于实验医学、实验动物科学、现代科学技术和人类社会文明发展的基础上，其目的是在科研活动中人道地对待动物。实验动物福利在改善实验动物生存状况的同时，对于确保动物研究的健康发展、提高生命科学研究质量和水平发挥着巨大推动力。实验动物福利是一个严肃的科学概念，研究和实践实验动物福利，必须避免将其简单理解为对动物的怜悯和拟人化。

一、实验动物福利起源和发展

实验动物福利的问题始于"用与不用"动物进行研究，归于"如何用"动物进行研究，因此，关于科学研究中是否该使用活的动物已经没有争议，关键在于如何使用这些动物。

（一）"马丁法令"和动物实验

在人类历史上动物实验有着悠久历史，早在远古时代，活体动物实验的创始人埃拉西斯特拉图斯（Erasistratus，公元前304～公元前258年）利用猪研究明确了器官和肺在呼吸中的作用，盖伦（Galen）在其后解剖了多种动物进行实验研究，并确认了实验对于科学发展的重要性。在中国的先秦时期皇宫内用兔检验"仙丹"的毒性。现代解剖学奠基人

A. 韦萨留斯(Andreas Vesalis, 1514～1564 年)在 16 世纪初利用犬和猪进行公开的解剖学示范教学, 并促成了实验生物学和实验医学的一系列飞跃。到 19 世纪, 巴斯德(Pasture)等一批科学家意识到研究动物的疾病不仅对动物有利, 也有助于深入了解人类的疾病和病理学。

就在科学家们通过动物实验取得对生理学和细菌学方面的若干成就同时, 伴随人类历史上首个关于动物福利的法令"马丁法令"(Martin's Act)出台, 科研中使用动物的做法受到了指责, 英、美等国家纷纷成立的防止虐待动物组织不仅要求人们停止虐待牲畜, 还反对在科研工作中使用动物, 因为他们认为动物们在研究中受到"虐待"。此外, 达尔文的进化论使当时部分人机械地认为动物和人类之间并无多少"差异", 并将这种联系上升到"道德"的高度, 提出动物和人是"平等"的, 为此人们无权利用动物进行实验, 无论这些实验对人类或动物本身有多大利益。

(二)"动物实验规范"和实验动物福利

鉴于动物实验对人类社会和科学发展显而易见的意义, 尽管其备受争议, 却没有一个社会接受动物保护主义者的极端立场, 也没有一个国家全面禁止动物实验, 相反, 早期从事动物实验、实验动物科学和医学的学者们一致认同动物实验在生物学和医学的科研和教学方面始终是科学方法的基本途径之一, 并明确指出争端在于如何使用和对待这些动物, 从而将动物实验和虐待动物从本质上区分开, 将实验动物福利问题引向了科学和理性的道路。1952 年时任密执安大学生理学系教授和主任的医学博士 R. 格赛尔(Robert Gesell)在美国生理学会业务会议上提到"作为生理学家, 对活体解剖本身不可能存在异议, 争端的实质和焦点, 在于是人道主义还是非人道主义地使用实验动物……"明尼苏达州防止虐待动物协会董事会成员 CF. 施洛特索尔(Carl F. Schlotthauer)医生确信应该努力帮助社会更好理解和支持动物研究, 他促使明尼苏达州正式通过一项"无主动物待领法", 准许经过批准的科研机构征用由待领所收容而无主认领的犬和猫供科研和教学之用; 而创办了"动物福利研究所"的 C. 史蒂文斯(Christine Stevens)强烈谴责许多科学工作者在科研中不关心动物的人道主义待遇。此外, 早在 1831 年, 英国生理学家(Marshall Hall)就建议对动物实验应加以规范并提出了到目前为止最早的动物实验管理规范。

(1) 如果靠观察可以获得所必需的资料, 则并不需要进行动物实验。

(2) 如果没有明确的限定和预期结果, 则也不需要进行实验。

(3) 科学家应对前人和同时代人的工作有充分了解, 避免不必要的重复实验。

(4) 良好的实验应该使动物受到最少的痛苦(可改用较低等的, 反应迟钝的动物)。

(5) 任何实验均需在能提供明确结果的环境下进行, 以避免或减少重复实验。

显然, 实验动物福利的要义在于如何正确地使用这些动物, 而不是放弃动物实验。但在当时, 由于医学和生物学科研的兴盛, 对实验动物的使用迅速增加, 而于实验动物管理和疾病方面的基础知识却很薄弱, "实验动物管理"还未形成一个专门领域, 在动物设施及其行政管理方面都够不上水平, 正是反活体解剖组织、动物保护主义的各项活动所产生的压力促使学者们认真考虑这个问题。

(三) 实验动物福利的核心

既然已经明确在一定条件下利用动物进行实验是完全正当的, 对所谓的"一定条件"

作出明确规定就成了争论的核心。由于科研中使用动物的具体情形和为人类提供劳力与食物的牲畜极为不同,实验动物福利不是简单地将动物福利移植到实验室里的动物身上,而是考虑:在动物研究工作中,如何确定科学自由的限度(如果有的话)?关于动物研究项目是否适当,谁最有资格作出判断?"人道"这个概念能否以立法的方式来确定?在道义上是否能强制从人类和动物的福利出发进行动物研究?如何才能在实验设计中尽善尽美安排动物研究项目,减少动物使用数量,甚至在适宜的条件下取代动物?近代一系列有关实验动物使用的法律、规章和政策,以及关于改善实验动物福利的研究和措施,都是围绕科学研究中"如何用"动物而展开,逐渐丰富并不断完善实验动物福利的内容。

二、动物保护、动物权利和动物解放

长期以来,在各种场合,实验动物福利和动物保护、动物权利,以及动物解放等概念混淆不清,导致许多时候对实验动物福利的理解混乱,一定程度上阻碍了实验动物福利的实现。

动物保护的目的是科学、合理地利用动物,而非绝对禁止利用动物,即便是保护野生动物,也是利用这些动物来保持生态的平衡以及人类和自然的和谐。

1. 保护珍稀动物和濒危动物种群及其赖以生存的环境　其目的是保存物种资源,维持生物多样性,手段可以是建立自然保护区尽量不干扰动物的自然生存状态,或暂时收养、人工辅助繁殖等有助其繁衍的必要干预。

2. 保护与人类生活密切联系、直接受到人类照料的动物　这些动物包括役用动物、经济动物、实验动物、伴侣动物等,保护目的是使其免受身体的伤害和虐待,免受疾病的折磨和精神痛苦,手段主要是提供适当的照料,并努力减轻和避免人类对其利用过程中的伤害。

3. 寻求动物的替代物和替代方法　保护动物所付出的代价必须和人类对动物的利用程度相当,否则难以实现,由于人类对动物的保护和利用之间有时确实存在难以调和的矛盾,因此寻求替代物和替代方法就成为另一个解决问题的途径。

动物权利运动也被称为动物保护主义,但不是上述"动物保护"的主义,其真正的根源在于非宗教的哲学。动物权利是一种富于哲学色彩的提法,主张动物权利的人认为,一切物种皆平等,即享有同等的权利,人有"人权",动物则有相应的"动物权利"。关于动物权利的哲学辩论本属于另一个范畴,但被极端的动物保护主义者利用,变成了"实验动物是否同意将自己用于实验""大鼠=犬=猪=人"这样的主张。动物福利所提及的"动物5项权利"是指满足动物良好生存状态的基本条件,不属于该哲学范畴。

主张动物解放的人将动物和人类完全对立起来,认为在人类世界中的动物应当为了捍卫自己的权利而采取行动,或者由其代为执行,完全脱离人的掌控,自己决定自己的命运。动物解放组织和运动通常以人类虐待动物的极端案例作为论据,证明"解放"动物或者"解救"动物的运动十分必要,并从实验室中放出实验动物,从屠宰场放出待宰动物等。但事实是,人和动物之间其实有着不可分割的联系,相互利用与和谐相处才是自然界的法则,而并非完全无序的放任状态。

三、实验动物福利的科学含义

实验动物是人类为满足科学研究的需要而专门培育的一类动物。这些动物不同于其在自然界的同类，它们是实验室里具有生命的研究材料、试验对象、培养基、精密仪器，因而具有双重属性，即作为科学研究条件的属性，以及作为一个完整生命体的属性。在本质上，人类对实验动物的利用与其他由人类繁育和使用的动物（如肉用的禽畜、役用的牲畜）并无不同，但在利用方式上有着明显的区别，如在科学研究过程中，实验动物作为人类或者另一些生物的替身经受实验处理，并由此遭受生理或者心理的痛苦，这种特殊的利用方式是由科学技术决定的。

认识实验动物福利的基础是，除了人类以外，动物也能够感受机体的疼痛和精神的痛苦，也具有基本生存需要和不同层次的心理需求，这一认识突破了人类早期对动物单纯的怜悯、同情和爱护，体现出人类对于自身在自然界的定位，以及与其他物种关系的反思和日趋成熟的把握，对生命及其尊严的认真思考，在此基础上，兼顾实验动物的双重属性，寻求科学研究价值和生命尊严价值的平衡，是实验动物福利的科学本质。

实验动物福利借鉴并发展了动物福利5项原则。尽管这5项原则适用于所有动物，但每个动物所获得福利的具体内容和其在人类生活中的功能，以及对人依赖的程度有关，如野生动物作为生态链的一环，需要人类为其保留自然栖息繁衍的环境并与之保持一定距离；宠物作为人类日常情感的寄托则需要人类精心呵护，并与饲养者建立密切的相互依存关系，否则便很难生存；实验动物或者所有被选定用于科学探索的动物，其功能和价值必须通过实验室里的各项研究活动来体现和实现，如果不能应用于这个目的，就失去了存在的必要，尤其是实验动物经过漫长的实验动物化过程，已经失去了部分自然界同类的特性，不仅不能再作为自然生态的一部分行使相应功能，脱离实验室环境反而可能无法生存或者威胁自然生态平衡。所以，面对不同的动物，人类应当做对这些生命有益，同时又对人类自身无害的事。对于实验动物，多数实验操作通常有损其健康，甚至危害其生命，而人类进行这些操作最终是为了人类或其他动物的利益。在此前提下，对实验动物有害的行为就不再是看似"虐待"的实验研究，而是对实验动物的滥用，以及疏于管理和照料。对实验动物进行合理地使用、适当地照料，并不断提高其福利水平，这一切都依赖于人类对动物的生物学特性更多的认识以及对科学技术更好的把握。为此，实验动物福利的内容，即如何确保在科学研究正常进行的同时尽可能保障实验室里的动物拥有良好的福利，既要避免给动物造成不必要的痛苦，又要避免阻碍科学研究正常开展，属于科学技术范畴而非哲学范畴。

第三节

实验动物福利原理

应激作为生命体最普遍的现象和最重要的生存手段，与实验动物福利的实现有着紧密联系，动物的福利状况取决于应激反应所致生物学功能的最终改变。和人类一样，动物也承受着各种刺激，并表现出与人非常相似的病理变化，严重的刺激将使动物产生疾病、不育或生长受阻，应激所造成的危害是导致动物福利恶化的原因，对实验动物的应激进行评估和管理，是实验动物福利的基本原理。大多数情况下，当人类尽可能降低实验活动对动物的应激作用时，动物便能够获得较好的福利状况，因此，建立在动物应激生物学基础之上，对实验动物，以及实验用动物的应激水平进行评估并探索控制适当应激水平的技术措施，是实验动物福利得以实现的主要途径。

一、动物福利和应激的生物学代价

应激是一种重要的生命现象，在生物学范畴，应激的本质是动物体内平衡受到威胁时所发生的生物学反应。应激效应并非总是有害，因此区分应激有害还是无害就成为动物福利首先要解决的问题。当应激反应危及动物福利时，此时的应激就是"恶性应激"，以区别对动物无危害的"良性应激"。动物的福利水平则取决于其应激负荷，反映于应激的生物学代价。

（一）应激防御体系

动物的应激防御体系主要由行为反应、自主神经系统、神经内分泌系统和免疫系统等方面的生物防御反应构成。

应激反应的第一道防线是行为。当同时受到多个应激原作用时，动物首先会在行动上作出反应，但行动的反应并不适用于所有应激原。如当动物的行动受到限制时，行为反应就失去了作用。应激反应时的第二道防线是自主神经系统，应激时自主神经系统作用于心血管系统、胃肠道系统、外分泌腺和肾上腺髓质，使动物心率、血压、胃肠道活动，以及其他许多与应激有关的生理指标发生改变。自主神经系统往往只影响特定的生物系统，且作用时间相对较短，所以自主神经系统对动物长期福利的影响尚不确定。应激反应时的第三道防线是下丘脑-垂体神经内分泌系统，和自主神经系统不同，该系统所分泌的激素对机体有着长期广泛的影响，包括免疫力、繁殖力、代谢与行为等。神经内分泌系统是人们认识应激改变机体生物学功能，以及转变为恶性应激的关键。免疫系统是应激反应的第四道防线。应激时，中枢神经系统对免疫系统有直接的调节作用，而免疫系统本身是应激主要的防御系统之一，直接对应激发生反应。此外，动物的免疫系统也受到应激敏感系统特别是下丘脑-垂体-肾上腺轴（HPA轴）的调节。

应激防御体系具有如下特点：①4种生物学防御体系并非总是同时对同一种应激作出反应，不同的应激原往往诱发不同类型的生物学反应；②动物的中枢神经系统都是动用综合应激反应区对付应激，即使面对同一应激，每个动物作出的反应也有所不同，这和动物对刺激原的识别、威胁程度判断、生物防御组织本身等等的差异有关；③应激时同群动物用到的生物防御系统对动物福利未必是最重要的。

（二）应激的生物学代价

应激所诱导产生的生物学功能变化有助于动物对付应激，但这种变化同时改变了机体内各种生物活动之间的资源分配，如原本用于生长繁殖的能量被用于对付应激，从而使生长受阻，繁殖力降低，由此将直接影响动物的福利。应激时这种生物学功能的改变常被称作"应激的生物学代价"，这是鉴别"恶性应激"的关键，即应激所引发的生物功能变化将决定该应激对动物福利影响的大小。

进化使得动物对其生命过程中短期应激原有较好适应能力,因此当应激反应作用时间较短,机体有足够生物储备应付应激,满足应激生物学代价的需求,此时的应激对动物构不成威胁(图9-1)。

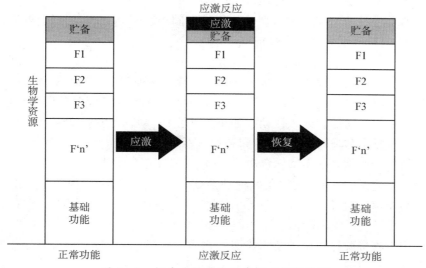

图9-1 轻度应激时生物资源变化示意图

当长时应激或强烈应激时,应激生物学代价增大,体内储备将无满足其需求,机体必须调用本该用于其他生物学功能的生物储备来对付应激,大量的生理损耗导致被调用资源的生物学功能受损,动物进入亚病理状态甚至有可能发生病理变化,此时的应激就是恶性应激(图9-2)。由于生物学资源转移而引起其他生物功能损伤的急性或慢性应激都能够成为恶性应激。

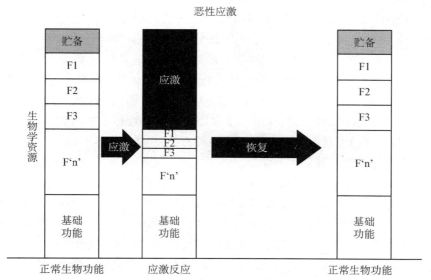

图9-2 重度应激时生物资源变化示意图

二、急性应激、慢性应激、亚临床应激

在实验动物的日常饲育管理和实验活动中,鉴别急性应激、慢性应激和亚临床应激,防止其向恶性应激转变,是实验动物福利的主要工作。

急性应激和慢性应激是根据应激原作用的时间长短来划分的,两者应激原作用的生理机制相似,并且都可能发展成恶性应激。

急性应激时,尽管动物受到的某个应激原作用时间短,但作用强度较大,就可使动物生物学功能发生改变而导致恶性应激。急性应激通过两种完全不同的机制来破坏机体的生物学功能。①阻断关键生物反应过程:如有些生物活动在关键反应阶段受到应激,动物就会丧失相应的正常功能。以雌性动物卵巢排卵为例,动物正常排卵必须在排卵前分泌促黄体素来诱导排卵和适时发情,若排卵和发情不同步或黄体素分泌受到影响,则可能失去繁殖的良机。②调用其他生物学资源,从而损害机体正常生物学功能:如动物体内贮备不足以应付急性应激的需要,则发生其他功能的大量资源转移,以快速生长期的动物为例,对 31 日龄小鼠经过 4 小时限制应激,应激后 24 小时其生长速率明显下降,体内瘦肉和脂肪贮备减少,并且还要再经过 24 小时,其代谢水平才能恢复到对照组水平,说明急性应激通过调用生物资源导致用于新陈代谢的物质不足(亚病理状况),最终导致机体正常的生长受阻(病理变化)。

动物的慢性应激往往由连续作用的一系列急性应激组成,而非通常认为的动物长期经受连续应激原的刺激。这些急性应激的生物学代价累积起来将使受刺激动物处于一种亚病理状况,并最终导致疾病的产生(发展成恶性应激)。慢性应激的生物学代价累积效应,既可是相同急性应激重复作用的结果,也可是不同应激原同时作用而产生的应激反应之和,被称为"应激生物学总代价"。当动物受到同一刺激重复作用时,由于动物体内动用的贮备物质一直得不到补充,长期应激的累积结果将导致动物体其他的生理功能损害或丧失;或者当动物同时受到两种急性应激原作用时(可以用实验证明),两种应激(限制和LPS 注射)共同作用使小鼠的生长抑制和代谢物质消耗显著大于任何单个刺激的作用。在此,应激的生物学代价是机体分别对付每个应激消耗的生物学资源之和。

亚临床应激调用的生物资源不多,不会影响机体的正常生物功能,也就不是恶性应激,由于没有生理功能的改变,也就没有临床应激表现。但是,亚临床应激耗费的生物资源可能使动物对第二个亚临床应激更加敏感,从而使产生恶性应激的可能性增加,这是由亚临床应激的累积效应所致,动物在第一个亚临床应激中耗尽了体内贮备,虽然并不影响到其他功能,但却削弱了对第二个亚临床应激的对抗能力,所以,当只有一种应激原作用于机体时不会引起体内的其他生物学功能改变,但当两种应激原同时作用时却严重影响机体的其他功能。实验室内限制饲养的动物通常对微小的亚临床应激十分敏感,人类对实验动物生活的干扰(如隔离、限制、实验操作)以及许多日常的管理操作(如捕捉、换笼、转移)等都会给动物带来应激。管理不善时,亚临床应激的累积作用最终将危害实验动物的福利。由于应激原消失后,机体的应激损伤仍然存在,并要持续到动物各项生物学功能恢复到应激前水平,因此前一次应激将会影响动物对下一次应激的反应,如实验动物刚经历一系列日常管理操作所致的亚临床应激后,紧接着注射抗原以产生抗体,免疫反应导致

的应激会产生意想不到的甚至负面的结果。

三、应激评估

应激评估的目的在于鉴别恶性应激与良性应激，以及评估动物应激的水平。动物通过 4 种生物防御体系对应激作出反应，对应激的评估主要通过对这些反应的测定来进行。

（一）实验室评估应激的项目

目前，主要采用内分泌、行为、自主神经系统以及免疫方面的各种指标来衡量应激反应，评估应激的行为、神经内分泌、代谢和免疫常用指标见表 9-1。

表 9-1　动物对有害刺激产生痛苦应激的反应指标

指标类别	指　　标
行为	声音 姿势 运动 性情
血液激素浓度	肾上腺素 去甲肾上腺素 促肾上腺素皮质激素释放素 促肾上腺素皮质激素 糖皮质激素如皮质醇 催乳素
血糖代谢产物浓度	葡萄糖 乳酸 游离脂肪酸 β-羟丁酸
其他指标	心率 呼吸率及其深度 血细胞比容 产汗量 肌肉震颤 体温 血浆 α-酸糖蛋白水平 白细胞数量 细胞免疫应答 体液免疫应答

应激不仅是超出动物生理和行为适应能力的状态，也包括动物适应日常环境变化的微小反应，迄今尚无一种手段、一个指标能够准确无误地对动物的应激进行判定，原因主要如下。①存在不同应激原以及不同的应激反应。②各种生物学变化常常对有害与无害刺激作出相似的反应：以公马为例，在其受到限制、训练或是交配时皮质醇分泌量相近，因

此当把循环皮质醇水平的增加作为应激判断指标时就会难以区分;但对动物福利而言,限制应激和交配是无法等同的。③对生理指标的监测活动本身也会给动物带来应激,影响测试结果的准确性。④动物的个体差异。

由于应激反应的不同,很难量化动物对日常环境和对恶劣环境的适应能力,因此有必要采用多重检测以避免单一指标导致的错误结论,同时尽量减少检测施加给动物的伤害。

(二)应激的行为学评估

应激的行为和生理反应部分或完全受相同的中枢神经内分泌系统控制,因此动物应激的行为学反应与生理反应间存在一定相关,这是行为学评估的依据。

行为学评估的检测内容通常为:惊吓反应和防御反应的强度、时间和频率;动物应激后恢复到正常状态所需时间;攻击行为频率的增加、刻板行为和无反应行为的增加强度。活动和休息的昼夜节律变化体现动物对环境的适应程度,动物信息交流行为(如叫声)有时也可准确表达动物的需求或警告等信息。动物群体动力学特征如空间关系或暂时性行为调节在应激下也会发生变化。此外可观察到消耗能量较大的复杂行为显著减少,这是由于应激引起新陈代谢加快。表9-2列出了动物对有害刺激的痛苦应激行为学反应。

表 9-2　动物对有害刺激的痛苦应激行为学反应

行为类别	行 为 表 现
声音	呜咽、嚎叫、咆哮、尖叫、呼噜、呻吟、短促尖叫、长声尖叫、吱吱叫、安静
姿势	畏缩、蹲伏、乱挤、躲藏、躺卧(四肢伸直或弯曲)、站立(头靠墙,精神萎靡)
运动	不愿移动、拖步行走、摇摆、跌倒、反复站起和躺下、转圈、逃跑、躲避、运动、踱步、不休息、扭动
性情	孤僻、沮丧、安静、驯服、悲伤、激动、急躁、害怕、恐惧、进攻

在探索动物应激反应的研究过程中,可以用人为制造的应激原,如冷水游泳、躯体限制、电击等获取行为评估指标,但这些指标不如"自然"的应激原,即可能在动物自然生活中发生的、动物能对付的应激原那样有用。

应激的行为指标在获取上比生理指标更快,技术上也可行,而且更能够直接反映动物的感觉和情绪,行为还往往是恶性应激的征兆,然而动物应激的行为反应机制很复杂,目前对动物应激行为的认识不足,要对应激的行为学反应进行合理解释非常困难,许多应激行为指标给出的作用机制解释过于简单又缺乏验证。由于动物对特定应激的行为反应是特定的,故不可能存在对所有应激都相同的普适性行为反应,也就难以根据行为反应对不同类型应激的相对严重性进行判断。因此,尚不能通过动物行为对恶性应激进行预测,但行为反应对应激原的判断非常有用,而将行为指标和生理指标结合以解释动物的应激更加有效。

(三)应激的神经内分泌评估

神经内分泌可以看作中枢神经系统和内分泌腺体之间的信息联系,包括下丘脑、垂体腺以及外周系统在内的激素信号系统。激素信号在保持机体稳态上发挥重要的作用,由于每一内分泌系统都以特定的方式对特异性应激原进行响应,动物对应激的适应就是一系列多种直接影响机体健康和正常生长的多种激素反应的综合,并且经常是激素之间的交互效应。总体上,应激的内分泌学反应主要是抑制诸如生长和生殖等对于个体生存"不重要"的功能,从而保证机体维持正常的状态和生存,应激的神经内分泌学反应具有特异性和程度之分,急性反应可以发挥重要的适应功能,而长期的慢性应激导致的内分泌反应更可能与动物的发病和死亡有关。

血液循环中的糖皮质激素(皮质醇和皮质酮)浓度的增加一直被用于评估动物的应激,在人类和大多数哺乳动物,最主要的糖皮质激素是皮质醇,而在啮齿类动物则是皮质酮。催乳素和生长素也是应激反应的敏感指标,促甲状腺素和促性腺激素(促黄体素和卵泡刺激素)也直接或间接受应激的影响(图 9-3)。

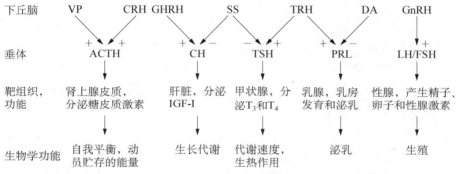

图 9-3　下丘脑-垂体神经内分泌轴及其主要生物学功能

1. 评估下丘脑-垂体-肾上腺轴活性　下丘脑-垂体-肾上腺(HPA)轴的激活是最为熟知和认可的应激时神经内分泌反应之一,其最终生物学效应是促进肾上腺皮质类固醇的合成和释放,糖皮质激素(皮质醇、皮质酮)在糖异生中发挥重要作用,从而实现机体在应激时的能量动员,为"战斗或逃跑"作准备。由于 HPA 系统可对感情,以及身体上的有害经历进行广泛应答,故皮质醇、皮质酮是最常用的应激评估指标。机体的稳态需要充足但不过量的糖皮质激素,否则将导致蛋白质分解、高糖血症、免疫抑制、体质削弱等不良后果,糖皮质激素的另一个功能是通过负反馈削弱 HPA 对应激的反应。HPA 轴的激活因应激原的不同而具有一定特异性,糖皮质激素介导的对 HPA 轴负反馈效应的有效性也随应激原的性质而变化。

2. 评估生长激素轴活性　生长激素轴是指能够控制生长激素(GH)产生和分泌以及将随后产生的生理反应整合为一体的神经中枢和内分泌机制。GH 的作用之一是刺激肝脏产生和释放类胰岛素生长因子-Ⅰ(IGF-Ⅰ),这是机体内多种外周组织生长和发育所依赖的生长因子,GH 也可直接对外周组织产生影响。应激时机体的一个重要的适应反应是 GH 分泌增加同时 IGF 分泌减少,由此将用于生长的能量转变为生存所需。

3. 评估催乳素轴活性　应激对催乳素轴具有激活作用,故应激状态下机体催乳素(PRL)的反应特点大多是增加分泌,但是在长期应激状态(如病程延长)体内的 PRL 水平会降低。PRL 的主要功能是刺激乳的合成与分泌,但在脊椎动物 PRL 具有数百种潜在功能，如在啮齿类动物 PRL 对黄体具有直接刺激作用，在母猪 PRL 可维持黄体。此外，PRL 还可能在水盐平衡、免疫、生长、发育和新陈代谢中发挥作用。

4. 评估促性腺激素轴活性 促性腺激素轴功能产物是促黄体生成素（LH）和卵泡刺激素（FSH），急性心理应激和热应激会导致短期 LH 分泌增多但不会引起 FSH 分泌的变化，而长期的应激则会导致促性腺激素的分泌减少和生殖功能障碍。相对于应激时肾上腺皮质分泌的增加，促性腺激素的变化表明应激中维持机体生存要比保持正常性功能更重要。

5. 评估促甲状腺激素轴活性 在促甲状腺激素轴中，促甲状腺素（TSH）受到其释放激素的调节而合成并释放，促使甲状腺分泌甲状腺激素 T3 和 T4，后两者是体温和新陈代谢的有效调节剂。促甲状腺激素轴对同一应激的反应因物种而有很大差异，如数小时冷应激使啮齿类动物 TSH 和甲状腺素水平升高但在人类没有观察到该现象，由于甲状腺激素的合成随机体产热需要的变化而变化，小鼠体型和热容量较小而深部体温在受冷时变化较快，更容易激活促甲状腺激素轴。在心理应激时，短期应激可使人的 TSH 分泌短暂增加，但导致啮齿类动物 TSH 分泌减少。不过当机体营养不良时（营养应激），甲状腺功能将在多个水平上削弱，其意义在于食物缺乏时降低机体代谢率有利于生存。

（四）应激的免疫学评估

免疫系统不只是对病原体（疾病应激）作出应答，也对其他应激进行应答，神经系统和免疫系统存在交互作用，而细胞因子（免疫系统激素）是免疫系统和神经系统的主要交汇点。对应激，尤其是非疾病应激进行免疫学方面的评估，需要充分考虑到机体免疫力的复杂性，如先天性免疫和获得性免疫、体液免疫和细胞免疫、免疫细胞和免疫因子等，以及应激反应体系的复杂性。

应激对免疫的影响主要是抑制性的，极端的应激环境会提高动物的疾病发生率，是由于应激动物免疫力下降和对致病因子的敏感度上升，但应激动物的免疫指标并非一致地呈现出抑制性变化，除了和应激原种类、动物各自的特性有关外，还与免疫系统的复杂运作有着密切的联系。免疫系统是由免疫细胞和免疫因子构成的庞大网络体系，网络中的成员不仅数量众多，而且通过多种方式相互调节，随时以局部的调整来维持总体的动态平衡。

中性粒细胞的增多是动物应激后的普遍反应，其机制为皮质激素改变了中性粒细胞的输送方式，使其从骨髓储备中释放出来。在中性粒细胞百分含量占多数的动物中（如马、牛、非人灵长类等），中性粒细胞的增多可以引起白细胞总数的增多，但在啮齿类动物（小鼠、大鼠等），中性粒细胞仅占白细胞总数的 20% 左右，因此对白细胞总数的影响就不甚明显，并且很容易被淋巴细胞（占白细胞 70% 以上）的数量变化所掩盖。自然杀伤细胞（NK 细胞）的细胞毒性也可以衡量免疫功能，一些应激可刺激 NK 细胞活性，如猪的 NK 细胞毒性可因运输应激而增强，但另一些应激则使动物的 NK 细胞活性下降，发生功能障碍。淋巴细胞增殖、转化能力是一项细胞免疫指标，白细胞介素-2（IL-2）是体内 T 淋巴细胞最主要的生长因子，在应激动物常观察到两者的抑制。机体的获得性免疫平衡取决于体液免疫和细胞免疫之间的平衡。由于体液免疫水平和 Th2 型细胞因子有关，而细胞免疫水平和 Th1 型细胞因子有关,该平衡常由两类细胞因子的代表性成员水平之比值来衡量,即 Th1/Th2 比值,该平衡与应激原种类有密切关系。

除上述指标之外,各类免疫细胞的功能活性、淋巴因子的分泌、特异性抗体合成和分泌水平、白细胞分化抗原的表达、免疫器官形态学变化、特定免疫反应如迟发型超敏反应、同种移植排斥反应等都被用于应激动物的免疫学功能评估。尽管糖皮质激素具有免疫抑制作用,但在应激引起的 HPA 轴激活与免疫功能的变化之间尚未建立直接相关的关系,因此仍然有必要对应激动物进行独立的免疫学评估,而不能单纯从神经内分泌反应去推测。

(五)应激的代谢反应评估

应激通过多种方式影响代谢和养分的利用,应激对代谢的影响具有梯度反应的特征,并在应激强度和代谢的变化方面具有正相关的关系,代谢评估的理论依据是机体组织获取和利用养分的优先性。

代谢活跃的组织比代谢相对不活跃的组织在养分获取时具有较高的优先性,能量和营养通过以下优先次序的模式被分配到不同的组织器官:神经系统＞内脏器官＞骨骼＞肌肉组织＞脂肪组织。该模式表现出养分利用的优先性是在血液循环中根据机体各类组织器官的重要性和活性确定的,但脂肪组织并不总是依赖于"过剩"的养分,冬眠动物在冬眠期开始前其脂肪组织生长的优先性将被提高。此外,脂肪组织还具有一定的类似内分泌和免疫器官的作用。养分分配的优先性不仅在于不同的组织代谢池间,也存在于同一代谢池内,如骨骼肌中的腰肌(和姿势有关)和股直肌(和运动有关),白细胞和淋巴细胞群等。

应激反应使组织中养分利用的优先性被改变,并产生养分的流动和转移,最终导致应激个体未达到最高生长率、营养物质利用率降低,以及维持代谢的能量需要增加。在应激反应中首先响应的组织是肝脏和骨骼肌,通过激素(胰高血糖素和儿茶酚胺)调节糖原降解提供葡萄糖,其次是其他组织的响应,如脂肪组织动员以脂肪酸形式提供能量物质。心肌组织能够利用乳酸等作为能量物质,因此肌肉组织在运动或免疫刺激等应激代谢中产生的乳酸可为心脏(以及肾脏和肠道)所接收,从而节约葡萄糖满足其他组织的需要。当免疫应激中随着免疫反应增强和对单核细胞与巨噬细胞的需要增加时,肌肉组织降解的谷氨酸被免疫细胞用作碳源,以替代原本对葡萄糖的需求,而葡萄糖被转运至对其更加依赖的组织。

应激也可使组织对养分的绝对利用量发生改变。组织对养分的绝对利用量和利用的优先性是两个不同的概念,某一特定器官的重量可反映该组织消耗总可利用养分的比例,如大脑、心脏和肾脏对生存至关重要,但其对总可利用养分的利用量可能较低,而单位重量组织的利用量很高。免疫系统中淋巴组织组分不到机体全身组织的 5%,且发生免疫应激时也只是免疫系统的一部分在反应,因此免疫系统不会利用较多养分,但当免疫系统协调全身的急性期反应时,养分被转运至肝脏以供急性期蛋白的合成。当疾病或应激时,某些跨膜养分转运载体增加以进一步保证生物学反应所需的底物到达需要的位置,从而维持必要功能。

四、应激管理

由于不存在无应激的环境,避免一切应激的做法既不科学也不实际,应激管理的目标是避免恶性应激,即改变动物正常生理功能的应激,其关键是减少应激的生物学低价,总体原则是将应激控制在亚临床水平。实验动物的应激管理常常通过以下途径实现。

1. 行为管理 ①转移对应激原的注意:任何应激反应都是从对应急预案的感知开始,使动物感受不到威胁或使其注意力从应激原上转移,可避免相应的应激反应发生。②诱导辅助行为:一些辅助行为可降低其他应激的生物消耗,这种行为反应的生理消耗比其他应激防御系统反应所需要的生物消耗低得多,因此可降低总的应激学代价。

2. 遗传筛选 动物个体对同种应激的反应性有差异,这种差异部分是由遗传因素决定的,通过遗传选择可筛选出对应激敏感度较低的品种,减轻动物的应激反应。

3. 环境控制 应激原来自动物生存的环境,包括各种物理、化学、生物、社会刺激因子,如果这些因子可能导致恶性应激,应将其彻底去除,或者至少减轻其刺激强度,使之在动物的适应范围内,或者通过对环境进行优化,提高动物对抗应激的能力。

4. 营养调节 动物对应激的适应能力是有限的,其限度和体内的贮备有很大关联。应激反应使动物的生物学消耗增加,当应激水平增加、体内贮备耗尽,就会达到应激的临界点,动物可能向病理学反应方向发展。因此,补充适当的营养以提高贮备或弥补生物学消耗,在一定程度上避免恶性应激的发生。

第四节
实验动物的应激原及其福利损害

除了日常生活中的各种应激事件,实验动物的应激原大部分来自动物实验研究,实验过程往往给动物带来疼痛、伤害、饥渴、不适等生理应激,以及不安、恐惧、厌烦、无聊等心理应激,这些都有损于动物的五大基本福利,但许多时候对于科学研究却又是不可避免的。所以,了解实验动物应激原种类及其福利损害效应,界定"可避免"的应激,并且针对"不可避免"的应激原探索减轻应激强度的优化措施,对于实验动物福利的实现非常重要。

一、实验动物的福利损害类型

动物的5项基本福利可以归结为动物的需求,当动物需求不能得到满足时,其福利状况就会受到不同程度的损害,根据人类对实验动物需求状况的认识水平和控制能力,可以将实验动物的福利损害大致分为以下3种类型。

1. 不良管理导致的福利恶化 对各种实验动物的基本生存需求,如营养、空气、光照、生活空间、卫生防疫等,目前已经有了较全面的了解,也具备了足够的条件和能力对此予以保障。在我国实验动物国家标准中,环境和营养标准详细规定了各种实验动物的栖居环境,以及不同生命阶段的营养需求,微生物学和寄生虫学标准明确了对不同净化等级动物的控制要求,各个生产和使用实验动物的机构对实验动物的管理和使用行为也有相应的规范,这些规范和规定对于实验动物的基本生存是必要的,一旦违反(有意或无意),

均会严重降低实验动物的生活质量,甚至直接危害其生存,如断食、断水、高密度饲养、过冷、过热、通风不良、持续的白昼(开灯)或黑夜(关灯)、长期不清理笼舍、异种动物混养等,其结果是动物营养不良、生长发育障碍、生物节律紊乱、行为障碍、疾病暴发乃至死亡。

2. 操作应激引起的福利损害 实验处理,以及日常的饲育管理操作对实验动物而言都是"非自然"的应激原。根据该操作是否产生肉眼可见的创伤,可将实验处理大致分为创伤性和非创伤性两类,每一类处理都能造成生理应激和心理应激。动物不仅可以感受创伤性的操作所带来的躯体疼痛,同时也能够感受这些操作带来的心理压力,如恐惧的情绪。采血、组织活检、注射等对动物造成的都是身心两方面的影响。非创伤性实验处理如灌胃、躯体限制、捕捉等看似对动物"无害",其实也会产生相应的生理和心理反应;有些处理还存在肉眼不可见的躯体创伤,其应激程度可能与创伤性操作相当甚至更高。转移、笼舍清理等日常的饲养管理操作对动物同样有惊扰效应,尤其是小型实验动物,对笼舍内环境的改变极其敏感,更换新的垫料后会有相当长一段时间表现出探索活动的增加,豚鼠即便是在饲养人员开门进入时也会发生短暂的骚乱。另外,运输对实验动物有着从生理到心理的广泛危害。当前,尽管麻醉剂、止痛剂、镇静剂、催眠剂等药物广泛用于消除或缓解实验动物在操作应激中的躯体和心理反应,微创术、遥测术、安乐死术等的研究和应用也在不断发展,由于认识操作应激的心理效应远比生理效应难,操作应激可能使动物长期处于人类不曾意识到的亚临床应激状态。

3. 非操作因素的环境应激对福利的影响 实验动物终身生活在人类提供的环境中,相比于自然环境,动物在人工环境中可能失去表达其物种特性行为的途径,或者失去自行调节环境使之更适合生活的机会。如具有营巢习性的动物因为没有适当的材料而不能完成其筑巢行为,群居动物被单独饲养时失去了与同伴建立社会关系的机会,一些品种的雄性小鼠群饲时往往会发生打斗行为,但弱势的小鼠无法在标准化的人工饲养环境中找到掩蔽处所保护自己,生活环境单一可使非人灵长类动物产生精神障碍。这一类应激的根源在于对实验动物需求的认识不足,其所导致的严重福利问题除了患病、受伤或死亡,还包括动物的刻板行为、自戕行为、攻击行为等行为障碍。

二、应激原种类及其效应

机体对应激原的感知是应激反应的起点,感知的本质是机体和环境进行物质与能量的交流,即通过各种感觉器官来获取环境的信息并由认知系统进行分析和识别,该过程决定了应激原的种类。实验动物的应激反应基本上同时具有生理效应和心理效应,因此"心理应激""生理应激"只能描述应激反应侧重于某个方面。

(一) 感官刺激

视觉、听觉、触觉、嗅觉和味觉是动物的5大基本感官,实验动物的应激主要来自这5个方面的刺激。此外,还有对空间的综合感觉,即空间感,不适感源于这些感觉的不同强度以及不同组合,冷觉、热觉、压觉和内脏感觉的形成也是多种感觉的复合,并涉及其他感受器和感觉机制。

1. 视觉 一些实验动物如小鼠、大鼠是夜行性动物,其视觉器官的构造和人类极不相同,视网膜上的细胞以视杆细胞为主,对光的敏感性极高,在弱光下有很好的视觉,并能看到紫外线,因此"黑暗"的环境对这些动物常常并不黑暗,而人类所适应的强光会造成视力损害以及引起行为异常,白化品系尤其畏强光。光照也是调节动物生理节律的重要因素,无规律的明暗交替会使动物的生物钟紊乱,每天增加或减少1小时照明持续一周可引起时差综合征。让视力良好的动物旁观同类接受实验处理时的状况可能导致不良应激,但有些动物的视野很小,并不能通过视觉获得这些威胁信号。

2. 听觉　许多实验动物的听阈比人类宽,能够听到人耳不能听见的声音,如超声和次声,实验室内流动的水、监视器、清洗机等可造成大量超声和次声污染,由于人类不能听到这些声音,会误认为已经给动物提供了安静的环境。动物可接受一定水平的超声,其也是一些动物交流的方式,但环境的超声超过动物正常负荷范围就会导致烦躁、紧张,以及一系列生物学变化。突发的声响可对听觉造成很大的刺激,即使响度在动物可接受范围内也会引起动物惊慌。此外,接受处理的动物发出的声音,无论是超声、次声还是人耳能听到的声音,可能都会对在场的其他动物产生应激,因为这种声音往往具有警告的含义。大量的犬吠对包括犬在内的许多动物都是听觉污染,因此需要降低犬舍的这类噪声。

3. 触觉　对动物的抓握、针刺、按压、取样,甚至抚摸等直接接触都能带来大量触觉刺激,大多数会引起动物不安,有些还给动物造成疼痛。疼痛明确地向机体提示存在威胁,因此长期以来被当作威胁实验动物福利的重要因素。动物对疼痛无一例外地采取逃避行为,疼痛也会造成一系列生理生化反应,如心率、血压、激素水平的变化,严重、剧烈的疼痛可导致休克,长期的慢性疼痛往往导致体能持续消耗,应付疼痛或者忍受疼痛使动物精神疲惫、体力下降、适应性降低,并可导致精神问题。环境构件也是动物的触觉来源,如网底笼会使豚鼠在躺卧时感觉不舒服。

4. 嗅觉　实验动物的嗅觉多数都很敏锐,并依靠嗅觉了解周围环境和维持其社会关系,视力较弱的种类"旁观"同类接受实验处理时还往往通过嗅觉来感知威胁的存在。当动物所熟悉的气味环境发生变化,如对小鼠更换全部笼具和垫料,或将小鼠转入另一个群体,会引起强烈的应激。动物可能表现出大量的探索行为,或者蜷缩畏惧,伴以相应的生物学反应。饲养室通常有特殊的气味,有些来自动物本身并用于相互识别和维持社会组织,有些则是细菌分解动物排泄物而发出的,氨(NH_3)是饲养室臭气的主要来源,空气中氨浓度过高不仅具有致病作用,也使动物感觉难受,饲养笼具选择不当、清理不及时、饲养密度过大或者通风不良都可使氨浓度升高。

5. 味觉　动物能够辨别味道,并厌恶不好的味觉感受,为此须调制可口的日粮,在饲料或饮水中投入药物可能改变其适口性而减少动物采食量和饮水量。

6. 空间感　空间感是一种综合的身体感觉,平面空间和高度是构成动物生活空间的基本要素。此外,空间的特征,如笼舍材质、各类装饰物的布置都会使动物产生不同的空间感觉,拥挤、狭小或者单调的空间会降低动物的福利,过于宽大的空间同样会使动物陷入焦虑。

（二）行为剥夺

许多种动物具有该种属专有的行为（species typical behavior）,通常这些行为有助于完成某种生理功能或者供消遣，与饮食、休息一样是动物保持健康生活的必要需求，而不是"多余的活动"。

兔以及啮齿类动物大鼠、小鼠、豚鼠等都需要磨牙以保持门齿的合适长度，因为这些牙齿终生生长，如果不能提供磨牙的材料，动物就会因为门齿太长而影响进食，甚至损伤口腔。筑巢是小鼠控制其周围环境温度和亮度并且和同类保持距离的方式，因此不仅是哺乳期的雌鼠，其他小鼠也需要构筑自己的巢穴，或至少拥有属于自己的领地，如躲在蓬松锯末里，在没有任何掩蔽场所如巢穴、其他掩体或锯末等铺垫物的鼠笼里，小鼠会将更多的能量用于保持体温，在争斗时无法躲藏，也不能得到很好的休息，对大鼠和豚鼠同样如此。兔的日常活动除了走动之外还包括弹跳，跳跃可使兔保持骨骼的力量和正常形态，因此需要充足的平面和纵向空间，同样兔也需要可供躲藏的处所，躲藏是被捕食动物共有的本能。犬通过小跑、眺望、与同类交流等满足其体力、脑力活动的需要，构筑犬的生活空间必须考虑这些行为，还必须为犬提供"安全距离"供其在争斗中退避。猪具有拱土觅食的习性，坚实的地面和围栏将阻碍其探究行为，从而可能导致行为异常，光滑的地面会剥夺猪摩擦猪蹄的行为。绵羊在能够自由活动的状态下，每天的活动范围约 40 万平方米，小羊还会需要可供练习攀登的装置，因此需要为实验室的羊提供活动场所。非人灵长类如猴、猩猩、狒狒需要足够大和复杂的空间用于实现攀爬、跳跃、奔跑、躲藏、探索等行为。

实验动物都具有强烈的好奇心和探究欲望，"玩耍"也是其保持健康身心的必要方式。小鼠、大鼠和豚鼠都会拿锯末或干草消磨时间，或者攀爬、钻越诸如管道、中空容器等器具。犬通过玩耍小球、绳子、拉力玩具等，既能够满足其娱乐需求，也能增进其各种姿势、举止的表达。猪比较喜欢可以变形并用嘴操作的物品，如橡胶玩具、软管、布条等，将这些系在猪的围栏上可引起猪的兴趣。非人灵长类可接受的"玩具"种类更多。

行为剥夺所产生的应激是多面的、广泛的，其本质是刺激的缺失。不能完成其专有行为的动物除了相关生理功能受阻外，更重要的是出现心理异常和行为异常。行为剥夺通常引起动物沮丧、厌烦、无聊、焦虑，由于动物不会自诉这些感受，人类主要通过观察动物日常行为如食欲、活动，以及外观和精神状况来寻找线索，能够获得的信息极为有限，而当刻板行为、自戕行为和强烈的攻击性形成时，行为剥夺的后果已经很严重，这些都是动物在无法完成其特有行为时的行为替代和转移。刻板行为是重复的而毫无意义的行为，如转圈、来回踱步、不停地到处挖掘，动物也会通过弄伤自己的肢体（自戕）来发泄，如果动物出现一反常态的突然增高的攻击性，无论是对同类还是对操作人员，都提示其可能处于高度的恐惧、焦虑状态。

（三）社交障碍

实验动物需要和同类交流，因而将单个动物与群体隔离的饲养方式，即"社会隔离"会产生一系列生理及心理问题，动物变得易激惹、敏感、多疑。但提供社交机会的方式不是简单地将所有动物放在一起，动物群体是一个有序的社会组织，不同的组织类型对数量、年龄组成、性别组成、成员等级各个方面都有着特定的要求，违反这些要求，或者打乱已经形成的秩序，可能引起激烈的争斗和混乱，因此需要合理地组群及保持群体稳定，若草率地向一个等级秩序已经形成的动物群体引进新的动物往往会引起争斗。在 1 个笼盒中，同性别大鼠能够和睦相处的数量一般不超过5只。雌性豚鼠及4月龄内的雄性豚鼠可群养,但4月龄以上的豚鼠推荐成对饲养。雄兔在性成熟后单独饲养主要是为了避免打斗造成损失,此时必须考虑单饲的应激。犬和猴都具有高度的群居性,并且存在"争霸"现象,犬还有合群欺弱的现象,随意扰乱群内等级,就可能挑起动物无休止的战争。

实验动物也需要和照料它的人类交流,动物的生物学进化程度越高,对于和人类交流的要求越高。在人和实验动物之间需要建立双向的交流关系,而不止于单向的"温柔对待",与实验动物建立互信的关系,有助于降低各类操作的应激,因为信任的关系可以减少动物在操作中的反抗情绪及反抗行为,也减少了人类用于对付反抗行为的各种强制措施,以及反抗本身对动物可能造成的伤害;相反,实验中及日常的饲育管理中,操作人员疏于和动物交流,或者常常采用粗暴地方式对待动物,就会使动物处于持续的惊恐和焦虑中。猴、犬、猫、牛、羊等动物都会记得上一次给它们注射的人的特征,当具有相同特征的"人"再次出现时,即便没有再给予注射的刺激,动物也会躲避或者发动攻击,甚至当这种威胁已经离开了动物的生活范围,动物仍然表现出记得并担忧的状态;兔能够辨别不同的人,大鼠、小鼠和豚鼠在这方面尚无明显特点。所以,事先的调教、驯养,以及适度的接触和人性化的管理在一定程度上有助于缓解实验动物和操作者之间的紧张关系。

(四)疾病和伤害

是指除研究需要以外的疾病和伤害的刺激,如小鼠的脚趾在笼盖上夹伤或尾巴被夹断、兔和豚鼠的脚嵌入笼底受伤或骨折,小猪的膝盖在地面磨破等,常见于饲育和研究中的疏忽。目前,对实验动物良好的安全防护、卫生管理、营养供给措施都已较为成熟,正常饲养的动物不应出现感染性疾病和营养性疾病,也不应发生意外伤害。

带病生存是实验动物特有的生活状态,作为疾病模型的动物需要承受实验性疾病所带来的一系列生理和心理负荷,包括模型制作过程和模型成立以后,这些动物需要优化的技术以及特殊的照料以减轻其痛苦。对于诱发性模型,人类能够意识到造模过程是对动物的伤害,但容易忽略动物带病生存也是一种不良应激。对于自发性模型,带病生存同样是不容忽视的问题。模型动物的福利问题通常是疼痛、不适、肢体运动障碍、各种疾病临床症状对正常生理功能的妨碍等,这些问题交织在一起明显降低动物生活质量,如荷瘤动物需要忍受病痛、身体的累赘,行动不便,脚掌接种的动物行走困难、肿胀并且疼痛,患肥胖、高血压、心脏病或呼吸系统疾病的动物需要长久地忍受这些疾病造成的不适感,通过外科手术造成伤残的动物需忍受失去对部分肢体的支配所带来的痛苦和不便。在上述情况下,人类必须尽可能减轻其对动物生活质量的影响,并在研究许可的范围内减轻其应激强度。

第五节

实验动物福利技术

实验动物福利的实现是根据福利评估的结果采取适当的福利干预措施,这些措施建立在福利优化技术如对动物操作和管理的规范化技术、应激控制技术、环境增益技术等的基础上。动物实验 3Rs(减少、替代、优化)原则的提出,启动了实验动物福利优化技术的专门研究,3Rs 方法和技术本身也对实验动物福利有良好的促进作用,但福利优化技术并非就是 3Rs 技术。此外,具有实效的动物实验伦理审查(并非审查"实验动物伦理")对于确保实验动物受到人道对待、预防福利恶化的情况出现具有积极作用。福利优化技术的实施必须平衡科学研究和动物福利两方面的需要,因此对许多新的福利优化技术需要同时进行有效性和安全性的检验和评价,确认其能够改善动物福利而不会干扰研究活动或研究结果。

一、标准化技术

对实验动物的标准化目前包括对遗传背景、微生物背景、寄生虫背景的标准化,以及对动物所处环境的标准化。这些都是确保实验动物健康并呈现均一反应性的重要手段。通过培育近交系、封闭群、突变系、F1 代等遗传上具有特点的动物,可以适应不同的研究需求,获得高质量的结果,从而减少动物用量;通过实施维持这些动物种群的技术规范如繁育规范和遗传监测等,可以获得稳定遗传的动物,避免基因突变、漂变、遗传污染等对动物和实验带来的危害;通过对实验动物的净化程度分级以及饲养于相应的人工环境中,可以有效控制环境因子的变化和卫生条件,避免许多病原微生物或条件致病微生物对动物健康的危害;对环境参数的标准化确保了动物能够获得合适的居住条件以及基本生存要素,如温度、相对湿度、空气、光照、栖息和活动空间等;对营养素和饲料的标准化保障了动物获得充足的营养和能量用于正常的生长发育和繁殖,以及避免摄入污染物质、有毒有害物质;规范化的日常饲养管理技术确保了动物随时得到适当照料。提供相关设施设备条件的技术以及操作规范都已相当成熟,并且效果确切。

二、健康管理技术

健康的动物一般是指生长和行为正常、没有疾病的动物。除模型动物以外的实验动物应该都是健康动物,其健康水平应符合相应净化等级的要求,模型动物除了表现模型所特有的临床症状外,其他方面也应无异常。需要对不同动物采取不同的健康管理实践。避免不同品种动物相互干扰最方便和可取的办法就是分开饲养,干扰可能来自气味、噪声、病原体交叉感染等。预防接种技术可用于犬、猫、羊、猪、猴等动物以提高对疾病的抵抗力,但在啮齿类实验动物没有免疫接种的程序,一旦确认患病通常就应处死,以免疾病扩散。对可疑患病的动物需要及时隔离观察和检查,以便采取正确的措施(治疗或安乐死)。对群体的健康监测可以通过定期体检(大动物)或设立哨兵动物来实现。对新进入的动物应进行必要的隔离观察和检疫,这同时也为动物提供适应新环境的机会。

三、运输管理技术

运输过程对几乎所有的实验动物都有明显的生理和心理干扰效应,因此是实验动物科学工作中特别需要注意的事件,如 1.5 小时的短途公路运输就可使大鼠和小鼠的循环皮质酮水平发生剧烈波动,神经递质 β-EP 水平显著降低,能量大量消耗导致血糖水平偏低,外周白细胞数急剧减少,一些细胞因子如 IL-2、IFN-γ、IgG 等免疫因子在运输后 3

天以内处于低水平,应激基因 hsp72 的转录水平呈几何级数上升等。运输也使兔、马、牛、猴、犬的皮质醇升高,马和猴的中性粒细胞增多等。因运输而造成的生物学改变在运输结束后都需要一定时间才能恢复,说明机体动用了生物贮备并需要时间修补运输应激的损伤。在实验动物生产和使用分离的情况下,运输是联结动物生产和使用的必要纽带,因此做好运输的管理对于获得健康的可用于实验的动物而言是必须的。

运输的管理技术包括对运输笼具或围栏,以及运输工具的选择、运输路线的选择、动物的包装和装运、运输前的动物准备、运输途中的照料、运输后的接收和安置等。运输的笼具或围栏首先应确保动物在运输途中的安全。为此,需足够牢固并有足够的躺卧和活动空间,足够的新鲜空气,动物不易逃脱,如啮齿类动物通常采用开有窗户的纸盒或塑料盒;其次尽量和运输前动物的生活环境相似,可以减轻动物对环境突变的应激;为减轻环境突变的应激可先将动物放入运输笼适应。由于运输中的微环境自身不具备环境调节能力,运输工具必须能够提供合适的温度、相对湿度等基本环境条件,如带有空调的车辆。被运输的动物应按来源、至少按品种分别包装或装运,小型动物常在离乳后重新组群,包装时仍应维持这个群体而不应将 2 个以上群体的动物混装,提前若干天将需要运输的动物组群可避免临时组群的应激。运输笼的叠放必须稳固,不会因路途颠簸而倾倒,同时必须顾及最下层动物的通风状况、各笼取出的先后次序等。

进行长途运输时,大动物通常应安排中途休息,可供动物调整状态以及饮食,并让工作人员检查动物的状况,由于大动物的运输围栏是开放式的可以做到这一点,但小动物的运输笼通常都是封闭的,也不允许途中打开,因此需要在笼内预先放置食物和水,常采用固态水或者水分含量较高的蔬菜和水果。短途运输中最重要的是尽快将动物送达目的地,为此应减少一切不必要的中途停留。在较短的运输过程中,体型较大的动物不会产生剧烈的生理反应,但大鼠和小鼠这样的小型动物仍将消耗大量体能储备,因此也需要采用适当的方式补充营养。所有的运输路线都应尽可能短,并且交通状况良好,从而缩短运输的时间。到达目的地后,需要立即将动物送入接受场所进行安置,使动物尽快脱离运输的环境,因此在动物到达前,就应做好接收的准备。接受的同时必须对动物进行检查和验收,一些有着严重运输应激反应的动物应隔离观察,其他动物执行一般的新进动物验收程序,如适应性饲养、检疫等。

四、行为管理技术

适当的行为管理技术有利于改善动物异常行为,缓解动物的操作应激,促使动物配合操作。异常的行为往往源于动物对特定事物的恐惧、焦虑等异常情绪。对于动物的异常行为,应首先寻找原因,消除诱因有时能够消除动物的异常行为。如果动物仍固执地保持该行为,则需要进行矫治,在行为学上可以采用诱导辅助行为、转移注意力的方法。

应激驯化是利用动物早期经历进行行为管理的技术,在强应激发生之前,让动物接受相关的弱应激以诱导动物进入抵抗阶段,从而提高对强应激的适应性,如为了让动物接受捕捉和徒手固定,可以在驯化期内每天有规律地捕捉动物一次。

调教能够促进人和动物之间良好的互动,缓解未知的应激。对犬的调教可以使犬顺从实验者的操作,通过对犬的护理,如洗澡、散步、抚摸、喂食等,工作人员可与犬建立互信关系,培养犬对人的依赖性和信任感,从而能够缓解实验处理带来的紧张感、厌烦感,也可以实现无保定状态下的采血、注射等操作,但需注意犬有 4 种不同的神经类型,需要工作人员区别对待。猪和羊也需要与人互动,经常接近人类并经常获得人的照料和奖励如拍打、友善的挠抓的动物容易在研究过程中保持安静并且不易害怕。调教和奖赏同样适用于非人灵长类实验动物。利用动物的自然行为比强迫动物服从有效,羊在自然环境中有跟随"头领"的习性,因此在操作时可让羊按照羊群里的群居次序进行,而不是仅仅按照随机数字表或者实验拟定的顺序,比较容易降低羊的紧张程度。

五、环境增益技术

环境增益(environmental enrichment)通过向动物提供相对复杂的生活空间满足其玩耍、探索、躲避的天性,以及保持自然姿势、建立适当社会关系的需求,从而消除或缓解标准化饲养中实验动物的不良情绪,促进其保持正常稳定的精神状态和生理状态。这是近年来研究颇多并受到广泛关注的实验动物福利优化技术。

环境增益的理论基础是,动物生来具有一定的适应变化和避免伤害的能力,但在标准化的人工饲育环境中生活的动物缺乏足够的刺激和适当的途径以维持这种能力,从而变得脆弱和敏感,由此导致各种福利问题的发生,包括紧张、被动和异常行为,以及不正常的生长发育,如饲养在具有复杂特性的环境中的青年兔相比于单调环境中对环境变化的处理能力更强。通过向标准化的饲育中添加各类增益元素(enrichmental element)使其变得更加丰富并符合动物天性的需求,可以改善这一状况(图 9 - 4)。相关研究表明,丰富多样的环境并不能改变动物体内皮质类固醇的基础水平,但可使动物对其他急性应激的HPA 反应降低。日常饲育中玩滚轮的小鼠或拉链子的猪在被轰赶或遭受挫折时,其垂体-肾上腺轴的反应强度将保持在较低的水平;当笼养猕猴用音乐饲喂器喂食时,其体内皮质酮水平显著降低,在通过逐步局限的方式捕捉它们的过程中,其心率的反应也明显降低;给妊娠母猪提供做窝的材料,可使其分娩时皮质酮的增幅减小。丰富多样环境可使动物对有害刺激的反应能力增强,而动物的行为学变化揭示了动物通过行为选择来缓解应激的作用机制。

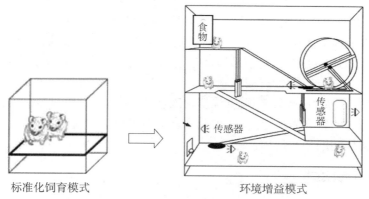

标准化饲育模式　　　　　　　　　　环境增益模式

图 9 - 4　实验动物的标准化饲育和环境增益模式

环境增益技术的关键在于根据不同动物的感官体验和生物学特性设计相应的增益元素，即具有"种属特异性"的元素。对环境具有修饰作用并且能够被动物利用（把玩）的器具通常被称为"玩具"，如向小鼠笼内放置的纸盒、PVC管道、中空塑料球可供其钻越躲避攀爬；向大鼠提供的转轮、不同形态的"避难所"可供其玩耍和躲避；为家兔准备的"叮当"球、不锈钢镜、纸板箱，所有啮齿类和家兔都会用到的磨牙棒和磨牙木块；为犬准备的链条、绳索、牵拉器和小球；可以让猪咀嚼和用嘴拽的橡胶玩具、软管和布条；满足羊跳跃、攀登和躲避天性的稻草垛。非人灵长类除了利用栖木、悬挂的轮胎进行攀爬、悬荡、高空跳跃等自然活动外，还可能会把玩收音机之类更复杂的设备，复杂的喂食器会吸引黑猩猩的注意并激发其探索，从而减少刻板行为、食粪癖和攻击行为。以上大多数行为天然地存在于动物的自然生活状态中，有些则是动物好奇和探索天性的在人工环境中的延伸，但在人工饲育时由于"标准化"和经济的原则而往往受到环境限制无法表达，因此玩具的应用为解决这类问题提供了一个潜在的途径。

除了单独应用某种玩具外，环境增益技术也包括构建一个组合有多种装饰的复杂空间，以及诸如往舍饲羊的稻草铺垫中放根茎类蔬菜、往小鼠垫料里放饲料、分散地向黑猩猩投递食物之类非常简单的措施，其目的都是模拟动物的自然生活环境。尽管多数实验动物品种尤其是啮齿类离开其野生生活状态已经有数十年，变成了真正的"实验室动物"，但依然保留有种属的自然行为习性。

环境增益技术还包括利用动物的视觉、听觉、嗅觉、味觉等特点实施应激的环境干预，如特定波长的照明、背景音乐、具有安抚作用的气味等，通过这些手段调节动物情绪，缓解不良应激，使动物对应激产生预见性，或者掩盖环境应激因子等。对受到躯体限制应激的小鼠，不同色彩的彩光照明环境，不同性质的背景音乐对其神经内分泌、免疫指标的改变均有不同程度的干预作用；调整饲料的口味和适口性以刺激应激动物的食欲。总之，环境增益技术部分地利用了行为管理技术的原理和措施，但其手段、方法、应用范围更宽广。

对实验动物运用环境增益技术时必须注意，环境增益是向"标准化"环境中引进新的刺激因子，其潜在的危害是干扰实验动物原本较为稳定和均一的状态，如导致实验反应出现较大的组内差异。原因主要来自2个方面：①动物对增益元素尤其是"玩具"的利用度不相同，当许多动物共享一个玩具时，动物不可能排着队轮流地玩，即使每个动物都配给了相同的玩具，并且可以不受其他动物干扰，动物对玩具的兴趣也可能不一样；②共享玩具可能诱发竞争行为，增加了攻击性，破坏群体等级秩序，从而引发更为严重的福利问题。因此对环境增益技术的开发和利用必须严格遵循"安全、有效"的原则。目前对于环境增益技术的研发和实施从有效性方面规定了以下规则：①动物对环境刺激作出正确的行为反应，对环境的控制能力增强；②提供认知刺激，使其学习领会饲养员的意图或学会解决问题；③满足特定的行为需求，寻找保护或觅食；④能激发动物的探察行为，并让其有所收获；⑤刺激群体间的相互作用。

六、营养干预技术

与环境增益一样，营养干预是相对于标准化营养供给而言的。应激可抑制动物的食欲，降低养分的消化利用效率，从而减少机体能够获得的总可利用养分，而同时机体对能量和各种养分的需求又因为对付应激而增加,如由于神经内分泌活动增强,大量激素和神经递质的合成需要消耗特定的氨基酸(如色氨酸、精氨酸)、脂肪酸、维生素、辅酶、葡萄糖等,急性应激下肝脏大量合成急性期蛋白,免疫应激时机体大量产生免疫球蛋白,由此产生的应激性营养不良会促使体内生物贮备过快消耗,导致资源在不同生物功能间转移,一些生物功能所需的资源被另一些功能占用,从而发生生物学损害。标准化饲料中的养分浓度往往不足以应付应激时大量的合成与分解活动的需要,还不包括应激时动物的摄食量下降和消化吸收力降低的因素,营养干预技术通过适时补充应激机体所需的养分改善其对养分的摄取和利用,预防生物贮备的耗竭,或缓解生物资源转移的后果。

应激相关的营养素范围涵盖了六大类营养素。水是一切生物学反应的介质。葡萄糖是多数组织能利用的唯一能量物质。碳酸氢钠、氯化铵、氯化钾等无机盐有助于恢复应激个体的酸碱平衡并维持体内渗透压。微量元素铬对调节三大营养物质代谢有重要作用,还能提高动物的抗应激能力,改善应激动物免疫功能并防止高温下皮质激素分泌增加。神经内分泌活动的增强需要消耗一些特定氨基酸,如机体的必需氨基酸色氨酸是 5 -羟色胺(5 - HT)、褪黑素、色胺、NAD、NADP、烟酸等的前体,色氨酸还在调节糖类代谢中起药理性作用,并能减轻高密度环境导致的攻击性反应;机体的条件必需氨基酸如精氨酸,可以促进具有合成作用的激素释放而改善氮平衡,并具有免疫刺激和胸腺刺激作用,在应激时补充可增加蛋白合成、降低蛋白分解速度、减轻动物应激后体重的下降,并增强应激动物的体液免疫和细胞免疫功能,纠正糖皮质激素造成的免疫功能抑制。维生素 C 具有广泛的抗应激效应,如保证皮质激素的稳定分泌,清除应激时产生的大量活性自由基,提高免疫功能等;B 族维生素主要作为辅酶催化糖类、脂肪和蛋白质代谢中的各种反应。

营养干预的实施时间应根据需要和条件许可灵活安排,也必须考虑到所补给的营养素生效的时间,通常以诱使动物安静为主的营养干预在应激前实施,而补充能量的干预则在应激中或应激后,以缓解营养的消耗和促进机体修复。营养干预的方式通常是让动物主动、自然地摄入,为此需要将营养素制成动物乐于接受的形态,尤其是应激会使动物的食欲下降,对营养干预剂的口味和形态设计必须充分考虑动物的采食特点和习性,如啮齿类喜欢并且适合啃咬棒状的物体,猪善于拱食。将多种营养素按特定比例配合而成的营养干预剂往往比一种营养素更有效,配方应具有高浓度养分和简单的物质分子结构,成分最好是水溶性的,以适应动物较少的采食量和较弱的消化能力。

摄入额外的营养可能改变动物在实验应用中的反应,因此所用的营养成分应能够确保质的安全(营养素种类是否干扰后续研究)以及量的安全(动物过量摄入的可能性及危害)。目前,营养干预在家畜、家禽的福利中得到较多应用,如用于运输应激、冷、热应激等,但在实验动物福利领域的应用研究刚刚起步。

七、遗传改良技术

针对动物福利的遗传改良技术是指选育遗传上的"抗应激"动物,这样可以较容易控制动物的应激程度,减轻应激管理的工作强度和花费。对动物而言,"抗应激"意味着对应激有较低的内在敏感性或拥有更好的适应性,从而降低福利恶化的发生率。动物个体的应激敏感性有相当大部分是遗传的,而由遗传因素决定的生理指标和应激反应的行为学指标方面存在高度相关,因此通过选育获得抗应激种/系是改善实验动物福利的一个策略,抗应激种/系,以及其对立种/系也可以作为应激研究的模型。

通过对大鼠的应激敏感性进行遗传选择,人类已经获得了一些对应激原表现出完全不同生理学敏感性的品系。

1. **罗马高躲避(RHA)大鼠和罗马低躲避(RLA)大鼠**　RHA 大鼠能快速学会条件躲避反应,显示出对威胁的逃跑反应,RLA 大鼠不能学会条件躲避反应,对威胁显示僵滞的反应;在对应激反应的内分泌方面,RLA 大鼠具有较低的促肾上腺皮质激素(ACTH)基础水平,但受到应激原刺激后则有较高的皮质酮分泌,就此而言,面对同样的应激时,RLA 大鼠的应激反应比 RHA 大鼠更强烈。

2. **锡拉库扎高躲避(SHA)大鼠和锡拉库扎低躲避(SLA)大鼠**　对新异环境,SLA 大鼠较 SHA 大鼠更可能产生高血糖症反应。

3. **Maudsley 反应(MR)大鼠和非 Maudsley 反应(MNR)大鼠**　MR 大鼠比 MNR 大鼠更容易患抑制性应激诱发的溃疡病,MNR 大鼠的血浆,以及数种组织中的去甲肾上腺素水平较高。

理论上,降低个体对应激原的敏感性,从而减少应激对个体的影响,确实可改善动物福利,如果日常存在的应激水平妨碍动物生长、繁殖、健康,则应当通过遗传改进这些性状。然而,实验动物的遗传特点和研究应用之间存在密切联系甚至精确对应,应用遗传改良技术仍须以不会干扰研究目标为前提。

八、疼痛控制技术

疼痛的控制技术不仅能够控制动物的疼痛,也可以减轻或消除因疼痛引起的恐惧感。疼痛控制技术是重要的动物福利技术,也是动物实验 3Rs 中"优化"技术的重要内容。控制疼痛可以采用麻醉剂、镇痛剂、镇静剂等。其中,麻醉剂可使机体产生不同程度的感觉缺失或意识丧失,从而不能感受疼痛和威胁;镇痛剂可提高动物痛阈,可协同全身麻醉药物而减少麻醉剂用量,对于减轻内脏手术造成的牵拉痛特别有效;镇静剂可使动物在不产生生理抑制或意识模糊的情况下使烦躁不安的状态缓解而表现平静,与麻醉剂联合使用可产生镇静镇痛效果;肌肉松弛剂是一类直接影响神经肌肉接头递质-受体效应的药物,可使骨骼肌失去原有张力而便于操作,在一些时候当动物肌肉抵抗力下降,则也有助于缓解疼痛。有效的疼痛控制取决于上述各类药物的正确使用,必须注意防范药物的不良反应,以及对动物潜在的危害。疼痛控制技术的应用应当和疼痛评估相结合以判断是否适当地解除了动物的痛苦。

对麻醉动物的抓取应始终保持温柔和平静,最大限度地降低动物的挣扎和受到惊吓的程度,因为长时间的激动会干扰动物循环和代谢活动,从而影响麻醉效果或出现麻醉异常反应,并可导致一定程度的休克,对挣扎的动物进行麻醉也容易使动物受伤。麻醉前对动物禁食使其空腹有助于防止反胃和胃内容物吸入气管。采用前驱麻醉用药可加快麻醉进程,降低危险性。麻醉时可按需采用全身麻醉剂或局部麻醉剂,对麻醉药物的选择应考虑麻醉目的(程度和时间)、种属差异、操作便利可控,并确定合适的剂量、采用最适宜的给药方法和途径,如全身麻醉可有吸入性麻醉与注射麻醉等,必须熟悉麻醉剂的不良反应和解救方法。麻醉药物除影响中枢神经系统外，还常常影响心血管、呼吸，以及体温调节等机制。因此，麻醉过程中需要监测动物的循环、呼吸系统和血液中麻醉气体含量及体温，确保在正常的生理限度内，采用气管插管可确保气道通畅。体温下降容易导致动物死亡或麻醉后的恢复期大大延长，对小动物尤其如此，因此需要应用有助于保持动物体温的装置如恒温手术台，在动物清醒前也需要加强保温措施。

麻醉剂具有催眠和镇痛作用，但只在犬类和灵长类动物中麻醉药才始终产生镇静作用，甚至快速静脉注射偶尔也会使这两类动物出现兴奋期。在小鼠、猫和一些家畜中麻醉效果很难预测，麻醉过程中动物可能会出现异常的兴奋，通常降低剂量可避免因动物对麻醉药敏感性增强而出现的兴奋期。

许多镇痛药物具有成瘾性，单独给予镇痛剂较少见，通常都与神经安定药配合使用。吗啡是有代表性的镇痛药，常用于控制犬和灵长类动物的术后疼痛，对犬类应用常伴有胃肠道效应。派替啶（杜冷丁）也是兽医临床常用镇痛剂，与吗啡作用类似，但很少引起犬的胃肠道刺激。

镇静剂，或神经安定剂，可使动物在保留意识的前提下变得驯服，常用于前驱麻醉。大剂量使用时会产生运动失调、对刺激的反应降低，以及呼吸阻抑。镇静剂可引起严重的心血管系统阻抑，如果接着进行全身麻醉则可能导致严重低血压。镇静剂本身没有催眠和镇痛作用，因此加大剂量只是增加心理抑制。

九、安乐死术

安乐死（euthanasia）是指采用公众认可的人道方法处死动物，即让动物没有惊恐或焦虑地、安静、无痛苦地死亡，"人道"包含了动物在临死时心理和生理两方面的需求。判断一项安乐死技术是否是"为人们所接受的人道方法"最重要的标准是：能够使动物的中枢神经系统在实施早期即发生阻抑，从而迅速丧失各种知觉（主要是疼痛）和意识。根据这一标准，一些视觉上"残酷"的方法如断头术或放血致昏迷也是人道的。

客观评估动物对安乐死术的感觉能力，主要包括评估动物的疼痛和情绪，通常需要观察和测定动物在行为与生理上的反应。由于处于安乐死过程的动物可能是神志不清的，不能采用神志清醒动物的生理和行为标准来判断，如在神志清醒的动物身上，恐惧和忧虑可以表现为悲痛的呻吟、挣扎、跌倒的逃离行为、防御性的攻击或冷淡、肌肉战栗、瞳孔扩张、反射性排尿和粪便、呼吸困难、出汗、心动过速等；而在实施安乐死术过程中，动物可能出现昏迷、兴奋、无法抑制的动作、共济失调、大叫等。判断动物是否进入无意识阶段通常采用眼睑、角膜或"眨眼"反射，当轻触动物的眼睑时，缺乏"眨眼"动作表明动物意识的丧失因而对痛觉也不敏感，但对使用箭毒样药物或氯胺酮、水合氯醛等分离性感觉缺失药物的动物除外。出现平展的脑电图也表明动物意识丧失和对痛觉不敏感。心脏搏动的存在和意识并无直接联系，安乐死中，可能出现心脏搏动持续一段较长时间，而角膜反射已消失或脑电图平展的情形，但是为了确保动物不再醒来，必须在动物心脏确实停止搏动后才能将动物当作尸体处理，以免动物在被放入尸体袋后又复苏。表9-3汇总了安乐死术的基本标准。

表 9-3　安乐死术的基本标准

对动物	对人、设备、环境
1. 死亡时没有惊恐、疼痛或苦楚的表现 2. 最短时间内失去意识或迅速致死 3. 方法可靠且可重复 4. 对动物生理和心理的不良影响最小化	1. 对操作人员安全 2. 与研究要求及目的一致 3. 对观察者和操作者的情绪影响最小化 4. 环境污染最小化 5. 设备简单、经济,易于保养和操作 6. 施行地点远离并隔开动物房

　　实验动物的安乐死术大致分为物理方法和化学方法。物理方法是通过物理手段(击打、电击、放血)等,迅速破坏动物中枢神经系统功能导致动物快速丧失意识和死亡。化学方法是采用各种化学物质使动物迅速进入不可逆转的麻醉状态或中毒死亡,又可分为采用吸入或非吸入麻醉剂的过量麻醉、非麻醉性气体吸入致死、毒物致死等。氯化钾、箭毒样药物、硫酸尼古丁、硫酸镁、士的宁、百草枯、敌敌畏等化合物由于不符合安全或者动物福利方面的要求而不得用于动物安乐死。常用的非麻醉的安乐死术见表 9-4。

表 9-4　常用非麻醉性安乐死术

方法类别	安乐死术	原理和操作	适用动物
物理方法	重击致昏	通过重击头颅骨中心使脑大范围出血,从而阻抑中枢神经系统,令动物立刻丧失痛觉。击昏后应立即切断动物的大血管,打开胸腔并切断心肌以使动物彻底死亡	啮齿类,兔、牛、羊
	颈椎脱臼	在颅骨基部后侧与脊椎两处施加压力使头颅和脑一起与脊髓分离,尽管分离后颈动脉和颈静脉完好无损继续向脑供血,但在脊髓分离时眨眼反射立即消失,所以动物对痛觉已不敏感	啮齿类,兔、猴,禽类
	电击术	使电流通过大脑产生中枢神经系统阻抑,并使动物心脏发生纤维性颤动,从而破坏脑供血使脑缺氧,达到该目的常需两次电击	犬、羊、猪,家禽
	断头术	迅速而彻底切断脑和脊髓的所有联系,使动物因失血、脑缺氧而立即死亡,断头即刻动物丧失眨眼反射,且脑电图平展	啮齿类(豚鼠除外),兔、猴,禽类
	空气栓塞	将一定量空气从静脉推入,伴随心脏的搏动空气与血液混合使血液呈泡沫状并随血液循环到全身,造成多处血管阻塞,动物因严重血液循环障碍而死亡	兔、猫、犬 等 较 大动物
	失血致死	使动物迅速大量失血导致脑缺氧,从而快速死亡,操作时应事先将动物麻醉或致昏。该方法对脏器无损,且有利于病理切片的制作	啮齿类,兔、犬、猴、牛、羊、猪

续　表

方法类别	安乐死术	原理和操作	适用动物
化学方法：非麻醉气体吸入	CO 吸入	CO 使红细胞内血红蛋白产生不可逆转变化，导致动物呼吸中枢和心脏中枢麻痹迅速死亡	啮齿类，犬、兔、猴、猫
	CO_2 吸入	使动物因缺氧陷入不可逆的昏睡。适用于小动物，CO_2 比空气重，安全，无兴奋期即死亡，处死效果确切	啮齿类，猫、兔、猪，禽类
	N_2 吸入	替代氧气从而使动物出现缺氧致意识丧失，由于脑缺氧引起呼吸中枢麻痹而死亡，但与二氧化碳不同，不能使动物昏睡	犬、猫、兔

安乐死术的组织效应是指由安乐死术造成的非预期的动物组织损伤。一般安乐死术很少或没有直接的组织效应，尤其是采用非吸入性药物的安乐死术，主要的间接效应来自动物死亡引起的组织缺氧。由于组织对氧的需求有很大差异，中枢神经系统在缺氧时很快发生损伤，而氧敏感性低的组织如骨和软骨组织中的细胞则很难观察到变化。已经发现的一些常用安乐死术对小鼠的组织效应见表 9-5。为了避免安乐死术的组织效应对动物组织标本采集和观察的影响，应在动物丧失意识后立即制备标本。

表 9-5　小鼠安乐死术的组织效应

安乐死术	组织效应
断头术	肺、肺泡和细支气管充血
颈椎脱臼术	肺、肺泡和细支气管充血
过量 CO_2 吸入	一定程度肺泡出血，并伴有轻至中度肺充血和胸膜下点状出血
戊巴比妥注射（静脉或腹腔注射）	一定程度脾充血、脾大，以及轻至中度肺充血

十、动物实验的 3Rs 方法与技术

动物实验 3Rs 原则的出现早于实验动物福利技术体系的形成，因此在许多场合成为实验动物福利的代名词，两者最根本的区别在于立足点不同，前者立足于动物实验应用，后者立足于实验动物整个生命过程。动物实验的 3Rs 技术和实验动物福利技术部分重叠，为此不能采用 3Rs 技术概括一切实验动物福利技术，也不能用 3Rs 原则概括实验动物福利的全部内容。

（一）3Rs 原则、方法与技术

动物实验的 3Rs 原则由英国动物学家威廉姆·拉塞尔（William Russell）和微生物学家雷克斯·伯奇（Rex Burch）于 1959 年提出，在其出版的《人道试验技术原则》（*Principles of Human Experimental Technique*）中，他们为研究人员定下了 3 个目标：替代（replace），以试管替代动物；减少（reduce），借助统计方法减少动物数量；优化

(refine),使实验更优化而给动物带来较小痛苦。"3Rs"概念对一些西方发达国家有关动物实验法规的制定和修正,以及生物医学研究中科研计划和实验程序的论证和实施产生了深刻影响。历经数十年发展,目前已为许多国家的科研工作者接受。3Rs原则的实现,主要依靠3Rs的方法和技术。3Rs的方法是指具有减少、替代或者优化意义的研究方案、策略等,3Rs技术则是最终实现减少、替代、优化目的的技术措施。

3Rs原则、方法和技术与实验过程中的动物福利有着密切的关联。替代和减少的相关方法和技术直接降低了实验中的高等动物用量,优化的方法和技术则通过优化动物、研究方案、操作、动物管理等减少实验过程对动物的应激和损伤,从而使研究得到科学、真实的结果,避免重复研究,间接减少动物用量。3Rs的突出贡献在于从动物实验的角度深入探索了实验动物的疼痛评估和控制,使人类对实验动物的疼痛获得了更多认识和控制能力。替代、减少和优化是相互渗透的,借助统计方法可以减少动物用量,借助仪器设备、实验手段的改进和动物质量的提高也可以减少动物用量,用低等动物替代高等动物时减少了高等实验动物用量。总体上,3Rs方法和技术使人类节约了实验动物,对这部分动物而言也就彻底不存在福利问题,对于不得不使用的动物,则尽量减轻其痛苦,提高实验中的动物福利水平。

(二) 优化的方法和技术

动物实验的优化技术和实验动物福利优化技术关系最密切,在许多研究报告中两者是重叠的,但从技术内容上可发现,动物实验的优化技术侧重于实验研究过程。对动物实验而言,优化包括如下。①研究方法、技术和手段的优化:现代生物分析技术可使用较少的样品获得较多的信息,并避免对动物的干扰,从而获得更多更可靠的结果,如磁共振技术、微阵列技术,遥测技术等。②对动物操作和控制技术的优化:更有效控制疼痛的技术,控制实验环境对动物影响的技术,规范的动物实验操作技术,这些技术能够减少研究中对动物的侵袭、减轻实验动物的痛苦。

(三) 减少的方法和技术

是指在动物实验中直接减少动物用量的方法和技术,包括①统计学方法:运用适当的统计学技术和方法得出最恰当的样本量、最有效的实验设计、最可靠的分析结果、最多的统计量等,使一次实验获得尽可能多的有用信息而减少动物用量,如测定LD50时各种统计方法的恰当运用。②利用动物的技术:在条件允许时重复利用或共享动物是一项减少动物的策略,如在1个动物身上进行互不干扰的研究,或将已处死动物用于解剖示教和实习等,能够实现该策略的技术则为具有减少意义的利用动物技术。

(四) 替代的方法和技术

有相对替代和绝对替代,前者是指用有生命的材料代替实验动物,后者是指用完全没有生命的材料代替实验动物。替代方法和技术由于彻底避免了在研究中应用高等的哺乳类实验动物,实际上超越了实验动物福利技术范畴,而成为另一个研究领域即动物实验替代领域的内容。包括如下。

1. 体外试验 使用离体的器官组织、细胞等代替整体实验动物,如鸡胚代替,鲎试剂代替兔用于热原试验,体外进行单克隆抗体生产、病毒疫苗制备、效力及安全性试验。

2. **低等动物实验**　如采用无脊椎动物和脊椎动物,早期胚胎代替实验动物进行神经系统生理研究,用果蝇、线虫进行遗传学研究,用微生物进行致畸致突变研究,Ames 试验即用鼠伤寒沙门菌培养物测定化学药物致畸与致癌性。

3. **人造替代物**　如使用重组人皮肤或生物膜用于皮肤腐蚀性试验。

4. **物理、化学、数学模拟技术**　运用计算机辅助药物设计和 QSAR 模型对化合物的生物活性和毒性进行预测;SAAM 计算机模拟系统模拟实验动物生理和代谢过程,虚拟动物和虚拟人体用于医学、生物学教学和实习;HPLC 进行激素效力试验。

第六节
实验动物福利的法制保障

为实验动物福利立法反映了政府和民众在实验动物福利问题上的公众道德意识,和实验动物福利有关的法规、规范有助于规范人们使用和管理实验动物的活动,由于这些法律、法规具有强制性,和指南、规范一类的文件共同保障了实验动物的福利。对实验动物福利作出明确规定或和实验动物福利有关的法律、法规在强调动物保护和福利的同时强化实验动物饲养管理,主要涉及以下内容。

(1) 各类有助于提高实验动物福利的技术及其应用,包括生产繁育和实验应用的日常饲养管理,接触动物的操作规范等。

(2) 动物及其环境的标准。

(3) 对接触动物的人员资格和职责进行规定。

(4) 规定对实验动物福利进行管理和监督的机构及其职能,如检查、伦理审查、资格审查、培训、制定有关文件等。

(5) 对科研用动物的获得、使用程序进行规定。

一、我国关于实验动物福利的法规

我国的《实验动物管理条例》(国务院 2 号令)颁布于 1988 年,是我国第一部实验动物管理法规,对实验动物的饲育管理、检疫和传染病控制、应用各方面均作出明确的规定,并要求从事实验动物工作的人员"对实验动物必须爱护,不得戏弄或虐待"。

科技部于 2006 年 9 月 30 日颁布了《关于善待实验动物的指导性意见》,要求在饲养管理和使用实验动物中采取有效措施,使实验动物免遭不必要的伤害、饥渴、不适、惊恐、折磨、疾病和疼痛,保证动物能够实现自然行为,受到良好管理与照料,为其提供清洁舒适的生活环境,提供充足的保证健康的食物和饮水,避免或减轻动物的疼痛和痛苦等,提倡科学、合理、人道地使用实验动物。这是我国第一次对于实验动物的福利实现作出明确规定。

以上与实验动物相关的法规性文件,如《实验动物质量管理办法》《实验动物许可证管理办法》《实验动物质量标准》《实验动物种子管理办法》等,文件中虽无动物福利字样,但其提高动物质量的规定从客观上达到保障福利的目的。

2018 年 2 月 6 日,我国国家质量监督检验检疫总局和国家标准化管理委员会发布了

《实验动物福利伦理审查指南》(GB/T 35892 - 2018)，该标准明确了实验动物生产、运输和使用过程中的福利伦理审查和管理的要求，对审查机构、审查原则、审查内容、审查程序、审查规则和档案管理均作出了明确的规定。该标准于 2018 年 9 月 1 日起实施，是我国出台的第一部实验动物福利的推荐性国标。

二、其他国家和地区关于实验动物福利的法规

1986 年欧洲各国共同签署的《欧洲实验和科研用脊椎动物保护公约》(86/609/EEC)要求在实验前、中、后均必须保证实验动物获得人性化护理和爱护，对常规饲养的实验动物的饲养设施和饲养条件给出指导性原则，制定动物照料及食宿最低标准和实验动物供应规则，规定所有在实验室中使用的动物都应保证适宜住所环境和运动时间、自由、食物、水、适合于健康和福利的照料等，所有实验动物都能享受其肉体和精神的权利，规范在实验室中使用动物的行为，规定所有实验必须有专业人士操作或在现任专业人士指导下进行，并提出在欧洲使用实验动物总量的指导性原则。欧洲实验动物学会联合会动物健康工作组提出关于大鼠、小鼠、仓鼠、豚鼠、和家兔繁殖群的健康监测推荐标准，以及关于实验动物及动物实验科技人员分类分级欧洲标准等。1997 年颁布的《阿姆斯特丹条约》包括了有关动物保护的条约，规定在制定有关研究、内部市场、农业、交通等方面的法律时，立法机构应加强对实验动物保护的全面关注。

美国的实验动物法规十分完善，涵盖了生产和使用的各个方面及各个层次。其主要特点是提倡关注动物福利、爱护实验动物。1963 年，美国国立卫生研究院(NIH)出版了《实验动物饲养管理和使用指南》，该指南是美国最早的有关实验动物饲养管理和使用指南，包括研究机构的政策和职责、动物环境、总体布局、饲养管理等内容；《动物福利法》于1966 年出台，是世上第一部涉及实验动物福利的法规，最初主要适用于犬和猫的实验应用，目前法规确认保护犬、猫、非人灵长类、豚鼠、地鼠、兔、水生哺乳类等，但不包括大鼠、小鼠和鸟类，《动物福利法》对各种科学实验用动物的饲养、管理、运输、接触操作、饲料、饮水、关养条件、饲养人员资格和职责、专职兽医任务、合格证制度、申请手续、年检制度等均作了详细规定。1978 年，美国食品药品监督管理局(FDA)颁布《良好实验室操作规范》(即"GLP"规范)，用于新药临床前实验的规范化管理。1979 年，美国国立卫生研究院(NIH)颁布《人类保健与动物使用法》。1983 年，美国政府制定《检验、科研和培训中实验用脊椎动物的使用和管理原则》。1984 年，美国生物医学研究基金会制定《应用动物进行生物医学研究与检验的管理方法》。1985 年制定的《人道主义饲养和使用实验动物的公共卫生方针》要求各单位动物管理使用委员会积极参与监督动物使用计划、使用程序和使用设施。

英国实验动物管理法律体系十分完备，其特点主要体现在关爱动物，倡导动物实验替代法研究以及科学进行动物实验上。早在 20 世纪 80 年代前，英国就先后制定了《动物保护法》《动物使用保护(麻醉)法》《善待动物法》等相关法律、法规，1986 年颁布新的《动物法》是英国实验动物管理的主要法规，替代原来的《防止虐待动物法》，《动物法》应用于除人体外所有活体脊椎动物的一切实验或科学程序，最大特点之一是其许可证制度，规定进行动物实验要求 3 种许可证：房屋及设施许可证、项目研究许可证、人员资格认可证。此

后,英国还陆续颁布了《科学用动物居住和管理操作规程》《繁育和供应单位动物居住和管理的操作规程》《运输过程动物福利条例》《动物设施中的健康与安全规定》等。1987 年,皇家学会和动物福利大学联合会制定《实验动物管理及其在科研中使用联合会指南》;动物福利大学联合会(UFAW)制定《UFAW 实验动物管理手册》。

加拿大的《实验动物管理与使用指南》一直被作为管理和使用实验动物的基本准则,该指南基于世界卫生组织 1975 年决议(WHA 28.83)和国际医学科学组织理事会与世界卫生组织联合于 1985 年提出的"使用动物开展生物医学研究的国际指导原则",由加拿大实验动物管理委员会制定,除常用于实验研究动物,还包括许多具有研究价值的野生动物。

新西兰最初使用动物的依据是《动物保护法》,1983 年修订增加了研究用和教学用动物的伦理准则,适用于从捕捉的野生动物到饲养的动物;1999 年新起草《动物福利法》代替了《动物保护法》。

日本有关实验动物管理的法规有 30 多部,颁布于 20 世纪 80 年代的《实验动物饲养及保育基本准则》是日本各个高校、公共或私立研究机构使用实验动物的准则。其他还有1973 年日本政府颁布《动物保护与管理法》,于 1999 年修订为《动物爱护和管理法》,强化了尊重动物生命、爱护动物的观念,加大对虐待和滥杀动物的处罚力度;1995 年总理府告示《动物处死方法指南》,明确在处死动物时尽可能采用安乐死的方法。

韩国的《动物保护法》颁布于 1991 年,允许动物用于教学研究或其他科学研究并鼓励减少疼痛的实验方法,以及安乐死术的应用,韩国的医学科学院制定的《动物实验指南》,规定了在任何一种韩国医学领域的杂志上发表文章都必须遵守指南要求。

(杨 斐)

第十章

实验动物常用技术

动物的保定、性别和日龄(月龄、年龄)鉴别、个体标识、被毛去除、安乐死等都是实验动物工作中使用十分频繁的通用技术,给药、采样、接种、麻醉等则是动物实验研究中必须掌握的基本实验技术。

基 本 技 术

一、保定技术

保定(immobilization)动物是对动物实施各项操作的前提。徒手保定适用于日常饲育和无特殊保定要求的实验操作,保定时间较短;如需较长时间的特殊体位保定,可采用各种专门的保定器械。在实施保定前应妥善捉取动物,捉动物时首先要防范动物攻击和逃脱,其次应采用合适的方法避免对被捉动物及其周边动物造成伤害。

(一)啮齿类实验动物的捉取和徒手保定

如图 10-1 所示。大鼠通常性情温顺,较易捉取和操作。捉取体重<200 g 的大鼠时,可抓握大鼠尾根将其提起,抓住其颈背部的皮肤也可轻松将大鼠提出,但捉取体重>200 g 的大鼠时,宜一手抓颈背部皮肤,一手抓鼠尾,以免局部受力过重,仅抓尾部时在大鼠剧烈挣扎下尾部皮肤极易撕脱。捉取新生乳大鼠时以手指肚挟住其腹部两侧即可,捉取离乳前的大鼠时,可张开虎口将其全部握于掌心。大鼠尾部皮肤易撕脱,忌抓着鼠尾长时间倒提大鼠或只捏尾尖,捉取性情暴躁的大鼠应戴防护手套,但一般无需使用,因防护

A. 大鼠   B. 小鼠   C. 豚鼠   D. 地鼠

图 10-1　啮齿类实验动物徒手保定基本手法

手套粗糙生硬使大鼠紧张,而手部的温度和柔软感觉有利于安抚大鼠的情绪。保定的手法常因保定目的而不同。徒手保定体重<200 g(4~5周龄以内)的大鼠可以单手操作,将其颈背部的大部分皮肤抓握在掌心,使其头部和四肢不能自由活动;对于体重较大的大鼠常需双手操作,以一手拇指和示指捏住耳后颈部皮肤,其余3指和掌心相对抓住前背部的皮肤,可控制大鼠的头部和前肢;另一手抓住大鼠下腹部、后肢或者尾根,或者使大鼠后肢站立于支撑物如桌面、笼盖上以便支撑其体重。将大鼠颈部夹在示指和中指之间,拇指和无名指分别环绕大鼠腋下,有利于保定大鼠的头部并迫使其张口。

小鼠行动比大鼠敏捷,行走时尾部呈水平伸直,以手指捏住小鼠尾根至尾中段的部位便可将小鼠提起。当小鼠贴壁行走时尾部紧贴笼盒内壁不易抓到鼠尾,可使用头部裹有橡皮的镊子夹住鼠尾根部(靠近肛门),对于极具攻击性的小鼠也可采用此法。采用抓鼠尾的方式时切忌抓尾尖以及长时间倒提小鼠。乳小鼠尾部短小柔嫩不便抓,捉取7日龄内的乳小鼠可用头部裹有橡皮的镊子轻轻夹住小鼠颈后的皮肤将其提出,或以手指肚挟住小鼠腹部两侧,7日龄以上的小鼠可以将其扣于掌心捉取,离乳前后的小鼠善跳跃,捉拿时宜部分打开笼盖防止动物跳出。徒手保定小鼠时,以拇指和示指捏住小鼠耳后颈背部皮肤,并将鼠尾夹在小指和无名指中,如小鼠个体较大或挣扎强烈,可多抓住其背部的皮肤。

豚鼠的攻击性小于大鼠和小鼠,捉取幼龄豚鼠时可双手捧起或单手托起,捉取成年豚鼠时先以手掌扣住豚鼠背部,张开虎口抓其肩胛上方,以拇指和4指围绕豚鼠肩部和胸部将其提起;另一手随即托起臀部使豚鼠的全身重量落在该手上,忌在颈部用力造成豚鼠窒息,也不能在胃部用力压迫豚鼠的胃。捉取妊娠豚鼠时以一手托住胸部;另一手托住腹部,应防豚鼠受惊和受外力压迫流产。徒手保定豚鼠时,一手抓住豚鼠的肩部,2指在前肢前方,2指在前肢后方,夹住两前肢;另一手抓住豚鼠的后肢并展开,可仰面保定豚鼠,也可使豚鼠站立于另一手上,或操作者用双腿将豚鼠后肢夹住亦可保定。

幼龄地鼠可单手虎口环绕捉取。捉取较驯服的地鼠时双手合拢将地鼠捧起。一般先用手掌按住地鼠使其安静,用拇指和示指抓住地鼠颈部皮肤,其他3指和拇指对应抓住背部皮肤将地鼠提起,由于地鼠皮肤松弛,应尽量抓住其颈背、肩胛部的大部分皮肤,防止地鼠翻转身体咬人。如地鼠处于高度紧张不易捉取,可用软布将其全部覆盖住后,按前述方法捉取,或用罐子捉取。徒手保定时,将地鼠按压在手掌下,然后5指抓住地鼠的大部分背部皮肤,通过抓紧皮肤牵制其头部和四肢的活动。

(二)兔的提取和徒手保定

如图10-2,捉兔时,一手从兔头前部将一对兔耳轻压于手掌内,使兔卧伏不动;用另一手抓住颈背部的被毛和皮肤,再将压住兔耳的手换到兔的腹部将其托起。或一手抓着兔颈背部的被毛和皮肤;另一手托住兔的臀部,使兔的全身重量落到托住臀部的手上。兔一般不咬人,但具

图10-2　徒手提取和保定兔的手法

311

有锐利的爪子和强有力的后腿,应防被抓和被踢,<1 kg的幼兔可抓背部皮肤提起。严禁提兔耳和兔后腿。较为自然的保定姿势是蹲伏或者趴伏,需按住兔的背部使其保持安静,或可将兔抱于怀中,使其头部钻入肘下或腋下,一手压住兔的颈背部;另一手握住兔的后腿避免踢蹬,当兔头钻于腋下无法看见周围环境时容易保持安静。使兔躺卧的徒手保定则有侧卧和仰卧,操作时一手抓住兔颈背部的皮毛;另一手抓住兔的两后肢并牢牢置于台面上。

(三) 犬的提取和徒手保定

驯服的犬能够听从人的指挥,一般可唤来而无需提取,如要提取时,可先从侧面靠近犬并抚摸其颈背部皮毛,用手将其抱住。未经驯服、调教的犬在提取时可使用长柄铁钳固定住犬的颈部或用长柄铁钩钩住颈部的项圈以控制住犬。徒手保定仅适用于驯服的犬,根据保定目的采用不同的姿势,常见的保定手法见图10-3。

图10-3 犬的徒手保定手法

驯服和未驯服的犬都可能咬人,为防止犬咬,应采用专用的犬口罩或用束带束缚犬嘴。使用金属网、皮革或棉麻等制成的犬口罩时应将其附带打结于耳后颈部防止脱落,采用束带束缚犬嘴时,选用1 m左右或长度合适的束带,先兜住犬的下颌,绕到上颌打一个结,再绕回下颌打第二个结,然后引至头后颈项部打第三个结,并系上第四个结(活结)以便打开。

(四) 猪的提取和徒手保定

体型较大的猪可采用食物引诱其到指定地点,保定时一般需要助手配合,可从背后抓住猪的两耳控制猪头部;小猪或小型猪可采用双手抱住其胸部的方法提取与徒手保定,或提起两后肢进行保定,以及将猪的躯体夹在两腿之间。大猪和小猪均可采用绳套可辅助保定,但不得用绳套捆扎猪鼻吻部进行牵拉或悬吊。

(五) 猕猴的提取和徒手保定

提取猕猴的方法是握住猕猴的双臂并反剪于其背后,徒手保定时一手在猕猴背后抓握住其双臂;另一手抓住其后肢或颈后部皮肤。在安装有活动板壁的猴笼内提取时可采用猴笼的活动板壁逐步缩小猕猴活动空间,最终将猕猴局限在一定的小空间内后提取;提取佩戴颈链的猕猴时可通过抽紧颈链将猕猴牵引并限制在笼边后提取,如欲提取大笼或室内散养的猕猴,可采用网罩由上而下罩住猕猴后提取。

(六) 实验动物保定器械

动物实验中,为了实施各项检查或实验操作,有时需借助专门的保定器械进行保定

（图10-4）。大鼠、小鼠保定器采用不锈钢、有机玻璃等制成，根据实验目的和动物的个体大小选用合适规格和种类，让动物自行钻入保定器内并关闭入口，使其不能退出即可，此种保定时动物呈蜷伏姿势，尾部露出，常用于尾静脉注射、采血等操作。保定兔时，盒式的兔保定架最为常用，可将兔的头部和尾部露出，此种保定常用于兔耳静脉注射、微循环观察、体温测定等，采用软布包裹兔身也有较好的保定效果。猪和驯服的犬都可采用悬吊式保定架进行保定，如此保定下可进行体检、灌胃、取血、注射等。用于猕猴的坐式保定器俗称猴椅，使用前应先训练猕猴。

图10-4　实验动物保定器

麻醉后保定常用于各种手术操作，保定的要求是充分暴露手术部位，保定器械通常由可用作手术台面的平面以及相应的可固定四肢、头部或躯体其他部位的附件组成。保定时，将动物麻醉后，以细绳、胶布或橡皮筋将四肢牵引展开并固定，可以采取俯卧、仰卧、侧卧等体位保定，必要时以门齿牵引钩或牵引绳扣住上门齿或用类似部件对头部进行固定。

二、性别鉴别技术

对动物按性别分笼分组、动物验收、配种等均需鉴别动物的性别，基本方法是通过外生殖器形态特征进行鉴别。

（一）啮齿类实验动物的性别鉴别

性成熟大鼠和小鼠的性别主要通过肛门和外生殖器之间的距离和特征来鉴别，雌鼠的肛门和阴道之间距离较近，且呈现一无毛带区，雄鼠的肛门和阴茎间的距离大致是雌性的2倍，该处可见明显的阴囊并且长有被毛，如将大鼠头向上提起，常可见到阴囊内有睾丸，此外，经产并授乳过的雌鼠腹部常可见明显的乳头。从被毛基本长全（约12日龄）至性成熟前（约35日龄）的大鼠和小鼠，雄性的性征不明显，而雌性的乳头常被被毛覆盖，因此主要依靠肛门和外生殖器间的距离来鉴别，雄鼠该距离约是雌鼠的2倍。由于雄性大鼠睾丸在3周龄时可下降到阴囊，故将其头部提起可见到阴囊内的睾丸。日龄为5～12天的大鼠和小鼠性别可以通过腹部的乳头来鉴别，由于被毛尚未长全，可见雌鼠的乳头非常明显排列于腹部两侧，而雄鼠则没有，在白化大鼠和小鼠该特征非常明显。5日龄以内的大鼠和小鼠也是依据肛门和外生殖器间的距离来鉴别，雄性该距离约是雌性的2倍，但由于个体小，该距离差别不明显，且雌鼠和雄鼠的外生殖器均表现为微小的突起，外形特征相似，故往往需要将2个性别同时比较才能判断。

性成熟地鼠的性别主要通过外生殖器和肛门的距离鉴别，雄鼠从阴茎到肛门的距离比雌性外阴部到肛门间距长，并有明显的睾丸和阴茎。此外，体成熟后雌鼠的腰部明显比雄鼠膨胀，两性的体形有明显区别。新生幼鼠体形和外生殖器外形特征不明显，但雄鼠的阴茎突起比雌鼠的阴核突起大,并且距离肛门也比雌性远。

　　鉴别豚鼠的性别可以观察尿道口和肛门间的特征,以及采用指压生殖嵴的方法。一手抓起豚鼠使其腹部向上;另一手拇指轻压迫会阴部,其余四肢置于臀部,观察有无阴茎的出现及外阴部特征,雌性豚鼠在肛门和尿道口间可见一浅"U"形(或"V"形、"Y"形)皱褶,这是由阴道关闭膜形成的。阴道关闭膜仅在发情和分娩时张开,平时关闭,如以拇指和示指压迫生殖嵴使其上方轻微张开,则可以使该膜显现出来。雄性豚鼠的肛门和尿道口间没有裂缝或皱褶,指压可使其阴茎伸展(图10-5),此外,雌鼠的乳头呈细长型,外观较明显。

A. 雄性豚鼠　　　　　　　　B. 雌性豚鼠

图 10-5　成年豚鼠的性别鉴别

(二) 兔、犬、猪、猴的性别鉴别

　　成年兔(3月龄以上)一般通过有无阴囊鉴别性别。鉴别新生仔兔性别时观察其阴部孔洞形状和距离肛门的远近,雌兔孔洞为扁形,大小和肛门相同,距肛门较近;雄兔孔洞圆形略小于肛门,且距肛门较远。鉴别开眼仔兔和幼兔的性别时,用左手抓住耳后颈部,右手中指和食指夹住兔尾,拇指轻按生殖器上方,生殖器孔口呈"O"形,下为圆柱体者是雄兔;生殖器孔口呈"V"形,下端裂缝延伸至肛门的是雌兔。

　　成年的雄性犬睾丸下降至阴囊中,阴囊悬于会阴部下方,阴茎由耻骨下缘朝腹部方向延伸,至后腹壁开口,而雌性犬的尿生殖道开口于肛门下方,两性极易鉴别。新生的犬可由肛门至生殖器距离来区分性别。

　　幼年、育成和成年的猪均可根据外生殖器形态特征来鉴别,雄性具有阴茎,雌性具有阴蒂。

　　鉴别成年猕猴性别最可靠的方法是触摸其阴囊内有无睾丸。此外,可观察尿道开口位置,雌猴具有较大的阴蒂,其腹侧形成沟状通向尿道口,雄性的尿道开口在阴茎头上。

三、年龄鉴别技术

　　在动物实验研究中,实验动物的年龄属于动物规格范畴,根据动物生命周期和实验应用需求,常用日龄、周龄、月龄、年龄来表示。万一不能获知动物确切的出生日期,可以通过观察外观的增龄性特征如外观形态、牙齿生长更替、体重等来推测动物大致的年龄。通常,年轻动物通常被毛光亮紧密,眼神明亮,行动敏捷,牙齿洁白整齐;老年动物则呈现各种衰老特征,如被毛蓬乱无光、眼神黯淡、行动迟缓、牙齿发黄残缺等。

　　大鼠、小鼠和地鼠生命周期较短,其年龄常用日龄、周龄表示。出生时尚未发育完全,在哺乳期内其外观形态随着发育而呈现明显的变化,是这段时期日龄判断的重要依据,尤其在出生后早期对于回顾性判断动物出生日期十分有用。在动物的体重达到平台期以前,体重的增加和年龄相关,对于标准化程度较高的品种或品系,此时可以利用生长曲线从体重粗略推算其大致年龄,但由于来自不同种群的同一种(系)动物在饲养管理操作上存在差异,如种群规模、保种方式、哺乳数等,此法仅作参考。

豚鼠为晚成型动物,与大鼠、小鼠以及地鼠不同,出生时已周身被毛,两耳竖立,两眼睁开,有视力,有门齿,生后1小时可走动,数小时可采食软料;4～5日龄时能够采食颗粒和块状饲料,15日龄时体重比出生时增加约1倍,至25日龄时体重约为出生重的3倍。

兔的门齿和爪具有明显的增龄性变化特点,是判断年龄的重要依据(表10-1)。30日龄内的仔兔外形特征随着发育而出现明显的变化,可以较为精确地判断日龄,30日龄以上通过体重和换毛大致判断月龄。

表10-1　不同年龄阶段兔的门齿和趾爪的特点

年龄阶段	门齿	趾爪
青年	门齿洁白,短小,排列整齐	趾爪较短、直、平,隐藏于足部被毛中
老年	门齿暗黄、厚而长,排列不齐,有时破损	趾爪较短,常露出于足部被毛外,且爪尖钩曲

犬、猪和猕猴的牙齿更替和磨损具有明显的增龄性特征(参见第五章),是判断年龄的主要依据。通过体重大致推算年龄时,由于这3种动物标准化程度低,须首先绘制出该品种在标准饲养状态下的生长曲线作为基准。

四、个体标识技术

为区别动物的不同个体或不同组别,需采用相应的动物标识方法,理想的标识方法必须符合标记明确易辨认,对动物损伤小且操作简单的基本原则,可能的情况下尽量不采取将标记做在动物身上的方法。群养的动物可以按其特有毛色、花纹进行识别,如猴、犬常通过照片和文字记录其外表和毛色特征,单笼饲养的动物可在笼上挂牌标注,当这些方法不能满足实验要求时可采用以下方法对动物进行标记。

(一)染色标识

染色标识是用化学染色剂在动物体表明显部位涂染的方法,操作简便,对动物损伤小,是实验室最常用的方法,适用于白色或浅色的动物,尤其适合小动物,白色或者浅色无花纹的小鼠、大鼠、豚鼠、兔均可采用。由于染色标记可自行褪色,长期实验中需要定期复染。染色标记也可因为动物间的摩擦、舔毛、尿液或水浸渍、被毛脱落等原因而破坏,因此需要经常检查,及时复染。此外需注意动物会试图舔干被染的被毛,因此摄入少量染色液,可能对动物的健康和实验观察有潜在影响,如可以看到摄入苦味酸的小鼠血清颜色变深。

10以内的编号可使用一种染色液在不同部位涂染,100以内的编号需使用两种不同颜色的染色液进行涂染,一种颜色代表十位数;另一种颜色代表个位数(图10-6)。用毛笔(或以镊子裹上棉花代替)蘸取适量染色液,逆毛涂刷。由于动物被毛生长有一定方向,逆毛涂刷可将被毛从毛根至毛尖全部染色,顺毛时仅在毛尖染色且染色液容易到处流淌。染色后待被毛稍干再放开动物。如无染色液,也可用油性记号笔进行临时性标记,大鼠和小鼠可在尾部用不同的笔画代表数字,该标记维持时间仅 2～3 天。兔和豚鼠可在耳部皮肤直接书写编号。

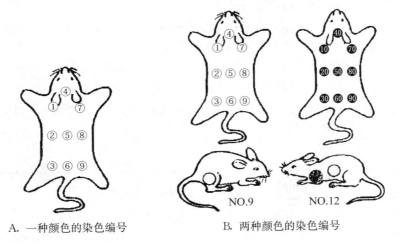

A. 一种颜色的染色编号　　　　　B. 两种颜色的染色编号

图 10－6　染色编号规则

实验动物标识常用染色液包括:3％～5％苦味酸溶液,涂染成黄色;将苦味酸溶于无水乙醇制成饱和苦味酸乙醇溶液,乙醇易挥发,染色时可避免染色液流淌。2％硝酸银溶液,涂染成咖啡色,涂后需光照 10 分钟。0.5％中性红或品红溶液,涂染成红色。煤焦油酒精溶液,涂染成黑色。龙胆紫溶液,涂染成紫色。

(二)剪毛标识

剪毛标识是在动物体表相应部位剪去被毛的标识方法,操作简便,不损伤动物,标记也容易辨识,但由于动物的被毛不断长出而使标记逐渐消失,因此只适合短期研究。小鼠、大鼠、豚鼠之类的小型啮齿类可按单色涂染标记的规则剪毛,犬、兔等大、中型动物还可用剪毛刀在动物体侧或背部剪出号码。

(三)耳孔(耳缺)标识与剪趾标识

耳孔标识是用专用的耳部打孔机在动物耳部打孔的标识方法,耳缺标识是用剪刀在耳缘剪出缺口的标识方法(图 10－7),动物的编号由耳孔或者耳缺的位置和数量来表示,该方法所作标记可终身保持,清晰且容易辨认,不受动物毛色的限制,但操作时会引起动物的疼痛以及造成一定程度的损伤,也可能会影响耳静脉注射之类的实验操作。由于小鼠耳壳大而薄,容易操作,打孔或者剪耳后几乎不出血,且很少在其耳上进行实验操作,故该方法常用于黑色、棕色小鼠,以及裸鼠等不能使用剪毛或者染色进行标记的小鼠。猪体表被毛稀疏,不能采用染色和剪毛,也常用此法进行标识。耳孔或耳缺标记的缺点是不易记忆,不够直观。打孔或剪耳时可适当进行局部麻醉减轻对动物的刺激,做好标记部位的消毒和止血,将滑石粉涂抹在伤口上可防止伤口愈合标记消失。

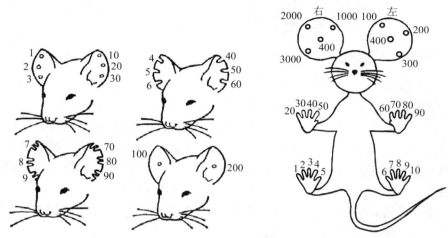

图 10-7　小鼠耳孔、耳缺联合标识与剪趾标识

剪趾标识是剪去动物特定脚趾第一趾节使之形成永久缺失而成为个体标志（见图 10-7）。由于剪趾对动物福利影响较大，故非不得已不推荐使用，且只限于初生或幼龄动物。剪趾法目前多用于转基因小鼠的个体识别，因转基因小鼠在出生后需逐个进行基因型鉴定，但此时被毛尚未长出，耳壳也不够大，不能进行染色标记和耳孔、耳缺标记。对小鼠剪趾应在 14 日龄以内进行，在一周龄内剪趾无需麻醉，但出生第 2 周实施应进行麻醉。剪趾可以在不同毛色小鼠进行，如剪趾得当，标记可留存终身。剪趾时需合理掌握脚趾剪去的程度，剪趾过少，脚趾愈合后标记不易辨认，剪趾过多则容易使动物失血过多。剪趾标记的同时，可以将剪下的脚趾用于基因型鉴定，从而不用再从尾尖切取组织，减少了对动物的损伤。剪趾后应注意止血。

（四）刺染、挂牌、微芯片埋植标识

1. 刺染标识　是在表皮针刺后涂以颜料使其渗入皮下形成永久的记号，根据使用工具和操作方法的不同又称为刺号、刺青、打号、刺印、针刺等。刺染适用于各种毛色的动物，并且能够用于幼龄小鼠标记而取代剪趾法。大鼠、小鼠和豚鼠等小动物，可在尾部、耳部或四肢皮肤裸露处进行标记，仅刺出记号即可，兔和耳朵比较大的犬可在耳部标记，可以使用刺号钳刺出号码再染色，猴可在胸部裸露皮肤处标记。刺染操作针刺时应避开大血管，预先对皮肤消毒，将表皮刺出血即可，不能刺入太深，刺后将染料涂抹于表皮，待染料渗入后再擦干净皮肤。

2. 挂牌标识　是让动物佩戴印有编号的号牌进行标识的方法，号牌法不受动物毛色的影响。对于体型较小的动物如啮齿类，号牌可悬挂在耳上（耳标），但动物可能因不适而设法自行去除耳标，耳部悬挂标签也可能妨碍动物的日常活动与交流。对于适合佩戴项圈的实验动物，如犬、兔等。可将号码牌固定在动物的项圈上，或者干脆在颈圈上印编号。号牌材质可为塑料、金属（不锈钢或者铝质）等，应不生锈且不易损坏。

3. 微芯片埋植标识　是在动物皮下埋植微芯片进行永久标识的方法。每个微芯片具有独一无二的编号，工作人员通过专用的便携式微芯片扫描仪读出芯片上的信息进行识别，由于微芯片可以携带大量信息，可以将该动物的有关信息如来源、遗传背景、出生日等都载入芯片。目前微芯片法由于成本较高尚未普及。

五、被毛去除技术

除了猪和裸鼠之类被毛稀少的动物，实验动物大多具有丰富的被毛，手术、皮内注射、皮下注射等操作中被毛会影响操作和观察，常用以下方法去除。

剪毛是用剪刀直接剪去被毛。操作时先将动物保定，待剪毛部位向上，为防剪下的被毛飞扬，可用蘸有水的纱布把被毛浸湿，以毛剪贴着动物的皮肤，垂直于被毛生长方向从毛根处剪下被毛，一般先粗剪，后精剪，剪毛时不能用手提着被毛，否则该处皮肤受到牵引容易被剪破。剪下的毛应集中放在一容器内，防止到处飞扬。

拔毛是直接用拇指和示指拔除被毛，适用于被毛稀疏且短小的部位，如大鼠小鼠皮下注射，兔和豚鼠耳缘静脉注射或取血前。

剃毛是使用剃刀剃除被毛，常用于较大动物外科手术前。先以温肥皂水将被毛充分润湿，用毛剪先逆着被毛生长方向剪短被毛，再用剃刀顺被毛生长方向从根部剃除，如采用电动剃毛刀可以逆着被毛生长方向操作。

脱毛是采用化学脱毛剂将动物的被毛去除。常用于大动物手术前或者观察动物局部血液循环的研究。此法可彻底除去动物被毛，使皮肤清楚显露，但是一段时间后被毛可再生，由于脱毛剂对皮肤有一定刺激作用，通常需在实验前24小时进行脱毛，并按需要在皮肤上涂上润肤霜或油。操作时先将脱毛部位的被毛剪短，用棉球蘸适量脱毛剂涂布于该区域，经2～3分钟后轻轻擦去脱毛剂连同被毛，并用温水（或蘸有温水的棉球）清洗以除去剩余脱毛剂和被毛，擦干皮肤。大鼠和小鼠如不剪短被毛，则相应增加脱毛剂用量和作用时间。在脱毛剂作用下动物皮肤变得脆弱，因此禁止用力擦脱毛区的皮肤。

六、安乐死术

处死生产和实验研究中不再具有保留价值的动物时必须应用恰当的安乐死术，安乐死术的基本要求是最大限度减少动物在受死时的生理和心理痛苦。手术中动物常处于麻醉状态，如无需动物存活，可通过破坏脑、心脏等重要器官或者血液循环引起大出血而使动物在清醒之前即迅速死亡，不会感受到死亡过程的身心痛苦。非手术且动物清醒状态下，需要采用适当的方法进行安乐死。有关实验动物安乐死的方法、原理、特点等参见第九章，以下介绍常用安乐死术的适用范围和操作要领。

（一）物理方法

常用的实验动物物理安乐死方法主要有颈椎脱臼、断头、重击、失血和电击。

1. **颈椎脱臼法** 适用于小鼠和其他幼龄啮齿类实验动物及幼龄兔，虽操作简便，但仅可由掌握技巧者实施。具体操作如下。①小鼠：将小鼠放置在能用爪抓牢的物体如笼盖上，一手的拇指和示指抓住鼠尾根部稍用力向后拉，此时可见小鼠本能地向前挣扎并伸展身体；另一手拇指和示指迅速用力向下按住其颈部（两耳后），或用长镊等工具代替手指压住小鼠颈部，两手同时向反方向用力，可听见轻微的颈椎脱臼声，放松双手后小鼠身体瘫软,立即死亡。②大鼠:将幼年大鼠放于粗糙平面上,一手抓紧尾根部;另一手拇指和示指用力向下按住大鼠颈部(两耳后),也可用长镊等工具代替手,抓着大鼠尾部的手向后上方用力将颈椎拉至脱臼。大鼠尾部的皮肤容易被撕脱,因此应将鼠尾从尾根开始紧抓在手心。对于成年大鼠,采用此法花费力气较大,如不能迅速使颈椎脱臼,大鼠将承受较多痛苦。③豚鼠:一手迅速扣住豚鼠背部,抓住其肩胛上方,用手指紧握颈部;另一手抓紧豚鼠的两后腿,两手向相反方向旋转并用力拉,直至颈椎发出脱臼的声音,动物身体张力消失。④地鼠:一手扣住地鼠背部,重抓其肩胛上方;另一手抓紧地鼠头部,两手向相反方向旋转并用力拉,直至颈椎发出脱臼的声音,动物身体张力消失。⑤兔:对体重<1 kg的兔,一手以拇指和其余4指相对的方式握住兔的颈部;另一手紧握兔的后腿,并使身体与头部呈垂直方向,两手向相反方向同时用力。对于体重>1 kg的兔,需要两人配合操作,一人用两手抓紧兔的颈部;另一人两手抓紧兔后腿,两人同时用力拉并向相反方向旋转,直至颈椎脱臼,动物身体张力消失。

2. 断头法 适用于小鼠和较小的大鼠,个体较大的动物应采用专用设备器材,且一般不建议使用断头法。具体操作如下。①小鼠:用一手拇指和示指夹住小鼠肩胛部固定;另一手持剪刀剪断颈部,或采用专用的断头器具。②大鼠:由一人抓住大鼠,一手握住大鼠头部,另一手握住背部,露出颈部;另一人持剪刀剪断大鼠颈部,通常适用于较小的大鼠,对于成年大鼠颈部不容易剪断,需采用专门的大鼠断头器具。③地鼠:由助手保定地鼠并使颈部伸展,用剪刀迅速剪断颈部,或采用专用的断头器具。④猕猴:使用专用的断头器,操作时应避免无关人员或其他动物旁观。

3. 重击法 系重击头部使动物脑部受损立即进入昏迷以致死亡,无需特殊设备,操作简便,但打击力度和精度较难掌握,可能造成动物额外痛苦,因此并不建议使用。对小鼠和大鼠,常抓住其尾部以其头部用力撞击硬物如地面、桌面等,较大的动物则使用重物击打头部特定部位。

4. 急性失血法 要求在全身麻醉下实施,动物可因失血休克最终死亡。急性失血安乐死往往是终末采血的结果。具体操作如下。①大鼠:大鼠颈动静脉放血可迅速破坏大鼠血液循环,使大鼠很快发生失血性休克并死亡,操作时由一人抓住大鼠,一手握住大鼠头部,另一手握住背部,将头部向背后仰而充分暴露颈部;另一人以锋利刀片用力切割颈部大血管所在位置,直至切断血管,保持伤口开放,大鼠很快陷入失血性休克。②小鼠:摘除小鼠眼球造成大出血可使小鼠迅速死亡,适用于处死小鼠同时需要采集大量血液时。操作时将小鼠乙醚麻醉后,一手抓住小鼠并以拇指和示指在颈部用力,迫使小鼠一侧眼球突出;另一手持弯头镊将眼球连根夹住摘除,随后迅速将小鼠头部向下保持约1分钟,至血液不再流出。此法操作简便迅速,通常成年小鼠失血≥0.6 ml上即休克并迅速死亡,在死亡通常会发生抽搐。个别小鼠在大量失血后仍可存活,为此需加以断头、开胸或其他致死性操作。③兔:麻醉后由心脏穿刺一次性采取大量血液,至兔心脏停搏,适用于同时需要采集血液的处死中。如无需采集血液,可用股动脉放血,将兔麻醉并仰卧保定,在股动脉(腹股沟处触摸血管搏动以定位)处做深切口切断血管,随时除去血凝块以保持伤口通畅,使血液持续流尽。④犬:失血部位多选颈动脉或股动脉,放血时采用插管或者开放性伤口,可以同时收集血液用于实验研究,对犬进行失血致死前应麻醉插管放血的操作:将犬麻醉后，手术暴露颈动脉或股动脉，以止血钳夹住操作点两端，在血管壁上剪一小口插入套管，放松近心端的止血钳，轻轻压迫胸部使血液不断流出，插管另一端可接导管收集血液。犬股动脉开放性伤口放血操作：暴露犬的三角区，用锋利刀片在三角区做一个约10 cm 的横切口，将股动脉全部切断，立即喷出血液，用湿布不断擦去股动脉切口出血液和凝块，同时用自来水冲洗使股动脉保持通畅，犬约在 5 分钟内因失血而死亡。⑤猪：常采用颈动脉或股动脉放血，操作同犬。⑥猕猴：常用颈动脉插管放血，将猕猴深麻醉后仰卧保定，行颈动脉插管术，适合处死的同时要求采集病理标本。

5. 电击法 较多用于犬和猪，需要专门的设备。具体操作如下。①将电击放置在犬两耳，首次电击通过大脑，产生中枢神经系统阻抑，使犬震昏，然后对犬实施第 2 次能够使其心脏发生纤维性颤动的电击，破坏脑部供血。②猪的电击安乐死术同犬。

（二）化学方法

化学安乐死方法主要包括气体窒息和过量麻醉。

1. 气体窒息法 窒息气体主要为 CO_2、CO 或 N_2 等非麻醉性气体，使用专门的窒息装置执行，适合对小型实验动物快速批量执行安乐死。

2. 过量麻醉法 在小鼠、大鼠和地鼠都可采用吸入挥发性麻醉剂如乙醚，或腹腔注射过量麻醉剂，常用 20% 乌拉坦过量腹腔注射。豚鼠采用挥发性麻醉剂吸入致死同大鼠，此外也常用麻醉药物过量注射致死，采用巴比妥类麻醉剂，用药量为深麻醉剂量的 25 倍左右，常用静脉和心脏内注射，也可腹腔内注射，以 90 mg/kg 的剂量约 15 分钟死亡。兔常用巴比妥类麻醉剂过量注射，用量为深麻醉用量的 25 倍左右，采用腹腔注射。犬和猪主要采用巴比妥类麻醉剂静脉注射或腹腔内注射、水合氯醛静脉注射、氯胺酮肌内注射。猕猴采用戊巴比妥钠 90~100 mg/kg 快速静脉注射或心内注射，可观察到猕猴呼吸先停止，随后心跳停止。

（胡　樱）

第二节

实验动物给药技术

一、给药前的准备

（一）给药剂量的设计

给药剂量是指单位体重所给予药物（或受试物）的量，通常按 mg/kg 体重或 g/kg 体重计算。药物的药效和毒性大多有剂量依赖关系，达到同样作用的给药剂量又因动物种属、年龄和给药途径而不同。

各种动物对同种药物的反应性大多存在种属差异，这与药物在不同动物体内不同的代谢途径及代谢率等因素有关。动物实验中，常需在不同种属动物之间（或人类和动物之间）进行给药剂量的换算，即根据一种动物的已知剂量计算出另一种动物的等效剂量，常用方法如下。

1. 按种属估算　一般情况下,对于同种药物,动物的耐受性大于人类,因此给药剂量通常也大于人类,如以人的剂量为 1,则大鼠和小鼠的剂量为 25～50,豚鼠和兔的剂量为 15～20,犬和猫的剂量则为 5～10,此法适用于对剂量设置要求较粗略的研究。

2. 按体表面积估算　药物的体重剂量(mg/kg)只在(1±20%)的体重变化范围内有效,当动物体重相差很大时,采用体表面积剂量(mg/m²)更确切。由于体表面积的计算较为复杂,常参照表 10-2 进行不同种属间等效剂量的折算。表中数据为 A 动物体表面积相对于 B 动物的比值,表中动物的体重为研究时的标准体重。已知 B 动物剂量,求 A 动物的等效剂量,计算方法为:A 动物剂量＝比值×B 动物剂量×B 动物体重/A 动物体重。如,假设某种药物大鼠剂量为 100 mg/kg,则犬的剂量为 17.8×100×0.2/12＝29.67 mg/kg。

表 10-2　人和常用实验动物间体表面积的比值

	小鼠 (20 g)	大鼠 (200 g)	豚鼠 (400 g)	兔 (1.5 kg)	犬 (12 kg)	猴 (4.0 kg)	人 (70 kg)
小鼠(20 g)	1.0	7.0	12.25	27.8	124.2	64.1	387.9
大鼠(200 g)	0.14	1.0	1.74	3.9	17.8	9.2	56.0
豚鼠(400 g)	0.08	0.57	1.0	2.25	4.2	5.2	31.5
兔(1.5 kg)	0.04	0.25	0.44	1.0	4.5	2.4	14.2
犬(12 kg)	0.008	0.06	0.10	0.22	1.0	0.52	8.1
猴(2.0 kg)	0.016	0.11	0.19	0.42	1.9	1.0	6.1
人(70 kg)	0.002 6	0.018	0.031	0.07	0.82	0.16	1.0

3. 按体型系数换算　按表 10-3 所列体型系数和计算公式,可直接计算不同种类任何体重动物的剂量。

表 10-3　人和常用实验动物的体型系数

动物种属	小鼠	大鼠	豚鼠	兔	犬	猴	人
R(体型系数)	0.059	0.09	0.099	0.093	0.104	0.111	0.1

注:有些资料中动物体型系数为本表中的 1 000 倍,不影响药物剂量的折算。

$$体重剂量(mg/kg)d_B = d_A \cdot \frac{R_B}{R_A} \cdot \frac{(W_A)^{1/3}}{W_B}$$

d_B 为欲求的 B 动物体重剂量,d_A 为已知的 A 动物体重剂量,W_A W_B 分别是 A、B 两种动物体重,R_A R_B 分别是 A、B 两种动物的体型系数。

4. 动物年龄和剂量设计　大多数药物或毒物通过肝脏的微粒体酶系统进行生物转化,幼龄动物的微粒体酶系统尚未发育完善,功能不全,故对药物的敏感性通常较强,给药剂量一般应小于成年动物。

5. 给药途径和剂量设计　从不同的途径给药时,药物的代谢途径和速率可能不同,由此影响动物的反应性。如口服剂量为 100,则灌肠的剂量应为 100～200,皮下注射剂量为30～50,肌内注射剂量为25～30,静脉内注射剂量为25。

(二)给药量的设计

给药量是指一次或多次给予一个动物的药物(或受试物,以下同)总量,与给药剂量是两个不同的给药参数。给药量是给予药剂量和动物体重的乘积,给药剂量是确定给药量的依据。大多数情况下药物以液体剂型给予,则给药量表示给药的体积(volume),以 ml为单位,若为固体或膏体则以 g 为单位。在实际应用中为便于计算,以液体剂型给药时,常按剂量和药物配制浓度折算出单位体重给药量,例如"大鼠给药量 1 ml/100 g 体重",需与给药剂量(mg/kg 或 g/kg)相区别。

给药前须知晓动物在某种给药途径下能够耐受的最大给药量,尤其是液态药物的给予,只有确定了给药量(容量)才能确定药物的配制浓度。给药量过大危及动物健康,甚至生命,也可使药物不能充分发挥药效,如灌胃容量超过胃的负荷时药物快速通过胃进入小肠,或导致食物反流、胃扩张甚至破裂,静脉内注射量过大容易引起心力衰竭和肺水肿。通常静脉内注射量宜小于体重的 1/100,皮下注射、肌内注射和腹腔内注射的容量宜不超过体重的 1/40。

(三)给药途径和方法的确定

实验动物的给药途径主要有经消化道给药、经呼吸道给药、经表皮或黏膜渗透给药、血管内给药、经组织(肌内、皮内)给药、腹腔给药和一些特殊部位给药等,确定了给药途径后再视不同的给药途径采用不同的方法,有注射、涂抹、吸入等。给药途径的选择需要考虑动物种属、对药物吸收和分布要求、药物性质、给药量等因素。

不同的给药途径下,由于药物进入体内和转化、排出的机制不同,导致药物的吸收途径、吸收速率、分布范围和代谢差异很大。如经消化道给药(实验动物常用灌胃或者口服)时药物可能被消化酶破坏而失去作用。注射给药是最常用的一大类给药方法,包括多种注射途径。其中,血管内给药时药物直接进入血液循环,可在最短时间内分布到全身,并减少其他途径给药时药物在吸收过程中的各种变化,静脉注射和静脉点滴是最常用的血管内给药;腹腔注射时药物通过腹膜吸收并进入血液循环,由于吸收面积大,速率也较快,仅次于血管内注射;皮下注射和肌内注射时,药物均通过微血管吸收,但肌内注射的药物吸收速率比皮下注射更快。不同注射给药途径下药物吸收速率由快至慢依次为:静脉注射＞腹腔注射＞肌内注射＞皮下注射。

通常根据给药目的并兼顾药物的性质来确定给药途径。静脉注射多用于需要迅速发生药效但不宜口服(经消化道),或者药液刺激性较强而不适于其他注射途径的药物;静脉滴注常用于迅速起效但需缓慢持续给药,如补充体内水分、营养、维持电解质平衡、维持麻醉等;腹腔注射同样用于需要迅速起效的药物,但不适用于具有较大刺激性的药物;皮下注射多用于治疗性给药和预防接种,期待药物迅速起效但药物不能或不宜经口服(消化道)给予时采用;当药物的刺激性较强、用药量较大不适于皮下注射,或者要求更迅速的效果,则采用肌内注射;皮内注射是将药液注入表皮与真皮之间,主要用于过敏试验观察局部反应、局部麻醉的前期步骤。

不同种属的实验动物其解剖结构不同,在某种程度上限制了给药途径的选择,如小鼠、大鼠等啮齿类动物,由于血管内注射难度较大且操作复杂,常以腹腔内注射代替,需注意药物的吸收速度略慢于血管内注射。给药途径也受制于药物的性质,刺激性大的药物通常进行肌内注射以减小对机体的刺激,并可将刺激局限在一定范围内。

给药途径和给药量有密切关系,如血管内注射和腹腔内注射的量可稍大,但肌内、皮内注射的量通常很小,灌胃给药则必须在动物胃容量负荷内并尽量不影响动物正常食欲。通过消化道给药时,由于多数动物不能像人类一样主动吞服药物,而很少采用口服的方法,多用强饲和灌胃,如药物具有较高稳定性并且不会严重破坏饲料或者饮水的口感时,可以将药物掺入饲料或饮水中使动物自行摄取(掺食),但这种方法很难控制动物的摄入量,且饲料中掺入药物的总量不得超过饲料的5%。其他的给药途径和方法多与人类相似。表10-4总结了常用的实验动物给药途径及其在实施中需要注意的问题。

表10-4 实验动物常用给药途径及其注意事项

给药途径	注意事项
经口给药	胃容量负荷,禁食,药物温度
皮下注射	药物吸收速度和程度,不使用弗氏佐剂
腹腔注射	药物注入肠道、腹膜内,注射液温度,多次给药时少用
肌内注射	疼痛,伤及神经,局部炎症,药物吸收速度,多次给药时避免在同一部位,每日肌内注射部位≤2个
静脉注射	分为快速注射、缓慢注射和输液(点滴),注射速度和容积,持续时间,注射液温度,快速注射要求药物和血液有相容性且黏度不太高,输液则当单次给药体积占循环血容量10%时给药时间≤2小时
皮内注射	给药体积

(四) 药物的配制

给药前通常需将受试药物配制为合适的浓度和剂型。配制受试药物所用的溶剂、助溶剂、赋形剂应无毒,不与受试药物发生化学反应,不改变受试药物的理化性质和生物活性。常将受试药物配制成以下剂型。

1. **水溶液** 最常用的剂型,凡能够溶于水的药物尽量用水溶液,如蒸馏水或生理盐水。水溶液可用于各种途径给药,但静脉内注射药物必须采用生理盐水配制,如有少量沉淀可加热促进溶解。

2. **油溶液** 挥发油、甾体化合物等不溶于水但溶于油的药物可将其溶于植物油中,如精制的花生油、橄榄油、玉米油、芝麻油等。油剂可口服,肌内注射和皮下注射。

3. **混悬液** 对于不能溶解于水或油的药物,可配制成混悬液。配制时现将药物置研钵中研磨达80目以上,逐步加入少量助悬剂反复研磨至所需浓度。混悬液仅用于口服或腹腔注射,使用前须搅拌均匀。常用助悬剂有1%～2%羧甲基纤维素钠,1%～2%西黄芪胶浆剂,35%阿拉伯胶,5%可溶性淀粉等。

4. **乳剂** 又称乳浊剂,适用于配制溶于油而不溶于水的物质。配制时将药物置研钵中加入少量乳化剂以单一方向研磨,然后缓慢加入水搅拌均匀,常用乳化剂有吐温80、吐温60、聚乙二醇等,乳剂可注射给药。

5. 有机溶剂　不溶于水和油,但能溶于某些有机溶剂的物质,可先溶于95％乙醇或丙酮,再用生理盐水稀释,乙醇最高浓度≤2％,丙酮最高浓度≤5％。

二、经口给药

经口给药时,药物从口腔进入消化道,包括强饲(经口灌胃、经口投喂)和自主摄取(饮食给药)。强饲法可准确控制给药量和时间,通过让动物自主摄取含药饲料或饮水则较难精确定量定时,但可以避免强饲对动物的应激。经口灌胃是通过特制的灌胃器械将药物经口腔、食管直接送入胃中,适用于液体药物。固体药物可制成液体后给药,也可采用特制的胶囊灌胃针。经口灌胃是大鼠和小鼠经口给药的主要方式。经口投喂则是直接将固体药物或胶囊投入动物口腔深部并迫使动物下咽。各种实验动物灌胃容量参见表10-5。

表10-5　常用实验动物一次灌胃参考容量

动物	适宜灌胃容量/次(≤)	最大灌胃容量/次(≤)
大鼠	1 ml/100 g 体重	4 ml/100 g 体重
小鼠	0.1 ml/10 g 体重	0.5 ml/10 g 体重
地鼠	0.1 ml/10 g 体重	0.4 ml/10 g 体重
豚鼠	16 ml/kg 体重	20 ml/kg 体重
兔	10 ml/kg 体重	15 ml/kg 体重
犬	5 ml/kg 体重	15 ml/kg
猪	10 ml/kg 体重	15 ml/kg 体重
猕猴	5 ml/kg 体重	15 ml/kg 体重

(一) 经口灌胃技术

大鼠、小鼠和地鼠经口灌胃手法见图10-8,灌胃时应由操作者亲自徒手保定动物,否则难以安全操作。使动物头部向上,头向后仰令口腔和食管呈直线,前肢伸开且不能够到嘴部,从一侧口角(门齿和臼齿间的空缺处)插入灌胃针,如灌胃针前端折弯,弯势应同食管的生理弯曲一致。沿着上腭推至喉头,在此处以针头轻压舌根,并迫使动物抬头令灌胃针前端顺利进入食管,再沿食道缓慢推进,当灌胃针前端抵达贲门位置时缓慢推出药物。为掌握合适的进针深度,可在插入灌胃针前以灌胃针在动物体侧丈量口角至最后肋骨间的距离,此距离即为灌胃针进入的参考深度。进针和推出药物时应确保动物安静并随时注意其反应,如保定不到位或将灌胃针误插入气管,动物会剧烈挣扎,一旦药液进入气管则会剧烈呛咳,遇此情形都应拔出灌胃针,并使动物恢复平静后再开始操作。

豚鼠灌胃手法参见图10-8。操作时徒手保定豚鼠,在豚鼠口中放入开口器,将灌胃管前端从开口器中小孔送入豚鼠口腔并插入食管约5 cm,回抽灌胃管另一端的注射器,确认无气泡后推出药液,药物注入完毕后再推入适量生理盐水将管内残留药液冲出以确保给药量准确。兔经口灌胃手法见图10-8。操作时由助手将兔以自然蹲伏或直立保定,操作者将开口器横放于兔上下颌间,固定于舌上,采用14号导尿管为灌胃管,经开口器中央孔进入口腔,沿上腭插入食管15～18 cm,插管顺利时兔不挣扎,将灌胃管外端浸入水中,如有气泡逸出提示胃管插入肺内,应拔出重新插入,确认灌胃管进入胃中可注入药液,

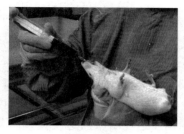

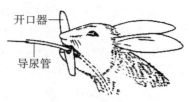

A. 大鼠灌胃　　　　　　B. 豚鼠灌胃　　　　　　C. 兔灌胃

图 10-8　大鼠、豚鼠、兔的灌胃

完毕后再注入适量生理盐水或清水将管中残留药液冲入兔胃内,捏闭灌胃管外口抽出,取下开口器。单人操作可将兔保定于专用保定盒内,一手虎口卡住并固定兔嘴;另一手持灌胃管由唇裂(避开门齿)插入兔口中,给药方法同上。

犬经口灌胃需注意一次灌胃≥200 ml 容易引起恶心、呕吐。使犬蹲坐并安静,将开口器置于犬上下门牙间,并用绳固定,持灌胃管经开口器插入口腔,沿咽后壁进入食管深约20 m(视犬体大小),将外口浸没于水中检查是否有气泡逸出,确认胃管正确进入食管后注入药液,管进深较浅时注入药物可见犬有吞咽动作,给药后以适量生理盐水将管内剩余药液冲入食管;如犬温顺驯服可不使用开口器时,将犬于固定架上固定头部,绑好嘴部,一手抓住犬嘴;另一手持灌胃管。右手中指将犬嘴角轻翻开,摸到最后一对大白齿,中指固定于该白齿后一空隙内,拇指和食指将灌胃管由此处插入并顺食管方向送入约20 cm深,同上检查确认胃管在食管内后注入药液,管进深较浅时注入药物可见犬有吞咽动作,给药后以适量生理盐水将管内剩余药液冲入食管。

猪的灌胃需采用猪的开口器和灌胃管,操作同犬。

猕猴可经口腔或鼻腔插入灌胃管。经口灌胃时,由助手保定猴,操作者把左手掌贴在猴头顶和脑后的部位,拇指和示指压迫猴左右面颊使其上下颌咬合处松开(或使用猕猴开口器),将灌胃管沿上腭送入食管,确认灌胃管没有误入气管(将管外口浸没于水中无气泡冒出)后从管外口注入药液,给药后以生理盐水将管中剩余药液冲入猕猴食管。经鼻插入(鼻饲)灌胃管时,灌胃管外事先涂液状石蜡润滑,由助手保定猕猴,操作者托起猴下颌使其嘴紧闭且头部不能自由转动,由鼻孔插入灌胃管进入食管,应注意勿插入气管。其他操作同经口灌胃。

实验动物灌胃器械由灌胃针(管)和灌胃器组成。灌胃器常采用塑料注射器,灌胃针主要应用于大鼠、小鼠和地鼠,为一前端膨大呈光滑球状的长针,膨大的前端和防止进针时刺破口腔和食管。大鼠灌胃针长度通常为6~8 cm,直径1~2 mm,后接2~10 ml的注射器使用,小鼠灌胃针长度2~3 cm,直径0.9~1.5 mm,后接1~2 ml注射器;地鼠灌胃针长度4~4.5 cm,后接1~5 ml注射器。灌胃管应用于豚鼠、地鼠、犬和猕猴,兔和豚鼠常采用14号导尿管,犬胃管采用粗细、长度适中的导尿管或胶皮管。猕猴的鼻饲管外径1.5 mm,经口灌胃管外径5~7 mm。豚鼠、兔、犬的胃管需配合开口器使用,猕猴经口灌胃时也需要开口器。

灌胃给药容量较大时,应注意动物提前禁食,由于大鼠、小鼠和地鼠白天很少进食,白天灌胃前通常无需禁食,但上午灌胃应在9:00以后,以便动物胃部排空。

（二）经口投喂技术

对豚鼠、兔、犬和猕猴给予固体药物（如片剂、丸剂或胶囊）时，可采用经口投喂途径。豚鼠经口投喂时，将豚鼠放在实验台上，一手从背部向头部握紧豚鼠，以拇指和示指压迫左右口角迫使使豚鼠张口；另一手将药物用镊子夹住放到豚鼠舌根处，使豚鼠闭口而自行吞下，事先如湿润豚鼠口腔可便于药物咽下，给药后需检查豚鼠是否将药物留在口腔内。兔经口投喂时，将兔夹于腋下保定，露出头部，以拇指和示指压迫左右口角迫使兔张口，将药物用长镊夹住放到兔舌根处，闭合口腔让兔自行吞下，兔可能会将药物留在口腔并用舌头顶出，给药后应检查确认兔将药物吞下，事先湿润兔的口腔可使兔便于咽下药物。

犬经口投喂技术适合驯服的犬。给药时由助手使犬蹲坐，操作者一手置于犬的上颌，拇指和示指从犬嘴两边伸入口腔迫使犬张嘴，并将犬上颌向上抬使犬口鼻向上；另一手拇指和食指夹住药片，无名指和中指将犬的下颌向下压，此时可直视喉咙，手指将药物送入犬舌根，随后合起上下颌并抚摸犬的喉部帮助下咽，可感觉到犬的吞咽动作，给药前先以水湿润口腔内内部可使药物容易咽下。

猕猴经口投喂时，由助手保定猴，操作者把左手掌贴在猴头顶和脑后的部位，拇指和示指压迫猴左右面颊使其上下颌咬合处松开，用长镊将药物送入舌根处，迅速抽回长镊，把猴子下颌向上一推使其闭合，让猴自行咽下。

三、皮下注射

皮下注射是较为常见的实验动物液体药物给药途径，大鼠和小鼠给药尤多采用。皮下注射通常选择动物皮肤松弛处如腹股沟、腋下、颈背部等部位进行，一次注射量应控制在体重的 1/40 以内。注射针头宜尽可能细，注射器容量应略大于注射量。常用实验动物皮下注射容量、注射部位和注射器械参见表 10-6。

表 10-6　常用实验动物皮下注射技术参数

动物	适宜注射容量/次（≤）	最大注射容量/次（≤）	常用注射器规格	常用注射部位
大鼠	0.5 ml	1 ml	1～2 ml 注射器，7 号以内针头	下腹部或后腿皮下
小鼠	0.1 ml	0.3 ml	1～2 ml 注射器，6 号以内针头	颈背部皮下，腋下（接种）
地鼠	0.1 ml	0.4 ml	1～2 ml 注射器，7 号以内针头	颈背部皮下，腋下（接种）
豚鼠	—	2.5 ml	1～2 ml 注射器，8 号以内针头	大腿内侧，背部、肩部、颈部等皮下脂肪少的部位
兔	1 ml/kg	2 ml/kg	1～5 ml 注射器，7 号以内针头	背部和腿部皮下
小型猪	1 ml/kg	2 ml/kg	—	耳根部皮下，股内皮下（仔猪）
猕猴	2 ml/kg	5 ml/kg	2～5 ml 注射器，6 号针头	颈后、腰背部皮下，上眼睑、大腿内侧上 1/3 处，以及臂内侧皮下

大鼠和小鼠行皮下注射时,由操作者本人或助手徒手保定动物,以酒精棉消毒注射部位皮肤,将皮肤略提起以形成一个皮下空隙。注射针刺入皮下后沿皮肤推进 5～10 mm,若针头可轻松地左右摆动,表明针头在皮下,轻轻抽吸无回流物,则可缓缓注入药物。注射后缓慢拔出注射针,并需按压针刺部位片刻以防药液外漏。

豚鼠行皮下注射时,由助手保定豚鼠,操作者提起注射部位皮肤使皮下形成空隙,将注射针刺入皮下后沿皮肤推进 5～10 mm,若针头可轻松地左右摆动,表明针头在皮下,轻轻抽吸无回流物,则可注入药物,拔出针头后按压针刺部位并轻揉片刻,以防药液外漏和促进药液吸收。

兔行皮下注射时,用一手拇指和中指将注射部位皮肤捏起形成皱褶,再以示指将皱折顶端向下压形成三角形皮下空隙;另一手针头垂直刺入该空隙后放松皱褶,确认针头在皮下(针头可自由摆动)即可注射。

犬行皮下注射时由助手使犬保持安静,将注射针直接刺入注射部位皮下。

猪行由助手保定猪,直接将药物注入皮下结缔组织。

猕猴行皮下注射时,于注射部位用拇指和中指将皮肤捏成皱褶,以示指压扁皱褶顶端形成三角形皮下空隙,针头刺入该空隙后放松皱褶,确认针头在皮下(针头可左右摆动)时进行注射,注射后留针片刻以防药液漏出。

四、皮内注射

皮内注射是将液体药物注射到动物的表皮与真皮之间,主要用于评估免疫、炎症或者过敏反应,以及局部麻醉前期步骤。雄性动物皮肤通常较雌性动物致密致敏,因此注射性难度相对较大。多点注射时,两点之间应有适当间隔,一般为 1 cm。常用实验动物皮内注射技术参数见表 10 - 7。

表 10 - 7　常用实验动物皮内注射技术参数

动物	适宜注射容量/次(≤)	最大注射容量/次(≤)	常用注射器规格	常用注射部位
大鼠	—	0.1 ml	0.25～1 ml 的注射器,4 号针头	背部脊柱两侧皮肤
小鼠	—	0.05 ml	0.25～1 ml 的注射器,4 号针头	背部脊柱两侧皮肤
地鼠	—	0.1 ml	0.25～1 ml 的注射器,4 号针头	背部脊柱两侧皮肤
豚鼠	—	0.1 ml	0.25～1 ml 的注射器,4 号针头	背部脊柱两侧皮肤
兔	—	0.1 ml	0.25～1 ml 的注射器,4 号针头	背部脊柱两侧皮肤
猪	—	0.2 ml	—	耳壳外面,腹侧皮肤
猕猴	0.05 ml	0.1 ml		眼睑内

大鼠、小鼠和地鼠行皮内注射时,需于注射前 24 小时以脱毛或剃毛法去除注射部位的被毛。以酒精棉消毒皮肤,用拇指和示指将皮肤捏起成皱襞,使针尖斜面(针眼)向上,针头与皮肤呈 20°角先刺入皮下,针头向上挑起进入皮内再稍刺入,推出药液,可见在针尖前方鼓起一白色皮丘,皮丘不很快消失证明药液在皮内。注射后针头留置 5 分钟再拔出,

以免药液漏出。

豚鼠、兔行皮内注射时,于注射前24小时剪去注射部位被毛,并用化学脱毛剂除净残留被毛。检视皮肤无损伤和炎症后,将注射部位皮肤提起,捏成皱襞,使针尖斜面(针眼)向上,针头与皮肤呈20°角先刺入皮下,针头向上挑起进入皮内再稍刺入,推出药液,可见在针尖前方鼓起一白色皮丘,如不很快消失则证明药液在皮内。注射后针头留置5分钟再拔出,以免药液漏出。

猕猴眼睑内行皮内注射时需要进行适当麻醉。

五、肌内注射

肌内注射是将液体药物注射到动物肌肉组织内,适用于大多数实验动物。肌内注射应选择肌肉丰满而无大血管或神经经过处,小型啮齿类的肌肉都较薄,较少采用。常用实验动物肌内注射技术参数见表10-8。

表10-8　常用实验动物肌内注射技术参数

动物	适宜注射容量/次(≤)	最大注射容量/次(≤)	常用注射器规格	常用注射部位
大鼠	0.1 ml	0.2 ml	0.25~1 ml注射器,6号以内针头	股四头肌和臀肌
小鼠	0.05 ml	0.1 ml	0.25~1 ml注射器,5号以内针头	股四头肌
地鼠	0.1 ml	0.2 ml	0.25~1 ml注射器,5.5号以内针头	股四头肌和臀肌
豚鼠	—	0.3 ml	1 ml注射器,5号针头	股四头肌
兔	0.25 ml/kg	0.5 ml/kg	2~5 ml注射器,6号针头	臀部和大腿后侧肌肉
犬	0.25 ml/kg	0.5 ml/kg	2~5 ml注射器,7号以内针头	臀部或大腿部肌肉
小型猪	0.25 ml/kg	0.5 ml/kg	—	臀部肌肉
猕猴	0.25 ml/kg	0.5 ml/kg	—	前肢肱二头肌,臀部肌肉

大鼠、小鼠和地鼠的肌内注射由助手保定动物,或将动物置于合适的固定器内,露出注射部位,捏住该处肌肉垂直而迅速刺入,须防刺伤坐骨神经和股骨。

豚鼠行肌内注射时,由助手一手蒙住豚鼠头颈部;另一手拉出豚鼠后肢并固定,操作者捏起注射部位肌肉,针头垂直刺入,避免刺到股骨。

兔行肌内注射时,由助手两手分别抓住兔的前肢和后肢使兔伏于操作台面,操作者将臀部注射部位被毛剪去,使注射针与肌肉呈60°角刺入肌肉中,针头无回血可注射。单人操作时,一手将兔头向后,尾向前夹于腋下,确保兔的头部夹在腋下,并抓紧兔的两后肢;另一手持注射器垂直刺入兔的臀部肌肉。

犬行肌内注射时,由助手使犬自然站立并保持安静,针头以60°角刺入肌肉,回抽无血即可注入药物,注射后轻轻按摩注射部位帮助药物吸收。

猪肌肉丰满肥厚,肌内注射较容易进行。操作时由助手将猪适当保定,或者用食物转移猪的注意力。

猕猴行肌内注射时,由助手以合适的姿势保定猕猴,操作者将针头与肌肉成60°角迅速刺入肌内,回抽无血即可注射,注射后轻揉该处以帮助药液吸收。

六、腹腔注射

腹腔注射的药物可经腹膜吸收进入全身循环。由于小型啮齿类动物静脉纤细不易注射,常以腹腔注射替代。刺激性药物不能从腹腔内注入,否则容易引起腹膜炎及其他严重并发症,多次给药也可能引起腹膜炎而不适合采用腹腔注射。注射位置常选动物下腹部。常用实验动物腹腔注射技术参数见表10-9。

表10-9 常用实验动物腹腔注射技术参数

动物	适宜注射容量/次(≤)	最大注射容量/次(≤)	常用注射器规格
大鼠	1 ml/100 g	2 ml/100 g	1~5 ml注射器,6号以内针头
小鼠	0.2 ml/10 g	0.8 ml/10 g	1~5 ml注射器,6号以内针头
地鼠	0.2 ml/10 g	0.3 ml/10 g	1~5 ml注射器,6号以内针头
豚鼠	—	4 ml	2~5 ml注射器,6号以内针头
兔	5 ml/kg	20 ml/kg	2~5 ml注射器,7号以内针头
犬	10 ml/kg	20 ml/kg	2~20 ml注射器,7号以内针头
小型猪	10 ml/kg	20 ml/kg	—
猕猴	—	—	

大鼠、小鼠和地鼠的腹腔内注射时徒手保定动物,腹部朝上且头部略向下,使腹腔脏器移向上腹部,用手抓紧鼠背部皮肤可使腹部皮肤紧绷,于下腹部腹中线一侧(旁开1~2 mm)刺入皮下,在皮下平行腹中线推进针头3~5 mm,再以45°角向腹腔内刺入,当针尖通过腹肌后抵抗力消失,回抽无回流物,缓缓注入药液。

豚鼠腹腔内注射时腹面朝上保定豚鼠,使头部略低以便腹腔脏器向膈肌方向移动,针头于腹中线任一侧刺入腹部皮下,沿皮下向前推进5~10 mm,再以45°角斜刺入腹腔,回抽针头无回流物即可注入药液。

兔腹腔内注射进针部位为后腹部腹白线两侧1 cm处。注射时,由助手取仰卧位保定兔,可将兔置于操作台面上,头部低于腹部可使腹腔脏器向膈肌方向移动,避免针头刺入。先使注射针头向头部方向刺入皮下并平行于皮肤推进5~10 mm,再以45°角斜刺入腹腔,穿过腹肌注入药物。

犬的腹腔内注射部位为脐后腹白线一侧1~2 cm处。操作时由助手保定犬使之腹部向上,针头垂直刺入腹腔,回抽无物即可注射。

猪腹腔注射部位在肚脐至两腰角的三角区内,距腹白线4~5 cm处进针。操作同犬。

七、静脉注射

静脉注射是将液体药物直接注入动物的静脉,药物可迅速发挥作用。可用于注射的静脉因动物种鼠而不同。常用实验动物中,地鼠静脉注射常需要麻醉动物并切开皮肤直视静脉。猪的皮肤厚且韧,皮下结缔组织丰富,血管外露不明显,且注射时血管较易滑动,静脉内注射难度较大。静脉注射时,应尽量采用能够穿透皮肤且较细的针头,静脉内注射后需压迫止血。常用实验动物静脉注射技术参数见表10-10。

表 10-10 常用实验动物静脉注射技术参数

动物	一次注射容量*(≤)	一次注射容量**(≤)	常用注射器规格	常用注射部位
大鼠	5 ml/kg	20 ml/kg	0.25~1 ml 注射器,6 号以内针头	尾侧静脉、阴茎静脉、舌下静脉、浅背侧跖静脉
小鼠	5 ml/kg	25 ml/kg	0.25~1 ml 注射器,5 号以内针头	尾侧静脉
地鼠	—	—	0.25~1 ml 注射器,5 号以内针头	股静脉、颈静脉和前肢头静脉
豚鼠	0.5 ml	2 ml	1~2 ml 注射器,4 号针头	耳缘静脉、外侧跖静脉
兔	2 ml/kg	10 ml/kg	2~5 ml 注射器,7 号以内针头	耳缘静脉
犬	2.5 ml/kg	5 ml/kg	7 号以内针头	前肢内侧皮下头静脉、后肢外侧小隐静脉、后肢内侧大隐静脉、前肢内侧正中静脉、颈外静脉、舌下静脉
小型猪	2.5 ml/kg	5 ml/kg	7 号以内针头	耳缘静脉、前腔静脉
猕猴	2 ml/kg	—	—	前肢桡静脉、后肢隐静脉

*:快速注射,1分钟内完毕;**:缓慢注射,5~10分钟内完毕。

(一) 尾静脉注射技术

大鼠和小鼠具有几乎与身体等长而被毛稀疏的尾,其尾部两侧的静脉位置浅表容易固定(图10-9),尾侧静脉是大鼠和小鼠静脉内注射的主要途径。大鼠注射常选择尾下1/5处,距尾尖3~4 mm,小鼠注射常选尾下1/4处,此处皮肤较薄,血管即位于皮下,容易进针。

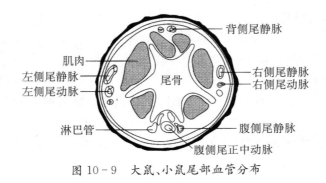

图 10-9 大鼠、小鼠尾部血管分布

注射时,使用可以留出尾部的固定器进行保定,将鼠尾拧转90°使一侧尾静脉朝上,用酒精棉消毒皮肤,以左手拇指和示指夹住鼠尾阻止血液回流,无名指和小指夹住鼠尾末梢,中指托起鼠尾,可见尾静脉,使针眼(针尖斜面)向上,针头和尾静脉夹角<30°刺入静脉并推出少量药液,如推注无阻力且尾部皮肤未见发白鼓胀,即放松对静脉近心端压迫,继续注入其余药液。如随注射尾部皮肤发白,尾部膨胀,则为药物进入皮下。欲提高静脉可见度,注射前用酒精擦拭,温水浸泡((37℃左右,5～8分钟)或灯光烘热可使静脉充盈。注射完毕压迫片刻止血。如需多次注射,首次应尽量靠近尾末端,以后依次向尾根部移动,两静脉交替使用。

(二)耳静脉注射技术

豚鼠耳壳大而薄,血管分布较丰富,耳缘静脉透过表皮清晰可见,可进行静脉注射,但较纤细。兔的耳壳较大,血管明显,容易固定和操作,从耳缘静脉注射是兔最常用的静脉内给药途径。猪的耳缘静脉位于耳壳皮下,是体表可见的静脉,可直视下注射,适用于体型较大的猪及少量注射。

豚鼠耳缘静脉注射时,由助手一手按住豚鼠腰部保定豚鼠,另一手拇指和示指夹住耳翼并压住豚鼠头部,操作者拔去注射部位被毛,并用酒精棉擦拭耳边缘静脉,用手指轻弹或搓揉耳部使静脉充盈显现,以左手示指和中指夹住静脉近心端,拇指和小指夹住耳边缘,无名指垫于耳下,右手持注射器从静脉末端顺血流方向平行静脉刺入1cm,针头内见回血后,放松对耳根处血管的压迫,缓缓注入药物,拔针后以棉球压迫针眼数分钟止血。

兔耳缘静脉注射时,若快速注射可由助手保定兔,缓慢注射时需使用兔保定器以维持较长时间保定。拔去注射部位被毛并以酒精棉擦拭,用左手示指和中指夹住静脉近心端,拇指绷紧静脉远心端,无名指和小指垫于耳下,右手轻弹或揉搓兔耳,使静脉充分充盈显现,针头沿血流方向平行刺入静脉(图10-10),推出少量药物,推注无阻力且皮肤未发白隆起,可继续注入其余药液,拔出针头后以棉球压迫针眼止血。

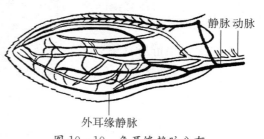

静脉动脉

外耳缘静脉

图10-10 兔耳缘静脉分布

猪耳缘静脉注射时,由助手保定猪的头部,用酒精用力擦拭及轻弹猪耳,必要时可用胶管等压迫耳根阻断血液回流使静脉清晰显露,针头从耳壳远端静脉分叉处前刺入皮下,再刺入静脉分叉处,平行刺入静脉注射药液,注射时如针头未入静脉或药液漏出,可见到注射局部表皮发白皮下臌胀,且药液推注阻力很大,应停止注射重新刺入。

(三)四肢静脉注射技术

犬和猕猴四肢浅表处有较多静脉适合注射。犬常用前肢内侧皮下头静脉、后肢外侧小隐静脉,后肢内侧大隐静脉、前肢内侧正中静脉。大鼠足背皮下的跖静脉十分明显,豚鼠的足背跖静脉较明显,分为外侧跖静脉和内侧跖静脉,外侧跖静脉较粗大适合静脉注射。

大鼠浅背侧跖静脉注射时，由助手保定大鼠，一手抓住大鼠颈背部使其仰卧；另一手拇指和示指夹住大鼠后肢大腿部迫使足背跖静脉怒张，同时中指和无名指夹住动物尾部，操作者以酒精棉消毒注射部位后进行注射，拔针后压迫以止血。

　　豚鼠外侧跖静脉注射时由助手保定豚鼠，操作者从后膝关节抓住豚鼠肢体，压迫静脉，使腿伸展，剪去注射部位被毛，酒精棉擦拭后见粗大的外侧跖静脉，以向心方向平行刺入血管注射。

　　犬前肢内侧皮下头静脉位于前肢内侧皮下，靠前肢内侧外缘行走，较容易从体表固定，比后肢小隐静脉略粗，是犬静脉内注射常用的部位。犬由助手保定，将手臂搭在犬背上，手则握住一侧前肢关节处加压阻断血液回流，使静脉充盈可见，操作者持注射器使针头先向血管旁刺入皮下，后与血管平行刺入静脉，见回血则放松对静脉近心端压迫，并使针尖顺血管推进少许，固定好针头注入药物，注射中妥善固定静脉以防滑脱，针头刺入不可过深。犬后肢外侧小隐静脉位于后肢胫部下1/3的外侧浅表皮下，由前侧方向后行走，是犬静脉注射较常用的部位。操作时由助手将犬侧卧保定，剪去注射部位被毛，于股部绑扎止血带或由助手握紧股部，阻止血液回流可见此静脉，针头先向血管旁皮下刺入，再平行于血管刺入静脉，见回血则放松对静脉近心端压迫，并使针尖顺血管推进少许，固定好针头注入药物，因此静脉浅表易滑，应妥善固定静脉，且针头刺入不可深。犬后肢内侧大隐静脉和小隐静脉一样属于浅层静脉，位于后肢内侧皮下，正中位置，向上延伸至股中部归于股静脉。注射操作同小隐静脉。犬前肢内侧正中静脉在前肢内侧皮下，正中位置，向上延伸至肱静脉，位置偏深，有时需要切开皮肤直视静脉进行注射。猕猴的静脉注射和人类似，操作同犬。

（四）舌下静脉注射技术

　　大鼠舌下静脉位于舌下中线两边，非常清晰便于操作；犬也可以行舌下静脉注射。大鼠注射时，将大鼠麻醉后仰卧位保定，用细绳扣住上门齿固定头部并迫使大鼠嘴张开，以包裹棉花或纱布的镊子牵拉出大鼠的舌头，在舌面下垫以小块纱布，找到舌下静脉，针眼向上平行向心刺入静脉，透过静脉壁直视针尖进入静脉内后，进行注射。拔出针头后以合适大小的干棉球填塞在舌下止血。犬注射时，将犬麻醉后四肢固定于手术台，打开犬嘴，用舌钳拉出舌头并翻向背侧，可见很多舌下小静脉，选择较粗的静脉用于注射，尽量用细针头，注射后以棉球压迫或止血海绵等止血。

（五）颈部静脉注射技术

　　犬和猪都可以通过颈部静脉注射给药。犬主要通过颈外静脉注射；猪的前腔静脉粗大而位置相对固定，适用于体型较小、从耳缘静脉注射困难的猪，以及大量注射，但由于位置较深，不能像耳缘静脉注射那样直视操作。

　　犬颈外静脉注射时，由助手保定犬，操作者一手大拇指压迫颈外静脉入胸部位的皮肤使静脉怒张，另一手将注射针头向着头部方向刺入静脉，针头见回血即可注射，如无则前后略抽动针头，仍无回血应另选部位。

　　猪前腔静脉注射时，将猪仰卧保定（需用槽架），使前肢屈曲，肩胛位置下移，头部后仰，尽量拉伸颈部皮肤和皮下组织，于颈右侧第一肋骨凹窝处消毒，左手拇指压在凹窝处，另 4 指置于对侧,从拇指旁进针,穿过皮肤后指向对侧肩胛骨角,感觉针尖进入血管,如同刺破厚纸的感觉,并见到回血后注入药液。

(六)阴茎静脉注射技术

大鼠阴茎静脉位于阴茎背侧皮下,血管粗大且位置浅表易于定位进针;注射时,将大鼠麻醉后仰卧或侧卧位保定,翻开包皮,以手指垫纱布拉出阴茎,即见粗大的背侧阴茎静脉,沿皮下直接刺入即可,此处血液不易凝固,拔针后须注意止血。

八、特殊给药

(一)脑内注射技术

将药物直接注入脑内,常用于微生物学研究,如病原体脑内接种。进针部位为额正中。参考给药量:每次 0.02～0.03 ml。

大鼠、小鼠和地鼠行脑内注射时,将动物轻度麻醉(或不麻醉),徒手保定动物,一手拇指和食指抓住动物两耳后的头皮固定头部,另一手使注射针头和额顶颅骨呈 45°角,在中线外侧 2 mm 处刺入,小鼠头骨较薄容易刺透,可直接从额部正中刺入,针尖刺入深度约 2 mm 即可注射,为防刺入过深,可使用塑料管或橡皮套在针头上,使针尖仅露出 2 mm。注射器械使用 5 号以内针头,0.25～1 ml 注射器。

豚鼠、兔和犬头骨较厚和硬,脑内注射需在颅骨钻孔。豚鼠在两耳连线及两眼连线的中间偏一侧,即两眼窝上缘连线偏中线颅骨部位剪毛,消毒皮肤,把皮肤向一侧拉紧,用手术刀切开皮肤 1～2 mm,用穿颅钢针在头盖骨注射部位打孔,以注射针垂直刺入 5 mm 左右,缓慢注入药物,注射速度宜缓慢以免颅内压急骤升高,注射完毕,涂碘酒消毒,放松额部皮肤,使其恢复原位,遮蔽头盖骨的小孔。器械包括手术刀,穿颅钢针,4 号针头,0.25～1 ml 注射器。兔和犬的脑内注射常在额部正中进行,操作同豚鼠。

猪的脑内注射进针点为前额两眼连线中央。注射时将猪浅麻醉,于距额中线 1～2 cm 处先切开皮肤,再用电钻钻孔,针头直接刺入注射药物,完毕后注射部位需缝合并消毒。

(二)小脑延髓池注射技术

以犬为例。将犬麻醉后使其头部尽量向胸部屈曲,左手触摸到第一颈椎上方凹陷即枕骨大孔为穿刺点,持连接注射器的穿刺针(7 号针头,将针尖磨钝)由凹陷正中平行于犬嘴方向刺入,深度<2 cm,进入延髓池后可感到针头无阻力,且可听见轻微的"咔嚓"声,注射器内可见清亮的脑脊液回流,先按注入药物的体积抽出相当体积脑脊液,以保持脑脊髓腔内原有的压力,一般抽出 2～3 ml,然后注入药液。需防进针偏刺伤及两侧脑膜皱襞上的根静脉引起出血,过深容易损毁延髓生命中枢,或刺破第 4 脑室顶上的脉络丛引起颅内出血。

(三)透皮给药技术

透皮吸收的药物在大鼠和小鼠可通过尾部皮肤给药,大鼠和小鼠均有相当于自身长度的尾部,尾部被毛稀少皮肤裸露,适用于透皮吸收液态药物。豚鼠和兔可采用脱毛后浸皮或表皮涂布给药,给药部位常选脊柱两侧背部皮肤。

1. **大鼠、小鼠的浸尾给药**　将动物置于留出尾部的固定器内保定,洗净尾部表皮,将尾放入盛有药液的容器内,尾部的 3/4 浸没在药液中。浸泡时间一般 2~6 小时,对于易挥发的药物,可采用液状石蜡覆盖液面或软木塞封住试管口减少挥发。浸尾过程中观察动物的反应。给药器械为大小合适的固定器,盛放药液的试管。

2. **豚鼠的浸皮给药**　给药前 24 小时用脱毛剂去除给药部位被毛。给药前检查脱毛部位应无伤痕或皮肤异常,将豚鼠保定,脱毛区向上,在脱毛区覆钟形玻璃罩,罩底以凡士林、胶布封闭固定,向罩内注入药物,封闭上口。器械常用玻璃罩,小玻棒(涂药)。

3. **兔和豚鼠的涂皮给药**　豚鼠给药前 24 小时用脱毛剂去除给药部位被毛。给药前检查脱毛部位应无伤痕或皮肤异常,将药物直接涂抹于表皮。兔躯干中部的脊柱两侧背部皮肤每侧可给药面积 2~2.5 cm²,视动物个体大小不同,操作同豚鼠。

(四)吸入给药技术

采用动式或静式吸入给药装置进行呼吸道给药。

1. **静式吸入给药**　将动物置于可密闭容器(染毒瓶),容器内悬挂滤纸,将挥发性药物滴在滤纸上,密封容器,使动物自然吸入,见图 10-11。大鼠肺通气量约 25 L/h,小鼠肺通气量约 2.5 L/h,根据所需给药时间和动物的肺通气量计算出所需容器的容积。该方法受到容器大小的限制,且药物蒸汽/气体浓度无法精确控制。

2. **动式吸入给药**　将动物置于专用吸入给药装置,通入药物蒸汽/气体,可精确给药,见图 10-12。

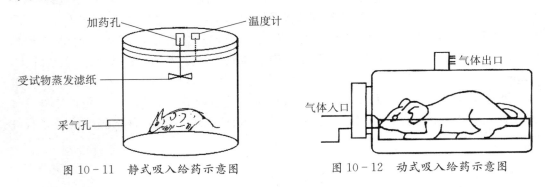

图 10-11　静式吸入给药示意图　　　　图 10-12　动式吸入给药示意图

(五)滴鼻给药技术

适用于经鼻腔黏膜吸收的药物。参考给药量:每次 0.05~0.1 ml。给药时徒手保定动物,使其鼻孔向上,将药液逐滴滴于一侧鼻孔口,让动物吸入,操作时掌握动物的呼吸节奏,在吸入时滴药,如动物发生呛咳应将动物倒置,擦去鼻孔外的液体,重新给药。给药器械多使用微量移液器。

(六)脚掌内注射技术

即向动物脚掌皮下注射,通常应用于大鼠、小鼠和豚鼠接种。注射液中不能使用福氏完全佐剂,否则会使脚掌严重肿胀、溃烂,甚至坏死。脚掌注射仅限一侧后脚掌,以免影响动物正常行动。参考给药量:每次≤0.25 ml。大鼠、小鼠和地鼠都用前爪取食,故脚掌注射仅限于后肢,且只能在一侧注射,不得同时注射两侧后脚掌以免影响动物正常行走。注射将脚掌洗净消毒,将针尖刺入脚底皮下 5 mm,推出药液。注射器械选 4 号针头,0.25 ml 注射器。豚鼠行脚掌注射时,由助手保定豚鼠,由跗关节处捏住豚鼠一侧后肢,使脚掌向上,洗净脚掌,特别是脚趾间,消毒后针头刺入脚掌皮下约 10 mm,注入药物。注射器械 7 号针头,0.25 ml 注射器。

(七)颊囊给药技术

颊囊黏膜接触给药是地鼠特有的给药途径,地鼠的颊囊黏膜常用于口腔黏膜刺激试验。给药时适当麻醉或保定地鼠,将在药液中浸湿的直径<5 mm 的棉球放入颊囊内,随后给动物戴上宽 3~4 mm 的项圈,直至达到规定的药物接触时间后取出棉球。给药前应让动物预先适应项圈并调整项圈的松紧度,一般需提前 7 天让动物佩戴并适应项圈。

(八)角膜内注射技术

兔和豚鼠都可以采用角膜内注射给药,给豚鼠注射时,由助手保定豚鼠,在眼角滴入麻醉剂(常用 2%盐酸可卡因),约 5 分钟后起效,将麻醉豚鼠平卧桌面,侧眼向上,由助手保定,操作者持注射器,针尖由眼角巩膜连接处的眼球顶部斜刺入深约 3 mm,因眼球转动,此时角膜可能转到下眼睑内,可待眼球恢复原状后再刺入,推出药物,见药液在角膜上形成直径 2~3 mm 浑浊区,拔出针头无需任何处理。参考给药量:每次≤5 μl。兔的操作和豚鼠类似。

(九)腘淋巴结注射技术

兔和豚鼠都可以行腘淋巴结注射,参考给药量每次≤0.2 ml。常用 0.25~1 ml 注射器,6 号针头。操作时,由助手保定豚鼠等动物,操作者一手将后肢膝关节握于手掌内,在膝关节背侧弯曲窝内,用拇指和示指触摸固定腘窝淋巴结,另一手消毒注射部位后针头直接刺入淋巴结注射,当药液注入时固定淋巴结的拇指和示指可感觉到淋巴结肿胀。

(十)椎管内注射技术

椎管内给药常用于麻醉。参考给药量:每次 0.5~1 ml。常用 0.25~1 ml 注射器,6 号针头。以兔为例,将兔麻醉并取自然俯卧保定,尽量使尾向腹侧屈曲,剪去第 7 腰椎周围被毛,3%碘酊消毒,干后,再以 75%酒精消毒,用腰椎穿刺针头(6 号注射针)插入第 7 腰椎间隙,即第 7 腰椎和第 1 荐椎之间,当针头到达椎管内蛛网膜下隙,可见兔后肢颤动即证明已进入椎管,如未刺中,无需拔出针头,以针尖不离脊柱中线为原则稍退出针头换个方向再次刺入,确认刺入后固定好针头注入药物。

(十一)关节腔内注射技术

关节腔内给药可用于多种动物,主要通过关节处骨性标记定位。以兔为例,兔麻醉后仰卧保定,剪去关节部位被毛,消毒,一手从下方和两旁固定关节,另一手在髌韧带附着点外上方约 0.5 cm 处刺入,针头从上前方向下后方倾斜进针,直至针头阻力减小,然后针稍后腿,垂直推进到关节腔内,针头进入关节腔时可有刺破薄膜的感觉。

(十二)灌肠技术

灌肠即直肠内给药,多用于观察药物对直肠黏膜的刺激性。灌肠器械为 14 号导尿管或灌肠用胶皮管。以兔为例,由助手保定兔使其蹲卧于实验台,将兔头部和前肢夹于腋下,一手拉起兔尾,露出肛门,另一手握住兔后肢,操作者在灌肠管头部涂凡士林,将灌肠管由肛门插入深7～9 cm,灌肠管外端接上注射器注入药物,给药后用生理盐水适量将管内残留药物冲入直肠,且在肛门内保留片刻拔出胶管。

(胡 樱)

第三节
实验动物采样技术

实验动物的采样是从活体动物或者动物尸体采集生物样品,用于研究分析和疾病诊断,常用的生物样品包括血液和其他各种体液、分泌物以及身体组织。采样技术必须尽可能保证所采样品的在体性状和生物学活性。样品制备则是为了确保样品的某些性状能维持到检查分析时,或从中获取用于研究分析的成分。

一、血样的采集

血液标本是常用的生物学标本。对实验动物采血时主要考虑采血量、采血频度、采血途径、血样品质以及采血对动物健康、福利的影响和对研究的背景性干扰。

(一)采血基础知识

1. 采血量的确定 采血量可根据动物的循环血容量计算。实验动物的循环血容量占体重的6%～8%,幼龄动物血液总量较老龄动物大,体重相同时瘦弱动物血液总量较肥胖动物大。由于部分血液将始终滞留在组织中,最大可采血量小于动物的循环血容量。

采血时,无论是否需要动物存活,都应考虑失血对动物本身和各项研究数据采集的影响。失血达一定程度可干扰动物正常生理以至威胁其健康,同时使有关实验测定值偏离正常范围,如取血达血容量15%和20%时大鼠的平均红细胞容量和红细胞分布宽度恢复到正常值需＞29天。快速失血达15%以上动物容易出现失血性休克,多次少量采血则不容易出现类似的急性失血效应,通常推荐单次采血小于等于循环血容量的15%。最大安全采血量指一次采血不会引起动物死亡,或者严重威胁其健康的采血量上限,通常为血容量的10%～15%,或者体重的1%;最小致死采血量是指一次采血可引起动物死亡的最小采血量,通常为血容量的20%以上。24小时内多次采血时需将采血量合并计算以估计动物失血的后果。常用实验动物的血容量和采血量参考值见表10－11。

表10－11 实验动物循环血容量和推荐采血量

动物	血容量(ml)	最大安全采血量(ml)	最小致死采血量(ml)
小鼠25 g	1.8	0.3	0.4
大鼠250 g	16	2.4	3.2
豚鼠400 g	25	3.8	5

动物	血容量(ml)	最大安全采血量(ml)	最小致死采血量(ml)
家兔 4 kg	224	34	45
犬(Beagle)10 kg	850	127	170
猕猴 5 kg	325	49	65
狨猴 350 g	25	3.5	5
小型猪 15 kg	975	146	195

2. 采血途径的选择　采血途径决定血样性质,不同来源的血样其化学成分区别很大,如动脉血含有丰富的氧气,静脉血含有较多机体代谢产物。研究血液中的激素、细胞因子水平、测定常规血液生化等常采用静脉血,研究毒物对肺功能的影响、血液酸碱平衡、水盐代谢紊乱时必须采取动脉血;测定血液学常规时因用血量极少,多采集毛细血管血。实验动物的一些特殊采血途径所采得血样性质如下。①眼眶动静脉采血-摘除眼球(大鼠、小鼠):眶动脉和眶静脉的混合血;②断尾采血(大鼠、小鼠、猪):毛细血管血或尾部动静脉混合血;③断头采血:颈部动脉静脉的混合血;④心脏穿刺采血:从心室采得的是动脉血,从心房采得的是静脉血;⑤指尖采血(猕猴):毛细血管血。

有些采血途径需要麻醉动物或对动物有较大副作用、较严重的后遗症,可能给研究带来明显的干扰,以及严重影响动物福利,特别是在需要重复采血时,因此这些采血途径仅限于在没有其他替代途径时使用。如,啮齿类的推荐采血途径为尾侧静脉、舌下静脉和跗外侧静脉(隐静脉),在要求动物存活的研究中从眼球后采血仅限于在无法采用其他途径时;从心脏采血仅在要求同时处死动物时应用并在动物麻醉状态下进行。

3. 采血量和采血途径的关系　同一部位采血时动脉血流速度快,可较相邻静脉采得更多血液;采血途径/部位还取决于动物的种属,大鼠和小鼠尾部较长且被毛稀疏皮肤较薄,皮下血管浅表,常用于采血;豚鼠、兔和猪均有较大且薄的耳,耳静脉和动脉容易固定和操作,多从耳部采血;从少量采血部位采血不致死;从中量采血部位采血超过临界量动物可能死亡;从大量采血部位采血多为致死性(表 10-12)。

表 10-12　实验动物常用采血途径和采血量

采血量	部位	动物
少量	尾侧静脉	大鼠、小鼠
	耳缘静脉	兔、犬、猪
	眼底静脉丛(窦)	兔、大鼠、小鼠
	舌下静脉	犬
中量	后肢外侧皮下小隐静脉	犬、猴
	前肢内侧皮下头静脉	犬、猴
	耳中央动脉	兔
	颈静脉	犬、兔
	心脏	豚鼠、大鼠、小鼠
	断头	大鼠、小鼠

续 表

采血量	部位	动物
大量	股动脉	犬、猴、兔
	颈动脉	犬、猴、兔
	心脏	犬、猴、兔
	摘眼球动静脉	大鼠、小鼠

4. 采血准备工作 采血前首先应明确研究对血样的具体要求,为静脉血、动脉血或者动静脉混合血,血样总量,采血后是否需要动物存活等。其次应清楚所用动物的采血途径、各种途径的采血量、该动物的最大安全采血量、最小致死采血量等,以选择适当采血方法。其他注意事项如下。

(1)采血场所照明条件良好。

(2)采血时室温应保持在夏季 25～28℃,冬季 15～20℃。

(3)采血前应对采血部位进行消毒。

(4)选择合适的采血器具(如刀片、采血针头、注射器、试管、毛细管等)并确保无菌干燥,在同一血管部位少量频繁采血应选较细针头,大量单次(或两次采血间隔较长)采血应选择较粗针头。

(5)若需抗凝全血,在注射器或试管内预先加入抗凝剂。

(6)在同一条静脉上多次采血,采血部位应从远心端逐渐移向近心端,以免受到前次采血对静脉损伤的影响。

(7)进行中等量的采血时,如需动物存活,应事先测定动物体重以准确估计动物的安全采血量,持续放血 5～10 分钟应观察动物反应。

5. 采血动物的护理 希望动物在采血后存活,甚至继续用于研究时,需做好采血后动物的护理,避免发生贫血或其他采血后遗症,观察动物的黏膜或者皮肤是否苍白、呼吸是否急促、是否有精神萎靡、四肢无力和体温偏低等体征,必要时进行血液生理常规的监测,同时密切注意动物是否有外伤、感染、情绪烦躁等。

一次或 24 小时内采血量少于动物总血容量 1%,采血可以每天进行,但应着重监测采血应激、麻醉剂的作用、采血部位的局部损伤或并发感染对动物健康和福利的影响。一次或 24 小时内采血量达动物总血容量 2%时,应在采血后立即补液以保持血容量的稳定,通常在采血后从静脉缓慢滴注 2 倍于失血量的生理盐水,不能进行静脉输液时,也可采取腹腔注射或皮下注射。以最大安全采血量一次性采取血液后,动物的血容量通常在 24 小时可恢复,但红细胞和网织红细胞的恢复约需 2 周,故至少 2 周后才可再次采血。当一次采取相当于动物总血容量 15%～20%的血液时,可致动物血糖降低,血浆肾上腺素、去甲肾上腺素和糖皮质激素升高。当一次采取相当于动物总血容量 20%～25%的血液时,动物可出现血压下降、重要器官血氧含量下降、心输出量减少以至失血性休克,也可见肌肉无力、精神萎靡、四肢发凉。根据不同采血量可参照表 10-13 设置动物的恢复期。

表 10-13　采血量和动物所需恢复期

	采血量占循环血容量比例(%)	恢复期(周)
单次采血	7.5	1
	15	2
	15	4
多次采血	7.5	1
	10～15	2
	20	3

6. 血液标本的制备与保存　血液标本分为全血(blood)、血浆(plasma)和血清(serum)。全血是经过抗凝而含有血细胞成分的血液标本,常用于血红蛋白测定、细胞培养、全血分析或者制备血中各种细胞;血浆是全血标本去除了血细胞后的剩余部分,多用于血液凝固机制的检查;血清是全血经自然凝固后析出的液体,不含血细胞成分和各种凝血因子,常用于血液生化分析。血液采出后,必须尽快根据研究目的制备成相应的血液标本,以保存所需测定的成分,主要包括抗凝处理和离心分离。

抗凝是应用物理或化学的方法抑制血液中某些凝血因子,阻止血液凝固的过程,实验动物血液的抗凝常采用在全血中加入适当的抗凝剂的化学方法,须注意抗凝剂可能改变血液的成分和血细胞形态。血液抗凝必须在血样采出后立刻进行,通常将一定量抗凝剂加入采血管(试管)或将采血管(毛细管)浸泡在一定浓度抗凝剂溶液中浸润后烘干制成抗凝管,或在采出的血液中加入抗凝剂。有些动物如小鼠的血液凝固非常快,采用烘干的抗凝管往往不能达到理想抗凝效果。抗凝时须使血液与抗凝剂迅速充分混合及时阻断血液凝固,但应避免剧烈振荡导致溶血。对少量血液如采用抗凝剂溶液应注意其扩容作用。高浓度抗凝剂导致渗透压上升可造成细胞皱缩影响血液学检查。

EDTA-K$_2$ 抗凝:EDTA-K$_2$ 最佳抗凝剂量为 1.5 mg/ml 血。常用 15% 水溶液或生理盐水溶液,4℃可稳定保存,100℃烘干不影响抗凝效果。抗凝标本适用于一般血液学检查。EDTA-K$_2$ 可使红细胞体积轻度膨胀,采血后短时间内平均血小板体积不稳定,30 分钟后趋于稳定。EDTA-K$_2$ 可使血液中钙离子、镁离子浓度下降,并使肌酸激酶、碱性磷酸酶降低,不宜作相关项目检查。可影响某些酶的活性和抑制红斑狼疮因子,不宜制作组化染色和检查红斑狼疮细胞的血涂片。

肝素抗凝:肝素最佳抗凝剂量 10～12.5 IU/ml 血。常用 1% 肝素生理盐水溶液,可于110℃,15 分钟灭菌。用于全身抗凝时 1% 肝素生理盐水溶液静脉注射,大鼠抗凝剂量为3.0 mg/250 g,兔抗凝剂量 10 mg/kg,犬抗凝剂量为 5～10 mg/kg;对采出血液抗凝,可用1% 肝素浸润抽血注射器或容器内壁,或加入采血管中,100℃ 以内烘干制成抗凝管,0.1 ml 可抗 5～10 ml 血。肝素抗凝标本常用于电解质、pH 值、血气分析、红细胞渗透性试验、血浆渗透量、血细胞比容测定。肝素可改变蛋白质等电点,因此不用于盐析法分离蛋白质作为分类测定;肝素钠抗凝后无机磷测定结果偏高,不适合作血细胞培养;使血铅含量升高,不宜作微量元素分析;过量可引起白细胞聚集和血小板减少,不宜作为白细胞分类和血小板计数;不宜制作血涂片,因 Wright 染色后呈深背景影响镜检;抗凝标本应尽快使用，放置过久血液仍会凝固。

枸橼酸钠抗凝：枸橼酸钠常用抗凝剂量 6 mg/ml 血。使用时取枸橼酸钠（含 2 结晶水）配制成 3.8％水溶液，与血液以 1∶9 混合。用于魏氏法红细胞沉降率测定时取 0.4 ml 上述溶液加入 1.6 ml 血，急性血压测定实验用 5％～6％的枸橼酸钠水溶液。抗凝标本适用于大部分凝血试验、血小板功能分析，以及红细胞沉降率测定，不宜作为生化检和测定血钙，并可减少血液淀粉酶、无机磷、肌酸激酶的含量。

草酸铵-草酸钾合剂抗凝：适合血细胞比容的测定、全血或血浆比重测定，不适用血钙、血钾测定，以及血液非蛋白氮测定如尿素、血氨的测定。草酸钙沉淀可使红细胞出现锯齿状，白细胞出现空泡，淋巴细胞及单核细胞变形，不宜作血涂片检查和白细胞分类计数，可使血小板聚集，不宜做血小板计数。合剂配制方法为取草酸铵 1.2 g、草酸钾 0.8 g，加蒸馏水至 100 ml，充分溶解，分装于采血管中 80℃以下烘干，1 ml 草酸盐合剂可抗 10 ml 血。

血浆的制备：抗凝血于 3 000 r/min 离心 10 分钟，可见上层金黄色半透明的上清液即为血浆，约占血液溶剂的 3/5，下层暗红色的沉淀为红细胞，红细胞层上有一薄曾灰色物质即白细胞和血小板，如 3 层分界不清楚，即有溶血现象。吸出上清液置洁净试管中备用，或于－20℃以下保存。

血清的制备：将全血于室温下静置或 37℃水浴 30 分钟使其充分凝固，随后于 4℃冷藏 15 分钟，使血块收缩促进血清析出，2 000～2 500 r/min 离心 15～20 分钟，可见上层无色或浅黄色透明上清液即为血清，占血液容积 1/2～2/5，吸出上清液置洁净试管中备用，或于－20℃以下保存。

（二）大鼠采血技术

少量采血途径：尾，眼球后静脉丛，浅背侧跖静脉，舌下静脉。中量采血途径：心脏，颈部血管，眼眶动静脉，隐静脉，阴茎静脉。大量采血途径：腹主动脉，腋下动静脉。

1. 鼠尾采血　从大鼠尾部采血可不麻醉。大鼠尾侧静脉位于尾部两侧皮下，位置浅表，容易定位和操作，是少量采血的常用部位，其深部为尾动脉（鼠尾血管分布见本章第七节）。大鼠尾尖处血管形成毛细血管网，剪去部分尾尖亦可采得少量血。从尾部采血常用作血液常规检查、制作血液涂片、血糖测定等。

（1）大鼠尾侧静脉采血（切割或穿刺）：从尾侧静脉采血可用针刺尾静脉、切割尾静脉的方法，大鼠尾部皮肤较厚且不透明，尾静脉常不清晰，尾表皮高度角化呈鳞片状，针刺难度较高，切割相对容易。欲提高静脉可见度，采血前用酒精、二甲苯擦拭，温水浸泡（37℃左右，5～8 分钟），必要时揭去部分表皮鳞片。采血后按压伤口片刻即止血。如需多次采血，从尾尖至尾根依次处理，左右静脉交替。尾侧静脉适合频繁采血，共可采 10 余次，为避免采血伤口的影响，两次采血间隔至少 1 cm。参考采血量：每次 0.1～0.2 ml。

切割静脉采血时，将大鼠保定留出尾部，拧转 90°使一侧尾静脉向上，在尾下端 1/4 处以刀片垂直切开表皮和静脉，即可见暗红色静脉血涌出在切口处聚集呈半球状，直接用毛细管吸取即可，或在切割处皮肤事先涂抹凡士林，切割后让切口朝下，血液自行淌下，在下方以试管收集，使血液直接沿管壁进入试管。采血后压迫止血。如切割过深伤及尾动脉，则有鲜红色动脉血快速流出,且无法在尾部表面聚集而直接淌下,止血需时较长。

穿刺静脉采血时同法保定,水平拉直尾部,在尾下端 1/4 处持采血针以下倾 30°向心刺入皮下,目视下平行刺入尾静脉,待血液从针内缓慢滴出,下置试管收集,或针刺后拔出,让血液自穿刺出自行涌出而用毛细管收集。由于伤口小而血液凝固快,需稍按摩尾部(尾根至尾尖)将静脉内血液驱赶出来。

(2) 大鼠尾尖采血(断尾):保定大鼠,剪去大鼠尾尖 0.5～1 mm 组织,用手由尾根至尾尖按摩使血液流出,通常较缓慢呈滴状,可吸取或用试管、玻片收集。断尾仅限于尾尖 5 mm 以内,适合短时间内(24 小时以内)频繁采血,因可将伤口处血凝块除去收集血液而无需再次切除尾尖。连续切除尾尖需＜5 mm,且不适合老龄动物。参考采血量:每次 0.1～0.2 ml。

2. 眼眶采血 从大鼠眼部采血均需给予麻醉。大鼠眼眶下静脉形成静脉丛,以采血针刺过球结膜割破静脉丛可进行引流采血,采血后球结膜自行修复,故可反复采血,适合少量多次采血,常用于生物化学项目的检验。如摘除眼球造成开放性创伤可采取眼眶动脉静脉混合血,所混入组织液比断头采血少,摘眼球法采血对大鼠虽不致死,但出于动物福利考虑,不提倡用于存活性研究。

(1) 大鼠眼球后静脉丛采血(穿刺引流):将动物浅麻醉(乙醚),或用眼科麻醉剂做局部麻醉,侧眼向上保定,一手拇指及示指轻轻压迫动物的颈部两侧,使眶下静脉丛充血(眼球外凸)。另一手持采血针(前端为锐利斜口、内径 0.5～1.0 mm 的硬质玻璃毛细管),使与鼠面颊成 45°的夹角,由眼内角向喉头方向刺入,采血器前端斜面先向眼球,刺入后再转 180°使斜面背对眼球,边旋转边刺入 4～5 mm,利用毛细管的锐利边缘割破静脉丛,可见血液进入毛细管,即稍退出毛细管前端,利用虹吸现象使血液充满毛细管,如推进至感到有阻力但仍未见血液,则可能因为毛细管阻止了血液的流出,应停止推进,边旋转将针退出 0.1～0.5 mm,血液可自然流入毛细管中(图 10-12)。当获得所需的血量后,即除去加于颈部的压力,同时,将采血器拔出,眼部出血立刻停止,用拇指和示指帮助闭合眼睑并用纱布或棉球按压片刻可止血。

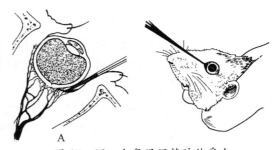

图 10-12 大鼠眼眶静脉丛采血

该采血途径曾被广泛使用,但目前已发现越来越多的(潜在)不良反应,包括:①眼球后出血引起血肿和眼压过高,使动物疼痛;②压迫眼部或来源于血肿的压力导致角膜溃疡、角膜炎、角膜瞀;③视神经和其他眼窝内结构损伤所致视力下降和失明;④采血所用毛细管引起眼眶脆骨骨折和神经损伤,伴随玻璃体液丢失的眼球自身穿通伤等。为避免或减轻以上不良反应,要求技术娴熟,采血时需避免损伤角膜,不得持采血器在大鼠眼窝内上下左右移动刺探。为使球结膜修复以及大鼠失血后恢复,同侧再次采血至少间隔 2 周。但在恢复期,大鼠仍可能经历采血引起的不适。参考采血量:每次 0.5～1.0 ml。

(2) 大鼠眼眶动静脉采血(摘眼球):此法采血通常不会致大鼠死亡,但出于动物福利的考虑,本法仅适用于无需动物存活的采血。将动物浅麻醉(乙醚),或用眼科麻醉剂作局部麻醉,侧眼向上保定,一手拇指及示指轻轻压迫动物的颈部两侧,使眼球充血外凸,持眼科弯镊迅速夹住眼球根部摘除眼球,将大鼠头向下提起,用试管在下方收集自行从眼窝内流出的血液即可,必要时用镊子扩大创口,以及及时去除眼窝内的凝块,适度按压胸腔可帮助心脏搏动促使血液流出。收集血液时应使血液贴试管壁进入试管,血液流经被毛容易溶血。当一侧经摘眼球采血后,再摘除另一侧眼球往往不能采集到血液。参考采血量:每 200 g 体重 2~4 ml。

3. 心脏采血　从大鼠心脏采血需麻醉,分为非手术(体表穿刺)和手术(开胸穿刺)。大鼠心脏位于胸腔正中剑状软骨下,心尖略偏左,达横膈,体表投射位置见图 10-13。采血量稍大而又需大鼠采血后存活时,常用体表穿刺从大鼠心脏采集血液,大鼠心脏较小且心率较快,体表行心内穿刺需要一定技术。如无需动物存活,则可开胸在直视条件下以注射器从心脏抽取血液,由于开胸后大鼠胸腔负压消失,很快窒息,心脏停止搏动而使采血量较少,采血不完全。参考采血量:每次 1~2 ml(存活)。

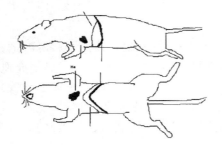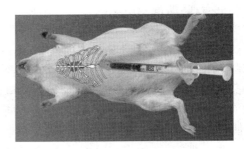

图 10-13　大鼠心脏采血

大鼠经体表穿刺心脏采血时,将大鼠麻醉后仰卧保定,用手在体表感觉心博以大致判断心脏位置,针头从剑状软骨与腹腔间凹陷处刺入,向下倾斜30°向心刺入,见回血即可抽取。另一个体表穿刺部位在大鼠两前肢和剑突形成的三角形右下方,即左胸第 4~5 肋间,将大鼠麻醉后仰卧保定,拉伸大鼠前肢使之向两侧平举,以手指触摸心博最明显部位可以定位,垂直进针,此法进针较浅,需控制深度以免刺穿心脏,而刺入肺脏,针尖入肺时可抽出泡沫样血液。

采血后大鼠心脏可自行修复,故此法采血量较少时动物可存活,由于心脏持续搏动,此法比开胸穿刺可采集更多的血液,但采血中大鼠发生挣扎或者进针不准而多次扎针可使心脏严重受损,导致存活率明显降低。抽取血液过快也会使心脏停搏引起动物死亡。一次穿刺未入心脏时,需拔出针头重新刺入,但大鼠心脏为避让而移位可增加再次穿刺的难度。针尖通常刺入左心室采集到动脉血,但也可能进入心房采集到静脉血。应采取心室血,如针尖入心房,则拔针后容易造成心包膜积血,甚至血胸而死亡。由于大鼠心脏内穿刺采血具有潜在性的疼痛和致命后遗症,较多用于终末采血。

4. 常用动、静脉采血　从大鼠颈部动脉、静脉可采得较多血液,常用于无需动物存活的终末采血。断头法采血操作简便,适合大批量动物采血,但血液为动静脉混合血,容易混有被毛、粪便、大量组织液等,对血液品质有较大影响;注射器穿刺或血管插管采血需手术分离血管进行操作,可获得纯净血液,且可按研究要求采取动脉血或静脉血。大鼠后肢多处血管较浅表,可供采血,多为存活性采血。大鼠腋下动静脉可采用开放性伤口或者注射器抽取,均为致死性采血。大鼠腹主动脉是采集大量纯净血液的最佳选择。

(1)大鼠断头采血:徒手保定大鼠,左手拇指和示指在背部较紧地握住大鼠的颈部皮肤,使大鼠头部向下,右手用剪刀猛剪鼠颈或用锋利刀片切断颈部肌肉和血管,至1/2～4/5的颈部切断,颈部多条大血管断裂,在下方用盛器收集血液。参考采血量:每次5～8 ml。

(2)大鼠颈静脉穿刺采血:将大鼠麻醉后仰卧保定,切开颈部皮肤,分离皮下结缔组织,使颈静脉充分暴露,用注射器逆血流方向刺入静脉抽取血液。

(3)大鼠颈动脉插管采血:将大鼠麻醉后仰卧保定,切开颈部皮肤,分离皮下结缔组织,在气管两侧分离出颈动脉,结扎离心端,于向心端剪口置入插管收集血液。

(4)大鼠浅背侧跖静脉穿刺采血:无需麻醉,由助手保定大鼠,一手拇指和示指捏住一后肢膝关节迫使后肢伸直,足背向上,并压迫足踝处使静脉充盈;另一手在皮肤上涂抹凡士林或其他润滑剂防止血液沾染到被毛,以注射针刺破该处表皮和血管,用毛细管吸取。采血后压迫止血,可重复采血。

(5)大鼠隐静脉穿刺采血:无需麻醉,由助手保定大鼠,或置于合适固定器内,分开两后肢,舒展股部和尾部间的皮肤,略拔去该部位被毛,可见皮下位于跗关节旁的隐静脉,在该处涂以凡士林或其他润滑剂防止血液沾染到被毛上,用注射针刺破静脉,让血液自行留出,采用毛细管收集。采血后稍压迫止血,可重复采血。

(6)大鼠股动脉穿刺采血:将大鼠麻醉,由助手保定大鼠,采血者左手向下向外拉直动物下肢,使腹股沟充分暴露,探触股动脉搏动处定位,右手用注射器刺入血管抽取。采血后压迫2分钟以上止血。参考采血量:每次0.4～0.6 ml。

(7)大鼠股静脉穿刺采血:将大鼠麻醉,由助手握住动物,采血者左手拉直动物下肢,使静脉充盈,右手将注射器刺入血管。采血后压迫片刻止血。参考采血量:每次0.4～0.6 ml。

(8)大鼠腋下动静脉采血:可采用开放性伤口或注射器抽取,均为致死性采血。操作时将大鼠麻醉,仰卧保定,切开一侧腋下皮肤,分离皮下结缔组织,暴露腋下静脉,以注射器刺入抽取血液,或者用镊子拉起体侧皮肤形成皮囊,剪破或割破腋下静脉、动脉,动脉不如静脉明显,使血液蓄积于皮囊内,用吸管收集。

(9)大鼠腹主动脉穿刺采血:为致死性的手术采血,适合病理组织取材和需要大量血样的研究。大鼠腹主动脉粗大明显,血管壁强韧,采用开腹穿刺采血时,由于胸腔保持完整,采血过程中心脏持续搏动将血液不断泵出,可采集大量纯净的动脉血液,动物脏器内血液排出彻底,组织中残留血液少,对脏器病理取材和切片分析十分有利。参考采血量:每次≥10 ml。采血时,将大鼠进行深麻醉后仰卧保定,打开腹腔,将腹腔脏器推向一旁,暴露腹主动脉,在腹主动脉向下分支为左右髂动脉的上方约1 cm处压迫阻断血流,在动脉分支处(倒"Y"形)向心刺入针头(图10-14),放松对动脉近心端的压迫同时抽取血液。需注意抽血速度太快时易使动脉枯瘪,心搏消失,可致采血不完全。腹主动脉血压大,针头刺入应准确果断,放开刺入部位上方的阻断和抽血操作应同步进行,否则血液从刺入处

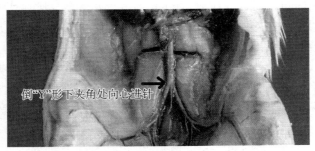

倒"Y"形下夹角处向心进针

图 10-14　大鼠腹主动脉采血位置

喷出可模糊视野而导致采血失败，采血后期出血速度减缓可将针头向心推进并按摩胸腔帮助心脏搏动。

（10）从大鼠阴茎静脉采血：雄性大鼠阴茎静脉浅表粗大，常用于采血，操作类似大鼠阴茎静脉注射。采血时将雄性大鼠麻醉后仰卧或者侧卧保定，翻开包皮拉出阴茎，在阴茎背侧可见明显的静脉，沿皮下刺入即可抽取血液。此处血液不易凝固，采血后应注意止血。

（11）从大鼠舌下静脉采血：适合对大鼠中量采血，可频繁采血。将大鼠麻醉后，由助手以仰卧位保定大鼠，聚拢颈背部的松弛皮肤以便阻止部分静脉血从头部回流，采血者以包裹棉花或纱布的镊子牵拉出大鼠的舌头，并用拇指和示指抓住，以皮下注射针头刺破舌下静脉之一（中线的左右两侧各有一根舌下静脉），刺入点尽可能靠近舌尖，使大鼠翻转让血液自行流入试管内，完毕后松开施加在颈后的压力，将动物重新置仰卧位，拉出舌头以干棉花止血即可，无需使用抗凝剂。与眼球后静脉丛采血相比该途径采血量相当，但引起的病理变化更少，可作为眼球后静脉丛采血的替代方法。参考采血量：每次 0.2～1 ml。

（三）小鼠采血技术

少量采血途径：尾，眶下静脉窦，足背静脉，隐静脉，颌下静脉。中量采血途径：心脏，颈动静脉，颈静脉。大量采血途径：眼眶动静脉，颈动脉，腋下动静脉，腹主动脉。小鼠的采血操作与大鼠比较相似，操作手法可参照大鼠的同类技术。

1. 鼠尾采血　小鼠尾部皮肤薄，皮肤角化形成的鳞片细小，尾静脉位置浅表，清晰且容易辨认，是少量采血的常用部位，多用切割法。小鼠尾末端动脉和静脉间形成丰富的毛细血管网，剪去尾尖可获得少量血液。从尾部采血无需麻醉，血样常用作血液常规检查、制作血液涂片、血糖测定等。

（1）小鼠尾静脉采血（切割或穿刺法）：尾侧静脉切割或针刺均可采血，尾下端 1/3～1/4 处皮肤较薄，静脉清晰，是最佳操作部位。欲提高静脉可见度，采血前用酒精、二甲苯擦拭，温水浸泡（37℃左右，5～8 分钟）或灯光烘热使静脉充盈。采血后按压伤口片刻即止血。如需多次采血，从尾尖至尾根依次处理，左右静脉交替，可采 10 余次，为避免采血伤口的影响，两次采血间隔至少 0.6 cm。

切割静脉采血时，将小鼠保定并留出尾部，拧转 90°使一侧尾静脉向上，在尾下端 1/3～1/4 处以刀片垂直切开表皮和静脉，即可见血液涌出，在切割处聚集呈半球状，直接用毛细管吸取即可,或让切口朝下,血液自行淌下,在下方以试管收集,使血液直接沿试管壁进入试管。小鼠血液凝固速度快,如血液留出较慢,容易凝固而无法采血,此时可以手指从尾根至尾尖轻轻推挤帮助血液流出。小鼠尾后半部组织细弱娇嫩,切割时应掌握力量和速度,避免用力过大将尾切断,切割过深伤及静脉深部的动脉时可见鲜红的动脉血快速流出,影响采血效果。

针刺静脉采血时同法保定,水平拉直尾部,在尾下端 1/3～1/4 处持采血针以下倾 30° 向心刺入皮下,目视下平行刺入尾静脉,血液可从针内缓慢滴出,下置试管收集。也可针刺后拔出,让血液自穿刺处自行涌出而用毛细管收集。为帮助血液流出,宜用手指由尾根至尾尖轻轻推压,将静脉内血液驱赶出来。

(2) 小鼠尾尖采血(断尾法):采用断尾法从小鼠尾尖采血的操作和注意事项同大鼠,每次仅剪去尾尖 0.5～1 mm 组织,且断尾仅限于尾尖 5 mm 以内。参考采血量:每次 0.05～0.1 ml。

2. 眼眶采血 从小鼠眼部采血需进行麻醉。小鼠眼部的静脉在眼眶下形成静脉窦,刺入采血针可引流采血,参考采血量:体重为 20～25 g 的小鼠每次可采血 0.2～0.3 ml。采血后球结膜自行修复,故可反复采血,适合少量多次采血,常用于生物化学项目的检验。如摘除眼球造成开放性创伤可采取眼眶动脉静脉混合血,所混入组织液比断头采血少,摘眼球法在小鼠能采得较多血液。参考采血量:每 20～25 g 体重 1 ml。但采血后小鼠容易死亡。

(1) 小鼠眶静脉窦穿刺引流采血:将动物浅麻醉(乙醚),或采用眼科麻醉剂做局部麻醉,侧眼向上保定,一手拇指、示指和中指在小鼠的耳后颈部两侧施压,使眶下静脉窦充血(眼球外凸);另一手持采血器(前端为锐利斜口、内径 0.5～1.0 mm 的硬质玻璃毛细管),使与鼠面颊成 45°的夹角,由眼内角向喉头方向刺入眼窝,采血器前端斜面先向眼球,刺入球结膜后再转 180°使斜面背对眼球,边旋转边刺入 2～3 mm,利用毛细管的锐利边缘割破静脉丛,可见血液进入毛细管,即稍退出毛细管前端,利用虹吸现象使血液充满毛细管,如推进至感到有阻力但仍未见血液,则可能因为毛细管阻止了血液的流出,应停止推进,边旋转将针退出 0.1～0.5 mm,血液可自然流入毛细管中,当获得所需的血量后,即除去加于颈部的压力,同时,将采血器拔出,眼部出血立刻停止,用拇指和示指帮助闭合眼睑并用纱布或棉球按压片刻可止血。

该采血途径曾被广泛使用,但目前已发现越来越多的(潜在)不良反应(见大鼠采血技术),为避免或减轻以上不良反应,要求技术娴熟,采血时需避免损伤角膜,不得持采血器在小鼠眼窝内上下左右移动刺探。为使球结膜修复以及小鼠失血后恢复,同侧再次采血至少间隔 2 周。但在恢复期,小鼠仍可能经历采血引起的不适。

(2) 小鼠摘眼球采血:此法采血的血量较大,容易致小鼠死亡,适合终末采血。将小鼠浅麻醉(乙醚),或用眼科麻醉剂作局部麻醉,头部向下徒手保定,同时以保定的手轻轻压迫颈部两侧,使眼球充血外凸,持眼科弯镊迅速夹住眼球根部摘除眼球,将试管靠在眼窝下收集血液即可,必要时用镊子扩大创口,以及及时去除眼窝内的凝块,当出血速度明显减慢时适度按压胸腔可帮助心脏搏动促使血液流出。应使血液贴试管壁进入试管,流经被毛后容易溶血。当出血速度明显减慢,小鼠进入失血性休克和濒死时会发生剧烈抽揞,需注意保定防小鼠挣脱。

3. 心脏采血 小鼠心脏采血操作和要求同大鼠心脏内采血,因小鼠个体小,体表穿刺时进针浅,尤其是从胸腔穿刺时,故须控制好进针的深度,避免过深及肺。鉴于心脏内穿刺采血具有潜在性的疼痛和致命后遗症,较多用于终末采血。参考采血量:每次 0.2～0.5 ml(存活)。

4. 常用动、静脉采血 从小鼠颈部动脉、静脉可采得较多血液。断头法采血操作简便,适合大批量动物采血,但血液为动静脉混合血,且容易混有被毛、粪便、大量组织液等,对血液品质有较大影响。穿刺采血分为手术和非手术两种,均可获得纯净血液,且可按研究要求采取动脉血或静脉血,非手术法多用于需要动物存活的采血。小鼠后肢多处血管较浅表,多用于存活性采血。小鼠腋下动脉、静脉采血可采用开放性伤口或者注射器抽取,均为致死性采血,需麻醉动物。腋下静脉较浅表而粗,腋下动脉位置较深且纤细,开放性伤口多同时切断动脉和静脉收集动静脉混合血,如需单独采集动脉血或静脉血,应小心分离血管。小鼠腹主动脉采血和大鼠类似,但动脉较纤细。小鼠颌下静脉位置浅表且较固定,可用针刺而采出少量血液,操作简便,对动物损伤小。

(1) 小鼠断头采血:无需麻醉,徒手保定小鼠,左手拇指和示指在背部较紧地握住小鼠的颈部皮肤,使小鼠头部向下,右手用剪刀迅速剪断鼠颈或用锋利刀片切断颈部肌肉和血管,至 1/2～4/5 的颈部切断,颈部多条大血管断裂,在下方用盛器收集血液。

(2) 小鼠颈静脉穿刺采血(手术穿刺):将小鼠麻醉后仰卧保定,切开颈部皮肤,分离皮下结缔组织,使颈静脉充分暴露,用注射器刺入静脉抽取血液。

(3) 小鼠颈静脉采血(体表穿刺):无需麻醉,徒手保定小鼠,使其腹部向上,以细绳扣住门齿,细绳另一端夹在保定的手指间,牵引小鼠头向后仰,充分舒展颈部至胸部的皮肤,用酒精打湿被毛,持 25 号针头的 1 ml 注射器由胸骨上方、胸骨锁骨联合旁开 2～4 mm处,向头部方向进针,深 1～3 mm,见回血即可抽取,应缓慢抽吸以免血管过快枯瘪,如不出血可稍停片刻待血管再次充盈,或稍转动针头使勿贴血管壁。

(4) 小鼠颈动脉采血(插管或穿刺):将小鼠麻醉后仰卧保定,切开颈部皮肤,分离皮下结缔组织,在气管两侧分离出颈动脉,结扎离心端,于向心端剪口置入插管收集血液,或直接用注射器抽取。

(5) 小鼠足背静脉穿刺采血:无需麻醉,由助手保定小鼠,一手拇指和示指捏住一后肢膝关节迫使后肢伸直,足背向上,并压迫足踝处使足背中央的静脉充盈;另一手在皮肤上涂抹凡士林或其他润滑剂防止血液沾染到被毛,以注射针刺破该处表皮和血管,用毛细管吸取。采血后压迫止血,可重复采血。

(6) 小鼠后肢隐静脉穿刺采血:无需麻醉,由助手保定小鼠,或置于合适固定器内,分开两后肢,舒展股部和尾部间的皮肤,略拔去该部位被毛,可见皮下位于跗关节旁的隐静脉,在该处涂以凡士林或其他润滑剂防止血液沾染到被毛上,用注射针刺破静脉,让血液自行留出,并用毛细管收集。采血后稍压迫止血,可重复采血。

(7) 小鼠股动脉、股静脉穿刺采血:将小鼠麻醉,由助手保定小鼠,采血者左手向下向外拉直动物下肢,探触股动脉搏动处(较不容易觉察),或左手拉直动物下肢,压迫使静脉充盈,右手持注射器刺入血管。参考采血量:每次 0.4～0.6 ml。

（8）小鼠腋下动静脉采血：将小鼠麻醉，仰卧保定，切开一侧腋下皮肤，分离皮下结缔组织，暴露腋下静脉，为深紫色粗大血管，动脉较细，色粉红，较难分离。以注射器刺入动脉或静脉抽取血液，或者用镊子拉起体侧皮肤形成皮囊，剪破腋下静脉、动脉，使血液蓄积于皮囊内，用吸管收集。

（9）小鼠腹主动脉采血：为致死性的手术采血法，适合病理组织取材和需要大量血样的研究。采用开腹穿刺采血时，由于胸腔保持完整，采血过程中心脏持续搏动将血液不断泵出，可采集大量纯净的动脉血液，脏器内血液排出彻底，组织中残留血液少，对脏器病理取材和切片分析十分有利。小鼠的腹主动脉比大鼠细得多，穿刺难度较高，其他操作和大鼠类似。参考采血量：每次≥1 ml。

（10）小鼠颌下静脉采血：采血时取侧卧位徒手保定小鼠于桌面上，用拇指和示指捏住小鼠耳后颈部皮肤，使其一侧面颊向上，用注射针刺入下颌下静脉，迅速拔出针头后可见血液涌出在面颊处成球状，以试管靠近血滴收集。采血后放松颈部，按压片刻止血。

（四）豚鼠采血技术

少量采血途径：耳，足背跖静脉。中量采血途径：心脏。大量采血途径：股动脉，颈动静脉，腹主动脉。

1. 鼠耳采血　豚鼠耳壳大而薄，血管分布较丰富，且透过表皮清晰可见，易操作，从豚鼠耳部采血可两耳交替，在耳不同部位进行，手法可采用切割或穿刺。豚鼠耳部取血通常不用麻醉，但为减少操作时局部刺激引起豚鼠晃动头部，可在耳部使用表面麻醉剂。

（1）耳缘切割采血：由助手保定豚鼠，使其蹲伏，用刀片割破耳缘静脉，收集流出的血液，在切口边缘涂抹20%柠檬酸钠溶液可阻止血凝，操作前适度揉搓耳部使耳充血，可使采血更容易。参考采血量：每次0.5 ml。

（2）耳血管穿刺采血：同法保定豚鼠，以注射针迅速刺入血管后拔出，血液即从针孔出流出，在耳表面聚集呈球状，可用毛细管吸取。

2. 心脏采血　分为非手术（体表穿刺）和手术（开胸穿刺），均需麻醉。操作与要求和大鼠心脏内采血类似，体表穿刺时进针深度视动物个体大小而不同。取血量可根据需要，部分采血动物可存活，全部采血可致死，鉴于心脏内穿刺采血具有潜在性的疼痛和致命后遗症，较多用于终末采血。参考采血量：每次5~7 ml（存活）；每次15~20 ml（致死）。

3. 常用动、静脉采血　与大鼠小鼠类似，采血部位主要包括后肢浅表静脉、颈部动静脉、腹主动脉、腋下动静脉。

（1）豚鼠股动脉插管采血：将豚鼠麻醉后仰位固定在手术台上，剪去腹股沟区的毛，切开长为2~3 cm的皮肤，暴露股动脉并分离。然后用镊子提起股动脉，远端结扎，近端用止血钳夹住，在结扎和钳夹部位中央的动脉壁剪一小孔，置入导管，放开止血钳，使血液由导管口流出。本法采血可致死。参考采血量：每次10~20 ml。

（2）豚鼠足背跖静脉穿刺采血：足背跖静脉采血是从豚鼠采取少量血液的主要方法，豚鼠足背跖静脉有两根，外侧跖静脉和内侧跖静脉，采血均可用。操作时由助手保定豚鼠，捏住豚鼠的一侧后肢膝部，使膝关节伸直，足背向上，并阻断血液回流，使足部静脉充盈，采血者将动物脚背面用酒精消毒并涂抹适量凡士林，找出背中足静脉后，以左手的拇指和示指拉住豚鼠的趾端，右手持注射针刺入静脉，拔针后立即出血，呈半球状隆起，以吸管吸取。采血后，用纱布或脱脂棉压迫止血。反复采血时，两后肢交替使用。

（3）从豚鼠颈部血管采血（插管或穿刺）：将豚鼠麻醉，仰卧保定，以颈部正中为中心剪去被毛，剪开皮肤，分离颈部肌肉，暴露桃红色的颈动脉，颈静脉位于其外侧，色深。以注射器直接刺入抽取血液，或分离一段颈动脉或静脉，结扎远心端，在近心端置一缝线，止血钳夹住血管，阻断血流，在血管上做"T"或"V"形切口，向心置入导管，深为 1～2 cm，固定好后松开止血钳，在导管另一端收集血液。

（4）豚鼠腹主动脉采血：为大量采血的途径，操作方法同大鼠。

（5）豚鼠腋下动静脉采血：为大量采血的途径，操作方法同大鼠。

（五）地鼠采血技术

少量采血途径：眼球后静脉，足背静，舌下静脉。中量采血途径：心脏，颈部血管，眼眶动静，隐静脉。大量采血途径：腹主动脉，腋下动静脉。地鼠尾极短，因此不能从尾部采血，其他采血途径与操作和大鼠类似。

（六）兔的采血技术

少量采血途径：耳缘静脉。中量采血途径：耳动脉，心脏。大量采血途径：颈动脉，颈静脉。

1. 兔耳采血 兔耳大且血管明显，是最常用的采血部位，采血时无需麻醉且操作简便，但为减少采血操作时兔为躲避而晃动头部，可在采血局部使用表面麻醉剂。

（1）兔耳中央动脉采血：可采用穿刺、切割、插管等方法。兔耳中央动脉位于兔耳中央，颜色鲜红，外形粗大，其末端（即靠近耳缘处）容易固定，近耳根处则位置较深且不宜固定。采血时将兔置于兔固定筒内保定，露出头部，用左手固定兔耳，右手取注射器，在中央动脉的末端，沿着动脉平行地向心方向刺入动脉，见回血即可抽取血液，也可用锋利刀片切割一小口采集血液，需于切割处事先涂抹凡士林以便收集血液。取血完毕后按压采血点 2 分钟以上止血。可在动脉上留置导管以便频繁采血。参考采血量：每次 10～15 ml。

兔耳中央动脉容易发生痉挛性收缩，采血前须先让兔耳充分充血，可适度揉搓兔耳、轻弹血管，并于动脉扩张、未发生痉挛性收缩之前立即进行抽血，等待时间过长动脉经常会发生较长时间的痉挛性收缩，在血管痉挛时强行抽吸可导致管壁变形，针尖容易刺破管壁，血液漏出血管造成皮下血肿。取血一般用 6 号针头，针刺部位从中央动脉末端（近耳缘处）开始，且不宜在近耳根部取血，因耳根部软组织厚，血管位置略深且血管游离不易固定，易刺透血管造成皮下出血。

（2）兔耳缘静脉采血（穿刺或切割）：将兔置于兔固定筒内保定，露出头部，用手轻轻摩擦兔耳使静脉扩张，用连有 5.5 号针头的注射器在耳缘静脉末端刺破血管，或用刀片切割，收集自然流出的血液，取血前耳缘部涂擦液体石蜡，可防止血液在流出时凝固。也可采用注射器抽取，将针头逆血流方向刺入皮下 2～3 cm，平行刺入耳缘静脉抽取血液，取血完毕用棉球压迫止血。为使静脉充盈扩张，可用小血管夹夹在耳根阻止血液回流，如压住侧支静脉，血液更容易流出。多次采血需防静脉栓塞，采血点由远心端向近心端移动。

参考采血量:每次 5～10 ml(最多);每次 2～3 ml(一般)。

2. 心脏采血　非手术(体表穿刺)和手术(开胸穿刺)均需麻醉,操作要求基本同大鼠。体表穿刺法从兔心脏采血较常用。由于兔心脏较大,心率较慢,穿刺较容易,采血量较小时,穿刺后心肌自行修复,动物可存活,但鉴于心脏内穿刺采血具有潜在性的疼痛和致命后遗症,较多用于终末采血。参考采血量:每次 20～25 ml。

体表穿刺部位为心脏的体表投射部位(经胸腔穿刺),将兔麻醉后仰卧保定,在左侧胸部以手触摸感觉心脏位置,约胸骨左缘旁开 3 mm,第 3～4 肋间,去除该处被毛,于心博最强处避开肋骨垂直穿刺,见回血即固定好针头抽取。经 6～7 天恢复后可再次采血。但若针尖入心房,则拔针后容易造成心包膜积血甚至血胸而死亡。

3. 常用动、静脉采血　主要采用颈部动静脉和股动脉。

(1)兔颈动、静脉采血(穿刺或插管):可用于大量采血,需手术。采血时将兔麻醉,仰卧保定,剃除颈正中线两旁被毛,于距头颈交界处 5～6 cm 处剪开皮肤,向两侧分离颈部肌肉,暴露气管,可见平行于气管的白色迷走神经和桃红色颈动脉,颈静脉位于外侧呈深褐色。注射器直接刺入抽取血液,或分离一段颈动脉或静脉,结扎远心端,在近心端置一缝线,止血钳夹住血管,阻断血流,在血管上作"T"或"V"形切口,向心置入导管,深为 1～2 cm,固定好后松开止血钳,在导管另一端收集血液。

(2)兔股动脉采血:大量采血时还可从兔股动脉采血,需麻醉。采血时将兔仰卧保定,向外拉直一侧后肢,暴露腹股沟,在腹股沟三角区动脉搏动处剪除被毛,以中指和食指触摸定位股动脉并固定,以 6 号针头直接刺入血管采集血液,拔针后用纱布按压止血 3分钟。

(七)犬的采血技术

少量采血途径:前肢内侧皮下头静脉,耳静脉。中量采血途径:前肢内侧皮下头静脉,后肢外侧小隐静脉,心脏。大量采血途径:股动脉,颈静脉。

1. 常用动、静脉采血　四肢和颈部的动静脉常用于犬采血。前肢内侧皮下头静脉是犬常用的采血部位,该静脉位于前肢内侧皮下,靠前肢内侧外缘行走,较容易从体表固定,比后肢小隐静脉略粗。后肢外侧小隐静脉也是犬常用的采血部位,此静脉位于后肢胫部下 1/3 的外侧浅表皮下,由前侧方向后行走。犬的颈静脉可采较多血液。

(1)前肢内侧皮下头静脉采血:由助手保定犬使之自然蹲立并向前平举一侧前肢,以止血带或手在静脉近心端施压阻止血液回流,采血者持 6 号针头注射器向血管旁刺入皮下后与血管平行刺入静脉,见回血即放松对静脉近心端压迫,并使针尖顺血管推进少许,固定好针头抽取血液。抽取血液速度宜慢,防止血管枯瘪。此部位也可用针尖刺血的方法采集几滴血。取血后压迫止血。

(2)犬后肢外侧小隐静脉穿刺采血:采血时使由助手保定犬使之侧卧,剪去静脉所在部位被毛,用止血带绑在犬股部或由助手握紧股部阻止血液回流,可见静脉充盈,采血者持 6 号针头注射器向血管旁刺入皮下后与血管平行刺入静脉,见回血则放松对静脉近心端压迫,并使针尖顺血管推进少许,固定好针头抽取血液,该静脉浅表易滑,操作中应妥善固定静脉。

（3）犬股动脉穿刺采血：从犬的股动脉可采集大量血液。采血时由助手将犬仰卧保定，向外拉直一侧后肢，暴露腹股沟，在腹股沟三角区动脉搏动处剪除被毛，以中指和示指触摸定位股动脉并固定，以6号针头直接刺入血管采集血液，拔针后用纱布按压止血3分钟。

（4）犬颈静脉穿刺采血：采血时由助手将犬侧卧位保定，使犬头部后仰，充分伸展颈部，剪去采血部位被毛约10 cm×3 cm，拇指压住颈静脉入胸处的皮肤阻止血液回流使静脉充盈，以7号针头平行血管并向头部方向刺入静脉，见回血即可抽取血液。因颈静脉在皮下易滑动，除固定好静脉外还应刺入准确，采血后压迫止血。

2. 心脏采血　犬的心脏采血较常用，分为非手术（体表穿刺）和手术（开胸穿刺），操作和大鼠类似。从技术上，对犬行体表穿刺心内采血时可不麻醉，但鉴于心脏穿刺所引起的疼痛，应麻醉后进行。体表穿刺采血时将犬仰卧保定，使前肢向两侧打开充分暴露胸部，剪去左侧第3～5肋间被毛，以手触摸心搏最强处，约在胸骨左缘外侧1 cm处，第3～4肋间，以7号针头注射器垂直穿刺，穿刺正确时血液在心室压力下迅速涌入注射器。心脏穿刺可采大量血液。但采血中应固定针头以免随心脏搏动而在胸腔内晃动损伤心脏。从心室采血后动物心肌自行修复，动物可存活，但如针尖入心房，则拔针后容易造成心包膜积血甚至血胸而死亡。鉴于心脏内穿刺采血具有潜在性的疼痛和致命后遗症，较多用于终末采血。

3. 犬耳采血　犬耳静脉适用于少量采血。可切割耳尖采取微量的血液用作血涂片分析，或从耳静脉穿刺采血。耳静脉包括前缘静脉和后缘静脉，均纵向呈树枝状由耳根向耳尖延伸，比格犬耳大且皮肤薄，耳部血管清晰可见容易操作。

（八）猪的采血技术

少量采血途径：尾，耳。中量采血途径：前腔静脉，颈静脉，小隐静脉。大量采血途径：心脏。

1. 猪耳采血　猪体表耳部静脉最为清晰，采取少量至中量的血液常从猪的耳静脉采集。采血时由助手保定猪的头部，用酒精用力擦拭及轻弹猪耳，必要时可用胶管等压迫耳根阻断血液回流使静脉清晰显露，用连接6号针头的注射器从耳壳远端静脉分叉处前刺入皮下，再刺入静脉分叉处，平行刺入静脉抽取血液。此处血管较细，但血管周围疏松结缔组织少，血管不易滑动，容易进针，如从耳中央静脉进针，则虽血管粗，但易滑动，不容易进针。由于猪耳皮肤较厚，应确保针头锐利，抽吸速度适当以免血液回流不及而血管枯瘪。也可用刀片切割静脉，待血液自然流出后用滴管等吸取。采血后压迫止血，反复采血时采血部位应由静脉远心端向近心端移动。

2. 猪尾采血　猪尾血管主要是正中尾动脉及其两侧的两支正中尾静脉，其他为分布于尾部的血管分支和毛细血管。猪的正中尾动脉由正中荐骨动脉延伸而来，静脉与之伴行，3支血管都位于荐骨肌形成的细沟内，由于新生仔猪的尾总是歪向一边，血管未必都在尾中央。从尾根起的10～20 cm内血管的直径变化不大。尾部采血可剪去少量尾尖组织（断尾法），或以注射器穿刺采取。

尾部穿刺采血时猪可不保定，用饲料引诱猪并分散其注意力，采血者从猪背后接近猪提起尾部,触摸到第6~7尾椎(约距尾根15 cm)椎体中央凹陷处,如难以确认血管沟时,可从尾根部腹面触摸以分辨,尾根部腹面脂肪较多,不宜进针。将采血针头对着尾以20°从上向下一次刺入,见回血即可采集,刺入角度宜低且刺入宜深便于固定针头。如针头抵血管壁而不出血,可轻轻晃动猪尾以调整。使猪侧卧可同法采血。采血后压迫止血,针尖可能刺入尾动脉,此时需按压较长时间。与耳静脉采血相比,猪尾采血量相当,但无法直视血管进针,不过很少出现溶血,保定容易且安全。

3. 猪心采血 猪较少从心脏采血,该途径通常限于大量、单次采血。采血时将猪麻醉后仰卧保定,消毒心脏对应的体表区域,把胸骨分成3段,于左侧下1/3处画一横线,横线左旁开胸骨长度1/6为进针点,针头刺入皮肤后沿横线45°角指向对侧,进针深度约胸骨长度1/3(体型较大的猪不到1/3),即刺入左心室,当针尖进入心肌而未入心腔可见针头随心博而摆动但无回血,进入左心室后即见回血。如需猪采血后存活,应用细针且控制采血量,但因心内穿刺的潜在疼痛和致命危险,多应用于终末采血。

4. 常用动、静脉采血 猪的小隐静脉较粗大,沿前腓肠肌后外侧面延伸,处于跟腱外侧面,由跖底内侧、外侧静脉汇合而成,汇合点位于跗关节处,这几条静脉均较粗大浅表,以手触压即可感觉,采血时出血速度快(5 ml约用时30秒),对动物损伤小,为猪采血常用的途径。通过手术留置导管于猪颈静脉可用于频繁采血。猪前腔静脉位置较深,但粗大且位置相对固定(图10-15),适用于体型较小、从耳部采血困难的猪。

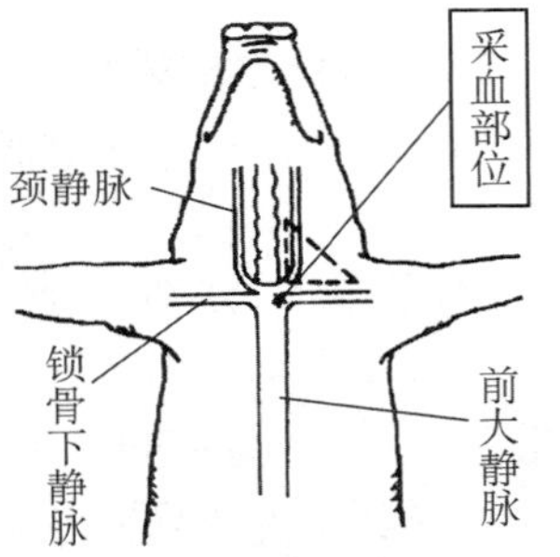

图10-15 猪前腔静脉穿刺采血

(1)猪小隐静脉采血:使猪侧卧保定,将上面的后肢向斜后方拉直,把跗关节以下部分向前稍拉动使跗关节呈半屈曲状,乳胶管在跗关节上方10 cm扎紧或由助手握紧此处,可见跖底内侧静脉怒张,采血者位于猪的腹侧,左手掌心向上固定跗关节处进针点皮肤,使针头与进针点皮肤呈70°角刺入后,放平针头沿跖底内侧静脉管刺入,见回血即可抽取血液,或用试管在针头处收集。

(2)猪颈静脉插管采血:将猪麻醉后仰卧保定,于颈部腹面外侧作一长约10 cm纵切口,钝性分离肌层,找到颈外静脉(直径1~1.5 cm,视猪体型而不同),用弯止血钳将颈静脉抬高并托住,用眼科剪和眼科镊部分剥离并剪去血管外膜约0.5 cm²,暴露光滑的血管表面,在血管表面刺一小口,插入前端剪成斜面、内部充满生理盐水的硅胶导管并向后推向前腔静脉,至导管前端靠静脉壁不再向前,将导管另一段接上钢针固定,由颈部切口通过皮下脂肪层向猪的背后方穿刺,从背中线适当部位穿出引出导管并固定,缝合颈部切口,由导管外口采血,每次采血后以生理盐水充满导管,平时用塞子封闭导管,在导管引出部位用磺胺软膏封闭。护理中需将安置导管的猪单独饲养以防相互咬扯导管,舍内应光滑无异物以免导管被钩住。

(3)猪前腔静脉穿刺采血:将猪仰卧保定,亦可取站立姿势并迫使抓抬头,使肩胛位置下移,头部后仰,尽量拉伸颈部皮肤和皮下组织,于颈右侧第一肋骨凹窝处消毒,左手拇指压在凹窝处另4指置于对侧,从拇指旁进针,穿过皮肤后指向对侧肩胛骨角,针尖进入血管可有刺破厚纸的感觉，边退出注射器边抽取血液，采血后迅速拔针并按压穿刺部位以防局部血液渗出。此途径采血需注意进针位置，右侧进针容易穿入前腔静脉，左侧进针则容易穿入臂头动脉而导致局部瘀血。进针斜度和指向，斜度太大易刺入右心房，使猪出血而死，斜度不足则进入颈外静脉，该静脉较细且易滑动，不易刺入而采血失败。根据采血量和采血频率选择采血针头，频繁而少量采血宜用细针，粗针用于频率低而采血量大时。

（九）猕猴采血技术

猕猴的采血途径大多和人类似。少量采血途径：耳垂，指尖，足跟。中量采血途径：后肢皮下静脉，颈外静脉，前肢头静脉。大量采血途径：股动脉。

1. 毛细血管采血　常用于采取少量血（数滴），可采血的部位包括指尖、耳垂、足跟，采血方法与人的手指或耳垂处的采血法相同，以三棱针刺破采血部位并轻轻挤压，使血液自然涌出呈球状，用毛细管或者吸管吸取。采血前需将采血部位被毛除净，以免血液沾染被毛并流失。采血后以干棉球按压止血。参考采血量：每次<0.5 ml。

2. 静脉血的采集　后肢皮下静脉和外侧颈静脉是猕猴采血最宜部位之一。头静脉为猕猴前肢浅层主要静脉，向上循肱二头肌与肱桡肌之间向上至上臂，终于腋静脉。也是采血常用部位，其他可采血的四肢浅表静脉包括肘窝、腕骨、手背及足背静脉，这些静脉均较细、易滑动、穿刺难，血液流出速度慢。

（1）猕猴后肢皮下静脉采血：采血时由一名助手将猕猴两臂转向背后保定，并抓住猕猴颈后皮肤；另一助手一手抓住一侧后肢跗关节部位，另一手抓采血侧后肢股部，使后肢皮下静脉充盈。采血者用左手抓住后肢跗关节固定后肢，剪去被毛，以7号针头沿静脉平行向心刺入采血，采血后压迫止血。

（2）猕猴颈外静脉采血：由助手将猴侧卧保定，固定猴的头部与肩部并使头部略低于身体，剪去颈部的毛，用碘酒、酒精消毒，即可见位于上颌角与锁骨中点之间的怒张的外侧颈静脉。用左手拇指按住静脉阻断血液回流，右手持连接6(1/2)号针头的2～10 ml注射器，平行静脉向心刺入，见回血后放松手指对静脉血流的阻断并抽取血液。采血后压迫止血。参考采血量：每次10～20 ml。

（3）猕猴前肢头静脉采血：采血时由助手保定猕猴并使之伸展前肢，以止血带或手在静脉近心端施压阻止血液回流，采血者持6号针头注射器向血管旁刺入皮下后与血管平行刺入静脉，见回血即放松对静脉近心端压迫，并使针尖顺血管推进少许，固定好针头抽取血液。抽取血液速度宜慢，防止血管枯瘪。

3. 动脉血的采集　猕猴股动脉可从体表触及，取血量多时常被优先选用。采血时将猕猴侧卧保定，伸展后肢暴露腹股沟三角区，以手指探触搏动定位动脉，剪去该处被毛，持连接6号针头的2～10 ml注射器直接刺入动脉，见回血即可抽取，采血后压迫止血2～3分钟。从猕猴的肱动脉与桡动脉处也可采血。

二、消化液的采集

（一）唾液采集技术

1. 自然收集法　为非手术法采集，是通过食物（颜色、气味）刺激动物的唾液腺分泌并从口腔内收集，可采用海绵吸取。采得的为各唾液腺的混合分泌物，易混有食物碎屑。

2. 留置导管法 是手术法采集，多用于采集猪、犬等动物的唾液，于唾液腺开口处手术放置导管，不同的唾液腺开口处置管可收集不同来源的唾液。猪和犬均有 3 对唾液腺（腮腺、颌下腺、舌下腺），两者的唾液腺导管植入手术类似。

犬的手术过程大致为：将犬麻醉后仰卧保定，剃除下颌部至颈部的被毛，切开皮肤，剥离颌舌骨肌，从颌骨与颌舌骨肌之间打开，暴露腮腺管、颌下腺管、舌下腺管、舌神经，以及鼓索神经。采集颌下腺分泌的唾液时在颌下腺排泄管管壁上做一切口，插入聚乙烯导管，插管前端到达腺体内部附近时结扎，在舌神经的头端结扎并切断，保留鼓索神经，刺激舌神经外周末端时，由于腺体受到刺激而有唾液从导管流出。

（二）胃液采集技术

1. 直接抽取法 为非手术法采集，使用灌胃针插入动物胃内抽取，可采得少量胃液，操作类似灌胃。

2. 胃造瘘术采集 用于大量连续采集胃液，需要手术造瘘，在采集时给予刺激分泌，根据需要制作全胃瘘、巴氏小胃瘘、海氏小胃瘘等。

犬全胃瘘术大致过程为：将犬禁食 12 小时，麻醉并仰卧保定，剪除腹部、髋关节等处被毛，由剑突下沿腹白线从正中打开腹腔，分离迷走神经（走行于胃贲门外表面）使之与贲门部分开，在食管下端无血管及神经区，用 2 把肠钳相距 1 cm 并排钳住，于两钳之间切断食管和胃的联系，同法切断胃和十二指肠的联系，将十二指肠和食管的端-端吻合，将胃的贲门与幽门分别作双层缝合，在胃前壁近大弯切口埋入胃瘘管，缝合，局部用大网膜覆盖以防渗漏，在原腹部切口的左侧另作一小切口引出瘘管并缝合于皮肤表面。术中一般须通过静脉插管持续滴注麻醉剂维持麻醉。

（三）胰液采集技术

胰液的基础分泌量很少或无，一般均采取手术插管后药物刺激分泌，常用刺激药物为 0.5％盐酸溶液或促胰液素。大鼠的胰腺分叶众多，解剖位置弥散，大鼠的胰管包括前大胰腺管、后大胰腺管，以及众多小胰腺管，均不直接开口于十二指肠而开口于胆总管，犬的胰腺分为 2 叶，附着于十二指肠，解剖位置局限，胰导管直接开口于十二指肠。以犬和大鼠为例介绍手术采集胰液。

1. 大鼠胰液采集 将大鼠麻醉后仰卧保定，自剑突向下做 3 cm 腹正中切口，翻起肝脏，暴露十二指肠和胃的交界处，以 1/0 线穿入备用。于距离幽门 2 cm 处的十二指肠处找到胆总管，该管与十二指肠垂直，透明而略呈黄色，在胆总管和十二指肠交接处分离胆总管，避免弄破周围小血管，从胆总管下穿 2 根 1/0 线，结扎靠近肠管的一根作为牵引线，在胆总管壁剪一小斜口插入胰液收集管，即可见黄色胆汁和胰液混合液流出，结扎固定胰液收集管，顺胆总管向上找到并结扎肝总管，此时胰液收集管内仅有白色胰液流出。大鼠的胰液收集管常用聚乙烯塑料管，外径 0.05 mm，前端剪成斜口。

2. 犬的胰液采集 将犬麻醉后仰卧保定，气管插管维持呼吸。从剑突下正中切开腹壁 10 cm，暴露腹腔，于十二指肠末端找到胰尾，沿胰尾向上将附着于十二指肠的胰腺组织用生理盐水纱布轻轻剥离，在尾部向上 2～3 cm 处可找到白色的胰主导管从胰腺穿入十二指肠,确认后分离胰主导管并在下方穿线,在尽量靠近十二指肠处作切口插入胰管插管并结扎固定,于十二指肠上端和空肠上端各穿一粗棉线扎紧,向十二指肠腔内注入预热到体温的盐酸 25～40 ml,或做股静脉插管注入促胰液素。

(四)胆汁采集技术

实验动物的胆汁多采用手术进行胆管插管采集。其中,大鼠没有胆囊,几支肝管汇集成肝总管,再与胰管一起汇成胆总管进入十二指肠,因此从胆总管末端收集到的是胆汁和胰液的混合液,如使插管前端抵达肝总管则可收集纯净的胆汁。从腹部切口的操作和大鼠胰液采集类似,从背部切口时沿末肋切开 4～6 cm 长的切口,钝性分离肌肉,暴露腹腔脏器。在门静脉一侧找到肝、胆总管,在肝总管处剪口插管。胆汁引流时将插管从大鼠背部引出。

(五)小肠液采集技术

实验动物小肠液的采集常用肠造瘘术,空肠上部小肠的消化液含有多种酶,多采集此处肠液。

犬的肠造瘘术过程大致为:将犬麻醉后仰卧保定,沿腹白线做 6～8 cm 切口,切口下端达脐或稍低,将腹壁内脂肪组织推向一边,手伸入右侧肋下触到肝缘附近十二指肠,将其拉出,如有胰腺附着可证明该肠襻确为十二指肠,选取接近十二指肠的一段空肠(长度2～3 cm),结扎邻近血管,将肠系膜以及肠管切开、分离,余肠之切口内翻缝合,并做侧-侧或端-端吻合,游离的肠襻两端自右侧腹壁两个小切口引出,用特制的肠瘘管缝合于肠襻断端,并与肌层和皮肤缝合固定,如将肠管断端直接缝合于皮肤切口,则必须使肠管略高出皮肤切口并使肠黏膜外翻以防日久瘘管闭合。

三、其他体液采集

(一)尿液采集技术

无创采集技术包括代谢笼收集法、反射排尿收集法、压迫排尿收集法,是收集动物排出体外的尿液,多用于啮齿类实验动物。手术采集技术主要是利用插管从输尿管、膀胱或尿道引流收集动物体内的尿液,多用于兔、犬等实验动物。

1. **代谢笼收集法** 代谢笼依靠下部的粪尿分离漏斗可把动物的粪便和尿液分开。将动物饲养于代谢笼内可收集其自然排出的尿液,适用于大鼠、小鼠等小型实验动物,可采集一段时间内的尿液,但动物进入代谢笼后需适应一段时间才开始排尿,用于小鼠时需注意小鼠尿液量较少容易挥发而需减少收集量。

2. **压迫排尿收集法** 通过从体表对动物膀胱施压迫使动物排尿并收集即时排出的尿液。操作时将动物保定后按压骶骨两侧的腰背部或者膀胱对应的体表位置。适用于间隔一定时间采集一次尿液,观察药物排泄情况,适用于兔、犬等体型较大动物。

3. **反射排尿收集法** 利用动物的反射性排尿习性收集即时排出的尿液,适用于啮齿类。尤其是小鼠,当提起小鼠尾根时小鼠即反射性地排尿,可用平皿等收集。

4. **膀胱穿刺引流法** 经体表行膀胱穿刺术采集尿液快速简便,对尿道损伤小,常用于犬、猪、兔。以犬为例:将犬麻醉后仰卧保定,剃除腹正中区域被毛,于从耻骨联合前正中部位以手探触固定膀胱,用穿刺针(长 10 cm 粗针头,后连接注射器)刺入皮下并稍改变角度后刺入膀胱,缓慢进针,并边进、边抽取尿液,至有尿液出现时固定针头取下注射器,取导管从针头内插入膀胱,直到尿液从导管内流出,拔出针头留置导管,并缝针固定导管。在导管尾端使用静脉滴注夹可控制尿液排放进行定时收集。

5. 尿道插管引流法 多用于犬和兔。由于雄性动物和雌性动物尿道解剖结构不同,以犬为例介绍两种性别的尿道插管方法。①雄犬的尿道插管:塑料导尿管,内径 0.1～0.2 cm,外径 0.15～0.25 cm,长度约 30 cm,质地稍硬,头端圆滑,尾端接一个粗的注射针头。以液状石蜡润滑导管头端,由尿道徐徐插入深度 22～26 cm,中型犬的导管插入深度 24 cm,导管前端进如膀胱后即可见尿液从管尾流出,再推进少许后用胶布固定或缝针固定。导管末端应保持无菌。②雌犬尿道插管:金属导尿管,内径 0.25～0.30 cm,长度 27 cm,头端以液状石蜡润滑,用组织钳提起犬外阴部皮肤,扩张阴道暴露尿道口,将导尿管经尿道口轻轻插入,深度 10～12 cm 时导尿管前端即可进入膀胱,此时可见尿液从管尾流出,在外阴部皮肤缝针固定导尿管。

6. 输尿管插管引流法 常用于一侧肾功能的研究,多用于兔、犬。将动物麻醉后仰卧保定,于耻骨联合上缘向上沿腹正中线切开腹壁,翻出膀胱,在膀胱底两侧找到输尿管,于输尿管近膀胱处用细线扣一松结,提起输尿管管壁,于管壁上剪一小口,向肾脏方向插入塑料导管,导管通过留置松结所在处后扎紧固定,即可见尿液由导管流出。实验中需用温生理盐水纱布覆盖手术部位,保持动物腹腔温度并湿润肠管,需经常活动一下输尿管插管以防阻塞。

(二)精液采集技术

1. 体内回收法 即让动物自然交配后从雌性动物生殖道内回收精液。对啮齿类动物常于交配后 24 小时内收集雌性动物阴道内的阴栓涂片做镜检,可观察凝固后的精液;无阴栓的动物则需手术从子宫内回收,操作时于动物交配后一段时间,将动物麻醉后保定,从下腹正中切开,将子宫、输卵管、卵巢等牵引至切口,由输卵管伞部插入导管用于收集子宫冲洗液,向子宫内注射预温的冲洗液,从导管收集。

2. 人工诱精法 即不通过动物的自然交配,以人工方法诱使雄性动物射精并收集排出的精液。常见的有使用假阴道、电刺激、按摩刺激等诱导。具体如下。

(1)假阴道法:在交配时以假阴道代替真实的动物采集精液,适用于兔等中型以上动物。采集精液时,使假阴道内的温度达到动物体温,压力达到采集要求,在假阴道开口处用凡士林、无菌生理盐水,或精液稀释液等润滑。使用雌性动物或仿真道具诱使雄性动物阴茎勃起,并将假阴道及时套在雄性动物的阴茎上,或者置于动物或道具附近诱使雄性动物将阴茎插入。当动物射精结束后,抬高假阴道开口端,取出集精器。

(2)电刺激法:通过电刺激动物的性敏感区域或中枢使动物射精并收集精液,使用范围较广,大鼠、小鼠、豚鼠、地鼠等啮齿类均可采用。采精时使动物直立或侧卧保定,剪去包皮周围的被毛并用生理盐水冲洗干净,擦干。将电极插入动物直肠置于靠近输精管壶腹部的直肠底壁,深度视动物种类而不同,如犬为 10～15 cm,兔约为 5 cm,选择好频率后接通电源,调节电压由低至高,直至动物射精。

（3）按摩刺激法：通过按摩雄性动物生殖器或敏感区域诱使动物射精并收集排出的精液。

3. 附睾内采集法 即直接从雄性动物的附睾内采集精子，无需动物交配也无需诱使动物射精，但有时需处死动物。如将动物快速处死后摘出睾丸和附睾，除去血液和脂肪组织，剪开附睾尾，取出精子团，或以附睾穿刺法采集。

（三）阴道液采集技术

阴道液常用于观察阴道脱落细胞相的变化以判断动物所处性周期阶段，有拭取和冲洗2种方法。①拭取法适用于阴道液较少的动物如小鼠；②冲洗法适用于阴道液较多的动物。棉拭采集时，先制作大小合适的棉拭子，用生理盐水浸润后挤干，旋转插入动物阴道内，在阴道内轻轻转动数下后旋转取出，立即涂片镜检。对体型较大的动物，可先按摩或刺激会阴部后采集。冲洗采集时，用灭菌的钝头滴管向动物阴道内注入少量灭菌生理盐水，吸出再注入反复数次后将液体全部吸出，即可涂片镜检。如动物阴道液很少，则冲洗法会过度稀释阴道液而导致无法镜检。

（四）乳汁的采集

采集泌乳期间的雌性动物的乳汁可使用相应的吸奶器，将吸奶器安在动物乳头上收集吸出的乳汁；也可采用按摩法对动物乳腺施加适当压力迫使乳汁流出。乳汁采集前数小时应将幼仔与乳母分开。

（五）淋巴液采集技术

动物全身的淋巴管最终汇成两条：胸导管（左淋巴管）和右淋巴管，常于胸导管处插管收集淋巴液。

1. 犬淋巴液的采集 将犬麻醉后仰卧保定，剃除颈前被毛，在甲状软骨下颈前正中线沿直线切开皮肤，下至胸骨上缘，从该切口下端向右与第一切口垂直再做一条长约10 cm切口，分离左颈外静脉，沿该静脉向心脏方向剥离至暴露锁骨下静脉，胸导管即在这两条静脉交接处后方注入静脉，暴露胸导管后压迫胸导管以观察受力两端的充盈状况，判断淋巴液的流向，充盈端为淋巴束络，萎陷端为进入静脉部，向胸导管内逆流插入淋巴液导管。分离暴露淋巴管时需使淋巴管周围保留一定组织，以便利用这些组织增加淋巴管张力游离导管插入。导管直径约为1 mm。

2. 大鼠淋巴液的采集 将大鼠麻醉后仰卧保定，从剑突沿左侧肋缘向下外防作长约5 cm的切口，再从剑突向下做正中切口，暴露横膈与腹主动脉，胸导管紧贴腹主动脉左后侧，在胸导管上作一斜切口插入淋巴液导管收集。

（六）脑脊液采集技术

1. 小鼠脑脊液的采集 需手术暴露采集部位，将小鼠麻醉后俯卧，用胶带固定头部使头向腹侧屈曲与身体成45°角，充分暴露枕颈部，从头部至枕骨粗隆做中线切开4 mm，再至肩部1 mm，钝性分离，剪去枕骨至寰椎的肌肉，烧灼止血，暴露白色的硬脑膜，用针头在椎骨和寰椎间2 mm处刺破，用微量吸管吸取脑脊液（一次约采集2.5ul）。

2. 兔脑脊液的采集 可穿刺采集。将兔麻醉后，去除颈背侧区及颅的枕区被毛，使兔侧卧,固定兔耳,并迫使兔头部向腹部弯曲充分暴露颅底,用22号针头向枕外隆凸尾端约2 cm处垂直刺入。

3. 犬脑脊液的采集 可穿刺采集。麻醉犬,使犬头部尽量向胸部屈曲,左手触摸到第1颈椎上方凹陷即枕骨大孔,持后接注射器的穿刺针(7号针头,将针尖磨钝)由凹陷正中平行于犬嘴方向刺入(深度<2 cm),进入延髓池后可感到针头无阻力,且可听见轻微的"咔嚓"声,注射器内可见清亮的脑脊液回流,抽取脑脊液后需回注等量生理盐水以保持脑脊髓腔内原有的压力。需防进针偏刺伤及两侧脑膜皱襞上的根静脉引起出血,过深容易损毁延髓生命中枢,或刺破第4脑室顶上的脉络丛引起颅内出血。

(七)脊髓液采集技术

以兔为例。兔的脊髓液采集类似兔的椎管内注射。使兔自然俯卧,尽量使尾向腹侧屈曲,剪去第7腰椎周围被毛,以3%碘酊消毒,干后再以75%酒精消毒,用腰椎穿刺针头(6号注射针)插入第7腰椎间隙,即第7腰椎和第1荐椎之间,当针头到达椎管内蛛网膜下隙,可见兔后肢颤动即证明以进入椎管,即可抽取脊髓液。

四、组织活检标本的采集

(一)骨髓采集技术

骨髓多从胸骨、肋骨、髂骨、胫骨和股骨处采集,这些部位的骨髓多具有造血功能。体型较大的动物,可用穿刺法活体采集骨髓,根据所需骨髓的不同部位而选择穿刺点。但体型小的动物如小鼠和大鼠等因骨骼小,骨髓较少,通常需处死动物后使用冲洗法从胸骨和股骨采集骨髓。

1. 穿刺法 活体穿刺采集骨髓的位置如下。胸骨:于胸骨体、胸骨柄连接处。肋骨:于第5~7肋骨各自的中点,穿刺后应用胶布封闭穿刺孔以免发生气胸。胫骨:于内侧胫骨头下1 cm处。髂骨:于髂上棘后2~3 cm的脊部。股骨:于股骨内侧,靠下端的凹面处。

2. 冲洗法 以小鼠股骨骨髓采集为例,将小鼠迅速处死后,解剖剥离股骨,剪去股骨的两端,以连接4号针头的注射器吸取0.5 ml冲洗液从股骨一端插入股骨内冲洗,收集全部冲洗液。

(二)肝脏组织活体采集技术

1. 肝脏部分切除 即在开腹手术基础上切取部分肝脏,常用于实验性肝纤维化研究等的动态检查。将动物麻醉后仰卧保定,沿腹正中线切开6~8 cm,或于腹正中线旁左末曲骨平行,至肋角处切开腹内外斜肌、横肌、腹膜,切口6~8 cm,充分暴露肝左叶,用湿纱布为垫提出肝左叶,离断肝组织并结扎肝内血管、胆管,如切去组织较小可直接钳夹一块,断面用明胶海绵止血,将肝脏复位并缝合。

2. 肝穿刺 无需打开腹腔,对动物以及肝脏的损伤小,常用于实验性肝炎标本采集检查。将动物麻醉后仰卧保定,剃除胸部和上腹部的被毛并消毒表皮,于剑突下1 cm处用套管针刺透皮肤、肌肉和腹膜,穿刺注射器由此刺入并向腹腔注入少量生理盐水,留取少量液体在注射器内反抽形成负压,将针头与动物呈45°角,在动物呼气的时候迅速刺入肝脏并抽取,可见一条肝组织进入注射器,随即拔出针头,以纱布或海绵按压针刺部位数秒以止血。

(三)淋巴结活体采集技术

将动物于腹股沟或腋窝剃毛消毒,手术切开 1～1.5 cm,钝性分离,用血管钳分离淋巴结取出,分离时不能夹住淋巴结以免挤压淋巴细胞。术后缝合皮下组织和皮肤,并消毒伤口,约 7 日后拆线。

五、脏器采集

各类脏器采出的基本操作是先结扎或夹闭连接该器官的主要血管,如为中空器官(消化道)则结扎或夹闭两端,而后离断器官和周围其他器官或组织的联系,如结缔组织或韧带以使器官游离,最后切断结扎或夹闭部位取出器官。对于体积较小的腺体可直接剥离或连同周围组织一起采出后分离。

(一)腹腔脏器和腺体采出技术

腹腔器官采出时应由浅入深,即先采出最上层、最容易采出的脏器,以及先采出微小的脏器如肾上腺,需防采出过程中切断或弄破大血管导致大出血影响术野。脏器采出顺序一般为:脾脏→胰腺→胃→肠→肾上腺→肾脏→肝脏(胆囊)→膀胱→生殖器官。采出脏器前常需完全打开腹腔,可沿腹正中线和肋骨下缘剪开腹壁,在耻骨联合处向两后肢方向分别剪开皮肤,或于耻骨联合上方向上沿体侧做"V"形切口并翻起腹壁,充分暴露腹腔。

1. **脾脏的采出** 脾脏位于腹腔左侧,有时大部分埋于肝脏下,用镊子提起脾脏,切断韧带,逐渐将脾脏与胃分离采出。

2. **胰腺的采出** 胰腺靠近胃大弯和十二指肠,被脂肪组织包围,且外形和脂肪组织较相似,与其周围脂肪共同采出后浸入 10% 甲醛溶液数秒,使胰腺变硬呈灰白色,与脂肪组织相区别而进一步分离。

3. **胃的采出** 在食管与贲门部、十二指肠与幽门部均作双重结扎,从中间剪断,或以止血钳夹紧贲门部和幽门部,切断与食管、十二指肠的连接,提起贲门部逐步离断周围组织,将胃采出。

4. **肠的采出** 提起十二指肠,一边牵拉一边切断肠管的肠系膜根部,直至直肠,将肠管全部采出,需防肠管被扯断。

5. **胃、肠的联合采出** 在食管与贲门部作双重结扎,从中间剪断,提起贲门部逐步离断周围组织,并顺肠道依次切断肠管的肠系膜根部直至直肠,切断直肠根部。

6. **多器官的联合采出** 由膈处切断食管,由骨盆腔切断直肠,将胃、肠、肝、胰、脾一起采出。

7. **肾上腺的采出** 在腹腔后壁找到肾脏,于肾脏上方找到埋于脂肪组织中的肾上腺,将周围脂肪剥离,采出肾上腺,如肾上腺很小,可连同脂肪组织一起采出后分离。

8. **肾脏的采出** 肾脏位于腹腔后壁,常埋于周围脂肪组织中,将脂肪组织剥离后结扎肾脏动、静脉或以止血钳夹住,切断血管提着肾门采出肾脏。

9. **肝脏和胆囊的采出**　胆囊被肝叶包围,常一起采出,用止血钳夹住门静脉根部,切断肝脏周围的血管和韧带,提着肝门部将肝脏采出,后分离胆囊。

10. **膀胱的采出**　切断直肠和盆腔上壁结缔组织,由膀胱下壁切断膀胱颈和双侧输尿管,采出膀胱。

11. **雌性生殖器官的采出**　雌性生殖器官包括卵巢、输卵管、子宫、阴道,可联合采出后分离,或按需要分别采出。联合采出时于子宫颈处结扎或钳夹,于靠近阴道外口处切断阴道,提起子宫颈游离子宫、输卵管直至卵巢,剥离卵巢周围的脂肪组织,分离卵巢并取出。

12. **雄性生殖器官的采出**　雄性生殖器官包括睾丸、附睾、输精管、前列腺、尿道球腺、精囊腺、阴茎,单取睾丸时可从阴囊作切口采出,整体取出时切断直肠和盆腔上壁结缔组织,由盆腔下壁切断膀胱颈,依次游离各生殖器官而采出。

(二)胸腔脏器和腺体采出技术

胸腔内器官采出顺序一般为:胸腺→心脏→肺脏。完全打开胸腔的方法为从剑突下方沿肋骨下缘切断横膈,沿肋骨和肋软骨连接处切断骨骼,将胸骨、肋骨向头部翻起或取下,暴露整个胸腔。

1. **胸腺的采出**　不同动物的胸腺位置有所不同,但大多数动物在胸腔内均有部分或全部胸腺。胸腺常贴附于胸骨下,质地柔软,将胸腺仔细从胸壁分离后取出。

2. **心脏的采出**　心脏位于肺的腹面,单采心脏时可夹住心脏的基底部血管并切断,将心脏与肺分离后取出。

3. **肺脏的采出**　常与心脏联合采出后分离。

4. **心、肺的联合采出**　于胸腔前端找到气管,结扎或钳夹并切断气管上部,提起气管逐渐离断肺和胸膜的联结,将气管、肺和心脏全部取出。

(三)脑和脊髓的采出技术

1. **脑的采出**　沿环枕关节横断颈部,从头顶正中切开皮肤,前至鼻尖后至颈部,暴露颅顶并剥离附着的肌肉,去除头盖骨,即可见整个颅腔。用镊子提起脑膜剪开,沿颅腔内壁钝性分离脑组织,托起脑底部,切断大脑脚和视神经,将脑取出,脑组织柔软,分离时可翻转动物头部使头顶向下,利用重力作用使脑组织自然从颅腔内脱出。

2. **垂体的采出**　垂体嵌入在蝶骨的垂体窝中,将大脑取出后垂体所在位置即暴露,用纤细的工具离断垂体和周围的联系,用镊子将垂体夹出。因垂体柔软微小,对于小鼠、大鼠等小动物,可用固定液冲洗使之漂浮后采用大口径吸管连同液体吸出。

3. **脊髓的采出**　自颅底至骶椎沿后中线切开皮肤,剥离棘突和椎板上鼓膜、软组织等,切断(或锯断)脊椎两端,掀起棘突和椎板,暴露硬脊膜,沿硬脊膜外切断各神经根,将脊髓连同硬脊膜一起拉出脊髓腔,沿脊髓前后正中线剪开硬脊膜取出脊髓,脊髓质地柔嫩,可先注入固定液。

(四)特殊器官和组织的采出技术

1. **淋巴结的采出**　一般取肠系膜淋巴结和给药局部淋巴结,质地较硬可与周围组织相区别,直接将淋巴结从周围组织分离后采出。

2. 甲状腺/甲状旁腺的采出 各种动物甲状腺和甲状旁腺位置不一,采出时常取出相应部位气管,从气管表面(多在甲状软骨两侧)剥离甲状腺和甲状旁腺。

六、尸检

尸检常用于探讨实验处理所造成的病理变化,或者诊断动物死亡原因。尸检包括整体外观检查、局部组织和脏器检查,对脏器的检查一般包括体积(长、宽、高)、形状、颜色、质地(软、硬)等内容,主要通过丈量和肉眼观察,着重观察异常或病理改变。尸检应按一定的顺序进行,以便全面系统检查尸体的病理变化,在此基础上根据研究的特殊需求而有所调整。

常规的尸检顺序为:皮肤和皮下检查→腹腔剖检→胸腔剖检→腹腔器官采出→胸腔器官采出→口腔和颈部器官采出→颅腔剖检和脑的采出→鼻腔剖检→脊椎管剖检以及脊髓采出→肌肉和关节检查→骨和骨髓检查。

(一)尸体外部检查

检查内容包括尸体一般状况和尸变情况。尸体一般状况检查项目见表10-14。

表10-14 尸体一般状况检查项目

项目	检 查 内 容
营养状况	检查动物肌肉丰满程度和皮下脂肪蓄积程度
可视黏膜	检查眼结膜、天然孔腔(鼻腔、口腔、外耳道、肛门和生殖器等部位)的黏膜,观察有无贫血、瘀血、出血、黄疸、溃疡、外伤等异常,检查天然空腔的开闭状况,以及其分泌物、排泄物的数量、性状
体表	检查皮下水肿、脓肿、骨折、体表伤痕等情况,尤其是腹部皮下的情况
淋巴结	检查颌下、颈浅、髂下等体表淋巴结的大小、硬度,与周围组织的关系(游离或粘连)

尸变情况包括对尸僵、尸冷、尸斑的鉴别,正确辨认动物死亡后的正常尸体变化,是为了与动物生前的病理变化相区别。

1. 尸僵 尸僵是动物死亡后,个部位肌肉痉挛性收缩而僵硬,各关节不能屈伸,从而使尸体呈一定形状的正常现象。尸僵始于头部,依次为颈部、前肢、身躯、后肢,从死亡后1.5小时开始至10~24小时发展完全。死亡后24~43小时解僵,此时全身肌肉按尸僵顺序逐渐变软。尸僵可见于骨骼肌、心肌、平滑肌,心肌的僵硬于死后半小时即发生。气温高可使尸僵和解僵均提前,肌肉发达动物尸僵明显,死于败血症的动物尸僵不显著或不出现,心肌变性或心力衰竭的动物尸僵不完全或不出现。

2. 尸冷 动物死亡后尸体温度逐渐降至环境温度水平,为尸冷。尸体温度下降速度在最初数小时较快,通常在室温条件下平均降温速度1℃/h,但破伤风动物死亡前全身肌肉痉挛,产热过多,在死后短时间内温度可能反而上升。

3. 尸斑 动物死亡后由于心脏和大动脉的临终收缩,以及尸僵的发生,将血液排挤到静脉系统内,并由于重力作用血液流向尸体低位,使该部位血管充盈而在体表局部呈现相应颜色,尸斑在死后1~1.5小时出现,前期为暗红色,指压可使之消退并随尸体位置变更而改变出现的部位,后期为污红色(约死后 24 小时开始),指压或改变尸体位置也不会变化。需把尸斑和动物生前局部的充血、瘀血等相区别,病理取材时一般应避开尸斑。

(二)尸体内部检查

在剖检过程中,脏器取出前,对于外部检查所不能及的身体深部进行检查,包括以下各项。

1. **皮下** 检查皮下出血、水肿、脱水、炎症和脓肿等,并观察皮下脂肪组织的量、颜色、性状和病理变化性质。

2. **肌肉** 检查肌肉色泽、出血、变性、脓肿、寄生虫。

3. **淋巴结** 检查肠系膜、肺门等内脏气管附属淋巴结的大小、颜色、硬度,与周围组织关系等。

4. **腹腔内情况** 腹腔积液(腹水)的量和性状;腹膜是否光滑,有无充血、出血、瘀血、破裂、脓肿、粘连、肿瘤和寄生虫;腹腔内器官位置是否正常,肠管是否变形、破裂;膈肌紧张程度、有无破裂;大网膜脂肪含量等。

5. **胸腔内情况** 胸腔液(胸腔积液)的量和性状;胸膜色泽,有无出血、充血、粘连、增生等;心、肺及其他器官、组织的相互位置。

6. **血液凝固情况** 在动物死亡后不久,心脏和大血管内的血液即凝结成块,死亡较慢者血凝块分层,为黄色油样的血浆层和暗红色的红细胞层,死亡较快者血凝块为一致的暗紫红色。血凝块须和动物生前血栓相区别。如动物死于败血症或窒息,则血液凝固不良。

7. **尸体自溶和腐败情况** 尸体自溶是组织受到细胞溶酶体的酶作用而自身消化的现象,自溶表现最明显的是胃和胰腺,死亡时间较长或环境温度较高时,可见胃肠道黏膜脱落,须和动物生前的病变相区别;尸体腐败是尸体组织蛋白由于细菌的作用而分解的现象,参与腐败过程的主要是厌氧菌,且主要来自消化道,腐败尸体可表现腹围膨大,尸体发绿发臭以及内脏器官的腐败。

(三)腹腔脏器的检查

1. **胃** 检查胃浆膜面色泽,有无粘连、破裂、穿孔、肿瘤和寄生虫结节;沿胃大弯剪开胃,观察内容物数量和性状;除去内容物检查胃黏膜色泽以及充血、出血、化脓等病变。

2. **肠** 检查肠管浆膜的色泽和有无粘连、肿瘤和寄生虫结节;依次剪开各肠管检查肠内容物数量、性状,有无气体、血液、异物和寄生虫,肠黏膜皱襞有无增厚、水肿、充血、溃疡、坏死、肠内黏液量,淋巴组织性状以及炎症。

3. **脾脏** 脾脏为重要的外周免疫器官,首先检查其外周薄膜紧张度,是否肥厚,有无破裂、梗死、瘢痕和脓肿,检查脾门部血管和淋巴结,将脾脏沿长轴切成两半检查切面,包括脾小梁、红髓、滤泡的色泽,切面的出血量。

4. **淋巴结** 检查外形、硬度、活动度、色泽,有无粘连、出血和水肿等。

5. **肝脏** 检查肝门部的动脉、静脉、胆管和淋巴结,在取出肝脏前先检查胆道的通畅情况,将十二指肠前壁剪开暴露胆管入口,挤压胆囊观察胆汁是否流出,疑有胆道阻塞时仔细检查分离肝门部,暴露并切开胆总管和左右肝管,观察管腔扩张、管壁增厚、腔内结石、寄生虫或肿瘤等情况是否存在,检查是否有门静脉血栓或瘤栓;于肝脏膈面沿肝长轴作数个剖面,检查剖面的肝小叶结构纹理是否清晰,切面是否外翻,有无结节和肿瘤;对肝动脉作多个横切面检查。

6. **胰腺**　检查色泽和硬度,从胰头到胰尾纵切但不完全切断,检查切面有无出血和寄生虫表现。

7. **肾脏**　检查肾包膜是否粘连不易剥离、肾表面色泽、平滑度、瘢痕、出血等变化;沿肾长轴外侧缘正中向肾门剖开,在肾门处留少许组织相连,检查切面皮质和髓质色泽、瘀血、出血、化脓、梗死等,观察皮质和髓质交界处切面是否隆突,肾盂、输尿管、肾淋巴结性状、有无肿瘤和寄生虫等,检查肾盂容积,有无积尿、积脓、结石等;从剖面边缘剥离肾包膜,检查肾脏表面光滑度、有无撕裂、瘢痕、颗粒及其大小和分布。

8. **肾上腺**　观察外形、大小、色泽和硬度,纵切与横切后检查皮质和髓质的色泽、出血等。

9. **膀胱**　检查体积、残留尿液量和尿液色泽,在膀胱前自基底部作切口完全翻转膀胱黏膜,检查黏膜有无出血、炎症和结石。

10. **雄性生殖器官**　称量睾丸、附睾和各副性腺重量,检查各部有无粘连、出血、水肿、坏死等病变。

11. **雌性生殖器官**　检查卵巢外形、粘连、出血、水肿、积液,检查输卵管浆膜面有无粘连、膨大、狭窄、囊肿,剪开输卵管检查内部有无异物、出血、水肿、积液,观察子宫外形,以及子宫外部疾病,打开子宫检查子宫内膜色泽和病理改变。

（四）胸腔脏器的检查

1. **胸腺**　检查色泽、粘连、出血和水肿。

2. **肺**　检查肺的弹性、质地、出血、病灶、表面附着物和炎性渗出物等,随后检查有无硬块、结节和气肿;剪开气管、支气管,检查黏膜色泽、出血和渗出物、表面附着物的数量和黏稠度;将整个肺脏纵横切数刀,检查切面有无病变,切面流出物的色泽、数量、炎症病变和寄生虫。

3. **心脏**　检查心脏纵沟、冠状沟脂肪量和性状,有无出血;剪开心包膜暴露心脏,检查心包的光泽度和心包内液体情况;自下腔静脉入口至右心房做直线剖开,从此直线重点沿心脏右缘剖至心尖,大动物再从距离心尖与心室间隔右侧 1 cm 处平行剖开至肺动脉,检查右心房、右心室、三尖瓣、肺动脉瓣、腱索是否病变;自左右静脉入口处将左心房直线剖开沿心脏左缘剖至心尖,再从距离心尖和心室间隔左侧 1 cm 处平行剖开左心室前壁和主动脉,检查二尖瓣、主动脉瓣、腱索是否病变,左心房、左心室内壁有无出血或感染;自冠状动脉起剪开前降支和旋支,在主动脉根部右侧于右心室心外膜找到右冠状动脉主干,先横切再剪至后降支,观察有无粥样硬化和血栓等;检查心内膜色泽、光滑度、出血,检查心肌厚度、色泽、硬度、出血、变性、坏死和瘢痕等。

（五）口腔、鼻腔和颈部器官检查

1. **口腔**　检查齿列、口腔黏膜色泽、外伤、溃疡、出血,检查舌苔情况。

2. **咽喉**　检查黏膜色泽、淋巴结性状、喉囊有无积脓。

3. **鼻腔** 检查黏膜色泽、出血、水肿、结节、糜烂、溃疡、穿孔、瘢痕等。

4. **下颌及颈部淋巴结** 淋巴结的大小、硬度、出血、化脓等。

5. **甲状腺和甲状旁腺** 检查色泽,有无肿大、结节、出血和炎症。

(六)脑和脊髓的检查

对脑组织主要是检查出血、粘连和水肿情况。检查硬脑膜、软脑膜有无充血、瘀血、出血,有无寄生虫,切开大脑检查脉络丛性状,脑室有无积水,冠状切面检查脑的出血和坏死情况。检查脊髓时,在脊髓上做多个横断面检查切面异常状况。

七、组织块取材和保存

所取材料用于病理组织学检查时,需及时采取和固定,避免死亡之后的变化影响观察和诊断。取材需同时包括病灶和邻近的正常组织,以便观察病灶周围的炎症反应和进行对照;需包括脏器的主要结构,如肾脏取材应包括皮质、髓质、肾乳头和被膜;取材时不能挤压(使组织变形)、刮抹(使组织缺损)、冲洗(水洗可使红细胞及其他细胞成分溶胀甚至破裂);所取组织块大小适宜以便固定液渗透,一般为 3.0 cm×2.0 cm,或 1.5 cm×1.5 cm,厚度均为 0.5 cm,微小脏器如肾上腺、垂体等宜整个取下。

所取材料用于细菌学或病毒学检查时,应在动物死亡后 6 小时内采集完毕,最好立即采集,否则材料容易受到肠道非病原菌或条件致病菌的污染。取材时应采取无菌操作,防止材料被大气、肠道、皮毛,以及取材器械上的微生物污染。根据所怀疑的感染进行有针对性的取材,如不能确定则需进行全面采集。

所取材料用于毒物学检查时,应防材料被化学杂质污染,不能使用防腐剂、消毒剂对材料进行处理。

实验动物脏器取材位置和具体要求可参考表 10-15 并根据研究需求决定。

表 10-15 实验动物脏器取材位置和要求

脏器	取材位置	取材点数	取材组织块大小
食管	任意一段	1	1.5 cm×1.5 cm(全层)
胃	胃窦部	1	1.5 cm×1.5 cm(全层)
肠	十二指肠逆行部和返回部、空肠和回肠末端各一段结肠,盲肠和直肠各一段	6	1.5 cm×1.5 cm(全层)
肝	左、右最大肝叶各一块,包括包膜	2	1.5 cm×1.5 cm(全层)
胆囊	整体取材(大鼠无)	1	1.5 cm×1.5 cm(全层)
胰腺	任意一段	1	1.5 cm×1.5 cm×0.2 cm
唾液腺	腮腺、舌下腺、颌下腺各一个	3	1.5 cm×1.5 cm×0.2 cm
肺	左、右肺下叶及肺尖部	3	1.5 cm×1.5 cm×0.5 cm
气管	任意一段	1	1.5 cm×1.5 cm(全层)
肾	左右肾脏各一块,包括皮质、髓质、肾乳头、被膜	2	1.5 cm×1.5 cm×0.5 cm

脏器	取材位置	取材点数	取材组织块大小
膀胱	底部	1	1.5 cm×1.5 cm(全层)
睾丸	两侧,整体取材	2	—
附睾	两侧,整体取材	2	—
前列腺	小动物整体取材,大动物取一块	1	1.5 cm×1.5 cm×0.2 cm
子宫	宫颈和宫体	2	1.5 cm×1.5 cm(全层)
卵巢	两侧,整体取材	2	—
乳腺	两侧	2	1.5 cm×1.5 cm×0.2 cm
甲状腺	两侧,整体取材,带周围甲状旁腺	2	—
胸腺	中央,或整体取材,带包膜	1	1.5 cm×1.5 cm×0.2 cm
肾上腺	两侧整体取材	2	—
垂体	整体取材	1	—
心脏	左、右心室各一块,包括瓣膜、心室壁各层结构	2	1.5 cm×1.5 cm×0.5 cm
主动脉	大动物距主动脉瓣5 cm处取,小动物距主动脉瓣1 cm处取	1	长1.5 cm(全层)
脾脏	中部,包括包膜	1～2	1.5 cm×1.5 cm×0.2 cm
淋巴结	整体取材,或部分	2	1.5 cm×1.5 cm×0.2 cm(部分取材时)
大脑	大脑中央、前、后回	3	1.5 cm×1.5 cm×0.2 cm
小脑	包括中间部	1	1.5 cm×1.5 cm×0.2 cm
脑干	任意一块	1	1.5 cm×1.5 cm×0.2 cm
延髓	任意一块	1	1.5 cm×1.5 cm×0.2 cm
脊髓	颈、胸、腰段	3	长0.5 cm
坐骨神经	任意一段	1	长1～1.5 cm

　　取材后,需根据所取组织材料的后继处理要求选择合适的固定液,常用的组织固定液配方和应用如下。

　　1. 4%中性甲醛固定液　用于常规 HE 染色、免疫组化、PCR 等的组织固定。以 pH 值为 7.2～7.4 的磷酸盐缓冲液配制,其固定效果优于一般的 4%甲醛水溶液或甲醛生理盐水溶液。用量为组织体积的 5～10 倍。配方为甲醛(40%):100 ml;无水碳酸氢二钠:6.5 g;磷酸二氢钠:4.0 g;蒸馏水:900 ml。

　　2. 乙醇固定液　80%～95%的乙醇溶液,具有硬化、固定、脱水作用,渗透力弱,但对组织中的核酸保护力强于甲醛,常用于有核酸操作的实验。

　　3. 乙醇-甲醛固定液(AF 固定液)　适用于皮下组织肥大细胞的固定,兼有固定和脱水作用,固定后的标本可直接投入 95%乙醇脱水。

　　4. Bouin 固定液　适用于睾丸活检组织的固定,固定组织收缩很少,且固定均匀,不会变硬变脆,但需现配先用。配方为饱和苦味酸水溶液(约 1.22%):75 ml;甲醛:25 ml;

冰醋酸:5 ml。

5. Carnoy 固定液　具有很强的穿透力,对细胞质和细胞核固定良好,特别适合固定外膜致密的组织,亦适用于糖元和尼氏小体固定。配方为无水乙醇:60 ml;氯仿:30 ml;冰醋酸:10 ml。

6. Zenker 固定液　固定后的组织细胞核与细胞质染色清晰,但较昂贵且须特殊处理,固定液需避光以免失效。配方为升汞:5 g;重铬酸钾:2.5 g;硫酸钠:1 g;蒸馏水:100 ml。

7. 50%甘油生理盐水　用于保存脑、脊髓,将整个颅骨浸没于其中。

(胡　樱)

第四节
实验动物麻醉技术

适当的麻醉(anesthesia)有助于消除或减轻实验过程中动物的疼痛和不适感觉,使动物在实验中服从操作,确保实验顺利进行,也保障了动物和操作者的安全。实验动物麻醉包括全身麻醉和局部麻醉两大类型。全身麻醉时,动物出现暂时性的中枢神经系统抑制、意识丧失、全身不感疼痛、肌肉松弛、反射抑制等,麻醉的深度与麻醉药物的血药浓度有关,许多手术均要求对动物进行全身麻醉,以减少动物的挣扎,保持安静,并减轻手术操作对动物造成的应激反应(如疼痛、恐惧等);局部麻醉时,动物仍保持清醒,只是操作局部的痛觉暂时丧失或迟钝,以便实验观察和操作,对重要器官功能干扰较小,麻醉并发症少,并减轻实验中动物局部的疼痛不适,以及由此引起的不良情绪,适用于大、中型动物各种短时间内的实验。由于麻醉尤其是全身麻醉时动物处于非常生理状态,对动物的健康和研究具有潜在影响,因此应根据不同的研究目的和要求,以及动物的特点选择全身麻醉或局部麻醉,如对啮齿类动物通常实施全身麻醉,而犬等体型较大且在一定程度上能服从调教的动物在某些研究中进行局部麻醉即可顺利操作。此外,研究中需要观察循环和呼吸系统时通常应使用清醒动物,以免麻醉状态影响实验结果,若必须对动物麻醉,则应注意麻醉深度对实验结果的潜在干扰。

一、麻醉药物与麻醉配合药物

用于实验动物全身麻醉的药物可按物理性质分为挥发性和非挥发性两类。挥发性麻醉剂以吸入方式给药,非挥发性麻醉剂以各种注射方式给药。选择适当的全身麻醉药物,在满足研究要求的前提下,还需考虑麻醉效果的种属差异、麻醉药物的体内代谢对研究的干扰、麻醉实施的可操作性等因素。

局部麻醉药直接作用于局部神经组织,通过阻碍神经冲动的传导达到局部麻醉的效果。根据麻醉的部位和药物特性可采用注射(区域阻滞麻醉、神经干/丛阻滞麻醉、局部浸润麻醉、椎管内注射麻醉)、点滴(眼)、涂抹(鼻腔)、喷雾(气管、咽喉)、灌注(尿道)等方式给药。

麻醉配合用药是一些配合麻醉药物使用而使麻醉过程更安全、更顺利,并有助减轻动物痛苦和紧张情绪的药物。主要有抗胆碱能药、镇痛药、安定和镇静药以及麻醉拮抗药物,前三类通常在麻醉前使用,麻醉药物的拮抗剂可在麻醉中,以及麻醉后使用,用以纠正麻醉过深或者促进动物复苏。

(一)全身麻醉药物

实验动物常用的挥发性麻醉剂主要有乙醚、氟烷、甲氧氟烷、异氟烷、氧化亚氮等。麻醉效能以最小肺泡气浓度 MAC 反映,是指钳夹动物脚趾 50% 动物不发生痛反应时肺泡麻醉药的浓度,MAC 越大则麻醉效能越小。常用实验动物气体麻醉剂的麻醉效能为:乙醚 3.2;氟烷 0.95;甲氧氟烷 0.22;异氟烷 1.38;氧化亚氮 2.5。

实验动物常用的非挥发性麻醉剂有巴比妥类、氯胺酮、水合氯醛、乌拉坦等,常采用静脉注射或腹腔注射给药,有时也可采用皮下注射或肌内注射,用法和用量见表 10 - 16。

表 10 - 16　实验动物常用注射全身麻醉剂的使用及效果

麻醉药物	动物	浓度	剂量(mg/kg)	给药途径	麻醉效果(min)
戊巴比妥钠	小鼠	6 mg/ml	40~50	腹腔注射	制动、麻醉 20~40/120~180
	大鼠	30 mg/ml	40~50	腹腔注射	浅麻醉 15~60/120~240
	豚鼠	1%~3%	37	腹腔注射	外科麻醉,易致死 60~90/240~300
	地鼠	1%~3%	50~90	腹腔注射	制动、麻醉 30~60/120~180
	兔	30 mg/ml	30~45	静脉注射	浅麻醉 20~30/60~120
	犬	1%~3%	20~30	静脉注射	外科麻醉 30~40/60~240
	猪	1%~3%	20~30	静脉注射	外科麻醉 20~30/60~120
	猴	1%~3%	25~35	静脉注射	外科麻醉 30~60/60~120
硫喷妥钠	小鼠	2.5%	30~40	静脉注射	外科麻醉 5 min
	大鼠	1.25%	30	静脉注射	外科麻醉 10/15
	兔	1.25%	30	静脉注射	外科麻醉 5~10/10~15
	犬	1.25%~2.5%	10~20	静脉注射	外科麻醉 5~10/20~30
	猪	1%~5%	6~9	静脉注射	外科麻醉 5~10/10~20
	猴	1%~5%	15~20	静脉注射	外科麻醉 5~10/10~15
氯胺酮	小鼠	1%	80~100	腹腔注射	外科麻醉 20~30/60~120
	大鼠	3.75%	75~100	腹腔注射	外科麻醉 20~30/120~240
	豚鼠	2%	40	腹腔注射	外科麻醉 30/90~120
	地鼠	5%~10%	200	腹腔注射	外科麻醉 30~60/90~150
	兔	1%	10	静脉注射	外科麻醉 20~30/60~90
	犬	1%	5	静脉注射	外科麻醉 30~60/60~120
	猴	5%~10%	10	肌肉内注射	外科麻醉,需配合塞拉嗪使用 30~40/60~120

续 表

麻醉药物	动物	浓度	剂量(mg/kg)	给药途径	麻醉效果(min)
水合氯醛	大鼠	5%	400	腹腔注射	浅外科麻醉 120~180 min
乌拉坦	大鼠	20%	1 000~1 500	腹腔注射	外科麻醉(360~480/持续)
	豚鼠	20%	1 500	腹腔注射	外科麻醉(300~480/持续)
	地鼠	20%	1 000~2 000	腹腔注射	外科麻醉(360~480/持续)
	兔	20%	1 000~2 000	静脉注射	外科麻醉(360~480/持续)
	犬	20%	1 000	静脉注射	外科麻醉(360~480/持续)

注：①氯胺酮需配合塞拉嗪使用；②麻醉效果表示为：麻醉时间/睡眠时间。

一些全身麻醉药物经机体代谢而破坏，该过程激活肝脏的微粒体酶系统，从而对动物的正常生理生化过程造成影响，尤其是干扰新药或化合物的体内试验，因此必须事先明确所用麻醉药物在体内的代谢途径及其可能的影响，并尽量使用生物转化率低的药物。挥发性麻醉药物中的异氟烷在体内几乎不经过生物转化，而完全由肺清除，乙醚和氟烷大部分经肝脏代谢，麻醉后肝脏微粒体酶系统被显著诱导，恩氟烷大部分通过肺清除，很少经肝脏代谢，对微粒体酶系统诱导较小。非挥发性麻醉药物中，戊巴比妥钠可明显诱导微粒体酶系统，氯胺酮长期使用后也具有一定诱导作用而减弱以后注入药物的效应。

（二）局部麻醉药物

普鲁卡因（procaine）是无刺激的快速局部麻醉剂。毒性小，麻醉起效快，但对皮肤和黏膜穿透力较弱，需经注射给药，常用于区域阻滞麻醉、局部浸润麻醉及椎管内麻醉。注射后 1~3 分钟内产生麻醉作用并维持 30~45 分钟。普鲁卡因容易从局部被吸收入血液致药效丧失，故常在每 100 ml 溶液中加入 0.2~0.5 ml 浓度为 0.1% 肾上腺素以延长麻醉时间（1~2 小时）。当大量普鲁卡因被吸收入机体后，表现出中枢神经系统先兴奋后抑制，这种作用可用巴比妥类药物预防。

利多卡因穿透力和麻醉效力约比普鲁卡因强 2 倍，作用时间也相应更长，常用于表面、浸润、传导麻醉和硬膜外麻醉，多采用 1%~2% 溶液作为大动物神经干阻滞麻醉，也可用 0.25%~0.5% 溶液作局部浸润麻醉。

的卡因化学结构与普鲁卡因相似，但能穿透黏膜，作用迅速，局部麻醉作用比普鲁卡因强 10 倍，经机体吸收后毒性也相应增强。给药后 1~3 分钟起效，可维持 60~90 分钟。

（三）麻醉配合用药

抗胆碱能药通过减少气管和唾液腺分泌物而降低麻醉动物气道阻塞的危险。其中，阿托品对反刍动物由于不能完全阻断唾液腺分泌而使分泌物更加黏稠，某些品种的兔由于具有阿托品酯酶而能很快代谢阿托品，使其药效难以预料。

安定类药产生平静的效应而不导致镇静，大剂量应用下可致共济失调和抑制，但动物容易被唤醒，特别是疼痛刺激时。镇静药产生嗜睡效应，明显减轻动物的恐惧和忧虑情绪。两类药的药理作用多有重叠。

麻醉性镇痛药可产生中度镇静和深度镇痛，实现术前镇痛并减少麻醉药物用量，还可减轻术后疼痛程度,但某些动物术前应用会引起运动增多和兴奋,大剂量应用时可能产生呼吸抑制,对犬和灵长类应用时可能引起呕吐。

神经阻滞剂又称骨骼肌松弛剂(肌松剂),直接影响神经肌肉接头递质-受体效应,可对骨骼肌产生麻痹作用,使其失去原有张力。动物进行机械通气(呼吸机)时,常用神经肌肉阻滞剂消除自主呼吸,以利气管内插管的实施和机械通气稳定。暴露术野时应用神经肌肉阻滞剂可减弱骨骼肌张力,减轻手术操作对周围组织的损伤。神经肌肉阻滞剂也常用作化学保定。

二、麻醉方法和技术

(一) 全身麻醉

1. 吸入麻醉　是让动物自主吸入麻醉蒸气或气体达到全身麻醉目的,应用于挥发性麻醉剂,常用麻醉箱来实现,适合于对较难固定的小动物进行麻醉诱导。最简易的麻醉箱可以是一个诸如玻璃烧杯的器皿,容器中放置浸泡了挥发性液态麻醉药物的棉花或者纱布,待药物挥发麻醉蒸气充满容器,将动物投入容器内即可。此种方式虽简便,但动物可能直接接触麻醉剂而引起不适,即便采用铁丝网等将动物和浸润了麻醉剂的棉球隔开,由于麻醉蒸气浓度难以控制,常发生麻醉过浅或者过深,并且也很难避免麻醉蒸气对环境的污染和对操作人员的危害。通过麻醉机向麻醉箱内提供一定浓度的麻醉药蒸气便可解决上述问题。采用适当的麻醉回路能够保证动物安全地吸入麻醉蒸气,以及废气的安全排放。

采用此种方式完成诱导后需将动物提出麻醉箱进行实验,在实验过程中为了维持动物的麻醉状态,就需采用麻醉面罩给动物继续吸入麻醉蒸气。可以用小烧杯内置一块浸有麻醉剂的棉球,放在动物口鼻处代替麻醉面罩,当药物即将挥发尽,动物开始苏醒时再加入麻醉剂,或将麻醉机接到麻醉面罩上使用。

2. 气管内插管麻醉　是通过在气管内插管建立人工气道输入麻醉气体达到全身麻醉目的,适用于挥发性麻醉剂。气管插管前应了解动物咽喉部的结构,特别是软腭和会厌的解剖关系,选择合适的气管导管(如管径、长度),以及喉镜,动物应进行麻醉诱导至消除咳嗽和吞咽反射,必要时应至浅麻醉状态。具体操作如下。

(1) 啮齿类的气管内插管:大鼠和豚鼠的气管内插管常需要使用特制的喉镜或耳镜帮助观察喉部的状况,使大鼠或豚鼠侧卧,将舌头从一侧口角拉出,通过喉镜或耳镜观察其喉部并插入导管;小鼠、地鼠由于个体小,插管较困难。

(2) 兔的气管内插管:兔的喉部很难暴露,如需直视喉部插管应准备适当的喉镜或耳镜,但可以采用另一种方法而无需直视喉部,即使兔侧卧,抓紧并伸展头部,将头部上提至前肢刚好触及台面,此时可将导管从舌面上轻柔推进至喉部,并从导管的后端辨听其呼吸音,如呼吸音强或者导管(聚乙烯材质)内壁有呼出气体的冷凝雾,提示导管接近喉部,此时在兔呼气时将导管轻柔推进即可,否则应退出导管重新进行,该方法适用于体重>3 kg的兔,但不能向声带喷洒局部麻醉剂防喉痉挛。

(3) 犬的气管内插管:使犬侧卧,由助手尽量将犬的下颌拉开,拉出舌头,喉镜在舌面上向喉部推进,由于喉部通常被会厌盖住,使用喉镜片末端向上轻提软骨可使会厌前移暴露喉部,此时可使用局部麻醉剂防止喉痉挛,待喉部充分暴露后,将导管插入气管内。

(4)猪的气管内插管:暴露猪的喉部较困难,操作时使动物仰卧保定,充分伸展头颈部,拉出舌头时注意避免舌头被牙齿损伤,尤其是雄性猪的犬牙,使喉镜在舌面上向喉部推进,必要时用导管内的导丝末端向下推软腭进而和会厌分开,到达喉部时喷洒局部麻醉剂(利多卡因)。拔出导丝后,导管继续前进,此时常遇到喉壁的阻挡,可微退导管,旋转90°后重新推进。该过程可能反复多次直至导管推进时无阻力感,如强行推进则可能导致严重的喉部损伤、出血及继发窒息。

3. 注射麻醉 适用于各类非挥发性麻醉药物,应根据麻醉药物的特性和动物特性选择相应的注射途径,最常用的是静脉注射,体型较小的动物如啮齿类(大鼠、小鼠、豚鼠、地鼠)由于静脉注射实施困难,多采用腹腔注射,部分药物可进行皮下或肌内注射。

静脉注射麻醉药物必须控制药物注入速度,宜缓慢,同时观察动物的麻醉程度,包括肌肉的紧张性、角膜反射和对皮肤刺激的反应,当这些活动明显减弱或消失时应立即停止注射。静脉注射时通常先注入用药量的2/3,视动物的麻醉程度注入余下的部分或全部药液。如需持续静脉输注,使用注射泵可更好控制药物注入速度。如动物在注射时无法保持安静,则需要先行吸入麻醉诱导。

腹腔注射麻醉适用于一次性给药,操作简单易行,常用于啮齿类和兔。操作要点同腹腔注射给药。为避免麻醉过深,一般也先注射计算药液总量的2/3,如动物已达到所需的麻醉深度则不必再注射余下的药液,否则应视动物的麻醉深度适当追加注射。

非挥发性麻醉药浓度过高容易麻醉过量,而过低则会增加注射液体积,因此需参考麻醉药物的特性和动物可接受的注射量配制成合适的浓度。

4. 全身麻醉给药的注意事项 为减轻应激程度,宜在笼内麻醉动物,药物起效后再将动物取出进行后续操作。麻醉剂的用量应根据动物的体重准确计算,为此应在麻醉前测定动物的体重。除了参照一般标准外,麻醉剂的用量还应考虑个体耐受性的差异,体质虚弱或者肥胖的动物单位体重所需药量相对较小。静脉注射时,应将药物配制到合适的药液量,以免对循环系统造成过大压力,通常大鼠为 0.2 ml/100 g,小鼠为 0.1 ml/10 g。注射麻醉时,尽量将麻醉剂加热到动物体温水平再给药,以减少动物体温的丢失。

(二)局部麻醉

1. 表面麻醉 是利用局部麻醉剂的组织穿透作用,将药物应用于组织表面,使药物透过黏膜,阻滞浅表神经末梢而达到麻醉目的。如药液点眼、鼻内涂敷、咽喉气管内喷雾、尿道灌注等,常用于鼻腔、口腔黏膜,眼结膜,尿道等部位的手术。

2. 区域阻滞麻醉 是在麻醉区域的四周和底部注射麻醉药物阻断痛觉向中枢神经传导。

3. 神经干(丛)阻滞麻醉 是在神经干/丛周围注射麻醉药物,阻滞其传导,使其所支配的区域无痛觉。

4. 局部浸润麻醉 逐层注射麻醉药物,利用药液的张力弥散,使之浸润麻醉区域并阻滞组织中的神经末梢传导。操作时以 0.5%～1.0% 的普鲁卡因进行皮内注射,再从注射所形成的皮丘进针,向皮内皮下分层注射,每次针尖都应从浸润过的部位刺入直至需麻醉区域皮肤都浸润,并应避开血管注射,以免药物进入血液引起中毒。

5. 椎管内麻醉 是向椎管内注射麻醉药物,阻止脊神经的传导,使其所支配区域痛觉丧失,根据麻醉药物注射的不同部位可分为蛛网膜下隙麻醉、硬脊膜外腔麻醉、骶管麻醉等,常用于大型实验动物如猪、羊等。

三、麻醉监测

(一)麻醉深度

全身麻醉时,动物的中枢神经系统受到抑制,呼吸、循环和代谢等生理功能有不同程度改变,抑制过深时对动物生理状态干扰大,甚至容易导致死亡,过浅则动物容易苏醒。麻醉深度监测是全身麻醉中的重要技术。临床上描述全身麻醉深度,是以乙醚吸入产生的临床表现为依据,主要从呼吸、眼球、瞳孔、血压、肌肉紧张程度等变化来判断。

由于实验动物种属的差异的存在,根据上述指标对实验动物麻醉分期较困难,且这些指标还会因手术中的刺激、血气变化、酸碱失衡、失血等因素受到干扰,为此根据实验动物全身麻醉由浅入深的特点将麻醉过程大致分为 4 期,见表 10-17。

表 10-17　实验动物麻醉分期

麻醉分期	临 床 表 现
诱导期	主动动作和体表及咽喉反射存在,呼吸和心率加快
浅外科期	对非疼痛刺激无肢体动作反应,钳夹趾间组织能引起缩肢(趾蹼反射),呼吸规则,以胸式呼吸为主,兔和鼠已有中等程度肌肉松弛,但偶见无意识四肢突然回缩,犬的肌肉尚保持一定紧张,眼睑和角膜反射存在
深外科期	犬的趾蹼反射消失,兔和鼠可有轻微反应,呼吸频率和通气量均有所下降,但在缺氧初期或 CO_2 蓄积时呼吸仍可增强,呼吸方式渐以腹式为主,犬肌肉松弛中等,兔和鼠完全松弛,眼睑反射消失,角膜反射微弱,本期严重刺激均不引起有害反射
过深期	一切反射消失,呼吸微弱甚至停止,心率由快、弱逐渐变慢,最后停止

(二)体位监护

使麻醉中的动物保持合适的体位,不仅要满足实验操作(如手术)的要求,也要避免干扰动物躯体系统的功能,特别应注意使头和颈部保持舒展,以免舌或者软腭阻塞喉部。捆扎保定动物四肢时应避免牵拉力度过大导致四肢张力过高干扰呼吸运动,捆扎宜适度宽松,以免引起四肢组织损伤和水肿。用弹性绷带包扎腹部时需避免干扰横膈运动、阻碍腰背部及腹部内脏静脉回流。在使用了气管内插管的研究中,如需改变动物体位,特别应防止气管导管的脱落或扭结。

(三)呼吸监护

一些麻醉药物可能抑制动物的自主呼吸,一些实验操作如气管内插管或分离颈部神经、血管等可引起反射性呼吸抑制,因此必须进行呼吸监测以及时发现动物呼吸功能的异常改变。常用的呼吸功能监测指标及其意义如下。①呼吸频率:监测呼吸频率的变化,发现呼吸暂停；②潮气量：评估呼吸幅度；③每分通气量：评价呼吸幅度；④脉搏血氧饱和度：监测缺 O_2 状况，及时发现低氧血症（可由呼吸抑制、气道阻塞或麻醉设备故障引起）；⑤潮气末 CO_2 浓度：反映肺泡内气体的 CO_2 浓度，浓度异常可由呼吸抑制或设备原因导致吸入新鲜空气不足引起；⑥血气分析：反映肺内气体交换状况。

机械通气是控制麻醉动物呼吸的重要手段，实现机械通气的设备即呼吸机，其原理是使气道内保持间歇正压从而控制动物肺部通气状况。潮气量和呼吸频率是机械通气的两个重要参数，选择呼吸机时最重要的依据是呼吸机最小潮气量适用于所研究的动物，使用时需选择合适的呼吸频率，通常略低于动物清醒状态下的静息呼吸频率。常见的实验动物机械通气潮气量一般设为 $10\sim15$ ml/kg，呼吸频率设置为：大鼠 $60\sim100$ 次/分，小鼠和地鼠 $80\sim100$ 次/分，豚鼠 $50\sim80$ 次/分，兔（$1\sim5$ kg）$25\sim50$ 次/分，猪、犬（<20 kg）$15\sim25$ 次/分，猪、犬（>20 kg）$10\sim15$ 次/分，猴（>5 kg）$20\sim30$ 次/分。

（四）体温监护

长时麻醉中，动物的体温控制机制受到抑制导致体温降低，可影响多项生理功能、降低动物术后存活率、延长麻醉后恢复时间，如低体温使挥发性麻醉剂效能相应增加而延长苏醒时间，是麻醉死亡的常见原因，小型实验动物因单位体重体表面积较大，丢失热量快，更容易出现体温过低现象，如小鼠麻醉后 $10\sim15$ 分钟体温可降低 $10℃$。此外，术前备皮时去除动物保暖的被毛、使用冷的消毒剂、术中内脏暴露、静脉注入冷的液体等均可使动物体温降低，故麻醉中需进行体温监护，实施适当保温和加温。

保温是指采取一定的措施减少动物热量丢失，如以棉毛织物、泡沫等隔热材料包裹动物，在大鼠和小鼠由于尾部是其主要散热器官，保温时应将尾部也包裹起来。加热是指采用一定措施升高动物体温以弥补麻醉和操作中的热量丢失，常用恒温加热毯或者加热灯，应控制加热幅度，防止温度过高，一般 <40℃，或使用具有温控功能的动物手术台。

实验中常通过监测动物直肠温度获取其深部体温，但当温度探头正好置于粪便中时会降低探头对体温反应的灵敏度，为此可在食管内放置探头，为避免上呼吸道呼吸气体的冷却作用，应将探头放入食管较深处。测量体表温度也具有一定价值，由于健康的麻醉动物外周体温和中心体位间差值常在 $2\sim3℃$ 以内，故差值增大提示外周动脉收缩，应查找可能原因予以纠正。

（五）心血管系统监护

大多数麻醉药物对心血管系统有抑制作用，过量使用常引起心率和心肌收缩力下降，导致心力衰竭，此外还可能发生心律失常，高碳酸血症、低血容量也可引起心力衰竭，严重低体温（中心体温近 25℃）可引发心脏停搏。常用心电图（ECG）监测心脏电生理活动，对于心率较快（>250 次/分）的小型实验动物应使用专门的心电图仪以确保测量准确。电极放置位置在啮齿类为左、右前肢和右后肢，较大的动物可将电极粘贴于皮肤。血压的监测主要包括体循环动脉压和中心静脉压，根据实验条件选择有创或无创血压测量仪。

（六）体液循环监护

由于体液丢失而导致的低血容量是实验动物手术中液体失衡的主要问题。引起术中体液丢失的原因有失血、呼吸蒸发、内脏暴露挥发等。手术中的失血是逐渐发展的，难以精确估计血容量的减少,如血液渗入外科切口、体内腔隙、外科敷料等的丢失量都无法计算。低血容量是引起心力衰竭的首要原因,一个健康的清醒动物可耐受快速丢失循环血量的上限是 10%,>15%～20% 即可能出现低血容量血症和失血性休克。麻醉中,许多维持心血管稳定的生理机制被抑制,因此低于这个范围的失血也可能产生严重后果。

当动物丢失血量超过循环血量的 20%～25% 时应立即补充全血,所需血液可从同种动物身上取得,以减少输血反应。使用同一供体的血液比使用多个供体血液引起输血反应的危险性小,使用同品系啮齿类动物时更加安全,全血补充速度按每 30～60 分钟补充全血容量的 10%。失血不严重或体液丢失较少时,可通过输入扩容剂或晶体盐溶液来纠正。晶体盐溶液输入量为估计失血量的 3～5 倍,因为这些晶体液进入体内后在细胞外液重新分布,而不像血液、血浆或羧甲淀粉(代血浆)那样长时保留在循环系统内。常规以每千克体重 10 ml/h 的量输入 0.9% 生理盐水,小型动物静脉内输液有困难时可采用腹腔内注入加热的 0.1%NaCl 溶液补充术中失血,皮下注射 0.18%NaCl 和右旋糖酐- 40 补充术中失水和预期术后缺水,补液量为 10～15 ml/kg,但这些方法由于吸收较慢而不能立即纠正心力衰竭。

(七)眼角膜保护

全身麻醉状态下动物的眼保护性反射通常都会消失,眼角膜因此易干燥或受到其他损伤,应用小块胶布将眼睑粘住使之闭合,或者使用油性眼膏。

四、麻醉前的动物准备

(一)健康检查

麻醉可使具有内源性感染的动物发病率和死亡率升高,如引起慢性呼吸系统疾病的急性发作。因此若研究无特定要求,应确保动物在麻醉前健康良好,无临床疾病和症状。在麻醉诱导实施前,可对动物进行大体外观和活动的观察,麻醉前数天监测动物的摄食量、饮水量和体重非常重要,可以提示外观检查无法发现的健康线索,同时为麻醉恢复期的监测提供对照。

(二)禁食

麻醉前禁食是为了保持胃的排空状态,预防麻醉时的呕吐和胃内容物反流,在反刍动物还可减轻瘤胃臌气和胃胀气,在小动物也有助于减轻肠胀气。犬、猫、灵长类和猪在麻醉前一般禁食 8～12 小时,兔和啮齿类动物在麻醉诱导中通常不会发生呕吐,故麻醉前通常无需禁食,但豚鼠会将食物留在咽部,从而可能在麻醉诱导时吐出,为此可禁食 6～8 小时。

禁食会造成动物营养和能量摄入不足,在代谢旺盛的小动物如啮齿类,较长时间的禁食可明显降低其体力,降低血糖水平,由于术后疼痛和手术应激以及麻醉恢复期的存在抑制了动物的摄食活动,如合并术前禁食,很可能造成严重的代谢紊乱,危害动物的健康与安全,也导致对实验结果的背景性干扰。此外,小鼠、大鼠等夜行性动物的采食多在夜间,白天几乎不进食,胃常处于排空状态,在此基础上禁食可能导致体力衰弱而产生严重的并发症。不过在进行胃肠道手术前,所有动物均应禁食。为了避免兔和啮齿类的食粪癖影响禁食效果,应采用单笼饲养并采用粪便可自行漏下的网底饲养笼,防止其吞食自己的粪便或相互吞食粪便。禁食的同时应持续供水,直到麻醉前1小时撤除,由于麻醉和手术过程动物容易脱水,因此应注意水分的补充。

（三）驯化

应激状态可升高麻醉的风险,为降低麻醉的操作应激,应使动物尽早适应实验环境。急性实验中,动物应至少提前4天到位,以便消除运输应激引起的代谢和神经内分泌水平的改变,也便于进行摄食和生长的监测与评估。慢性实验中,动物一直生活于实验室内,因此无需进行额外的适应,但应注意保持日常饲育环境和实验环境的一致性,降低环境变化对动物的刺激。犬、猫、猴等动物通常能够与人建立良好的合作关系,利用该特点进行适当驯化,可减少麻醉诱导和苏醒中过度紧张的状况,兔和啮齿类动物则可以通过定期接触如抚摸等使动物提高对实验操作的适应性,使麻醉诱导更安全和顺利。

五、麻醉复苏

麻醉复苏期的处理是麻醉技术自然而必要的延续,处理不当延迟动物的麻醉苏醒时间,将加剧和延长麻醉及手术导致的代谢紊乱,甚至可致动物死亡,为此需向实验要求存活的动物提供适当的复苏环境和护理。

（一）复苏环境

用于麻醉动物复苏的环境应有柔和但充分的照明以便观察动物,需要配备高强度照明设备供必要时使用。室内保持温暖和安静,由于此时动物的体温调节处于抑制状态,应给予略高于日常饲养的温度,成年动物约维持在27~36℃,苏醒后可降至25℃,幼年动物应维持在35~37℃,苏醒后仍应维持在35℃,可在室温21~25℃的基础上应用加热灯、电热垫等,并应继续对动物进行体温监测。

小动物一般可置于日常饲养的笼中,并放置在柔软、保温、不会黏附于动物天然孔腔和手术伤口的垫料上,但不能使用木屑、刨花等作为垫料,这些材料容易黏附在动物的眼睛、鼻子、嘴和伤口上,也容易被吸入引起窒息,有些刨花虽不至于被吸入,但质地硬而粗糙。采用纸巾可以上述问题,但动物在苏醒过程中会把纸巾推到一边,最终直接躺在笼底面上,体表还可能被粪尿污染。一般采用毛巾、毯子或者合成的专用衬垫,以及不会黏附于伤口的碎纸。兔和豚鼠在复苏中应置于具有平坦底面的塑料盒或硬纸盒中,而不能放在金属网底或栅条底的笼内。

（二）麻醉复苏的护理

麻醉复苏期主要的问题包括疼痛、呕吐和反流、呼吸抑制、脱水、排泄、感染等方面。

1. 术后疼痛的干预　有效缓解动物术后疼痛是术后麻醉复苏期处理的重要内容。术后疼痛可明显影响动物水和食物的摄入,减少动物的活动,胸部和腹部疼痛还可导致通气功能下降而发生低氧血症和高碳酸血症,增加动物的痛苦并延长恢复时间。应对能够反映动物疼痛的生理变量进行监测和评估,并使用适当的镇痛药物干预。术后镇痛药常有非甾体类抗炎药和阿片类镇痛药(麻醉性镇痛药),有时也可应用局部麻醉药阻滞疼痛部位的感觉传导。

反复注射镇痛药不仅增加护理的难度,而且对动物尤其是小动物会带来额外痛苦,因此最理想的办法是口服。由于通过向饲料或饮水中投入镇痛药可能受到动物在术后摄食饮水减少的限制,且饲料和饮水的药物化也会提高费用,可将药物掺入可食用明胶丸,在术前训练动物采食不含药的明胶丸,术后动物即能通过该方式主动服食镇痛药,并且明胶丸中含有较高水分,能够有效防止动物术后脱水。

2. 呕吐和反流的处理 麻醉期间吞咽反射和咳嗽反射都受到抑制,在复苏期间逐渐恢复。对气管内插管的动物在出现自主吞咽或咳嗽时可以拔去插管。

呕吐和胃内容物反流常发生于麻醉的诱导期或苏醒期,动物一旦吸入胃内容物可引起呼吸道梗阻、窒息,甚至死亡,是一个潜在的严重问题。一旦发生呕吐,则应立即将动物头部置于低位,用吸引装置吸出口腔和喉部的呕吐物,可采用大口径导管和 50 ml 空注射器制作简易的吸引器。如动物吸入呕吐物发生呼吸窘迫,则应立即输氧并进行通气,给予广谱抗生素,静脉注射皮质醇等。

3. 呼吸抑制的处理 麻醉引起的呼吸抑制常持续到术后,抑制程度可能还有所加重但不易察觉,直至发生严重的高碳酸血症和低氧血症,因此宜持续监测动物的呼吸功能,主要是脉搏氧饱和度。如存在明显的呼吸抑制,可使用呼吸兴奋剂并进行吸氧治疗,对于放在孵箱中复苏的小动物,可向孵箱内持续供氧,而大动物可用普通吸氧导管固定于鼻前。

4. 脱水的处理 术后液体摄入量减少导致脱水,将严重影响动物苏醒,多数动物 24 小时的液体需要量为 $40\sim80$ ml/kg,呕吐、腹泻或非正常体液丢失会增加该需要量。麻醉复苏期间应监测动物摄水量以预测脱水程度,严重脱水时皮肤弹性丧失,大动物可见黏膜干燥。此外,脱水也常反映于术后动物体重下降,通过术前和术后动物体重的变化可以为术后补液量提供较好的线索。动物意识完全恢复时可通过口服补充液体,这也是最理想的补液方式。如无法执行,可通过皮下注射或腹腔注射的方式补充(表 10 - 18)。

表 10 - 18　各种动物经皮下或腹腔内注射液体补充量

动物(g)	皮下注射(ml)	腹腔内注射(ml)
大鼠(200)	5	5
小鼠(30)	$1\sim2$	2
豚鼠(1 000)	$10\sim20$	20
地鼠(100)	3	3
兔(3 000)	$30\sim50$	50
猴(500)	$5\sim10$	$10\sim15$

5. 排泄问题的处理 尿量减少可能是脱水、尿道损伤或疼痛引起的,如果膀胱充盈而动物不排尿,应进行导尿。动物不排便首先应考虑术前禁食的原因,其次可能是疼痛抑制了排便反应,特别是腹部手术后疼痛和抑制肠蠕动,也可能是麻痹性肠梗阻。必要时应进行灌肠帮助动物排便。

6. 感染控制 采用无菌技术可最大限度降低术后动物感染风险,加之有些动物对伤口感染抵抗力强,术后往往不再应用抗生素预防感染,但动物的伤口几乎不可避免被粪尿污染,因此预防性地使用抗生素可在一定程度上减少感染概率,但需注意抗生素对一些实验动物有特殊的毒性。

（胡　樱）

图书在版编目（CIP）数据

实验动物学基础与技术/杨斐，胡樱编著.—2版.—上海：复旦大学出版社，2019.8（2025.1重印）
ISBN 978-7-309-14547-2

Ⅰ.①实…　　Ⅱ.①杨…②胡…　　Ⅲ.①实验动物学　　Ⅳ.①Q95-33

中国版本图书馆 CIP 数据核字（2019）第 174641 号

实验动物学基础与技术（第二版）
杨　斐　胡　樱　编著
责任编辑/贺　琦

复旦大学出版社有限公司出版发行
上海市国权路 579 号　邮编：200433
网址：fupnet@ fudanpress.com　http://www.fudanpress.com
门市零售：86-21-65102580　　团体订购：86-21-65104505
出版部电话：86-21-65642845
常熟市华顺印刷有限公司

开本 787 毫米×1092 毫米　1/16　印张 24　字数 532 千字
2025 年 1 月第 2 版第 3 次印刷

ISBN 978-7-309-14547-2/Q·109
定价：80.00 元

如有印装质量问题，请向复旦大学出版社有限公司出版部调换。
版权所有　　侵权必究